Terapia comportamental dialética na prática clínica

A Artmed é a editora oficial da FBTC

```
T315    Terapia comportamental dialética na prática clínica :
            aplicações em diferentes transtornos e cenários /
            Organizadoras, Linda A. Dimeff, Shireen L. Rizvi, Kelly
            Koerner ; tradução: Sandra Maria Mallmann da Rosa ;
            revisão técnica: Vinícius Guimarães Dornelles. – 2. ed. –
            Porto Alegre : Artmed, 2022.
            xiv, 458 p. il. ; 23 cm.

            ISBN 978-65-5882-065-9

              1. Psicoterapia. 2. Terapia cognitivo-comportamental.
            I. Dimeff, Linda A. II. Rizvi, Shireen L. III. Koerner, K.

                                              CDU 159.92(075.9)
```

Catalogação na publicação: Karin Lorien Menoncin – CRB 10/2147

Linda A. **Dimeff**
Shireen L. **Rizvi**
Kelly **Koerner**
(orgs.)

Terapia comportamental dialética na prática clínica

aplicações em diferentes transtornos e cenários
2ª edição

Tradução
Sandra Maria Mallmann da Rosa

Revisão técnica
Vinícius Guimarães Dornelles

Psicólogo. Mestre em Psicologia – Cognição Humana pela Pontifícia Universidade Católica do Rio Grande do Sul (PUCRS). Primeiro e único treinador de Terapia Comportamental Dialética oficialmente reconhecido pelo Behavioral Tech nativo de língua portuguesa. Dialectical Behavior Therapy: Intensive Training (Behavioral Tech e The Linehan Institute, nos Estados Unidos). Formacion en Terapia Dialectico Conductual (Universidade de Lujan/Argentina). Formação em tratamentos baseados em evidência para o transtorno da personalidade borderline (Fundacion Foro/Argentina). Especialização em terapias cognitivo-comportamentais (WP), coordenador local do Dialectical Behavior Therapy: Intensive Training Brazil e sócio-diretor da DBT Brasil.

Porto Alegre
2022

Obra originalmente publicada sob o título
Dialectical behavior therapy in clinical practice: applications across disorders and settings, 2nd edition
ISBN 9781462544622

Copyright © 2021 The Guilford Press. A Division of Guilford Publications, Inc.
Published by arrangement with The Guilford Press

Gerente editorial
Letícia Bispo de Lima

Colaboraram nesta edição:
Coordenadora editorial
Cláudia Bittencourt

Capa
Paola Manica | Brand&Book

Preparação de original
Heloísa Stefan

Leitura final
Fernanda Anflor

Editoração
Ledur Serviços Editoriais Ltda.

Reservados todos os direitos de publicação, em língua portuguesa, ao
GRUPO A EDUCAÇÃO S.A.
(Artmed é um selo editorial do GRUPO A EDUCAÇÃO S.A.)
Rua Ernesto Alves, 150 – Bairro Floresta
90220-190 – Porto Alegre – RS
Fone: (51) 3027-7000

SAC 0800 703 3444 – www.grupoa.com.br

É proibida a duplicação ou reprodução deste volume, no todo ou em parte, sob quaisquer formas ou por quaisquer meios (eletrônico, mecânico, gravação, fotocópia, distribuição na Web e outros), sem permissão expressa da Editora.

IMPRESSO NO BRASIL
PRINTED IN BRAZIL

Autores

Linda A. Dimeff, PhD, é diretora científica da Jaspr Health (www.jasprhealth.com), diretora do Portland DBT Institute (www.pdbti.org) e docente clínica do Departamento de Psicologia da University of Washington. Desde 1994, tem colaborado com Marsha M. Linehan para desenvolver e avaliar uma adaptação da terapia comportamental dialética (DBT) para indivíduos com transtornos relacionados a substâncias em comorbidade com o transtorno da personalidade *borderline*; para produzir materiais de treinamento em DBT direcionados para clínicos; e para treinar, prestar consultoria e supervisionar clínicos na prática da DBT. Ao longo de sua carreira, vem trabalhando com sistemas do setor público e privado no mundo todo para implementar a DBT. Ela recebeu o prêmio Cindy J. Sanderson Outstanding Educator Award da International Society for the Improvement and Teaching of DBT, bem como obteve mais de 20 subsídios federais para facilitar a disseminação de terapias baseadas em evidências e publicou mais de 55 trabalhos revisados por pares.

Shireen L. Rizvi, PhD, ABPP, é professora associada de Psicologia Clínica da Graduate School of Applied and Professional Psychology na Rutgers, The State University of New Jersey, onde ocupa cargos no Departamento de Psicologia, na Escola de Artes e Ciências e no Departamento de Psiquiatria da Robert Wood Johnson Medical School. Seus interesses em pesquisa incluem melhoria das medidas de desfecho do tratamento, do treinamento e da disseminação da DBT para o atendimento de pacientes com problemas complexos. Certificada em Psicologia Cognitivo-comportamental e em Terapia Comportamental Dialética, foi presidente da International Society for the Improvement and Teaching of DBT e diretora do seu Programa de Conferências. Ela obteve o Spotlight on a Mentor Award da Association for Behavioral and Cognitive Therapies e a Presidential Fellowship for Teaching Excellence da Rutgers.

Kelly Koerner, PhD, é CEO da Jaspr Health e docente clínica do Departamento de Psicologia da University of Washington. Unindo ciência, *design* e empreendedorismo social, desenvolve soluções tecnológicas altamente colaborativas para levar práticas baseadas em evidências aonde for necessário, tendo extensa experiência no apoio a indivíduos e sistemas enquanto aprendem, implementam e mantêm essas práticas em diversos contextos. Ela e sua equipe de pesquisa centrada no ser humano têm trabalhado no desenvolvimento de um aplicativo direcionado a pessoas suicidas. Ela recebeu o Career Achievement Award do Dissemination and Implementation Science Special Interest Group da Association for Behavioral and Cognitive Therapies.

Adam Carmel, PhD, Department of Psychiatry and Behavioral Sciences, University of Washington, Seattle, Washington

Alan E. Fruzzetti, PhD, McLean Hospital and Department of Psychiatry, Harvard Medical School, Boston, Massachusetts

Alec L. Miller, PsyD, Cognitive and Behavioral Consultants, LLP, White Plains, New York

Andrew White, PhD, Portland DBT Institute, Portland, Oregon

Brad Beach, BA, Brad Beach DBT, Los Angeles, California

Caitlin Martin-Wagar, PhD, Department of Psychiatry, Yale School of Medicine, New Haven, Connecticut

Carla D. Chugani, PhD, LPC, Department of Pediatrics, University of Pittsburgh School of Medicine, Pittsburgh, Pennsylvania

Cedar R. Koons, MSW, LCSW, private practice, Dixon, New Mexico

Chad S. Brice, PhD, Cognitive and Behavioral Consultants, LLP, White Plains, New York

Charles R. Swenson, MD, Department of Psychiatry, University of Massachusetts Medical School, Worcester, Massachusetts

Chelsey R. Wilks, PhD, Department of Psychology, Harvard University, Cambridge, Massachusetts

Dawn Catucci, MSEd, LMHC, Mental Health Counseling for Emotional Well-Being, PLLC, Pleasantville, New York

Debra L. Safer, MD, Department of Psychiatry and Behavioral Sciences, Stanford University Medical Center, Stanford, California

Debra M. Bond, PhD, Department of Psychiatry, Yale University School of Medicine, New Haven, Connecticut

Donald Nathanson, MSW, LCSW-R, private practice, White Plains, New York

Elisabeth Bellows, MD, private practice, Redwood City, California

Elissa M. Ball, MD, School of Medicine, University of Colorado Health Sciences Center, Denver, Colorado

Elizabeth Courtney-Seidler, PhD, Cognitive and Behavioral Therapies of Ridgefield, PLLC, Ridgefield, Connecticut

Elizabeth T. Dexter-Mazza, PsyD, Mazza Consulting and Psychological Services, PLLC, Seattle, Washington

Francheska Perepletchikova, PhD, Department of Psychiatry, NewYork–Presbyterian Westchester Behavioral Health Center, White Plains, New York

Jacqueline Pistorello, PhD, Counseling Services, University of Nevada, Reno, Reno, Nevada

James J. Mazza, PhD, School Psychology Program, University of Washington, Seattle, Washington

Jenna Melman, MSW, LICSW, Greenlake Therapy Group, Seattle, Washington

Jennifer H. R. Sayrs, PhD, ABPP, Evidence Based Treatment Centers of Seattle, Seattle, Washington

Jesse Homan, PhD, LPC, private practice, Cincinnati, Ohio

Jill H. Rathus, PhD, Department of Psychology, Long Island University Post, Brookville, New York

Juliet Nelson, PhD, DBT Center of Lawrence, Lawrence, Kansas

Katherine Anne Comtois, PhD, MPH, Department of Psychiatry and Behavioral Sciences, University of Washington, Seattle, Washington

Kelly Graling, PhD, Cognitive and Behavioral Consultants, LLP, White Plains, New York

Kim Skerven, PhD, Center for Behavioral Medicine, Milwaukee, Wisconsin

Lucene Wisniewski, PhD, private practice, Shaker Heights, Ohio

Luciana G. Payne, PhD, McLean Hospital and Department of Psychiatry, Harvard Medical School, Boston, Massachusetts

Lynn Elwood, LMHC, Greenlake Therapy Group, Seattle, Washington

Maria Monroe-DeVita, PhD, Department of Psychiatry and Behavioral Sciences, University of Washington, Seattle, Washington

Marsha M. Linehan, PhD, ABPP, Department of Psychology, University of Washington, Seattle, Washington

Melanie S. Harned, PhD, ABPP, Department of Psychiatry and Behavioral Sciences, University of Washington, Seattle, Washington

Perry D. Hoffman, PhD (deceased), National Education Alliance for Borderline Personality Disorder, Mamaroneck, New York

Robin McCann, PhD, private practice, Colorado Springs, Colorado

Sara C. Schmidt, PhD, Behavioral Tech, LLC, Seattle, Washington

Sarah Adler, PsyD, Department of Psychiatry and Behavioral Sciences, Stanford University School of Medicine, Stanford, California

Shari Y. Manning, PhD, Treatment Implementation Collaborative, Hilton Head, South Carolina

Shelley McMain, PhD, Borderline Personality Disorder Clinic, Centre for Addiction and Mental Health Treatment (CAMH), Toronto, Ontario, Canada

Soonie A. Kim, PhD, private practice, Portland, Oregon

Suzanne Witterholt, MD, Allina Health, Minneapolis, Minnesota

Travis L. Osborne, PhD, ABPP, Evidence Based Treatment Centers of Seattle, Seattle, Washington

W. Maxwell Burns, MD, private practice, Pacifica, California

Apresentação da 1ª edição

O século XX testemunhou uma explosão de novas terapias psicossociais inovadoras e altamente efetivas, cada uma acenando com a promessa de reduzir a dor e o sofrimento de milhões de pessoas acometidas por problemas de saúde mental potencialmente debilitantes. Terapias efetivas foram desenvolvidas para tratar com sucesso depressão maior (em menos de 20 sessões), transtorno de pânico (em menos de 15 sessões), transtorno de estresse pós-traumático, transtorno obsessivo-compulsivo, transtornos relacionados a substâncias e transtornos aditivos, assim como para os transtornos alimentares, para citar apenas alguns. A terapia comportamental dialética (DBT), um tratamento que passei minha carreira desenvolvendo e investigando, ofereceu a promessa de uma vida que vale a pena viver para pessoas altamente suicidas com transtorno da personalidade *borderline* (TPB), um grupo antes considerado "intratável" — e por boas razões. Esses indivíduos eram vistos pela maioria como notoriamente difíceis de tratar e em geral tinham desfechos clínicos desfavoráveis.

Chegamos ao século XXI enfrentando um importante problema: agora existiam inúmeras terapias efetivas, mas poucas ferramentas e estratégias para disseminá-las e implementá-las. Os clínicos estavam deixando a pós-graduação sem treinamento em muitas (se não a maioria) dessas terapias baseadas em evidências, e havia escassas oportunidades para aprendê-las plenamente, seja trabalhando como assistente social, psicólogo ou psiquiatra. Aqueles que liam os manuais de tratamento sobre alguma terapia baseada em evidências muitas vezes tinham dificuldades de descobrir como realmente *implementar* o tratamento em seu contexto específico de atuação. Aprendemos ao longo dos anos que implementar uma terapia baseada em evidências em uma prática clínica específica não apoiada por pesquisas não é tão simples quanto "plugar e ligar".

Quando divulguei a versão original dos meus (ainda não publicados) manuais de tratamento com DBT em 1984, achei que havia dito o suficiente sobre como a DBT funciona *e* como aplicá-la. Descobri meu erro de interpretação quando comecei a ministrar *workshops* em DBT para clínicos em várias comunidades. Quando publiquei os manuais de tratamento em DBT (Linehan, 1993a, 1993b), achei que tivesse acrescentado informações suficientes para permitir fácil acesso ao tratamento. À medida que fui treinando indivíduos em vários contextos clínicos, muitos me diziam que simplesmente não conseguiam aplicar a DBT em sua prática clínica. Em 1999, publiquei um trabalho descrevendo as funções de qualquer intervenção clínica abrangente (Linehan, 1999). Descobri essas funções em minhas muitas interações com a comunidade de terapeutas que eu estava ensinando (Linehan, Cochran, & Kehrer, 2001). Minha intenção na época era ajudar as equipes de DBT a implementarem esse tratamento abrangente em seus próprios contextos. Quando a DBT não pode ser adotada integralmente porque o contexto não se assemelha de forma alguma à clínica ambulatorial onde foi desenvolvida, como fazer isso de maneira que a fidelidade ao método de tratamento seja preservada? Mesmo quando todos os modos são oferecidos, como ter certeza de que realmente o tratamento oferecido é DBT? A distinção entre as funções e os modos de tratamento criou uma ferramenta importante para avaliar se um programa de fato estava *fazendo* DBT. Por exemplo, reunir-se durante uma hora por semana como equipe e examinar os casos não é uma reunião de uma equipe de DBT, a menos que haja discussão explícita do que os terapeutas precisam para serem mais hábeis e/ou mais motivados para fornecer a DBT aos seus pacientes.

Este livro é muito empolgante para mim por várias razões. Primeiro, é um livro sobre como desenvolver a DBT para o seu próprio contexto. Ele está repleto de ferramentas, estratégias e recomendações muito específicas, para construir e manter seus programas de DBT. Ele reflete duas décadas de aprendizagem sobre como disseminar e implementar a DBT em um amplo leque de contextos e populações de pacientes e como adaptá-la de uma maneira que melhor preserve sua fidelidade. Os princípios aplicados ao longo deste livro decorrem diretamente do próprio tratamento. Ele sem dúvida terá um impacto no campo — com certeza influenciará os clínicos que desejam construir ou manter um programa de DBT, mas espero que também forneça um conjunto de ferramentas úteis ao campo em geral enquanto concentramos nossos esforços e energias na melhoria de nossa capacidade para transferir o que desenvolvemos no laboratório para as "linhas de frente" do tratamento.

Em segundo lugar, este livro foi inspirado, concebido, organizado e publicado por duas das minhas alunas da University of Washington, as doutoras Linda A. Dimeff e Kelly Koerner. Tanto Linda quanto Kelly estiveram comigo na Behavioral Research and Therapy Clinics (BRTC), minha clínica na University of Washington, muito antes de a DBT se tornar um tratamento popular "sob demanda". Kelly fez parte da primeira equipe de tratamento em DBT na BRTC. Ela, juntamente com os demais alunos da equipe, forneceu *feedback* crítico que, em última análise, influenciou o desenvolvimento da DBT. Linda se associou ao meu laboratório quando eu estava introduzindo minha primeira adaptação da DBT a uma população de indivíduos dependentes de múltiplas substâncias psicoativas com TPB. Linda e outros membros da minha equipe de tratamento para dependência de drogas contribuíram significativamente para o desenvolvimento da DBT para indivíduos com transtornos relacionados a substâncias (descritos nesta edição no Capítulo 11), e ela tem sido minha principal coautora de artigos e trabalhos científicos que descrevem esse tratamento. Tanto Linda quanto Kelly ajudaram a formar o que é agora a Behavioral Tech, LLC — Kelly como cofundadora e a primeira presidente e CEO da organização. Linda como primeira diretora de pesquisa e desenvolvimento da Behavioral Tech Research, Inc. Linda e Kelly são especialistas em DBT e têm grande *expertise* em treinamento e consultoria para equipes que estão construindo seus programas de DBT. De fato, muitos daqueles que contribuíram para este livro também são meus alunos e principais colaboradores de pesquisa. Como professora, mentora, amiga e colega, nada me dá mais satisfação do que vê-los ampliar ativamente meu trabalho.

Gostaria de oferecer duas palavras de sabedoria para concluir: a primeira é sobre como usar este livro e a segunda é sobre como abordar seu trabalho na aplicação da DBT. Em relação à primeira, recomendo que você o leia por completo e não se limite apenas àqueles capítulos que tenham maior relevância para você e seu programa. É possível que, lendo com atenção um capítulo que aparentemente não tenha relevância direta para seu trabalho, você acabe tendo uma surpresa: você verá os princípios da DBT em jogo sob uma nova perspectiva; terá um *brainstorm* criativo em torno de um entrave programático particular; e se sentirá parte de uma grande comunidade de DBT que está pensando de forma criativa, compassiva e científica sobre como resolver problemas complexos, colocando-se a serviço da melhoria das vidas de alguns dos pacientes mais desafiadores.

Quanto à segunda, incentivo você a conhecer e acompanhar os dados sobre terapia cognitivo-comportamental (TCC) e DBT e a manter sua fidelidade não à DBT, mas ao que é mais efetivo com base na literatura empírica. Depois de nove ensaios clínicos controlados e randomizados publicados, sabemos que a DBT é efetiva. Estamos apenas no princípio do que promete ser uma área de pesquisa importante e empolgante em que podemos identificar os "ingredientes ativos" da DBT. O que está perfeitamente claro é que, para indivíduos com TPB com sintomas e prejuízos graves e outros problemas comportamentais complexos, a DBT abrangente (i.e., todas as funções e modos da DBT) é efetiva. Quanto mais sabemos empiricamente sobre o que é e o que não é efetivo na DBT, maior a minha expectativa de que o tratamento em si se transforme — para entrar em sincronia com a literatura científica.

Meus melhores votos a você no desenvolvimento e domínio da DBT.

MARSHA M. LINEHAN, PhD
Seattle, Washington, 2007

REFERÊNCIAS

Linehan, M. M. (1993a). *Cognitive-behavioral treatment of borderline personality disorder*. New York: Guilford Press.

Linehan, M. M. (1993b). *Skills training manual for treating borderline personality disorder*. New York: Guilford Press.

Linehan, M. M. (1999). Development, evaluation, and dissemination of effective psychosocial treatments: Levels of disorder, stages of care, and stages of treatment research. In M. G. Glantz & C. R. Hartel (Eds.), *Drug abuse: Origins and interventions* (pp. 367–394). Washington, DC: American Psychological Association.

Linehan, M. M., Cochran, B., & Kehrer, C. A. (2001). Borderline personality disorder. In D. H. Barlow (Ed.), *Clinical handbook of psychological disorders* (3rd ed., pp. 470–522). New York: Guilford Press.

NOTA DAS AUTORAS PARA A 2ª EDIÇÃO

Muitas coisas mudaram desde 2007, quando este livro foi publicado pela primeira vez. Em 22 de junho de 2011, Marsha retornou ao Institute of Living, em Hartford, Connecticut, onde certa vez esteve institucionalizada, para contar sobre seus próprios problemas de saúde mental, os quais acabaram por levá-la a meses de confinamento essencialmente solitário em uma unidade de internação. Ela contou sua improvável história — primeiro para os pacientes do programa de terapia comportamental dialética (DBT) ambulatorial do instituto, que está instalado na própria unidade onde ela esteve como paciente. Ela liderou um pequeno grupo nosso lá reunido naquele dia em uma dança de *mindfulness* justamente defronte ao pátio onde, anos antes, ela havia perambulado, contorcendo as mãos, sentindo angústia mental e desespero. Depois de um almoço privado com a família e alguns amigos, ela entrou em um auditório lotado para contar sua história ao mundo. No dia seguinte, o *New York Times* publicou um artigo na primeira página, intitulado "Especialista em doença mental revela sua própria luta" (Carey, 2011), que imediatamente serviu como um raio de esperança para todos aqueles que, assim como Marsha, tinham dificuldades profundas e eram suicidas. Ela disse que contou sua história não porque queria, mas porque não gostaria de morrer como covarde — pelo menos era assim que encarava isso.

Ela sabia que sua história era uma mensagem de esperança, que a escalada para sair do inferno com um passo de cada vez era possível e que uma vida que vale a pena ser vivida era *de fato* atingível. No ano passado, o livro de memórias de Marsha, *Building a Life Worth Living* (2020), relatou sua vida desde os primeiros anos até sua ascensão meteórica (por seu brilhantismo e trabalho árduo) como um dos maiores "gênios e visionários cientistas que transformaram nosso mundo", segundo a *TIME Magazine* (27 de abril de 2018).

Desde que começamos a produzir esta 2ª edição, Marsha se aposentou da sua longa e altamente produtiva carreira acadêmica. Nós três permanecemos comprometidas com a divulgação do trabalho da sua vida e da sua visão, seguindo os princípios de clareza, precisão e compaixão da DBT. Se as coisas fossem diferentes, se ela não tivesse se aposentado, iria querer transmitir seu absoluto prazer e orgulho por Shireen ter se unido a Kelly e a mim para publicar este importante livro. Ela lhe diria que Shireen é "fabulosa demais para explicar em palavras!" e então listaria as maravilhosas conquistas de Shireen — como pesquisadora acadêmica, recebedora de diversos fomentos para pesquisas, autora de trabalhos acadêmicos, dirigindo um grande laboratório e clínica de DBT, onde treina estudantes de pós-graduação, e como líder ativa em seu "lar profissional", a Association for Behavioral and Cognitive Therapies. Shireen, mais do que a maioria de nós, seguiu de perto as incríveis pegadas de Marsha. Marsha está muito satisfeita porque suas três alunas — Shireen, Kelly e eu — ainda estão assim, juntas: carregando a tocha com os queridos colegas que se juntam a nós aqui nestas páginas.

Para você, querida Marsha.

LINDA A. DIMEFF, PhD
Seattle, Washington

REFERÊNCIAS

Carey, B. (2011, June 23). Expert on mental health reveals her own fight. *The New York Times*. Retrieved from www.nytimes.com/2011/06/23/health/23lives.html

Linehan, M. M. (2020). *Building a life worth living: A memoir*. New York: Random House.

Prefácio

Terapia comportamental dialética na prática clínica tem suas raízes nos primeiros dias da terapia comportamental dialética, antes de a sigla "DBT" ter se generalizado. Naqueles primeiros dias, a meca do treinamento em DBT era a companhia formada por Marsha Linehan, a Linehan Training Group (mais tarde chamada de Behavioral Technology Transfer Group, e agora denominada Behavioral Tech, LLC). Nossa querida colega Cindy J. Sanderson, PhD, uma das mais inteligentes, engenhosas e apaixonadas clínicas e disseminadoras da DBT, foi a primeira diretora de treinamento do Linehan Training Group. Cindy e seu melhor amigo e colega, Charlie Swenson, MD, estiveram entre os primeiros a aprender DBT fora do ambiente de Marsha, na University of Washington, e os primeiros a adaptá-la a um contexto hospitalar na Cornell Medical School. Naquela época, Kelly Koerner, PhD, havia acabado de concluir o doutorado quando aceitou ser presidente/CEO inicial do grupo à medida que o interesse e o entusiasmo pela DBT impulsionaram seu crescimento e disseminação para muito além das paredes do laboratório de Marsha, chegando ao que é hoje. Linda Dimeff, PhD, se uniu a Kelly e Cindy logo após sua fundação. Em conjunto, associadas a Marsha e aos muitos autores deste livro, desenvolvemos modelos e materiais para treinamentos padronizados, cursos intensivos, implementações, além de dezenas de horas dedicadas ao desenvolvimento de ferramentas digitais para aprender e aplicar a DBT de forma efetiva. Como grupo e individualmente, demos treinamentos no mundo inteiro — construindo equipes e comunidades sólidas para aplicar a DBT com fidelidade.

Durante as conversas com os iniciantes na sua adoção, Marsha intuiu as complexidades de transportar a DBT de um tratamento acadêmico, rigidamente controlado e ambulatorial para um ambiente hospitalar, um ambiente de reabilitação de justiça juvenil, uma instituição de tratamento para agressores sexuais e outras populações de pacientes, além daqueles que ela havia estudado inicialmente na universidade: mulheres cronicamente suicidas, com múltiplos transtornos mentais comórbidos e com transtorno da personalidade *borderline* (TPB). Ela desenvolveu um modelo para treinamento e o conceito avançado das funções e modos da DBT. Apaixonadamente, guiou o mundo lutando contra o desmantelamento ou a "diluição" da aplicação da DBT, aconselhando manter seus muitos modos intactos, em um pacote abrangente, buscando manter a fidelidade à proposta de tratamento da DBT.

À medida que fomos treinando e apoiando outros profissionais em seus esforços para disseminar a DBT, percebemos que estávamos descrevendo repetidamente *como* adaptá-la para uso em contextos específicos e para diferentes populações de pacientes de uma maneira que preservasse a sua fidelidade. Os manuais de tratamento de Marsha (por mais brilhantes que fossem e sejam) nos diziam como realizar o tratamento, mas ofereciam pouca orientação de como adaptá-lo para uso fora da clínica de pesquisa ambulatorial da University of Washington. Graças à nossa proximidade específica à fonte (Marsha), nós, assim como outros colegas no Linehan Training Group, servimos como veículos da melhor forma possível: transmitindo as brilhantes inovações de outros que adaptaram a DBT àqueles que buscam fazer o mesmo. Quem dera conseguíssemos reuni-las — para que aqueles que buscam uma nova adaptação se apoiassem em outros que já haviam feito isso antes — e de uma maneira que perdurasse ao longo do tempo.

Essa foi a inspiração inicial para este livro — uma ideia a princípio desenvolvida por Linda, Kelly e Cindy para ajudar outras pessoas a adotar a DBT em diferentes contextos e com populações específicas, adaptando-a a eles, apoiadas pelo trabalho realizado anteriormente por outros para que não fosse necessário ter que repetidamente "reinventar a roda". Infelizmente, Cindy morreu depois de uma longa batalha contra um câncer de mama vários anos antes de termos dado início mais seriamente à 1ª edição. Sua memória, junto do seu trabalho para ajudar a articular como melhor construir um programa de DBT com total fidelidade, esteve sempre presente ao longo de toda a 1ª edição, assim como nesta 2ª edição.

Desde a publicação inicial, em 2007, um exemplar surrado de *Terapia comportamental dialética na prática clínica* esteve sobre a mesa redonda de conferências de Marsha em seu escritório na Behavioral Research and Therapy Clinics (BRTC) na University of Washington. O livro estava lá, seja porque ela se orgulhava de um livro publicado por duas de suas alunas, seja porque ela também o usava como referência (ou um pouco de ambos); jamais saberemos com certeza.

Kitty Moore, nossa fantástica editora na Guilford Press, nos encorajou a considerar uma 2ª edição 10 anos depois da data de publicação original do livro. Na época, o mundo da DBT havia se expandido de forma significativa para praticamente todos os cantos do globo, para uso em cada contexto e população de pacientes complexos. Dezenas de ensaios randomizados rigidamente controlados haviam sido conduzidos, continuando a apoiar sua eficácia e efetividade. Importantes e animadoras adaptações da DBT também estavam em andamento, incluindo adaptações para crianças pequenas e DBT aplicada como um programa de prevenção primária e secundária em escolas públicas. A DBT foi integrada à exposição prolongada de Edna Foa para tratar de modo mais efetivo sintomas pós-traumáticos em pacientes cronicamente suicidas com TPB e histórico traumático. Pesquisas adicionais ajudaram a refinar e expandir a DBT para auxiliar pessoas com problemas psiquiátricos a construírem tangivelmente uma vida que valha a pena ser vivida, com seu retorno ao trabalho ou conquistando um diploma.

Nós (L.A.D. e K.K.) sabíamos que uma 2ª edição era necessária e importante — para atualizar as lições iniciais aprendidas e proporcionar um fórum com o objetivo de disseminar alguns dos avanços mais excitantes da DBT durante a última década. E, ainda, dada a vasta expansão do universo da DBT, sabíamos que não poderíamos fazer isso sozinhas. Fomos privilegiadas pelo fato de Shireen Rizvi, nossa querida amiga, companheira na BRTC e ex-aluna de Marsha, ser a pessoa perfeita para ajudar a liderar este esforço com suas excepcionais habilidades de gerenciamento de projeto, compromisso com a DBT e profundo conhecimento para detectar o que é e o que não é DBT.

Esta 2ª edição foi bastante ampliada a partir da 1ª, com cada capítulo original significativamente adaptado e 10 novos capítulos. Esperamos que ela continue a servir como um recurso para muitos que, como você, se empenham em aplicar a DBT com fidelidade para melhorar as vidas de indivíduos com problemas de saúde mental complexos e alto grau de sofrimento. A visão de mundo dialética nos ensina que estamos todos conectados e que mudamos em nossas interações ao longo do tempo. Este livro é uma evidência tangível disso, e somos gratas pela oportunidade de apresentá-la.

LINDA A. DIMEFF
SHIREEN L. RIZVI
KELLY KOERNER

Sumário

Apresentação da 1ª edição ... vii
Marsha M. Linehan

Prefácio ... xi

PARTE I – Visão geral e introdução à DBT

1 Visão geral da DBT ... 2
Kelly Koerner, Linda A. Dimeff e Shireen L. Rizvi

2 Adotar ou adaptar? Fidelidade é importante ... 20
Kelly Koerner, Linda A. Dimeff, Charles R. Swenson e Shireen L. Rizvi

3 Avaliando seu programa em DBT ... 37
Shireen L. Rizvi, Maria Monroe-DeVita e Linda A. Dimeff

PARTE II – Aplicações nos vários contextos

4 Implementando a DBT padrão em um contexto ambulatorial ... 64
Linda A. Dimeff, Kim Skerven, Andrew White, Shelley McMain, Katherine Anne Comtois, Cedar R. Koons, Soonie A. Kim, Shari Y. Manning e Elisabeth Bellows

5 DBT em contextos parciais ou residenciais ... 97
Charles R. Swenson, Suzanne Witterholt e Juliet Nelson

6 Aplicação da DBT em um contexto escolar ... 127
Elizabeth T. Dexter-Mazza, James J. Mazza, Alec L. Miller, Kelly Graling, Elizabeth Courtney-Seidler e Dawn Catucci

7 DBT em centros de aconselhamento universitário ... 144
Jacqueline Pistorello e Carla D. Chugani

8 DBT em programas de justiça juvenil ... 169
Debra M. Bond, Jesse Homan e Brad Beach

9	Programas forenses e correcionais na DBT abrangente: orquídeas, não dentes-de-leão	193
	Robin McCann e Elissa M. Ball	

PARTE III – Aplicações nas populações

10	DBT – aceitando os desafios do emprego e da autossuficiência	216
	Katherine Anne Comtois, Lynn Elwood, Jenna Melman e Adam Carmel	
11	DBT para indivíduos com transtorno da personalidade *borderline* e transtornos por uso de substância	244
	Linda A. Dimeff, Shelley McMain, Jennifer H. R. Sayrs, Chelsey R. Wilks e Marsha M. Linehan	
12	Tratando transtorno de estresse pós-traumático durante a DBT: aplicando os princípios e procedimentos do protocolo de exposição prolongada da DBT	277
	Melanie S. Harned e Sara C. Schmidt	
13	DBT e transtornos alimentares	298
	Lucene Wisniewski, Debra L. Safer, Sarah Adler e Caitlin Martin-Wagar	
14	DBT além do Estágio 1: uma perspectiva geral dos Estágios 2, 3 e 4	319
	Cedar R. Koons	
15	Uma visão geral da DBT para crianças pré-adolescentes: abordando os alvos principais do tratamento	340
	Francheska Perepletchikova e Donald Nathanson	
16	DBT para adolescentes	359
	Alec L. Miller, Jill H. Rathus, Elizabeth T. Dexter-Mazza, Chad S. Brice e Kelly Graling	
17	DBT com famílias	380
	Alan E. Fruzzetti, Luciana G. Payne e Perry D. Hoffman	

PARTE IV – Tópicos especiais

18	Treinamento e supervisão em programas ambulatoriais de DBT	404
	Jesse Homan, Jennifer H. R. Sayrs e Travis L. Osborne	
19	Diretrizes em farmacologia para tratamento de pacientes no Estágio 1 da DBT	425
	Elisabeth Bellows, W. Maxwell Burns e Chelsey R. Wilks	
	Índice	445

PARTE I

Visão geral e introdução à DBT

1
Visão geral da DBT

Kelly Koerner, Linda A. Dimeff e Shireen L. Rizvi

Neste capítulo, será apresentada uma visão geral da terapia comportamental dialética (DBT, do inglês *dialectical behavioral therapy*) ambulatorial padrão e sua base de evidências. O propósito central é descrever a DBT com detalhes suficientes para ajudar a determinar se a adoção dessa proposta de tratamento atenderá às necessidades do contexto ou da população em que se deseje implementar essa abordagem. Este capítulo também serve como âncora e ponto de referência para o modelo da DBT padrão para que seja possível comparar e contrastar com as variações da DBT descritas em capítulos subsequentes. Além disso, este capítulo tem por objetivo apresentar um conteúdo que possa ser compartilhado com colegas como uma introdução à DBT.

A DBT EM POUCAS PALAVRAS

A DBT é uma proposta terapêutica cognitivo-comportamental originalmente desenvolvida por Marsha M. Linehan, PhD, como um tratamento para indivíduos cronicamente suicidas e, no começo, validado para mulheres suicidas que satisfaziam os critérios diagnósticos para o transtorno da personalidade *borderline* (TPB). O TPB é um transtorno psicológico caracterizado por uma importante desregulação em diversas áreas: emoção, identidade, relações interpessoais, comportamento e cognição. As estimativas de prevalência do TPB na população geral são de cerca de 2 a 3% (Tomko, Trull, Wood, & Sher, 2014). No entanto, as taxas de prevalência do TPB são significativamente mais altas entre aqueles que utilizam mais frequentemente os sistemas de saúde e em amostras hospitalares (p. ex., Comtois & Carmel, 2016; Widiger & France, 1989; Widiger & Weissman, 1991). A abordagem adequada das necessidades de indivíduos com TPB apresenta vários desafios. Indivíduos com TPB em geral demandam terapia para problemas psicológicos múltiplos, complexos e graves, muitas vezes no contexto de crises implacáveis e manejo de comportamento suicida de alto risco. Com muitos destes pacientes, a grande quantidade de problemas graves (algumas vezes potencialmente fatais) que a terapia precisa abordar torna difícil estabelecer e manter um foco no tratamento. Acompanhar a preocupação mais urgente para o paciente pode resultar em um foco diferente no manejo da crise a cada semana. A terapia pode parecer um carro dando uma guinada fora de controle, por pouco evitando um desastre, dando a impressão de um movimento para a frente, mas sem progresso significativo.

As decisões de tratamento ficam ainda mais complicadas porque pacientes com comportamento suicida crônico e sensibilidade emocional extrema muitas vezes agem de formas que estressam seus terapeutas. Tentativas de suicídio, ameaças de tentativa de suicídio e raiva direcionada ao terapeuta podem ser muito estressantes. Independentemente do treinamento e experiência, os terapeutas podem ter dificuldades com as próprias reações emocionais quando um paciente é recorrentemente suicida e, ao mesmo tempo, rejeita a ajuda que é oferecida, demandando uma ajuda que os terapeutas não podem dar. Mesmo quando o terapeuta está no rumo certo, o progresso pode ser lento e esporádico. Todos esses fatores aumentam a chance de erros terapêuticos, incluindo mudanças prematuras no plano de tratamento, e podem contribuir para o fato de que os indivíduos com TPB tenham altas taxas de falha do tratamento (Perry & Cooper, 1985; Rizvi, 2011; Tucker, Bauer, Wagner, Harlam, & Sher, 1987). Estresse intenso, falha do tratamento e comportamento suicida repetitivo, por sua vez, contribuem para a alta taxa de utilização de serviços psiquiátricos por essa população. Indivíduos que satisfazem os critérios para TPB em geral já procuraram ajuda repetidamente e de múltiplas fontes. Pesquisas demonstraram de forma consistente que indivíduos com TPB têm taxas mais altas de utilização de tratamento do que indivíduos com outros transtornos da personalidade ou transtornos do humor ou de ansiedade (p. ex., Ansell, Sanislow, McGlashan, & Grilo, 2007; Bender et al., 2001; Zanarini, Frankenburg, Hennen, & Silk, 2004). Questões éticas e legais sobre suicídio tornam mais complicado limitar o uso de hospitais, mesmo quando o uso da "porta giratória" de serviços de internação involuntária pode inadvertidamente causar danos (i.e., ser iatrogênico). A experiência para indivíduos que satisfazem os critérios para TPB e seus prestadores de tratamento historicamente tem sido um caminho desanimador de recorrentes falhas no tratamento apesar dos seus melhores esforços.

Foi dentro desse contexto que a DBT se desenvolveu. Quando Linehan começou a usar a terapia comportamental clínica tradicional (Goldfried & Davison, 1976), ela foi guiada pela natureza dos problemas dos seus pacientes para balancear e complementar a orientação para a mudança da terapia comportamental com outras estratégias terapêuticas. A observação atenta de Linehan (1993a, 1993b) dos sucessos e das falhas resultou em manuais de tratamento que organizam as estratégias em protocolos e estruturam a terapia e a tomada de decisão clínica para que os terapeutas possam responder com flexibilidade a um quadro clínico que está em constante mudança. Embora a DBT compartilhe elementos com as abordagens da terapia psicodinâmica, centrada no cliente, da Gestalt, paradoxal e estrategicamente (ver Heard & Linehan, 1994), é a aplicação da ciência comportamental, *mindfulness* e filosofia dialética sua característica definidora.

A DBT evoluiu para um tratamento sofisticado, ainda que seus conceitos sejam muito simples. Por exemplo, a DBT enfatiza uma abordagem organizada e sistemática em que os membros da equipe de tratamento compartilham pressupostos fundamentais sobre terapia e pacientes. A DBT considera o comportamento suicida como uma forma mal-adaptativa de solução de problemas e usa técnicas bem-pesquisadas de terapia cognitivo-comportamental (TCC) para ajudar os pacientes a resolverem problemas da vida de maneiras mais adaptativas. Os terapeutas na DBT aproveitam todas as oportunidades para fortalecer respostas válidas dos pacientes, o que — isoladamente e em combinação com intervenções da TCC — facilita a mudança (p. ex., Linehan et al., 2002). Como problemas clínicos difíceis naturalmente provocam fortes opiniões divergentes entre os prestadores de tratamento e como os próprios problemas dos pacientes da DBT incluem pensamento dicotômico rígido e expressões extremas comportamentais e emocionais, a filosofia e as estratégias dialéticas oferecem um meio de conciliar as diferenças para que os conflitos na terapia sejam enfrentados com movimento, e não com impasse. A seguir, serão discutidos um de cada vez como forma de apresentar a DBT resumidamente.

Estrutura da DBT

Diversos elementos da DBT oferecem uma estrutura ou um enquadramento conceitual para o terapeuta e o paciente. A formulação de caso na DBT está baseada na teoria biossocial e nos níveis de desordem. Estes, por sua vez, traduzem-se em uma postura terapêutica colaborativa básica e em metas e alvos do tratamento que são hierarquicamente organizados de acordo com sua importância. Esses alvos são claramente orquestrados nos diferentes modos de tratamento (psicoterapia individual semanal e treinamento de habilidades e, quando necessário, *coaching* telefônico para os pacientes; consultoria semanal com os pares para os terapeutas) para que funções e papéis específicos sejam atribuídos para cada modo e que, assim, tenha responsabilidade por alvos específicos no decorrer do tratamento. Na sequência, esboçamos cada um deles.

Teoria biossocial

De acordo com Linehan (1993a), o principal problema do TPB é o transtorno global (ou invasivo) do sistema de regulação emocional. Tal ideia guia todas as intervenções de tratamento e é usada como um modelo psicoeducacional para que pacientes e terapeutas compartilhem uma compreensão comum dos problemas e intervenções. Segundo essa perspectiva, os comportamentos característicos para o TPB atuam para regular as emoções (p. ex., comportamento suicida) ou são uma consequência da falha na regulação emocional (p. ex., sintomas dissociativos ou sintomas psicóticos transitórios).

A hipótese é que essa desregulação emocional global (ou invasiva) é desenvolvida e mantida por fatores biológicos e ambientais. Pelo lado biológico, os indivíduos são mais vulneráveis a dificuldades na regulação de suas emoções em razão de diferenças no sistema nervoso central (p. ex., devido à genética, eventos durante o desenvolvimento fetal ou trauma no início da vida). Quando Linehan inicialmente desenvolveu a teoria biossocial, esse modelo estava baseado em suas observações clínicas. Desde aquela época, a mensuração das variáveis biológicas passou a ser possível por meio de medidas psicofisiológicas, exames de sangue que avaliam marcadores dos níveis hormonais e de neurotransmissores, além de todo o desenvolvimento da neuroimagem. Assim, um corpo de pesquisa empírica surgiu para apoiar esta noção central de que aqueles com TPB experimentam estados aversivos mais frequentes, mais intensos e de mais longa duração e que a vulnerabilidade biológica pode contribuir para as dificuldades na regulação das suas emoções (p. ex., Ebner-Priemer et al., 2005; Schulze, Schmahl, & Niedtfeld, 2016). Além disso, um modelo biossocial adaptado por Crowell, Beauchaine e Linehan (2009) sugere que a impulsividade é um fator biológico adicional importante no TPB. Como, normativamente, muitas capacidades dependem de regulação emocional adequada e tolerância ao mal-estar, as dificuldades aqui resultam em instabilidades em um senso de identidade duradouro, resolução de conflitos interpessoais, ações orientadas para metas e assim por diante.

O desenvolvimento das problemáticas relacionadas à desregulação emocional emerge quando um indivíduo biologicamente vulnerável desenvolve uma complexa transação com ambientes generalizadamente invalidantes. Esses ambientes comunicam que as respostas características dos indivíduos aos eventos (em particular as respostas emocionais) são incorretas, inapropriadas, patológicas ou não são levadas a sério. Por não entenderem quão debilitante é o esforço com a regulação emocional, as pessoas no ambiente simplificam excessivamente a facilidade da solução dos problemas e não ensinam o indivíduo a tolerar o mal-estar ou a formar objetivos e expectativas realistas. Ao punir a comunicação das experiências aversivas e responder a manifestações emocionais aversivas somente quando elas estão escaladas, o ambiente ensina o indivíduo a oscilar entre inibição emocional e comunicação emocional extrema.

Abuso sexual na infância é um ambiente prototípico invalidante relacionado ao TPB, dada a correlação observada entre TPB, comportamento suicida e relatos de abuso sexual na infância (Wagner & Linehan, 1997). Contudo, como nem todos os indivíduos que satisfazem os critérios para TPB relatam histórias de abuso sexual e como nem todas as vítimas de abuso sexual desenvolvem TPB, ainda não se sabe ao certo como explicar as diferenças individuais das pessoas que acabam fechando o diagnóstico de TPB e daquelas que acabarão não fechando. Achados interessantes sugerem que a intensidade/reatividade do afeto aversivo é um preditor mais forte de sintomas de TPB do que o abuso sexual na infância e que a maior supressão do pensamento pode mediar a relação entre sintomas de TPB e abuso sexual na infância (Rosenthal, Cheavens, Lejuez, & Lynch, 2005).

A resultante desregulação emocional generalizada interfere na solução de problemas e cria problemas por si só. Por exemplo, uma paciente pode chegar à sua sessão de terapia depois de ter sido demitida porque perdeu a paciência com um colega. Quando o terapeuta pergunta o que aconteceu, a paciente está arrasada pela vergonha, permanece calada e se encolhe na cadeira, batendo a cabeça contra o braço da cadeira. Essa resposta inviabiliza qualquer ajuda que o terapeuta tenha oferecido quanto ao manejo da raiva no trabalho e cria uma nova situação sobre a qual a paciente sente vergonha (i.e., como ela agiu na terapia). Tais comportamentos mal-adaptativos, incluindo os mais extremos como as condutas suicidas, ocorrem para resolver problemas, em especial a redução de estados emocionais dolorosos. Para um paciente é difícil saber se culpa a si mesmo ou aos outros: ou ele é capaz de controlar o próprio comportamento (como os outros acreditam e esperam), mas não o faz e, portanto, é "manipulador", ou é incapaz de controlar as próprias emoções, como toda uma vida de emoções mostra, o que significa que a vida sempre será um interminável pesadelo de descontrole. Quando a pessoa tenta atender às expectativas que estão em desacordo com as reais capacidades, ela pode falhar, sentir-se envergonhada e decidir que ser punida ou mesmo morrer é o que ela merece. Quando a pessoa ajusta seus próprios padrões para acomodar a vulnerabilidade, mas os outros não, o paciente pode ficar com raiva porque ninguém oferece a ajuda necessária.

Este é um dilema fundamental na terapia. Quando o terapeuta se concentra na aceitação da vulnerabilidade e das limitações, isso ativa a desesperança de que os problemas jamais irão mudar; concentrar-se na mudança, no entanto, pode desencadear pânico porque os pacientes que tiveram problemas relacionados com a desregulação emocional global sabem que não há como corresponder às expectativas de jeito nenhum. O terapeuta na DBT precisa entender e levar em conta a dor intensa envolvida em viver sem "pele emocional" e focar diretamente na redução de emoções dolorosas e soluções para problemas que dão origem a elas. Por exemplo, em resposta a reações emocionais intensas durante as tarefas terapêuticas (p. ex., falar sobre um acontecimento da semana anterior), o terapeuta valida a experiência incontrolável e indefesa da excitação emocional e ensina o indivíduo a modular a emoção na sessão, equilibrando, momento a momento, o uso de aceitação apoiadora e estratégias de mudança confrontadoras.

Níveis de transtorno e estágios, objetivos e alvos do tratamento

Na DBT, o nível de desordem do paciente determina quais tarefas do tratamento são relevantes e viáveis. Por exemplo, o que é relevante e viável para um paciente morador de rua com uso descontrolado de heroína, que interrompeu múltiplos programas de tratamento para uso de metadona e recentemente tentou suicídio, é diferente do que é relevante e viável para um enfermeiro, também viciado em opiáceos, que evitou uma suspensão por roubar drogas no trabalho e tem uma família apoiadora e um empregador que está disposto a tê-lo de volta depois que estiver livre de drogas. Embora muitas das intervenções para adição sejam as mesmas, a primeira pessoa citada precisa de uma atenção à saúde mais abrangente. O tratamento de alguns dos seus comportamentos (p. ex., tentativas de suicídio) terá prioridade em relação ao tratamento de outros. Muitos problemas (p. ex., abuso de drogas, privação de habitação, raiva fora de controle) podem precisar ser resolvidos simultaneamente. Seguindo o bom senso, o modelo de tratamento da DBT em estágios (Linehan, 1993a, 1996) prioriza os problemas que precisam ser abordados em um ponto particular da terapia de acordo com a ameaça que eles representam à razoável qualidade de vida do paciente.

O primeiro estágio do tratamento com todos os pacientes em DBT é o pré-tratamento, seguido por 1 a 4 estágios subsequentes. O número de estágios subsequentes depende da extensão da desordem comportamental quando o paciente inicia o tratamento. No estágio pré-tratamento, como com outras abordagens da TCC, paciente e terapeuta concordam de forma explícita e colaborativa com as metas e métodos essenciais do tratamento. Embora não seja importante ter um contrato por escrito, é importante ter um compromisso verbal mútuo com as combinações do tratamento. Esses acordos especificamente podem variar conforme o contexto e os problemas do paciente. Ao mesmo tempo, em geral, para os pacientes, incluem concordar em trabalhar os alvos do tratamento no Estágio 1 por uma duração de tempo especificada e comparecer a todas as sessões agendadas, pagar os honorários, etc. Já para o terapeuta, as combinações incluem concordar em fornecer o melhor tratamento possível (incluindo aumentar as próprias habilidades quando necessário), respeitar os princípios éticos e participar na consulta. Essas combinações devem ser estabelecidas antes do início do tratamento formal. Como a DBT exige consentimento voluntário em vez de coagido, tanto o paciente quanto o terapeuta devem ter a opção de se comprometer com a DBT em detrimento de alguma opção não DBT. Assim, por exemplo, em uma unidade forense ou quando um paciente está legalmente obrigado a fazer o tratamento, só se considera que este entrou em DBT depois que um compromisso verbal foi obtido. No pré-tratamento, depois que o terapeuta se compromete com o paciente, a prioridade é obter o engajamento na terapia.

O Estágio 1 da DBT é para o nível de desordem mais grave. O Estágio 1 da terapia visa aos comportamentos necessários para atingir uma expectativa de vida aceitável (imediata), controle comportamental e conexão suficiente com o tratamento e com as habilidades comportamentais para atingir estas metas. Para que estas sejam alcançadas, o tempo de tratamento é planejado para dar prioridade aos alvos na seguinte ordem de importância: (1) comportamento suicida/homicida ou outro comportamento com ameaça iminente à vida; (2) comportamentos do terapeuta ou do paciente que interfiram na terapia; (3) comportamentos que comprometam seriamente a qualidade de vida do paciente (p. ex., transtornos mentais, bem como sérios problemas com relacionamentos interpessoais, com o sistema legal, emprego/escola, de acesso à saúde e à moradia); e (4) déficits nas habilidades comportamentais necessárias para fazer mudanças na vida. A DBT assume que certos déficits são de particular relevância para o TPB e fornece treinamento para ajudar os pacientes a (1) regular as emoções; (2) tolerar o mal-estar; (3) responder habilidosamente a situações interpessoais; (4) observar, descrever e participar sem julgar, com intencionalidade e focando na efetividade; e (5) manejar o próprio comportamento com estratégias que não sejam de autopunição. Essas habilidades estão ligadas aos comportamentos presentes nos critérios diagnósticos para o TPB, com *mindfulness* voltada para reduzir a confusão de identidade, o vazio e a desregulação cognitiva; efetividade interpessoal abordando o caos interpessoal e temores de abandono; habilidades de regulação emocional reduzindo o afeto lábil e a raiva excessiva; e tolerância ao mal-estar ajudando a reduzir comportamentos impulsivos, ameaças de suicídio e CASIS. É importante notar que a DBT foca ativamente em comportamentos do paciente e do terapeuta que interferem na terapia, o que só perde em importância para comportamentos de ameaça iminente à vida. Em outras palavras, comportamentos do paciente que interferem na receptividade à terapia, como não comparecimento, não colaboração e não adesão, ou que forçam os limites do terapeuta ou reduzem sua motivação para tratá-lo são vistos em pé de igualdade com comportamentos do terapeuta que desequilibram a terapia, como ser extremamente receptivo ou extremamente focado na mudança, muito flexível ou muito rígido, muito acolhedor ou muito afastado, etc. Os alvos específicos são mutuamente identificados e então são monitorados e fornecem a pauta principal para as sessões de terapia individual, paralelamente ajudando o paciente a atingir as suas metas pessoais. Na DBT, é importante comunicar que as metas da terapia não são simplesmente suprimir o comportamento disfuncional severo, mas também construir uma vida que qualquer pessoa razoável consideraria que vale a pena viver.

Muitos pacientes que ainda não estão em descontrole comportamental experimentam tremenda dor emocional devido a respostas do transtorno de estresse pós-traumático (TEPT) ou outras experiências emocionais dolorosas que os deixam desconectados ou isolados de conexões significativas com outras pessoas ou com uma vocação pessoal. Eles sofrem vidas de desespero silencioso, em que a experiência emocional é intensa demais (embora o controle emocional esteja mantido) ou a pessoa está entorpecida. Portanto, com esses pacientes, as metas da terapia no Estágio 2 são ter experiência emocional não traumatizante e conexão com o ambiente. No Estágio 3, o paciente sintetiza o que foi aprendido, aumenta seu autorrespeito e um senso permanente de conexão e trabalha para resolver problemas da vida cotidiana. Os alvos aqui são autorrespeito, maestria, autoeficácia, um senso de moralidade e uma qualidade de vida aceitável. O Estágio 4 (Linehan, 1996) foca no sentimento de incompletude que muitos indivíduos experimentam, mesmo depois que os problemas da vida cotidiana estão essencialmente resolvidos. Para muitos, as metas no Estágio 4 estão fora do âmbito da terapia tradicional e dentro de uma prática espiritual que dá origem à capacidade para liberdade, alegria ou realização espiritual.

Embora os estágios da terapia sejam apresentados linearmente, o progresso muitas vezes não é linear e os estágios se sobrepõem. Não é incomum retomar discussões como aquelas do pré-tratamento para resgatar o compromisso com as metas ou métodos do tratamento. A transição do Estágio 1 para o Estágio 2 também pode apresentar incertezas. A infrequência dos comportamentos no Estágio 1, assim como a velocidade da rerregulação (em vez da presença de algum exemplo de comportamento), define as diferenças entre os estágios. A prontidão para o trabalho no Estágio 2 é idiossincrática. Em geral, o paciente está pronto para a transição quando já não está mais se engajando em comportamentos disfuncionais severos, consegue manter uma relação terapêutica forte e demonstrou, para sua satisfação e do terapeuta, a habilidade de lidar com sinais que antes desencadeavam os comportamentos problemáticos. O Estágio 3 é frequentemente uma revisão das mesmas questões por um ponto de vista diferente.

O nível de desordem e os estágios do tratamento têm implicações para a prestação do serviço do tratamento em DBT. Muitas clínicas têm diferentes níveis de atendimento de acordo com a severidade do descontrole comportamental. Por exemplo, se for o caso de alguém que só pode receber terapia individual por estar completamente fora de controle ou os pacientes perdem o acesso a terapeutas individuais assim que estiverem fora da crise, então as contingências favorecem a falta de progresso e crises continuadas. O que é necessário é ter disponíveis reforçadores (p. ex., serviços cada vez mais aprofundados) contingentes ao progresso em vez da continuação do comportamento mal-adaptativo.

Conforme mencionado antes, a responsabilidade por tratar alvos específicos é atribuída aos modos de tratamento. Por exemplo, o psicoterapeuta individual tem o papel de planejar o tratamento, assegurando que seja feito progresso em todos os alvos da DBT, ajudando a integrar outros modos de terapia, dando consultoria ao paciente sobre comportamentos efetivos com outros terapeutas e o manejo de crises e de comportamentos que ameaçam a vida. Isso permite que o terapeuta primário — que frequentemente é a pessoa que melhor conhece as capacidades do paciente — ensine, fortaleça e generalize as novas respostas do paciente às crises sem reforçar seus comportamentos disfuncionais. Isso também impede que múltiplos planos de tratamento alternativos sejam executados ao mesmo tempo.

O papel do treinador de habilidades é assegurar que o paciente adquira novas habilidades. Para maximizar a aprendizagem e evitar que os papéis entrem em conflito, ele se concentra apenas minimamente em comportamentos que interferem no treinamento de habilidades (p. ex., dissociação no grupo, chegar tarde) encaminhando o paciente de volta ao terapeuta individual primário para trabalhar na essência desses problemas. Igualmente, em crises suicidas e outras crises, o treinador de habilidades encaminha o paciente de volta para o terapeuta individual depois de realizar a devida avaliação do risco de suicídio e fornecer a intervenção necessária para fazer o paciente entrar em contato com o terapeuta primário.

A DBT COMO SOLUÇÃO DE PROBLEMAS

Conforme mencionado antes, a DBT usa protocolos da terapia comportamental baseados em evidências para tratar problemas psicológicos. Como fazem outras abordagens da TCC, ela enfatiza o uso de princípios comportamentais e avaliação comportamental para determinar quais são as variáveis que controlam os comportamentos problemáticos. Ela usa intervenções da TCC padrão (p. ex., automonitoramento, análise comportamental e análise de soluções, estratégias didáticas e de orientação, manejo de contingências, reestruturação cognitiva, treinamento de habilidades e procedimentos de exposição). Em vez de descrever essas intervenções da TCC em profundidade, presumimos que o leitor já esteja familiarizado com elas. Aqui destacamos aquelas que são exclusivas da DBT ou enfatizadas na DBT. Por exemplo, todas as abordagens da TCC incluem psicoeducação e colocam uma forte ênfase na orientação do paciente para a justificativa do tratamento e os métodos de tratamento. Entretanto, como a excitação emocional dos pacientes com TPB frequentemente interfere em seu processamento da informação e na colaboração, o terapeuta em DBT muitas vezes precisa fazer o que poderia ser chamado de "micro-orientação", instruindo o paciente especificamente sobre o que fazer na tarefa particular do tratamento que está em questão.

Quando o terapeuta primário e o paciente identificam e se comprometem com as metas para a terapia nas primeiras sessões, o terapeuta reúne a história necessária para avaliar acuradamente o risco de suicídio e começa a identificar situações que evocam ideação suicida e CASIS para manejar as crises suicidas. Em particular, o terapeuta identifica as condições associadas a tentativas de suicídio quase letais, comportamento suicida com alta intenção de morrer e outras autolesões intencionais clinicamente graves.

Depois que o paciente e o terapeuta desenvolvem os objetivos e as combinações, o paciente começa a monitorar os comportamentos que eles combinaram ter como alvo. Sempre que ocorrer um dos comportamentos problemáticos visados, o terapeuta e o paciente conduzem uma análise em profundidade dos eventos e fatores situacionais antes, durante e depois desse exemplo particular (ou conjunto de exemplos) do comportamento visado. O objetivo desta *análise em cadeia* é fornecer uma descrição acurada e razoavelmente completa dos eventos comportamentais e ambientais associados ao comportamento problemático (Rizvi, 2019; Rizvi & Ritschel, 2014). Quando terapeuta e paciente discutem uma cadeia de eventos, o terapeuta destaca o comportamento disfuncional focando nas emoções e ajuda o paciente a obter *insight* reconhecendo os padrões entre este e outros exemplos do comportamento problemático. Juntos, eles identificam onde uma resposta alternativa do paciente poderia ter produzido mudança positiva e por que essa alternativa mais habilidosa não aconteceu. Esse processo de identificação do problema e análise da cadeia de eventos momento a momento ao longo do tempo para determinar quais variáveis controlam/influenciam o comportamento ocorre para cada comportamento problemático visado à medida que ele se manifesta.

Como em outras abordagens da TCC, a ausência de comportamento adaptativo é considerada o resultado de um dos quatro fatores associados aos procedimentos de mudança na terapia comportamental: treinamento de habilidades, procedimentos de exposição, manejo de contingências e reestruturação cognitiva. Se a análise em cadeia revelar um déficit nas capacidades (i.e., o paciente não tem as habilidades necessárias em seu repertório), então é enfatizado o treinamento de habilidades. Quando o paciente tem a habilidade, mas emoções, contingências ou cognições interferem na sua capacidade de agir habilidosamente, o terapeuta usa princípios e estratégias básicas dos procedimentos de exposição, manejo de contingências e reestruturação cognitiva para ajudar o paciente a superar as barreiras ao uso das suas capacidades.

Da mesma forma, quando os terapeutas cognitivo-comportamentais geram soluções, eles em geral também preventivamente imaginam o que impediria o uso da solução ou antecipação dos fatores que interferem na solução de problemas. Na DBT, essa antecipação de problemas assume uma ênfase adicional, pois o paciente muitas vezes tem comportamentos severos dependentes do humor e não se pode assumir a generalização da mesma maneira que seria feita com uma pessoa menos dependente do humor.

Tratar pacientes com múltiplos transtornos graves e crônicos exige que o terapeuta conheça os protocolos de tratamento para transtornos específicos, mas também que tenha alguma forma coesa de integrá-los para tratar um quadro clínico em constante mudança. A complexidade da tarefa é ainda mais complicada devido ao trabalho que é preciso realizar para estabelecer e manter uma relação terapêutica colaborativa e produtiva. Podemos tratar primeiro o problema presente ou principal, ver o que se resolve e então prosseguir tratando os outros múltiplos transtornos psicológicos sequencialmente. Entretanto, mesmo que tivéssemos tempo suficiente (e suficiente cobertura do seguro) para fazer isso, entre uma sessão e a seguinte, o paciente que geralmente está desregulado provavelmente terá uma outra crise importante na vida. Por exemplo, na semana passada uma paciente levou para casa algumas leituras para orientá-la no tratamento do transtorno de pânico. A terapeuta veio para a sessão pronta para discutir a justificativa do tratamento. Contudo, quando deu uma olhada no cartão diário e perguntou como a semana havia transcorrido, a pauta da sessão mudou radicalmente. Na semana entre as sessões, a paciente havia tido uma briga com o namorado, que a expulsou do apartamento dele. Ela ficou na rua e estava dormindo em um abrigo nos últimos dois dias. Durante o tempo em que esteve no abrigo, foi assediada sexualmente, o que desencadeou pesadelos e alguns sintomas dissociativos. Devido a todo o caos em sua vida, ela faltou ao encontro do grupo de treinamento de habilidades e agora está em dúvida se conseguirá ir ao grupo também nesta semana. Vivendo na rua, ela encontrou alguns antigos parceiros de drogas e usou heroína. Ela descreve a semana em um tom de voz objetivo, mas seu cartão diário mostra avaliação alta em sofrimento e ideação suicida. Quando a terapeuta avalia o risco de suicídio, ela descobre que a paciente tem como seu método de escolha usar o carro. À medida que a sessão evolui, a paciente dissocia a ponto de não falar mais.

Conforme mencionado antes, a DBT foi desenvolvida para pessoas com múltiplos transtornos que estão frequentemente em crise. As intervenções em DBT irão visar aos comportamentos hierarquicamente para que o foco imediato seja avaliar e tratar o risco de suicídio. No entanto, além de se desfazer dos meios imediatos e abordar os problemas associados ao comportamento suicida, a terapeuta também precisa abordar os problemas de moradia, a ida ao grupo de habilidades, o não uso de heroína novamente, o manejo de comportamentos dissociativos e o processamento do término do relacionamento amoroso (e talvez vergonha e desespero por não ter iniciado o tratamento para o pânico). Isso exige que o terapeuta aplique mini-intervenções baseadas em protocolos comportamentais efetivos para os problemas à medida que eles surgem. A improvisação necessária é parecida com o *jazz* — é construída sobre o domínio sólido do instrumento e o conhecimento da música, mas fortemente ligada ao exato momento e aos intérpretes. A aplicação flexível das estratégias resulta da sobreaprendizagem de protocolos da terapia comportamental e também da filosofia dialética e estratégias que ajudam a superar os impasses terapêuticos.

TREINAMENTO DE HABILIDADES

A DBT padrão inclui o treinamento de habilidades como um modo de tratamento dedicado a aprimorar as competências de habilidades em áreas em que muitos indivíduos com TPB têm déficits comportamentais. Com seu foco no ensino e fortalecimento de habilidades em DBT (Linehan, 2015), o treinamento de habilidades em DBT é feito semanalmente por cerca de duas horas. O *DBT Skills Training Manual* (2015), de Linehan*, fornece instruções abrangentes aos terapeutas sobre como ensinar as habilidades em DBT, instruções explícitas para praticar as habilidades em grupo e inúmeras fichas instrutivas e de tarefas de casa reproduzíveis para o paciente. Quatro módulos de treinamento de habilidades são ensinados durante o curso de aproximadamente seis meses, permitindo a execução de todas as habilidades por duas vezes dentro de um grupo ambulatorial em DBT padrão. Os módulos de treinamento de habilidades em DBT incluem habilidades para regular as emoções (habilidades de regulação emocional), tolerar o sofrimento emocional quando a mudança é lenta ou improvável (habilidades de tolerância ao mal-estar), ser mais efetivo em conflitos interpessoais (habilidades de efetividade interpessoal) e controlar a atenção para participar habilidosamente no momento (habilidades de *mindfulness*). O treinamento de *regulação emocional* ensina uma gama de estratégias comportamentais e cognitivas para reduzir respostas emocionais indesejadas, além de comportamentos disfuncionais impulsivos que ocorrem no contexto de emoções intensas, ensinando aos pacientes como identificar e descrever emoções, como parar de evitar emoções negativas, como aumentar emoções aversivas e como mudar emoções

---

* N. de T. Publicado no Brasil, pela Artmed, sob o título *Treinamento de habilidades em DBT: manual de terapia comportamental dialética para o terapeuta*.

aversivas indesejadas. O treinamento de *tolerância ao mal-estar* ensina diversas técnicas de controle dos impulsos e de se autoacalmar visando a sobreviver a crises sem usar drogas, tentar suicídio ou se engajar em outros comportamentos disfuncionais. A *eficácia interpessoal* ensina uma variedade de habilidades de assertividade para atingir o objetivo, ao mesmo tempo mantendo os relacionamentos e o autorrespeito. As *habilidades de mindfulness* incluem focar a atenção na observação de si mesmo ou do contexto imediato, descrever as observações, participar (espontaneamente), assumir uma postura não julgadora, fazer uma coisa de cada vez e ser efetivo (focar no que funciona).

Embora toda TCC preste atenção à generalização, este objetivo é particularmente enfatizado na DBT. A fim de generalizar as habilidades recém-adquiridas para outras situações na vida diária, os terapeutas empregam o *coaching* telefônico e a terapia *in vivo* (i.e., terapia fora do consultório, quando necessário). Apesar de a aquisição e o fortalecimento de habilidades serem domínios dos treinadores de habilidades no contexto do grupo de treinamento de habilidades, é tarefa do terapeuta individual ajudar a generalizar essas habilidades para todos os contextos relevantes.

VALIDAÇÃO

A DBT compartilha elementos com outras abordagens terapêuticas de apoio (Heard & Linehan, 1994). Sensibilidade emocional notável, tendência à desregulação emocional e uma longa história de tentativas fracassadas de mudar a emocionalidade intensa ou os comportamentos problemáticos associados a ela tornam importantes os elementos terapêuticos de apoio. Todos os pacientes se beneficiam da validação, e esta é essencial para o sucesso de estratégias orientadas para a mudança com aqueles que, de modo particular, são emocionalmente sensíveis e propensos à desregulação emocional (Linehan, 1993a).

As estratégias de validação da DBT visam não apenas a comunicar uma compreensão empática, mas também a comunicar a validade das emoções, os pensamentos e as ações do paciente. Na DBT, essas estratégias são importantes por si só, e também em combinação com estratégias de mudança. A validação também é usada para equilibrar a "patologização" à qual pacientes e terapeutas são propensos. Os pacientes muito frequentemente aprenderam a tratar suas respostas válidas como inválidas (como "idiotas", "fracas", "falhas", "ruins"). Da mesma forma, os terapeutas também aprenderam a ver respostas normais como patológicas. As estratégias de validação equilibram esse ponto de vista, exigindo que o terapeuta procure os pontos fortes, a normalidade ou a eficácia inerentes nas respostas do paciente sempre que possível e ensinando o paciente a se autovalidar. Mesmo o comportamento eminentemente inválido pode ser válido por ser efetivo. Quando uma paciente diz que se odeia, o ódio pode ser válido porque é uma resposta justificável se a pessoa agiu de uma maneira que viola valores importantes (p. ex., ela deliberadamente prejudicou outra pessoa devido à raiva). Cortar os próprios braços em resposta ao sofrimento emocional excessivo é válido (i.e. faz sentido), já que em geral produz alívio de emoções insuportáveis: é uma estratégia de regulação emocional efetiva. Ao mesmo tempo, cortar-se é simultaneamente inválido: não é normativo, impede o desenvolvimento de outros meios de regulação emocional, causa cicatrizes e afasta os outros. O mesmo comportamento pode ser tanto válido quanto inválido ao mesmo tempo. Por essa perspectiva, todo comportamento é válido em algum aspecto. O terapeuta em DBT se esforça para identificar e comunicar o que é válido para o paciente.

Em quase todas as situações, o terapeuta em DBT pode validar que os problemas do paciente são importantes, que uma tarefa é difícil, que a dor emocional ou uma sensação de estar fora do controle é compreensível, e que há sabedoria nas metas finais dele, mesmo que ele não tenha os meios particulares que ele usaria para atingi-las. Da mesma forma, muitas vezes, é útil que o terapeuta valide a perspectiva do paciente sobre os problemas da vida e crenças sobre como as mudanças podem ou devem ser feitas. A menos que o paciente acredite que o terapeuta entende verdadeiramente o seu dilema (p. ex., exatamente o quão doloroso e difícil é mudar, ou o quão importante é o problema), ele não confiará que as soluções do terapeuta são apropriadas ou adequadas e, portanto, a colaboração e a possibilidade do terapeuta ajudar o paciente a mudar serão limitadas. Desse modo, a validação é essencial para a mudança: o terapeuta deve ao mesmo tempo entender profundamente a perspectiva do paciente e também manter esperança e clareza sobre como efetuar a mudança.

A DBT COMO DIALÉTICA

A filosofia dialética tem sido influente nas ciências (Basseches, 1984; Levins & Lewontin, 1985). Na DBT, ela fornece os meios práticos para o terapeuta e o paciente reterem a flexibilidade e o equilíbrio. A dialética é tanto um método de persuasão quanto uma visão do mundo ou um conjunto de pressupostos sobre a natureza da realidade. Em ambos, uma ideia essencial é que cada tese ou afirmação de uma posição contém dentro de si sua antítese ou posição oposta. Por exemplo, com frequência pacientes suicidas querem, ao mesmo tempo, viver e morrer. Dizer em voz alta para o terapeuta "eu quero morrer", em vez de se matar em segredo, contém dentro de si a posição oposta de querer viver. Contudo, isso não quer dizer que querer viver seja "mais verdadeiro" do que querer morrer. A pessoa genuinamente não quer viver sua vida como ela é no momento — poucos de nós iriam trocar de lugar com nossos pacientes com TPB. Nem a baixa letalidade de uma tentativa de suicídio significa que a pessoa de fato não queria morrer. E também não quer dizer que a pessoa alterne entre os dois — o paciente tem simultaneamente as duas posições opostas. A mudança dialética ou progresso decorre do desenvolvimento dessas posições opostas em uma síntese. O diálogo completo da terapia constrói novas posições em que a qualidade de vida de alguém não dá origem ao desejo de morrer. Sendo assim, o suicídio é uma forma de saída de uma vida insuportável. Entretanto, construir uma vida que genuinamente valha a pena ser vivida é uma posição igualmente válida. O refrão constante em DBT é que uma soluçao melhor pode ser encontrada. A melhor alternativa ao suicídio é construir uma vida que valha a pena ser vivida.

As estratégias de modificação cognitiva na DBT estão baseadas na persuasão dialética. Embora o terapeuta em DBT possa algumas vezes desafiar crenças problemáticas com a razão ou por meio de experimentos que testem as hipóteses, como fazem outras terapias cognitivo-comportamentais, há uma ênfase especial na modificação cognitiva mediante conversas que criam a experiência das contradições inerentes à nossa própria posição. Por exemplo, uma paciente que experimenta alívio imediato da intensa dor emocional quando queima seus braços com cigarro está relutante em abrir mão disso. Quando o terapeuta avalia os fatores que conduziram a um incidente recente, a paciente diz com ar de indiferença: "a queimadura na verdade não foi tão ruim desta vez".

Terapeuta: Então o que você está dizendo é que se visse uma pessoa com muita dor emocional, digamos sua sobrinha pequena, e ela estivesse se sentindo tão mal quanto você estava na noite em que queimou seu braço, se estivesse tão arrasada pela decepção quanto você estava naquela noite, você queimaria o braço dela com um cigarro para ajudá-la a se sentir melhor.

Paciente:	Não, eu não faria isso.
Terapeuta:	Por que não?
Paciente:	Eu apenas não faria.
Terapeuta:	Eu acredito que você não faria, mas por que não?
Paciente:	Eu a confortaria ou faria outra coisa para ajudá-la a se sentir melhor.
Terapeuta:	Mas e se ela estivesse inconsolável, e nada do que você fizesse conseguisse fazer com que ela se sentisse melhor? Afinal de contas, você não a queimaria tanto assim.
Paciente:	Eu simplesmente não faria isso. Não é certo. Eu faria alguma coisa, mas não isso.
Terapeuta:	Isso é interessante, você não acha?

A paciente acha ao mesmo tempo que não se deve queimar outra pessoa em quaisquer circunstâncias e que se queimar para obter alívio não é nada demais. Em uma persuasão dialética, o terapeuta ressalta as inconsistências entre as ações, crenças e valores da paciente. O diálogo concentra-se em ajudar a paciente a alcançar um ponto de vista que seja mais completo e internamente consistente com seus valores.

Uma visão de mundo dialética permeia a DBT. Uma perspectiva dialética sustenta que não se pode entender as partes sem considerar o todo, que a natureza da realidade é holística, mesmo que pareça que podemos falar significativamente sobre um elemento ou parte dele independentemente. Isso tem inúmeras implicações. Os clínicos nunca têm uma perspectiva "integral" sobre um paciente. Ao contrário, os terapeutas são como os sábios homens cegos, cada um tocando uma parte de um elefante e cada um estando certo de que o todo é exatamente como a parte que eles estão tocando. "Um elefante é grande e mole"; "Não, não, um elefante é longo, redondo e fino"; "Não, não, um elefante é sólido como uma parede". O terapeuta que interage com o paciente em uma relação de apoio terapêutica individualizada vê o progresso gradual. A enfermeira cujo único contato consiste em discussões para rejeitar pedidos de benzodiazepínicos, o responsável pela intervenção de crises que repetidamente vê a pessoa sempre em seu pior momento e o líder do grupo que precisa reparar o dano dos comentários sarcásticos da pessoa sobre outros membros do grupo têm percepções diferentes do paciente. Cada perspectiva é verdadeira, mas cada uma também é parcial.

Aplicar uma perspectiva dialética implica ainda que ela é natural e é esperado que tais perspectivas diversas e parciais estejam radicalmente em oposição. A existência do "sim" dá origem ao "não", o "tudo" dá origem ao "nada". Seja ele a natureza da realidade ou simplesmente a natureza da percepção ou linguagem, esse processo de elementos opositores em tensão um com o outro ocorre regularmente. Assim que alguém na unidade de internação pensa que o paciente pode aceitavelmente ter alta, outra pessoa na equipe apresentará as razões pelas quais esta não é uma boa ideia. Uma pessoa expressa a posição de ser inflexível com as regras do programa, o que motivará a descrição de outra pessoa de por que neste caso deve ser feita uma exceção à regra. As duas posições opostas podem ser verdadeiras ou conter elementos da verdade (p. ex., existem razões válidas para dar alta e para retardar a alta). Segundo esse ponto de vista, opiniões divergentes polarizadas devem ser esperadas quando um paciente tem problemas complexos que geram fortes reações emocionais naqueles que o ajudam.

Uma ideia relacionada é que não podemos entender os elementos sem referência ao todo, ou seja, que a identidade é relacional. A única razão para ele parecer velho é porque ela parece mais jovem; a única razão para eu parecer rígido é porque você é tão flexível. Além disso, a forma como identificamos ou definimos uma parte muda e é modificada pelas mudanças em outras partes do todo. O paciente que todos nós consideramos como "o Crítico" no grupo de treinamento de habilidades, que está constantemente apontando o quanto as habilidades e o treinador de habilidades são inúteis, de repente fica alegre quando um novo membro se junta ao grupo. Eles compartilham a mesma mistura de humor e ceticismo, mas quando um é cáustico, o outro é irônico — a química deles juntos suprime as dificuldades da crítica e cria um circuito de *feedback* mais leve, mas ainda apontado para o principal treinador de habilidades. O líder do grupo, agora liberado da sua visão parcial e agora genuinamente vendo o humor do Crítico, torna-se mais criativo e amável. Assumir uma perspectiva dialética significa que palavras como "bom" ou "mau" ou "disfuncional" são meramente uma visão geral da pessoa no contexto, não definindo qualidades inerentes à pessoa. Isso também nos leva a considerar uma rede de causas em vez de uma causa linear. Às vezes, a conexão é óbvia: uma mudança em A leva a uma mudança em B, como em comportamento de defesa frente a uma pessoa armada onde o defensor se mantém muito próximo do oponente, protegendo-se contra um tiro. No entanto, às vezes a conexão é menos óbvia, mais como uma defesa de zona no basquete. E, algumas vezes, a conexão não é nada óbvia, como o "efeito borboleta", em que uma borboleta batendo as asas no Peru ocasiona uma tempestade de neve em Seattle. Ou, a tia Mary, antes submissa, finalmente chegando ao seu limite e pela primeira vez em 20 anos de casamento insistindo que o tio Maurice prepare o próprio jantar, e mais tarde naquela semana a jovem prima Maylin decidindo para qual faculdade prestar vestibular. Essa ideia se traduz em uma compreensão clínica de que tudo é causado e não poderia ser de outra forma, mesmo que você não consiga descobrir as causas no momento. Por uma perspectiva dialética, a atenção não está unicamente no paciente, mas nas relações entre este, a sua comunidade, o terapeuta e a comunidade do terapeuta.

Tomadas em conjunto, essas visões levam ao posicionamento de que a verdade evolui. Em uma equipe de tratamento, isso significa que nenhuma pessoa é dona da verdade e qualquer entendimento provavelmente será parcial e deixará de fora alguma coisa importante. Assim sendo, a DBT coloca uma forte ênfase nos diálogos que levam à síntese em vez de uma interpretação individual de fatos imutáveis.

Essa filosofia é mais facilmente vista em ação durante um conflito na equipe. Por exemplo, uma terapeuta individual tem um paciente que entra em terapia em uma crise suicida porque está sendo convidado a deixar a casa de apoio e prejudicou seu relacionamento com o conselheiro residencial de quem havia sido muito próximo. Ele está tão envergonhado da forma como agiu que até mesmo entrar em detalhes sobre o que está acontecendo, em vez das ameaças de suicídio e desesperança, é quase impossível nas sessões. O paciente ficará desalojado se não for providenciado um novo abrigo em seguida, e o conselheiro residencial que teria resolvido este problema no passado não está disposto a ajudar. Na equipe de consultoria, os treinadores de habilidades em grupo mencionam que o paciente já faltou a dois encontros do grupo e querem que a terapeuta trabalhe para que ele volte ao grupo. A terapeuta individual concorda, mas diz que não há tempo na sessão para fazer isso. Tudo o que ela consegue fazer é simplesmente manejar a "crise da semana" e manter a pessoa viva, sem a menor chance de lidar com comportamentos que interferem na terapia, como não ir ao encontro do grupo. No entanto, os treinadores de habilidades sabem que, a menos que a pessoa aprenda algumas novas habilidades e seja atraída para o grupo, eles provavelmente perderão o paciente por abandono. Ambos os lados têm argumentos válidos: a terapeuta individual é aquela que "deveria" trabalhar no comportamento de não ir ao encontro do grupo que interfere na terapia, e ela tem coisas mais importantes para focar (comportamento de crise suicida); mas o paciente precisa aprender novas habilidades e perderá o acesso a todo o programa de tratamento se não participar do grupo. Qualquer solução, para ser efetiva, precisa levar em conta os pontos válidos do diálogo. A solução pode ser que a terapeuta individual passe o horário da sessão para logo antes do horário do grupo a fim de tornar a transição mais fácil. A terapeuta individual pode precisar de mais apoio para regular o medo de que o paciente se mate (talvez ela esteja superestimando o risco de suicídio do paciente porque está com medo). Os treinadores de habilidades, igualmente, podem trabalhar com o objetivo de tornar o grupo mais atraente para o paciente e ligar para ele no começo do dia a fim de lembrá-lo do grupo de habilidades. Não seria uma solução dialética se qualquer uma das posições capitulasse — por exemplo, se os treinadores de habilidades desistissem da sua participação ou se a terapeuta individual focasse no comportamento que interfere na terapia, deixando de tratar as crises suicidas. A adoção de uma filosofia dialética faz com que outros membros da equipe notem e comentem sobre a polarização como um fenômeno esperado, e então direcionem o diálogo para o que está de fora e o que é válido em cada posição.

Estratégias dialéticas

Estão incluídas na DBT várias estratégias que servem à função de impedir que as posições polarizadas se mantenham polarizadas. A primeira delas é que as estratégias centrais são usadas para equilibrar aceitação e mudança. Por exemplo, a DBT exige que o terapeuta tenha um estilo de comunicação equilibrado. Pelo lado da aceitação, o terapeuta emprega um estilo responsivo em que a pauta do paciente é levada a sério e respondida diretamente em vez de interpretada pelo seu significado latente. Por exemplo, se um paciente pergunta alguma coisa pessoal sobre o terapeuta, é mais provável que o terapeuta use autorrevelação, engajamento acolhedor e autenticidade, seja para responder a pergunta ou, de forma prática, recusar-se a respondê-la com base em seus próprios limites.

Entretanto, esse estilo isoladamente ou uma postura não balanceada voltada para esse estilo pode levar a um impasse. Quando um paciente taciturno que contou a mesma história de luto inúmeras vezes tem um terapeuta que simplesmente o parafraseia empregando o mesmo tom monótono que ele, a probabilidade é que o estado de humor do paciente se mantenha igual ou piore. Como consequência, a comunicação recíproca é contrabalançada pela irreverência que sacode a pessoa tirando-a do prumo para permitir que o paciente retome a tarefa terapêutica em questão. Por exemplo, o terapeuta pode usar uma maneira excêntrica não ortodoxa. O terapeuta, que há poucos momentos estava tão engajado quanto o paciente em uma luta de poder, de repente muda o tom e ri: "Sabe, este momento não é assim tão preto ou branco quanto eu esperava". Da mesma maneira, o terapeuta pode mergulhar na situação sem ter muito cuidado com o que está dizendo. Por exemplo, ele pode dizer de forma prática à mulher cujo desencadeante principal para as crises suicidas é a ameaça de perder o marido: "Veja, cortar-se e deixar sangue por todo o banheiro está destruindo qualquer esperança de ter um relacionamento genuíno com seu marido". Ou então o terapeuta pode dizer a um paciente novo: "Já que você agrediu dois dos seus três últimos terapeutas, vamos começar pelo que levou a isso e como isso não vai acontecer comigo. Não lhe serei nada útil se eu estiver com medo de você". Um estilo irreverente de comunicação inclui usar um tom confrontacional, usar humor ou se expressar de forma não convencional, oscilando na intensidade ou às vezes expressando onipotência ou impotência diante dos problemas do paciente.

Outra maneira pela qual a DBT equilibra aceitação e mudança é no caso de estratégias de manejo de caso. Indivíduos que satisfazem os critérios para TPB muitas vezes tiveram múltiplos profissionais conduzindo o tratamento e, consequentemente, inúmeras estratégias foram desenvolvidas para ajudar a díade paciente-terapeuta a manejar as relações com outros clínicos e membros da família. A DBT pende para uma estratégia de consultoria ao paciente que enfatiza a mudança. O terapeuta em DBT provê consultoria ao paciente sobre como lidar com as relações com os outros profissionais que estejam desenvolvendo tratamentos auxiliares e com os membros da família, em vez de orientar estes profissionais e os familiares sobre como lidar com paciente. Assim, por exemplo, isso significa que o terapeuta não se encontra com outros profissionais para falar sobre o paciente, mas que este está presente nas reuniões de planejamento do tratamento (e preferivelmente ele mesmo organiza as reuniões). Em vez de se encontrar com outro prestador sem o paciente presente, pode ser agendada uma conferência telefônica durante uma sessão individual. Se o terapeuta tiver que se encontrar sem o paciente presente por alguma razão prática, a conversa é compartilhada com o paciente ou discutida antes. Este mesmo princípio vale para conversas com a família do paciente. Mesmo em uma crise, o espírito de consultoria ao paciente é mantido sempre que possível. Se o paciente recorrer ao pronto-socorro (PS) e o enfermeiro ou residente da triagem que está de plantão contatar o terapeuta para perguntar o que ele gostaria que eles fizessem, o terapeuta em DBT provavelmente pedirá para falar primeiro com o paciente para discutir como o fato de ir para o hospital coincide ou não com as metas de longo prazo do paciente e do plano de tratamento que eles combinaram. O terapeuta pode então treinar o paciente sobre como interagir habilmente com a equipe do PS ou como comunicar o plano à equipe do PS e então simplesmente confirmar isso com a equipe, caso isso seja necessário para ter credibilidade. Se a equipe do hospital estivesse preocupada com risco de suicídio e relutante em liberar a pessoa, o terapeuta em DBT não "diria" à equipe do hospital para liberar o paciente, mas, em vez disso, treinaria ele sobre o que seria necessário para diminuir as preocupações legítimas da equipe do PS.

O terapeuta em DBT irá intervir no ambiente em nome do paciente quando o ganho a curto prazo valer à pena em relação à possível aprendizagem de estratégias de tratamento mais efetivas no longo prazo – por exemplo, quando o paciente não for capaz de agir sozinho e o desfecho for muito importante; quando o ambiente for intransigente e com muito poder; para salvar a vida do paciente ou evitar riscos substanciais aos outros; quando for a coisa humana a ser feita e não vá causar danos; ou quando o paciente for menor de idade. Nesses casos, o terapeuta pode prestar informações, defender ou entrar no ambiente para dar assistência. Entretanto, o papel usual é como consultor para ajudar o paciente a se tornar mais habilidoso nas relações pessoais e profissionais.

Outras estratégias dialéticas incluem o uso de metáforas ou assumir a posição de advogado do diabo para evitar polarização. O terapeuta pode blefar com o paciente ou se estender — por exemplo, quando um paciente em uma unidade de internação ameaça suicídio de uma forma raivosa ou indiferente, o terapeuta pode dizer: "Escute, isso é muito sério. Precisamos deixá-lo imediatamente em observação dentro do nosso campo de visão e colocá-lo em traje especial de proteção contra o suicídio". Informados pela filosofia dialética, o terapeuta e a equipe de tratamento assumem que suas formulações do caso são parciais e, portanto, passam a avaliar o que foi deixado de fora quando existe um impasse (avaliação dialética). O terapeuta pode encarar um evento desencorajador como uma oportunidade de praticar tolerância ao mal-estar (fazer dos limões uma limonada) ou permitir — em vez de impedir — uma mudança natural (como um líder do grupo que sai e é substituído), sabendo que esta também é uma oportunidade de praticar a aceitação da realidade como ela é.

PESQUISA EM DBT

Desde a publicação da primeira edição deste livro, houve um crescimento do interesse e dos recursos financeiros para tratamentos psicossociais de comportamento suicida, bem como tratamentos para pacientes que satisfazem os critérios para TPB. Atualmente também tem sido conduzido um número considerável de pesquisas sobre a eficácia da DBT para TPB e vários outros transtornos. Existem hoje centenas de publicações revisadas por pares na literatura de pesquisa, incluindo dezenas de ensaios controlados randomizados (ECRs) (p. ex., Linehan et al., 2006), múltiplos trabalhos de revisão (p. ex., Miga, Neacsiu, Lungu, Heard, & Dimeff, 2018) e metanálises (p. ex., DeCou, Comtois, & Landes, 2019). A vasta maioria das pesquisas indica que a DBT padrão é efetiva para redução de comportamento suicida e CASIS. Se a DBT é melhor do que outros tratamentos, é mais discutível. Alguns ECRs de alta qualidade não encontraram diferenças significativas entre a DBT e condições de controle ativo nestes resultados de comportamento suicida (p. ex., McMain et al., 2009). Uma explicação apresentada para esses achados é que em pesquisas tão rigorosamente controladas, as condições de controle do tratamento também incluem terapeutas especialistas com vasta experiência no tratamento de comportamento suicida (Linehan et al., 2006), sugerindo que o ingrediente essencial na redução de comportamento suicida é o tratamento focado no suicídio conduzido por um especialista.

Apesar desse aumento na atenção e no estudo e desenvolvimento de mais protocolos baseados em evidências, é necessário e humilde observar que as taxas de suicídio não estão decrescendo (Hedegaard, Curtin, & Warner, 2019). Além do mais, mesmo que muitos estudos sugiram que a DBT é efetiva na redução de comportamento suicida, os dados também sugerem que há pouca mudança no *status* da incapacidade ou na situação de emprego (McMain, Guimond, Streiner, Cardish, & Links, 2012; Bateman, 2012). Juntos, eles sugerem que a DBT, em sua forma e prática atual, não está fazendo o suficiente para melhorar o funcionamento global. Esta fragilidade é uma via importante para trabalho futuro (ver Comtois, Ellwood, Melman, & Carmel, Capítulo 10 deste livro).

Boa parte das pesquisas mais recentes em DBT foi dedicada a determinar as melhores práticas para tornar o tratamento mais eficiente (e assim mais rápido de "funcionar" e mais fácil de disseminar) e também as melhores práticas na implementação da DBT dentro dos sistemas existentes (desse modo atingindo um número maior de pessoas mais rapidamente). Por exemplo, um corpo crescente de literatura sugere que o treinamento de habilidades "isoladamente", ou seja, sem acompanhamento com terapia individual semanal ou *coaching* telefônico, pode ser efetivo para certos problemas e transtornos como depressão resistente a tratamentos e transtorno de compulsão alimentar (ver Valentine, Bankoff, Poulin, Reidler, & Pantalone, 2015). Além disso, cada vez mais estudos têm examinado a eficácia e/ou efetividade da DBT em um vasto número de contextos e transtornos. Os próximos capítulos deste livro analisam a literatura de pesquisa relevante para contextos e populações de interesse.

CONCLUSÃO

Neste capítulo, descrevemos o modelo ambulatorial abrangente da DBT para ajudá-lo a começar a avaliar se a adoção dele faz sentido para o seu contexto ou população. Para indivíduos cronicamente suicidas que satisfazem os critérios para TPB, as evidências científicas acumuladas referentes à eficácia da DBT padrão fazem dela o tratamento de escolha. Em particular naqueles contextos que são determinados a fornecer assistência baseada em evidências e que também precisam de uma abordagem econômica para consumidores que usam desproporcionalmente serviços de emergência psiquiátrica, adotar a DBT padrão é uma decisão óbvia. No entanto, para muitos leitores, surgem questionamentos quando eles consideram as diferenças entre as necessidades e as limitações do seu contexto particular ou população de pacientes *versus* aquelas da DBT ambulatorial padrão como tem sido pesquisada. Os próximos capítulos abordam esses questionamentos comuns e ilustram as adaptações bem-sucedidas da DBT a novas populações de pacientes e contextos.

REFERÊNCIAS

Ansell, E. B., Sanislow, C. A., McGlashan, T. H., & Grilo, C. M. (2007). Psychosocial impairment and treatment utilization by patients with borderline personality disorder, other personality disorders, mood and anxiety disorders, and a healthy comparison group. *Comprehensive Psychiatry, 48*(4), 329–336.

Basseches, M. (1984). *Dialectical thinking and adult development*. Norwood, NJ: Ablex.

Bateman, A. W. (2012). Treating borderline personality disorder in clinical practice. *American Journal of Psychiatry, 169*(6), 560–563.

Bender, D. S., Dolan, R. T., Skodol, A. E., Sanislow, C. A., Dyck, I. R., McGlashan, T. H., et al. (2001). Treatment utilization by clients with personality disorders. *American Journal of Psychiatry, 158*, 295–302.

Comtois, K. A., & Carmel, A. (2016). Borderline personality disorder and high utilization of inpatient psychiatric hospitalization: Concordance between research and clinical diagnosis. *Journal of Behavioral Health Services and Research, 43*(2), 272–280.

Crowell, S. E., Beauchaine, T. P., & Linehan, M. M. (2009). A biosocial developmental model of borderline personality: Elaborating and extending Linehan's theory. *Psychological Bulletin, 135*(3), 495–510.

DeCou, C. R., Comtois, K. A., & Landes, S. J. (2019). Dialectical behavior therapy is effective for the treatment of suicidal behavior: A meta-analysis. *Behavior Therapy, 50*(1), 60–72.

Ebner-Priemer, U. W., Badeck, S., Beckmann, C., Wagner, A., Feige, B., Weiss, I., et al. (2005). Affective dysregulation and dissociative experience in female patients with borderline personality disorder: A startle response study. *Journal of Psychiatric Research, 39*, 85–92.

Goldfried, M. R., & Davison, G. C. (1976). *Clinical behavior therapy*. New York: Holt, Rinehart & Winston.

Heard, H. L., & Linehan, M. M. (1994). Dialectical behavior therapy: An integrative approach to the treatment of borderline personality disorder. *Journal of Psychotherapy Integration, 4*, 55–82.

Hedegaard, H., Curtin, S. C., & Warner, M. (2019). Suicide mortality in the United States, 1999–2017 (NCHS Data Brief No. 330). Hyattsville, MD: National Center for Health Statistics.

Levins, R., & Lewontin, R. (1985). *The dialectical biologist*. Cambridge, MA: Harvard University Press.

Linehan, M. M. (1993a). *Cognitive-behavioral treatment of borderline personality disorder*. New York: Guilford Press.

Linehan, M. M. (1993b). *Skills training manual for treating borderline personality disorder*. New York: Guilford Press.

Linehan, M. M. (1996). Dialectical behavior therapy for borderline personality disorder. In B. Schmitz (Ed.), *Treatment of personality disorders* (pp. 179–199). Munich, Germany: Psychologie Verlags Union.

Linehan, M. M., Comtois, K. A., Murray, A. M., Brown, M. Z., Gallop, R. J., Heard, H. L., et al. (2006). Two-year randomized trial + follow-up of dialectical behavior therapy vs. therapy by experts for suicidal behaviors and borderline personality disorder. *Archives of General Psychiatry, 63*(7), 757–766.

Linehan, M. M., Dimeff, L. A., Reynolds, S. K., Comtois, K., Shaw-Welch, S., Heagerty, P., et al. (2002). Dialectical behavior therapy versus comprehensive validation plus 12-step for the treatment of opioid dependent women meeting criteria for borderline personality disorder. *Drug and Alcohol Dependence, 67*, 13–26.

McMain, S. F., Guimond, T., Streiner, D. L., Cardish, R. J., & Links, P. S. (2012). Dialectical behavior therapy compared with general psychiatric management for borderline personality disorder: Clinical outcomes and functioning over a 2-year follow-up. *American Journal of Psychiatry, 169*(6), 650–661.

McMain, S. F., Links, P. S., Gnam, W. H., Guimond, T., Cardish, R. J., Korman, L., et al. (2009). A randomized trial of dialectical behavior therapy versus general psychiatric management for borderline personality disorder. *American Journal of Psychiatry, 166*(12), 1365–1374.

Miga, E. M., Neacsiu, A. D., Lungu, A., Heard, H. L., & Dimeff, L. A. (2018). Dialectical behaviour therapy from 1991–2015. In M. A. Swales (Ed.), *The Oxford handbook of dialectical behaviour therapy* (pp. 415–466). Oxford, UK: Oxford University Press.

Perry, J. C., & Cooper, S. H. (1985). Psychodynamics, symptoms, and outcome in borderline and antisocial personality disorders and bipolar type II affective disorder. In T. H. McGlashan (Ed.), *The borderline: Current empirical research* (pp. 21–41). Washington, DC: American Psychiatric Association.

Rizvi, S. L. (2011). Treatment failure in dialectical behavior therapy. *Cognitive and Behavioral Practice, 18*(3), 403–412.

Rizvi, S. L. (2019). *Chain analysis in dialectical behavior therapy*. New York: Guilford Press.

Rizvi, S. L., & Ritschel, L. A. (2014). Mastering the art of chain analysis in dialectical behavior therapy. *Cognitive and Behavioral Practice, 21*(3), 335–349.

Rosenthal, M. Z., Cheavens, J. S., Lejuez, C. W., & Lynch, T. R. (2005). Thought suppression mediates the relationship between negative affect and borderline personality disorder symptoms. *Behaviour Research and Therapy, 43*, 1173–1185.

Schulze, L., Schmahl, C., & Niedtfeld, I. (2016). Neural correlates of disturbed emotion processing in borderline personality disorder: A multimodal meta-analysis. *Biological Psychiatry, 79*(2), 97–106.

Tomko, R. L., Trull, T. J., Wood, P. K., & Sher, K. J. (2014). Characteristics of borderline personality disorder in a community sample: Comorbidity, treatment utilization, and general functioning. *Journal of Personality Disorders, 28*(5), 734–750.

Tucker, L., Bauer, S. F., Wagner, S., Harlam, D., & Sher, I. (1987). Long-term hospital treatment of borderline clients: A descriptive outcome study. *American Journal of Psychiatry, 144*, 1443–1448.

Valentine, S. E., Bankoff, S. M., Poulin, R. M., Reidler, E. B., & Pantalone, D. W. (2015). The use of dialectical behavior therapy skills training as stand-alone treatment: A systematic review of the treatment outcome literature. *Journal of Clinical Psychology, 71*(1), 1–20.

Wagner, A. W., & Linehan, M. M. (1997). Biosocial perspective on the relationship of childhood sexual abuse, suicidal behavior, and borderline personality disorder. In M. Zanarini (Ed.), *The role of sexual abuse in the etiology of borderline personality disorder* (pp. 203–223). Washington, DC: American Psychiatric Association.

Widiger, T. A., & France, A. J. (1989). Epidemiology, diagnosis, and comorbidity of borderline personality disorder. In A. Tasman, R. E. Hales, & A. J. Frances (Eds.), *American Psychiatric Association review of psychiatry* (Vol. 8, pp. 8–24). Washington, DC: American Psychiatric Association.

Widiger, T. A., & Weissman, M. M. (1991). Epidemiology of borderline personality disorder. *Hospital Community Psychiatry, 42*, 1015–1021.

Zanarini, M. C., Frankenburg, F. R., Hennen, J., & Silk, K. R. (2004). Mental health service utilization by borderline personality disorder patients and Axis II comparison subjects followed prospectively for 6 years. *Journal of Clinical Psychiatry, 65*(1), 28–36.

2

Adotar ou adaptar?
Fidelidade é importante

Kelly Koerner, Linda A. Dimeff,
Charles R. Swenson e Shireen L. Rizvi

Conforme descrito por Koerner, Dimeff e Rizvi (Capítulo 1 deste livro), muito mudou no mundo da pesquisa e da prática da terapia comportamental dialética (DBT) desde a primeira publicação desta obra. Como o restante do livro atestará, a DBT tem sido estudada e praticada em uma multiplicidade de contextos e para muitas populações diferentes do que originalmente era pretendido. Assim sendo, quando *você* considerar o uso da DBT e com certeza quando começar a implementá-la, provavelmente terá dúvidas sobre se vai adotar o modelo da DBT padrão definido em Linehan (1993a, 2015) ou, em vez disso, adaptar ou modificar a DBT para se adequar às necessidades e limitações do seu contexto ou população. Por exemplo, é natural perguntar: "Devo considerar o uso da DBT se meu contexto ou pacientes diferirem daqueles descritos nos estudos?". Ou: "E se não parecer possível incluir todos os modos da DBT em nosso contexto?". Talvez você não tenha terapeutas suficientes para oferecer psicoterapia individual semanal, ou as demandas de produtividade encareçam muito a realização de reuniões da equipe de consultoria não reembolsadas, ou talvez seus terapeutas individuais não queiram fornecer *coaching* telefônico depois do expediente. Quando o modelo abrangente da DBT não for uma adequação perfeita para as necessidades e limitações de um contexto local, é quase inevitável pensar: "Não podemos usar o modelo da DBT padrão".

As diferenças entre um modelo definido e sua situação particular podem exigir inovação ou *adaptação* do modelo definido. De fato, alguns argumentaram que "a adaptação local, o que muitas vezes envolve simplificação, é uma propriedade quase universal da disseminação *bem-sucedida*" (Berwick, 2003, p. 1971). Hipoteticamente, essa adaptação poderia resultar em uma versão criativamente simplificada da DBT que melhor se adapte a um contexto de serviço ou melhor sirva às necessidades dos pacientes. No entanto, há quatro implicações que devem ser consideradas antes de adaptar em vez de adotar o modelo da DBT padrão.

1. Uma modificação particular pode ou não funcionar tão bem quanto o modelo-padrão. A primeira implicação de modificar o modelo-padrão da DBT é que as modificações podem ou não conservar os ingredientes ativos necessários para obter bons resultados clínicos. Embora haja um crescente corpo de pesquisa acerca deste tópico no momento, ainda se sabe relativamente pouco sobre os ingredientes ativos específicos da DBT (ou, nesse sentido, sobre intervenções psicossociais). Como consequência, não podemos *pressupor* que os resultados clínicos de uma versão adaptada da DBT serão equivalentes ou melhores que o modelo-padrão. Por exemplo, mesmo uma linha de raciocínio simples — como um *pouco* de DBT é melhor do que *nenhuma* DBT — não é inequivocamente verdadeira. Embora seja razoável pensar que incorporar algumas habilidades da DBT à terapia individual não DBT ou aplicar DBT sem *coaching* telefônico ainda deve oferecer algum benefício, não podemos *pressupor* que uma implementação parcial ou adaptação será efetiva (ou inefetiva): é necessário avaliar os resultados clínicos. Modificar sem avaliar os resultados é uma estratégia arriscada.

Na medida em que os benefícios de uma intervenção são causados por seus ingredientes ativos, omitir isso (ou o suficiente dos ingredientes ativos) resultaria em um tratamento que não produz os benefícios pretendidos. A primeira consideração, portanto, antes de fazer a adaptação da DBT é que bons resultados clínicos podem exigir a adoção e implementação do modelo-padrão, a forma e as funções da DBT, de modo que "o suficiente" dos elementos efetivos esteja ativo no seu contexto.

2. Oferecer uma modificação não testada da DBT complica o processo do consentimento informado. Uma segunda implicação da adaptação é que a modificação exige consentimento informado apropriado para o tratamento. Existe uma obrigação ética de estar certo de que o que é oferecido não causa danos e é benéfico. Não podemos ter certeza sobre os benefícios de uma modificação não testada da DBT. Levando em conta a atual incerteza referente a quais são as características essenciais da DBT, não podemos dizer com confiança aos consumidores e financiadores que uma adaptação particular que está sendo descrita como "DBT" tem os ingredientes ou os princípios essenciais que justificam a eficácia da DBT. O que exatamente eles estão consentindo em receber ou pagar? Sem dados sobre a eficácia de uma modificação, é difícil informar os pacientes de forma acurada sobre os riscos e os benefícios do tratamento. Questões como essas levaram Linehan e colaboradores a desenvolver um processo para certificação do terapeuta e do programa em DBT (*dbt-lbc.org*) que serve como uma medida de controle de qualidade para que as partes interessadas possam dizer acuradamente quais serviços são oferecidos.

3. Implementar uma modificação não testada pode apresentar problemas com o reembolso. Uma terceira implicação de adaptar em vez de adotar o modelo-padrão é que pode haver problemas práticos para receber reembolso por versões da DBT que se desviam do modelo validado empiricamente. À medida que o reembolso por serviços se torna cada vez mais associado à aderência documentada e à fidelidade ao programa ou à certificação, modelos parciais ou mistos que não estão testados ou não são acreditados podem se tornar inelegíveis para reembolso. O fato de muitas fontes de financiamento estarem dispostas a reembolsar pela DBT criou pressão para que os programas digam que estão aplicando DBT, independentemente do quão próximos estão na realidade do modelo definido. Se a modificação ou implementação parcial for chamada de "DBT" e essa modificação não produzir benefício ou, na verdade, causar danos, ela pode "contaminar as águas do local", privando os consumidores e os financiadores de um tratamento que poderia ter sido de grande benefício se fornecido com alta fidelidade.

4. Adaptar (em vez de adotar) a DBT pode aumentar o risco e a responsabilidade legal. O fato de que a DBT é usada com populações suicidas de alto risco expõe aqueles que a utilizam a um risco legal. Especialistas no tratamento de comportamento suicida e manejo da responsabilidade depois do suicídio de um paciente enfatizam que a melhor proteção para o clínico ou agência é ter fornecido boa assistência clínica que siga os padrões aceitáveis da prática (Silverman et al., 1977). Documentar que se tentou aplicar a DBT abrangente e assim foram cumpridos padrões de prática aceitáveis provavelmente será mais crível do que tentar justificar uma modificação da DBT não testada.

Considerações sobre eficácia clínica, consentimento informado, reembolso e responsabilidade legal pesam fortemente pendendo para o lado da adoção do modelo abrangente comprovado da DBT padrão em vez da sua adaptação. Questões éticas e práticas também defendem que seja mantido um modelo validado. Por outro lado, as necessidades reais e as limitações no seu contexto podem ser incompatíveis com o modelo exatamente como ele foi definido. De fato, os esforços de implementação da ciência se concentram agora no estudo sistemático de como intervenções baseadas em evidências são adaptadas e modificadas (Wiltsey-Stirman, Baumann, & Miller, 2019). A adoção do modelo-padrão da DBT pode ser exatamente a decisão *errada*. Por exemplo, em um hospital psiquiátrico para tratamento de casos agudos com duração média das internações de duas semanas, não é viável ensinar todas as habilidades da DBT; a equipe paraprofissional* em um abrigo residencial para pacientes que estão em processo de ressocialização não tem as habilidades clínicas e as credenciais exigidas para oferecer o modo de terapia individual da DBT. Da mesma forma, se você quer ver se a DBT pode ajudar uma população de pacientes que ainda deve ser pesquisada (p. ex., indivíduos afetados pela síndrome do alcoolismo fetal), a única opção é adaptar.

Esta tensão — "necessidade de adotar" *versus* "necessidade de adaptar" — é o dilema inerente que muitas equipes enfrentam quando começam a implementar a DBT. Isso também motivou a primeira edição deste livro. Acreditamos que, de fato, ambas as afirmações são simultaneamente verdadeiras; essas verdades aparentemente opostas estão lado a lado. Se não aderirmos à DBT manualizada, então existe o risco de que o tratamento seja menos efetivo, e talvez até mesmo tenha efeitos nocivos — você não saberá até testá-lo. *E*, ao mesmo tempo, pode ser verdadeiro que as necessidades ou limitações do contexto sejam tais que não se possa aplicar a DBT exatamente como foi delimitada na pesquisa. Várias dicas podem ajudar ao trabalhar com esse dilema, ou "dialética".

DICA 1: ACEITE RADICALMENTE A TENSÃO DIALÉTICA E BUSQUE UMA SÍNTESE

O primeiro conselho que pode ser dado, independentemente do seu contexto ou população, é ter a expectativa de que esta tensão dialética básica entre adoção *versus* adaptação surgirá repetidas vezes enquanto você explorar e começar a implementar a DBT. A solução de problemas durante a implementação deve estar baseada no fato de que ambas as posições são verdadeiras: é verdade que a melhor chance de obtenção de bons resultados clínicos é adotar e implementar o modelo padrão, e é simultaneamente verdade que o modelo deve atender às necessidades e ser adequado às limitações do seu contexto e à população que você atende. Em vez de abandonar a fidelidade à DBT padrão para atender às condições locais e em vez de forçar as necessidades e limitações do seu contexto ou população para se encaixar no modelo padrão da DBT, insista para que qualquer solução na verdade incorpore essas duas posições válidas. Em outras palavras, aplique o pensamento dialético à própria implementação do processo. O diálogo constante entre os dois polos de adoção e adaptação, entre

---

* N. de R. T. Paraprofissional: indivíduo treinado para desempenhar determinada(s) tarefa(s) de certa profissão, mas que não possui as qualificações necessárias para sua prática autônoma e integral, estando, por isso, sob orientação de um ou mais profissionais credenciados.

aderência ao modelo-padrão e à criatividade, produzirá a síntese de uma implementação praticável e de alta fidelidade.

É claro, o perigo está nos detalhes! No restante deste capítulo e nos capítulos seguintes, serão oferecidas orientações sobre como se manter fiel ao modelo padrão da DBT, simultaneamente adaptando-o para atender às necessidades locais. Neste capítulo, serão apresentados princípios que podem guiar a solução de problemas entre os diversos contextos e populações. Em capítulos posteriores, os autores que adotaram e adaptaram a DBT a uma variedade de contextos (Capítulos 4 a 9) e com novas populações (Capítulos 10 a 17) descrevem em detalhes como negociaram criativamente os conflitos entre aderência e necessidades e limitações locais. O que é comum às adaptações neste livro é que cada equipe simultaneamente enfatizou a aderência ao modelo padrão, porém de formas significativas reinventaram o modelo para resolver os problemas locais. Eles fizeram isso de formas estruturadas, porém criativas, mostrando-se abertos à revisão por pares e especialistas durante o processo, bem como por meio da coleta de dados de avaliação do programa, o árbitro final que definia se as adaptações particulares eram efetivas.

DICA 2: IDENTIFIQUE CLARAMENTE SE VOCÊ PLANEJA ADOTAR OU ADAPTAR

Outro aspecto das recomendações gerais é que você seja o mais claro possível, consigo mesmo e com as partes interessadas, sobre se você pretende adotar o modelo abrangente padrão da DBT ou adaptar a DBT. A resposta "certa" para seu programa DBT pode não ser simples ou direta. Um ponto de partida útil é reconhecer a sua predisposição à adoção *versus* adaptação e decidir conscientemente o curso que você tomará. A Figura 2.1 mostra várias possibilidades de como podemos oferecer DBT ou variações da DBT, além de como denominar esses serviços para representá-los de forma acurada para os pacientes e outros interessados.

O que você oferece pode ser descrito tanto categoricamente (i.e., o tratamento oferecido é DBT ou não é DBT, indicado pela coluna "adaptar" e "adotar" na Figura 2.1) quanto ao longo de um *continuum* de abrangência (DBT mais ou menos abrangente e aderente). Se você decidir não aplicar DBT absolutamente ou decidir oferecer DBT abrangente de acordo

Não DBT		Tratamento informado pela DBT *(menos abrangente/aderente)*		DBT
Sem elementos da DBT ou ecleticismo técnico	A d o t a r	Elementos da DBT	Alguns modos da DBT, mas não o modelo inteiro	DBT abrangente
	A d a p t a r	Elementos da DBT	Inovação sistemática e avaliação do novo tratamento	Equipe de desenvolvimento do modelo/pesquisa em DBT: inovação sistemática e avaliação da DBT abrangente para novas populações ou contextos

FIGURA 2.1 Usando a fidelidade para nomear o que oferecemos.

com o modelo padrão, então estará claro como descrever seus serviços. Em um extremo, não há DBT: não há nenhuma intenção de usar elementos da DBT nem técnicas que são ecleticamente adotadas de forma independente da adoção dos princípios, pressupostos ou teoria e o tratamento não é chamado de DBT. No outro lado do espectro, a DBT é abrangente e todos os modos aderem integralmente aos princípios, pressupostos e teoria da DBT. Este último sistema inclui equipes oferecendo a DBT padrão, assim como equipes que estão sistematicamente modificando e desenvolvendo o modelo de tratamento. Fundamentados na aderência, eles estão criativamente melhorando a adequação da DBT a novas populações e contextos. Entretanto, está menos claro como denominar os serviços na zona intermediária entre esses dois pontos de ancoragem. Quando um programa deve (ou não deve) ser chamado de "DBT"? Qual é o número mínimo de elementos da DBT necessários para esperar bons resultados clínicos?

Definindo DBT na zona intermediária de implementação parcial

Na zona intermediária de implementação parcial, encontram-se aqueles cujo objetivo final é a adoção da DBT abrangente e aqueles cujo objetivo final é uma adaptação. No caso dos primeiros, eles podem se encontrar na zona intermediária simplesmente devido à falta de recursos no momento. Esse programa pode implementar alguns dos modos da DBT da forma mais fiel possível ao modelo-padrão, mas omitir outros modos por enquanto (p. ex., um programa pode iniciar com um grupo de treinamento de habilidades e uma equipe de consultoria, mas não com terapia individual ou *coaching*). Não é incomum que as equipes sigam um caminho gradual até uma versão abrangente da DBT. Ou então, além da zona intermediária de implementação parcial, encontram-se os indivíduos e as equipes onde a implementação parcial é o ponto de chegada. Aqui, diferenciaríamos "tratamento informado pela DBT" de ecleticismo técnico (não DBT). Reservamos o termo "informado pela DBT" para designar a intenção de ancorar de forma significativa a adoção ou adaptação dos princípios, estratégias e modos de tratamento da DBT. No "ecleticismo técnico" (não DBT), elementos da DBT são seletivamente adicionados ao seu *kit* de ferramentas terapêuticas como se tirássemos o motor ou as rodas de um veículo para customizar outro veículo.

Além disso, na zona intermediária está a postura mais reativa ou aleatória em relação à adoção ou à adaptação a qual podemos ser empurrados para a implementação parcial para acomodar as pressões do ambiente do tratamento ou as preferências pessoais (p. ex., "Devido às pressões por produtividade, não temos tempo para uma equipe de consultoria em DBT, portanto vamos pular isso" ou "Eu gosto da ideia do grupo de habilidades, mas prefiro continuar com o enquadramento psicanalítico que uso na terapia individual"). Este posicionamento pode ser contrastado com a implementação parcial informada pela DBT em que as limitações ou necessidades do contexto levam a oferecer apenas um ou dois modos plenamente aderentes. Por exemplo, considerações práticas podem levar uma clínica a oferecer apenas um grupo de habilidades em DBT, mas nenhum outro modo, incluindo *coaching* telefônico ou equipe de consultoria para o terapeuta. (Os pacientes, no entanto, podem receber DBT abrangente mesmo neste caso se simultaneamente tiverem um terapeuta individual em DBT em outro local na comunidade que ofereça treinamento de habilidades e participe de uma equipe de consultoria.) Embora haja um corpo de pesquisa crescente sugerindo que "apenas habilidades" da DBT é efetivo para alguns problemas/transtornos, é importante ler esta literatura de pesquisa cuidadosamente. Muitos dos protocolos de tratamento "apenas habilidades" incluíram *coaching* telefônico e/ou equipe de consultoria como parte do estudo ou foram empregados para populações com problemas menos severos (ver Valentine, Bankoff, Poulin, Reidler, & Pantalone, 2015, para uma revisão). Independentemente da intenção de adotar ou adaptar e independentemente de estar no caminho da DBT abrangente ou não, ainda não se sabe ao certo se algumas dessas implementações parciais mantêm suficientes ingredientes ativos da DBT para resultar em bons desfechos clínicos comparados com o modelo completo.

Para descrever acuradamente seu programa às partes interessadas, sugerimos que você o descreva como um programa de DBT *somente* quando ele for abrangente. Se for oferecida uma implementação parcial da DBT, deve ser dada particular atenção à descrição dos serviços e à coleta e ao fornecimento dos dados da avaliação dos resultados clínicos aos interessados para possibilitar o consentimento informado apropriado. Sugerimos também que se a sua adoção ou adaptação estiver bem ancorada nos princípios e nas teorias que guiam a DBT, você se refira ao seu programa como "tratamento informado pela DBT". Além disso, é necessário é ser claro sobre como o tratamento difere da DBT abrangente e fornecer dados de avaliação do programa. Conforme mencionado antes, quando implementações parciais são mal rotuladas como DBT e não produzem benefícios ou, na verdade, causam danos, os resultados podem efetivamente privar os consumidores e financiadores por anos de um tratamento que poderia ter sido de grande benefício se tivesse sido fornecido com alta fidelidade. Se os elementos ou estratégias forem adotados ou adaptados relativamente de forma independente dos princípios da DBT, o programa resultante não deve ser chamado de DBT. Ver também Stirman, Baumann e Miller (2019) para orientações sobre a descrição de adaptações.

DICA 3: COMECE COM UM PROGRAMA-PILOTO PEQUENO E RIGIDAMENTE FOCADO

Visto que a maioria das pessoas não está em uma posição de desenvolver e avaliar cuidadosamente a infinita variedade de implementações parciais possíveis, sugerimos com veemência que o curso mais ético e prático é primeiro aprender e executar o modelo-padrão definido da DBT dentro de um programa-piloto pequeno e rigidamente focado e avaliar os resultados clínicos em seu contexto e com sua população. Orientações sobre a avaliação do programa são oferecidas por Rizvi, Monroe-DeVita e Dimeff (Capítulo 3 deste livro). Esse monitoramento contínuo da fidelidade ao programa e resultados valorizados foi recomendado como essencial pelo Implementing Evidence-Based Practices Project (Torrey et al., 2001). Para seguir este conselho, por exemplo, você pode começar formando uma equipe de consultoria de três ou mais colegas para se encontrarem como um grupo de estudos para aprender DBT usando os manuais de tratamento. Para facilitar a aprendizagem do tratamento e estabelecer a estrutura do processo de desenvolvimento do programa, você pode considerar participar de uma sessão de treinamento intensiva em DBT.* Na próxima seção, nós o ajudaremos a refletir sobre perguntas e problemas típicos encontrados na implementação da DBT.

---

* N. de R. T. O Treinamento Intensivo em DBT é uma marca registrada do Behavioral Tech (instituição fundada por Marsha M. Linehan) e que no Brasil é desenvolvido em conjunto pela DBT Brasil e o Behavioral Tech.

DICA 4: REFLITA SOBRE QUESTIONAMENTOS E PROBLEMAS TÍPICOS USANDO FUNÇÕES, PRINCÍPIOS E ADERÊNCIA

No processo de implementação da DBT, perguntas e problemas comuns se revelam. Esses problemas típicos estão listados na Figura 2.2.

Durante a exploração inicial e implementação, costumam surgir duas perguntas: "A quem iremos oferecer a DBT?" e "Iremos adotar e oferecer DBT abrangente?".

Quem é sua população-alvo — TPB e comportamento suicida?

Diversos princípios podem guiar as decisões no que se refere a quem você irá oferecer a DBT. O

Quem é sua população-alvo?		
Será feita uma adequação a uma população validada em pesquisa.	Será oferecido a um grupo de pacientes mais amplo ou serão utilizados critérios de seleção diferentes dos que foram pesquisados.	
	Especifique os alvos e a teoria da psicopatologia.	
Você vai oferecer DBT abrangente?		
Sim. Será oferecido todos os modos e funções da DBT.	Não. Será oferecido tratamento não DBT ou não informado pela DBT.	
Seu contexto é atualmente favorável aos modos de tratamento da DBT padrão?	Determine sistematicamente as modificações e avalie os resultados. Represente de forma acurada como os serviços diferem da DBT abrangente.	
Sim	Não	Ver Rizvi e colaboradores (Cap. 3 deste livro).
Adote os modos de tratamento da DBT padrão.	Determine quais modos fornecer. Use funções, princípios e aderência para guiar a tomada de decisão.	
Você/sua equipe tem o conjunto de habilidades profissionais necessárias para a DBT?		
Sim.	Não. Desenvolva e comece a implementar um plano para adquirir as habilidades necessárias.	
Continue a desenvolver um pequeno projeto-piloto implementando DBT abrangente. Avalie os resultados.		
A adoção do modelo da DBT padrão se ajusta às necessidades e limitações do contexto?		
Sim, a adoção do modelo funciona.	Não, uma adaptação parece ser necessária.	
Continue a monitorar os resultados.	Faça modificações sistematicamente e avalie os resultados.	

FIGURA 2.2 Perguntas e problemas típicos.

primeiro é embasar esta decisão de acordo com o que se têm de evidências científicas. Conforme discutido em Koerner, Dimeff e Rizvi (Capítulo 1 deste livro), as evidências da eficácia da DBT são mais fortes para aqueles que são cronicamente suicidas e satisfazem os critérios para transtorno da personalidade *borderline* (TPB). Se você quer ou precisa atender uma população mais ampla ou completamente diferente, então deve considerar de maneira cuidadosa as teorias a respeito da psicopatologia e dos processos de mudança que guiam a DBT. Por exemplo, as pesquisas e a teoria tornam lógico considerar DBT para populações cujos problemas se originam de desregulação emocional global (ou invasiva). As adaptações para indivíduos com transtornos por uso de substância, transtornos alimentares, transtorno da personalidade antissocial e depressão e transtorno da personalidade comórbidos com transtorno depressivo maior em idosos resultam do papel principal que se considera que a desregulação emocional desempenha nesses transtornos. Alguns contextos oferecem DBT a indivíduos que usam serviços psiquiátricos de forma desproporcional e que apresentaram repetidas falhas no tratamento independentemente do diagnóstico. Entretanto, a DBT não é uma panaceia e não deve ser usada como um tratamento de primeira linha se já houver outra prática baseada em evidências para o problema ou população. Por exemplo, seria um erro oferecer DBT a pacientes com transtornos de ansiedade ou com transtorno bipolar cujo tratamento convencional aparentemente falhou antes de ter certeza de que, *de fato*, os tratamentos baseados em evidências para esses transtornos foram fornecidos com boa fidelidade a esses protocolos.

Se você planeja oferecer DBT a um grupo para o qual ainda existem poucas evidências, há dois passos essenciais a seguir. Primeiro, use as pesquisas disponíveis e a teoria sobre o transtorno ou população de interesse para delinear os alvos específicos do transtorno a serem tratados e designe claramente esses alvos para o(s) modo(s) da DBT que serão responsáveis por tratá-los. Um erro comum é assumir que todos os tipos de adaptações serão necessários para uma nova população antes de tentar e avaliar o modelo padrão da DBT. Outro erro é reordenar a hierarquia dos alvos para colocar alvos específicos do transtorno acima de comportamentos de ameaça iminente à vida e comportamentos que interferem na terapia. Em vez disso, mantenha a prioridade de alvos propostos pela DBT, focando, primariamente, os comportamentos de ameaça iminente à vida, após os comportamentos que interferem no tratamento e faça dos alvos específicos do transtorno a mais alta prioridade entre os alvos dos comportamentos que interferem na qualidade de vida. Segundo, mais uma vez, é essencial avaliar cuidadosamente seus resultados quando usar a DBT com uma nova população.

Modos de tratamento da DBT abrangente e DBT padrão?

Surge outro dilema inicial e comum sobre oferecer ou não DBT abrangente em seu contexto e como responder aos obstáculos encontrados na implementação dos modos de tratamento padrão da DBT. A DBT tal qual foi manualizada e pesquisada para pacientes no Estágio 1 é um tratamento ambulatorial abrangente — ou seja, tem como objetivo fornecer todo o tratamento que os pacientes precisam para abordar todos os alvos e as metas que levam ao controle comportamental e a uma qualidade de vida aceitável. Conforme discutido no Capítulo 1, uma ideia básica aqui é que o nível de disorderm determina a abrangência do tratamento necessária para atingir as metas do tratamento. Para ser abrangente, um tratamento deve (1) melhorar as capacidades dos pacientes, (2) motivar os pacientes a usarem essas capacidades e (3) assegurar que os pacientes possam generalizar essas capacidades para todas as situações relevantes. Um tratamento abrangente também deve (4) melhorar as habilidades e motivação dos terapeutas e (5) estruturar o ambiente dos pacientes e dos terapeutas de uma maneira que facilite o pro-

TABELA 2.1 Funções e modos do tratamento abrangente

Funções	Modos
Melhorar as capacidades do paciente: ajudar os pacientes a adquirirem os repertórios necessários para o desempenho efetivo.	Treinamento de habilidades (individuais ou em grupo), farmacoterapia, psicoeducação.
Aumentar a motivação: fortalecer o progresso clínico e ajudar a reduzir fatores que inibem e/ou interferem no progresso (p. ex., emoções, cognições, comportamento manifesto, ambiente).	Psicoterapia individual no contexto de tratamentos de moradia parcial, comunidade terapêutica, hospital dia (ou outros programas hospitalares parciais) e em programas de atendimento ambulatoriais intensivos.
Assegurar a generalização: transferir o repertório de respostas habilidosas da terapia para o ambiente natural do paciente e ajudar a integrar respostas habilidosas dentro das mudanças que ocorrem no ambiente.	Treinamento de habilidades, tratamento no contexto de moradia parcial, hospital dia (ou outros programas hospitalares parciais) e em programas de atendimento ambulatoriais intensivos, comunidades terapêuticas, intervenções *in vivo*, revisão das gravações da sessão, envolvimento da família/amigos.
Melhorar a habilidade e motivação do terapeuta: adquirir, integrar e generalizar os repertórios comportamentais e verbais cognitivos, emocionais e manifestos necessários para a aplicação efetiva do tratamento. Além disso, esta função inclui o fortalecimento de respostas terapêuticas e a redução de respostas que inibem e/ou interferem na aplicação efetiva do tratamento.	Supervisão, reunião de consultoria com o terapeuta, educação continuada, manuais de tratamento, monitoramento da aderência e competência e incentivos à equipe.
Estruturar o ambiente por meio do manejo de contingências dentro do programa de tratamento como um todo e por meio do manejo de contingências dentro da comunidade do paciente.	Diretor da clínica ou via interações administrativas, gerenciamento de caso e intervenções familiares e conjugais.

gresso clínico. Na DBT, essas tarefas primárias, denominadas *funções* do tratamento abrangente (ver Tabela 2.1), são alocadas entre os modos de tratamento da DBT padrão (i.e., psicoterapia individual semanal, treinamento de habilidades semanal, *coaching* telefônico de habilidades quando necessário e uma equipe de consultoria para tratamento do terapeuta). Linehan (Linehan, 1995, 1997; Linehan, Kanter, & Comtois, 1999) articulou essa distinção entre as funções e modos para ajudar os desenvolvedores do tratamento a considerarem as necessidades especiais dos pacientes no Estágio 1 e ajudarem os profissionais que estão iniciando a adoção do modelo a implementarem a DBT em novos contextos e com novas populações quando as necessidades ou limites no contexto local interferirem na adoção de tratamento da DBT padrão. Por exemplo, tanto um terapeuta que trabalha em sua clínica particular quanto um terapeuta em um contexto forense podem achar difícil colocar em prática um grupo de habilidades da DBT padrão (p. ex., por indisponibilidade de sala adequada, dificuldade em ter 6 a 8 pacientes na sala ao mesmo tempo durante uma sessão de duas horas). No entanto, como cada modo de tratamento da DBT tem alvos e funções específicas pelos quais ele é responsável, simplesmente abandonar um destes modos porque foi difícil de implementar significaria que suas funções e alvos não foram atingidos, potencialmente minando a eficácia do tratamento.

Embora as particularidades do modo de treinamento de habilidades possam ser difíceis no exemplo de uma prática privada ou de um contexto forense, a função a ser cumprida — melhorar as capacidades do paciente — ainda pode ser cumprida. Melhorar as capacidades dos pacientes significa que o tratamento os ajuda a adquirirem repertórios de respostas cognitivas, emocionais, fisiológicas e comportamentais manifestas e a integrarem esses repertórios de respostas de tal forma que se traduza na melhora da efetividade do paciente. Na DBT ambulatorial padrão, um grupo de treinamento de habilidades de duas horas, uma vez por semana, é o principal modo de tratamento que cumpre esta função. Mas ao pensar criativamente sobre outras maneiras de cumprir as funções do tratamento do modo bloqueado, não precisamos abandonar o que é essencial. Outros modos de prestação de serviço, como psicoeducação, leituras de fichas de instrução, assim como a farmacoterapia também podem cumprir essa função de melhorar a capacidade. O treinamento de habilidades pode ser conduzido individualmente ou via grupos entre os pares. Vídeos de treinamento de habilidades podem ser disponibilizados para os pacientes, ou uma coleção de vídeos da internet pode ser organizada. Em alguns contextos, se a duração do grupo for uma barreira, talvez dividir o tempo do treinamento de habilidades em uma aula expositiva de uma hora sobre o novo material e então examinar a tarefa de casa individual pode ser uma forma mais viável de cumprir essa função.

Igualmente, na DBT ambulatorial padrão, a psicoterapia individual é o modo de tratamento que tem responsabilidade primária por aumentar a motivação, a segunda função do tratamento abrangente. Isso significa que o terapeuta individual é a principal pessoa que fortalece o progresso clínico e que ajuda o paciente a reduzir fatores que inibem e/ou interferem no seu progresso (p. ex., reduzindo fatores que interferem, como emoções/respostas fisiológicas, cognições/estilo cognitivo, padrões comportamentais explícitos e eventos ambientais). Mas, caso você esteja em um contexto que não tenha psicoterapia individual, mais uma vez, pensar nas funções como modos independentes ajuda a descobrir outras formas pelas quais uma função pode ser cumprida. Por exemplo, em Swenson, Witterholt e Nelson (Capítulo 5 deste livro) e McCann e Ball (Capítulo 9 deste livro), os autores sugerem formas criativas para que a função seja cumprida nos contextos parciais ou residenciais* onde o tempo de internação ou os padrões da equipe tornam a psicoterapia individual inviável.

A terceira função do tratamento em DBT, a de assegurar a generalização das capacidades para todos os ambientes relevantes, demanda assegurar a transferência de um repertório de respostas habilidosas da terapia para o ambiente natural do paciente e auxiliá-lo na integração das respostas habilidosas para que ele consiga ser efetivo na forma de lidar com as suas questões, adaptando as respostas habilidosas para as constantes modificações que ocorrem no ambiente. Na DBT padrão com pacientes altamente suicidas e emocionalmente desregulados, telefonemas de crise e treinamento de habilidades são considerados essenciais. Além de empregar treinamento depois do expediente e *coaching* telefônico para as crises, a generalização também pode ser obtida mediante treinamento de habilidades e intervenções *in vivo* (incluindo manejo de caso), análise das gravações das sessões e intervenções nos sistemas dentro dos contextos parciais ou residenciais. Esta função de generalização assume importância particular com adolescentes; como consequência, uma modificação importante na forma de envolvimento adicional dos familiares foi criada para ajudar a assegurar que esta função seja cumprida (Fruzzetti, Payne, & Hoffman, Capítulo 17, e Miller, Rathus, Dexter-Mazza, Brice, & Graling, Capítulo 16 deste livro).

---

* N. de R. T. Refere-se aos contextos de moradia parcial, hospital-dia (ou outros programas hospitalares parciais), programas de atendimentos ambulatoriais intensivos ou comunidades terapêuticas de intensidade intermediária.

À medida que a DBT foi transportada para contextos ambulatoriais de rotina, alguns dos primeiros terapeutas que a adotaram encontraram limitações no contexto que impediam que os terapeutas individuais recebessem telefonemas depois do expediente para fornecer *coaching* aos seus pacientes. Esse é um afastamento significativo e controverso da DBT padrão. Se os telefonemas de crise forem recebidos por qualquer pessoa que estiver de plantão, essa pessoa poderá ou não estar treinada para oferecer a ajuda necessária, enquanto evita reforçar o comportamento da crise suicida. Em outras palavras, o treinamento do terapeuta em DBT e o conhecimento íntimo sobre o paciente são considerados aspectos necessários para conseguir andar na "corda bamba" do estímulo a um novo comportamento durante uma crise, em particular com indivíduos que são cronicamente suicidas e altamente letais. Na DBT, é considerado ideal que a pessoa que melhor conhece o paciente maneje a crise suicida. Mas, e se as limitações do sistema impedem que os terapeutas individuais manejem as crises em horário fora do expediente? Algumas equipes que se depararam com barreiras absolutas para o terapeuta individual atender uma chamada telefônica usaram as funções e os princípios relevantes para guiá-las. Elas priorizam que, em primeiro lugar, o paciente tenha assistência na generalização de habilidades para situações de crise e, em segundo, que os reforçadores estejam alinhados para apoiar comportamentos habilidosos preferíveis em oposição aos antigos comportamentos de crise suicidas. Então eles consideram todas as formas pelas quais o paciente pode receber assistência em uma crise suicida sem que seja reforçado inadvertidamente. Por exemplo, talvez o próprio paciente aprenda a compartilhar uma análise atualizada das variáveis de controle para suas crises suicidas e comunique habilidades que sejam mais úteis ou relevantes para ele. A equipe de *coaching* em crises pode ser treinada e orientada para treinar habilidades da DBT e usar o protocolo para crises suicidas da DBT. As equipes podem continuar a comunicar e documentar para os administradores a sua crença de que não fornecer aos pacientes esta assistência habilidosa em crises suicidas viola o protocolo da DBT, pode ser uma fonte de responsabilização, e assim por diante. Mais uma vez, um problema que surge aqui é que não há evidências de uma forma ou outra sobre os efeitos empíricos de fornecer ou não fornecer este padrão de atendimento. Contudo, neste ponto é considerado padrão de atendimento em DBT que os terapeutas individuais estejam disponíveis e dispostos a oferecer *coaching* telefônico.

Esta ideia de usar as funções do tratamento abrangente para ajudar a negociar obstáculos à implementação da DBT é útil não apenas durante o começo ou na adoção inicial de um modo, mas também durante o processo de implementação. Assim, por exemplo, a quarta função é aprimorar as capacidades e a motivação do terapeuta. A ideia é que o tratamento abrangente exige que os terapeutas adquiram, integrem e generalizem seus próprios repertórios cognitivo, emocional, comportamental manifesto e verbal necessários para a aplicação efetiva do tratamento. Além disso, essa função inclui o fortalecimento de respostas terapêuticas e a redução de daquelas que inibem e/ou interferem na aplicação efetiva do tratamento. Isso em geral se consegue por meio de supervisão, reuniões de consultoria com o terapeuta, estudo de manuais de tratamento, monitoramento da aderência e competência e incentivos à equipe. Uma equipe com bom funcionamento cria condições que facilitam olhar para as próprias reações e o comportamento problemático na terapia. A função da equipe de consultoria como "terapia para o terapeuta" pode ser desafiada quando as equipes crescem para adicionar novos membros. Um grupo muito grande, um desequilíbrio entre membros inexperientes e experientes, diferenças significativas no compromisso com a filosofia do tratamento ou a participação irregular podem interferir nesta função. Entretanto, ao ter em mente a função a ser cumprida, o clínico será capaz de reconhecer um desvio e encontrar uma direção para a solução dos problemas.

A quinta função é a estruturação do ambiente por meio do manejo de contingências dentro do programa de tratamento como um todo, e também pelo manejo de contingências dentro da comunidade do paciente. Esta função costuma ser cumprida pelo diretor da clínica ou via interações administrativas, manejo de caso e intervenções familiares e conjugais (ver Fruzzetti et al., Capítulo 17 deste livro). Assim, por exemplo, nos capítulos sobre contexto hospitalar e forense, você encontrará uma descrição detalhada do que significa estruturação do ambiente nesse contexto que também serve como um modelo mais geral para outros contextos. Os autores ilustram como os princípios da DBT informam tudo, desde as regras da unidade, os horários dos programas e o uso do espaço físico até como os pressupostos básicos e as combinações são adaptados ao contexto. Com adolescentes, a estruturação do ambiente é uma função particularmente importante. É necessária ponderação para facilitar a confidencialidade enquanto o jovem, o terapeuta e a família manejam em conjunto comportamentos de alto risco.

Essas cinco funções do tratamento abrangente são um primeiro conjunto de princípios para examinar os obstáculos que surgem ao implementar um modo particular da DBT. Quando surgirem tensões, você pode se perguntar: "Qual é a função que estamos tentando cumprir? Considerando que queremos oferecer tratamento genuinamente abrangente, existe uma maneira de contornar a limitação do contexto sem comprometer esta função? Existe outra forma de cumprir essa função se não conseguirmos fazer 'segundo o manual'?".

A adoção do modelo-padrão se adapta às necessidades do contexto?

Um conjunto subsequente de questões surge quando se adentra nos pormenores da implementação da DBT. Os detalhes do modelo padrão (estratégias, protocolos, pressupostos, combinações, filosofia do tratamento, procedimentos de mudança, etc.) se adaptam às necessidades e às limitações do seu contexto? A DBT é definida não apenas em termos das suas funções abrangentes. Ela também é definida pela sua forma particular, as classes amplas dos elementos, além das estratégias e protocolos específicos que diferenciam a DBT de outras abordagens de tratamento. Não será DBT, a menos que *tanto* a forma *quanto* as funções estejam presentes.

Mas qual é a consequência da aderência parcial dentro de um modo de tratamento? Por exemplo, e se apenas alguns membros da equipe entenderem a respeito da dialética ou *mindfulness*? E se os diretores do programa ou as autoridades em saúde mental não estiverem dispostos a manter as regras arbitrárias (p. ex., a regra da falta a quatro sessões, a regra das 24 horas)? E se os terapeutas individuais não usarem cartões diários ou ignorarem a hierarquia dos alvos para organizar as sessões? E se o espírito do comprometimento voluntário e a consultoria ao paciente estiverem ausentes? E se o grupo de habilidades não conseguir abranger todas as habilidades? Até o momento, nenhum dado identificou os processos da DBT que são responsáveis pelos resultados. Portanto, pode ser complicado ponderar a quais processos aderir especialmente. Uma forma de ajudar a organizar seu pensamento é considerar as categorias amplas de processos que podem ser responsáveis pela eficácia da DBT. Por exemplo, se a DBT fosse uma árvore, então suas raízes imutáveis seriam a dialética, o *mindfulness* e o comportamentalismo, e seu tronco seria uma teoria biossocial apropriada ao transtorno particular que está sendo tratado. Também constantes seriam os grandes galhos dos níveis de desordem/estágios do tratamento, funções do tratamento abrangente e estratégias centrais de validação, solução de problemas. Os galhos menores, como os modos, acordos ou protocolos particulares que combinam as estratégias dialéticas e as centrais da DBT, podem diferir de acordo com as condições locais para se adequar a um programa ou população, ao mesmo tempo permanecendo conceitualmente bem integrados aos princípios e estratégias centrais da DBT.

O uso de categorias amplas de processos para descrever o que pode ser responsável pela eficácia da DBT, por exemplo, dá origem a diferentes hipóteses que podem ajudá-lo a ter clareza sobre a fidelidade.

1. Estruturar claramente o tratamento. Uma hipótese é que a DBT é efetiva porque ela estrutura claramente o tratamento. As equipes podem monitorar ativamente o quanto conhecem e usam a teoria e ciência comportamental, dialética, *mindfulness* e teoria biossocial para organizar a formulação de caso; e elas também podem monitorar se o nível de desordem, os estágios de tratamento e a hierarquia dos alvos são usados para organizar suas interações com os pacientes. Elas também podem autoavaliar a clareza dos acordos, pressupostos e papéis do terapeuta. As equipes podem fazer um exame cuidadoso de modo a garantir que as estratégias de consultoria ao paciente e a organização das contingências no programa de tratamento apoiem o comportamento habilidoso por parte de terapeutas e pacientes (p. ex., a regra das quatro sessões perdidas que ativa os terapeutas; a cultura é como uma comunidade de terapeutas ajudando uma comunidade de pacientes, que estão todos juntos nisto; mais coisas boas fluem para aqueles que melhoram).

2. Aplicar a terapia comportamental. Outra hipótese é que a DBT tem seus efeitos porque aplica a terapia comportamental ao comportamento suicida e as condutas autolesivas sem intencionalidade suicida (CASIS). Evidências de pesquisas sugeririam que esta postura ativa de solução de problemas é efetiva (Linehan, 2000). Portanto, você pode se autoavaliar e se esforçar ao máximo para desenvolver a sua competência com protocolos e estratégias cognitivo-comportamentais.

3. Acrescentar validação. Uma terceira hipótese é que a DBT tem seus efeitos porque acrescenta validação, o que por si só oferece um mecanismo de mudança poderoso (Linehan et al., 2002). Mais uma vez, você pode se autoavaliar e fortalecer o uso da validação entre os modos de tratamento.

4. Acrescentar dialética. Igualmente, uma quarta hipótese é que a postura e estratégias dialéticas são essenciais — que o equilíbrio constante entre mudança e aceitação e as formas de sair do impasse terapêutico contribuem para os efeitos da DBT.

5. Integrar a prática de mindfulness *entre os modos.* Uma quinta hipótese é que a ênfase da DBT no uso de *mindfulness* pelo terapeuta como uma prática que é integrada em todos os modos de tratamento contribui para a eficácia da DBT.

Cada um desses é um aspecto definidor da DBT. Sem a sua presença, não podemos chamar a terapia de DBT. Pensar desse modo fornece orientações para você avaliar e fortalecer esses elementos do seu programa e em cada modo para otimizar os mecanismos potenciais de mudança.

Mais uma vez, encorajamos a adoção de estratégias e protocolos que estejam o mais próximos possível do modelo da DBT padrão. Em termos da medida objetiva da sua aderência em cada modo de tratamento, até o momento não há uma escala de aderência que tenha sido validada pela pesquisa disponível para esse propósito. Embora ainda não haja pesquisas sobre suas propriedades psicométricas, Fruzzetti (2012) desenvolveu uma forma de classificação do terapeuta em DBT que pode ser livremente usada para monitorar a fidelidade às estratégias da DBT. Ela está baseada em *checklists* apresentadas no livro: *Cognitive-Behavioral Treatment for Borderline Personality Disorder*, de Linehan (1993a).* Você pode considerar se o seu programa está pro-

---

* N. de T. Publicado no Brasil, pela Artmed, sob o título *Terapia cognitivo-comportamental para transtorno da personalidade borderline*.

gredindo com o tempo ao se comparar consigo mesmo (p. ex., "Comparado com onde eu me encontrava seis meses atrás, estamos chegando mais perto do modelo da DBT padrão") e/ou você pode se comparar com um ideal específico (p. ex., "Nosso objetivo é ter em funcionamento 90% de todos os elementos listados no manual em cada modo de tratamento").

Embora a adoção da maioria das estratégias e protocolos da DBT não seja controversa, existem áreas particulares que demandam adaptação ou desvio do modelo padrão que abordamos em detalhes agora. Examinamos primeiro o nível do programa e então as preocupações comuns com modos particulares.

Protocolos para comportamento suicida e hospitalização

Os protocolos da DBT para comportamento suicida e hospitalização podem diferir das práticas da rede mais ampla de atenção à saúde. Por exemplo, pacientes cronicamente suicidas cujo uso do hospital interfere na sua qualidade de vida muitas vezes foram inadvertidamente reforçados pelo comportamento de crise e de fragilidade — eles aprendem que a ajuda está mais próxima quando seu comportamento extremo escala. Na DBT, as metas e os acordos do tratamento minimizam a ligação entre o comportamento de crise e o contato adicional ao fornecer ajuda não contingente regular e treinamento depois do expediente com forte encorajamento para obter ajuda antes de uma crise. Nesse contexto, a DBT tem uma regra das 24 horas: nas 24 horas seguintes a uma autolesão intencional do paciente, o terapeuta primário mantém os contatos já programados, mas não aumenta o contato com o paciente. Esse sistema pode estar em desacordo com as expectativas dos familiares e de outros profissionais na rede do paciente. Como resultado, os terapeutas em DBT provêm consultoria aos seus pacientes sobre como melhor orientar a sua rede quanto aos fundamentos do tratamento e como instruir a rede sobre o que mais provavelmente será útil. Isso pode ser conseguido por meio da redação, por parte do paciente, de uma carta dirigida a todos os prestadores de tratamento para orientá-los, da realização de reuniões conjuntas em que o paciente e o terapeuta orientam os familiares, etc. A posição de insistir que o paciente assuma uma postura ativa e competente no plano do próprio tratamento também pode entrar em conflito com experiências passadas e precisar ser explicada para aqueles que fazem parte da rede do paciente.

Da mesma forma, os protocolos para crises e comportamentos suicidas podem entrar em conflito com as práticas habituais porque a DBT atribui o papel central do manejo destas ao terapeuta primário. Em alguns sistemas, a pessoa designada para o papel de terapeuta individual pode não ter o treinamento ou a autoridade necessária para tomar decisões referentes ao manejo de comportamento suicida e hospitalização. Em alguns casos, esta responsabilidade é sempre assumida pelo psiquiatra, mesmo que ele não seja o terapeuta primário ou sequer esteja na equipe de DBT. Algumas vezes, a autoridade é distribuída de tal forma que os administradores que manejam o risco também exercem influência e podem inadvertidamente reforçar o paciente quando as crises escalam. Mais uma vez, nessas situações, orientar a rede e consultar o paciente são as principais estratégias a usar.

Regras arbitrárias referentes à participação

Outra fonte de conflito pode surgir relacionada às regras arbitrárias sobre a participação na DBT. A DBT padrão tem a regra de que, se um paciente falta a quatro sessões consecutivas do treinamento de habilidades individuais ou grupais, ele é retirado do programa pelo restante do período de tratamento contratado (após o qual o paciente pode negociar sua reentrada no programa). No entanto, alguns sistemas são definidos de tal forma que são legalmente obrigados a continuar a prestar o serviço ao paciente independentemente da sua participação ou melhora.

Desafios específicos aos modos de tratamento: treinamento de habilidades

Vários obstáculos comuns podem surgir ao adotar o formato do treinamento de habilidades em DBT originalmente definido em Linehan (1993b) e adaptado em Linehan (2015). Em primeiro lugar, o formato-padrão original era de um grupo semanal de duas horas e meia, com a duração de um ano. Em muitos contextos, isso pode não funcionar. O importante é adquirir, fortalecer e generalizar novas habilidades — é por isso que tradicionalmente as habilidades são ensinadas duas vezes, que a tarefa de casa é revisada e novas habilidades são ensinadas, e que a hierarquia dos alvos no treinamento de habilidades é usada como um guia para se manter focado no ensino das habilidades. Consequentemente, se o tempo de permanência do seu paciente for mais breve, você terá que considerar as melhores práticas para manter a ênfase na aquisição e no fortalecimento das habilidades ensinando cada habilidade com muita prática e oportunidades de revisão em vez de abranger mais materiais em menos profundidade. Em segundo lugar, o formato tradicional em geral tem dois treinadores de habilidades. O propósito aqui, também, é auxiliar os pacientes na aquisição e no fortalecimento de suas habilidades: um treinador funciona como guia e assegura que o material seja abordado; o outro acompanha o processo e oferece apoio para auxiliar os pacientes e o e o líder do treinamento de habilidades nas habilidades de regulação emocional se estas estão sendo aprendidas no momento. Ter dois líderes significa que o treinamento de habilidades continua mesmo nas circunstâncias mais difíceis. Caso ocorra uma emergência clínica como uma crise suicida com ameaça à vida com um dos membros do grupo, um treinador de habilidades pode lidar com ela, enquanto o outro continua a ensinar. Se, por alguma razão, você só puder ter um terapeuta, é preciso estar atento a como realizar essas tarefas de outra forma. Uma terceira questão frequentemente enfrentada tem a ver com a oferta de treinamento de habilidades a indivíduos que não têm um terapeuta em DBT ou até mesmo nenhum terapeuta. Aqui, voltamos ao princípio dos pacientes no Estágio 1 que requerem tratamento abrangente. Pesquisas iniciais sugerem que um componente somente de habilidades pode não oferecer benefícios. No entanto, para indivíduos menos perturbados, pode ser que um formato de grupo de habilidades seja suficiente (p. ex., ver Wisniewski, Safer, Adler, & Martin-Wagar, Capítulo 13 deste livro).

Equipe de consultoria

Muitos desafios surgem no contexto da equipe de consultoria. Primeiramente, em algum ponto, as equipes em geral precisam adicionar novos membros. Os novos membros podem não ter tanto treinamento formal em DBT, não ter compartilhado as experiências formativas dos membros fundadores da equipe e não compartilhar pressupostos básicos sobre os pacientes ou a terapia (p. ex., não encarando isso como importante para aprender intervenções cognitivo-comportamentais). O que fazer? Muitas equipes são bem-sucedidas no recrutamento dos membros da equipe assim como o são com a inclusão de novos pacientes. O processo de inclusão inclui um nítido comprometimento do novo membro, com clareza em torno das expectativas e combinações e como estas se adaptam ou não aos seus objetivos profissionais. Em segundo lugar, parte da função da equipe é ajudar os membros a observarem seus limites pessoais e profissionais. Isso também pode ser expandido proveitosamente quando necessário para incluir a atenção para com os limites do programa.

Por exemplo, os membros da equipe podem ter papéis concorrentes (i.e., a DBT é trabalho em tempo parcial) ou os líderes do programa podem se dispersar tanto que falham em atribuições importantes ou as contingências aversivas superam as reforçadoras. Desenvolver o programa muito rapidamente em resposta à necessidade e à pressão, resultando em mais encaminhamentos do que a equipe consegue lidar, também pode ser uma dificuldade. Assim como o comportamento que interfere na terapia é priorizado, também o comportamento que interfere na equipe deve ser priorizado. Além de adotar uma abordagem dialética para solução de problemas e aplicar estratégias da DBT entre os terapeutas, também aconselhamos um esforço atento e ativo para maximizar os aspectos reforçadores da equipe. Em outras palavras, deve ser dada atenção cuidadosa a como a equipe cumpre sua função de melhorar as habilidades e motivação dos terapeutas e resolve os problemas que interferem nesses objetivos. Isso irá variar entre as equipes e os membros da equipe, mas inclui assegurar que tempo adequado seja gasto nos casos e não desviado pela discussão das questões administrativas sempre presentes ou de tópicos secundários; que o tamanho da equipe não aumente tanto que seus membros tenham pouco tempo para obter ajuda em casos difíceis; que os novos membros sejam integrados de uma forma que equilibre suas necessidades de aprender os aspectos básicos sem comprometer as necessidades, por parte dos membros mais antigos, de discussões mais sofisticadas; e assim por diante.

RESUMO E CONCLUSÕES

A principal recomendação desse texto é assumir uma postura dialética em relação à tensão inevitável entre adotar *versus* adaptar a DBT em seu contexto. A melhor chance de obter bons resultados clínicos é adotar e implementar o modelo da DBT padrão e simultaneamente procurar maneiras de adequar o modelo para satisfazer as necessidades e as limitações do seu contexto e população. Insista para que uma solução forneça uma síntese dessas duas posições de modo que você tenha uma implementação exequível e com alta fidelidade. Mais uma vez, as evidências até o momento apoiam a adoção do modelo tradicional (a não ser que estejamos adotando uma adaptação que se tornou baseada em evidências). Sugerimos que o objetivo deve ser implementar o modelo tradicional da DBT (até que se aprenda mais claramente quais processos são responsáveis pelos resultados positivos para que a pesquisa possa guiar a modificação). Sugerimos que, em primeiro lugar, você desenvolva um pequeno programa-piloto rigorosamente focado que esteja "de acordo com o manual". Quando encontrar conflitos na implementação da DBT tradicional, use as funções do tratamento para analisar criativamente as soluções potenciais. Se você tiver conflitos sobre estratégias ou protocolos particulares, foque na aderência e aplique os princípios do tratamento para resolver estes problemas. Monitore seus resultados comparando-os aos critérios publicados dos resultados com o tratamento em seu contexto. Durante a implementação, lembre-se de focar a atenção em conquistar o apoio das partes interessadas de modo que o ambiente se estruture gradualmente para sustentar seus esforços.

COMO USAR ESTE LIVRO

Depois de ler os dois primeiros capítulos, a melhor maneira de usar esse livro é ler na sequência o Capítulo 3, sobre como avaliar seu programa em DBT, seguido por capítulos particulares que abordem populações específicas ou contextos que sejam do seu interesse. Dimeff e colaboradores (Capítulo 4 deste livro) destacam estratégias pragmáticas para implementação da DBT ambulatorial, tanto na prática privada quanto em comunidades no setor público. Esse capítulo tece soluções para barreiras e mal-entendidos comuns entre os contextos e populações. Igualmente, Swenson e colaboradores (Capítulo 5 deste livro) detalham a mais antiga adaptação da DBT e a primeira aplicação da DBT em contextos parciais ou residenciais, fornecendo um exemplo excelente de como preservar os princípios da DBT o tempo todo apesar dos obstáculos do modelo tradicional da DBT. A grande sugestão aqui é que a avaliação do programa seja feita paralelamente ao desenvolvimento do programa, em vez de ser tratada como um complemento depois que o programa já estiver em andamento. Esses cinco capítulos fornecerão os fundamentos que você precisará ter para refletir sobre a maioria das dificuldades que encontrará na implementação. Esperamos poder poupar sua energia de reinventar a roda, e que alguns dos materiais que apresentamos aqui lhe sejam úteis.

REFERÊNCIAS

Berwick, D. M. (2003). Disseminating innovation in healthcare. *Journal of the American Medical Association, 289*, 1969–1975.

Fruzzetti, A. E. (2012). DBT Therapist Rating and Feedback Form. Retrieved from *https:// app.box.com/s/gpll5dwwd2v7i6wdgi0bttu9r-hrsc1zm*.

Linehan, M. M. (1993a). *Cognitive-behavioral treatment for borderline personality disorder*. New York: Guilford Press.

Linehan, M. M. (1993b). *Skills training manual for treating borderline personality disorder*. New York: Guilford Press.

Linehan, M. M. (1995). Combining pharma-cotherapy with psychotherapy for substance abusers with borderline personality disorder: Strategies for enhancing compliance. In *Integrating behavioral therapies with medications in the treatment of drug dependence* (pp. 129–142). NIDA Research Monograph Series. Rockville, MD: National Institute of Mental Health.

Linehan, M. M. (1997). Special feature: Theory and treatment development and evaluation: Reflections on Benjamin's "models of treatment." *Journal of Personality Disorder, 11*(4), 325–335.

Linehan, M. M. (2000). Behavioral treatment of suicidal behavior: Definitional obfuscation and treatment outcomes. In R. W. Maris, S. S. Canetto, J. L. McIntosh, & M. M. Silverman (Eds.), *Review of suicidology, 2000* (pp. 84–111). New York: Guilford Press.

Linehan, M. M. (2015). *DBT skills training manual* (2nd ed.). New York: Guilford Press.

Linehan, M. M., Dimeff, L. A., Reynolds, S. K., Comtois, K. A., Shaw-Welch, S., Heagerty, P., et al. (2002). Dialectical behavior therapy versus comprehensive validation plus 12-step treatment of opioid-dependent women meeting criteria for borderline personality disorder. *Drug and Alcohol Dependence, 67*, 13–26.

Linehan, M. M., Kanter, J., & Comtois, K. A. (1999). Dialectical behavior therapy for borderline personality disorder: Efficacy, specificity, and cost effectiveness. In D. Janowsky (Ed.), *Psychotherapy indications and outcomes* (pp. 93–118). Washington, DC: American Psychiatric Association.

Silverman, M., Bongar, B., Berman, A. L., Maris, R. W., Silverman, M. M., Harris, E. A., et al. (1997). *Risk management with suicidal patients*. New York: Guilford Press.

Stirman, S. W., Baumann, A. A., & Miller, C. J. (2019). The FRAME: An expanded framework for reporting adaptations and modifications to evidence-based interventions. *Implementation Science, 14*(1), 58.

Torrey, W. C., Drake, R. E., Dixon, L., Burns, B. J., Flynn, L., Rush, A. J., et al. (2001). Implementing evidence-based practices for persons with severe mental illness. *Psychiatric Services, 52*, 469–476.

Valentine, S. E., Bankoff, S. M., Poulin, R. M., Reidler, E. B., & Pantalone, D. W. (2015). The use of dialectical behavior therapy skills training as stand-alone treatment: A systematic review of the treatment outcome literature. *Journal of Clinical Psychology, 71*, 1–20.

Wiltsey-Stirman, S., Baumann, A. A., & Miller, C. J. (2019). The FRAME: An expanded framework for reporting adaptations and modifications to evidence-based interventions. *Implementation Science, 14*, 58.

3

Avaliando seu programa em DBT

Shireen L. Rizvi, Maria Monroe-DeVita e Linda A. Dimeff

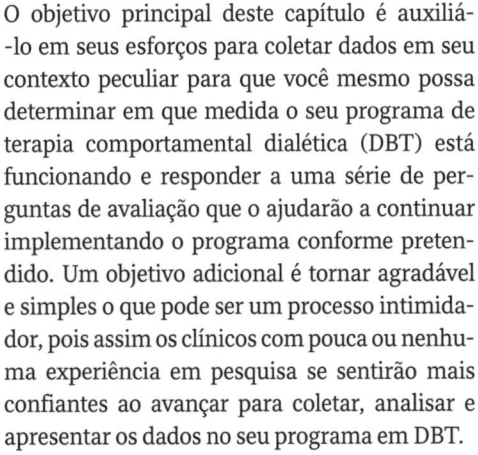

O objetivo principal deste capítulo é auxiliá-lo em seus esforços para coletar dados em seu contexto peculiar para que você mesmo possa determinar em que medida o seu programa de terapia comportamental dialética (DBT) está funcionando e responder a uma série de perguntas de avaliação que o ajudarão a continuar implementando o programa conforme pretendido. Um objetivo adicional é tornar agradável e simples o que pode ser um processo intimidador, pois assim os clínicos com pouca ou nenhuma experiência em pesquisa se sentirão mais confiantes ao avançar para coletar, analisar e apresentar os dados no seu programa em DBT.

Há muitas razões para coletar dados do seu programa em DBT ou para conduzir uma *avaliação do programa*. Antes de tudo, é importante saber se a DBT na verdade está atingindo bons resultados em seu programa. Muitos pesquisadores e também clínicos foram vítimas de ilusões positivas, tendo a crença absoluta de que um paciente está melhorando ou um tratamento está funcionando na ausência de qualquer evidência empírica de que essa alegação seja acurada. O cenário oposto frequentemente é verdadeiro no trabalho com seus pacientes mais desafiadores, incluindo indivíduos com transtorno da personalidade *borderline* (TPB): o terapeuta e a equipe se convencem de que não houve mudança e, em consequência, ficam desencorajados e desmotivados, quando de fato ocorreu uma pequena mudança, e ficam perdidos em meio ao furacão de comportamentos fora do controle.

É claro que existem muitas outras razões igualmente importantes e fundamentadas para coletar dados sobre seu programa em DBT. Estas são apenas algumas:

- *Obter recursos e apoio adicional dos administradores.* Muitas vezes, a melhor maneira de convencer os "poderes superiores" (desde diretores do programa até administradores em níveis superiores) acerca da necessidade de mais recursos, treinamento e/ou suporte é usar evidências objetivas para argumentar. Muitos programas, por exemplo, receberam financiamento considerável para treinamentos extensivos em DBT ao demonstrar a redução dos custos se a DBT funcionasse com um paciente que, anualmente, está representando muitos custos para o sistema em função de repetidas e prolongadas internações hospitalares. Outros programas em DBT usam dados de avaliação do programa para demonstrar seu sucesso visando a ganhar apoio adicional. Por exemplo, poucos ou nenhum administrador consideraria fazer cortes ou reduções em um programa de tratamento bem-sucedido que está resultando em uma economia considerável para o sistema, melhorando drasticamente os resultados dos pacientes e aumentando a motivação da equipe (o que pode se traduzir comportamentalmente na diminuição do uso de licenças médicas e das taxas de rotatividade na equipe).

- *Convencer pacientes potenciais e colegas a firmar um compromisso com a DBT.* Uma das formas mais efetivas de aumentar os encaminhamentos de pacientes ao seu programa em DBT é manter um registro do acompanhamento do sucesso destes. Em resposta a um paciente potencial que questiona por que ele deveria abandonar comportamentos severamente disfuncionais (p. ex., autolesão intencional, tentativas de suicídio, abuso de substância), você é capaz de comunicar com convicção: "Se o que você quer é uma vida que valha a pena ser vivida, eu estou aqui para você e nós somos a equipe de que você precisa". Você tem os dados para apoiar isso. Do mesmo modo, todas as coisas sendo iguais, não há melhor maneira de atrair os colegas mais motivados, talentosos e dedicados do que demonstrar que vocês formam uma equipe que leva a questão a sério e que você tem os dados para comprovar.
- *Usar como alavanca para o reembolso.* Não é incomum que organizações de saúde comportamental no início limitem o reembolso de diferentes serviços ambulatoriais com DBT. Apresentar dados sobre o processo, resultados e custos do seu programa em DBT à organização de saúde comportamental quando você negocia um novo valor para pagamento pode proporcionar uma poderosa ferramenta de alavancagem, uma vez que os dados de um programa bem-implementado provavelmente apresentarão economia significativa nos custos associados diretamente à melhora dos pacientes.
- *Valorizar-se.* Não há nada como dados objetivos para dar garantias de que você é, de fato, um terapeuta em DBT efetivo — em especial durante períodos atribulados com um paciente particular que o convenceu de que justamente o contrário é verdadeiro.

Três comentários antes de dar início aos detalhes essenciais: primeiro, nossa intenção é fornecer as ferramentas rudimentares que permitirão que os programas comecem a coletar dados imediatamente. Não é nossa intenção transformar você em um *expert* na avaliação de programas (tampouco é importante que você seja um *expert* para coletar, interpretar e apresentar dados importantes sobre seu programa em DBT). Segundo, com o advento da lei de 1996, Health Insurance Portability and Accountability Act (HIPAA), bem como com uma preocupação com os direitos dos pacientes e da sua confidencialidade, estados e instituições desenvolveram diferentes políticas referentes ao consentimento informado e em que medida o uso de dados para avaliação está incluído no formulário de consentimento. Assim, é essencial que você analise tais políticas e as discuta com seu administrador antes de iniciar o projeto. Isso garantirá que você esteja ciente das questões éticas e legais envolvidas na condução da pesquisa e minimizará o risco potencial aos seus pacientes. Terceiro, *comece!* Não há um momento melhor do que este. Você aprenderá o que precisa aprender no contexto da *ação*. Ao coletar os dados rigorosamente, você, em última análise, fortalecerá e solidificará seu programa em DBT.

COMO ESTE CAPÍTULO ESTÁ ORGANIZADO

Neste capítulo, serão fornecidas dicas e uma estrutura para dar início à avaliação do seu próprio programa. Especificamente, serão descritas algumas características definidoras da avaliação do programa, abordando-se como adaptar a avaliação às suas necessidades específicas e oferecendo os princípios a seguir quando você começar a coletar os dados. Além disso, serão oferecidas algumas sugestões para medidas--padrão que podem ser usadas como um breve tutorial sobre opções alternativas para coleta de dados, como estudos de caso e metodologia de caso único. Por fim, são incluídas dicas de como apresentar os dados para assegurar que todo o seu árduo trabalho valha a pena por meio de uma apresentação ou relatório relevante.

O QUE É AVALIAÇÃO DO PROGRAMA?

Avaliação do programa é um procedimento sistemático para examinar as atividades, as características e o impacto de um programa na população-alvo visando à melhoria do programa, ao exame da sua eficácia global e/ou à tomada de decisões sobre o planejamento futuro (Patton, 2008). A avaliação do programa pode auxiliar a responder muitas perguntas relevantes para você e seu programa em DBT: Seus pacientes melhoram nas áreas que são esperadas (p. ex., decréscimo nas tentativas de suicídio e condutas autolesivas sem intencionalidade suicida (CASIS), redução nos dias de hospitalização, visitas ao serviço de emergência e outros serviços para crises)? Seus terapeutas em DBT e os treinadores de habilidades estão realizando o tratamento conforme desejado? Os custos totais do serviço estão diminuindo para os pacientes que recebem DBT?

PERGUNTAS DE AVALIAÇÃO COMUNS E MÉTODOS PARA RESPONDÊ-LAS

Embora haja muitos tipos de perguntas de avaliação a considerar, as mais comuns incluem as seguintes:

1. O programa está operando conforme planejado (abordada pela avaliação do processo)?
2. Qual é o impacto do programa na população-alvo (abordada pela avaliação dos resultados)?
3. O impacto desejado do programa é obtido a um custo razoável (abordada pela avaliação da eficiência; Rossi, Lipsey, & Freeman, 2004)?

A *avaliação do processo* aborda perguntas relacionadas às atividades, serviços e funcionamento global do programa (i.e., o "processo" dentro do programa). A avaliação do processo também é tipicamente denominada "monitoramento do programa" quando usada para fins de melhoria da qualidade. A avaliação do processo pode incluir, por exemplo, avaliar se os serviços estão em alinhamento com os objetivos do programa, se os serviços são realizados conforme pretendido, em que medida o programa está alcançando sua população de pacientes pretendida e/ou se a alocação de pessoal ou o treinamento no programa são suficientes. Muitos programas já coletam muitos desses dados porque eles são necessários para processos administrativos cotidianos (p. ex., faturamento, relatório administrativo). Exemplos de perguntas para avaliação do processo estão incluídos na Tabela 3.1.

Os prestadores costumam estar mais familiarizados com a *avaliação dos resultados*, já que ela foca principalmente em que grau um programa produz o impacto desejado nos pacientes que recebem os serviços daquele programa. As perguntas relacionadas aos resultados em geral pressupõem um conjunto de critérios operacionalmente definidos ou medidas do sucesso (Rossi et al., 2004). Estas podem incluir exemplos de comportamento de autolesão ou impulso de usar álcool ou drogas, ou podem estar baseadas em relatos do paciente ou do terapeuta em uma escala de avaliação como a lista de sintomas *borderline*

TABELA 3.1 Exemplos de perguntas para avaliação do processo

- O programa em DBT está sendo implementado conforme pretendido (p. ex., se a intenção era implementar DBT abrangente, ele inclui todas as funções de tratamento da DBT abrangente?)?
- Os serviços da DBT são prestados em nível de aderência e/ou competência?
- A DBT está sendo empregada com a população pretendida (p. ex., apenas adultos com TPB? Pacientes com comportamentos suicidas? Adolescentes com problemas comportamentais)?
- Qual é a taxa de rotatividade do pessoal na equipe da DBT comparada com as taxas em toda a agência ou em outras áreas de serviço (em todo o município e nacionalmente)?
- Os pacientes no programa em DBT estão satisfeitos com o tratamento?

(BSL). Exemplos de perguntas para avaliação dos resultados estão incluídos na Tabela 3.2.

A *avaliação da eficiência* está focada no custo, na relação custo-benefício e na relação custo-eficácia do programa. Esse tipo de avaliação é muitas vezes o mais convincente e essencial para as agências de financiamento e os legisladores que irão querer saber se o programa essencialmente vale o custo da sua implementação. A Tabela 3.3 inclui exemplos de perguntas relacionadas à avaliação da eficiência.

Mais uma vez, para um determinado programa, você pode usar uma combinação desses

TABELA 3.2 Exemplos de perguntas para avaliação dos resultados

- Em que medida os dias de internação hospitalar, as visitas aos serviços de emergência e os leitos para situações de crise reduziram para os pacientes no programa em DBT em comparação com o ano anterior à sua inclusão no programa?
- Em que medida os resultados dos pacientes se mantêm ou melhoram dentro de um ano após a conclusão do programa em DBT?
- Qual é a taxa de abandono de tratamento no programa em DBT em comparação com as taxas de abandono em outros programas na agência?
- Qual é a porcentagem de pacientes que não estão mais incapacitados devido à sua condição em saúde mental? Desse grupo, que porcentagem está empregada ou matriculada na escola ao concluir a DBT? Que porcentagem está trabalhando com voluntariado/contribuindo na comunidade?
- Os resultados dos pacientes melhoram quando um grupo avançado de DBT é acrescentado ao seu programa no segundo ano? Em que medida os resultados dos pacientes se mantêm constantes ou continuam a melhorar quando um grupo avançado é oferecido no segundo ano?

TABELA 3.3 Exemplos de perguntas para avaliação da eficiência

- Se houve uma redução na utilização de serviços de internação hospitalar e de crise para pacientes no programa em DBT, quanto dinheiro foi economizado nos custos totais do tratamento?
- Os benefícios do programa em DBT compensam os custos? Qual é o benefício líquido por paciente?
- Qual é o retorno do investimento no programa em DBT (p. ex., os pacientes em DBT retornam à força de trabalho)?
- Abordagens de tratamento alternativas produziriam benefícios equivalentes com um custo mais baixo?
- O programa em DBT seria igualmente efetivo e menos oneroso se a equipe fosse formada por clínicos em nível de bacharelado com treinamento intensivo em DBT em vez de terapeutas com mestrado ou doutorado?

tipos de avaliação, e eles podem diferir dependendo de você estar conduzindo uma avaliação formativa ou somativa. Por exemplo, em seu relatório anual para a diretoria da agência, você pode decidir relatar em que medida todos os modos e funções da DBT estão sendo satisfeitos e a aderência do terapeuta à DBT (i.e., avaliação do processo), bem como em que medida os pacientes apresentaram melhora em comportamentos de autolesão, tentativas de suicídio e uso de serviços de internação e crises (i.e., avaliação dos resultados). Contudo, em seu programa de melhoria da qualidade, você pode se concentrar em dados que se relacionem a áreas de fragilidade identificadas em seu programa particular (p. ex., treinamento em DBT de novos terapeutas durante períodos de alta rotatividade na equipe).

ANTES DE COMEÇAR: DECIDINDO POR ONDE INICIAR

A beleza da avaliação do programa é que ela pode e deve ser planejada de forma que permita que você e outras partes interessadas no programa respondam as perguntas mais relevantes associadas aos seus objetivos mais importantes. Por exemplo, se o objetivo for determinar se os custos de conduzir a DBT são justificados pela economia para o seu sistema, a avaliação do programa envolverá naturalmente a coleta de dados do paciente sobre a utilização dos recursos (p. ex., serviços de emergência, hospitalização psiquiátrica, destruição de propriedade na sala de espera, licença médica da equipe profissional). Se o objetivo inicial for desenvolver um programa de DBT que tenha uma confiabilidade muito positiva para a equipe assim como para os pacientes (i.e., pacientes e clínicos veem o programa muito favoravelmente e, em consequência, os clínicos encaminham seus pacientes com TPB e estes optam voluntariamente por receber os serviços), então a avaliação pode focar nas atitudes da equipe e dos pacientes sobre a DBT.

Uma abordagem individualmente adaptada para a metodologia de avaliação assegura que a avaliação seja produzida de uma maneira realista e prática considerando os recursos alocados, ao mesmo tempo fornecendo resultados confiáveis que são úteis às partes interessadas no programa em DBT. Para adaptar individualmente sua avaliação, você precisa conhecer diversos detalhes sobre o programa e entender os propósitos da avaliação. As subseções a seguir oferecem uma lista de perguntas que o ajudarão a focar sua avaliação de modo a se adequar aos objetivos e às necessidades do programa.

Em que estágio de implementação está seu programa em DBT?

O estágio de implementação do seu programa em DBT pode ter um enorme impacto em como você planeja a avaliação. Dê uma olhada nos seguintes estágios de implementação (Fixsen, Naoom, Blasé, Friedman, & Wallace, 2005) e determine qual deles mais se encaixa no *status* atual do seu programa em DBT:

- *Exploração e adoção:* neste estágio, as partes envolvidas no programa começam a explorar as possibilidades de implementar o programa. Os grupos de planejamento em geral se reúnem para adotar um programa particular.
- *Implementação inicial:* este estágio inclui o planejamento inicial para implementação do programa (p. ex., garantir um espaço, recursos humanos) e a operação inicial do programa quando a equipe estiver em ação e os pacientes estiverem agora recebendo os serviços. Esse estágio costuma ocorrer dentro do primeiro ano de implementação de um programa, mas pode durar mais dependendo de quanto tempo é necessário para que o programa obtenha todos os recursos e equipe necessários para a sua implementação.

- *Implementação plena:* a equipe do programa está treinada e o programa está plenamente funcional. Treinamento, supervisão, avaliação, operações diárias e administração já estão sendo praticados rotineiramente.
- *Inovação:* depois de plenamente implementado, algumas vezes é decidido que o programa requer mais refinamento ou adaptação. Durante este estágio, é preciso avaliar de forma cuidadosa se tais mudanças são em benefício do programa ou se o estão desvirtuando, ameaçando a fidelidade ao modelo pretendido e são um prejuízo para os resultados do programa.
- *Sustentabilidade:* neste estágio, o programa já sobreviveu a alguma rotatividade na equipe e na administração e foi bem-sucedido em recrutar, treinar e reter novos membros. Durante o estágio da sustentabilidade, o programa está focado na sobrevivência a longo prazo e na eficácia continuada no contexto de muitas mudanças internas (p. ex., funcionários, administração, base de encaminhamento) e externas (p. ex., políticas públicas, prioridades para as verbas).

Depois de identificado o estágio de implementação do seu programa em DBT, você estará pronto para responder as perguntas restantes apresentadas a seguir. Por favor, note que se você estiver no estágio de exploração e adoção, poderá primeiro considerar a condução de uma avaliação formal ou informal acerca da *necessidade* de um programa em DBT (i.e., "avaliação das necessidades"). Em muitos casos, a necessidade da DBT já foi estabelecida informalmente e a razão para o programa é óbvia (p. ex., altas taxas de utilização de serviços dispendiosos, alta rotatividade na equipe devido a dificuldades para trabalhar efetivamente com pacientes com TPB). No entanto, mesmo que a necessidade de DBT tenha sido identificada, não é incomum que os programas tenham que fazer um esforço adicional para convencer a administração de que é necessário um programa de DBT *abrangente versus*, digamos, um programa que implemente apenas treinamento de habilidades em DBT, ou que treinamento intensivo e DBT e equipe de consultoria constante são necessários para implementar efetivamente este tratamento. Embora demonstrar como você pode conduzir uma avaliação das necessidades não esteja dentro do escopo deste capítulo, é importante ter esta ferramenta em mente. Um recurso útil para conduzir uma avaliação das necessidades é o protocolo de validação das necessidades e o manual de documentação publicados pelo National Research and Training Center on Psychiatric Disability (NRTC; Cook, Jonikas, & Bamburger, 2002).

Quem são os principais envolvidos?

Os envolvidos, algumas vezes chamados de "constituintes", são pessoas e/ou organizações que têm um interesse manifesto no programa, como pacientes, famílias, clínicos e diretores dos programas. Você precisa se perguntar quem são as pessoas que estão interessadas e irão fazer uso dos resultados da avaliação. A resposta fornecerá orientações relativas a quais participantes principais devem ser incluídos no plano de avaliação e potencialmente na supervisão constante da avaliação (p. ex., um conselho consultivo), já que o envolvimento das partes interessadas é uma das melhores maneiras de assegurar que os achados da avaliação sejam informativos e úteis (Patton, 2008). Conhecer os envolvidos no seu programa também o ajudará a determinar quais perguntas de avaliação incluir (ver a seguir "Que perguntas você quer que a avaliação responda?"). Os dados da avaliação podem ser úteis para qualquer combinação dos seguintes envolvidos na DBT:

- *Pacientes:* "Minha vida está melhor de formas identificáveis [p. ex., redução de CASIS, na desesperança, depressão]?"
- *Famílias:* "A vida do meu familiar [que está sendo tratado] está melhor? Há uma mudança positiva na minha vida (p. ex., redução na carga familiar, menos ligações de crise) porque a vida do meu familiar está melhor?"
- *Terapeutas e treinadores de habilidades:* "Nosso programa em DBT está ajudando nossos pacientes? Estou realizando esta terapia da maneira que ela se propõe a ser realizada? Estou me sentindo efetivo e entusiasmado com nosso programa?"
- *Supervisores e diretores do programa:* "Nossos terapeutas em DBT são aderentes à DBT? Os pacientes e terapeutas em nosso programa estão satisfeitos com seus serviços?"
- *Financiadores do programa:* "O programa em DBT está realmente realizando DBT para que possamos justificar o reembolso/pagamento? O programa em DBT está resultando em desfechos positivos?"
- *Administradores de alto nível:* "O programa em DBT está resultando em custos menores e/ou risco reduzido de responsabilização, se comparado com as alternativas?"

Qual é o propósito geral da avaliação?

O propósito é fornecer *feedback* sobre como o programa está funcionando e que mudanças precisam ser feitas para continuar melhorando e aprimorando o programa? O propósito é, em última análise, julgar se o programa é efetivo? Ou as duas coisas? A maioria das avaliações dentro de programas na comunidade concentra-se no mínimo de qualidade e melhoria do programa. De fato, os recursos disponíveis para conduzir a avaliação (ver a seguir "Que recursos estão disponíveis para a avaliação?") frequentemente determinam em que medida a eficácia do programa pode ser avaliada com grande rigor metodológico.

Outra consideração ao decidir o propósito da avaliação é como ela se relaciona com o estágio de implementação do seu programa. Se o programa estiver nos primeiros estágios de implementação, você pode considerar focar na melhoria do programa, pois alguns dos seus achados na avaliação podem ser decepcionantes neste primeiro estágio e você não iria querer comunicar inadvertidamente aos envolvidos na tomada de decisão (p. ex., diretores estaduais de saúde mental, agências de financiamento) que o programa é ineficaz antes de ter dado tempo para o programa apresentar um efeito. Os achados decepcionantes podem resultar de inúmeros fatores que se devem simplesmente ao fato de este ser um programa recente: pouca implementação inicial, um tamanho pequeno da amostra devido ao fato de que você tem muitos horários disponíveis quando o programa começa e a avaliação dos resultados, que, em geral, leva um tempo para apresentar algum tipo de efeito (p. ex., o retorno dos pacientes ao trabalho). Em vez disso, uma avaliação da melhoria do programa pode ajudá-lo a identificar pontos fortes e pontos fracos em seu programa e voltar os esforços para melhorar estes últimos.

Que recursos estão disponíveis para a avaliação?

Infelizmente, costuma haver pouco ou nenhum recurso dedicado à avaliação do programa. Mesmo quando os custos para começar são cobertos, é importante considerar os recursos que estão disponíveis para fazer o manejo cotidiano da coleta dos dados, limpá-los, analisá-los e fornecer os resultados de maneira oportuna. Se menos recursos estiverem disponíveis, certifique-se de que a avaliação não seja muito grande e não exija mais pessoal do que seja realista.

Que perguntas você quer que a avaliação responda?

Para realmente usar os achados da sua avaliação, é imperativo assegurar que eles mensurem o tipo de dados que sejam importantes para o seu programa em DBT. Esta pergunta se sobrepõe consideravelmente a "Quem são os principais envolvidos?", já que estas perguntas podem diferir com base nos interessados identificados e na extensão do seu envolvimento no processo de avaliação. Por exemplo, os pacientes e as famílias tendem a focar no grau em que um programa os ajuda, enquanto os financiadores do programa e os administradores em nível superior estão interessados em saber se o programa possui um efetivo custo-benefício e se ele tem um impacto positivo sobre os pacientes e as famílias. Além do mais, o estágio de implementação também pode desempenhar um papel significativo nos tipos de perguntas de avaliação que você formula. Os programas em estágios posteriores de implementação (*implementação plena* e *sustentabilidade*) e que vêm coletando dados por um período mais longo podem ter mais a dizer sobre se o programa é sustentável e/ou se os pacientes alcançam ganhos de mais longo prazo, como emprego ou um decréscimo sustentado em comportamentos de autolesão.

CONDUZINDO SUA AVALIAÇÃO: PRINCÍPIOS PARA COLETA DE DADOS

O método mais típico para avaliar um programa é medir regularmente um número de variáveis (p. ex., incidentes de CASIS, sintomas psiquiátricos, *status* de emprego) e examinar como essas variáveis mudam com o tempo, o que é um tipo de *avaliação dos resultados*. Com esses dados, você pode mapear as mudanças em um nível micro do paciente individual, diariamente (como com cartões diários) ou em um nível macro, como a avaliação de como os pacientes em um programa inteiro estão evoluindo antes, durante e depois da participação no programa (também conhecido como uma avaliação "pré-pós tratamento"). Isto é, com esta última, você pode medir inúmeras variáveis de interesse quando um paciente entra em tratamento e depois medir essas mesmas variáveis quando eles encerram o tratamento, ou rotineiramente, por exemplo, a cada três ou seis meses. Para pesquisadores principiantes, essa tarefa pode parecer muito pesada mesmo depois que todas as perguntas sobre a adaptação da sua avaliação foram respondidas. Assim sendo, desenvolvemos sete princípios para ajudá-lo a iniciar a coleta de dados no seu programa em DBT. Esses princípios também são ilustrados na Tabela 3.4, que será descrita mais integralmente a seguir.

Mantenha a simplicidade

É fácil e bem rápido ficar enredado com tantos dados. Sem dúvida, é preferível coletar informações confiáveis sobre apenas algumas variáveis de interesse em vez de muitos dados que são de pouco interesse ou úteis para o programa, ou ser tão ambicioso a ponto de ficar sobrecarregado pela tarefa logo no começo. Como uma diretriz geral, pense na coleta de dados em oito ou menos variáveis de interesse. Por exemplo, na Tabela 3.4, estão listadas as principais variáveis de interesse para a DBT padrão e as adaptações descritas ao longo deste livro.

Mantenha a consistência

Mensure os mesmos itens para todos os pacientes em seu programa. Embora possa ser tentador coletar diferentes dados para diferentes subtipos de pacientes (p. ex., somente medindo impulsos de autolesão para pacientes com história de CASIS ou apenas medindo impulsos de beber para aqueles indivíduos que têm problemas com álcool), medir diferentes variáveis para cada subgrupo único da sua população irá sem dúvida complicar a

TABELA 3.4 Variáveis de resultados relevantes para adaptações da DBT

Adaptação da DBT	População de interesse	Contexto	Cinco a oito principais resultados	Como cada resultado pode ser medido
DBT em contextos ambulatoriais	Indivíduos cronicamente suicidas com TPB	Terapia ambulatorial individual e em grupo semanal	1. Número de tentativas de suicídio, número CASIS 2. Admissões psiquiátricas e duração da hospitalização psiquiátrica 3. Meses recebendo pagamento por incapacidade psiquiátrica 4. Engajamento no trabalho, na escola, em trabalho voluntário	1. Cartão diário; Suicide Attempt Self-Injury Interview 2. (SASII; Linehan, Comtois, Brown, Heard, & Wagner, 2006) 3. Número de dias por um período especificado (p. ex., mensalmente) 4. Autorrelato do paciente da sua renda; verificação por meio do SSDI* 5. Cartão diário (registro da média de horas por mês no trabalho, na escola, como voluntário) *Todos os dados são coletados para cada paciente na linha de base e a cada seis meses.*
DBT em unidades de internação	Indivíduos hospitalizados com TPB	Hospitalar	1. CASIS 2. Atos violentos com outros 3. Uso de medicações para controle comportamental ou emocional 4. Participação nos grupos e modalidades de tratamento da unidade 5. Prática de habilidades durante a permanência	1. Relatos da equipe hospitalar de "incidentes" 2. Dados do Registro de Administração de Medicação (MAR) ou da farmácia do hospital 3. Notas no prontuário; registros de frequência 4. Notas no prontuário; registros médicos 5. Cartão diário *Todos os dados são coletados para cada paciente na admissão hospitalar e na alta. Melhor se algum tipo de dado de seguimento puder ser coletado após a alta.*

(Continua)

---

* N. de R. T. Seria o equivalente no Brasil a benefícios por incapacitação psiquiátrica fornecidos pela Previdência Social.

TABELA 3.4 Variáveis de resultados relevantes para adaptações da DBT (*Continuação*)

Adaptação da DBT	População de interesse	Contexto	Cinco a oito principais resultados	Como cada resultado pode ser medido
DBT para transtorno por uso de substância e TPB	Indivíduos com transtornos por uso de substância (TUS) e TPB	Terapia ambulatorial individual e em grupo	1. Uso de substância 2. CASIS 3. Retenção no tratamento 4. Raiva 5. Sintoma de estresse 6. Sintomatologia de TPB	1. Exames de urina — realizados aleatoriamente todos os meses; Addiction Severity Index (ASI; McLellan, Laborsky, O'Brien, & Woody, 1930, 1992) — versão brasileira (Fernandes, Colugnati & Sartes, 2015).* 2. Suicide Attempt Self-Injury Interview (SASII) 3. Treatment History Interview (THI; Linehan & Heard, 1987) 4. State-Trait Anxiety Inventory for Adults (STAXI; Spielberger, 1996) — versão brasileira (Biaggio, 2003)** 5. Symptom Checklist 90-Revised (SCL-90-R; Derogatis, 1977) 6. Borderline Symptom List (BSL; Bohus et al., 2007) — versão brasileira (Schäfer, Cornelles & Horta, 2016)*** *Além dos exames de urina, são administradas medidas a cada paciente na linha de base e a cada quatro meses.*

(*Continua*)

---

* N. de R. T. Versão brasileira: Fernandes, L. R., Colugnati, F. A. B., & Sartes, L. M. A. (2015). Desenvolvimento e avaliação das propriedades psicométricas da versão brasileira do Addiction Severity Index 6 (ASI-6) Light. *Jornal Brasileiro de Psiquiatria, 64*(2),132-139.

** N. de R. T. Versão brasileira: Biaggio, A. M. B. (2003). *Inventário de expressão de raiva como estado e traço (S.T.A.X.I.): manual técnico*. São Paulo: Vetor.

*** N. de R. T. Versão brasileira: Schäfer, J., Dornelles, V. G., & Horta, R. L. (2016). Borderline personality disorder typical symptoms among Brazilian adolescents in a foster care institution. *Vulnerable Children and Youth Studies, 11*(1),13-23.

(Continuação)

DBT para transtornos alimentares	Indivíduos com bulimia nervosa ou transtorno de compulsão alimentar periódica	Terapia ambulatorial em grupo semanal	1. Frequência dos episódios de compulsão 2. Frequência dos episódios de purgação 3. Alteração no peso 4. Comer de forma emocional 5. Depressão	1. Eating Disorders Examination (EDE, Fairburn & Cooper, 1993) – versão brasileira (Moser, Terra, Behenck, Brunstein & Hauck, 2020).* 2. EDE 3. Balança de pesagem, sem sapatos 4. Emotional Eating Scale (EES; Arnow, Kenardy, & Agras, 1995) 5. Depression Anxiety Stress Scales (DASS; Loviband & Loviband, 1995) – versão brasileira (Vignola & Tucci, 2014).** *Os dados são coletados na linha de base, após o tratamento e o seguimento.*
	Indivíduos com anorexia nervosa	Terapia ambulatorial individual ou em grupo semanal; programa ambulatorial intensivo; programa de hospitalização parcial	1. Frequência dos episódios de compulsão 2. Frequência dos episódios de purgação 3. Alteração no peso 4. Comer de forma emocional 5. Depressão	1. EDE 2. EDE 3. Balança de pesagem, sem sapatos, depois de evacuar 4. EES 5. DASS *Nota:* Todas as medidas são referenciadas em Telch, Agras e Linehan (2001).
DBT para adolescentes	Adolescentes suicidas com características típicas do transtorno da personalidade *borderline*	Ambulatorial	1. Tentativas de suicídio 2. Baixas hospitalares 3. Adesão ao tratamento ambulatorial 4. Ideação suicida 5. Depressão 6. Sintomatologia psiquiátrica global	1. Autorrelato/cartão diário; SASII 2. Prontuário médico 3. Relatos no prontuário médico da conclusão de tratamento de 12 semanas (2x/semana) 4. Harkavy-Asnis Suicide Survey (HASS; Harkavy-Friedman & Asnis, 1989a, 1989b); Suicidal Ideation Questionnaire (SIQ; Reynolds, 1988) 5. DASS 6. SCL-90-R *Todos os dados são coletados para cada paciente na linha de base, depois de cada módulo de habilidades em grupo e após o tratamento. Melhor se algum tipo de avaliação no seguimento também puder ser realizado.*

(Continua)

* N. de R. T. Versão brasileira: Moser, C. M., Terra, L., Behenck, Brunstein & Hauck, (2020). Cross-cultural adaptation and translation into Brazilian Portuguese of the instruments Sick Control One Stone Fat Food Questionnaire (SCOFF), Eating Disorder Examination Questionnaire (EDE-Q) and Clinical Impairment Assessment Questionnaire (CIA). *Trends in Psychiatry and Psychotherapy*, 42(3), 267–271.

** N. de R. T. Versão brasileira: Vignola, R. C. B., & Tucci, A. M. (2014). Adaptation and validation of the depression, anxiety and stress scale (DASS) to Brazilian Portuguese. *Journal of affective disorders*, 155, 104–109.

TABELA 3.4 Variáveis de resultados relevantes para adaptações da DBT *(Continuação)*

Adaptação da DBT	População de interesse	Contexto	Cinco a oito principais resultados	Como cada resultado pode ser medido
	Casais	Ambulatorial	1. Respostas validantes e invalidantes 2. Agressão e violência doméstica 3. Qualidade do relacionamento 4. Estresse individual	1. Avaliações observacionais usando a Validating and Invalidating Behaviors Coding Scale (VIBCS; Fruzzetti et al., 1995, 2005) 2. Conflict Tactics Scale 2 (CTS2; Straus, Hamby, Boney-McCoy, & Sugarmar, 1996) — versão brasileira (Moraes, Hasselmann & Reichenheim, 2002)* 3. Dyadic Adjustment Scale (Spanier, 1979) — versão brasileira (Hollist et al., 2012)** ou Quality of Marriage Index (Norton, 1983)*. 4. SCL-90-R *As medidas são administradas a cada paciente na linha de base, após o tratamento e o seguimento. O VIBCS pode ser usado mais frequentemente (em geral com cada sessão).*
DBT com casais e famílias	Vítimas de violência doméstica	Ambulatorial	1. Estresse 2. Depressão 3. Adaptação social 4. Segurança/revitimização	1. SCL-90-R 2. DASS 3. Social Adjustment Scale – Self-Report (Weissman & Bothwell, 1976) — versão brasileira (Gorenstein et al., 2002)*** 4. Conflict Tactics Sca e 2 (CTS2; Straus et al., 1996) *As medidas são administradas a cada paciente na linha de base, após o tratamento e o seguimento. O VIBCS pode ser usado mais frequentemente (em geral com cada sessão).*

(Continua)

---

* N. de R. T. Versão brasileira: Moraes, C. L., Hasselmann, M. H., & Reichenheim, M. E. (2002). Adaptação transcultural para o português do instrument "Revised Conflict Tactics Scales (CTS2)" utilizado para identificar violência entre casais. *Cadernos de Saúde Pública, 18*(1),163-176.

** N. de R. T. Versão brasileira: Hollist, C. S., Falceto, O. G., Ferreira, L. M., Miller, R. B., Springer, P. R., Fernandes, C. L. C. & Nunes, N. A. (2012). Portuguese translation and validation of the revised Dyadic Adjustment Scale. *Journal of Marital and Family Therapy, 38*(1), 348-358.

*** N. de R. T. Versão brasileira: Gorenstein, C., Moreno, R. A., Bernik, M. A., Carvalho, S. C., Nicastri, S., Cordás, T., ..., Andrade, L. (2002). Validation of the Portuguese version of the Social Adjustment Scale on Brazilian samples. *Journal of affective disorders, 69* (1-3), 167-175.

(Continuação)

	Pais de filhos adolescentes	Qualquer um	1. Respostas validantes e invalidantes 2. Segurança/revitimização 3. Satisfação da família do adolescente	1. Avaliações observacionais usando a Validating and Invalidating Behaviors Coding Scale (Fruzzetti et al., 2005) 2. Conflict Tactics Scale 2 (versão pai-filho; Straus et al., 1996) 3. Adolescent Family Life Satisfaction Index — Parent-Child Subscale (Henry, Ostrander, & Lovelace, 1992) *As medidas são administradas a cada paciente na linha de base, após o tratamento e o seguimento. O VIBCS pode ser usado mais frequentemente (em geral com cada sessão).*
DBT em contextos altamente restritos e de longo prazo	Adultos julgados não culpados por razão de insanidade	Hospitalar forense	1. Autolesão física 2. Outra lesão física 3. Esgotamento da equipe 4. Sintomas psiquiátricos 5. Depressão 6. Habilidades de enfrentamento	1. Relatos de incidentes no hospital 2. Relatos de incidentes no hospital; relatos de reclusão e restrição 3. Maslach Burnout Scale (MBI; Maslach & Jackson, 1981) 4. Brief Symptom Inventory (BSI; Derogatis & Melisaratos, 1983) — versão brasileira (Serpa et al., 2021).* 5. Beck Depression Inventory (Beck, Ward, Mendelson, Moch, & Erbaugh, 1961) — versão brasileira (Cunha, 2001).** 6. Vitaliano's Revised Ways of Coping Scale (WCCL-R; Vitaliano, Maiuro, Russo, & Becker, 1987; Vitaliano, Russo, Carr, Maiuro, & Becker, 1985)

(Continua)

---

* N. de R. T. Versão brasileira: Serpa, A. L. O., Costa, D. S., Ferreira, C. M. C., Pinheiro, M. I. C., Diaz, A. G., & Malloy-Diniz, L. F. (2021). Brief Symptons Inventory psychometric properties supports the hypothesis of a general psychopathological factor. *Trends in psychiatry and psychotherapy*, 10.47626/2237-6089-2021-0207. Advance online publication.

** N. de R. T. Versão brasileira: Cunha JA. (2001). *Manual da versão em português das Escalas de Beck*. São Paulo: Casa do Psicólogo.

TABELA 3.4 Variáveis de resultados relevantes para adaptações da DBT *(Continuação)*

Adaptação da DBT	População de interesse	Contexto	Cinco a oito principais resultados	Como cada resultado pode ser medido
DBT para tratamento assertivo na comunidade (ACT)	Indivíduos com doença mental severa e persistente que têm comportamentos consistentes com TPB	Comunidade/ Ambulatorial – equipe ACT	1. Dias em hospital psiquiátrico, cadeia ou residencial para crises 2. Número de visitas ao pronto-socorro por comportamentos suicidas/de autolesão 3. Trabalho, escola, trabalho voluntário ou outra atividade estruturada ou programada 4. Taxa de retenção no programa 5. Disposição do paciente depois da alta 6. Situação de vida do paciente 7. Estresse individual	1. Notas no prontuário ou relatos de incidentes no programa 2. Notas no prontuário (porcentagem de pacientes na DBT que estão trabalhando e média de horas envolvidas em uma atividade estruturada, incluindo trabalho em todas as semanas) 3. Notas no prontuário/registros de frequência 4. Plano de disposição/notas no prontuário 5. Notas no prontuário 6. Escore no Brief Symptom Inventory (BSI; Derogatis & Melisaratos, 1983) *Para os itens 1 e 2, são coletados dados de cada paciente dois anos antes da entrada no programa, durante o tratamento e a intervalos regulares (p. ex., a cada 4 a 6 meses) e no seguimento de um ano, se possível.* *Para os itens 3 a 7, os dados são coletados para cada paciente na linha de base e após o tratamento.*

avaliação e lhe render dores de cabeça a longo prazo. Manter as variáveis de interesse consistentes permitirá que você combine seus dados entre os pacientes e produza resultados mais claros posteriormente. Uma forma bem fácil de fazer isso é usar um cartão diário padrão (ver Linehan, 2014) para todos os pacientes em seu programa, que inclui um determinado número de variáveis que variam entre os pacientes. Por exemplo, você pode decidir medir exemplos de CASIS e uso de drogas, impulsos de autolesão e uso de drogas e ideação suicida para todos os seus pacientes, mas pode medir as horas de sono apenas para aqueles indivíduos em quem você está focando diretamente em uma melhor higiene do sono. Além disso, certifique-se de estar comparando "maçãs com maçãs" a cada período de coleta de dados. Ou seja, quando examinar dados da "linha de base" (também conhecidos como dados "pré-tratamento" ou "pré-DBT"), certifique-se de que está comparando dados do mesmo período temporal para cada paciente em cada medida. Para dados sobre custos e utilização de serviços (p. ex., hospitalizações, uso de serviços para crises), uma convenção comum entre os programas ambulatoriais é coletar dados sobre cada paciente sobre o histórico de seis meses a um ano antes de entrar em tratamento. A medida da linha de base para dados sobre os resultados (p. ex., o número de comportamentos de autolesão, sintomas de depressão) costuma levar em conta sintomas e comportamentos que ocorreram 30 dias antes da admissão de cada paciente ao programa. A Tabela 3.4 mostra períodos temporais típicos para a coleta de dados em várias adaptações e contextos de tratamento com DBT.

Mantenha a utilidade

Pense sobre quais variáveis importam para os principais interessados no programa — você, os pacientes e suas famílias, a administração e potencialmente legisladores que tenham o controle final sobre a continuidade do financiamento do programa. Mensure os comportamentos para os quais as mudanças estão significativas e diretamente associadas às metas (do seu programa e dos pacientes). Tenha clareza de antemão sobre quais informações seriam mais reveladoras para você e a sua equipe daqui a seis meses. Que dados o ajudarão a "vender" o programa para aqueles que você precisa convencer?

Mantenha a DBT

Considere seus alvos primários para a população de pacientes que você trata. Inclua variáveis que estejam na lista dos alvos proprietários, pois pode-se esperar que estes mudem depois da aplicação da DBT. A Tabela 3.4 descreve os resultados principais para várias adaptações da DBT. Os resultados estão ligados especificamente aos alvos principais de cada intervenção adaptada.

Mantenha a especificidade comportamental

Mensure o comportamento distinto recorrente que você pode contar e observar. Por exemplo, ao medir o comportamento suicida, coletar dados sobre o número de visitas ao serviço de emergência por tentativas de suicídio e o número de episódios de autolesão é mais específico comportamentalmente do que pedir que os pacientes relatem se estiveram suicidas. Da mesma forma, se você estiver interessado em medir depressão, use uma escala de avaliação psicométrica sólida como a Depression Anxiety Stress Scales (DASS; Lovibond & Lovibond, 1995). Esse instrumento irá coletar dados comportamentalmente mais específicos do que somente perguntar aos pacientes se eles se sentiram deprimidos.

Mantenha a cientificidade

Seja guiado pela pesquisa existente e não mensure itens que você não tenha razões para acreditar que mudariam. Por exemplo, se o seu programa consiste em um programa hospitalar intensivo de duas semanas para aqueles que tentaram suicídio recentemente, podem existir inúmeras variáveis que você esperaria mudar como resultado dos alvos da intervenção, como o grau de desesperança, o nível de ideação suicida ou a adesão à medicação. No entanto, devido à duração do programa, não há razão para esperar que problemas que demandam mais tempo para serem abordados, como sintomas de transtorno de estresse pós-traumático (TEPT) crônico ou qualidade de vida, mudariam como resultado da internação por duas semanas.

Mantenha a gerenciabilidade

Não faça mais do que você precisa fazer. Embora possa haver dados que atualmente você não coleta de maneira rotineira, mas gostaria de fazer, tente também usar dados que você já está coletando para outros fins. Os melhores e mais acessíveis dados provêm do cartão diário, das notas no prontuário ou mesmo da documentação de faturamento referente aos serviços prestados. Se as notas no prontuário não incluírem informações sobre variáveis de interesse (p. ex., dias de hospitalização, visitas ao serviço de emergência, dias na cadeia) e se for inapropriado modificar a anotação ou isso for simplesmente impossível, gere uma anotação adicional que seja preenchida mensalmente. Alguns terapeutas geraram um calendário do ano para cada paciente e registraram eventos significativos associados às variáveis de interesse (p. ex., marcando o período em que o paciente esteve hospitalizado, sessões ou grupos perdidos, período em que começou o trabalho em meio turno). Da mesma maneira, muitos dados de avaliação do processo podem ser extraídos diretamente de relatórios do faturamento que mostram o número de horas de tratamento prestado, os números dos registros de frequência e até mesmo o tipo de tratamento prestado.

ESCOLHENDO AS MEDIDAS CERTAS E GRUPOS DE COMPARAÇÃO

Agora que já foi desenvolvida uma recomendação clara para manter as coisas simples e diretas, você pode estar dizendo a si mesmo: "Mas e quanto ao uso de medidas de pesquisa validadas bem-estabelecidas e métodos de pesquisa como aqueles usados por Linehan e outros em grandes ensaios de pesquisa? Quão importante é incluir estes tipos de medidas em nossa avaliação e uma comparação apropriada ou um grupo-controle?". A decisão sobre usar ou não esses tipos de medidas e acrescentar uma condição-controle depende do seu objetivo, bem como dos seus recursos. Embora coletar dados de forma similar aos grandes ensaios de pesquisa seja notável e ofereça muitas outras recompensas e direções positivas (p. ex., é outro meio de comparar seus resultados com os encontrados em outros ensaios clínicos randomizados [ECRs], ou pode aumentar as chances de que seus dados sejam anotados e publicados em uma revista profissional científica), também há muitos aspectos negativos potenciais para começar um enorme esforço de pesquisa. Para os iniciantes, esse esforço pode exigir muitos recursos em diversos aspectos. Projetos de pesquisa em larga escala geralmente demandam mais tempo dos pacientes (para completar as medidas mais demoradas) e da equipe (para organizar e administrar sistematicamente as avaliações e inserir e analisar os dados). Do mesmo modo, a administração de cada uma dessas medidas custa dinheiro (p. ex., Beck Depression Inventory [BDI], Beck, Ward, Mendelson, Mock, & Erbaugh, 1961; Symptom Checklist-90R [SCL-90R], Derogatis, 1977). Além do mais, os esforços de pesquisa em larga escala, particularmente se estiver envolvida designação aleatória dos participantes, exigiriam sujeitos humanos ou algum tipo de aprovação de um comitê de ética. Comparar seu tratamento com outro tipo (ou, ainda, com o tratamento conforme o usual) também costuma exigir duas vezes mais pacientes e duas vezes mais terapeutas, desse modo demandando ainda mais recursos financeiros. Uma forma de reduzir o esgotamento deste recurso particular seria, em vez de incluir outra condição de tratamento, comparar dados do seu novo programa com dados do seu programa anterior à implementação. Em outras palavras, usando o exame dos prontuários ou outros registros, você pode medir como os resultados *mudam* em consequência da adição do seu novo programa de tratamento. Outra opção é "referenciar" seus resultados contra um ECR padrão-ouro usando medidas semelhantes e comparando os tamanhos do efeito (ver Rizvi, Hughes, Hittman, & Vieira Oliveira, 2017, para um exemplo).

Nossa sugestão em termos de como começar é: se a sua resposta à pergunta "A coleta de dados como esses nos ECRs publicados interfere em nossos esforços de começar a coletar *algum* dado em nosso programa?" for "sim", então sugerimos uma rota alternativa. Em primeiro lugar, comece simples. Faça um esforço de avaliação do programa que seja simples antes de considerar ingressar nas "grandes ligas". Se for fazê-lo, certifique-se de que isso seja um acréscimo aos seus esforços constantes de coletar bem os dados simples.

MÉTODOS ALTERNATIVOS DE COLETA DE DADOS: ESTUDOS DE CASO E METODOLOGIA DE CASO ÚNICO

Há muitos casos em que pode não fazer sentido ou não é viável conduzir uma avaliação do programa conforme descrito neste capítulo. Talvez o "programa" que você deseja avaliar seja composto de apenas um ou dois pacientes. Ou o programa ainda está nas primeiras fases de implementação da DBT, quando os modos são gradualmente acrescentados com o tempo para criar um programa de DBT abrangente. Ou a administração do seu sistema decide que quer aproveitar alguns terapeutas em DBT bem treinados e fornecer DBT abrangente "segundo o manual" apenas para aqueles que usam o tratamento com altíssima frequência. Em todos esses cenários, devido ao tamanho do programa e ao pequeno número de pacientes a quem você quer aplicar DBT, pode fazer mais sentido considerar outros métodos voltados para avaliar um caso de cada vez. Esta seção descreve alguns métodos alternativos para avaliar o sucesso do seu tratamento — a saber, estudos de caso e metodologia de caso único.

Além de serem mais apropriados para um grupo menor de indivíduos, estudos de caso e metodologia de caso único oferecem mais vantagens sobre outros tipos de metodologias de pesquisa. Primeiro, este tipo de pesquisa é mais prático, sobretudo para uma nova ideia ou hipótese de pesquisa. Em algumas metodologias de *design* de pesquisa, como múltiplas linhas de base entre os sujeitos (descrito a seguir), um estudo pode ser realizado com 3 a 10 participantes. Assim sendo, é mais fácil recrutar os participantes, são necessários menos recursos para conduzir a pesquisa e esta pode ser concluída em um período relativamente curto (dependendo da duração da intervenção a ser estudada). Segundo, quando comparado com estudos de resultados em larga escala, não há necessidade de uma lista de espera/grupo-controle sem tratamento. Terceiro, ao contrário de estudos de resultados de tratamento maiores em que você pode ter diversos critérios de "exclusão" para tornar seu grupo mais homogêneo (p. ex., para estudar se a DBT é efetiva para TEPT e TPB comórbido, você pode ter que excluir todos os indivíduos que também satisfazem os critérios para depressão), nos *estudos de caso* e metodologia de caso único, você pode tratar um conjunto de indivíduos mais heterogêneos. Por último, em razão da atenção detalhada às mudanças graduais dentro da pessoa, os *estudos de caso* e metodologia de caso único e permitem examinar a variabilidade naquela pessoa, o que em geral é de grande interesse para os clínicos, e explorar mais prontamente o curso clínico, bem como os mecanismos de mudança. Por exemplo, se você estiver conduzindo um treinamento de habilidades com um paciente individual e nota um decréscimo significativo de uma semana para a seguinte em termos dos escores para depressão, você poderá então examinar o que aconteceu na sessão anterior ao decréscimo e tentar entender o que causou a remissão da depressão naquela semana, mesmo que seja apenas temporariamente. A Tabela 3.5 lista alguns dos prós e contras desses métodos de avaliação alternativos.

Estudos de caso

Embora seu uso relativo tenha diminuído nos últimos anos à medida que grandes estudos de desfechos de tratamento têm sido mais enfatizados, é importante lembrar que o método de estudo de caso foi o padrão para investigação clínica até a metade do século XX (Barlow & Hersen, 1984). Um estudo de caso é a documentação de procedimentos usados para tratar uma pessoa com problemas emocionais e/ou comportamentais e, independentemente de ele ser escrito para publicação em uma revista ou livro, o estudo de caso é o primeiro passo necessário na avaliação de uma intervenção nova. Isto é, cada novo tratamento começa com o tratamento de uma pessoa (algumas vezes referido como "caso-piloto") em que as novas técnicas são aplicadas e os efeitos dessa técnica são observados. De fato, o desenvolvimento da DBT ocorreu dentro do processo em que Linehan notou que o tratamento cognitivo-comportamental (TCC) tradicional não estava funcionando para indivíduos cronicamente suicidas e com CASIS (descrito em Linehan, 1993). Uma equipe observou suas sessões com uma série de casos-piloto enquanto acrescentava novas técnicas ao tratamento da TCC tradicional e, durante este processo iterativo, identificou as estratégias que pareciam efetivas. Essas observações iniciais foram então traduzidas em um manual de tratamento e por fim avaliadas em grandes ensaios de pesquisa dos desfechos clínicos. A beleza de um estudo de caso é que

TABELA 3.5 Vantagens e desvantagens de estudos de caso e metodologias de caso único

Estudos de caso único	Metodologias de caso único
Vantagens	
• Precisa de apenas um paciente • Não demanda muito mais recursos do que escrever um relato do que você está fazendo no tratamento • Existem opções para publicação em revistas de estudo	• Um ou mais pacientes, dependendo de qual metodologia for utilizada • Pode determinar sistematicamente os efeitos causais da sua intervenção • Se bem-feito (i.e., seguindo efetivamente os princípios), pode ser publicado em uma revista científica
Desvantagens	
• Não permite que você faça inferências causais sobre seu tratamento • Pode não conferir muita relevância se você estiver tentando demonstrar que a sua intervenção funcionará para mais de uma pessoa	• Exige que você seja muito estruturado em sua abordagem • Pode levar mais tempo inicialmente porque você precisará estudar os vários tipos de metodologias e decidir qual usar para o seu estudo

todos os pacientes se apresentam como uma oportunidade para avaliar o impacto do seu tratamento.

Com o advento das revistas dedicadas unicamente à publicação de material de casos (p. ex., *Clinical Case Studies* e a revista eletrônica *Pragmatic Case Studies in Psychotherapy*), não é difícil encontrar exemplos de estudos de caso na literatura, incluindo exemplos usando DBT e princípios da DBT. Swenson e Linehan (2004), por exemplo, discutem a implementação da DBT com um indivíduo altamente suicida que passou a maior parte da vida adulta em contextos hospitalares. Os autores apresentam uma extensa história pessoal do paciente e uma formulação de caso em DBT e o plano de tratamento baseado nos comportamentos-alvo. Então é descrita uma amostra da análise em cadeia comportamental e são fornecidas informações sobre como este paciente se saiu no tratamento. O que é notável neste estudo de caso é que ele é minucioso e fornece uma justificativa convincente para o uso da DBT com pacientes como este; no entanto, ele não contém análises estatísticas inferenciais, não exigiu uma amostra de mais de uma pessoa e foi simplesmente um registro do que ocorreu na terapia. Outros estudos de caso em DBT que podemos consultar para exemplos incluem Geisser e Rizvi (2014) e Rizvi, Yu, Geisser e Finnegan (2016).

Não existe um padrão determinado para como conduzir e fazer o relato de um estudo de caso, mas estas são algumas diretrizes para informações que você pode coletar e fornecer. Como em qualquer apresentação que você faz em uma reunião de caso, detalhes demográficos, um quadro diagnóstico completo, informações relevantes sobre a história e problemas presentes (i.e., o que inicialmente trouxe este paciente para vê-lo) costumam ajudar a definir o cenário. Uma avaliação detalhada das metas do paciente e das áreas problemáticas também é necessária. A estrutura geral da DBT oferece aqui uma vantagem porque você pode descrever a sua hierarquia de alvos e explicar por que organizou estes de uma forma particular, segundo o modelo da DBT. A ênfase na DBT sobre a avaliação constante e a sua associação com as metas também é consistente com o que é exigido em um estudo de caso. A formulação do caso é central em um estudo de caso, e tempo e esforço devem ser empregados ao expressar especificamente o que você acredita que contribui para o desenvolvimento e manutenção do transtorno neste paciente e como seu plano de tratamento abordará estes fatores de modo substancial. Depois disso, você deve apresentar uma descrição detalhada do curso e progresso do tratamento ao longo do tempo. Se você tiver dados, poderá apresentá-los em forma de gráfico nesta seção para representar a mudança pictoricamente com o passar do tempo. Por fim, você indicaria como o tratamento terminou, forneceria informações de seguimento que tem sobre o paciente e apresentaria os comentários finais com suas opiniões sobre o tratamento. Às vezes, os autores de estudos de caso também oferecem sugestões para a realização de um trabalho semelhante com outros pacientes, transferindo assim o seu conhecimento aprendido com a experiência para outros clínicos.

Uma nota importante: a natureza dos estudos de caso é tal que você inclui informações específicas e pessoais sobre um paciente particular a quem tratou. Se você estiver escrevendo o caso para publicar em uma revista ou outra publicação, deverá certificar-se de que não existam formas possíveis de outras pessoas identificarem o paciente com base no que você está escrevendo. A alteração de informações particularmente únicas e outros detalhes que não afetam de maneira significativa a descrição acurada do seu tratamento é necessária para proteger o paciente. O bem-estar dos pacientes sempre é mais importante do que você ver seu nome impresso em alguma publicação.

Metodologia de caso único

Conforme mencionado antes, um inconveniente potencial nos estudos de caso é a ausência de controle experimental para explicar outros fatores não relacionados ao tratamento que podem ser responsáveis pelas mudanças clínicas. Sem os controles experimentais mais rigorosos, nunca será possível determinar plenamente se o tratamento foi responsável pelas mudanças no comportamento-alvo ou se a mudança ocorreu devido a outros fatores, como uma mudança natural resultante da maturação ou simplesmente o lapso de tempo ou outros fatores aleatórios (p. ex., o tão desejado divórcio do paciente que por fim aconteceu). Em contraste com a abordagem de estudo de caso, as metodologias de caso único pretendem fornecer o mesmo nível de rigor experimental que os estudos controlados para abordar explicações alternativas concorrentes sobre por que o comportamento-alvo mudou. Em vez de precisar de um grande número de indivíduos para testar hipóteses, algumas vezes é necessário apenas um paciente, o que portanto faz deste método uma forma eficiente de avaliar a eficácia da sua intervenção.

Em estudos com metodologia de sujeito único, os efeitos da intervenção são examinados pela observação da influência da intervenção no comportamento da linha de base previamente medido, ou seja, o comportamento que ocorria antes do início da intervenção. Há uma forte dependência de observações repetidas ao longo do tempo; a medida das variáveis de interesse deve começar antes que a intervenção seja aplicada e então continuar durante o curso da intervenção para que você possa observar se o comportamento mudou quando, e somente quando, a intervenção foi aplicada. Existem vários tipos de metodologias experimentais de sujeito único que possuem diversos elementos comuns e variados graus de complexidade, incluindo um delineamento AB, ABAB ou delineamentos inversos e delineamentos de linha de base múltipla.

Em geral, "A" indica a linha de base ou fases sem tratamento e "B" indica uma fase do tratamento. Antes de descrever em mais detalhes cada um desses tipos de intervenções, alguns elementos comuns a todos os métodos de sujeito único são descritos aqui:

1. Identificação de um comportamento-alvo específico. Antes de iniciar o estudo, deve ser identificado um comportamento específico que possa ser mensurado de maneira confiável e válida.

2. Mensuração contínua. O fundamento dos delineamentos de sujeito único reside na sua mensuração. Nestes tipos de metodologia, a mesma medida deve ser aplicada regularmente para que você possa avaliar de maneira acurada mudanças sutis e não tão sutis ao longo do tempo.

3. Um período de linha de base ("A"). Um período de linha de base durante o qual são coletados dados sobre o comportamento-alvo antes que qualquer intervenção seja aplicada é necessário para verdadeiramente testar os efeitos da sua intervenção. Sem uma fase de linha de base, não há como saber se a intervenção teve algum efeito verdadeiro.

4. Estabilidade do comportamento-alvo específico. Para que os efeitos da sua intervenção sejam mais claros, você deve demonstrar que o comportamento-alvo muda *apenas* quando a a intervenção é aplicada. Se o seu comportamento-alvo é instável e oscila consideravelmente antes de a intervenção ser aplicada, então fica cada vez mais difícil demonstrar que a intervenção tem algum efeito.

5. Aplicação sistemática da intervenção. Depois que foi estabelecido um período de linha de base e você decide aplicar sua intervenção, é preciso fazer isso de maneira sistemática e consciente. Por exemplo, se você quer mostrar que a aplicação de habilidades de efetividade interpessoal tem um efeito na qualidade das interações sociais (conforme medido por um instrumento de autorrelato sobre satisfação nos relacionamentos administrado semanalmente), você deve encontrar uma maneira de fazer o paciente praticar as habilidades de forma metódica e consistente. Se ele só praticar DEAR MAN* uma vez a cada três semanas, então sua metodologia de sujeito único não será capaz de demonstrar o efeito pretendido.

Estes elementos são usados em vários formatos para criar as diferentes metodologias. Por exemplo, no delineamento AB mais simples, um período "A" de linha de base é seguido por um período "B" de intervenção, e os efeitos da adição da intervenção são avaliados. No delineamento ABAB, também conhecido como "delineamento de supressão", depois de um período especificado de intervenção (o primeiro "B"), o tratamento é suprimido e os efeitos no comportamento são documentados. Se um tratamento estiver causando a mudança no comportamento, então, em muitos casos, você espera que o comportamento regresse aos níveis iniciais durante o segundo período "A". Por fim, o tratamento é aplicado novamente com a hipótese de que o comportamento diminuirá mais uma vez como resultado do tratamento.

Por exemplo, digamos que você quisesse testar diretamente os efeitos do reforço positivo na manutenção do contato visual com o terapeuta em um paciente que se mostrou fechado e afastado em todas as sessões anteriores (com o consentimento informado do paciente, é claro!). Durante o período da linha de base inicial, você não reforçaria positivamente o paciente, e então você, ou os assistentes de pesquisa, codificariam a quantidade de tempo em que o paciente faz contato visual. Isso continua por várias sessões enquanto você estabelece uma linha de base. A seguir, você aplica sua intervenção de reforço positivo por várias semanas, mais uma vez codificando cada sessão em relação à quantidade de tempo em que o paciente faz ou mantém contato visual. Se notar mudanças positivas, ou seja, o paciente mantém contato visual por maior quantidade de tempo, então você pode passar para o segundo período de linha de base e suprimir o reforço positivo. Presumindo que sua hipótese inicial está correta e que o reforço aumenta o contato visual, então a supressão do reforço fará com que o paciente pare de fazer contato visual. Por fim, depois de algumas sessões desta fase de supressão, você pode mais uma vez retomar seu *self* naturalmente reforçador e documentar as mudanças.

Obviamente, como você pode estar notando, existem algumas preocupações éticas com o uso de um delineamento de supressão, e tal preocupação é maior quando trabalhamos com populações vulneráveis ou de alto risco. Se uma intervenção estiver funcionando e o paciente estiver melhorando, seria muito difícil justificar a supressão dessa intervenção para medir seus efeitos. A sua habilidade de usar um delineamento ABAB depende em grande parte do paciente, do tipo de intervenção e do comportamento-alvo. Ter o comportamento suicida como comportamento-alvo, por exemplo, deveria ser uma boa indicação de que suprimir o tratamento para ver se um paciente reverte e volta a ser mais suicida seria altamente antiético.

Uma linha de base múltipla exige a mensuração repetida dos pacientes por diferentes períodos de tempo para criar uma "linha de base" com a qual a intervenção possa ser comparada. Isso permite que você estude especificamente como a introdução da sua intervenção específica mudou o comportamento da linha de base. Por exemplo, digamos que você quer examinar como as habilidades de *mindfulness* da DBT afetam os impulsos dos pacientes para usar drogas. Se estivesse usando um delineamento com linha de base múltipla, você poderia randomizar três pacientes para três diferentes períodos

---

* N. de R. T. O acrônimo refere-se a: D – Descrever; E – Expressar; A – pedir Assertivamente; R – oferecer Reforços antecipados; M – Manter a posição; A – Aparentar confiança; N - Negociar.

de linha de base, digamos, duas semanas, quatro semanas e seis semanas, e monitorar os impulsos deles para usar drogas diariamente em uma escala de 0 a 10, usando cartões diários. Depois do período da linha de base individual, você ensina aos pacientes as sete habilidades de *mindfulness* e lhes pede que pratiquem essas habilidades todos os dias durante quatro semanas. Você continua monitorando os impulsos deles para usar drogas diariamente por este período de quatro semanas, ponto em que se pode comparar como as habilidades de *mindfulness* influenciaram os impulsos para usar drogas. Em delineamento com linha de base múltipla, são usados gráficos para indicar as mudanças que ocorrem, e a Figura 3.1 é um exemplo de alguns dados de resultados ideais ao aplicar este delineamento.

Estudos de metodologia de sujeito único são abundantes na literatura da psicologia clínica e rapidamente encontramos inúmeros exemplos. (Um excelente recurso para descrições e instruções para estes tipos de metodologia é Kazdin [2012], e todo aquele que estiver procurando iniciar um estudo de metodologia de sujeito único é fortemente encorajado a ler este manual.) Relevante para o TPB, Rizvi e Linehan (2005) utilizaram uma linha de base múltipla entre os sujeitos para testar a eficácia de um componente particular da DBT, a habilidade da "ação oposta", para o tratamento de vergonha mal-adaptativa em

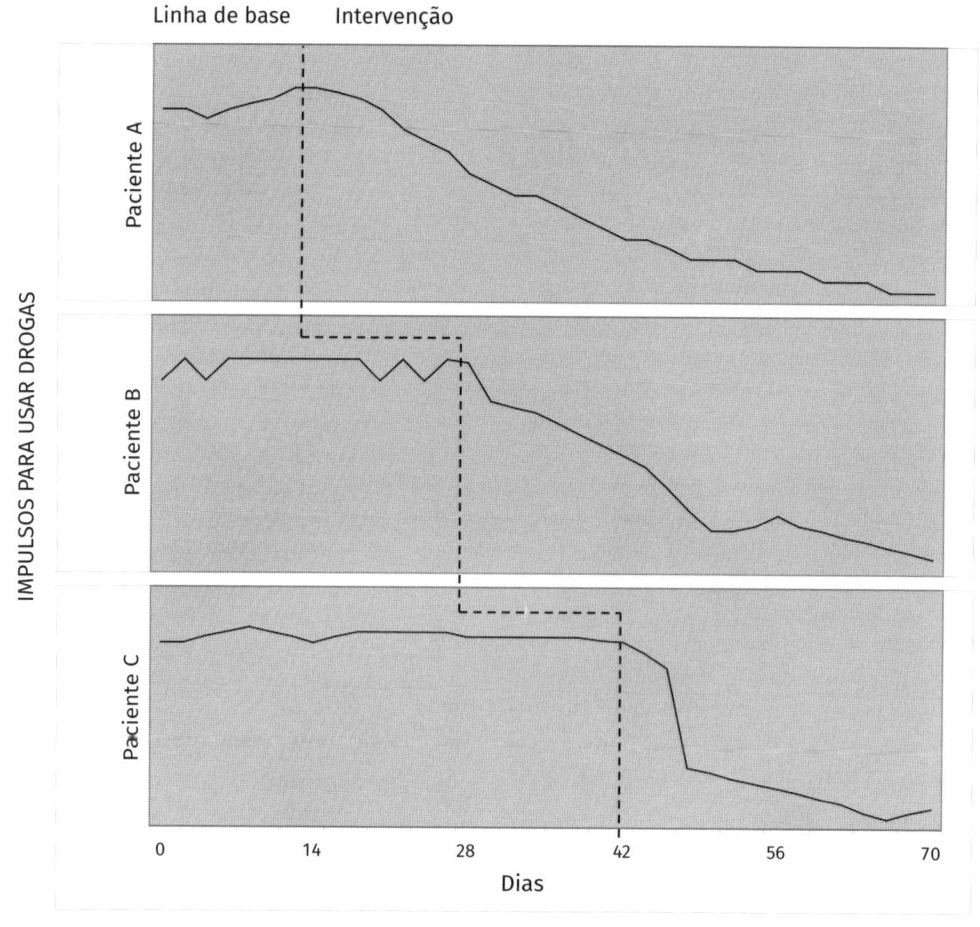

FIGURA 3.1 Exemplo de resultados hipotéticos de um *design* com linha de base múltipla.

cinco indivíduos com TPB. Sauer-Zavala e colaboradores (2019) usaram um delineamento de tratamento alternativo para isolar os efeitos da ação oposta em um paradigma em laboratório.

Em suma, além das diretrizes de avaliação do programa da seção anterior, também fornecemos a você algumas informações sobre métodos de avaliação alternativos, incluindo estudos de caso e metodologias de caso único. Cada método tem vantagens e desvantagens peculiares, e dependerá de você e da sua equipe determinar o que é certo para você neste momento. Mas como existem tantas opções disponíveis, espera-se que nada o impeça de dar início imediatamente a um excitante processo de coleta de dados, seja com um paciente ou com 100. Agora que você sabe como coletar seus dados, vamos lhe ensinar algumas estratégias para apresentá-los de forma mais acurada e atraente.

APRESENTANDO SEUS ACHADOS

Nunca é cedo demais para começar a pensar em como apresentar seus achados da avaliação. De fato, contemplar como podem ser os resultados enquanto planeja sua avaliação pode ajudar a verificar se você está coletando os dados mais importantes para você e seu programa. Independentemente de o objetivo ser apresentar um resumo executivo de uma página à sua administração ou uma apresentação como conferência para dezenas de cientistas, são muitos os itens a considerar quando determinar a melhor maneira de apresentar seus dados.

- *Adapte a apresentação à sua audiência.* A forma como você escolhe apresentar os dados depende invariavelmente de quem constitui sua audiência. Em muitos casos, em especial quando você relata resultados da avaliação do programa, é provável que a sua audiência seja formada pelos principais mantenedores do programa que podem não ter muito conhecimento sobre dados, avaliação ou estatísticas. Nestes casos, é essencial garantir que os achados sejam apresentados do modo mais simples e claro possível, talvez evitando tabelas e figuras mais complicadas para melhor apresentar "os pontos principais". No caso de apresentar os achados para uma audiência científica, no entanto, frequentemente é necessária uma apresentação mais formal dos principais resultados e estatísticas. Caso você tenha pouca experiência nesta área, pode ser importante consultar outras pessoas que já fizeram apresentações semelhantes para que você tenha modelos apropriados. Você pode inclusive contatar uma universidade local para ver se um aluno com experiência em estatística está disposto a dar uma consultoria para seu programa em troca de créditos no curso ou por uma pequena quantia em dinheiro.

- *Considere apresentar ou encerrar com uma boa história.* Depois de conhecer a audiência, cogite se eles seriam atraídos por uma história real sobre os benefícios que um paciente particular no seu programa em DBT experimentou, ou como a DBT ajudou a mudar a vida dessa pessoa. Com frequência, legisladores, outros decisores e filantropos, por exemplo, gostam de saber mais sobre o impacto real de um programa antes de financiá-lo. Uma história pessoal e dados reais do programa podem se revelar uma combinação vencedora para muitos interessados.

- *Atenha-se aos dados.* Não causa surpresa que você fique entusiasmado ao encontrar resultados que sugiram que a DBT teve um impacto positivo nas variáveis de relevância dos desfechos. Isso é o que se quer! Contudo, é importante estar vigilante para não inferir mais do que os dados demonstram. Por exemplo, muitas avaliações de programas são planejadas de uma maneira que não permite que você, em última análise, diga que a DBT foi responsável ou causou diretamente os resultados positivos. A maioria das avaliações de programas não controla outras variáveis que podem na verdade ter tido um impacto nestes achados (p. ex., falta de randomização para diferentes condições). Nestes casos, o que você pode relatar é que ocorreu mudança positiva depois que o programa em DBT foi implementado (não que a DBT "causou" estas mudanças) e que os achados sugerem uma tendência positiva em x, y e z. Além disso, não deixe de reconhecer as limitações da avaliação para manter a sua honestidade e a do seu programa.

- *Faça uma relação dos dados com seus objetivos.* Lembre-se das perguntas que examinamos anteriormente quando planejar sua avaliação: em que estágio da implementação se encontra seu programa? Quem são os principais interessados? Qual é o propósito geral da avaliação? Que recursos estão disponíveis para a avaliação? Que perguntas você quer que a avaliação responda? As respostas a essas perguntas não só o ajudarão a planejar a avaliação, como também ajudarão a solidificar os achados que forem mais importantes de relatar e a quem. Por exemplo, se o propósito geral for a avaliação do programa, relate os achados de um modo que ressalte em que medida seu programa melhorou com o tempo nestas áreas visadas.
- *Dê o seu melhor.* Onde você encontrou resultados positivos? Destaque-os escolhendo os três ou quatro principais achados salientes, talvez usando os alvos da DBT para priorizar os dados ou destacar com base no que é mais relevante para a sua audiência (p. ex., apresentar a economia de custos a uma audiência de administradores).
- *Seja honesto na apresentação.* Os resultados nem sempre se revelam como previsto! Assegure-se de descrever discrepâncias importantes nos dados ou pontos onde as suas hipóteses não evoluíram como você esperava. Apresente explicações de por que isso pode ter acontecido, caso você saiba. Embora achados negativos ou neutros possam ser desanimadores, eles podem fornecer informações valiosas, particularmente se o seu propósito for a avaliação do programa e a identificação de áreas que precisam ser melhoradas.
- *Insira seus achados no contexto.* Resultados são difíceis de interpretar sem alguma base de comparação. Há várias formas pelas quais você pode incorporar os achados a um contexto mais abrangente que os tornará mais significativos e relevantes. Em primeiro lugar, você pode comparar os achados da avaliação do seu programa com os resultados de estudos de pesquisa sobre a DBT. Quando fizer isso, pode ser importante observar como seu programa difere do seu ponto de comparação, o que explicaria as diferenças nos resultados. Em segundo lugar, você pode comparar os achados do seu programa com os de programas que são muito semelhantes ao seu (p. ex., treinamento semelhante da equipe, a mesma população-alvo e contexto). Em terceiro, você pode comparar os resultados do seu programa neste momento com os do(s) ano(s) anterior(es), incluindo os desfechos relatados antes do programa de DBT ter sido implementado, para ilustrar as mudanças que ocorreram como resultado da implementação da DBT.

Não esqueça: uma imagem vale mais que mil palavras. As melhores apresentações são aquelas que incluem gráficos e diagramas simples e fáceis de interpretar que retratem os resultados acuradamente. Isto pode exigir que você ou alguém na sua equipe tenha um pouco mais de conhecimento em gráficos e diagramas no Excel ou PowerPoint para ilustrar suas observações. É claro que é fácil exagerar nisso — algumas vezes as apresentações são tão chamativas que tudo o que as pessoas podem lembrar no final é que havia "truques" em vez de dados. É necessário encontrar um equilíbrio para comunicar os achados efetivamente de maneira acurada e estimulante.

CONCLUSÃO

Neste capítulo, nos esforçamos para fornecer um número suficiente de informações básicas e recursos para ajudá-lo a iniciar a avaliação do seu programa em DBT. Deve estar evidente agora que as possibilidades são virtualmente infinitas em termos das perguntas que você pode responder e as metodologias que pode empregar. Se você está lendo este livro e este capítulo, está claro que você é apaixonado pelo seu trabalho e está interessado em melhorar a qualidade de vida dos seus pacientes. Então por que não demonstrar com evidências concretas que você pode fazer isso? Encorajamos você a mergulhar de cabeça, usando os conselhos deste capítulo, e a obter algumas informações sólidas sobre o seu programa que ajudarão a provar que seus esforços estão dando frutos ou sugerem áreas para melhorias ou refinamentos.

REFERÊNCIAS

Arnow, B., Kenardy, J., & Agras, W. S. (1995). The Emotional Eating Scale: The development of a measure to assess coping with negative affect by eating. *International Journal of Eating Disorders, 18*, 79–90.

Barlow, D. H., & Hersen, M. (1984). *Single case experimental designs: Strategies for studying behavior change* (2nd ed.). Boston: Allyn & Bacon.

Beck, A. T., Ward, C. H., Mendelson, M., Mock, J., & Erbaugh, J. (1961). An inventory for measuring depression. *Archives of General Psychiatry, 4*, 561–571.

Bohus, M., Limberger, M. F., Frank, U., Chapman, A. L., Kühler, T., & Stieglitz, R. D. (2007). Psychometric properties of the borderline symptom list (BSL). *Psychopathology, 40*(2), 126–132.

Cook, J. A., Jonikas, J. A., & Bamburger, E. I. (2002). Assessing the needs of women with psychiatric disabilities: Needs assessment protocol and documentation manual. Retrieved from *www.cmhsrp.uic.edu/nrtc/wnassessement.asp*.

Derogatis, L. R. (1977). *SCL-90: Administration, scoring, and procedures manual for the revised version and other instruments of the psychopathology rating scale series*. Baltimore: Johns Hopkins University School of Medicine.

Derogatis, L. R., & Melisaratos, N. (1983). The Brief Symptom Inventory: An introductory report. *Psychological Medicine, 13*, 595–605.

Fairburn, C. G., & Cooper, Z. (1993). Binge eating: Nature, assessment, and treatment. In C. G. Fairburn & G. T. Wilson (Eds.), *The eating disorder examination* (12th ed., pp. 317–360). New York: Guilford Press.

Fixsen, D. L., Naoom, S. F., Blasé, K. A., Friedman, R. M., & Wallace, F. (2005). *Implementation Research: A synthesis of the literature* (Publication No. 231). Tampa, FL: Louis de la Parte Florida Mental Health Institute.

Fruzzetti, A. E. (1995). *The Closeness–Distance Family Interaction coding system: A functional approach coding couple interactions*. Coding manual, University of Nevada, Reno.

Fruzzetti, A. E., Shenk, C., Lowry, K., & Mosco, E. (2005). *Defining and measuring validating and invalidating behaviors: Reliability and validity of the Validating and Invalidating Behaviors Coding Scale*. Unpublished manuscript, University of Nevada, Reno.

Geisser, S., & Rizvi, S. L. (2014). The case of "Sonia" through the lens of dialectical behavior therapy. *Pragmatic Case Studies in Psychotherapy, 10*(1), 30–39.

Harkavy-Friedman, J. M., & Asnis, G. M. (1989a). Assessment of suicidal behavior: A new instrument. *Psychiatric Annals, 19*, 382–387.

Harkavy-Friedman, J. M., & Asnis, G. M. (1989b). Correction. *Psychiatric Annals, 19*, 438.

Henry, C. S., Ostrander, D. L., & Lovelace, S. G. (1992). Reliability and validity of the Adolescent Family

Life Satisfaction Index. *Psychological Reports, 70,* 1223–1229.

Kazdin, A. E. (2012). *Behavior modification in applied settings* (7th ed.). Belmont, CA: Wadsworth.

Linehan, M. M. (1993). *Cognitive-behavioral treatment of borderline personality disorder.* New York: Guilford Press.

Linehan, M. M. (2014). *DBT skills training manual.* New York: Guilford Press.

Linehan, M. M., Comtois, K. A., Brown, M., Heard, H. L., & Wagner, A. (2006). Suicide Attempt Self-Injury Interview (SASII): Development, reliability, and validity of a scale to assess suicide attempts and intentional self-injury. *Psychological Assessment, 18*(3), 303–312.

Linehan, M. M., & Heard, H. L. (1987). *Treatment history interview.* Seattle: University of Washington.

Lovibond, S. H., & Lovibond, P. F. (1995). *Manual for the depression anxiety stress scales* (2nd ed.). Sydney, Australia: Psychology Foundation. Maslach, C., & Jackson, S. E. (1981). The measurement of experienced burnout. *Journal of Occupational Behaviour, 2,* 99–113.

McLellan, A. T., Kusher, H., Metzger, D., Peters, R., Smith, I., Grissom, G., et al. (1992). The fifth edition of the Addiction Severity Index. *Journal of Substance Abuse Treatment, 9*(3), 199–213.

McLellan, A. T., Luborsky, L., O'Brien, C. P., & Woody, G. E. (1980). An improved evaluation instrument for substance abuse patients: The Addiction Severity Index. *Journal of Nervous and Mental Disease, 168*(1), 26–33.

Norton, R. (1983). Measuring marital quality: A critical look at the dependent variable. *Journal of Marriage and the Family, 45,* 141–151.

Patton, M. Q. (2008). *Utilization-focused evaluation* (4th ed.). Thousand Oaks, CA: SAGE.

Reynolds, W. M. (1988). *Suicidal Ideation Questionnaire, professional manual.* Odessa, FL: Psychological Assessment Resources.

Rizvi, S. L., Hughes, C. D., Hittman, A. D., & Vieira Oliveira, P. (2017). Can trainees effectively deliver dialectical behavior therapy for individuals with borderline personality disorder?: Outcomes from a training clinic. *Journal of Clinical Psychology, 73*(12), 1599–1611.

Rizvi, S. L., & Linehan, M. M. (2005). The treatment of maladaptive shame in borderline personality disorder: A pilot study of "Opposite Action." *Cognitive and Behavioral Practice, 12,* 437–447.

Rizvi, S. L., Yu, J., Geisser, S., & Finnegan, D. (2016). The use of "bug-in-the-eye" live supervision for training in dialectical behavior therapy: A case study. *Clinical Case Studies, 15*(3), 243–258.

Rossi, P. H., Lipsey, M. W., & Freeman, H. E. (2004). *Evaluation: A systematic approach* (7th ed.). Thousand Oaks, CA: SAGE.

Sauer-Zavala, S., Wilner, J. G., Cassiello-Robbins, C., Saraff, P., & Pagan, D. (2019). Isolating the effect of opposite action in borderline personality disorder: A laboratory-based alternating treatment design. *Behaviour Research and Therapy, 117,* 79–86.

Spanier, G. (1979). The measurement of marital quality. *Journal of Sex Marital Therapy, 5,* 288–300.

Spielberger, C. D. (1996). *Manual for the State–Trait Anger Expression Inventory* (STAXI). Odessa, FL: Psychological Assessment Resources.

Straus, M. A., Hamby, S. L., Boney-McCoy, S., & Sugarman, D. B. (1996). The revised Conflict Tactics Scales (CTS2): Development and preliminary psychometric data. *Journal of Family Issues, 17*(3) 283–316.

Swenson, C., & Linehan, M. M. (2004). Borderline personality disorder. In I. B. Weiner (Ed.), *Adult psychopathology case studies* (pp. 29–52). Hoboken, NJ: Wiley.

Telch, C. F., Agras, W. S., & Linehan, M. M. (2001). Dialectical behavior therapy for binge eating disorder. *Journal of Consulting and Clinical Psychology, 69*(6), 1061–1065.

Vitaliano, P. P., Maiuro, R. D., Russo, J., & Becker, J. (1987). Raw versus relative scores in the assessment of coping strategies. *Journal of Behavioral Medicine, 10,* 1–18.

Vitaliano, P. P., Russo, J., Carr, J. E., Maiuro, R. D., & Becker, J. (1985). The Ways of Coping Checklist: Revision and psychometric properties. *Multivariate Behavioral Research, 20,* 3–26.

Weissmann, M. M., & Bothwell, S. (1976). Assessment of social adjustment by patient self-report. *Archives of General Psychiatry, 33,* 1111–1115

PARTE II

Aplicações nos vários contextos

4

Implementando a DBT padrão em um contexto ambulatorial

*Linda A. Dimeff, Kim Skerven, Andrew White,
Shelley McMain, Katherine Anne Comtois, Cedar R. Koons,
Soonie A. Kim, Shari Y. Manning e Elisabeth Bellows*

Os manuais de tratamento originais para a terapia comportamental dialética (DBT; Linehan, 1993a, 1993b) fornecem detalhes claros e metodológicos sobre os princípios que criam e apoiam o tratamento, além de diretrizes para aderência ao tratamento. No entanto, oferecem poucos detalhes sobre como desenvolver, implementar e manter um programa em DBT, ou como implementar a DBT com êxito, em um contexto no mundo real. O objetivo deste capítulo é integrar os princípios e diretrizes dos manuais de tratamento originais com a pesquisa ao oferecer a DBT e a sabedoria coletiva de nossas experiências em contextos ambulatoriais para ajudar os programas de DBT ambulatoriais a se desenvolverem, sobreviverem e prosperarem. Ao apresentarmos tudo o que sabemos, esperamos poder ajudá-lo a "acelerar" o desenvolvimento efetivo do seu programa em DBT. Discutimos falsas concepções comuns, obstáculos, barreiras e erros na implementação e sugerimos soluções aderentes à DBT para esses problemas. Apresentamos dicas passo a passo para o desenvolvimento do seu programa em DBT — desde considerações dos critérios de inclusão e exclusão até estratégias para a obtenção de reembolso do seguro.

Estabelecemos os seguintes pressupostos: você já tem conhecimento dos princípios, pressupostos e estratégias básicas da DBT, além das teorias fundadoras sobre as quais o tratamento está baseado (ver Koerner, Dimeff, & Rizvi, Capítulo 1 deste livro) e procura construir um programa ambulatorial em DBT abrangente com fidelidade (ver Koerner, Dimeff, Swenson, & Rizvi, Capítulo 2 deste livro) e os indivíduos atendidos pelo seu programa são pacientes com transtornos severos, com múltiplas comorbidades, incluindo aqueles com transtorno da personalidade *borderline* (TPB) que requerem tratamento no Estágio 1.

NADANDO CONTRA A CORRENTE: A NECESSÁRIA MUDANÇA DE PARADIGMA

A DBT muitas vezes constitui um ponto de partida radical do "tratamento usual" para pacientes com TPB — nada menos do que uma mudança de paradigma em muitas frentes para os terapeutas, administradores e também os pacientes (Kuhn, 1962). Reconhecer e aceitar a mudança de paradigma, além das diferenças entre a DBT e as abordagens mais tradicionais, pode ser extremamente útil na previsão, avaliação e solução dos problemas de implementação quando eles surgirem. A seguir, destacamos várias dessas diferenças:

- *A meta da DBT é uma vida que valha a pena ser vivida, não cuidados paliativos.* A DBT procura ajudar os pacientes a desenvolverem a capacidade e a motivação para construir uma vida que seja indistinguível das vidas das pessoas que têm o mínimo de qualidade e bem-estar — uma vida que inclua relações sólidas e duradouras, emprego com um salário digno e outras dimensões que emprestam significado e relevância à vida, segundo o julgamento do próprio indivíduo. Inerente a este objetivo está o pressuposto de que o paciente não precisará mais dos serviços de saúde mental e/ou auxílios por problemas psiquiátricos rotineiramente designados para pacientes com TPB. (Isso não significa que eles não procurariam terapia no futuro, assim como pessoas "comuns" fazem para problemas "comuns".) Assim, isso pressupõe que o diagnóstico de TPB *não* é uma sentença de prisão perpétua — mas que as pessoas diagnosticadas com TPB podem ser tratadas de forma plena e bem-sucedida com DBT, por meio da qual ficam "livres do diagnóstico".

  Não é raro, enquanto aprendemos DBT, presumirmos que pacientes que tenham diversas comorbidades em conjunto com o TPB podem precisar de serviços de saúde mental para sempre e podem não ser capazes de manter uma vida comum (p. ex., trabalho, família, conexões sociais). Esse pensamento pode originar uma definição restrita de uma vida que valha a pena ser vivida, como se fosse só a ausência de comportamentos autodestrutivos e impulsivos (p. ex., tentativas de suicídio, condutas autolesivas sem intencionalidade suicida (CASIS), abuso de substâncias), apesar do fato de a pessoa ainda estar dependendo do sistema de saúde mental para seu apoio social e financeiro. Isso é um erro, pois uma expectativa deste tipo de resultado pode acabar produzindo a realidade que o paciente prevê. Em vez disso, a DBT inclui um forte foco na construção ativa de uma vida que valha a pena ser vivida — incluindo um caminho (de volta) para o trabalho, relações íntimas e significado.

- *Os pacientes obtêm mais daquilo que querem com base no comportamento funcional (vs. disfuncional).* Este princípio básico perpassa a DBT e é um ponto de partida radical da abordagem do "modelo de doença" tradicional que dá *mais* aos pacientes quando eles são disfuncionais. Uma ilustração clássica é a regra das 24 horas: na DBT, os pacientes adultos podem contatar seus terapeutas para treinamento de habilidades sempre que precisarem de um meio de evitar o comportamento disfuncional; no entanto, os pacientes devem esperar 24 horas antes de iniciar o contato telefônico com seu terapeuta primário *depois* de se engajarem em comportamentos de autolesão. Igualmente, *mais* tratamento em DBT (seguindo a combinação de tratamento inicial) é dado contingente ao progresso tangível nas metas do tratamento, não ao declínio da saúde mental do paciente ou à sua ausência de mudança na terapia. Na DBT, todas as coisas boas (i.e., reforçadores) chegam ao paciente na presença do comportamento *funcional*, ao passo que os reforçadores são retidos para o paciente na presença do comportamento disfuncional.

  O erro anti-DBT de fornecer *mais* reforçadores na presença de comportamento disfuncional costuma ocorrer com aqueles novos na DBT nos seguintes contextos: (1) o terapeuta fica ao telefone por mais tempo e é mais tranquilizador quando o paciente está mais suicida, disfuncional ou não colaborativo; (2) o terapeuta permite que o paciente controle a sessão e discuta o que estiver na sua mente apesar do fato de o paciente ter se engajado em comportamento disfuncional durante a semana anterior; (3) o terapeuta oferece ao paciente meses ou anos adicionais de tratamento apesar do fato de ele não ter demonstrado progresso comportamental significativo nas metas do tratamento; e (4) o terapeuta aumenta a frequência e/ou duração das sessões quando o paciente está se engajando em comportamentos disfuncionais.

- *A DBT é um tratamento de alto risco.* Comparada com a maioria dos tratamentos, a DBT é de alto risco. A maioria dos terapeutas não DBT encoraja seus pacientes suicidas a procurar o serviço de emergência quando estão suicidas para avaliação e encaminhamento a um serviço de internação psiquiátrica. Os terapeutas em DBT, em vez disso, encorajam o uso de habilidades ativas e oferecem apoio adicional quando necessário para ajudar o paciente a atravessar a crise suicida usando habilidades comportamentais e sem hospitalização.

Na DBT, a hospitalização é usada minimamente e em geral como um último recurso; é empregado um esforço considerável para manter o paciente fora do hospital. A justificativa para esta posição na DBT é descrita em detalhes por Linehan (1993a). O ponto principal é que para a maioria dos pacientes com TPB, a hospitalização não reduz o risco de suicídio e pode, em vez disso, ter um efeito iatrogênico (Cole, Shaver, & Linehan, 2018; Paris, 2005; Krawitz et al., 2004; Lieb, Zanarini, Schmahl, Linehan, & Bohus, 2004). Por uma perspectiva da DBT, é imperativo que o paciente use as habilidades da DBT para manejar efetivamente a situação que está desencadeando o impulso de se matar. Não há outra maneira de alcançar uma vida que valha a pena ser vivida, exceto atravessando situações difíceis, usando habilidades e chegando ao outro lado da situação sem se engajar em comportamentos disfuncionais.

Nadar contra a corrente pode ser desafiador e desgastante para o terapeuta em DBT e os administradores do programa. Isso é particularmente verdadeiro no processo de implementação, antes que haja evidências clínicas específicas de que a DBT funciona em nível local. Pode ser ainda mais difícil em sistemas do setor público que atendem um problema psiquiátrico que pode estar acostumado a receber serviços "do berço até o túmulo". Considerando que a DBT representa uma mudança de paradigma para muitos, ela pode ajudar a orientar as pessoas (p. ex., equipe, administradores, pacientes, parceiros e pais) antecipadamente com a mensagem de que *fazer* DBT pode significar fazer as coisas de formas radicalmente diferentes do que elas estão acostumadas a fazer. Antes de embarcar na construção de um programa de DBT (e certamente quando a nova equipe e os pacientes se juntam ao seu programa), sugerimos que obtenha um compromisso individual de todos esses indivíduos de *fazer* a DBT. Como parte desse processo de comprometimento, sugerimos estabelecer os *prós* e os *contras*.

INICIANDO: PLANEJANDO SEU PROGRAMA DE DBT E DANDO OS PRIMEIROS PASSOS

Como a construção de qualquer coisa a partir do zero, são inúmeras as decisões fundamentais que precisam ser tomadas antes que a construção possa começar. Esta seção o ajudará a gerar um "protótipo" para a DBT. Encorajamos você a procurar aplicar os princípios da DBT em todos os esforços para construir e sustentar seu programa em DBT — incluindo como você maneja os problemas dos colaboradores e busca a adesão dos administradores.

Quem irá receber DBT: definindo critérios de inclusão e exclusão para seu programa em DBT

Decidir sobre os tipos de pacientes que serão atendidos em seu programa em DBT é um primeiro passo importante, pois costuma influenciar outras decisões, incluindo a equipe que você recruta, onde instalar o programa, como divulgar e recrutar pacientes para o programa e como você avalia a "adequação" de um paciente potencial durante o ingresso/fase de avaliação. Os critérios de entrada podem variar desde relativamente restritos (p. ex., a pessoa precisa satisfazer os critérios diagnósticos para TPB, ter uma história de múltiplas tentativas de suicídio e estar entre os maiores utilizadores do sistema de internação e dos serviços do departamento de emergência) até relativamente amplos (p. ex., a pessoa precisa ter descontrole comportamental devido à desregulação emocional, satisfazendo ou não os critérios para TPB). Reconhecendo o sucesso da economia dos custos da DBT para pacientes com TPB difíceis de tratar, algumas agências têm aplicado DBT a todos os pacientes difíceis de tratar e que têm alta utilização dos serviços de saúde. Outras consideram a oferta da DBT para pacientes nos quais outras abordagens "falharam" repetidamente.

A princípio, recomendamos direcionar o tratamento o máximo possível à população na qual a DBT foi mais validada: pacientes no Estágio 1 com TPB, incluindo aqueles que são cronicamente suicidas e que fazem uso abusivo de substâncias. Se for necessário *ampliar* os critérios (p. ex., há poucos pacientes no Está-gio 1 com TPB disponíveis para que sua clínica justifique um programa em DBT), considere a inclusão daqueles pacientes no Estágio 1 que não satisfaçam os critérios diagnósticos para TPB para os quais o descontrole comportamental provenha da desregulação emocional. Se for necessário *restringir* os critérios (p. ex., há *muitos* pacientes com TPB buscando encaminhamento), você pode considerar focar naqueles pacientes com TPB que utilizam o maior número de serviços ou que estão gerando mais desafios para o seu sistema. Demonstrar sucesso clínico e economia dos recursos com os pacientes mais onerosos é uma forma muito confiável de receber apoio continuado para o seu programa em DBT, dos colegas e administradores e das organizações de saúde comportamental. Por outro lado, questões práticas podem impor que o fator limitante seja a possibilidade de o paciente pagar pelos serviços — seja do próprio bolso ou porque seu seguro de saúde fornece cobertura.

Encorajamos, neste capítulo, duas diretrizes simples enquanto você prossegue. Primeiro, comece com uma terapia baseada em evidências para o problema que o paciente tem. Por exemplo, a aplicação da DBT para tratamento do transtorno de pânico seria imprudente se o paciente não tiver TPB e ainda não recebeu tratamento para controle do pânico (Barlow & Craske, 2006), que é um tratamento altamente efetivo para pânico. Da mesma forma, não recomendaríamos DBT para bulimia nervosa, a menos que várias tentativas de terapias baseadas em evidências para este transtorno (com diferentes terapeutas) tenham fracassado *e* desregulação emocional seja uma característica clínica proeminente. No entanto, recomendaríamos DBT como tratamento de linha de frente para pacientes com transtorno de pânico ou bulimia nervosa *e* TPB, pois a DBT é estruturada para tratar múltiplos problemas, além do TPB. Ou você pode escolher DBT porque o paciente tem muitos comportamentos que interferem no processo do tratamento independentemente do diagnóstico — isso pode ficar evidente a partir de falhas em tratamentos prévios ou aparente quando se tenta o tratamento para o diagnóstico. A segunda recomendação é ser parcimônico. Todas as coisas sendo iguais (i.e., dois tratamentos têm resultados comparáveis), aplique primeiro o tratamento mais simples.

Escolhendo a locação certa para construir seu programa em DBT

Se você estiver na prática privada ou em um sistema do setor público, as chances são que tenha muitas opções de onde situar o seu programa de DBT. Estas decisões informarão em que medida o volume de casos de um clínico envolve fornecer DBT — variando de DBT para alguns casos até exclusivamente DBT para todos os casos — bem como estratégias para treinar os pacientes para aderência à DBT. Embora algumas agências menores exijam que todos os seus clínicos conheçam e estejam preparados para aplicar a DBT quando receberem um encaminhamento para um paciente com TPB, outras agências (muitas vezes de tamanho médio ou grande) planejarão um programa de especialidade em DBT. Igualmente, na prática privada, alguns clínicos dedicam sua prática exclusivamente a fornecer DBT para alguns pacientes com TPB. Outros profissionais privados limitam a prática em DBT a um punhado de pacientes com TPB e podem se unir a outros clínicos (dentro ou fora da sua própria prática) para criar um programa de DBT (p. ex., três ou mais terapeutas que trabalham sozinhos em seus consultórios particulares fornecem DBT individual e se reúnem como uma equipe de consultoria). O Quadro 4.1 resume estes diferentes modelos públicos e privados e destaca os pros e contras de cada um.

Estes são alguns fatores a considerar no que se refere a compartilhar os colaboradores com equipes de outras agências. Primeiro, para alguns terapeutas em DBT, ter outro trabalho com diferentes recompensas e desafios e/ou ter menos pacientes com TPB difíceis de tratar pode reduzir o esgotamento. Ao mesmo tempo, há um risco de que as demandas da clínica não DBT (p. ex., reuniões, novas iniciativas de treinamento) possam interferir na construção de um programa em DBT que seja forte e coeso. Além disso, há outro desafio para o clínico de quem se espera que aplique filosofias (paradigmas) de tratamento radicalmente diferentes com pacientes semelhantes, dependendo da equipe ou da clínica. Quando este é o caso, é importante considerar mudanças, acréscimos ou esclarecimentos na política para fortalecer a identidade da sua equipe de DBT e a liberdade para aderir ao modelo baseado em evidências. A reunião semanal de 60 a 120 minutos da equipe de consultoria pode desempenhar um papel central aqui. Se, por outro lado, for o paciente quem recebe tratamento de diferentes equipes ou clínicas, esclarecer o seguinte é crucial:

1. Qual equipe/clínico é responsável em última instância pelo plano de tratamento primário?
2. Qual equipe/clínico tem autoridade clínica durante uma crise clínica?

Para ser aderente à DBT, a responsabilidade final pelo paciente com TPB em ambos os casos reside no terapeuta individual em DBT.

Escolhendo um líder da equipe

Em nossa experiência, os programas que sobrevivem e prosperam são aqueles com forte suporte administrativo *e* um forte líder de equipe. Idealmente, o líder da equipe tem *autoridade natural* sobre a equipe de DBT (p. ex., tem mais experiência com DBT, é um supervisor, é uma liderança na unidade, é um clínico experiente), tem *tempo* para assumir as responsabilidades adicionais necessárias, tem *talento* (p. ex., é organizado, é um comunicador claro, leva as coisas adiante, é agradável) e está *disponível*. O líder da equipe de DBT também deve ser um clínico na equipe de DBT, servindo como um terapeuta primário em DBT, um treinador de habilidades, ou ambos. (Isso em geral significa que o líder da equipe de DBT não pode ser o administrador da agência se essa pessoa não tratar pacientes usando DBT.) O líder da equipe não precisa ser o indivíduo que coordena as reuniões da equipe de DBT (esta responsabilidade pode se alternar), mas em última análise é responsável pela equipe e pelo programa em DBT.

O papel do líder da equipe é análogo ao do diretor de um conselho sem fins lucrativos, supervisionando o funcionamento da equipe e assegurando o bem-estar dos membros da equipe e o programa. A forma como isso acontece estará vinculada ao contexto em que você está exercendo sua prática. Em um contexto de prática privada, particularmente quando a clínica é pequena, é o líder da equipe quem define o tom das operações da clínica em geral.

QUADRO 4.1 Estruturas do programa em DBT

Tipo	Descrição	Prós	Contras
Prática privada: modelo de prática de um único grupo	Prática em grupo com uma entidade legal, nome de empresa, identificador como pessoa jurídica. Em geral, um estabelecimento com políticas e procedimentos clínicos e comerciais padronizados.	• Fácil de compartilhar a cobertura clínica. • Maior controle sobre a fidelidade do tratamento. • Pode negociar um único contrato com terceiros que paguem pelo tratamento.	• Responsabilidade compartilhada pelos erros e dívidas. • Exige maior organização, comprometimento e recursos financeiros. • Demanda a criação de políticas e procedimentos unificados.
Prática privada: múltiplos praticantes que sejam terapeutas individuais que trabalham em seus consultórios privados	Múltiplos terapeutas individuais que trabalham em seus consultórios privados se unem com o propósito de oferecer DBT. Cada clínico é responsável pelas próprias finanças e tarefas administrativas.	• Relativamente fácil de formar e dissolver. • Menos conflitos sobre operações, políticas e procedimentos cotidianos. • Maior autonomia individual.	• Relativamente fácil de formar e dissolver. • Pode ser clinicamente responsável e responsabilizado pelos casos vistos por membros da equipe de consultoria que outros membros da equipe não atenderam. • Os terapeutas individuais que trabalham em seus consultórios privados podem aderir à DBT padrão. • Os líderes de equipe podem despender um tempo não remunerado lidando com questões administrativas. • A consultoria de caso e os sistemas do treinamento de apoio podem ser complicados pela lei HIPAA. • Múltiplos contratos de seguro individual dificultam a negociação como um grupo.

(Continua)

QUADRO 4.1 Estruturas do programa em DBT *(Continuação)*

Tipo	Descrição	Prós	Contras
Agência: serviço de especialidades	Os encaminhamentos da agência de alguns ou todos os pacientes com TPB vão para a equipe de tratamento dedicada que está se especializando em DBT. Os clínicos que fazem parte desta equipe trabalham exclusivamente com DBT (durante o tempo que se dedicam à equipe de DBT).	• Compartilha as vantagens do modelo de prática de grupo único descrito anteriormente. • A agência pode direcionar os recursos de treinamento a menos membros, dessa forma criando potencial para um treinamento em DBT mais minucioso e abrangente. • O foco sustentado na aplicação da DBT pode aumentar a eficácia do programa em DBT.	• Potencial para maior risco de esgotamento quando os clínicos estão tratando os pacientes mais graves da agência. • Outras unidades da agência não se beneficiam das estratégias clínicas universais usadas em DBT para manejar pacientes difíceis de tratar. • As políticas da agência podem ser inconsistentes com os princípios da DBT (p. ex., *coaching* 24 horas). • Os membros da equipe podem ser transferidos ou receber novas atribuições.
Agência: serviços integrados	Cada unidade da agência tem clínicos dedicados a oferecer DBT, mas não tratam TPB ou fornecem DBT exclusivamente. Muitas ou todas as unidades dentro da agência fornecem cada modo da DBT.	• A habilidade clínica aprendida em DBT para tratar pacientes com TPB pode ser aplicada, quando necessário, a outros pacientes difíceis de tratar. • O volume de trabalho pode incluir uma diversidade de pacientes, balanceando os casos mais fáceis de tratar com casos mais complexos para prevenir esgotamento.	• As iniciativas da agência para aprender outras terapias baseadas em evidências dificultam o desenvolvimento pleno, por parte dos clínicos, de habilidades clínicas em DBT e a dedicação de esforço sustentado à DBT. • Difícil de manter a coesão no programa de DBT; risco de não ser aderente à DBT padrão porque a DBT não é "o centro das atenções". • As políticas da agência podem ser inconsistentes com os princípios da DBT.

Para programas que estão localizados dentro de agências maiores, o líder da equipe é a pessoa que trabalhará para assegurar que as necessidades do programa em DBT sejam atendidas dentro da organização. Se sua equipe for composta por terapeutas de diferentes locais de prática, o líder da equipe será a pessoa que atentará ao funcionamento da equipe e agirá quando necessário para assegurar consistência na realização do tratamento entre os locais.

Independentemente do contexto, está dentro do âmbito da equipe contratar e demitir os próprios membros, o que pode envolver um processo colaborativo com a equipe.

Como a principal tarefa do líder da equipe é salvaguardar o funcionamento efetivo ao longo do tempo, certifique-se de que a pessoa que você escolher para esse papel tenha as habilidades que você prevê que serão relevantes no contexto; isso pode incluir habilidades como negociação, defensoria, dedicação à fidelidade ao tratamento, disposição para chamar atenção para os problemas evidentes, apreciação pela importância da aprendizagem/desenvolvimento contínuo e ter uma perspectiva avançada no sentido de manter o bem-estar da equipe ao longo do tempo. Por fim, a função do líder da equipe é assegurar que o seu programa atinja e mantenha fidelidade estrutural à DBT, que os clínicos sejam fiéis aos manuais de tratamento em DBT em seu(s) respectivo(s) modo(s) e que os clínicos continuem a aumentar suas principais competências e a resolver os problemas e a superar as barreiras que interferem na fidelidade ao programa e na aderência clínica. Uma função final do líder da equipe é assegurar que a equipe da DBT como um todo permaneça energizada e motivada para continuar fornecendo serviços de DBT nos mais altos padrões possíveis.

Recrutando a equipe para seu programa

Um dos princípios básicos da DBT é que a participação deve ser voluntária. *Isso vale tanto para os clínicos quanto para os pacientes.* Quando a participação é obrigatória, os clínicos podem resistir à iniciativa, retardar o desenvolvimento da equipe e, por fim, comprometer significativamente a viabilidade do programa. Já vimos este efeito repetidas vezes, mesmo quando as equipes de DBT incluíram outros membros que estavam altamente motivados para fazer DBT, apesar da obrigatoriedade. Este efeito negativo de mesmo um clínico relutante em uma equipe de DBT com os demais membros disponíveis não pode ser exagerado. Então como ficam os administradores e gerentes do programa que desejam avançar em uma iniciativa em DBT com um membro relutante e/ou desinteressado? Em primeiro lugar, considere se você realmente precisa incluí-lo. Em geral é mais fácil, mais rápido e mais efetivo transferir clínicos motivados de outras clínicas ou contratar clínicos em DBT em vez de tentar converter aqueles que se comprometeram com outra forma de tratamento. Em segundo lugar, o segredo para motivar aqueles que apresentam relutância é lembrar que "a cenoura" (i.e., o reforçador) é mais poderosa do que "a vara" (i.e., a punição, coerção) e saber quais são "as cenouras" e quais são "as varas" para cada clínico. Então a tarefa é aplicar as estratégias da DBT para contornar as atitudes e a pouca disponibilidade mesmo dos membros mais relutantes na equipe. Essas estratégias incluem associar a DBT aos objetivos da equipe, usar estratégias de comprometimento com a DBT, criar contingências de reforçamento positivo em torno da iniciativa em DBT por meio da promoção efetiva que resulta de uma onda de interesse, assim como estruturar condições de emprego que facilitem a motivação (p. ex., os clínicos em DBT têm menor volume de casos; aprender DBT e firmar o compromisso de trabalhar na equipe de consultoria por dois anos converte-se em um aumento no salário ou em melhoria na situação profissional resultando em um aumento salarial; funções cobiçadas na agência exigem conhecimento e dois anos de experiência na aplicação da DBT). Esses incentivos estruturais podem ter particular utilidade com membros da equipe altamente relutantes e resistentes durante a primeira fase de implementação antes que os reforçadores naturais de realizar o tratamento entrem em jogo. O Quadro 4.2 lista uma variedade de estratégias adicionais para facilitar a disposição e o comprometimento em aplicar a DBT.

Na maioria dos casos, no entanto, o recrutamento da equipe dentro e fora da agência para fazer DBT pode não ser tão difícil como poderíamos pensar. De fato, em muitos casos, é a própria equipe na linha de frente (procurando estratégias efetivas para seus casos mais desa-

QUADRO 4.2 Técnicas de comprometimento para obter a aderência de outros à DBT

Estratégia	Exemplos
1. Se os clínicos já tiverem pacientes difíceis de tratar em seu volume de casos, mostre-lhes como a DBT os ajudará a se tornarem mais efetivos clinicamente e menos estressados/esgotados.	• Ajude-os a entender o que é a DBT e as pesquisas que demonstram sua eficácia. • Adote seus pacientes difíceis e tenha êxito. • Conduza "horas de trabalho" ou uma "consultoria de caso" mensal para identificar estratégias, habilidades e abordagens efetivas para usar com seus pacientes difíceis de tratar. • Ensine aos clínicos as habilidades da DBT — como estratégias de tratamento úteis ou como assistência/manejo do estresse do próprio terapeuta. • Use vídeos para mostrar estratégias e sessões em DBT "ao vivo" para demonstrar a aplicação do tratamento.
2. Associe aceitação e maestria na DBT aos objetivos profissionais ou pessoais do colega.	• Associe o aumento salarial à realização das tarefas em DBT. • Ofereça outros reforçadores por aprender e aplicar DBT (p. ex., depois que 80% de uma unidade conseguir passar no teste de conhecimentos sobre habilidades em DBT, o supervisor oferece uma *pizza* para a equipe). • Faça com que os clínicos façam a parte da DBT que está mais relacionada com a sua parte favorita do trabalho (p. ex., em grupo, individual).
3. Faça um levantamento dos prós e contras de promover *versus* recusar a DBT.	• Faça um exercício grupal em que todos abordem os prós e contras de fazer e não fazer DBT. • Faça a clarificação das contingências sobre as consequências de curto e longo prazo de fazer ou não fazer DBT neste trabalho. • Avalie se a DBT é verdadeiramente voluntária ou involuntária para esse clínico.
4. Valide e então valide novamente.	• Não promova exageradamente — isso é funcionalmente invalidante. • Valide que a aprendizagem da prática baseada em evidências implica que o tratamento atual é inadequado, mas que o clínico não é inadequado. • Invalide o inválido — percepções de que a DBT não é uma terapia "em profundidade", não representa os detalhes idiográficos do paciente ou não é consistente com uma prática antiopressiva. • Valide o pesar ou a frustração de fazer alguma coisa nova ou indesejada. Repita quando necessário (p. ex., não pressuponha que validar uma vez é suficiente).
5. Reforce positivamente e utilize modelagem em todo o uso de técnicas da DBT no trabalho diário do clínico e na sua participação na equipe.	• Avalie os reforçadores dos clínicos — eles querem atenção ou ser ignorados? Há coisas concretas importantes ou itens mais emocionais (p. ex., reconhecimento)? • Descubra todas as estratégias que o clínico já usa e as reforce quando ocorrerem. • Seja sistemático — desenvolva uma curva de modelagem dos comportamentos desejados do clínico e atenha-se a isso. • Esteja atento à saciedade — facilmente atingida por aqueles que se sentem impelidos a alguma coisa.

(Continua)

QUADRO 4.2 Técnicas de comprometimento para obter a aderência de outros à DBT *(Continuação)*

Estratégia	Exemplos
6. Use estratégias de comprometimento com a DBT incluindo "liberdade de escolha e ausência de alternativas".	• Ver Linehan (1993a) para estratégias de comprometimento (p. 284) e para "liberdade de escolha e ausência de alternativas" (p. 289).

fiadores) quem dá início e impulsiona o desenvolvimento de um programa em DBT. Muitas vezes, alunos de pós-graduação, estagiários de serviço social e psicologia, bem como residentes de psiquiatria em programas educacionais próximos estão altamente motivados para buscar oportunidades de se associar a uma equipe de DBT em troca da aprendizagem do tratamento. Os estudantes estão muito cientes do valor dessa experiência para quando estiverem no mercado de trabalho, seja competindo por posições clínicas ou profissionais. Para recém-formados ou outros profissionais, juntar-se a uma equipe de DBT, seja em uma agência ou dentro de um grupo de prática privada, pode ser altamente motivador, pois eles terão maior probabilidade de ingressar em painéis de seguros (i.e., ser clínicos aprovados para essa empresa a quem a companhia de seguros direciona os encaminhamentos), dessa forma herdando uma base de encaminhamentos pronta e com uma renda correspondente.

Ao adicionar novos membros à equipe já existente, é importante ser intencional em seu processo de crescimento. Isto é, dê um passo atrás e reflita sobre as necessidades da equipe, as lacunas e o que está faltando que poderia facilitar o equilíbrio dentro da equipe. A sua equipe é ótima com validação, sendo assim, acrescentar alguém que é mais orientado para mudança seria benéfico? Ou vice-versa? Adicionar pontos de vista diversos seria benéfico (p. ex., diferença em sexo, raça, idade, orientação sexual, identidade de gênero)? Você precisa de terapeutas que possam preencher diferentes papéis (p. ex., terapeuta individual, treinador de habilidades)? Refletir sobre essas questões antecipadamente pode ajudá-lo a ser mais eficiente e focado na sua busca.

Descobrimos que não há um substituto para o recrutamento consciente e a contratação planejada de membros para manter a estrutura e a coesão da equipe. A contratação de um membro que não se enquadra bem na equipe e abandona o programa prematuramente pode criar problemas de motivação que podem demorar meses (ou mais tempo) para serem resolvidos. Como parte da entrevista inicial, você poderá ter uma noção de até que ponto o candidato vai apostar em uma abordagem de tratamento em equipe, aprender o modelo da DBT e entender que a DBT é uma abordagem muito especializada que leva anos para ser bem aprendida. Faça perguntas sobre estes pontos: você já trabalhou antes como membro de uma equipe? O que foi útil/desafiador nisso? Como você se saiu na aprendizagem de novos tratamentos/intervenções no passado? Como você se veria aprendendo DBT; como você abordaria o processo de aprendizagem? Por que se comprometer com a DBT, e não com uma prática ambulatorial geral? O candidato entende que a DBT é um tratamento comportamental e que, por isso, é necessário se manter consistente dentro do embasamento teórico com seus pacientes em DBT?

Usar um processo de seleção estruturado onde sua equipe possa ter uma noção de como trabalhar com o candidato (e vice-versa) pode produzir informações valiosas sobre o conjunto de habilidades do candidato. Por exemplo, seu programa poderia exigir uma candidatura inicial ao emprego (incluindo currículo, carta de apresentação, cartas de referência e transcrições acadêmicas) e então pedir que o candidato faça tarefas "*inbox*" para avaliar seu real desempenho no trabalho (p. ex., redigindo uma avaliação de saúde mental ou ensinando uma habilidade à equipe). Você pode aproveitar esta oportunidade para dar *feedback* sobre o trabalho do candidato e então pedir que ele repita a tarefa com o *feedback* em mente. Este exercício lhe dará a oportunidade de responder algumas perguntas essenciais: como o candidato responde ao *feedback* (p. ex., de forma defensiva vs. com reconhecimento)? Ele integra o *feedback* e o utiliza para melhorar o desempenho? O candidato pode não ter uma experiência específica em DBT, o que neste estágio é menos importante do que seu interesse e disposição para aprender e praticar o modelo da DBT.

Depois do processo de contratação, é recomendável ter um "procedimento de embarque" que descreva o caminho pelo qual os novos membros da equipe são orientados e se tornam parte da equipe. Com base na sua experiência, sugerimos que seu "plano de embarque" inclua o que você considera ser a aprendizagem essencial para um novo terapeuta em DBT: leituras (p. ex., os manuais de tratamento e os de de treinamento de habilidades de Linehan), treinamento formal em DBT, supervisão em DBT e a obtenção de um comprometimento com as combinações da DBT, além de aprendizagem, treinamento e prática contínua em DBT. Uma "sessão de comprometimento" deve ocorrer entre o líder da equipe e o novo membro da equipe durante a qual as combinações da equipe de consultoria são discutidas e verificadas, semelhante a uma "sessão de comprometimento" com um paciente que está considerando a DBT.

Prosseguindo, um desafio formidável para muitos programas em DBT é *manter* seus clínicos de DBT altamente treinados e habilidosos. A experiências e o treinamento dos clínicos na aplicação da DBT os tornam extremamente competitivos no mercado para posições laterais em DBT ou promoções para desenvolver e supervisionar um programa em DBT. Alguns podem decidir, em vez disso, montar sua própria prática privada. A melhor forma de promover a retenção da equipe é desenvolver e seguir um plano de negócios por meio do qual os membros possam ver uma perspectiva de continuidade no avanço profissional e financeiro. Por exemplo, membros recém-recrutados em uma prática privada podem ser convidados a aceitar um certo número de casos com honorários baixos durante o período inicial de treinamento (por um ano talvez) e depois têm permissão para cobrar honorários mais altos se permanecerem por mais tempo. O outro ingrediente crítico é tornar a realização da DBT pessoalmente gratificante, tendo muita diversão na equipe de DBT, testemunhando a reviravolta nas vidas dos pacientes com TPB de quem muitos haviam desistido antes ou tendo oportunidades para executar os modos da DBT de que o clínico mais gosta.

Determinando o tamanho do volume de casos

Várias considerações são críticas na determinação do tamanho do volume de casos, incluindo se o terapeuta está fornecendo DBT exclusivamente, em tempo integral, ou se ele se divide entre outras equipes. Para os propósitos deste capítulo, consideraremos um volume de casos em que o clínico esteja exclusivamente fornecendo DBT. (Você pode então ajustar os números de acordo com a equipe no seu contexto.) Em termos gerais, espera-se que um clínico com tempo integral designado exclusivamente para uma equipe de DBT ambulatorial tenha entre 15 e 20 pacientes individuais no Estágio 1 com TPB e conduza ou colidere um ou dois grupos de treinamento de habilidades em DBT de duas horas por semana. Esse volume de casos pressupõe um tempo suficiente para *coaching* telefônico e/ou treinamento de habilidades *in vivo*, participação semanal em uma equipe de consultoria por 60 a 120 minutos e preenchimento da documentação.

Outros fatores que podem influenciar o tamanho-padrão do volume de casos incluem (1) experiência no tratamento de pacientes com TPB; (2) experiência na aplicação da DBT; (3) número de pacientes incomumente complicados ou severamente suicidas já incluídos nos casos; (4) número de novos pacientes com TPB no primeiro ou no segundo mês de tratamento; (5) responsabilidades adicionais que o terapeuta está cumprindo (p. ex., funções de supervisão); e (6) tamanho da equipe e demandas de encaminhamento. Os clínicos menos experientes ou aqueles com familiaridade limitada com a DBT podem iniciar com menos pacientes com TPB. Os clínicos que estão atendendo principalmente adolescentes e famílias (ver Miller, Rathus, Dexter-Mazza, Brice, & Graling, Capítulo 16 deste livro) podem ter demandas de tempo adicionais relacionadas ao trabalho/consultoria com as famílias, interagir com as escolas e outros prestadores de tratamentos em saúde externos, o que exigiria que seu volume de casos seja equilibrado em consonância com essas questões. Além disso, pacientes incomumente extremos e graves podem contar como se fossem dois pacientes devido à quantidade de esforço exigido para intervir fora das sessões agendadas. Não obstante a isso, o volume de casos de um clínico em DBT pode ser reduzido durante um período em que ele esteja começando com vários pacientes novos, uma vez que é esperado que os pacientes nos primeiros meses de tratamento exijam consideravelmente mais tempo.

Determinando a duração do tratamento

Um dos principais tópicos discutidos e combinados na "sessão de comprometimento" na DBT com o paciente é a *duração do tratamento*, o período que ambas as partes (paciente e terapeuta) concordam em permanecer engajados juntos na DBT. A combinação pode ser "renovada" ou estendida por outro período especificado quando o tratamento está por expirar, caso seja indicado tratamento adicional. É imperativo determinar a duração do tratamento antes da reunião inicial entre o terapeuta individual da DBT e um provável paciente, já que o terapeuta irá querer obter uma concordância do paciente para participar no tratamento por esta duração especificada.

A maioria dos programas de DBT começa com um comprometimento de um ano. Para assegurar que o paciente complete duas rotações, cada uma de seis meses, dos quatro grupamentos de habilidades, de um grupo de treinamento de habilidades em DBT. O "ano" é atrelado à data de início do grupo de treinamento de habilidades em DBT, não à reunião inicial com o terapeuta em DBT. Como o provável paciente se encontra *primeiro* com o terapeuta individual em DBT *antes de começar o grupo de treinamento de habilidades em DBT*, é possível que a real duração do tratamento acabe sendo um pouco mais longa do que um ano para alguns pacientes como consequência de quando é a data inicial de entrada no grupo de treinamento de habilidades da DBT e devido ao fato de o paciente continuar a ver o clínico por algumas semanas depois da graduação do grupo. (Os grupos de treinamento de habilidades em DBT são abertos para novos pacientes por 2 a 3 semanas, depois fecham por 4 a 6 semanas, então abrem novamente por outras 2 a 3 semanas, depois fecham por 4 a 6, e assim por diante, portanto os pacientes entram durante o treinamento de *mindfulness* e no começo de um módulo, e não no meio de um módulo.)

O erro mais frequente cometido por novas equipes de DBT é não definir a duração do tratamento. Sem isso determinado, pode ser reforçada a estagnação em vez do progresso, o que pode contribuir para o esgotamento por parte do terapeuta e da desesperança por parte do paciente. Assim sendo, aumentar a duração do tratamento deve ser contingente ao progresso clínico. Algumas vezes, a falha em definir a duração é uma simples omissão, pois os clínicos envolvidos podem não estar acostumados a determinar uma duração de tratamento específica no início do trabalho com um novo paciente. Em outros casos, o programa levou isso em conta, mas optou, no final, por não estabelecer uma duração. A lógica pode ser a seguinte: "Nossos pacientes são muito graves para oferecer apenas um ano de tratamento" ou "Trabalhamos com pacientes do setor público que são incapacitados, portanto, somos legal e eticamente obrigados a continuar a prover serviços de saúde mental a eles". *Os dois argumentos representam um mal-entendido e uma aplicação errada da DBT.*

Vários princípios da DBT se aplicam a esta situação. Primeiro, os reforçadores (p. ex., contato com o terapeuta, progresso no tratamento) são usados para fortalecer o progresso clínico, não o *status quo* ou maior descontrole comportamental. Isso pode ter particular relevância para pacientes com TPB que foram sistematicamente reforçados por comportamentos disfuncionais durante o curso de suas vidas. Segundo, "contingências criam capacidade". Em outras palavras, os pacientes trabalharão de forma mais intensa e mais rápida para desenvolver e usar habilidades comportamentais (vs. se engajar em comportamentos disfuncionais) se isso significar que eles podem obter mais do que desejam: em geral conexão constante com o terapeuta em DBT, incluindo um vínculo com o terapeuta em DBT a serviço das metas do tratamento do paciente. (Estes princípios são discutidos em detalhes em Linehan [1993a].) Portanto, *mais tratamento além do contrato de tratamento inicial deve ser contingente ao progresso clínico significativo.*

O terapeuta primário deve começar discutindo o término e "O que acontece depois?" por volta do oitavo ou nono mês de tratamento. Não se deve presumir automaticamente que serão necessários mais seis meses ou um ano. No entanto, se for determinado pelo terapeuta (em consulta com a equipe) e pelo paciente que terapia adicional *pode* ser necessária/apropriada ao término do primeiro ano, o terapeuta em DBT deve comunicar claramente o que é esperado do paciente entre o momento atual e o final do novo prazo de tratamento. Em casos em que o paciente está trabalhando duro e fazendo progresso constante, o terapeuta pode simplesmente enfatizar este padrão e dizer que, contanto que ele continue assim, o terapeuta terá o maior prazer em discutir a prorrogação do trabalho em conjunto, caso seja necessário. Em casos em que o paciente está emperrado e mostra pouco progresso nos principais comportamentos-alvo no Estágio 1, o terapeuta pode, em vez disso, descrever os comportamentos que precisam mudar até o fim do ano para que ele receba tratamento adicional.

E se um paciente se recusar a mudar e comunicar: "Eu não consigo mudar; você está pedindo demais"; ou quiser mudar, trabalhou duro para mudar, mas ainda está sendo insuficiente, e o término do período acordado de tratamento está muito próximo? Estas são questões clínicas importantes e complicadas que devem ser consideradas de maneira cuidadosa pelo terapeuta em colaboração com a equipe de consultoria. As equipes que estão nos primeiros estágios de aprendizagem da DBT podem optar por buscar supervisão com um especialista externo para garantir que a solução gerada seja a ideal e se enquadre plenamente nos princípios da DBT. Presumindo que o terapeuta procedeu clinicamente de uma maneira aderente à DBT, o tratamento deve ser encerrado ao final do contrato e o paciente transferido para outro tratamento que possa ser mais efetivo para ele ou (se ele escolher) resolver as coisas sozinho. Por definição, isso significa perder seu terapeuta primário em DBT e também o grupo de treinamento de habilidades que, para muitos pacientes, criará as condições para "ficar em forma" enquanto ainda há tempo para fazer isso, em vez de arriscar este desfecho. Para outros, a DBT pode verdadeiramente não ser efetiva e o curso ético é tentar outra coisa em vez de continuar a fornecer um tratamento que não está funcionando ou produzindo os efeitos desejados.

De qualquer modo, deve ser dito aos pacientes o que seria esperado deles para reaplicar o programa em DBT (se eles puderem) caso desejem fazer isso no futuro.

Se adaptar, adapte bem

Conforme descrito por Koerner e colaboradores (Capítulo 2 deste livro), há ocasiões em que os programas ambulatoriais precisam adaptar a estrutura da DBT às peculiaridades do seu contexto. Algumas vezes, as adaptações podem ser temporárias (quando o programa de DBT é estabelecido); outras vezes, elas são de mais longa duração. Recomendamos que antes de adaptar, sejam empregados todos os esforços para procurar soluções e sínteses para o problema que sejam consistentes com a fidelidade à DBT, e que o desvio do curso-padrão seja feito somente como último recurso.

Dentro dos programas ambulatoriais, o modo mais desafiador de implementar é o *coaching* telefônico. Em alguns sistemas, as regras sindicais ou a classificação das funções de um clínico podem ser uma barreira. Em outras situações, são os próprios clínicos em DBT que simplesmente não estão dispostos a receber telefonemas depois do expediente. Algumas vezes, os clínicos estão dispostos *em princípio* a receber telefonemas, mas ficam tão receosos que seus limites sejam ultrapassados que ficam excessivamente relutantes ou até mesmo se recusam por completo a receber ligações. Em nossa experiência, as barreiras, resistência e relutância podem com frequência ser superadas e a fidelidade preservada se a *real* preocupação ou problema for cuidadosamente avaliada e soluções forem ponderadamente geradas. *Mais uma vez, como uma orientação abrangente, lembre-se de que os princípios da DBT podem e devem ser aplicados a cada momento quando você estiver trabalhando na implementação e administração do programa.* Por exemplo, alguns clínicos apreensivos se mostraram dispostos a inicialmente fazer *coaching* telefônico com alguns pacientes com TPB como um "teste" para ver como *realmente* é (como com as fobias, a ansiedade e o medo costumam ser maiores do que a realidade). Outros concordam desde que possam ser assegurados de que terão supervisão suficiente para responder efetivamente às ligações do paciente que exceder seus limites. Pesquisas indicaram que, em média, os terapeutas em DBT podem esperar duas a três ligações por mês por paciente (Oliveira & Rizvi, 2016), o que em geral é bem menos do que os terapeutas receiam. As regras e exigências sindicais são concebidas para proteger o trabalhador e não para ser uma barreira à prestação do serviço: os clínicos em geral *podem* oferecer serviços depois do expediente contanto que estejam *dispostos* a fazer isso e não sejam forçados ou coagidos de outra forma pelo empregador.

Pode haver situações, no entanto, quando simplesmente não é possível para o terapeuta individual em DBT receber ligações depois do expediente. Quais são algumas soluções quando este é o caso? Em alguns sistemas, isso significa fazer um rodízio de funções entre os membros da equipe de intervenção em crise que são preparados para ser treinadores de habilidades em DBT. Alguns estados implantaram linhas diretas com ligação gratuita cuja equipe é formada por treinadores de habilidades em DBT. Outros sistemas exigem que os membros da equipe móvel de crises sejam instruídos em treinamento de habilidades em DBT.

Ao abordar a função do *coaching* telefônico, estas soluções são imperfeitas. Os elementos não abordados por essas soluções incluem (1) a relação entre o paciente e o terapeuta individual e a habilidade de cada um para reduzir sentimentos de isolamento e desconexão e reparar as brechas na relação fora do horário de trabalho; (2) a *expertise* do terapeuta por telefone sobre quais habilidades funcionam melhor para um determinado paciente; e (3) determinar o foco do tratamento no momento do *coaching* telefônico. As estratégias efetivas para compensar algumas das limitações inerentes que surgem quando os terapeutas primários não estão recebendo as ligações incluem planos para crise muito específicos feitos pelo terapeuta primário e o paciente; manejo de contingências da equipe de crise que reforça a aderência ao plano de crises; se os planos de crises se revelarem impraticáveis para a equipe de crise, esta equipe pode requisitar sua revisão pelo terapeuta e o paciente (mas não devem revisá-los sozinhos); as ligações agendadas com o terapeuta durante o horário do expediente; e o "tempo de consulta" na agenda do dia de trabalho do terapeuta quando os pacientes sabem que podem ligar. É importante observar que, embora estas estratégias possam ser úteis para compensar parte do que é perdido terapeuticamente ao não oferecer *coaching* telefônico em DBT, não obstante elas são *soluções parciais*. É por essa razão que muitos especialistas em DBT julgariam um programa-padrão sem *coaching* telefônico em DBT como um programa de DBT padrão não abrangente.

Gerenciando os números de encaminhamentos e serviços somente de habilidades

À medida que os encaminhamentos aumentam no seu programa, chega uma hora em que se desenvolve uma lista de espera significativa. Em nossa experiência, esperar 6 a 9 meses por serviços em DBT não é incomum. Considerando que muitos pacientes que precisam de DBT são suicidas, surge a seguinte questão: há uma forma de fazer com que pacientes suicidas com TPB "esperem bem" para receber habilidades em DBT apenas (ou principalmente) enquanto esperam por DBT abrangente? Informados por achados empíricos de Linehan e colaboradores (2015), McMain e colaboradores (2017) e outros, pode-se defender fortemente a oferta de grupos de treinamento de habilidades em DBT aos pacientes enquanto eles esperam por serviços de DBT abrangente. Considerando os recentes achados de pesquisa sobre a importância das habilidades em DBT, oferecer grupos de treinamento de habilidades para aqueles que estão esperando por DBT abrangente é, em nossa opinião, uma abordagem ética e viável. Nossa intenção, no entanto, *não* é recomendar uma abordagem exclusiva de habilidades em DBT *em vez da* DBT abrangente. As orientações e as recomendações a seguir pretendem ser uma forma de ajudar os pacientes a "esperarem bem".

Até o momento, existem mais de 20 estudos (incluindo seis ensaios clínicos controlados randomizados) demonstrando a eficácia do tratamento somente de habilidades na redução dos comportamentos que são critérios diagnósticos para o TPB (p. ex., Valentine, Bankoff, Poulin, Reidler, & Pantalone, 2014; McMain et al., 2017; Linehan et al., 2015; Soler et al., 2009; Neacsiu, Eberle, Kramer, Wiesmann, & Linehan, 2014; Dijk, Jeffrey, & Katz, 2013; Stratton, Alvarez, Labrish, Barnhart, & McMain, 2018). Levando em conta a força deste modo de tratamento, Linehan (2015b) descreve princípios para a implementação da DBT como um "tratamento autônomo" (p. 19). Os princípios a seguir podem servir como um guia no desenvolvimento dos grupos de habilidades de DBT como tratamento único:

1. Forneça treinamento de habilidades da DBT como tratamento único, somente dentro da estrutura de um programa de DBT abrangente. Isso significa que todos os terapeutas que coordenam grupos somente de habilidades participam de reuniões de consulta regularmente e os líderes de equipe monitoram as sessões de treinamento de habilidades para manter a fidelidade.
2. Aplique todos os princípios, estratégias e pressupostos da DBT quando oferecer grupos de habilidades como tratamento único. Isso inclui estratégias de comprometimento, validação e estratégias dialéticas, equilibrando mudança com aceitação e outras estratégias para solução de problemas.
3. Estabeleça um plano claro de manejo de crises suicidas para uso pelos trei-

nadores de habilidades que especifique o que fazer exatamente, por quem e quando — e delineie claramente o papel limitado do treinador de habilidades na resposta às crises (ver Linehan, 2015b).

4. Enfatize as combinações no seu programa de habilidades e crie uma cultura de comunidade. Como a referência de contato primário para os pacientes sendo os próprios membros do grupo, o estímulo a um senso de pertencimento é útil na redução do abandono e na construção de grupos de apoio naturais. As intervenções comportamentais para alcançar isso incluem destacar os aspectos comunitários das diretrizes para o treinamento de habilidades (Linehan, 2015a, p. 12, particularmente o item 2) e criar um sistema de "parceiros nas habilidades" em que os pacientes troquem informações sobre os contatos, com o objetivo de se apoiarem e treinarem uns aos outros.

5. Crie mecanismos administrativos para assegurar a fidelidade ao tratamento e o planejamento intencional. Sem um terapeuta individual, é possível que apareçam comportamentos que interferem no tratamento (p. ex., não comparecimento aos grupos, falta de autorização do seguro, não avaliação do tratamento de forma planejada ao final de um ciclo de 12 meses, problemas com a cobrança). A criação, em mente sábia, de protocolos administrativos (p. ex., lembretes eletrônicos para as autorizações, telefonemas regulares do colíder aos pacientes que faltam ao grupo, sistemas de *checklist* para orientação no ingresso, fichas extra com uma visão geral para ajudar a entender o formato e a função do grupo) para ajudar os líderes dos grupos e os pacientes a estarem atentos a estas questões reduzirá grandemente as barreiras ao sucesso do tratamento.

6. Planeje com antecedência quando *não* oferecer treinamento de habilidades como tratamento único e intervenção em crise *in loco*. Embora atualmente não exista um corpo de dados sugerindo quais indivíduos podem se sair pior em grupos de habilidades como único tratamento, a combinação dos critérios originais de exclusão (p. ex., psicose ativa, altos níveis de prejuízo cognitivo) com as limitações da agência ou clínica (p. ex., questões de segurança, faixa de idade ou problemas presentes restritivos) é útil na sinalização dos pacientes, quando então o terapeuta da triagem pode querer retardar o processo de ingresso e buscar consultoria com a equipe antes de proceder a alocação do paciente em tratamento somente de habilidades. Do mesmo modo, antecipar tendo um plano de tratamento robusto que descreva claramente o protocolo de intervenção em crises *in loco* (e o contato com o terapeuta externo ou a entidade que está fornecendo intervenção na crise) é essencial para a resposta efetiva às crises durante o tratamento. Note que estas duas questões (p. ex., pacientes que podem não ser adequados a um grupo de habilidades e manejo de crise *in loco*) são muito simplificadas pela existência e o uso de uma equipe de consultoria para aumentar a perspectiva da mente sábia do terapeuta e ajudar a encontrar uma síntese dialética em torno de questões clínicas difíceis quando elas surgirem.

7. Certifique-se de que todos os pacientes que participam no seu grupo de habilidades tenham apenas um profissional na comunidade que tenha assumido a responsabilidade clínica por eles para o caso de uma emergência clínica.

8. Considere oferecer dois grupos de habilidades de uma hora por semana para os pacientes (um focando na aquisição de

habilidades; o outro no fortalecimento de habilidades/análise da tarefa de casa).

Recebendo reembolso por serviços em DBT

As estratégias para reembolso variam conforme sua agência faz ou não parte do setor público. Vários pontos gerais são importantes independentemente do tipo de sistema. Primeiro, muitas vezes é imperativo orientar as companhias de seguro ou representantes dos segurados sobre como a DBT é única para muitos outros tratamentos: ela é um tratamento abrangente envolvendo múltiplas modalidades e terapeutas. A fidelidade à DBT envolve oferecer o pacote de tratamento abrangente; a fidelidade é comprometida se a DBT for oferecida de forma "à la carte" (com base no que o paciente quer ou a agência de seguros está disposta a pagar). Além disso, embora a DBT inicialmente comece com uma combinação de um ano de tratamento, não há o pressuposto de que um ano será suficiente para todos os pacientes com TPB. Um tempo adicional poderá ser necessário e oferecido *contingente ao progresso* no primeiro ano e à necessidade médica. Por último, recomenda-se que você conclua as negociações do reembolso *antes* de aceitar o paciente em seu programa de DBT; você terá a maior alavancagem neste ponto no processo e ainda não terá assumido responsabilidade legal e ética por um paciente (presumivelmente) de alto risco.

No setor privado, um desafio primário é que a DBT exige um comprometimento de tempo e dinheiro que pode exceder os limites estabelecidos por muitos planos de saúde. Os planos de benefícios típicos não cobram todos os modos de tratamento que compreendem a DBT ambulatorial padrão por um ano inteiro. Aqueles que pagam por terapia individual em DBT e grupo de treinamento de habilidades em DBT podem não pagar necessariamente pelo *coaching* telefônico. Ainda menos provavelmente irão reembolsar pelo tempo de consultoria à equipe. Existe uma dialética talvez sutil, embora

essencial, entre as taxas de reembolso pelas companhias de seguro e a capacidade dos clínicos de ganhar seu sustento/capacidade da clínica de se manter aberta. O "esgotamento financeiro" decorrente de contas não pagas da terapia pode ter um impacto negativo sobre os terapeutas, as agências e o tratamento em geral. Os terapeutas em DBT e as companhias de seguro na verdade compartilham alguns objetivos comuns que são centrais para a prática baseada em evidências — intervenções específicas que funcionam (Rizvi, 2013). Se o seu programa optar por trabalhar com redes de seguros, este fato pode ajudá-lo a defender taxas de reembolso apropriadas (ver Quadro 4.3 para detalhes). Isso envolve três passos: conectar-se com os financiadores, informá-los sobre a DBT e fornecer evidências de eficácia (Koons, O'Rourke, Carter, & Erhardt, 2013).

Conectar-se com os financiadores pode algumas vezes demandar um grande investimento de tempo e recursos iniciais, pois você está trabalhando para familiarizá-los com os benefícios da DBT. Poderá exigir alguma persistência navegar pela rede da companhia de seguros até encontrar uma pessoa apropriada para negociar os contratos. No início do processo, você poderá estar interagindo com alguém que não tenha conhecimento da DBT e talvez até mesmo de serviços de saúde mental em geral. Esteja disponível para *fornecer informações sobre DBT* a qualquer um com quem falar e considere preparar alguma coisa por escrito que traduza a DBT para uma linguagem cotidiana que claramente comunique do que se trata o seu programa. Nós elaboramos uma descrição por escrito para fornecer informações sobre a DBT que inclui brevemente: a estrutura e o propósito da DBT, sintomas e alvos da DBT, as diferentes populações de pacientes que podem ser tratados e padrões típicos de utilização do serviço (em todos os níveis) para essas populações, e como nosso programa se adapta a outros serviços na comunidade e preenche uma lacuna nos serviços. Com frequência conduzimos esta comunicação via *e-mail*, mas quando nos encontramos pessoalmente, pode

QUADRO 4.3 Valores compartilhados entre a DBT, organizações de saúde comportamental e os financiadores

Valor	Descrição	Argumentos para reembolso
1. Terapia baseada em evidências	• A DBT é um tratamento eficaz, com ensaios controlados randomizados (ECRs) mais rigorosos apoiando sua eficácia para pacientes com múltiplas comorbidades em conjunto com o TPB, no Estágio 1 do que qualquer outro tratamento. (Ver Capítulo 1 para uma descrição dos resultados dos ECRs em DBT.) • A DBT é um tratamento desenvolvido empiricamente. Ela é composta de estratégias, componentes, estruturas e habilidades comportamentais, os quais têm base em evidências empíricas.	A robusta base de evidências para a DBT pode ser usada com o objetivo de fortalecer argumentos para aumento no reembolso, dada a eficácia do tratamento. O uso dos dados dos resultados do seu programa pode reforçar este argumento ainda mais, pois você é capaz de demonstrar que seu programa está alcançando bons resultados.
2. Significativa economia nos custos em comparação com o tratamento habitual	• O ECR seminal da DBT constatou que a DBT economizou quantias significativas por paciente durante o ano inicial de tratamento comparado ao tratamento habitual (Linehan & Heard, 1999; Linehan, Kanter, & Comtois, 1999). • Os dados pré-pós para os pacientes (n=14) que completaram um ano de DBT em um programa na comunidade apresentaram decréscimos significativos na utilização de serviços psiquiátricos em comparação com o ano anterior; foram relatados decréscimos de 77% nos dias de hospitalização, 76% nos dias de hospitalização parcial, 56% em leitos para crises e 80% em contatos com serviços de emergência. Os custos totais do serviço também caíram drasticamente. • Uma clínica ambulatorial de prática privada estimou a economia de custos durante o curso de um ano de tratamento em DBT monitorando os pacientes em seu programa (n=72). Isso incluiu visitas aos serviços de emergência, hospitalização parcial e custos de internação (calculados usando a média custo/dia por instituição). Eles observaram uma economia de custos total entre 902.597 e 1.590.398 dólares (Smith, comunicação pessoal, 21 de março de 2017).	Apresentar aos pagadores exemplos de como a DBT economizou dinheiro no longo prazo pode ser útil. Destacar o bloqueio ativo do serviço de emergência e o uso de hospital em DBT pode ser significativo para os financiadores que buscam controlar os custos dos serviços mais restritivos. Melhor ainda, considere coletar estas informações dentro da sua própria clínica para construir um argumento ainda mais convincente para a economia dos custos.

(Continua)

QUADRO 4.3 Valores compartilhados entre a DBT, organizações de saúde comportamental e os financiadores *(Continuação)*

Valor	Descrição	Argumentos para reembolso
3. Altas taxas de adesão e satisfação do paciente	• Estudos da DBT até o momento demonstram consistentemente a sua eficácia na adesão dos pacientes no tratamento apesar da sua relativamente longa duração (em geral 12 meses). • A satisfação do paciente, como um fator na adesão ao tratamento, é alta na DBT.	Manter consistentemente os pacientes no tratamento é instrumental para o paciente atingir suas metas e reduzir comportamentos que costumam estar associados a custos mais altos de assistência à saúde (p. ex., hospitalizações, visitas aos serviços de emergência).
4. Forte foco na recuperação	• O objetivo da DBT é construir uma vida que valha a pena ser vivida, e não meramente o alívio dos sintomas ou uma redução nos serviços psiquiátricos caros. Por definição, uma vida que valha a pena ser vivida em DBT é a obtenção da felicidade e da infelicidade corriqueiras onde descontrole emocional, desregulação emocional e problemas de saúde mental não definem ou limitam a capacidade do indivíduo de viver uma vida plena, gratificante e (extra)ordinária.	Isso se alinha com as metas declaradas de muitos financiadores, que enfatizam que estão empenhados no bem-estar dos seus pacientes/membros.
5. Clareza e precisão enfatizadas ao longo de todos os aspectos do tratamento	• Define claramente alvos comportamentais. • Especifica claramente as funções para cada modo de tratamento. • Especifica claramente como outros provedores do tratamento (DBT e não DBT) interagem uns com os outros, bem como o papel do terapeuta primário no planejamento do tratamento e coordenação de outros serviços. • Especifica critérios para determinar quando iniciar exposição formal para transtorno de estresse pós-traumático (TEPT) de uma forma que proteja contra efeitos iatrogênicos.	A clareza e precisão na DBT ajuda a evitar a duplicação dos serviços.
6. Tratamento flexível baseado em princípios para pacientes com múltiplas comorbidades	• A DBT é um tratamento guiado por princípios (vs. guiado por protocolos) que é flexivelmente adaptado às necessidades específicas do paciente dentro de um modelo-padrão estruturado. • A estrutura da DBT permite o tratamento de transtornos comórbidos, incluindo transtornos por uso de substâncias.	Tratamento individualmente adaptado para assegurar aos financiadores que as metas únicas de cada paciente sejam trabalhadas, em oposição a uma abordagem "tamanho único" que pode tratar problemas que um paciente pode não ter.

(Continua)

QUADRO 4.3 Valores compartilhados entre a DBT, organizações de saúde comportamental e os financiadores *(Continuação)*

	Valor	Descrição	Argumentos para reembolso
7.	Acompanhamento do progresso clínico por meio do monitoramento contínuo de alvos comportamentais específicos durante o curso do tratamento	• A DBT promove o monitoramento semanal dos resultados por meio do uso do cartão diário (para os pacientes) e notas das sessões para os terapeutas. • O progresso do paciente (ou a ausência dele) é acompanhado pela equipe de consultoria em DBT; as equipes auxiliam os terapeutas na formulação e no planejamento do tratamento quando os pacientes da DBT estão apresentando pouca melhora ou quando ocorreu uma recaída. • A DBT encoraja os programas a coletarem dados dos resultados quanto à eficácia global no tratamento de comportamentos relevantes para o alvo da DBT e a construção de uma vida que vale a pena ser vivida (p. ex., obter um emprego, vencer a incapacidade). • Se os pacientes não apresentam melhora significativa depois de um curso-padrão de DBT, são encontradas alternativas, incluindo alta.	O acompanhamento do progresso clínico permite que os terapeutas avaliem consistentemente a eficácia. Assim, podem ser feitos ajustes ao longo do tratamento que podem melhorar os resultados. Além disso, caso se observe que o tratamento não está funcionando, podem ser procuradas soluções alternativas em vez de continuar a pagar por uma terapia ineficaz.
8.	Transparência em torno do que é DBT aderente e DBT não aderente	• A DBT tem um claro conjunto de modos e funções que são necessários para que o tratamento seja considerado aderente ao modelo original e capaz de atingir resultados conforme evidenciado na literatura científica. • Evidências objetivas da capacidade de satisfazer estes critérios estão disponíveis pelo processo de certificação individual ou do programa.	Para defender os pacientes (ou por outras pressões regionais), às vezes os financiadores são obrigados a identificar práticas que realizem DBT com fidelidade, mas em geral não possuem recursos internos para cumprir esta determinação. O programa e a certificação individual permitem que os clínicos demonstrem aderência e pleiteiem por um melhor reembolso.
9.	Acesso à assistência	• Oferecer somente habilidades em DBT permite que os programas sejam eficientes com os recursos do terapeuta e forneçam habilidades a mais pacientes do que apenas a oferta de serviços individuais.	Os financiadores se preocupam com o acesso à assistência e com a velocidade do acesso. Ser capaz de oferecer serviços com pouca ou nenhuma lista de espera é extremamente atrativo para os financiadores.

ser útil sermos acompanhados pela equipe administrativa da linha de frente que pode rapidamente abordar questões relacionadas ao aspecto comercial e encontrar novas formas de responder aos desafios financeiros.

Depois que você recebeu a atenção deles e forneceu algumas informações básicas sobre a DBT, prossiga *apresentando evidências específicas da eficácia*. Embora alguns financiadores apreciem as pesquisas que sustentam a DBT, eles podem ser persuadidos mais imediatamente pelas análises do custo benefício e pelas formas pelas quais seu programa pode oferecer acesso a serviços com uma lista de espera limitada. Você pode fazer esta abordagem segundo múltiplas perspectivas, incluindo o uso de evidências recolhidas de ensaios clínicos randomizados em larga escala ou dados do seu próprio programa (o que é um argumento importante para coletar dados em seu programa). Por exemplo, um ensaio randomizado demonstrou que os pacientes em DBT usaram significativamente menos serviços de emergência e tiveram significativamente menos hospitalizações comparados com aqueles que estavam sendo tratados por outros especialistas na comunidade (Linehan et al., 2006). De um modo geral, a economia de custos atingida na DBT demonstrou exceder o custo de fornecer o próprio tratamento usual (Wagner et al., 2014).

Sempre que possível, inclua dados do seu próprio programa. Descobrimos que os dados mais úteis são aqueles que demonstram o impacto da DBT nas visitas aos serviços de emergência e nas hospitalizações psiquiátricas, bem como as reduções em comportamentos suicidas e condutas autolesivas sem intencionalidade suicida (CASIS) e outros alvos comportamentais primários. Notamos que gráficos das mudanças nos sintomas ao longo do tempo tendem a ser persuasivos. Usamos este método com sucesso nos casos em que uma companhia de seguros queria descontinuar os serviços para um determinado paciente. Produzir evidências de que seu programa em DBT está funcionando para aquele indivíduo pode apoiar seu argumento de por que o tratamento deve continuar a ter cobertura. Você pode encontrar neste livro mais informações sobre a coleta de evidências e o uso deste processo para avaliar seu programa (ver Rizvi, Monroe-DeVita, & Dimeff, Capítulo 3 deste livro).

Infelizmente, as taxas de reembolso para DBT nem sempre refletem os verdadeiros custos envolvidos no treinamento e administração contínua do programa, o que é uma razão para ter uma mescla de diferentes fontes de renda. Como diferentes financiadores oferecem variadas taxas de reembolso, você deverá se assegurar de que a combinação das que você aceitar serão adequadas para apoiar as operações do seu programa. No nível do terapeuta individual, se você tiver um grupo de financiadores diversificado com variadas taxas de reembolso (p. ex., pagamento pelo paciente, seguro comercial, Medicare), questões de equidade podem entrar em jogo quando você quiser garantir que todos os terapeutas que trabalham em seu programa tenham acesso justo a todos os financiadores. As decisões sobre os tipos de pagamento a aceitar são complexas e podem exigir avaliação de como seu programa equilibra os valores operacionais (p. ex., prestar atendimento de saúde a indivíduos que não podem pagar do próprio bolso) com a capacidade de se manter aberto e oferecer incentivos à equipe. Os financiadores com quem você trabalha também estarão relacionados à sua base de pacientes, pois as redes de seguros serão uma fonte de encaminhamento. Algumas vezes, pode ser difícil encontrar um equilíbrio entre a geração de renda suficiente para se manter aberto *e* trabalhar com a gama de pacientes que parecem importantes que você sirva. Ou seja, você pode escolher servir alguns pacientes com meios limitados porque isso está dentro do escopo dos valores do programa. Ao mesmo tempo, servir apenas a esses pacientes pode não gerar renda suficiente para manter o programa em funcionamento.

Independentemente da mistura, ter uma abordagem deliberada para trabalhar com estes tipos de taxas de reembolso requer o cultivo constante da relação entre eles e o programa. Estas são algumas questões que podem ajudar a orientar seu processo interno:

- *Para pagamento pelo paciente*: a sua localização tem pacientes na área que conseguiriam pagar pelos serviços do próprio bolso? Se você está considerando pender a balança dos honorários, você consegue arcar com a redução dos valores? Você está planejando oferecer algum serviço gratuitamente? Os honorários dos estagiários devem ser diferentes do que os dos clínicos licenciados? Você vai oferecer um desconto pelo pagamento antecipado?
- *Para terceiros financiadores comerciais:* quais companhias se mostram abertas a negociar taxas mais altas de reembolso por serviços em DBT? Quais são mais proeminentes na sua área? Alguma está aberta a negociar um "pacote" de pagamento em que a terapia individual, o grupo de habilidades, a equipe de consultoria e o treinamento de habilidades são pagos como uma unidade? Pode haver alguma companhia com a qual você opte por não trabalhar simplesmente porque os valores que ela oferece para DBT não são adequados para cobrir os seus custos.

No setor público, os problemas com frequência são exatamente o oposto. Embora a assistência na gestão pública também seja concebida para oferecer serviços de forma mais eficiente, tende a haver menos foco no número de sessões ou na duração da terapia, pois o sistema tem a expectativa de que a maioria dos pacientes que são suicidas ou que têm TPB permanecerão em assistência indefinidamente. O principal desafio do reembolso enfrentado no setor público envolve um movimento por parte do financiador para reduzir o auxílio financeiro assim que a estabilização for atingida (p. ex., depois que o paciente não está mais ativamente suicida ou em crise), mesmo quando é necessário tratamento continuado para solidificar seus ganhos. Não é incomum que os financiadores descontinuem os serviços sem aviso prévio. Um corte nos serviços neste momento pode resultar em deterioração. Uma estratégia importante para a manutenção dos serviços é enfatizar o número e os tipos de apoios fornecidos ao indivíduo para atingir a estabilização, incluindo a quantidade de terapia fornecida, a avaliação do risco continuado de suicídio, o quão perto o paciente chegou de ser hospitalizado, a frequência do *coaching* telefônico para manter o paciente em casa e a gama de estratégias de tratamento usadas para manejar o paciente durante as sessões em grupo e individuais. No entanto, quando o paciente está permanecendo estável com menos suporte, o estado ou município pode não querer pagar para que o paciente continue a melhorar. Se este for o caso, é útil retornar à declaração da missão pública em que os estados e municípios frequentemente usam a linguagem da recuperação, incluindo tratamento orientado para o paciente e suportes para emprego, e não apenas a redução do risco ou dos sintomas. Você pode então usar as próprias palavras deles para destacar o quanto a DBT é uma boa opção para o dinheiro do seguro público. Se tudo o mais falhar, você poderá precisar da ajuda do paciente para encontrar um emprego que ofereça um seguro privado que você possa aceitar.

Alguns profissionais buscam complementar sua renda firmando contrato com fontes de encaminhamento ou oferecendo serviços especiais. Especialmente para novos terapeutas, candidatar-se a contratos com agências estatais, como serviço social, reabilitação vocacional, trabalho e indústria, ou serviços à criança e à família, é um meio de construir uma prática, ao mesmo tempo fornecendo um tratamento que de outra forma seria inacessível para os pacientes. Também podemos oferecer terapia individual ou em grupo para cuidadores, parceiros ou dependentes de pacientes em DBT (p. ex., programas para "habilidades da família"). Pacientes em DBT de todas as idades muitas vezes estão em relacionamentos que experimentam estresse intenso. Problemas de sobrecarga e esgotamento dos cuidadores são particularmente evidentes durante o tratamento em DBT no Estágio 1 de adolescentes e adultos. Os cuidadores costumam estar motivados para participar em grupos que forneçam apoio e ensinem princípios de validação e modificação comportamental. Esses grupos podem ser pagos com recursos próprios, em geral a uma taxa reduzida (p. ex., 15 a 20 dólares por sessão). Se esses grupos de cuidadores forem com "taxa por serviço", eles não demandam suporte administrativo além da emissão de recibos de pagamento. Com frequência, o estresse dos cuidadores é significativo o suficiente para — por si só — justificar a terapia, independentemente de o paciente estar em DBT. Esses cuidadores podem ter pagamento particular aceitável ou financiamento do seguro e valorizar um terapeuta que entenda o que eles estão enfrentando e forneça orientações úteis para o manejo do seu familiar e do próprio estresse emocional. Informações adicionais sobre o atendimento aos membros da família são dadas mais adiante (ver Fruzzetti, Payne, & Hoffman, Capítulo 17 deste livro).

MANTENDO ALTOS PADRÕES DE EXCELÊNCIA A LONGO PRAZO

Talvez devido à natureza de alto risco dos pacientes atendidos e ao profundo sofrimento nas vidas de pessoas com TPB, a DBT enfatiza a clareza, a precisão e a compaixão durante o tratamento. Além do mais, ela está profundamente comprometida com a ciência e a excelência. Seja empenhando-se pela total fidelidade ao tratamento, avaliando os resultados clínicos do programa ou aderindo de forma plena ao tratamento padrão (descrito no manual da DBT — Linehan, 2010), em cada modo de tratamento. Além disso, em todos os momentos, a DBT requer inúmeras competências por parte dos terapeutas e, também, do líder da equipe. Esta seção detalha estratégias que são fundamentais para a manutenção da força da equipe em DBT — tanto clinicamente quanto programaticamente — a longo prazo.

Avalie os resultados do seu programa

Rizvi e colaboradores (Capítulo 3 deste livro) fornecem instruções programáticas simples para a coleta de dados dos resultados, os quais serão valiosos para a manutenção dos encaminhamentos ao seu programa de DBT e como argumentos para taxas mais altas de reembolso. Para programas situados dentro de agências de saúde mental na comunidade mais ampla, os dados dos resultados também são muito úteis para persuadir os administradores a continuarem com seu apoio à iniciativa da DBT — desde a alocação de recursos e mais oportunidades de treinamento até a continuação do apoio estrutural à DBT. Os dados também demonstram para a equipe seus pontos fortes e pontos fracos, o que orienta a melhoria da qualidade. Conforme enfatizado no Capítulo 3, a coleta de dados dos resultados não precisa ser complexa; os dados mais importantes serão naturalmente extraídos do cartão diário e das notas das sessões.

Esteja atento e enfrente os "desvios" anti-DBT

Apesar dos esforços significativos para manter a fidelidade aos princípios da DBT no começo do programa, com o tempo podem ocorrer desvios — muitas vezes em resposta a mudanças clínicas, um estímulo a outras iniciativas de treinamento, mudanças nas taxas ou políticas de reembolso ou simplesmente a popularidade do programa em DBT. A situação mais frequente é aquela em que a agência gera soluções para um problema percebido que são incompatíveis com a DBT. Por exemplo, em resposta a um evento grave recente, um administrador institui uma política que diz que todos os pacientes que contatam os serviços de atendimento a crises devem passar por uma consulta no dia seguinte. Embora tal solução aborde um problema real, ela se torna um problema para a DBT ao proporcionar ao paciente maior acesso ao seu terapeuta primário de DBT depois de (ou contingente a) um comportamento disfuncional. Nos casos em que o contato com o terapeuta primário da DBT serve como um reforçador, esta política programática poderá fortalecer o comportamento disfuncional.

Quando isso ocorrer, a primeira coisa a fazer é *conduzir uma avaliação habilidosa* do problema que a solução procura resolver. Somente depois de entender o problema é que a *equipe* poderá validar as preocupações do diretor da agência e oferecer soluções alternativas compatíveis com a DBT. Por exemplo, uma avaliação minuciosa do problema que facilitou uma mudança na política da clínica pode revelar que o serviço de emergência ou a equipe da clínica de atendimento a crises tem se queixado há algum tempo de que os pacientes estão usando seus serviços de forma excessiva, e recentemente um paciente chegou a vir três vezes em uma semana, mas nenhum clínico ambulatorial havia visto o paciente durante aquele tempo. Assim, o administrador gerou a solução das consultas no dia seguinte. A equipe em DBT está, é claro, preocupada que os comportamentos de crise possam ser reforçados com as consultas extra ou que, já que eles trabalham em tempo parcial ou com consultas agendadas, encaixar consultas para o dia seguinte é impraticável.

Depois de entender integralmente o problema que o administrador está procurando resolver, *procure e proponha soluções compatíveis com a DBT e/ou uma síntese da DBT*. Neste exemplo, uma solução em DBT seria que o paciente tivesse um contato telefônico agendado com seu terapeuta em vez de uma consulta presencial depois de uma visita ao departamento de emergência, e o terapeuta em DBT focaria ex- plicitamente no uso excessivo dos serviços de atendimento a crises. O terapeuta também poderia descrever as razões por que não seria útil ver o paciente imediatamente após o uso dos serviços de atendimento a crises tanto dentro do cronograma de trabalho quanto em reunião da equipe desse departamento de emergência. É tipicamente o papel do líder da equipe em DBT então trabalhar com o administrador as inquietações da equipe e as possíveis soluções.

Aplique os princípios e estratégias da DBT aos administradores e outros colegas

O exemplo anterior ilustra outra diretriz importante: sempre que possível, aplique os princípios e estratégias da DBT quando trabalhar para abordar estes problemas dentro do sistema. Essa estratégia é particularmente importante no âmbito interpessoal — quando feitas solicitações aos administradores, agências de encaminhamentos, financiadores e colaboradores, já que a DBT muitas vezes exige que as organizações façam exceções aos protocolos-padrão de saúde mental (conforme visto no exemplo anterior). O uso efetivo de habilidades em DBT pode ser extremamente benéfico. Considere o uso da habilidade *mindfulness* de ser efetivo (i.e., fazer o que é necessário em uma situação), bem como habilidades de eficácia interpessoal em DBT. Por exemplo, use os fatores a considerar ao determinar se é um bom momento para fazer uma solicitação/dizer "não" a uma solicitação/apresentar uma solução alternativa; aplicar as habilidades DEAR MAN GIVE FAST a como é feita a solicitação, etc. Lembre-se sempre de manter a reciprocidade da sua parte apressando-se a fazer o que é necessário rapidamente e se voluntariando a ajudar quando apropriado. Pode ser útil pensar em fazer quatro vezes mais coisas do que você solicita, pois esta é considerada uma boa proporção entre reforço positivo e aversivo (p. ex., demandas, críticas). Use a equipe de consultoria em DBT para praticar, dar *feedback*, treinar e reforçar os membros da equipe no processo de interação com a administração, com outros clínicos, etc. Para programas abrigados dentro de organizações maiores, o Quadro 4.4 mostra preocupações comuns dos administradores e as barreiras à implementação que o ajudarão a garantir que seu programa em DBT seja adequado aos objetivos e recursos da sua organização.

Desenvolva redes de relacionamento e gere boa vontade

Os programas em DBT que têm sucesso ao longo do tempo priorizam a construção e manutenção de boas relações com as partes interessadas (p. ex., defensores, agências de serviço social, financiadores, assistência jurídica, administradores e outros colegas) e a geração de boa vontade para atitudes positivas sobre o programa da DBT. É possível que a forma mais efetiva e duradoura de fazer isso seja ajudando a clínica (os administradores e também os clínicos) a tratar efetivamente seus pacientes mais desafiadores e difíceis. Dar consultoria e treinamento a outros membros da equipe dentro da agência também pode ser útil, e muitas vezes o resultado é que os participantes interessados fazem perguntas como: "Você poderia vir conversar com a minha equipe?" ou "Por que isso não está mais disponível?" ou "Posso encaminhar este paciente para você?". Alguns programas em DBT ofere-

QUADRO 4.4 Fatores a considerar ao implementar DBT dentro de uma organização maior

Preocupações dos administradores (Herschell, Kogan, Celedonia, Gavin, & Stein, 2009)		Barreiras à implementação (Carmel, Rose, & Fruzzetti, 2014)	
Tipo	Exemplos	Tipo	Exemplos
Adequação do programa: componentes da DBT conflitam com a prática corrente	Treinamento de habilidades quando a agência não permite que os pacientes contatem com os terapeutas fora do consultório.	Recrutamento da equipe e dos pacientes.	Cortes no orçamento, falta de equipe suficientemente treinada e conflitos entre a estrutura da DBT e a prática corrente.
Reembolso: preocupações com os custos	Tempo "não faturável" sendo usado para reuniões da equipe de consultoria.	Falta de suporte administrativo.	Não valorização da prática baseada em evidências, priorização de outros serviços, estigma sobre TPB.
Formação da equipe: decidir quais terapeutas farão DBT	Como escolher quais terapeutas serão treinados em DBT e como ajudar a mantê-los.	Comprometimento com o tempo.	Preocupações com o tamanho do volume de casos, tempo para participar na equipe de consultoria e fornecer treinamento de habilidades.
Demanda: haverá suficiente?	Haverá demanda suficiente de DBT para justificar os recursos que estão sendo investidos na operação do programa?		

cem "horas de trabalho" ou reuniões-almoço mensais para discutir casos não DBT difíceis. Parte treinamento e parte consultoria entre os pares, essas reuniões na hora do almoço proporcionam uma oportunidade valiosa para colegas não DBT obterem assistência com casos difíceis aplicando as ferramentas da DBT.

DANDO CONTINUIDADE: MANTENDO SEU PROGRAMA EM DBT AO LONGO DO TEMPO

À medida que a equipe e o programa em DBT amadurecem com o tempo, as antigas dificuldades e preocupações logo desaparecem e outras novas surgem. Estas incluem dar atenção à motivação da equipe, estruturar treinamento constante, prevenir esgotamento e lidar com a saída de membros da equipe. O objetivo desta seção é compartilhar estratégias de sucesso que podem ajudar a manter seu programa em DBT.

As mudanças na equipe

Um dos estressores para a equipe é que seus membros mudam com o tempo. Ocasionalmente, há alguns cuja partida é bem recebida, mas isso é raro entre grupos de clínicos que desenvolveram sua equipe juntos. Além da experiência da equipe de tristeza e perda, muitas vezes existe a pressão para recrutar e contratar novos membros para a equipe ou para absorver os pacientes devido ao volume de casos já saturado. Esse foco no preenchimento da função pode interferir no processamento da perda de um membro valorizado na equipe, o que mais tarde pode interferir na acolhida plena ao novo membro.

Acrescentar novos membros a uma equipe de consultoria é uma oportunidade para o pensamento dialético. Por um lado, é importante familiarizar a nova pessoa com a dinâmica da equipe existente. Por outro lado, tentar manter a "velha equipe" intacta com novos membros é provavelmente impossível. Assim, a habilidade dialética de permitir a mudança natural passa para o primeiro plano. Esteja atento ao momento em que a orientação começa a se parecer mais com controle e perceba que chegou a hora de obter e demonstrar respeito pela contribuição dos novos membros. Durante essas transições, pode ser útil reconhecer a nova dinâmica discutindo os objetivos da equipe para a clínica ou se engajar em exercícios de *mindfulness* para reconhecimento dos pontos fortes de todos os membros.

Pode ser necessária uma abordagem diferente quando os estagiários e/ou terapeutas iniciantes regularmente se alternam saindo da equipe. Os estagiários e/ou terapeutas iniciantes em geral estão presentes para aprender DBT. Isso é muito bom, pois evita a necessidade de moldar excessivamente a equipe voltada para eles. De fato, mudar para se adaptar aos estagiários e/ou terapeutas iniciantes pode "baixar os padrões" da aderência e competência da equipe, o que não é desejável para ninguém. Em vez disso, pode ser muito útil "vacinar" os estagiários e/ou terapeutas iniciantes contra sentimentos de estranhamento enfatizando que sua função principal é aprender DBT integralmente participando de uma equipe com bom funcionamento. A supervisão individual do estagiário e/ou terapeuta iniciante pode ser um lugar para maior discussão das suas observações e questões sobre o tratamento. É importante notar que apenas aqueles estagiários e/ou terapeutas iniciantes que realmente tratam pacientes na equipe de DBT devem participar da equipe de consultoria (todos os estagiários e/ou terapeutas iniciantes podem participar das sessões didáticas/de treinamento). Deve-se designar aos estagiários e/ou terapeutas iniciantes um modo que eles possam esperar concluir durante o seu rodízio (p. ex., servir como colíder por seis meses de habilidades da DBT ou escolher um paciente individual caso ele possa firmar um comprometimento suficientemente longo).

Aprimorando as capacidades do terapeuta por meio da equipe de consultoria

Lembre-se de que a função da equipe de consultoria é aprimorar a capacidade e a motivação dos terapeutas para fazer DBT. Diversas estratégias podem ser usadas para atingir este objetivo, incluindo a utilização entre os membros de gravações das sessões, ensino didático e o uso de estratégias da DBT pelos membros da equipe (p. ex., análise em cadeia e análise de soluções). O Quadro 4.5 descreve múltiplas estratégias juntamente com os problemas comuns associados a elas e sugestões para sua solução.

Um problema desafiador para muitas equipes de DBT de sucesso é o grande tamanho da equipe e o número considerável de pacientes que ela atende. Para grandes equipes de DBT, ter muitos terapeutas significa que alguns deles raramente receberão consulta de casos e poucos receberão consultoria em profundidade sobre os casos. Há várias formas de manejar esta situação. Um método é iniciar a reunião com uma "análise da equipe" dos comportamentos com ameaça à vida, dos comportamentos que interferem na terapia, incluindo questões importantes como o esgotamento da equipe e pacientes em risco de faltar a quatro sessões seguidas antes da próxima reunião, e os sucessos ou boas notícias desde o último encontro. Quando feito de maneira atenta, isso pode ser atingido rapidamente e, com a adição de assuntos operacionais, pode ser a base da pauta da reunião. Então mais tempo pode ser usado com alguns terapeutas (p. ex., no máximo dois ou três). Outra estratégia é usar *e-mail* interno ou sistemas de correio de voz para dar atualizações sobre a assiduidade no grupo, a tarefa de casa do grupo, datas em que os terapeutas estarão fora da cidade (para providenciar cobertura clínica), além de outras comunicações que não demandam discussão, mas são importantes de compartilhar entre os membros da equipe.

Embora efetivas em algumas circunstâncias, tais estratégias podem não ser efetivas em situações nas quais exista um número altamente letal de pacientes suicidas novos para a equipe de DBT. Quando este é o caso, pode ser necessário dividir a equipe de consultoria em múltiplas equipes, seja de forma temporária ou permanente. Algumas equipes desenvolveram um modelo, por exemplo, de um sorteio mensal para uma de duas equipes (Equipe A ou Equipe B) que se reunissem ao mesmo tempo. A cada mês, todos os membros têm uma chance igual (mas aleatória) de acabar na Equipe A ou na Equipe B (os membros retiram as tarefas de um chapéu). Este método permite que os membros se dividam em equipes menores, mas preservem a coesão do grupo maior.

Outra maneira de incrementar a consultoria é analisar os registros em vídeo ou áudio das sessões de terapia. Quando os clínicos apresentam um exemplo que demonstra o problema para o qual precisam de ajuda, a avaliação pode começar com um mínimo de narração. O alvo para consultoria é mostrado, em vez de descrito, e outros problemas, como alvos secundários, frequentemente ficam claros durante a análise da sessão. Analisar as gravações das sessões durante as reuniões da equipe é uma das formas mais efetivas de melhorar a aderência à DBT na terapia individual. Os pacientes precisam consentir em ser gravados e os terapeutas em geral têm que vencer algumas ansiedades quanto à sua competência percebida. Desde que a equipe não seja punitiva com a apresentação em vídeo, a ansiedade do terapeuta diminuirá com o tempo.

Estimulando a motivação do terapeuta e prevenindo o esgotamento

O termo "esgotamento" (*burnout*) é frequentemente referido na literatura sobre o trabalho com pacientes com TPB; existem modos dentro da DBT (p. ex., equipe de consultoria) para ajudar a tratar o esgotamento do terapeuta. Uma maneira de estimular a motivação do terapeuta é prevenir o esgotamento —

QUADRO 4.5 Exercícios de treinamento para aprimorar a capacidade do terapeuta em DBT

Estratégia	Problemas potenciais	Estratégias para solução dos problemas
Analisar as gravações (em áudio ou vídeo) das sessões.	• Comprar equipamento • Acesso a equipamento • Tempo para analisar as gravações • Tempo para dar *feedback* • Relutância dos pacientes em serem gravados • Preocupações com a lei HIPAA • Relutância do terapeuta	• As câmeras agora são relativamente baratas. • Se a análise e o *feedback* forem consistentes e reforçadores, os terapeutas trabalharão duro para gravar. • Garanta reforço para a análise do vídeo ou incorpore um cronograma para minimizar a evitação. • Faça análise comportamental e análise de soluções para a não gravação ou análise das sessões. • Faça *feedback* por escrito. • Defina a frequência do registro e de assistir às gravações. • Comece com gravações que o terapeuta ache que são terríveis para reduzir sua atitude defensiva. • Reforce que a proporção é de quatro *feedbacks* positivos e um negativo. • Oriente os pacientes que a gravação é assim como uma empresa que "grava uma ligação para garantir a qualidade do serviço". • As gravações têm sido tratadas pelos encarregados fiscais da HIPAA como "notas do processo", cumprindo essas regras. Podem ser facilmente criadas políticas para supervisionar o armazenamento e descarte dos arquivos digitais.
Avaliar as sessões quanto à aderência à DBT.	• Não treinado na escala de aderência à DBT • Falta de habilidade para gravar as sessões	• Ver Worrall e Fruzzetti (2009). • Faça cópia das tabelas do texto de Linehan (1993a, 1993b) para criar uma ficha que seja um bom representante para a aderência. • Se a gravação não for uma opção, faça uma autoavaliação depois das sessões.
Usar estratégias da DBT para ajudar os clínicos a resolverem seus problemas ao aplicar a terapia.	• Resistência dos terapeutas a estratégias da terapia usadas neles • Preocupação com o uso excessivo do tempo da equipe e não ter tempo suficiente para analisar os pacientes	• Ofereça orientação sobre esta abordagem da equipe e demonstre um comprometimento com ela. • Lembre-se de que a reunião da equipe é para aprimorar as habilidades e a motivação dos terapeutas, não para falar sobre os pacientes.

(Continua)

QUADRO 4.5 Exercícios de treinamento para aprimorar a capacidade do terapeuta em DBT *(Continuação)*

Estratégia	Problemas potenciais	Estratégias para solução dos problemas
Fazer uma apresentação didática sobre um artigo científico ou resumir um seminário de ensino.	• Tempo para se preparar	• Forme fundos para treinamento externo contingente ao ensino da equipe do que foi aprendido. • Use artigos que os membros da equipe já encontraram e gostaram, em vez de designar uma nova tarefa. • Não peça que todos leiam antecipadamente.
Engajar-se em *role-plays* ou ensaio comportamental em vez de "explicar" as sugestões e recomendações.	• Evitação de *role-plays*	• A cada semana, agende alguém para preparar um *role-play*. • Comprometa-se com um *role-play* a cada reunião da equipe. • Faça um terapeuta frustrado simular que é um paciente difícil e outra pessoa desempenhar o papel do terapeuta (reforçando as dificuldades de outra pessoa e gerando empatia fenomenológica pelo paciente).
Os apresentadores do caso fazem sua tarefa de casa: descrevem o comportamento; identificam perguntas para consultoria; têm prontos uma análise em cadeia e um vídeo recente e para compartilhar.	• Tempo para se preparar • A equipe se descuida e se esquece de manter seu plano	• Todos assumem a responsabilidade de não dar sugestões até que o terapeuta identifique no que precisa de ajuda. • Faça um conjunto de perguntas preparatórias muito simples (p. ex., objetivo global do paciente, alvo em que você está trabalhando, ajuda que você quer) que se tornam hábito. • Especifique o plano em "expositores" como um lembrete. • Na semana anterior, programe alguém para trazer uma gravação (assim não há difusão da responsabilidade).
Praticar estilos de comunicação irreverente ou recíproca durante uma reunião da equipe.	• Esquecimento • Falta de consciência de fazer alguma coisa	• Faça de uma reunião por mês o "dia da irreverência", pedindo que todos tentem fazer um comentário irreverente. • Toque um sino quando alguém realizar a "estratégia do dia".

o principal motivo (além de mais dinheiro) para os clínicos saírem de uma equipe ou experimentarem um declínio em seu trabalho. Parte do esgotamento está sendo emocionalmente sobrecarregada e exaurida pelo próprio trabalho. Isto costuma ser enfrentado de forma mais efetiva por meio da avaliação e da adequação das tarefas em DBT às preferências do terapeuta. Por exemplo, uma lista de todas as tarefas da equipe (terapia individual, treinamento de habilidades, *coaching* de crises, ensino, fornecimento de supervisão, recebimento de supervisão, manejo de caso, manejo da medicação, supervisão da coleta de dados) podem ser classificadas em uma escala de 1 (p. ex., "Detesto isso e não poderia fazer por muito tempo") até 5 (p. ex., "A oportunidade de fazer isso é essencial para minha satisfação no trabalho"). Embora nunca seja possível combinar completamente as preferências do terapeuta com as tarefas, com frequência se revelam novas informações que não estavam aparentes nos comportamentos do terapeuta. Melhor adequação das tarefas significa maior satisfação para os terapeutas e menos esgotamento.

Mesmo as tarefas preferidas podem esgotar um terapeuta em DBT quando os terapeutas (1) fazem a mesma coisa todos os dias, (2) realizam muitas tarefas que não são compensadas, (3) não veem progresso no paciente, (4) trabalham com os pacientes de mais alto risco ou com aqueles que são raivosos e críticos e (5) trabalham com pacientes que usam excessivamente o *coaching* telefônico. Estes fatores para esgotamento precisam ser contrabalançados por fatores positivos na equipe da DBT como, por exemplo, ser seu próprio chefe, poder ver casos não DBT ou não TPB se isso for reforçador, receber apoio dos membros da equipe, divertir-se (p. ex., festas, eventos noturnos) e celebrar intervenções bem-sucedidas e não apenas casos bem-sucedidos.

Em nossa experiência, um lugar importante onde observar potencial esgotamento é o *coaching* telefônico de habilidades entre as sessões, o que requer que os terapeutas observem os próprios limites (que podem mudar com o tempo). Embora o contato entre o paciente e o terapeuta seja efetivo para melhorar a generalização das habilidades, também pode ser intimidador, sobretudo para terapeutas mais novos na DBT. Além disso, pode ser fácil descuidar-se e escorregar na "terapia ao telefone" em lugar do *coaching* de habilidades breve e focado. Quando isso ocorre, os terapeutas podem sentir que seus limites foram forçados (levando ao esgotamento) e, principalmente, a potência do contato de *coaching* fica diluída. Nestas situações, é necessário pedir a ajuda de uma equipe de consultoria para observar os próprios limites do terapeuta (Koons, 2011). Mais uma vez, isso reforça a importância de construir uma equipe de consultoria forte e funcional.

Algumas vezes, já observamos que os próprios terapeutas podem nem mesmo perceber que estão se aproximando do esgotamento, embora os membros da equipe percebam. A adesão às combinações da equipe de consultoria proporciona uma atmosfera de respeito e acolhimento que é essencial para dominar a DBT e focar no esgotamento. Uma equipe forte reduz o esgotamento do terapeuta ao fornecer suporte, encorajamento, humor e comunidade para os terapeutas. Uma equipe se torna mais efetiva quando todos os membros são consistentemente dialéticos, radicalmente genuínos, estão prontos para abordar os problemas, dispostos a fazer correções e conscientes dos objetivos mais abrangentes. Se a equipe se desviar do curso, ocupar um tempo da equipe em estratégias para melhorar a equipe é vantajoso — ou seja, dedicar um tempo para consertar a "ferramenta" da terapia em vez de continuar com uma ferramenta quebrada costuma ser uma forma muito mais rápida de atingir o objetivo.

Outro problema do esgotamento é que o terapeuta sente ou age com crescente distância emocional dos pacientes ou dos membros da equipe. Se isso acontecer, é necessária muita validação por parte dos membros da equipe quanto à dificuldade da tarefa, além de observar se o terapeuta está ultrapassando os seus limites pessoais. São necessárias habilidades para manter os limites pessoais e metáforas ou outras estratégias dialéticas a fim de ajudar a encontrar equilíbrio no estresse em relação a isso. A equipe precisa garantir que o terapeuta tenha as habilidades necessárias para os pacientes melhorarem e ajudar o terapeuta a focar nos pensamentos de desesperança e desamparo. Muitas vezes, o fundamental é encontrar formas para o terapeuta avaliar a eficácia das suas intervenções, à parte do reforço positivo pelo paciente ou melhora do quadro clínico do paciente; isso pode ser feito verificando a aderência à DBT, enfatizando a extinção de crises como indicadores de sucesso e reforçando a equipe pelos comportamentos desejados do terapeuta. Lembretes e muita atenção às ocasionais experiências de sucesso excepcionais também não prejudicam.

O esgotamento também pode ser reduzido com o compartilhamento de tarefas do tratamento de pacientes muito difíceis. Por exemplo, familiares, assistentes sociais, financiadores ou síndicos de prédios podem estar ansiosos para que o comportamento do paciente mude e fazem ligações telefônicas com demandas ao terapeuta. Ao mesmo tempo, o paciente já demanda muito do tempo e energia do terapeuta. Pode ser útil nestes casos assegurar que o terapeuta possa transferir queixas e demandas de outros indivíduos que não sejam seu paciente para um diretor da clínica, supervisor ou outro clínico. Esse desvio ajuda a evitar que o terapeuta seja punido pelo paciente e por todos os outros pelo lento progresso no tratamento. Também ajuda a manter a aliança de tratamento entre o terapeuta primário e o paciente. Ocasionalmente, um terapeuta precisa de uma parada depois de uma série de telefonemas suicidas de alto risco ou casos graves em que seus limites foram ultrapassados; ao mesmo tempo, o paciente pode continuar a precisar ter por perto um *coaching* de habilidades ativo. Algumas sessões de treinamento com outro clínico ou uma semana com outro clínico atendendo as ligações telefônicas costumam ajudar no retorno do interesse e comprometimento do terapeuta com o paciente.

Outra estratégia para prevenir esgotamento é fazer disso uma parte explícita da pauta regular da equipe de consultoria (i.e., fazer com que cada membro da equipe classifique o esgotamento de 0 a 10 no início de cada reunião). Fazer isso serve a dois propósitos. Primeiro, oferece um estímulo para os terapeutas avaliarem seu próprio nível de esgotamento, e assim o identificarem muito mais precocemente do que se a equipe esperasse que ele tomasse a iniciativa. Segundo, isso normaliza o esgotamento como um resultado esperado do trabalho com pacientes desafiadores. Permite que o terapeuta fique menos defensivo e trabalhe ativamente para reduzir o esgotamento, ao mesmo tempo ajudando a aliviar a ansiedade da equipe de que o terapeuta possa estar a ponto de desistir. No entanto, o esgotamento é um problema desafiador para o terapeuta tratar, pois isso o deixa muito sensível à invalidação. Uma equipe que tenta intervir rapidamente sem suficiente avaliação do problema, validação e tempo para discuti-lo pode piorar a situação em vez de melhorá-la. Auxiliar o indivíduo a abordar o problema pode demandar um tempo substancial da equipe, podendo ser necessárias várias semanas para resolver, portanto a equipe e o indivíduo precisam de prática e persistência.

Um ponto final sobre o esgotamento do terapeuta é lembrar que, embora a DBT possa apresentar muitas demandas aos terapeutas e também aos pacientes, há benefícios notáveis em fazer parte de uma equipe em DBT que nos energiza como terapeutas e nos protege do esgotamento. Pense nisso como fatores de proteção; participar em uma equipe de DBT oferece benefícios além do que experimentaríamos como um praticante individual, como por exemplo obter a validação necessária e consultoria focada dos colegas. De fato, a abordagem em equipe — marcada pela coesão, comunicação e atenção ao clima geral — está conectada à implementação bem-sucedida do programa (Ditty, Landes, Doyle, & Beidas, 2015). Os terapeutas em DBT comumente refletem sobre as formas como o trabalho melhora suas próprias vidas. Testemunhar a melhora sintomática em seus pacientes, observar os pacientes usarem o tratamento para ajudar a si mesmos e ver como isso se conecta com seu próprio desenvolvimento pessoal e profissional são benefícios valorizados pelos terapeutas em DBT (Swales, Taylor, & Hibbs, 2012). Como terapeutas, todos esses fatores nos encorajam a realizar nosso melhor trabalho. Cultive cuidadosamente estes elementos e procure incuti-los na perspectiva da equipe e não deixe de avaliar os sucessos regularmente durante as reuniões da equipe.

CONCLUSÕES

Criar um programa ambulatorial em DBT abrangente é um desafio considerável, particularmente nos estágios iniciais de implementação. A DBT muitas vezes exige uma mudança radical de paradigma para as muitas partes envolvidas, desde os administradores de agências até os clínicos na linha de frente, pacientes e também seus familiares. As exigências são mais do que filosóficas: a implementação de um programa em DBT abrangente, feita de uma maneira que preserve a fidelidade ao tratamento, frequentemente demanda a revisão das políticas e dos procedimentos da clínica para assegurar que sejam consistentes com a DBT para aqueles que serão atendidos. Além do mais, devido ao risco de suicídio, a severidade do descontrole comportamental entre os muitos domínios comportamentais (incluindo interpessoais) e sua infinitude de outros problemas, os pacientes com TPB estão entre os mais difíceis e mais estressantes de tratar. Como consequência direta deste fato, a DBT é um tratamento complexo e, para muitos, difícil de aprender e aplicar. De fato, a DBT é um tratamento abrangente, multimodal e multifacetado; a maestria clínica do tratamento requer que o clínico conheça DBT detalhadamente, além de inúmeros outros manuais de tratamento baseados em evidências para outros problemas do paciente.

Considerando os estressores e tensões no tratamento de pacientes com TPB, alguns são tentados a perguntar: "Por que fazer isso?". Quando traduzido, isto costuma significar: "Por que trabalhar com pacientes com TPB quando há tantos outros pacientes que são muito mais fáceis e mais simples?" ou "Por que *fazer* DBT o tempo todo?". Depois de ter aprendido a DBT e desenvolvido nossos programas em DBT, agora é fácil dizer: "Não teríamos feito de nenhuma outra maneira". Os benefícios e recompensas, apesar das dificuldades que enfrentamos, são muitos, em especial no começo, tanto em termos profissionais quanto pessoais (i.e., as habilidades que ensinamos aos nossos pacientes "se misturam" com nossas próprias vidas e relacionamentos). Muitos descobrem que as habilidades e estratégias comportamentais da DBT são úteis com outros pacientes. Para outros, responder "por que fazer isso" tem tudo a ver com a profunda satisfação e gratificação que eles experimentam ao ajudar alguém a sair de uma vida infeliz e ir em direção a uma vida plena e rica, que valha a pena ser vivida. Para outros ainda, a DBT proporcionou à sua agência uma especialidade na comunidade que serviu muito bem a todas as partes interessadas (desde os pacientes até os principais administradores).

REFERÊNCIAS

Barlow, D. H., & Craske, M. G. (2006). *Mastery of your anxiety and panic: Therapist guide* (4th ed.). New York: Oxford University Press.

Carmel, A., Rose, M. L., & Fruzzetti, A. E. (2014). Barriers and solutions to implementing dialectical behavior therapy in a public behavioral health system. *Administration and Policy in Mental Health and Mental Health Services Research, 41*, 608-614.

Cole, T. N., Shaver, J. A., & Linehan, M. M. (2018). On the potential for iatrogenic effects of psychiatric crisis services: The example of dialectical behavior therapy for adult women with borderline personality disorder. *Journal of Consulting and Clinical Psychology, 86*(2), 116-124.

Dijk, S. V., Jeffrey, J., & Katz, M. R. (2013). A randomized, controlled, pilot study of dialectical behavior therapy skills in a psychoeducational group for individuals with bipolar disorder. *Journal of Affective Disorders, 145*(3), 386-393.

Ditty, M. S., Landes, S. J., Doyle, A., & Beidas, R. S. (2015). It takes a village: A mixed method analysis of inner setting variables and dialectical behavior therapy implementation. *Administration and Policy in Mental Health and Mental Health Services Research, 42*(6), 672-681.

Hershcell, A. D., Kogan, J. N., Celedonia, K. L., Gavin, J. G., & Stein, B. D. (2009). Understanding community mental health administrators' perspectives on dialectical behavior therapy implementation. *Psychiatric Services, 60*(7), 989-992.

Koons, C. R. (2011). The role of the team in managing telephone consultation in dialectical behavior therapy: Three case examples. *Cognitive and Behavioral Practice, 18*, 168-177.

Koons, C. R., O'Rourke, B., Carter, B., & Erhardt, E. B. (2013). Negotiating for improved reimbursement for dialectical behavior therapy: A successful project. *Cognitive and Behavioral Practice, 20*(3), 314–324.

Krawitz, R., Jackson, W., Allen, R., Connell, A., Argyle, N., Bensemann, C., et al. (2004). Professionally indicated short-term risk-taking in the treatment of borderline personality disorder. *Australasian Psychiatry, 12*(1), 11–17.

Kuhn, T. (1962), *The structure of scientific revolutions*. Chicago: University of Chicago Press.

Lieb, K., Zanarini, M. C., Schmahl, C., Linehan, M. M., & Bohus, M. (2004). Borderline personality disorder. *Lancet, 364*, 453–461.

Linehan, M. M. (1993a). *Cognitive-behavioral treatment of borderline personality disorder*. New York: Guilford Press.

Linehan, M. M. (1993b). *Skills training manual for treating borderline personality disorder*. New York: Guilford Press.

Linehan, M. M. (2015a). *DBT skills trainings handouts and worksheets* (2nd ed.). New York: Guilford Press.

Linehan, M. M. (2015b). *DBT skills training manual* (2nd ed.). New York: Guilford Press.

Linehan, M. M., Comtois, K. A., Murray, A. M., Brown, M. Z., Gallop, R. J., Heard, H. L., et al. (2006). Two-year randomized controlled trial and follow-up of dialectical behavior therapy vs. therapy by experts for suicidal behaviors and borderline personality disorder. *Archives of General Psychiatry, 63*, 757–766.

Linehan, M. M., & Heard, H. L. (1999). Borderline personality disorder: Costs, course, and treatment outcomes. In N. E. Miller & K. M. Magruder (Eds.), *Cost-effectiveness of psychotherapy: A guide for practitioners, researchers, and policymakers* (pp. 291–305). New York: Oxford University Press.

Linehan, M. M., Kanter, J. W., & Comtois, K. A. (1999). Dialectical behavior therapy for borderline personality disorder: Efficacy, specificity, and cost effectiveness. In D. S. Janowsky (Ed.), *Psychotherapy indications and outcomes* (pp. 93–118). Washington, DC: American Psychiatric Association.

Linehan, M. M., Korslund, K. E., Harned, M. S., Gallop, R. J., Lungu, A., Neacsiu, A. D., et al. (2015). Dialectical behavior therapy for high suicide risk in individuals with borderline personality disorder: A randomized clinical trial and component analysis. *JAMA Psychiatry, 72*(5), 475–482.

McMain, S. F., Fitzpatrick, S., Boritz, T., Barnhart, R., Links, P., & Streiner, D. L. (2017). Outcome trajectories and prognostic factors for suicide and self-harm behaviors in patients with borderline personality disorder following one year of outpatient psychotherapy. *Journal of Personality Disorders, 14*, 1–16.

Neacsiu, A. D., Eberle, J. W., Kramer, R., Wiesmann, T., & Linehan, M. M. (2014). Dialectical behavior therapy skills for transdiagnostic emotion dysregulation: A pilot randomized controlled trial. *Behaviour Research and Therapy, 59*, 40–51.

Oliveira, P. V., & Rizvi, S. L. (2016). *Patterns of phone coaching in DBT: Frequency and relationships to therapeutic alliance, suicidal behaviors, and baseline severity*. Paper presented at the 21st Conference of the Annual International Society for the Improvement and Teaching of Dialectical Behavior Therapy, New York.

Paris, J. (2005). Understanding self-mutilation in borderline personality disorder. *Harvard Review of Psychiatry, 13*(3), 179–185.

Rizvi, S. L. (2013). When insurance companies and clinicians pay attention to data, everybody wins: A commentary on Koons, O'Rourke, Carter, and Earhardt (2013). *Cognitive and Behavioral Practice, 20*, 325–327.

Soler, J., Pascual, J. C., Tiana, T., Cebria, A., Barrachina, J., Campins, M. J., et al. (2009). Dialectical behaviour therapy skills training compared to standard group therapy in borderline personality disorder: A 3-month randomised controlled clinical trial. *Behaviour Research and Therapy, 47*(5), 353–358.

Stratton, N., Alvarez, M. M., Labrish, C., Barnhart, R., & McMain, S. (2018). Predictors of dropout from a 20-week dialectical behavior therapy skills group for suicidal behaviors and borderline personality disorder. *Journal of Personality Disorders*, 1–15. [Epub ahead of print] Swales, M. A., Taylor, B., & Hibbs, R. A. B. (2012). Implementing dialectical behaviour therapy: Programme survival in routine healthcare settings. *Journal of Mental Health, 21*(6), 548–555.

Valentine, S. E., Bankoff, S. M., Poulin, R. M., Reidler, E. B., & Pantalone, D. W. (2014). The use of dialectical behavior therapy skills training as stand-alone treatment: A systematic review of the treatment outcome literature. *Journal of Clinical Psychology, 71*(1), 1–20.

Wagner, T., Fydrich, T., Stiglmayr, C., Marschall, P., Salize, H. J., Renneberg, B., et al. (2014). Societal cost-of-illness in patients with borderline personality disorder one year before, during, and after dialectical behavior therapy in routine outpatient care. *Behaviour Research and Therapy, 61*, 12–22.

Worrall, J. M., & Fruzzetti, A. E. (2009). Improving peer supervisor ratings of therapist performance in dialectical behavior therapy: An Internet-based training system. *Psychotherapy: Theory, Research, Practice, Training, 46*(4), 476–479.

5

DBT em contextos parciais ou residenciais

Charles R. Swenson, Suzanne Witterholt e Juliet Nelson

Este capítulo apresenta uma revisão da implementação da terapia comportamental dialética (DBT) em unidades de internação apresentada na primeira edição deste livro (Swenson, Witterholt, & Bohus, 2007) e amplia o foco para incluir programas baseados na comunidade situados no mundo do tratamento ambulatorial; a saber, programas de tratamento-dia (DTPs, do inglês *day treatment programs*), programas de hospitalização parcial (PHPs, do inglês *partial hospital programs*) e programas ambulatoriais intensivos (IOPs, do inglês *intensive outpatient programs*). Embora o capítulo foque nesses programas em particular, no tratamento de adultos com desregulação emocional severa e crônica, outros programas baseados na comunidade não abordados especificamente aqui — programas residenciais para adultos e adolescentes, DTPs e PHPs para adolescentes, programas forenses hospitalares e baseados nesses contextos, e programas de especialidades para aqueles com transtornos por uso de substância e transtornos alimentares — também podem se beneficiar das particularidades da implementação discutidas neste capítulo.

Os programas em contextos parciais ou residenciais* variam ao longo do espectro da implementação da DBT. Em um dos extremos estão aqueles programas baseados quase inteiramente na DBT, abordando todas as cinco funções da DBT, com estratégias e habilidades da DBT e usando metas e alvos baseados na DBT. No outro extremo, estão programas que aplicam seletivamente o treinamento de habilidades em DBT e algumas outras estratégias — talvez validação, análise comportamental, cartões diários e manejo de contingências — em um ambiente mais geral, predominantemente não DBT. No caminho intermediário ao longo do espectro, estão programas que fornecem DBT abrangente dentro de "vias" para este subgrupo de pacientes. Em alguns casos, as habilidades da DBT são oferecidas para todos os pacientes do programa, enquanto a versão abrangente da DBT é fornecida apenas aos pacientes desregulados na "via" especializada. Estes pacientes provavelmente apresentam comportamentos suicidas e/ou condutas autolesivas sem intencionalidade suicida (CASIS),

---

* N. de R.T.: Refere-se aos contextos de moradia parcial, hospital-dia (ou outros programas hospitalares parciais), programas de atendimentos ambulatoriais intensivos ou comunidades terapêuticas de intensidade intermediária.

transtornos por uso de substância, transtornos alimentares, transtornos dissociativos, transtornos de estresse pós-traumático e alguns transtornos antissociais. Uma característica dos programas de tratamento em contextos parciais ou residenciais com DBT é que se espera que a equipe clínica na linha de frente aprenda as habilidades em DBT ensinadas no programa para que possa estimular, e depois reforçar, os pacientes a usarem as habilidades em suas interações nesses contextos. É a serviço dessas funções — aprimoramento das capacidades do paciente e generalização dessas capacidades para o ambiente — várias horas por dia, vários dias por semana, que os contextos parciais ou residenciais podem oferecer algo mais intensivo e potencialmente mais efetivo do que o atendimento ambulatorial padrão.

ADAPTAÇÃO DA DBT A PROGRAMAS DE INTERNAÇÃO

Como a DBT foi originalmente desenvolvida como uma abordagem ambulatorial, a equipe de tratamento em DBT padrão visa a ajudar os pacientes a construírem vidas que valham a pena e sejam gratificantes dentro da sua comunidade. Por várias razões — por exemplo, a admissão e o tratamento hospitalar podem reforçar de maneira inadvertida comportamentos suicidas e outros comportamentos severamente disfuncionais. Além disso, as taxas de suicídio são anormalmente elevadas logo após a alta de um hospital psiquiátrico (Qin & Nordentoft, 2005), pois a hospitalização muitas vezes leva a consequências negativas relacionadas ao emprego ou à escolarização — a equipe de DBT tende a ser contra a hospitalização a não ser que seja absolutamente necessário.

No entanto, uma das primeiras adaptações publicadas da DBT descrevia sua viabilidade em um contexto de internação (Swenson, Sanderson, Dulit, & Linehan, 2001). Um tratamento hospitalar oportuno e bem executado pode (1) salvar uma vida, (2) interromper uma crise, (3) voltar a motivar um paciente em dificuldades, (4) trazer uma nova perspectiva para o diagnóstico e tratamento, (5) permitir uma intervenção familiar difícil e/ou (6) tornar possível um teste terapêutico com medicamentos. A DBT em hospitalização permite psicoeducação referente aos transtornos e ao tratamento; treinamento intensivo de habilidades; análise comportamental, análise de soluções e planejamento do tratamento; processamento seguro de memórias traumáticas emergentes; e a análise, reparo e remoralização de uma terapia ambulatorial desgastada. Por último, o fato de a DBT ser uma abordagem de tratamento prática com objetivos e alvos específicos está alinhado com as estratégias de contenção de custos dos seguros e com a filosofia da enfermagem nos Estados Unidos com seu foco nas metas comportamentais. Hoje, as aplicações da DBT a internações hospitalares se desenvolveram e se espalharam pelo mundo. A maioria são unidades hospitalares cuja duração das internações é de cinco dias a duas semanas; algumas são unidades intermediárias com duração da internação entre duas semanas e três meses; e bem poucas são unidades de longa duração, onde os pacientes permanecem mais de três meses — algumas vezes muito além disso.

Apesar dessas razões adaptativas para hospitalização, as características típicas da DBT são muitas vezes divergentes das características típicas dos contextos de internação (Swenson, Sanderson, Dulit, & Linehan, 2001). A DBT prospera em uma relação colaborativa entre a equipe e os pacientes. A DBT está baseada em um entendimento não pejorativo de comportamentos que englobam o diagnóstico de transtorno da personalidade *borderline* (TPB), ao passo que as unidades de internação parecem ser um terreno fértil para atitudes julgadoras e estigmatizantes. Na DBT, os terapeutas prestam consultoria para os pacientes sobre como interagir com outros profissionais; no tratamento hospitalar, os membros da equipe tipicamente trabalham em conjunto no manejo do paciente. Os terapeutas em DBT encorajam a expressão emocional ativa e a assertividade; os ambientes hospitalares tendem a reforçar estilos de solução de problemas obedientes e passivos que não o perturbam.

Nosso propósito neste capítulo é apresentar uma visão geral das adaptações que vemos como necessárias ao aplicar a DBT no contexto de ambientes de tratamento baseados em contextos parciais ou residenciais. Queremos destacar que tratamentos baseados nos contextos parciais ou residenciais, particularmente aqueles que removem o paciente do seu ambiente natural, também incluem inúmeros desafios na otimização da mudança terapêutica: (1) as habilidades adquiridas durante a permanência no local de tratamento e os problemas resolvidos durante a internação podem não se generalizar para o ambiente doméstico natural do paciente; (2) a hospitalização pode se tornar um meio preferido de enfrentamento do estresse, desse modo diminuindo a aquisição do uso de estratégias mais funcionais; (3) a hospitalização pode interferir nas responsabilidades da vida do paciente (p. ex., criação dos filhos, trabalho) e como consequência causar mais problemas após a alta; (4) a internação hospitalar pode interromper e enfraquecer os suportes ambulatoriais na comunidade e as relações de tratamento; (5) a permanência em um hospital pode colocar um paciente em contato com uma densidade antinatural de estressores e comportamentos de enfrentamento disfuncionais que podem se tornar "contagiosos"; e (6) se uma internação de crise "funcionar" para aliviar uma situação de tensão, incluindo uma situação que inclua risco de suicídio, ela pode reforçar os próprios padrões comportamentais que motivaram a admissão. De fato, para alguns indivíduos, o engajamento em programas baseados nos contextos parciais ou residenciais pode produzir um efeito iatrogênico não pretendido (ver Ward-Ciesielski & Rizvi, 2020), em que comportamentos suicidas e hospitalização como um estilo de vida são fortalecidos, bem como o próprio autoconceito do paciente como um "doente mental" terminal.

ADAPTAÇÃO DA DBT PARA CONTEXTOS PARCIAIS E RESIDENCIAIS

Durante os últimos 20 anos, o conceito de um *continuum* na DBT se consolidou. Os pacientes podem avançar de contextos de internação para programas ambulatoriais nos contextos parciais ou residenciais e para tratamento ambulatorial padrão. Os pacientes na terapia ambulatorial podem participar temporariamente de um programa ambulatorial nos contextos parciais ou residenciais quando mais estrutura e suporte são necessários. À medida que os pacientes avançam de um contexto de DBT para outro, eles se beneficiam da aplicação dos mesmos princípios e vocabulário de assistência, incluindo estágios de tratamento, metas, alvos, treinamento de habilidades, protocolos e estratégias baseados na DBT, bem como da aplicação especializada de uma avaliação do risco de suicídio e um protocolo de manejo padrão (Linehan, Comtois, & Ward-Ciesielski, 2012). A presença de um *continuum* com posições que vão de maior para menor estrutura permite que o terapeuta ou a equipe manejem o risco dos pacientes enquanto maximizam sua liberdade e mantêm suas conexões com seu contexto de vida natural (ver Figura 5.1). Em uma extremidade do espectro está um contexto de internação onde os pacientes estão confinados 24 horas por dia com todo o pessoal necessário. Próximo a essa extremidade do espectro, encontram-se os programas residenciais com a presença da equipe de 16 a 24 horas por dia. Embora sem o mesmo nível de confinamento e restrição encontrado em contextos de hospitalização, estes ambientes de tratamento 24 horas por dia proporcionam contenção, estrutura e suporte para abordagens no ambiente de cuidado que tomam emprestados da DBT na internação.

Seguindo ao longo do espectro, os DTPs e PHPs fornecem um maior grau de estrutura e suporte do que os IOPs a pacientes cujos

Contexto	Duração da internação	Dias por semana	Horas por dia
DTP	Semanas-meses	4-5 dias/semana	6-8 horas/dia
PHP	Uma-várias semanas	3-5 dias/semana	4-7 horas/dia
IOP	Em aberto	2-3 dias/semana	2-4 horas/dia

FIGURA 5.1 Parâmetros típicos em contextos parciais ou residenciais.

transtornos os deixam incapazes de construir ou manter suficiente estrutura ou suporte em seus ambientes naturais. Para sistemas de tratamento multicomponentes, estes programas intermediários baseados nos contextos parciais ou residenciais servem a dois propósitos abrangentes: (1) evitar que os pacientes tenham internações hospitalares e (2) proporcionar um contexto decrescente depois do atendimento no regime de internação. Embora as definições e parâmetros dos DTPs, PHPs e IOPs variem de estado para estado e de localização para localização, em razão de políticas de licenciamento regional e políticas de reembolso das companhias de seguros, os parâmetros típicos — duração da internação, dias por semana e horas por dia — que definem cada um desses três contextos podem ser encontrados na Figura 5.1. A flexibilidade deste tipo de programação, que oferece níveis de estrutura e a intensidade da "dosagem" do tratamento no próprio contexto natural, é o que pode torná-la tão importante.

UMA BREVE REVISÃO DAS PESQUISAS SOBRE PROGRAMAS DA DBT EM CONTEXTOS PARCIAIS E RESIDENCIAIS

Embora exista uma literatura substancial descrevendo a implementação da DBT em contextos parciais ou residenciais, de internação e ambulatoriais, as pesquisas sobre o processo e os resultados desses programas permanecem relativamente não desenvolvidas. Os estudos existentes incluem os programas integrais de DBT usados para tratar populações específicas e aqueles que focam em um grupo mais amplo transdiagnóstico.

Bloom e colaboradores (2012) revisaram todos os ensaios controlados e/ou estudos de resultados ($n=11$) avaliando a eficácia da DBT em tratamento hospitalar entre 1993 e 2011. Os estudos indicaram que muitas variações da DBT padrão têm sido usadas em contextos de internação — entre elas abordagens que não incluíam *coaching* telefônico, que incluíam terapia em grupo somente, e que variavam na duração do tratamento (de duas semanas a três meses). A maioria dos estudos relatou reduções em ideação suicida, condutas autolesivas sem intencionalidade suicida (CASIS) e sintomas de depressão e ansiedade, enquanto os resultados para redução da raiva e comportamentos violentos foram mistos. Dados de seguimento indicam que a redução dos sintomas foi frequentemente mantida entre 1 e 21 meses pós-tratamento. Em dois estudos, Bohus e colaboradores (2000, 2004) descreveram resultados promissores de um programa de DBT em internação de 12 semanas planejado para servir como preâmbulo intensivo para um programa de DBT ambulatorial abrangente. Até o momento, apenas um ensaio controlado randomizado (ECR) avaliou a DBT em um contexto de internação hospitalar. Bohus e colaboradores (2013) descreveram um "tratamento modular" de 12 semanas combinando DBT e intervenções voltadas para transtorno de estresse pós-traumático (TEPT) secundário a abuso sexual na infância (ASI) e compararam com uma lista de espera controle. Os resultados demonstraram melhora significativa nos sintomas de TEPT para a condição com DBT.

O primeiro programa de internação parcial com DBT abrangente foi desenvolvido por Simpson e colaboradores (1998), que adaptaram o modelo ambulatorial para este contexto com uma duração média da internação de 6,4 dias. Aqueles que o concluíam foram encorajados a se graduar com um programa de DBT ambulatorial padrão de seis meses pós-PHP. O PHP com DBT incluía 6,5 horas de programação diária estruturada (principalmente grupos) com intervenções típicas da DBT e esforços incansáveis para solução de problemas. As sessões individuais e/ou com a família e o manejo da medicação ocorriam semanalmente ou quando necessário. Toda a equipe no ambiente de tratamento se encontrava para uma reunião semanal da equipe de consultoria de DBT, tinha treinamento e supervisão em DBT e era encorajada a focar na extinção de comportamentos desadaptativos ignorando esse comportamento e moldando respostas adaptativas com reforço positivo. Todos os participantes, que recentemente haviam tido alta da hospitalização ou eram redirecionados para um nível mais alto de assistência com PHP, tinham acesso a treinamento de habilidades individuais na unidade durante o dia e *coaching* telefônico de habilidades por telefone depois do expediente à noite. Este programa coletou medidas dos resultados de 47 indivíduos no momento da alta e aos três meses de seguimento. Os resultados mostraram que depressão, desesperança, expressão de raiva, dissociação e psicopatologia em geral continuaram a decrescer durante os três meses pós--tratamento, enquanto a maioria dos indivíduos continuou em alguma forma de terapia, incluindo a opção de DBT continuada (Yen, Johnson, Costello, & Simpson, 2009).

Este modelo de PHP, incluindo o bloco de notas do tratamento, protocolos e a descrição do programa por Simpson e colaboradores. (1998), formou a base para o PHP com DBT em um centro de saúde mental comunitário em uma escola do centro-oeste dos Estados Unidos implementado em 1997. Embora o PHP original de Simpson envolvesse uma população homogênea de mulheres adultas com TPB, este PHP incluiu uma população transdiagnóstica aguda. Depois de vários anos, o PHP virou um IOP e produziu reduções significativas em depressão e ansiedade e aumentos na esperança entre os participantes (Ritschel, Cheavens, & Nelson, 2012). Uma adaptação abrangente do modelo ambulatorial padrão para um PHP no sudeste dos Estados Unidos atingiu resultados similares (Lothes, Mochrie, & St. John, 2014; Lothes, Mochrie, Quickel, & St. John, 2016).

Em suma, as pesquisas demonstram que a DBT pode ser adaptada com sucesso e implementada em múltiplos contextos, parciais ou residenciais. Além do mais, pesquisas sugerem que o modelo abrangente da DBT pode ser aprimorado para tratar transtornos complexos com ocorrência simultânea quando combinado com outros modelos baseados em evidências e realizado de modo concomitante dentro desses contextos no ambiente de tratamento. No entanto, a falta de ECRs torna difícil determinar se os resultados positivos estão diretamente relacionados aos alvos e às estratégias do tratamento com DBT ou se são mais bem interpretados como efeitos não específicos do tratamento ou "regressão à média", já que a maioria dos pacientes somente ingressa em serviços nos contextos parciais ou residenciais quando em estados de crise aguda e/ou severa.

PRINCÍPIOS E TEORIA PARA USO EM DBT BASEADA NOS CONTEXTOS PARCIAIS E RESIDENCIAIS

Conduzir um tratamento dentro do ambiente de tratamento para indivíduos com desregulação emocional severa e crônica é um pouco parecido com descer juntos o Rio Colorado através do Grand Cânion em um grande bote inflável. Para ter sucesso, o bote não pode ser nem muito rígido nem muito flexível, equilibrando as necessidades de cada indivíduo com as necessidades do grupo como um todo. A aplicação da DBT em contextos parciais ou residenciais está repleta de abordagens de todos os três paradigmas subjacentes da DBT — aceitação, mudança e dialética — permitindo que a equipe encontre a síntese, ou a via intermediária, entre inúmeras dialéticas neste tipo de tratamento: (1) entre uma estrutura de tratamento flexível que também seja consistente e firme; (2) entre um estilo de comunicação cordial e recíproco que também seja confrontacional e irreverente; (3) entre uma ênfase na autonomia dos pacientes, mas também oferecendo apoio prático; (4) entre a garantia da privacidade e confidencialidade, ao mesmo tempo enfatizando responsabilidade e segurança; e (5) entre o uso frequente de estratégias de validação balanceadas com incessante solução de problemas.

A teoria biossocial da DBT para explicar o desenvolvimento e a manutenção dos padrões comportamentais do TPB (Linehan, 1993a, 2015) é uma presença ativa no tratamento com DBT nos contextos parciais ou residenciais. Primeiro, os dois fatores no modelo sugerem um foco duplo no tratamento: reduzindo as vulnerabilidades emocionais por meio do treinamento de habilidades dos pacientes e outras soluções, ao mesmo tempo também combatendo a história de invalidação oferecendo um ambiente compassivo, não julgador e validante. Segundo, quando os próprios membros da equipe se tornam emocionalmente desregulados, desequilibrados e julgadores, eles relembram e refletem sobre o modelo biossocial como um caminho de volta para um modo compassivo de entender seus pacientes. Terceiro, quando ocorrem interações problemáticas entre pacientes e equipe, a teoria biossocial pode servir como uma lente, lançando luz sobre as formas pelas quais a interação pode ser um eco das experiências iniciais do paciente com ambientes invalidantes. Se os membros da equipe puderem perceber que inadvertidamente passaram a desempenhar o papel do ambiente invalidante, eles são capazes de recuperar o equilíbrio, adquirir *insight* sobre a manutenção da interação dos padrões comportamentais problemáticos e intervir com um entendimento mais profundo e validante.

METAS, ALVOS E ESTÁGIOS DA DBT BASEADA NOS CONTEXTOS PARCIAIS E RESIDENCIAIS

Definir e cumprir uma agenda formada por alvos prioritários no tratamento durante todo o tratamento com esta população de pacientes é quase sempre uma tarefa desafiadora. A agenda racionalmente definida pode ser eclipsada em um momento por comportamentos de crise e emoções intensas. O problema pode ser ainda mais difícil em programas baseados nos contextos parciais ou residenciais. O grande número de horas de contato face a face entre a equipe nos ambientes de tratamento e os pacientes expõe os dois grupos a uma alta densidade de sinais emocionalmente salientes. Assim, é de extrema importância ter uma compreensão clara das metas finais do tratamento e especificar alvos comportamentais no caminho para atingir as metas.

Como as metas finais dos programas baseados contextos parciais ou residenciais são necessariamente mais limitadas por natureza do que aqueles na DBT ambulatorial padrão, e como os períodos de tempo são muito mais curtos, é necessário um número mais limitado de metas e estágios. A meta final da DBT na internação é eliminar a necessidade de mais cuidados hospitalares, o que é diferente dos objetivos finais dos DTPs, PHPs e IOPs. Os passos intermediários no caminho até a meta final podem ser agrupados como três fases do tratamento — entrar, ficar no controle e sair — cada um com suas próprias metas. Note o quanto a meta final na internação para comportamentos suicidas é muito mais circunscrita em comparação com a do tratamento ambulatorial. No tratamento ambulatorial, a meta é eliminar comportamentos suicidas. Na hospitalização, o objetivo é tornar possível buscar a eliminação de comportamentos suicidas no atendimento ambulatorial. Os pacientes são levados de comportamentos que exigem internação até o ponto em que estão "prontos para retornar ao seu ambiente". Como tal, os alvos comportamentais na hospitalização de cada paciente incluem estabilização da crise atual, redução daqueles comportamentos que motivam e/ou prolongam a hospitalização, aumento das capacidades do paciente de tolerar mal-estar e regular emoções intensas e criação e execução de um plano viável para alta e a vida com atendimento ambulatorial. As categorias de alvos propostos por fase, as quais devem ser adaptadas às circunstâncias específicas de cada paciente, estão resumidas no Quadro 5.1.

Da mesma forma, os PHPs e DTPs podem proveitosamente ser segmentados em três fases: (1) entrada; (2) execução do plano de tratamento; e (3) saída (ver os detalhes de cada fase a seguir). Quanto mais clara a equipe de tratamento puder ser quanto à meta final, às fases e aos alvos por fase para cada paciente, maior probabilidade ela terá de criar um modelo racional, reduzindo os efeitos prejudiciais da hospitalização e se mantendo no caminho do tratamento. Caso contrário, a agenda do tratamento pode ser influenciada por duas outras forças típicas que complicam e prolongam o tratamento: (1) o caos e as crises que naturalmente emergem de uma população de pacientes com vulnerabilidade e desregulação emocional; e (2) a tendência dos membros da equipe a expandir a gama de alvos do tratamento para incluir os comportamentos disfuncionais entre os pacientes. Por exemplo, embora os alvos designados de um programa em DBT para hospitalização aguda ou um PHP possam focar na avaliação e na redução de comportamentos suicidas iminentes e problemas de alta prioridade relacionados, se a equipe de tratamento não se disciplinar para se manter nos alvos combinados, também poderá abordar outros problemas que se manifestam, como a história traumática ou dificuldades antigas no funcionamento familiar, vocacional e interpessoal que idealmente seriam abordados no tratamento ambulatorial. Quando o paciente é orientado quanto à limitação de metas e alvos, ele, algumas vezes, fica seriamente desapontado e com raiva; assim sendo, isso é mais bem manejado no começo do tratamento do que depois, quando a alta se aproxima.

QUADRO 5.1 Fases e categorias de alvos para DBT em contextos de internação hospitalar

Fase 1: entrando

- Orientação
- Avaliação
- Combinações sobre o plano de tratamento
- Aumentar o comprometimento com um plano de tratamento

Fase 2: obtendo controle

- Reduzir comportamentos que motivaram e/ou prolongaram o programa de hospitalização/programas de nível superior
- Comportamentos iminentes de ameaça à vida
- Comportamentos destruidores do tratamento na internação
- Comportamentos desviantes das normas e regras que exigem atendimento hospitalar
- Aumentar habilidades comportamentais para regular as emoções, tolerar o mal-estar, interagir com os outros e autogerenciamento

Fase 3: saindo

- Aumentar as habilidades para sair e se manter fora do programa de internação/programas de nível superior
- Resolver problemas e reduzir os obstáculos para uma alta bem-sucedida

Embora as metas particulares em DTPs, PHPs e IOPs se diferenciem significativamente de paciente para paciente, o resultado final é o mesmo: retomar a vida e o tratamento ambulatorial padrão sem o suporte adicional fornecido por estes programas. Este é o caso para a saída de programas de internação como uma transição de volta para a vida em seu ambiente natural, recebendo o tratamento nesse nível ou como resultado de um encaminhamento do tratamento ambulatorial. As vidas diárias dos pacientes se tornam insustentáveis em face da espiral de sintomas de saúde mental, abuso de substância ou doenças físicas frequentemente em interação com mudanças debilitantes no emprego, nas finanças, na família ou em outras circunstâncias na vida. Como os pacientes nestes programas continuarão vivendo nas próprias casas, indo e vindo entre esta e o programa de tratamento a cada dia, os alvos terapêuticos que exigem solução de problemas nos contextos naturais podem ser trabalhados cotidianamente, ao contrário do que ocorre no contexto hospitalar. Os programas em DBT ambulatorial nos contextos parciais ou residenciais podem tomar emprestadas algumas das características da DBT aplicada à internação hospitalar: um modelo em três fases com alvos comportamentais prioritários do tratamento; pressupostos típicos da DBT sobre terapia e pacientes; funções do tratamento em DBT, como melhorar as capacidades e melhorar a motivação; estratégias de tratamento em DBT e grupos de treinamento de habilidades; uso extensivo da análise em cadeia comportamental e procedimentos de manejo de contingência nos contextos parciais ou residenciais; práticas de *mindfulness*; e automonitoramento dos alvos do tratamento nos cartões diários. A natureza das três fases é desenvolvida a seguir.

Fase 1: entrada (versão de internação hospitalar: "entrando")

A fase de entrada é a contrapartida do programa nos contextos parciais ou residenciais para o estágio "pré-tratamento" na DBT ambulatorial padrão. A fase de entrada consiste em quatro processos/alvos.

Orientação

A entrada dos pacientes no programa, no primeiro dia (ou algumas vezes antecipadamente), oferece uma oportunidade única para orientá-los quanto ao programa. Muitos pacientes chegam com ansiedade, vergonha, desesperança, raiva e podem estar experimentando uma crise em suas vidas. Uma introdução clara e compreensível ao programa, incluindo uma breve explicação do papel central das habilidades em DBT, pode atenuar algum grau de confusão, ansiedade e desesperança. Um estilo cordial e receptivo pode aliviar a vergonha em certa medida. Se, no dia da chegada, o curso dos acontecimentos no programa impedir que um membro da equipe dedique o tempo necessário para uma orientação de alta qualidade, o programa pode criar uma curta orientação em vídeo (i.e., menos de 20 minutos) para o novo paciente assistir, seguido por um seguimento frente a frente para responder perguntas para o desenvolvimento da orientação.

Um recurso muitas vezes ignorado na fase de orientação consiste nos outros pacientes do programa. Alguns programas encorajam os pares a se voluntariarem como o "colega da semana" ou o "colega do dia", para ficarem disponíveis e ajudar a acolher uma nova admissão, assistir ao vídeo de orientação e/ou revisar o material de orientação com a pessoa nova e sentar-se com o novo admitido e a equipe para examinar o que a pessoa recém-admitida aprendeu. Isso tem valor em muitos níveis, tanto para a pessoa que está sendo admitida quanto para o colega que está acolhendo o recém-chegado, bem como para evidenciar a força do ambiente do tratamento como um fator na promoção de meios hábeis. O apoio especializado dos pares, se forem recrutados pela unidade de internação, pode ser uma fonte de sabedoria e sugestões para o novo paciente, ajudando a tranquilizá-lo dentro daquilo que pode ser um ambiente desafiador. O paciente pode ser mais motivado ao trabalhar com um par especialista que "já esteve lá" e que agora é alguém que faz contribuições oportunas para o programa.

Avaliação

A avaliação-padrão incluirá o histórico psiquiátrico e a avaliação diagnóstica, a história psicossocial e o exame do estado mental do paciente; a administração de instrumentos e entrevistas-padrão usados nesse contexto; uma análise de gravações prévias; e a comunicação com a pessoa que encaminhou o paciente. Além disso, o paciente colabora em sua própria avaliação por meio do engajamento em uma análise em cadeia comportamental do(s) incidente(s) e circunstâncias mais recentes que demandaram a admissão. Mediante este processo, a equipe trabalha com o paciente para identificar as causas mais importantes e as condições que levam à necessidade deste nível de tratamento. Estas se tornam o foco de um plano de tratamento.

Combinações sobre o plano de tratamento

O plano de tratamento pode ser estruturado em torno das três fases do tratamento e da individualização das listas dos alvos prioritários que surgem a partir da avaliação. Ele é uma manifestação das metas do paciente, das razões para a admissão a esse nível de assistência e dos problemas ou obstáculos que estão no caminho das metas do paciente. Estes podem ser comportamentos de ameaça iminente à vida, comportamentos que destroem ou que interferem no programa de tratamento e uma ampla gama de comportamentos que interferem na qualidade de vida que estão minando a vida do paciente e exigindo esse nível aumentado de intensidade do tratamento. Prevendo a alta desde o começo, o planejamento conjunto deve incluir uma versão preliminar de um plano de alta para ser mantido em mente e modelado desde o início.

Um cartão diário preliminar pode ser criado neste ponto. A primeira versão do cartão diário para um paciente suicida no contexto da internação pode incluir o monitoramento de comportamentos e impulsos suicidas, o uso de habilidades de tolerância ao mal-estar e práticas de *mindfulness*, o uso de habilidades de regulação emocional e de efetividade interpessoais no programa e, posteriormente, o monitoramento dos passos dados a serviço do planejamento da alta. De modo correspondente, o plano para um paciente em tratamento-dia que precisa focar em atividades da vida cotidiana pode acompanhar os passos de reabilitação no cartão diário. As análises do cartão diário com o paciente são oportunidades para os membros da equipe ressaltarem o esforço, criarem um momento positivo no tratamento e reforçarem a perseverança.

Comprometimento com o plano de tratamento

Durante a fase de entrada, e especialmente na criação do plano de tratamento, a equipe tenta fortalecer o comprometimento do paciente com o tratamento. Alguns fatores "inespecíficos" são importantes: uma orientação efetiva, uma abordagem receptiva e compassiva com considerável validação das emoções do paciente, uma equipe com boa motivação e um programa que se desenvolva bem. Além disso, os membros da equipe utilizam estratégias de comprometimento da DBT, como é feito em todos os contextos de aplicação da DBT. Os programas podem ser criativos na adaptação dessas estratégias ao nível de assistência. Uma tarefa pode incluir o preenchimento e discussão de uma ficha de tarefas em que o paciente deve listar os prós e contras de se comprometer com o tratamento. A equipe pode promover inicialmente um comprometimento de completar o programa (porta na cara) e então fazer o ajuste descendente para um comprometimento menor (pé na porta) que o paciente pode fazer com mais segurança. Ao aplicar a liberdade de escolha e ausência de alternativas, é importante enfatizar que, embora o paciente possa ter recebido uma forte recomendação, até mesmo obrigação, de entrar no programa, ele não é um prisioneiro e tem a liberdade de escolher outra coisa (mesmo que não exista uma ótima alternativa). Uma estratégia efetiva pode ser considerar a fase de entrada como um tempo durante o qual o paciente está experimentando e avaliando o programa, ao mesmo tempo que define o final da fase de entrada como o momento de se comprometer com o tratamento. Alguns programas desenvolveram grupos especializados como o ponto central da fase de entrada. Por exemplo, um programa de internação com DBT colocou cada paciente que ingressava em um grupo de orientação, comprometimento e controle. A finalização do período do grupo é então considerada o momento de entrar no tratamento com os dois pés.

Fase 2: execução (versão de internação hospitalar: "obtendo o controle")

Quando um paciente completa a fase de entrada, depois de feitas as combinações e comprometimentos, a equipe do programa colabora com o paciente para atingir os alvos para a fase de execução. Um determinado paciente em um tratamento hospitalar pode começar abordando as causas e as condições dos comportamentos suicidas que escalaram antes da admissão. Depois que os comportamentos e impulsos de crise suicida iminente diminuíram, o foco muda para comportamentos que ameaçam destruir o contexto do tratamento hospitalar: ataques físicos e verbais direcionados a outros pacientes no programa, destruição de propriedade do programa, etc. Durante este trabalho em alvos de alta prioridade, o paciente está focando em déficits nas habilidades no currículo de treinamento de habilidades. Na ausência de comportamentos iminentes ameaçadores à vida e comportamentos destrutivos do tratamento no ambiente de tratamento hospitalar, o foco do tratamento pode se voltar para aqueles padrões que continuam a interferir em um plano viável de alta:

transtornos psicológicos persistentes e refratários, isolamento social e solidão, fraca adesão ao manejo e ao tratamento médico e disfunção nas esferas de moradia, família, emprego e relações interpessoais. Como estes são os mesmos fatores focados na DBT ambulatorial padrão como "comportamentos que interferem na qualidade de vida", eles são alvos em um programa de contexto hospitalar somente até onde o paciente ainda não é capaz de retomar a vida sem este nível de assistência. Por exemplo, isso pode incluir o paciente que se tornou incapaz de comprar a própria comida, pegar um transporte para ir até a terapia, cuidar de um animal de estimação ou sair da cama pela manhã.

As metas típicas de um tratamento de PHP por diversas semanas podem iniciar com a avaliação, orientação, planejamento do tratamento e comprometimento, e então passar para o esclarecimento dos diagnósticos; revisão do regime farmacológico; resolução de uma crise interpessoal atual; aquisição e fortalecimento de uma série de habilidades de regulação emocional; reestruturação da vida diária; e consultoria ao plano de tratamento ambulatorial atual. Os IOPs, que podem ser considerados como DBT ambulatorial padrão aprimorada, podem estar mais estreitamente alinhados às metas e aos alvos da DBT padrão, cuja meta final é a construção de uma vida que valha a pena ser vivida para cada paciente. O IOP pode ajudar no fortalecimento do comprometimento com o tratamento; na redução do descontrole comportamental severo; na melhora da agonia e do sofrimento; na solução de problemas da vida que interferem na obtenção de uma maior felicidade; e no aumento da liberdade e significado na vida.

Durante a fase de execução, a presença de uma lista de metas e alvos prioritários, usada em diferentes modos de tratamento, serve para criar consistência na equipe com cada paciente. Por exemplo, ao conduzir uma reunião matinal focada nas metas do tratamento dos pacientes para aquele dia, o membro da equipe nessa reunião deve ter a lista de alvos prioritários para cada paciente para referência e uso durante a reunião.

Fase 3: saída (versão de internação hospitalar: "saindo")

Esta fase está focada em uma alta bem-sucedida do programa para a comunidade. Embora as habilidades para abordar os alvos na fase de execução continuem sendo fortalecidas, "resolver os problemas para a alta" se torna o alvo proeminente. Em razão das políticas das seguradoras e dos financiadores, em que as idas noturnas do hospital para casa para praticar habilidades no contexto natural resultarão em não reembolso dos dias de internação, um processo gradual de alta da hospitalização é dificultado. A passagem para um programa ambulatorial nos contextos parciais ou residenciais pode ajudar a preencher esta lacuna. Felizmente, a transição envolvida na alta desses programas abulatoriais permite mais flexibilidade à medida que o paciente passa do programa de tempo integral para o de tempo parcial e segue para a alta.

A meta é sair do programa, restabelecer uma vida bem-sucedida sem ele e evitar uma readmissão dispendiosa nos primeiros 30 dias ou mais. Com ajuda, e frequentemente começando no início da permanência do paciente, eles esboçam e buscam um plano de alta que inclua circunstâncias da vida cotidiana, um plano para tratamento ambulatorial padrão e um de enfrentamento para as crises para guiar a avaliação e a intervenção no caso de comportamentos de crise no ambiente natural. Estes passos podem ativar a desregulação emocional, o que pode mais uma vez desencadear o descontrole comportamental. Este trabalho de avanço e recuo entre os passos em direção à alta, à desregulação emocional e comportamental, fortalecendo um comprometimento, obtendo mais controle, etc., é típico. Depois de ter esboçado e trabalhado para um plano de alta, o paciente é ajudado a prever os fatores que irão atrapalhar o plano, os quais são então trabalhados. O currículo de habilidades no programa oferece habilidades de tolerância ao mal-estar para ajudar os pacientes a tolerarem ansiedades relacionadas à alta, habilidades de efetividade interpessoal para ajudar na negociação com os outros no processo de saída e habilidades de regulação emocional para aprimorar respostas mais resilientes. Alguns programas de DBT criam grupos especializados, em geral conhecidos como "grupos de transição" ou "grupos de alta", em que os pacientes que estão se aproximando da alta podem trabalhar em seus planos concretos, antever desafios interpessoais e emocionais e fortalecer habilidades da DBT que os ajudarão a lidar com esses desafios. Na tentativa de deixar o programa e reingressar na vida da comunidade com menos suporte programático, o que pode ser assustador para muitos pacientes. Alguns programas permitirão que eles participem do grupo de transição direcionado para a alta, e então por algumas semanas depois disso. Os especialistas de apoio aos pares podem ser usados como *experts*, modelos e treinadores efetivos para os pacientes enquanto eles praticam a "partida". O uso de *role-plays* para praticar "antecipação", além de introduzir membros da família e pessoas apoiadoras da comunidade, reforça este trabalho. Quando o paciente se apronta para deixar o programa, uma cerimônia de graduação pode ajudar, pois permite que todos os outros pacientes tomem conhecimento de alguém que concluiu com sucesso as três fases.

FUNÇÕES, MODOS E ESTRATÉGIAS NA DBT NOS CONTEXTOS PARCIAIS E RESIDENCIAIS

A seção anterior explicou os passos sequenciais do tratamento em programas nos diferentes tipos de contextos, a definição das fases, as metas e os alvos específicos. Esta seção irá abordar como ajudar o paciente com esses passos. O tratamento abrangente em DBT consiste na implementação das cinco funções. Cada uma é executada por meio de um ou mais modos de tratamento; os modos originais da DBT ambulatorial padrão incluem grupos de treinamento de habilidades, psicoterapia individual, *coaching* telefônico e reuniões da equipe de consultoria. Os programas nos contextos parciais ou residenciais abordam todas ou algumas das cinco funções, mas desenvolvem modos de tratamento para executar as funções que são uma boa opção para esses contextos de tratamento.

Função 1: estruturar o ambiente

Dito de maneira mais simples, o programa de DBT estrutura o(s) ambiente(s) em torno do paciente de modo a reforçar comportamentos adaptativos e a reduzir comportamentos disfuncionais, usando princípios de aprendizagem para levar cada paciente à obtenção das suas metas. Isso inclui a estruturação do ambiente do programa como um todo de formas que afetem todos os pacientes e a estruturação do ambiente de cada paciente de formas apropriadas às suas metas particulares, aos seus pontos fortes e às suas sensibilidades, bem como às suas circunstâncias particulares.

Estruturando as relações entre o programa e o seu contexto circundante

Com programas em contextos parciais ou residenciais, a estruturação do ambiente requer atenção aos contextos circundantes: a instituição mais ampla, o fato de ele se situar dentro de uma organização maior, os financiadores e organizações de seguro que financiam o programa e os tratamentos, a comunidade se for uma entidade independente dentro de um bairro de algum tipo e as comunidades médica e de saúde mental com as quais o programa interage. A atenção insuficiente a estas entidades contextuais acabará privando o programa dos recursos, conexões e suporte necessários. O diretor encarregado do programa representa-o ao comunicar a natureza e as necessidades deste, advogando em favor de apoio e recursos, incluindo o apoio para treinamento constante e a divulgação dos sucessos do programa para as partes interessadas. Os princípios, as estratégias e as habilidades usados na DBT podem servir bem ao diretor do programa no trabalho com estas agências e indivíduos na reivindicação de suporte (conhecida como aplicação da DBT à administração). Por exemplo, se o programa precisar de funcionários em tempo parcial ou tempo integral, o diretor do programa pode apelar à administração superior como se ela fosse o "paciente" na DBT, usando estratégias para focar, avaliação das variáveis de controle que afetam o comportamento dos administradores, usando habilidades de validação e efetividade interpessoal e usando procedimentos de contingência para reforçar os comportamentos desejados da administração. Alguns administradores são mais reforçados pela economia nos custos ou pelos dados dos resultados, outros por histórias de sucesso e outros ainda pelo fortalecimento das relações com a comunidade.

Em um caso cuja atenção ao contexto resultou em benefícios significativos, havia um programa de internação parcial situado em um bairro residencial passando por uma situação em que alguns indivíduos protestavam contra a sua localização naquele espaço. Reconhecendo que, a longo prazo, as atitudes da vizinhança influenciariam significativamente a continuidade do seu desenvolvimento e sucesso, o programa realizou sessões educacionais para a comunidade e convidou os vizinhos para alguns outros eventos do programa, incluindo um churrasco anual para a vizinhança, o qual se tornou um evento popular. Não foi surpresa que esta abordagem tenha criado conexões e suportes úteis à medida que o programa passou a ser considerado um pilar construtivo na área.

Uma entidade contextual importante para DTPs, PHPs ou IOPs é uma equipe de triagem para crises, que costuma existir dentro de um departamento de emergência no hospital local. Essas equipes para atendimento a crises ocasionalmente irão avaliar pacientes do programa que apresentam comportamentos de alto risco, determinando se eles precisam passar para níveis superiores de atendimento, em geral internação hospitalar. Os resultados mais efetivos destas avaliações acontecem na colaboração entre a equipe de crise e o programa em DBT, incluindo o compartilhamento de informações clínicas e coerência com a filosofia do programa. Por exemplo, como a DBT enfatiza o treinamento dos pacientes para eles mesmos gerenciarem seus desafios ambientais, os clínicos em DBT tendem a essa abordagem em vez de intervir no ambiente social-profissional em nome do paciente. Os membros de uma equipe de triagem com pouco conhecimento desta estratégia podem tentar evitá-la, achando que a crise atual suplanta as práticas-padrão ou que o clínico em DBT está sendo irresponsável. Se orientada efetivamente, a equipe de crise provavelmente endossará de forma colaborativa um posicionamento que requer que os pacientes assumam mais responsabilidade. Ter uma equipe de triagem para crises que entenda a apoie a filosofia da DBT é uma dádiva para um programa de DBT nos contextos parciais ou residenciais.

As preferências variam entre os programas dentro desses contextos de atendimento no que tange à relação entre o terapeuta ambulatorial preexistente do paciente e o terapeuta ou equipe de tratamento nesses contextos. Existem vantagens em comunicar-se com o terapeuta "externo" durante a fase de entrada e o processo de avaliação e no planejamento para a alta na fase de saída. Durante a fase de execução, as decisões sobre se o paciente permanece na psicoterapia ambulatorial prévia podem ser tomadas caso a caso, com o olhar voltado para o que mais ajudará o paciente, o que constituirá uma transição mais suave e o que evitará a ocorrência de um processo confuso de "duelo de terapias". Independentemente das decisões, elas idealmente envolverão o paciente na tomada de decisão, o que está em conformidade com o espírito da DBT e com um modelo de tratamento de recuperação *trauma-informed* e centrada no paciente. Isso proporciona uma das muitas oportunidades na assistência dentro dos contextos parciais ou residenciais para ajudar os pacientes a evocar sua própria "mente sábia" ao tomar decisões. Encorajar um paciente a identificar e a checar suas opções é uma maneira perfeita de reforçar habilidades de solução de problemas e maestria.

Estruturando o ambiente interno do programa

A liderança do programa também estrutura o ambiente interno do programa, o que inclui o estabelecimento de liderança funcional e uma organização clara e lógica dos papéis e da hierarquia na equipe. Isso começa pelo topo, com o diretor do programa. O diretor é bem servido pelo esclarecimento dos alvos prioritários da diretoria que servem como uma pauta para o trabalho, semelhante ao esclarecimento dos alvos clínicos no tratamento. A meta final para esses alvos é o estabelecimento e a manutenção de um programa efetivo com fidelidade a um modelo da DBT e no qual os clínicos estão praticando DBT com aderência. Ser guiado por um conjunto de alvos apropriados na direção ajuda o diretor a se manter efetivo no atendimento consistente das questões internas e contextuais que constroem e mantêm o programa e a diferenciar esse papel dos papéis clínicos de outros cujos alvos prioritários estarão sobretudo a serviço da assistência direta ao paciente. Alguns diretores, é claro, irão desempenhar tanto um papel de liderança quando um papel clínico, em cujo caso suas intervenções são guiadas pelos alvos da direção no primeiro papel e os alvos clínicos no segundo. Em suma: o diretor apoia o programa e a equipe; a equipe apoia os pacientes; e todos se baseiam nos princípios, estratégias e habilidades da DBT no desempenho das suas funções. A seguir, será apresentada uma lista sugerida de alvos prioritários da direção:

Alvos prioritários para os líderes do programa

- Reduzir ameaças das entidades à viabilidade do programa no contexto (p. ex., problemas com os financiadores, níveis mais altos de administração, problemas de atitudes generalizados).

- Reduzir ameaças internas ao programa.
- Remediar aspectos de um delineamento de programa mal desenvolvido, protocolos problemáticos ou manejo ineficiente dos recursos.
- Abordar comportamentos disfuncionais da equipe.
- Aumentar a aderência da equipe às expectativas e habilidades do programa na aplicação dos protocolos e estratégias da DBT.

Ao avaliar fatores que interferem na fidelidade, na aderência e na qualidade do programa, um líder pode se orientar por uma sequência da DBT de avaliação das variáveis de controle, chegando a soluções possíveis e então selecionando-as e empregando-as. Em um caso, um programa de internação encontrou uma séria falta de entusiasmo e disposição na equipe de enfermagem para aprender e apoiar a prática de habilidades da DBT. Confusa com o problema, a diretora procurou consulta externa, por meio da qual descobriu que as opiniões da enfermagem eram fortemente influenciadas pela visão de uma enfermeira em particular que participava da equipe. Ela era uma excelente enfermeira, havia conquistado o respeito de todos os membros da equipe e, embora não tivesse *status* de liderança formal, era uma "líder de opinião informal". A atenção subsequente a essa enfermeira, que incluiu validação da sua relutância e ajuda para pesar os prós e os contras das mudanças propostas, a persuadiu e resultou na mobilização de apoio na equipe de enfermagem inteira.

Esclarecer a hierarquia de alvos prioritários para os membros da equipe clínica, desde o médico principal até os assistentes de enfermagem na linha de frente, também pode ser útil. Esses alvos, focados principalmente no tratamento dos pacientes, ajudam os membros da equipe a se manterem cooperativos com o tratamento ao utilizarem os princípios e as estratégias da DBT nos contextos parciais ou residenciais para encaminhar os pacientes na direção das suas metas. Essa estrutura oferece uma arquitetura lógica para o tratamento nesses contextos de atendimento com claras funções para cada pessoa que se coordena bem com outros membros da equipe e que trabalha em conjunto para orquestrar um tratamento focado na tarefa. Esses alvos devem ser o mais precisos possível em termos comportamentais, uma boa opção para o trabalho e para o nível de treinamento de cada membro da equipe, e claros o suficiente para que possam ser avaliados e ensinados. Embora cada programa precise definir seus próprios alvos prioritários para adequar às suas próprias circunstâncias, as seguintes podem servir como uma estrutura geral:

Alvos prioritários para a equipe do programa

- Reduzir a invalidação no ambiente: dos pacientes, da equipe de colaboradores e de si mesmos.
- Aumentar a validação dos pacientes, da equipe de colaboradores e de si mesmos.
- Aumentar a aplicação de princípios comportamentais para ajudar os pacientes a trabalharem seus alvos efetivamente dentro do programa.

Combinações e pressupostos da DBT

Além de usar os princípios, habilidades, estratégias e alvos para estruturação do ambiente do programa, os programas especificam combinações compatíveis com a DBT a serem feitas e mantidas pelos funcionários, pacientes e equipe e os pressupostos típicos da DBT sobre os pacientes e a terapia adaptados do modelo ambulatorial abrangente. Pode ser útil se as combinações e os pressupostos, em conjunto com as regras do programa, horários e papéis na equipe, forem publicamente divulgados e examinados com cada paciente. A natureza pública e transparente destes pode fortalecer o senso de integridade, abertura e cooperação que fortalecem um programa.

Estruturando o espaço físico

A estruturação do espaço físico de um programa é outra parte da estruturação do ambiente, em que se busca criar uma atmosfera clara, agradável e calmante em que o trabalho do tratamento seja visível. Cartazes nas paredes podem destacar as várias habilidades e protocolos da DBT ensinados no programa, afixados juntamente com canções, poemas, trabalhos artísticos e citações inspiradoras que captem o espírito do programa. Um desses programas, que criou e ensinou sua própria habilidade inventada de "*turtling*", uma forma efetiva de se afastar da estimulação interpessoal quando for necessária distância, como se fosse o movimento da tartaruga em se direcionar para dentro de sua própria "casa" (*turtles*). Alguns programas definem uma sala ou um canto nestes contextos de atendimento para ser um "espaço de consciência plena" ou "espaço para autoacalmar-se" nos quais os pacientes podem ir para se tranquilizar, se centrar e usar habilidades de *mindfulness* e de autoacalmar-se para regular emoções intensas.

Em contextos de internação, as usuais portas trancadas e a sensação de confinamento exigem esforço e visão para compensar o efeito institucional. É importante, sempre que possível, criar uma sensação de espaço e diversidade de "miniambientes" em uma situação que pode estar abarrotada de pacientes e membros da equipe e densa com desregulação emocional e incidentes comportamentais.

Regras, políticas e limites do programa

As regras, as políticas e os limites do programa também servem para estruturar o ambiente interno do programa, estabelecendo, mantendo e reforçando padrões de comportamento funcionais entre os pacientes e a equipe. Para ser efetivos, eles devem ser relativamente poucos, o mais claros e transparentes possível e afixados para que todos possam vê-los. Além disso, eles devem ser consistentemente reforçados em ação nesses contextos de atendimento. Por exemplo, se houver consequências aversivas prescritas para pacientes que quebram certas regras do programa, essas consequências precisam ser aplicadas de maneira consistente por todos os membros da equipe a todos os pacientes, ou elas perdem

sua eficácia. O pacote de regras e políticas deve ser construído de forma que encontre uma síntese ou um caminho do meio, entre dois polos opostos: ao mesmo tempo suficientemente consistente e preciso para enquadrar comportamentos problemáticos, caos e estabelecer segurança e estabilidade, embora flexível o suficiente para permitir autonomia, movimento e criatividade na solução de problemas.

Os programas precisam definir os limites comportamentais que são necessários para que todos tenham uma sensação de segurança, proteção e respeito. Além disso, alguns limites são necessários devido às regras e limites da organização maior da qual o programa faz parte. Por último, em certo sentido, os limites do programa podem ser pensados como os limites articulados para o programa pelo diretor. Em qualquer caso, para um programa funcional, cada membro da equipe deve aderir confiavelmente a todos os limites desse programa. Se um membro da equipe discordar de um dos limites, ele deve buscar os canais apropriados para discutir a discordância. Entretanto, dentro do domínio dos comportamentos definidos pelos limites do programa ainda há espaço suficiente em que cada membro da equipe define seus limites pessoais, limites dentro dos quais o membro da equipe pode se manter revigorado, curioso e construtivamente engajado no trabalho. Um aspecto em que um programa baseado em DBT pode ser diferente dos programas baseados em outras abordagens de tratamento é esta ênfase nos limites pessoais individualizados; não há exigência de uniformidade entre os diferentes membros da equipe em seus limites, a não ser aderir aos limites do programa.

Estruturando a agenda e as relações entre a equipe

Uma unidade de internação com DBT costuma iniciar o dia com uma reunião em grupo, incluindo alguns pacientes e pelo menos um membro da equipe, frequentemente denominado "grupo de metas" ou "grupo focal", em que os pacientes identificam suas metas concretas para o dia, alinhadas com seus planos de tratamento mais abrangentes baseados no alvo. Isso pode proporcionar ao dia de trabalho um começo positivo, criando uma oportunidade de motivar os pacientes e reforçar suas capacidades funcionais. Alguns programas fazem um paciente atual "coliderar" esta reunião estruturada organizada em torno dos alvos dos pacientes e das atividades diárias com um membro da equipe. Isso está em consonância com a ideia de aproveitar o próprio contexto no qual o tratamento está sendo executado, como uma modalidade motivacional e funciona muito bem em unidades que também têm pares que ajudam a orientar/receber os pacientes novos. Como é o caso com muitas reuniões de grupo em um programa de DBT, pode-se iniciar com uma prática de *mindfulness* em grupo. Os membros da equipe fazem comunicados sobre as atividades agendadas para o dia e ajudam os pacientes a definir suas metas diárias.

Em DTPs, PHPs e IOPs, pode haver variações, por exemplo, com as reuniões do grupo de metas ocorrendo uma vez por semana ou em dias alternados em vez de todas as manhãs. Os membros da equipe têm nessas reuniões a oportunidade de definir o tom com o qual as atividades serão executadas: mantendo os pacientes informados dos próximos eventos e oportunidades, validando os pacientes para emoções dolorosas e desafios, reconhecendo publicamente seu bom trabalho e esforço e motivando os pacientes enquanto passam o dia enfrentando tarefas desafiadoras. Começar imediatamente cada dia de tratamento com reforço substancial dos comportamentos adaptativos define um tom positivo e esperançoso para todo o dia. Para um paciente na fase de entrada, as metas podem incluir realizar a análise em cadeia comportamental inicial, assistir e discutir um vídeo que o oriente sobre o programa e as habilidades do currículo, trabalhar no primeiro esboço de um plano de alta e/ou participar de um grupo em que são ensinadas habilidades de sobrevivência a crises como comportamentos substitutos para o tipo de comportamentos disfuncionais (p. ex., CASIS) que exigiram a admissão ao programa. Para um paciente na fase de entrada, as metas para o dia podem ser praticar a observação e descrição das emoções ao longo do dia, "ação oposta" do impulso de se isolar o dia todo, acompanhar um grupo de transição (ou alta) pela primeira vez, usar habilidades de *mindfulness* e estratégias de sobrevivência a crises para evitar um episódio dissociativo iminente naquele dia, marcar uma reunião com alguém de um programa ambulatorial ao qual o paciente espera retornar e trabalhar em uma análise comportamental de um impulso de agredir um colega paciente. Para um paciente na fase de saída, as metas estarão tipicamente focadas nos contatos, planos e habilidades necessários para sair e se manter fora do programa, ao mesmo tempo fazendo o melhor uso dos serviços ambulatoriais regulares.

Depois das reuniões iniciais, as agendas típicas do programa de internação e contextos parciais ou residenciais passam então para uma série de reuniões, que podem incluir aulas em grupo de treinamento de habilidades; outros encontros como o "grupo de comprometimento" (para pacientes na Fase 1) ou "grupo de transição" (para pacientes na Fase 3); outros grupos especializados focados, por exemplo, no trauma, transtornos alimentares, problemas por uso de substância, manejo da raiva; e reuniões individuais com os psicoterapeutas, farmacoterapeutas ou reuniões de *check-in* com a equipe de enfermagem ou os pares conselheiros ou gerenciadores de caso. Alguns programas desenvolvem aplicações especializadas das habilidades da DBT adaptadas às necessidades das suas populações: habilidades de alimentação com atenção plena para os pacientes com transtornos alimentares, habilidades para gerar compaixão e empatia para aqueles com características antissociais, habilidades antidissociação para aqueles com transtornos dissociativos e habilidades para redução da raiva para aqueles propensos a explosões de raiva. Idealmente, a estrutura das reuniões será de modo a permitir o desenvolvimento de habilidades em contextos de grupo, reuniões individuais com a equipe para terapia e outras tarefas e blocos de tempo livre para aplicar as habilidades, perseguir interesses individuais e se recuperar de reuniões estressantes.

Dada a diversidade dos programas no que diz respeito aos recursos, duração da internação e exigências institucionais, não há fórmula com a qual determinar se deve ser oferecida terapia individual, gerenciamento de caso e outros papéis especializados. Estas decisões são tomadas com um olhar voltado para as praticidades e preferências. Não há evidências de pesquisa suficientemente específicas para argumentar em favor de uma abordagem ou outra. De forma pragmática, se um programa tiver uma internação com a duração de 3 a 7 dias, o trabalho de um terapeuta individual treinado em DBT para cada paciente pode não ser indicado. Algumas funções da terapia individual — orientação, avaliação, obtenção de comprometimento, criação de planos de tratamento, monitoramento do progresso, realização de análise em cadeia, generalização das habilidades para o contexto no qual ocorre o tratamento e no ambiente natural para a alta — podem ser atribuídas aos gerenciadores de caso, aos grupos ou, em unidades de internação, aos membros da equipe de enfermagem primária.

Estruturando o ambiente clínico com procedimentos de contingência

Por fim, e essencialmente, a estruturação do ambiente de tratamento envolve o uso de procedimentos de manejo de contingências informais e formais que são discutidas em mais detalhes na sequência (ver Seção "Estratégias para Aumentar a Motivação do Paciente", a seguir). Um protocolo particular para abordar os comportamentos mais disruptivos ou desviantes das normas tem sido útil em unidades hospitalares e atualmente aplicado em uma variedade de outros programas nos contextos parciais ou residenciais. Desenvolvido dentro do primeiro programa de internação baseado na DBT, o "Egregious Behavior Protocol" (Swenson et al., 2001) é acionado por comportamentos de autolesão, tentativas de suicídio, crises violentas, ameaças e alguns outros comportamentos particularmente problemáticos, como trazer substâncias para dentro do programa. O protocolo inclui três passos que foram adaptados distintamente, dependendo do programa. Os pacientes são orientados para o protocolo na admissão e informados de que o protocolo é ativado em resposta aos comportamentos mais desviantes de regras e normas que podem ser destruidores da vida ou do tratamento, e existe para proporcionar a oportunidade de refletir sobre estes e mudá-los no futuro. Em alguns contextos, o trabalho no protocolo tem preferência sobre todas as outras atividades do tratamento. Na versão de internação hospitalar original do protocolo, os passos eram os seguintes:

- *Passo 1: análise em cadeia comportamental.* O paciente é orientado para o protocolo e recebe uma ficha de tarefas de análise em cadeia comportamental para preencher. Ao fazer isso, ele identifica os passos na cadeia até o problema comportamental e suas consequências. O paciente é solicitado a identificar comportamentos substitutos que poderiam ter evitado o comportamento problemático. Ele deve trabalhar na cadeia o mais independentemente possível, reconhecendo que algumas circunstâncias exigem assistência por um membro da equipe.
- *Passo 2: análise e* feedback. A ficha de tarefas preenchida é analisada com um membro da equipe, o qual dá *feedback* e reforço pelo bom trabalho ou esforço. Em alguns programas, com permanências de mais longa duração e uma ênfase no grupo de pares, a análise em cadeia pode ser revisada com os pares, que são convidados a dar *feedback* construtivo.
- *Passo 3: reparação.* Depois de examinar a ficha de tarefas da análise em cadeia comportamental com um membro da equipe e receber reforço pelo bom trabalho que foi feito, o paciente discute um plano de reparação, alguma coisa a fazer que repararia algum "dano" provocado interpessoalmente, fisicamente ou à comunidade. Isso pode justificar um pedido de desculpas a um colega paciente ou a um membro da equipe que tenha fica-

do assustado com o comportamento do paciente ou uma reparação mais abrangente para a comunidade como um todo se o comportamento causou algum prejuízo. Quando é decidida uma reparação, essa ação é executada e, quando completada, o protocolo é encerrado e o paciente retorna ao tratamento como de costume.

Barreiras à conclusão bem-sucedida do protocolo

Cada programa que utiliza o Egregious Behavior Protocol deve ter um plano para responder ao paciente que se recusa a executá-lo. Isso pode variar de programa para programa. No programa de internação hospitalar original onde o protocolo foi desenvolvido, a não adesão originava a convocação de uma reunião com toda a comunidade da unidade para discutir esta questão séria, sendo o restante das modalidades de tratamento do paciente suspenso até o cumprimento do protocolo; caso a não adesão continuasse, eram tomadas providências para que o paciente fosse transferido para outro local. O outro obstáculo significativo ao sucesso da aplicação do protocolo tem sido a inconsistência no seu uso, por exemplo quando alguns membros da equipe são diligentes na sua aplicação aos comportamentos designados, enquanto outros são menos inclinados a fazê-lo. A solução é garantir que toda a equipe conheça o protocolo, concorde em implementá-lo conforme consta por escrito e levantar dúvidas e questionamentos a respeito para negociação nas reuniões da equipe.

Função 2: aprimorar as capacidades do paciente

Com todas as suas desvantagens, a internação hospitalar é um contexto excelente para adquirir habilidades, fortalecê-las e generalizá-las dentro deste ambiente de tratamento, embora ainda não seja ideal para ajudar a generalizá-las para o contexto da vida cotidiana. Uma vantagem particular dos DTPs, PHPs e IOPs é que a programação curricular bem planejada pode ajudar os pacientes a adquirirem e fortalecerem habilidades, a equipe dos contextos parciais ou residenciais pode ajudá-los a generalizar a prática das habilidades para o contexto no qual está sendo desenvolvido o tratamento e o movimento diário entre o programa e a casa do paciente é ideal para a generalização das habilidades para o ambiente doméstico.

Os programas nos contextos parciais ou residenciais podem oferecer significativamente mais tempo por semana para o treinamento de habilidades do que o tratamento ambulatorial padrão, juntamente com a chance de treinar e reforçar habilidades nestes contextos de tratamento. Os programas já experimentaram uma ampla variedade de opções de agendamento para o treinamento de habilidades em DBT. Uma opção popular é ensinar novas habilidades todos os dias do programa em um grupo, passar uma tarefa de casa para usar as habilidades, tanto no ambiente no qual o paciente está recebendo o tratamento quanto em casa durante as 24 a 72 horas seguintes, e então analisar a prática da tarefa de casa com os pacientes no dia seguinte no programa. Alguns programas oferecem um formato um pouco menos intensivo, oferecendo novas habilidades em dias alternados, intercalando com dias em que a tarefa de casa é examinada. Uma aplicação corriqueira nos grupos as sextas-feiras pode examinar as habilidades da semana, depois ajudar os pacientes a praticar a "antecipação" prevendo o fim de semana que se aproxima e identificando e ensaiando habilidades que poderão ser particularmente úteis.

Sejam quais forem as habilidades que o currículo do programa inclua, todos os membros da equipe devem estar familiarizados com as habilidades que estão sendo ensinadas aos pacientes para que possam treinar, reforçar e demonstrar essas habilidades dia após dia. Além do mais, há vantagens em fazer com que os membros aprendam uma gama mais ampla das habilidades para que possam usá-las para si mesmos, possam demonstrar interações habilidosas no programa e em ocasiões adequadas possam ensinar uma habilidade adicional a outro paciente. A chance de praticar habilidades e de receber treinamento e reforço é aumentada quando membros "não clínicos" da equipe — funcionários da cozinha, equipe de custódia e manutenção, equipe administrativa — estão familiarizados com as habilidades e apoiam os pacientes desta maneira.

Que habilidades devem ser priorizadas em um currículo de internação ou nos contextos parciais ou residenciais? Nenhuma pesquisa sugere uma resposta a essa pergunta, mas o consenso de especialistas em DBT e programas baseados nesses contextos de atendimento sugerem as diretrizes a seguir. O conceito de "mente sábia" e a prática de todas as seis habilidades centrais de *mindfulness*, como caminhos até a mente sábia, são poderosos por si só e pré-requisitos para a aprendizagem de outras habilidades, motivo pelo qual devem ser ensinados. Levando em conta os altos níveis de sofrimento dos pacientes e a meta da unidade de ajudar a reduzir comportamentos problemáticos quando o paciente está sofrendo, o ensino de habilidades de tolerância ao mal-estar, e em particular "estratégias de sobrevivência a crises", deve ser priorizado. A habilidade de aceitação radical da realidade, também ensinada dentro do módulo de tolerância ao mal-estar, é perfeita para as pessoas no atendimento nos contextos parciais ou residenciais que tem muitas realidades difíceis para aceitar. As principais habilidades de *mindfulness* e tolerância ao mal-estar devem ser amplamente representadas em qualquer currículo nesses ambientes de atendimento.

As habilidades devem ser selecionadas dos outros dois módulos — treinamento de regulação emocional e treinamento de efetividade interpessoal — para fornecer meios de mudar as respostas emocionais e melhorar os relacionamentos interpessoais. Dentro da regulação emocional, as habilidades de observação e descrição das emoções, redução da vulnerabilidade a emoções aversivas, antecipação e construção de maestria, redução do sofrimento por meio de *mindfulness* das emoções atuais e ação oposta à própria emoção são particularmente úteis. Já na efetividade interpessoal, um programa nos contextos parciais ou residenciais deve priorizar o ensino de elencar as prioridades nas interações interpessoais, os cinco fatores que interferem na efetividade interpessoal e as diretrizes expressas em DEAR MAN, GIVE e FAST. Uma abordagem lógica para um programa seria selecionar um subgrupo de habilidades (a menos que seja um tratamento hospitalar ou DTP com um longo período de permanência para abranger todas as habilidades), ensiná-las e então aprender por ensaio e erro quais delas manter, quais abandonar e quais introduzir.

Por último, alguns programas criaram os próprios manuais de habilidades em DBT, incluindo apenas aquelas habilidades que eles ensinam, juntamente com desenhos, figuras, citações, poemas e canções atrativas, resultando em um manual interessante específico para esse tratamento. Um determinado programa pode também incluir as próprias tarefas práticas favoritas que são adequadas ao seu programa. Cada paciente e cada membro da equipe pode assim ter seu próprio manual a ser usado repetidamente durante o programa e por outros pacientes mais tarde.

Muitos pacientes, sobretudo enquanto ainda emocionalmente desregulados logo depois da admissão, podem não estar comprometidos, até mesmo se opondo a aprender as habilidades. Isso é esperado. Para alguns, esta indiferença ou oposição será consistente durante toda a sua permanência. O espírito da equipe deve ser oferecer as habilidades repetidamente, mas aceitar quando certos pacientes não estão prontos para aderir a essa causa. A meta é tornar as habilidades parte do currículo e fazer delas uma parte arraigada da vida nos contextos parciais ou residenciais, encontrando formas de torná-las interessantes e atraentes, e, assim, reforçar as habilidades em qualquer lugar e não ficar desencorajado ou defensivo se certos pacientes ou grupos de pacientes acharem as habilidades inúteis ou questionáveis. Nossa experiência diz que se os membros da equipe se familiarizam com as habilidades e as consideram úteis em suas próprias vidas, eles mais provavelmente agirão de modo a reforçar o interesse e o comprometimento do paciente com o treinamento de habilidades.

Função 3: generalizar as habilidades para os contextos parciais ou residenciais e para o ambiente ambulatorial

Apesar das desvantagens do tratamento hospitalar e baseado nos contextos parciais ou residenciais, esses programas oferecem oportunidades excepcionais de ajudar os pacientes a generalizarem as habilidades que adquirem e a fortalecerem o programa grupal nestes ambientes de tratamento e em todas as interações. Os membros da equipe clínica na linha de frente desses de tais programas oferecem uma série de lições preciosas durante o processo ou durante as breves reuniões de *check-in* nestes contextos de atendimento. Obviamente, isso significa que os membros da equipe sem dúvida precisam entender intimamente o que é preciso para praticar alguma habilidade, quais seriam algumas das dificuldades que podem interferir nisso e como enfrentá-las. Além do mais, em alguns programas, cada membro da equipe deve refletir sobre comportamentos habilidosos do paciente que eles podem reforçar naquele dia. Os melhores momentos acontecem quando flagramos o paciente no ato de um comportamento habilidoso e imediatamente o reforçamos. Também ajuda se os membros da equipe comentarem, informalmente dentro do ambiente de atendimento e em reuniões públicas com os pacientes presentes, sobre o uso das habilidades uns dos outros.

Embora os membros da equipe não possam estar por perto depois da alta para ajudar os pacientes a generalizarem as habilidades no seu ambiente natural, eles podem, antes da alta, ajudar os pacientes a preverem como e onde eles poderão usá-las em casa. As situações em que as habilidades serão necessárias em casa podem ser previstas e, por meio do ensaio encoberto e *role-plays*, os pacientes podem "antecipar" estas situações. Este pode ser um foco importante no tratamento antes do fim do dia quando o paciente voltará para casa, e/ou nos grupos de transição antes da alta de um DTP, PHP ou IOP.

A transferência das habilidades de um contexto para outro não pode ser tomada como garantia. É preciso avaliar se ela está acontecendo, e devem ser feitos ajustes para que cada paciente possa encontrar formas bem-sucedidas de usar as habilidades em seus próprios contextos. A equipe do programa pode usar a criatividade para encontrar formas de melhorar o valor prático das habilidades e demonstrar como elas podem ser usadas em diferentes contextos e circunstâncias. Alguns programas desenvolveram "planos de tolerância ao mal-estar" específicos para o paciente a serem utilizados em qualquer contexto. Um programa criou um "*kit* de primeiros socorros com habilidades", um recipiente repleto de itens relacionados às habilidades e protocolos para ajudar o indivíduo altamente ativado emocionalmente a sobreviver de maneira bem-sucedida a um "ataque" de emoções intensas. Os pacientes podem levar consigo seus manuais, fichas ou "fichas de consulta" onde estão listadas todas as habilidades que devem ser experimentadas. Quando um paciente tem uma saída para o seu ambiente natural, ele pode executar um plano deliberado para usar as habilidades. Alguns programas com protocolos formais orientados ao manejo de contingências para reforçar comportamentos efetivos do paciente no programa incorporam recompensas pelo uso ativo das habilidades durante o dia.

Alguns programas desenvolveram "protocolos de segurança", concebidos para o paciente que está desregulado e precisa de apoio para resistir ao impulso de realizar comportamentos disfuncionais. O uso desse protocolo pode ser desencadeado por um membro da equipe ou pelo próprio paciente. Isso costuma incluir um protocolo passo a passo que pode começar com a remoção do paciente da situação desencadeante; anotar uma "minicadeia" de eventos que levam à desregulação; fazer um *brainstorm* de várias habilidades que poderiam ajudar a ficar mais bem regulado; experimentar essas habilidades e evoluir para outras, se necessário; e por último analisar o processo com alguém da equipe para obter reforço e mais sugestões. Com bastante frequência, os indivíduos recorrem à autolesão e a outros comportamentos disfuncionais simplesmente porque naquele momento não conseguem imaginar nada mais que pudesse interromper sua queda livre no abismo do sofrimento. O programa munido de protocolos de segurança, treinamento de habilidades e recursos associados pode ajudar a interromper a queda.

"Treinar durante o processo" ou oferecer lembretes instantâneos para usar as habilidades, e algumas vezes até mesmo ensinar uma nova habilidade necessária no momento, em associação com o reforço positivo imediato pela prática das habilidades, é um modo poderoso para generalização das habilidades nesses ambientes de atendimento. Uma das vantagens peculiares da DBT hospitalar ou nos contextos parciais ou residenciais é que a equipe está ali para oferecer um comentário reforçador no exato momento em que o paciente está lutando contra um impulso de CASIS ou agredir raivosamente em resposta a um evento desencadeante usando habilidade de ação oposta a esse impulso, aceitando radicalmente a situação naquele momento e outras habilidades de tolerância ao mal-estar. É um momento poderoso quando o ato heroico silencioso de um paciente em sua batalha para se manter estável e habilidoso — o tipo de ato que quase nunca é notado pelos outros na rede do paciente — pode ser notado e reforçado por outra pessoa. Em um programa de internação em DBT, os membros da equipe são constantemente exigidos, como parte da sua orientação, treinamento e trabalho contínuo na unidade, a refletir sobre comportamentos habilidosos do paciente para reforçar aquele dia e constantemente procurar oportunidades de reforçá-los. Fornecer contingências de reforçamento positivo em contextos parciais ou residenciais, nos quais com muita frequência o foco está nos comportamentos mal-adaptativos, é útil.

"*Check-ins*" entre os membros da equipe e pacientes são uma característica da atenção baseada nesses contextos de atendimento, incluindo *check-ins* com trabalhadores de apoio aos pares no programa. Estes costumam ser extremamente importantes tanto para os pacientes quanto para os membros da equipe, um raro momento (em geral 5 a 15 minutos) de atenção individualizada em que os problemas podem ser abordados e discutidos, feridas podem ser aliviadas, relações apoiadoras podem ser estimuladas e habilidades podem ser treinadas. Um modelo de treinamento de habilidades fornece uma melhor adequação para estas reuniões do que modelos de psicoterapia em profundidade. Em ordem de prioridade, os alvos comportamentais destas reuniões devem ser:

- Reduzir os comportamentos de crise
  - Comportamentos de ameaça à vida, que destroem o tratamento e os contextos nos quais o tratamento está sendo oferecido.
  - Comportamentos que desviam de regras e normas que provavelmente prolongam a permanência neste nível de atenção à saúde mental.
- Aumentar a generalização de habilidades para o ambiente em que o tratamento está sendo oferecido.
- Aumentar a força da relação entre os pacientes e os membros da equipe.

Funcionalmente, o foco está na aquisição e no fortalecimento de habilidades para obter controle, interagir dentro do ambiente no qual está se recebendo o tratamento, permanecer fora do hospital e avançar para níveis superiores de atendimento — uma adequação perfeita com a missão geral dos programas nos contextos parciais ou residenciais. O membro da equipe está munido das habilidades, e o *check--in* se torna um modo efetivo, com duração limitada e orientado para os alvos. Às vezes, um *check-in* de 10 minutos feito desta maneira no calor de um momento estressante pode representar os 10 minutos mais importantes da permanência no programa. O membro da equipe então se sente efetivo, tendo se identificado com a missão geral da unidade e se sente verdadeiramente parte da equipe de tratamento. Este é um dos melhores antídotos para a baixa motivação e sentimentos de exclusão na equipe de enfermagem ou demais grupos de colaboradores dentro desses contextos de atendimento.

As habilidades ensinadas no programa devem ser listadas em cartões diários para que os pacientes possam automonitorar seu uso das habilidades. Os cartões então servem como veículos de comunicação entre os pacientes e a equipe, como meios para os membros da equipe avaliarem o progresso no uso das habilidades e lhes dando oportunidade para reforçar seu uso. Os cartões diários podem ser examinados em reuniões de *check-in* regularmente agendadas com a equipe desses contextos de atendimento ou em reuniões com os terapeutas, se presentes.

Os grupos de aplicação das habilidades no programa proporcionam outro modo para generalização das habilidades. Eles podem complementar os grupos-padrão de treinamento de habilidades; em vez de a pauta do grupo ser guiada pela cobertura de uma habilidade após outra, a agenda é guiada pela apresentação, por parte dos pacientes, de vários problemas que eles estão tendo na unidade ou fora dela. Um programa denominou seu grupo de aplicação de habilidades como "Reunião de Consultoria do Paciente em DBT". Um psicólogo da equipe instituiu uma reunião semanal para a qual todos os pacientes eram convidados, mas cuja participação era voluntária. Os pacientes podiam colocar um problema na pauta, com o conhecimento de que habilidades em DBT seriam mobilizadas como soluções. Os pacientes traziam problemas interpessoais que estavam tendo com outros pacientes, com um enfermeiro ou com um psiquiatra com quem estavam frustrados. Eles levantavam o problema do enfrentamento de impulsos incessantes de autolesão e algumas vezes apenas faziam uma pergunta sobre como aplicar uma habilidade particular que aprenderam no grupo. O líder do grupo tentava esclarecer cada problema e então, com a discussão em grupo, chegar a sugestões de habilidades para resolver o problema. Às vezes, era possível fazer com que todos na reunião praticassem as habilidades, e outras vezes era possível transformar a situação em *role-play*.

Um desses encontros em uma unidade de internação teve a participação de quase todos os pacientes depois de um incidente difícil em uma reunião com a comunidade. O chefe da unidade, frustrado depois de vários episódios em que a mobília havia sido danificada por cigarros (em uma época em que o cigarro era permitido em unidades hospitalares), subitamente criou uma regra de que não seria mais permitido fumar na unidade, sem nenhum planejamento de como cada um lidaria com seu vício em nicotina. Os pacientes foram para a reunião de consultoria em que a psicóloga os ajudou a articular o(s) problema(s) e a começar a identificar soluções hábeis. Ela fez com que cada paciente na sala fizesse um breve *role-play* em que ela era o chefe da unidade e eles usavam suas habilidades para conseguir que ela modificasse sua posição. Depois de muitos episódios de prática, que se tornaram muito dinâmicos, a psicóloga convocou uma reunião especial do grupo no fim do dia para a qual o chefe da unidade foi convidado. Servindo como consultora dos pacientes, ela ajudou cada um a se dirigir de forma hábil ao chefe da unidade sobre o problema. Isso representou um passo enorme na direção de encontrar uma solução menos drástica e, o que é mais importante, forneceu uma oportunidade extraordinária para o grupo de indivíduos emocionalmente desregulados aprender e praticar uma abordagem efetiva ao se dirigir a uma figura de autoridade sobre uma questão emocionalmente carregada.

Função 4: melhorar a motivação do paciente

Os pacientes são motivados por diferentes fatores no tratamento em contextos parciais ou residenciais. Um paciente pode achar uma reunião de grupo ou um líder de grupo mais motivador do que outro. Alguns pacientes podem ser motivados por estarem em um ambiente terapêutico onde recebem validação significativa, onde se sentem acolhidos ou são encorajados pela presença de reforço positivo frequente. Outros são motivados pela experiência, possivelmente pela primeira vez, de aprender habilidades práticas como ferramentas para mudança em suas vidas. A liderança de um programa destes é sábia em detectar a motivação geral do ambiente terapêutico e os fatores no programa que parecem ser mais motivadores. Nestes aspectos, praticamente qualquer grupo, qualquer relacionamento ou ambiente como um todo pode melhorar a motivação do paciente.

Várias lições para melhorar a motivação em DBT padrão também podem ser trazidas para o programa. Em primeiro lugar, a relação ou o vínculo interpessoal pode exercer a força mais motivacional. Em contextos parciais ou residenciais, mesmo que o tempo possa ser curto, muitas vezes acontece de a ligação de um paciente com um membro específico da equipe ser uma importante fonte de motivação e esperança. Embora não possamos insistir na vinculação, caso se desenvolva, ela proporciona um grau de alavancagem para as intervenções desse membro da equipe porque as declarações e comportamentos desse membro da equipe serão experimentados como significativos e influentes. Em segundo lugar, a natureza das contingências se torna importante. Em outras palavras, se estiver claro para um paciente que o abandono de comportamentos problemáticos e a adoção de condutas habilidosas resultarão em mudanças desejáveis, provavelmente a motivação aumentará. Embora os métodos sejam diferentes de programa para programa, tanto as contingências formais quanto as informais podem desempenhar um papel para melhorar a motivação e os resultados positivos. Apesar de não haver uma resposta para a pergunta sobre se devem ser incorporados sistemas de economia com fichas, enfatizando o reforço arbitrário, como uma forma de aumentar a motivação em um programa de DBT, em geral a ênfase será muito maior nos reforços naturais do que nos arbitrários.

A brevidade e a complexidade interpessoal dos contextos parciais ou residenciais conspiram contra a centralização da função de melhoria da motivação do paciente em qualquer um dos modos ou individualmente. A equipe, nesses ambientes terapêuticos, assume a postura de que, em um determinado dia ou, a partir de uma determinada mudança, o melhor clínico para melhorar a motivação de um paciente é aquele na equipe que é mais efetivo em motivar o paciente a se comportar de formas que mais o aproximem das suas metas. "Equipe", neste sentido, é claro, não distingue entre as disciplinas. Refere-se tanto ao psiquiatra quanto aos assistentes psiquiátricos. Depois da alta ou da redução no nível de cuidados, não é raro que os pacientes relatem que foram mais afetados e motivados por um ou outro dos pares, membro da equipe, enfermeiro, conselheiro vocacional, talvez até mesmo o recepcionista da unidade. Simplesmente não é possível contar com o psicoterapeuta individual, se houver um, para fornecer o reforço mais relevante para o paciente em uma rede de relações como esta. Por outro lado, o terapeuta individual pode ser o principal motivador, mas esse trabalho pode ser reforçado pelas interações positivas com outros membros da equipe no programa que trabalham para conhecer melhor o paciente.

Nas reuniões da equipe de consultoria, quando os membros da equipe compartilham histórias cativantes sobre coragem, tentativas e atribuições dos pacientes, promove-se compaixão e respeito por eles, o que então resulta em mais intervenções compassivas, respeitosas e efetivas. Como é esperado na DBT padrão, a equipe nos contextos parciais ou residenciais pratica o acordo de empatia fenomenológica, com base no qual todos os membros procuram ativamente a interpretação mais empática do comportamento do paciente que seja consistente com os dados. Uma abordagem empática aumenta a disponibilidade e a motivação do paciente.

Por fim, é claro, a equipe dentro do ambiente no qual o tratamento está sendo desenvolvido desempenha uma parte importante no aumento da motivação. Este modo — a rede de comunicação informal diária na unidade — talvez tenha o maior potencial para melhorar a motivação e, no entanto, é o mais complicado de caracterizar ou definir. Idealmente, os membros da equipe estarão familiarizados com os alvos específicos de cada paciente (ou terão rápido acesso a eles), estarão muito familiarizados com as habilidades envolvidas e estarão treinados em estratégias de manejo de contingências e princípios de aprendizagem. O foco constante durante todo o programa deve ser no reforço positivo de comportamentos habilidosos. Falar é mais fácil do que fazer, tanto por parte do paciente quanto da equipe, mas intervenções repetidas que incluem aquelas que ajudam a equipe a lidar com as situações e se sentir valorizado são importantes na manutenção da saúde programática.

ESTRATÉGIAS PARA AUMENTAR A MOTIVAÇÃO DO PACIENTE

Na DBT, além de aumentar a motivação mediante reforço positivo, estimular e utilizar a alavancagem interpessoal resultante de relações de apego, os clínicos também procuram abordar fatores que interferem na motivação. De fato, isso exige o uso do pacote de todos os grupos de estratégias da DBT padrão, incluindo estratégias de solução de problemas, estratégias de validação, dialéticas, estilísticas e de manejo de caso.

Quando a motivação para a mudança comportamental for insuficiente, as estratégias de solução de problemas começam com o uso da análise em cadeia comportamental para avaliar os fatores que mantêm o comportamento problemático e os fatores que interferem na mudança. A análise em cadeia comportamental está presente em todos os programas baseados nos contextos parciais ou residenciais, que costumam ser bem abastecidos com fichas de tarefas para análise em cadeia. Todos os membros da equipe devem estar completamente familiarizados com elas e prontos para indicá-las aos pacientes para avaliações preliminares dos comportamentos problemáticos. Em um PHP, o uso da cadeia comportamental indicou que a espiral comportamental de um certo paciente que resultou em sua admissão no programa foi desencadeada em resposta às férias do terapeuta ambulatorial. Em outro caso, em que um paciente era constantemente exaurido por episódios de cognições autoinvalidantes, a repetição da análise em cadeia revelou que esses episódios aconteciam em resposta a um conflito interpessoal entre o paciente e outras pessoas, ou mesmo entre quaisquer duas pessoas no ambiente do paciente. A equipe pôde então focar em intervenções para que o indivíduo tenha consciência das suas reações na presença de situações conflituosas, o que fez uma grande diferença.

O reconhecimento de padrões prepara o terreno para o *insight* destes, e o *insight* prepara o caminho para encontrar soluções, as quais costumam envolver a aplicação de procedimentos de mudança comportamental: treinamento de habilidades, modificação cognitiva, procedimentos de exposição e procedimentos de manejo de contingências. O paciente que se afastou das atividades usuais da vida e dos relacionamentos em resposta a perdas recentes e que se apresenta deprimido pode ser estimulado a agendar atividades e encontros, os quais então o colocam em contato com consequências mais reforçadoras. O indivíduo que está evitando relacionamentos devido a episódios traumáticos progressos pode aprender habilidades para tolerar o mal-estar e/ou mudar as respostas emocionais, e então é orientado para o uso de exposição para o processamento de memórias traumáticas. O paciente com intenso ressentimento da sua parceira em casa, mas que não sabe como abordar habilmente os comportamentos dela, pode ser ensinado a usar habilidades de efetividade interpessoal e ensaiar interações com ela com os membros da equipe no programa. Em outras palavras, a análise em cadeia comportamental sugere soluções únicas para cada caso, soluções que reduzem os comportamentos problemáticos e os substituem por outros mais efetivos.

Os procedimentos de manejo das contingências desempenham um papel fundamental e constante em programas de tratamento nos contextos parciais ou residenciais, pois as contingências sempre aumentam ou diminuem a motivação. De forma simples, um paciente tem mais probabilidade de usar uma determinada habilidade se ela funcionar para reduzir o sofrimento ou produzir uma mudança desejada. A decisão de realizar CASIS é influenciada por "um cálculo fora da consciência": "A redução em meu sofrimento emocional com a autolesão supera o aumento em meu sofrimento levando em conta que terei de fazer uma análise do meu comportamento de me cortar junto com todo o grupo do programa?". Se a equipe do ambiente no qual o tratamento está sendo desenvolvido "recompensar" um paciente que perdeu o controle comportamental dando mais atenção individual, outros pacientes que desejam atenção naturalmente serão motivados a também perder o controle. As contingências motivam o comportamento o tempo todo, um fato que pode se tornar uma ferramenta poderosa de mudança comportamental para a equipe do programa que pode identificar as contingências nesse contexto. Os programas nos contextos parciais ou residenciais têm o potencial de serem ambientes poderosos que rotineiramente ensinam habilidades aos pacientes: simplesmente reforçando de maneira habitual esses comportamentos funcionais, embora não reforçando os disfuncionais. Isso exige um olhar observador com o qual a equipe nota quais comportamentos são reforçados por quais contingências no programa. Em um programa, os membros da equipe foram ocasionalmente colocados em turnos de 15 minutos durante os quais sua única função era observar quais comportamentos estavam sendo reforçados por quais contingências, com suas observações mais tarde sendo relatadas ao restante da equipe.

Como a tendência natural é direcionar a atenção para os comportamentos perturbadores e problemáticos na unidade, é fácil negligenciar todos os comportamentos adaptativos que ocorrem ao mesmo tempo. Os reforçadores naturais devem ser enfatizados: um elogio entusiástico, um cumprimento batendo mãos com o paciente, uma palavra sincera de aprovação, um olhar especial ou mesmo a ausência de uma resposta. Qualquer um destes pode ser o melhor reforçador natural para uma determinada pessoa; os membros da equipe devem observar o que funciona melhor para cada paciente.

Para enfraquecer comportamentos problemáticos, a equipe pode algumas vezes aplicar a extinção, que é remover ou enfraquecer os reforçadores que foram identificados como mantenedores dos comportamentos. Por exemplo, um membro da equipe pode consistentemente não responder em uma reunião do grupo a comportamentos de comunicação um pouco disfuncionais, colocando-os em um "programa de extinção", ao mesmo tempo que obviamente responde a comunicações adaptativas de forma seletiva. O paciente que esmurra a porta do escritório do programa ou o posto de enfermagem para obter a atenção de alguém pode não receber resposta, mas recebe uma resposta quando pede educadamente para falar com alguém. Os comportamentos-alvo para extinção devem se originar de uma de duas categorias comportamentais: (1) aqueles comportamentos visados para redução no plano de tratamento de um determinado paciente (lista de alvos) e (2) aqueles comportamentos que violam os limites do programa ou de indivíduos dentro do programa.

Alguns comportamentos problemáticos não remitem mesmo que sejam submetidos à extinção e mesmo que alternativas adaptativas sejam reforçadas. Nestas circunstâncias, a equipe pode aplicar consequências aversivas, o que deve ser feito sempre como último recurso e com cuidado. A resposta aversiva mais comum é a simples desaprovação, expressa de maneira que sua intensidade esteja de acordo com a tolerância daquele paciente em particular. O uso de punição como um procedimento para solução de problemas é mais bem feito em um contexto ponderado e compassivo. Em outras palavras, há uma nítida distinção entre punição usada de forma objetiva e compassiva para suprimir um comportamento seriamente problemático e "punitividade" como uma atitude ou tom. Certamente, todos os programas precisam manter limites para preservar a ordem e segurança, portanto a equipe é sensata para se tornar perita na observação dos limites e aplicar as consequências de uma maneira objetiva, consistente, firme e sempre com uma atitude compassiva.

"Observação dos limites" é um procedimento de manejo de contingências em DBT importante em programas nos contextos parciais ou residenciais, uma ferramenta primária para prevenir o esgotamento da equipe. Isso é muito diferente da "definição de limites" usada em outros programas. A estratégia está baseada no fato de que cada membro da equipe tem limites pessoais diferentes dos limites dos outros, diferentes limiares de tolerância e diferentes sensibilidades. É responsabilidade de cada membro da equipe conhecer seus próprios limites, saber quando eles são ultrapassados, comunicar quando eles foram ultrapassados e ajudar os pacientes a encontrarem um comportamento alternativo. Os membros da equipe terão limites pessoais relacionados à sua própria tolerância a grosserias, sua própria preferência para autoexposição de vários tipos, níveis de tolerância para contato frequente, e até mesmo preferências relacionadas à proximidade física de outro indivíduo. Ao observar os limites, um membro da equipe está enfatizando que "Estes limites são os meus limites e eu preciso que você os observe para que eu possa trabalhar bem com você", em vez de enfatizar que "Você precisa destes limites porque precisa mudar". Uma mensagem transmitida neste espírito poupa o paciente de ser culpabilizado ou acusado, mas inclui uma exigência firme de mudança. Algumas vezes, os membros da equipe ampliarão os limites temporariamente quando isso for favorável para o desenvolvimento do tratamento do paciente. Pode ser necessário que a equipe de consultoria auxilie o membro da equipe a expandir seus limites quando isso for extraordinariamente difícil. É muito importante assegurar que os limites do programa sejam observados e que se sobreponham à aplicação dos limites pessoais. Os membros da equipe que gostariam de exercer limites mais amplos do que os do programa devem discutir suas opiniões sobre os limites do programa somente com a equipe.

Estratégias de validação são cruciais no desenvolvimento de vínculos e no aumento da motivação. Elas ajudam os pacientes a desenvolverem resiliência e motivação para se engajar na solução de problemas e combater a tendência à autoinvalidação. Elas fortalecem as relações entre os pacientes e os membros da equipe. Comunicam empatia, simpatia, compaixão e aceitação como uma linha de base, o que ajuda os pacientes a permanecerem resilientes quando forem encorajados a comportamentos de mudança. Os membros da equipe procuram a pepita de ouro em uma sequência comportamental disfuncional, mesmo enquanto procuram as condutas problemáticas nessa cadeia. É possível validar emoções dolorosas que levaram a CASIS ou ao desejo do paciente de faltar a uma reunião ao mesmo tempo que se estimula a mudança no comportamento de se cortar e na não participação. Os membros da equipe algumas vezes precisam de ajuda para entender que a posição ideal na DBT é ser 100% compassivo e validante em um momento, e então 100% insistente na mudança comportamental no momento seguinte. Este tipo de agilidade e envolvimento total pode ser difícil, de tal forma que a equipe tende a assumir uma posição intermediária que nem insiste na mudança nem aceita radicalmente a condição difícil do paciente. A rápida alternância — praticada com naturalidade — de uma para outra é uma qualidade distintiva e parte do que é conhecido como "movimento, velocidade e fluxo".

Estratégias dialéticas entram em jogo quando os membros da equipe se defrontam ou estão presos dentro de posições polarizadas e rígidas, pensamento do tipo tudo ou nada e impasses no tratamento. Quando o movimento não pode ser feito por meio da solução de problemas apenas, ou validação unicamente, ou com uma alternância entre as duas, o membro da equipe se volta para um tipo de resolução dialética, que é encontrar uma síntese das duas posições opostas. Isso significa primeiramente identificar a validade de cada posição e então preservar o que existe de válido em ambos os lados em uma nova construção, a síntese. A dialética enfatiza o pensamento "tanto-quanto" em vez do pensamento "ou-ou". Ela enfatiza velocidade, movimento e fluxo em vez de estagnação. Embora fosse demais analisar todas as estratégias dialéticas da DBT neste contexto (Linehan, 1993a), elas incluem a tentativa de fazer "do limão uma limonada" (i.e., transformar uma crise em oportunidade) e encontrar metáforas para capturar situações tensas e conflitantes. A equipe é dialética em seus estilos de comunicação em DBT, equilibrando um tom receptivo e responsivo (i.e., um estilo de comunicação recíproca), sobretudo quando o paciente está "indo pelo caminho certo" no trabalho em direção às suas metas, com um estilo mais confrontacional e desafiador (i.e., comunicação irreverente), especialmente quando o paciente se beneficiaria de "desvios no caminho".

Em tratamentos nos contextos parciais ou residenciais, os membros da equipe ficam tentados a conversar entre si sobre os pacientes sem que estes estejam presentes. Esta pode ser uma forma de pedir que outros membros da equipe mudem comportamentos ou de planejar os tratamentos dos pacientes entre si. Isso algumas vezes até se estende para conversas com familiares dos pacientes e profissionais que desenvolvem tratamentos "externos". Embora não seja incomum em tratamentos de saúde mental, isso é uma violação significativa do protocolo de "manejo do caso" dentro da DBT. Os terapeutas da DBT, incluindo aqueles envolvidos no tratamento nos contextos parciais ou residenciais, devem ajudar os pacientes a descobrir como resolver problemas com outros em sua rede social e de tratamento, em vez de resolvê-los pelo paciente. Este é um pilar fundamental no tratamento em DBT, porém difícil de manter diante das pressões para se comunicarem entre si no tratamento dentro desses ambientes terapêuticos. Costuma ser mais conveniente intervir em nome do paciente sem que ele esteja *presente*, porém isso priva o paciente da oportunidade de fortalecer suas próprias capacidades de autogerenciamento. Por exemplo, quando um paciente se queixa para o membro A sobre o comportamento do membro B da equipe, o membro A pode fornecer consultoria para o paciente *sobre* como abordar os problemas com o membro B. O membro A pode nem mesmo mencionar para B a conversa com o paciente. Na DBT, não é função do membro A defender o membro B. É esta situação que muitos membros da equipe de internação chamam de "cisão", com a implicação geralmente sendo de que o paciente está fazendo alguma coisa patológica, jogando um membro da equipe contra o outro. Este conceito não está presente na DBT. O protocolo para manejo de caso é um desvio radical da assistência em saúde mental em uma instituição comumente utilizada e, portanto, requer vigilância e apoio da equipe de consultoria.

Como uma extensão deste protocolo, a ênfase na DBT é também que o paciente, até onde seja possível, seja o arquiteto do próprio tratamento. Os pacientes devem participar das reuniões nas quais o seu tratamento é discutido e planejado e estar no centro de outras comunicações sobre eles. Eles devem estar encarregados dos telefonemas para planejamento da alta, sempre que possível. Quando os membros da equipe precisam desempenhar uma parte nessas comunicações, os pacientes devem estar presentes para respeitar o espírito do protocolo.

Função 5: melhorar as capacidades e aumentar a motivação da equipe

Trabalhar dia após dia com indivíduos que estão emocionalmente desregulados, que ameaçam e tentam suicídio, que se engajam em CASIS e que perdem o controle emocional com raiva, medo, vergonha e outras emoções é muito estressante. É parte integrante da DBT que todos os membros da equipe participem de uma reunião da equipe de consultoria semanalmente, ajudando a melhorar e manter a motivação e a fortalecer as capacidades no tratamento. Na DBT ambulatorial padrão, os terapeutas se reúnem toda semana por 1½ a 2 horas, mas em contextos parciais ou residenciais, onde os horários da equipe são em turnos e pode ser difícil reunir toda a equipe ao mesmo tempo a cada semana, é preciso se adaptar. Em uma unidade de internação, um tempo de consultoria de 90 minutos na mesma hora a cada semana pode funcionar para a equipe profissional/que não tenha mudanças de turno, mas outras modalidades devem ser empregadas para a linha de frente. O ponto crucial aqui é que toda a equipe — "linha de frente" e "terapeutas" — precisa ter reuniões regulares que atendam às necessidades da equipe a serviço dos seus pacientes.

Em um programa de internação, este desafio aconteceu porque a equipe de enfermagem, gerenciadores de caso, trabalhadores de apoio aos pares, psiquiatras/equipe médica, especialistas em reabilitação psicossocial e outros com horários variáveis e situações de muitos tipos imprevisíveis na agenda não conseguiam participar da reunião de equipe regularmente. Podemos argumentar que a equipe clínica da linha de frente, que tem a maior parte das horas cara a cara com os pacientes, é a que mais precisa deste modo, em especial considerando que eles têm menos treinamento clínico. Cada membro da equipe precisa de uma chance para analisar interações difíceis com os pacientes, aprender mais sobre como aplicar o tratamento e receber validação e apoio dos colegas e da liderança da equipe. Caso contrário — como é típico em contextos de crise e/ou cuidados dentro do ambiente no qual está sendo desenvolvido o tratamento — a equipe acaba esgotada pelas demandas emocionais das suas funções. Quando se esgotam seus recursos pessoais, eles se tornam mais distantes, mecanicistas, rígidos e/ou punitivos. Dificilmente poderemos julgá-los por apenas serem humanos. Os membros da equipe devem ser perdoados quando reconhecemos as pressões emocionais do seu trabalho e a típica falta de supervisão significativa que eles enfrentam. Aqui, a criatividade e um forte comprometimento para cumprir todas as funções da DBT abrangente são necessários para manter o rumo.

Por exemplo, uma unidade de internação ofereceu duas equipes de consulta diferentes: uma para os terapeutas e uma para a equipe de enfermagem e a equipe de recreação. Os terapeutas se encontravam semanalmente em uma equipe de consultoria mais típica. Para a equipe de enfermagem, o líder do programa em DBT conduziu minirreuniões com a equipe, o que passou a ser conhecido como "*chalk-talks*".* Durante uma pausa na atividade no turno durante o dia ou no turno da noite, ele reunia membros da equipe de enfermagem que podiam ser dispensados por 10 a 15 mi-

---

* N. de T.: Do inglês, "conversa de giz". Uma conversa informal com os pontos pertinentes, diagramas, etc., escritos com giz (*chalk*) em um quadro.

nutos, os levava até a sala atrás do posto de enfermagem e pedia que lhe contassem interações com os pacientes nas horas anteriores que eles quisessem analisar. Depois que se desenvolveu uma atmosfera de confiança, com validação considerável e reforço positivo, os membros da equipe começaram a aguardar as reuniões com interesse e se tornaram mais comunicativos. As reuniões eram breves, focadas nas interações com os pacientes e repletas de ideias práticas sobre o que fazer. A prática de *role-play* se tornou comum e a equipe recebeu "minitarefas de casa" por meio das quais podiam praticar para a próxima interação com um determinado paciente. Essas *"chalk talks"* complementavam um currículo de treinamento para a equipe de enfermagem que era realizado nas reuniões dentro do horário de trabalho durante as quais os terapeutas da unidade ajudavam a cobrir as funções da equipe de enfermagem.

Outra unidade expandiu essas *"chalk talks"* determinando que não só o líder do programa, mas também todos os clínicos veteranos na DBT fossem mentores para dois ou três membros da equipe da linha de frente menos experientes. Apoiados pelo supervisor de enfermagem, os membros da equipe e o seu mentor se reuniam para "encontros de 30 minutos", uma vez por semana. A parte didática dessas reuniões, em geral durando 10 a 15 minutos, estava baseada em um currículo de princípios da DBT seguidos por *role-plays* de interações com os pacientes e tarefas conforme mencionado antes. A relação de mentoria se expandiu naturalmente para o "lado a lado", demonstração *in vivo* pelos mentores e alunos enquanto viam os pacientes juntos durante a semana. Por fim, de forma muito parecida com os terapeutas em DBT ambulatorial que estão disponíveis para *coaching* telefônico com seus pacientes entre as sessões, os mentores também se colocaram à disposição da sua "equipe" por *pager* para consultoria sobre estratégias em DBT quando a equipe estivesse gerenciando interações difíceis com os pacientes.

Em outro exemplo, em um contexto de PHP/IOP, a equipe clínica da linha de frente não terapeuta participa de um dos horários agendados com a equipe de consultoria, os quais são programados para permitir que todos os turnos participem. Aqueles que não conseguem participar de nenhuma das reuniões recebem um programa de oito semanas de treinamento de habilidades pela equipe em DBT, seguido pela supervisão em formato individual ou grupal. A expectativa persistente e explícita de aprender e usar habilidades em DBT no programa resulta na saída de alguns membros da equipe, pois se torna evidente para eles que isso não é o que querem fazer. Isso se assemelha ao processo na DBT de orientação e comprometimento para os pacientes. Quando os membros da equipe reconhecem a utilidade das habilidades e estratégias, tanto em termos da sua aplicação pessoal à vida do membro da equipe quanto em termos da aplicação profissional ao trabalho com pacientes com vidas miseráveis e que necessitam desesperadamente da intervenção, sua adesão e uso aumentam.

Algumas vezes, os membros da equipe que achavam que não poderiam arcar com os 90 minutos para uma consultoria, ou os membros administrativos que não acreditavam que isso fosse necessário, tornam-se mais receptivos e disponíveis para o processo, pois percebem que ele melhora o funcionamento da unidade ou do programa.

Temos observado que, com exceção dos pacientes, a equipe de enfermagem em programas de internação, os gerenciadores de caso, os funcionários responsáveis pela alta hospitalar e a equipe de apoio de pares em programas ambulatoriais nos contextos parciais ou residenciais têm as maiores dificuldades com isso. E quando estes membros da equipe são significativamente reconhecidos e trazidos para uma abordagem orientada para a DBT, eles podem se ver renovados, lembrando do que inicialmente os trouxe para o trabalho com saúde mental. Isso se traduz, é claro, em melhor atendimento para os pacientes.

COMENTÁRIOS FINAIS

Embora as pesquisas sejam escassas, inconclusivas e sobretudo apenas sugestivas em relação ao tratamento em DBT nos contextos parciais ou residenciais, a extensa base de experiência na implementação sugere fortemente que estes programas — internação, DTPs, PHPs e IOPs — permitem aplicações criativas e potentes dos princípios, estratégias e habilidades em DBT. O desenvolvimento desses programas na comunidade mais ampla do tratamento de saúde mental cria o instigante potencial para uso dos mesmos princípios e linguagem em diferentes níveis de programas em um *continuum* de atendimento.

REFERÊNCIAS

Bloom, J. M., Woodward, E. N., Susmaras, T., & Pantalone, D. W. (2012). Use of dialectical behavior therapy in inpatient treatment of borderline personality disorder: A systematic review. *Psychiatric Services*, 63(9), 881–888.

Bohus, M., Dyer, A. S., Priebe, K., Krüger, A., Kleindienst, N., Schmahl, C., et al. (2013). Dialectical behaviour therapy for post-traumatic stress disorder after childhood sexual abuse in patients with and without borderline personality disorder: A randomised controlled trial. *Psychotherapy and Psychosomatics*, 82(4), 221–233.

Bohus, M., Haaf, B., Limberger, M. F., Schmahl, C., Unckel, C., Lieb, K., et al. (2004). Effectiveness of inpatient dialectical behavioral therapy for borderline personality disorder: A controlled trial. *Behavioural Research and Therapy*, 42(5), 487–499.

Bohus, M., Haaf, B., Stiglmayer, C., Pohl, U., Böhm, R., & Linehan, M. (2000). Evaluation of inpatient dialectical behavioral therapy for borderline personality disorder — a prospective study. *Behavioural Research and Therapy*, 38(9), 875–887.

Linehan, M. M. (1993a). *Cognitive-behavioral treatment of borderline personality disorder*. New York: Guilford Press.

Linehan, M. M. (1993b). *Skills training manual for treating borderline personality disorder*. New York: Guilford Press.

Linehan, M. M. (2015). *DBT skills training manual* (2nd ed.). New York: Guilford Press.

Linehan, M. M., Comtois, E. F., & Ward-Ciesielski, E. F. (2012). Assessing and managing risk with suicidal individuals. *Cognitive and Behavioral Practice*, 19(2), 218–232.

Lothes, J. E., II, Mochrie, K. D., Quickel, E. J. W., & St. John, J. (2016). Evaluation of a dialectical behavior therapy-informed partial hospital program: Outcome data and exploratory analyses. *Research in Psychotherapy: Psychopathology, Process and Outcome*, 19(2), 150–156.

Lothes, J. E., II, Mochrie, K. D., & St. John, J. (2014). The effects of a DBT informed partial hospital program on depression, anxiety, hopelessness, and degree of suffering. *Journal of Psychology and Psychotherapy*, 4, 144–147.

Qin, P., & Nordentoft, M. (2005). Suicide risk in relation to psychiatric hospitalization. *Archives of General Psychiatry*, 62(4), 427–432.

Ritschel, L. A., Cheavens, J. S., & Nelson, J. (2012). Dialectical behavior therapy in an intensive outpatient program with a mixed-diagnostic sample. *Journal of Clinical Psychology*, 68(3), 221–235.

Simpson, E. B., Pistorello, J., Begin, A., Costello, E., Levinson, J., Mulberry, S., et al. (1998). Focus on women: Use of dialectical behavior therapy in a partial hospital program for women with borderline personality disorder. *Psychiatric Services*, 49(5), 669–673.

Swenson, C. R., Sanderson, C., Dulit, R. A., & Linehan, M. M. (2001). The application of dialectical behavior therapy for patients with borderline personality disorder on inpatient units. *Psychiatric Quarterly*, 72(4), 307–324.

Swenson, C. R., Witterholt, S., & Bohus, M. (2007). Dialectical behavior therapy on inpatients units. In L. A. Dimeff & K. Koerner (Eds.), *Dialectical behavior therapy in clinical practice* (pp. 69–111). New York: Guilford Press.

Ward-Ciesielski, E. F., & Rizvi, S. L. (2020). The potential iatrogenic effects of psychiatric hospitalization to suicidal behaviors: A critical review and recommendations for research. *Clinical Psychology: Science and Practice*. Retrieved from https://onlinelibrary.wiley.com/doi/full/10.1111/cpsp.12332.

Yen, S., Johnson, J., Costello, E., & Simpson, E. B. (2009). A 5-day dialectical behavior therapy partial hospital program for women with borderline personality disorder: Predictors of outcome from a 3-month follow-up study. *Journal of Psychiatric Practice*, 15(3), 173–182.

6

Aplicação da DBT em um contexto escolar

*Elizabeth T. Dexter-Mazza, James J. Mazza,
Alec L. Miller, Kelly Graling,
Elizabeth Courtney-Seidler e Dawn Catucci*

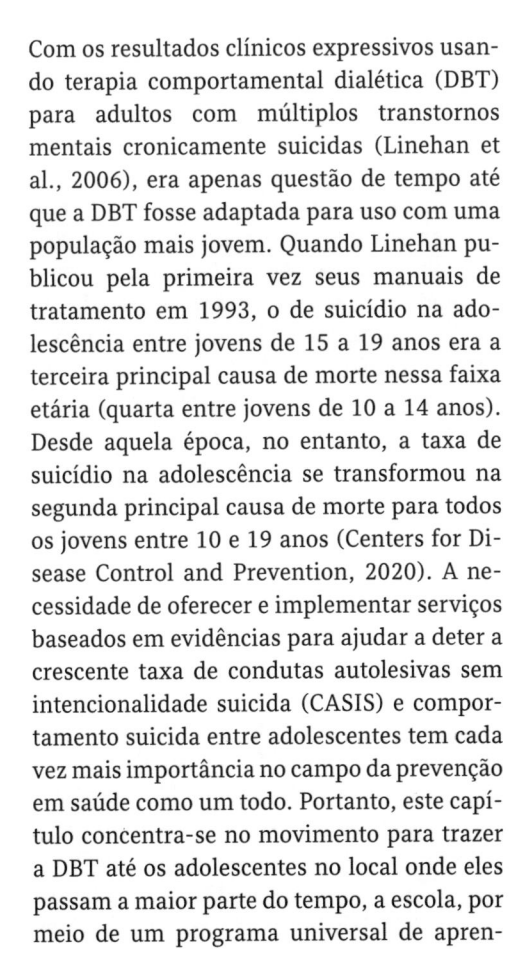

Com os resultados clínicos expressivos usando terapia comportamental dialética (DBT) para adultos com múltiplos transtornos mentais cronicamente suicidas (Linehan et al., 2006), era apenas questão de tempo até que a DBT fosse adaptada para uso com uma população mais jovem. Quando Linehan publicou pela primeira vez seus manuais de tratamento em 1993, o de suicídio na adolescência entre jovens de 15 a 19 anos era a terceira principal causa de morte nessa faixa etária (quarta entre jovens de 10 a 14 anos). Desde aquela época, no entanto, a taxa de suicídio na adolescência se transformou na segunda principal causa de morte para todos os jovens entre 10 e 19 anos (Centers for Disease Control and Prevention, 2020). A necessidade de oferecer e implementar serviços baseados em evidências para ajudar a deter a crescente taxa de condutas autolesivas sem intencionalidade suicida (CASIS) e comportamento suicida entre adolescentes tem cada vez mais importância no campo da prevenção em saúde como um todo. Portanto, este capítulo concentra-se no movimento para trazer a DBT até os adolescentes no local onde eles passam a maior parte do tempo, a escola, por meio de um programa universal de aprendizagem social e emocional (SEL, do inglês *social-emotional learning*) e saúde mental baseada na escola.

HISTÓRICO DA DBT PARA ADOLESCENTES

Na década de 1990, Miller, Rathus, Leigh, Wetzler e Linehan (1997) começaram a aplicar DBT para adolescentes suicidas com múltiplos problemas assim como para suas famílias em uma clínica ambulatorial em um bairro pobre. Na época, não existiam tratamentos baseados em evidências para adolescentes suicidas e, supreendentemente, muitos tratamentos pesquisados para depressão e transtornos relacionados excluíam jovens suicidas. Estes investigadores a princípio adotaram e depois adaptaram o texto original de Linehan (1993a, 1993b) e o manual de treinamento de habilidades para adolescentes e famílias que procuraram ajuda na clínica. Eles continuaram realizando algumas pesquisas preliminares (Rathus & Miller, 2002) e mais tarde publicaram seus manuais de tratamento: *DBT for Suicidal Adolescents* e *DBT Skills Training Manual for Adolescents* (Miller, Rathus, & Linehan, 2007; Rathus & Miller, 2015).

Até o momento, foram realizadas duas revisões e uma metanálise com o objetivo de examinar os resultados da DBT para adolescentes em vários contextos de tratamento (Cook & Gorraiz, 2016; Groves, Backer, van den Bosch, & Miller, 2012; MacPherson, Cheavens, & Fristad, 2013). Há 18 ensaios clínicos abertos e quase-experimentais publicados de DBT com adolescentes realizados em contextos de tratamento ambulatorial, parcial e residencial. Desde que esses artigos foram publicados, diversos ensaios clínicos controlados randomizados (ECRs) de DBT com adolescentes já foram agora concluídos. Os ECRs recentes examinados a seguir forneceram fortes evidências de que a DBT é um tratamento efetivo para adolescentes que apresentam CASIS e comportamentos suicidas em contextos clínicos. Além disso, há um apoio cada vez maior para a implementação da DBT em escolas e sua eficácia na redução de comportamentos suicidas e outros comportamentos problemáticos.

ESTUDOS CLÍNICOS AMBULATORIAIS COM ADOLESCENTES

O primeiro ECR de DBT com adolescentes foi conduzido por Mehlum e colaboradores (2014, 2016). Os participantes eram 77 jovens (de 12 a 18 anos de idade) recrutados de clínicas psiquiátricas ambulatoriais para crianças e adolescentes em Oslo, na Noruega, com uma história de pelo menos dois episódios de autolesão, com um deles tendo ocorrido nos últimos quatro meses, e satisfazendo no mínimo dois critérios do DSM-IV para transtorno da personalidade *borderline* (TPB). Os adolescentes foram randomizados para receber DBT abrangente (C-DBT, do inglês *comprehensive dialectical behavioral therapy*; sessões individuais semanais, grupo de habilidades multifamiliar semanais, sessões em família quando necessário [não mais de quatro] e *coaching* telefônico entre as sessões, quando necessário, com o terapeuta primário) ou cuidados usuais aprimorados (EUC, do inglês *enhanced usual care*; terapia psicodinâmica ou terapia cognitivo-comportamental [TCC]) por 19 semanas. Os desfechos primários para o estudo foram incidentes de comportamentos suicidas, CASIS, ideação suicida autorrelatada e nível de sintomatologia depressiva (tanto autorrelatado quando avaliado em entrevista). Na conclusão do tratamento, os pacientes que participaram na DBT experimentaram reduções estatisticamente significativas em todos os desfechos primários supracitados. Os adolescentes que receberam somente EUC demonstraram apenas reduções significativas nos sintomas depressivos autorrelatados. Além disso, os pacientes que receberam DBT experimentaram uma redução significativamente mais acentuada nos sentimentos de desesperança e nos sintomas de TPB.

No seguimento de um ano, os resultados indicaram que os adolescentes que receberam DBT demonstraram uma redução significativamente maior nos episódios de autolesão (Mehlum et al., 2006). Embora a DBT tenha resultado em um declínio mais rápido na ideação suicida, nos sintomas depressivos e na sintomatologia *borderline* em comparação com o grupo recebendo EUC, essas diferenças não foram estatisticamente significativas no seguimento de um ano.

Um segundo ECR foi concluído recentemente. O estudo Collaborative Adolescent Research on Emotions and Suicide (CARES) é um ECR multicêntrico conduzido na University of Washington, no Seattle Children's Hospital, no Harbor-UCLA Medical Center e na University of California, Los Angeles. No total, 170 adolescentes (de 13 a 17 anos de idade) foram incluídos no estudo entre os centros. Os critérios de inclusão consistiam em ideação suicida atual, no mínimo uma situação de CASIS ou uma tentativa de suicídio e dificuldades com desregulação emocional e impulsividade como características de

TPB. Os adolescentes foram randomizados para receber C-DBT ou terapia individual e de apoio em grupo (IGST, do inglês *individual and supportive group therapy*) por um período de seis meses. Os resultados preliminares mostram um declínio significativo global nas tentativas de suicídio durante o curso do tratamento em todos os grupos. Sendo que na condição de tratamento da DBT essa redução foi significativamente mais relevante (DBT — taxa de 10% e IGST — taxa de 20%) (McCauley et al., 2016). Os resultados iniciais também indicam uma maior redução em CASIS entre os jovens na condição de DBT comparados àqueles no grupo com IGST, com taxas de prevalência pós-tratamento de 33,8% no grupo com DBT comparado com 60% no grupo com IGST. Por último, houve um maior declínio na ideação suicida dentro do grupo que recebeu DBT comparado ao grupo com IGST durante o curso do tratamento. Os indivíduos que receberam DBT demonstraram uma redução de 26,21 pontos em ideação suicida quando medida pelo Suicide Ideation Questionnaire (Reynolds, 1987), em comparação com uma redução de 19,24 pontos na condição com IGST. Estes resultados preliminares fornecem apoio adicional para a eficácia da DBT na redução de comportamentos suicidas, CASIS e ideação suicida em jovens.

A NECESSIDADE DE SERVIÇOS DE SAÚDE MENTAL NA CONTRAMÃO DO QUE É FEITO USUALMENTE EM CONTEXTOS ESCOLARES

Apesar das evidências clínicas de um tratamento apoiado empiricamente para jovens com múltiplos problemas, a necessidade de serviços de saúde mental entre os jovens continua não atendida, com pesquisas na comunidade indicando que 80% dos jovens com necessidade de tratamento de saúde mental não a receberão (Kataoka, Zhang, & Wells, 2002). Estas estatísticas são alarmantes e levaram alguns pesquisadores em saúde mental a se voltarem para as escolas como um local para implementar tratamentos baseados em evidências (Doll & Cummings, 2008). Os contextos escolares proporcionam um ambiente ideal para fornecer habilidades de regulação emocional usando uma abordagem proativa. Como a maioria dos países oferece serviços educacionais a adolescentes, incluir estratégias de enfrentamento e habilidades para tomada de decisão que foquem no sofrimento emocional proporciona uma abordagem, na contramão do que é usualmente desenvolvido, única que complementa o currículo acadêmico ao ajudar a educar a criança como um todo, ao mesmo tempo que também reduz a probabilidade de CASIS e/ou comportamento suicida.

São inúmeras as vantagens na implementação das habilidades e/ou serviços em DBT nas escolas. Primeiramente, as escolas se tornaram um contexto *"de facto"* para fornecer serviços de saúde mental (Cook, Burns, Browning-Wright, & Gresham, 2010). Uma revisão de três levantamentos nacionais que examinaram os serviços de saúde mental para estudantes entre 6 e 17 anos de idade constatou que cerca de 80% dos estudantes identificados com necessidade de serviços de saúde mental não os haviam recebido nos 12 últimos meses (Kataoka et al., 2002); a pequena porção que conseguiu esses serviços os obteve em sua grande maioria na escola. Além do mais, Catron e Weiss (1994) descobriram que 98% dos alunos encaminhados para tratamento de saúde mental em suas escolas receberam os serviços, comparados a menos de 20% dos que foram encaminhados para agências externas e realmente receberam os serviços.

A segunda vantagem é o próprio contexto escolar. As escolas têm uma audiência cativa e consistente, significando que os adolescentes já estão chegando a este ambiente para aprender academicamente, de modo que acrescentar habilidades e/ou serviços de saúde mental seria uma adequação natural. Isso permite que ocorra continuidade dos serviços, treinamento e monitoramento do progresso, ao mesmo tempo que também fornece o contexto para praticar habilidades e estratégias da DBT dentro do ambiente natural.

Relacionada ao contexto escolar, a terceira vantagem é que alguns dos estressores emocionais significativos com que os adolescentes se defrontam acontecem na escola. Exemplos desses estressores incluem, mas não se limitam a: desempenho acadêmico, interações sociais, rejeição/*bullying* dos pares, orientação sexual e questões relacionadas à intimidade. Assim, o ambiente escolar oferece um contexto prático para os alunos usarem e refinarem suas estratégias em DBT frente a estressores emocionais que estão experimentando atualmente. Este tipo de aplicação na "vida real" permite um aumento na generalização.

Uma quarta vantagem do contexto escolar é que a aplicação das habilidades e dos demais serviços em DBT não depende dos pais. Uma das maiores barreiras para adolescentes que recebem serviços de saúde mental é a dependência do envolvimento de um ou ambos os pais. Além disso, pesquisas mostraram que os estressores na vida dos pais podem muitas vezes serem obstáculos que os impedem de ajudar os filhos a receber os serviços de saúde mental de que precisam (Wagner et al., 1997).

A aplicação das habilidades e dos demais serviços de DBT em contextos escolares não deixa de ter seus desafios. A maior barreira para a implementação desses serviços nas escolas são os recursos na forma de tempo, dinheiro e pessoal treinado. As escolas têm mencionado com frequência problemas de tempo no que diz respeito à programação de currículos de SEL (do inglês *social and emotional learning*) ou serviços de saúde mental (classes ou serviços individuais) que ocupam o tempo da instrução acadêmica. Entretanto, as pesquisas não corroboram esta noção; na verdade, os resultados de pesquisas de escolas que investiram tempo para implementar programas de SEL apresentaram aumentos no GPA,* menos encaminhamentos por problemas disciplinares e menos problemas de manejo em sala de aula do que as escolas que não implementaram programas de SEL (Cook et al., 2015).

APLICANDO C-DBT EM CONTEXTOS ESCOLARES

Em 2007, Miller e colaboradores começaram a prestar consultoria em escolas em Westchester County, Nova Iorque, para desenvolver e implementar um programa em escolas baseado na DBT abrangente (SB-DBT, do inglês *school-based comprehensive DBT*) (Miller et al., 2007). Os resultados preliminares de um ensaio aberto em uma escola de ensino médio no subúrbio em Westchester County (Mason, Catucci, Lusk, & Johnson, 2009) mostraram que os adolescentes que participaram na SB-DBT tiveram redução de encaminhamentos disciplinares para a diretoria, das faltas às aulas, das detenções e suspensões e uma diminuição pontual em depressão, ansiedade e CASIS. Os adolescentes em um programa de SB-DBT abrangente em uma escola de ensino médio em Pleasantville, Nova Iorque (Dadd, 2016), apresentaram reduções significativas em depressão e estresse social quando medidos pelo Behavior Assessment System for Children — Second Edition (BASC-2); aumento nas habilidades de enfrentamento adaptativas, em particular habilidades de *mindfulness*; e aumento nas habilidades para tolerar o mal-estar e a redução nas estratégias de enfrentamento desadaptativas.

Ao aplicar o modelo de SB-DBT abrangente além de Nova Iorque, uma grande escola públi-

---

* N. de T. A sigla GPA, do inglês *grade point average*, ou algo como "média de pontos das notas" na tradução direta, é um número que tem o objetivo de dar uma visão geral de como foi o seu desempenho acadêmico ao longo de um determinado período de estudos, em geral o ensino médio ou a graduação. Em português, normalmente é chamado de "média ponderada".

ca de ensino médio em Portland, Oregon, forneceu serviços de SB-DBT a 56 estudantes do ensino médio com alto risco (i.e., com histórico de CASIS, tentativas de suicídio e ideação suicida [Hanson, 2015]). Os resultados indicaram que, antes da implementação da SB-DBT, ocorriam um ou dois suicídios por ano e, nos nove anos desde a implementação da SB-DBT, não ocorreu nenhum caso. Examinando os resultados mais gerais em nível de ensino médio, Hanson (2015) relatou que havia, em média, dois encaminhamentos para programas de tratamento-dia por ano antes da implementação de DBT e apenas um encaminhamento nos nove anos seguintes à implementação do programa de SB-DBT. Especificamente, os alunos adolescentes que estavam participando de SB-DBT também apresentaram melhora significativa no GPA desde a pré-intervenção até a pós-intervenção e reduções significativas em ansiedade, depressão, estresse social e controle da raiva quando medidos pelo BASC-2 (Hanson, 2015). No entanto, é importante reconhecer que as pesquisas com SB-DBT representam uma pequena porção dos estudantes que frequentam contextos escolares e que foram identificados por meio de alguma triagem/encaminhamento como sendo de alto risco e/ou se engajaram em comportamento de autolesão/suicida. Assim, existe a necessidade do desenvolvimento de estratégias de prevenção destinadas a todos os alunos, oferecendo uma abordagem no sentido oposto do usual em nível universal para reduzir o número daqueles estudantes que passam a ser de alto risco ou se engajam em comportamento de autolesão/suicida.

O CAMINHO CONTRA A CORRENTEZA DA SB-DBT: DA INTERVENÇÃO À PREVENÇÃO

Está claro que a C-DBT é efetiva na redução de suicídio e CASIS, uso de substância, depressão, desesperança, transtornos alimentares e raiva, e isso resulta em uma melhora no funcionamento global (Harned et al., 2008; Koons et al., 2001; Linehan et al., 2006). Além do mais, vários estudos demonstraram que uma intervenção somente de habilidades em DBT também proporciona uma redução significativa em problemas relacionados a transtornos alimentares, abuso na infância, transtorno de déficit de atenção e hiperatividade (TDAH), depressão e comportamentos relacionados à ansiedade (Safer, Telch, & Agras, 2001; Bradley & Follingstad, 2003; Hirvikoski et al., 2011; Neacsiu, Eberle, Kramer, Wiesmann, & Linehan 2014). Segundo Linehan e colaboradores (2015), em uma análise dos componentes dos diferentes modos da DBT (i.e., DBT individual vs. grupo de habilidades em DBT somente vs. C-DBT individual + grupo de habilidades), as intervenções com treinamento de habilidades em DBT são superiores àquelas sem melhora de CASIS, depressão e ansiedade. Além do mais, as habilidades em DBT explicam as melhoras em problemas relacionados a suicídio e CASIS, depressão, ansiedade, raiva, regulação emocional e dificuldades interpessoais. É importante notar que no estudo de análise dos componentes, para cada grupo de intervenção, os terapeutas que trabalharam com DBT tinham uma equipe de consultoria em DBT com a qual se reuniam semanalmente. Além disso, aqueles na condição de somente grupo de habilidades em DBT também receberam manejo de caso intensivo e usaram o protocolo da DBT para risco de suicídio. Este ponto é importante, pois enfatiza a necessidade do suporte da equipe de consultoria para o terapeuta em DBT e o uso de protocolos para suicídio ao trabalhar com indivíduos em risco para suicídio e outros comportamentos de ameaça iminente à vida. Esta população é significativamente diferente das populações antes listadas (p. ex., aqueles diagnosticados com TDAH, depressão, transtornos alimentares) e a população universal de estudantes para os quais foi destinado o currículo de DBT Skills in Schools: Skills Training for Emotional Problem Solving for Adolescents (DBT STEPS-A).

Levando em consideração que as habilidades da DBT se mostraram efetivas em muitas áreas e, em geral, são consideradas habilidades úteis na vida cotidiana, Mazza e colaboradores (2016) desenvolveram um currículo de SEL para estudantes do ensino médio com base nas habilidades da DBT. O DBT STEPS-A é um currículo com 30 lições que foi desenvolvido para ser integrado a um currículo escolar de educação geral. Ele é descrito em detalhes posteriormente neste capítulo.

O currículo da DBT STEPS-A foi testado em escolas dentro dos Estados Unidos e internacionalmente. Escolas em Cork, na Irlanda, avaliaram a eficácia do programa da DBT STEPS-A em nove ambientes escolares (Flynn, Joyce, Weihrauch, & Corcoran, 2018). O estudo avaliou dados de 479 estudantes de 15 a 16 anos, com 385 estudantes recebendo a classe de intervenção ativa em um dos oito ambientes escolares e 94 estudantes no grupo-controle. Os escores dos participantes no BASC-2 (medida ampla) e no DBT Ways of Coping Checklist (DBT-WCCL; medida restrita) foram examinados pré e pós-intervenção como medidas dos resultados. No exame dos escores pré-intervenção, foram encontrados escores similares nos dois grupos, tanto nas medidas amplas quanto restritas. Devido a muitas variações do currículo de DBT STEPS-A nas diferentes escolas de ensino médio, as comparações do grupo-controle consistiam em 72 estudantes do sexo feminino de duas escolas de ensino médio. Os resultados mostraram que aqueles adolescentes que receberam o currículo de DBT STEPS-A apresentam escores significativamente menores no BASC-2 Emotion Symptom Index e no BASC-2 Internalizing Problems, indicando menos dificuldades de saúde mental, comparados aos pares que não receberam a DBT STEPS-A. Além do mais, os tamanhos do efeito para essas duas comparações foram grandes, com F quadrado de Cohen igual a 0,65 e 0,83, respectivamente. Não houve diferenças relatadas entre os grupos no DBT-WCCL (Flynn et al., 2018). A coleta de dados permanente continua nas escolas que implementaram o currículo em DBT STEPS-A.

CONTINUUM DE SERVIÇOS NAS ESCOLAS

O currículo em DBT STEPS-A

Considerando que a maioria dos adolescentes experimenta sofrimento emocional durante o ensino médio, fornecer habilidades ou estratégias para ajudá-los a lidarem com o estresse emocional atual ou futuro seria uma abordagem preventiva para a redução da probabilidade de os estudantes se engajarem em CASIS e comportamentos suicidas. O currículo em DBT STEPS-A (Mazza et al., 2016) é um currículo SEL focado no desenvolvimento de habilidades de regulação emocional, de efetividade interpessoal e de tomada de decisão de adolescentes no ensino médio. Ele é concebido para ser implementado em um nível universal e ensinado por professores de educação geral, embora os profissionais especializados no contexto escolar, como conselheiros, psicólogos e assistentes sociais da escola, também possam ensiná-lo.

Considerando os dados que corroboram os benefícios de ensinar habilidades em DBT isoladamente a indivíduos com uma variedade de dificuldades leves a moderadas conforme antes citado, Mazza e colaboradores (2016) desenvolveram um currículo SEL com base nas habilidades em DBT (Linehan, 1993b; Linehan, 2014; Miller et al. 2007). O currículo consiste em 30 planos de lições individuais que abrangem uma orientação para a DBT STEPS-A, os princípios da dialética e habilidades de cada um dos quatro módulos de habilidades em DBT (i.e., *mindfulness*, tolerância ao mal-estar, regulação emocional e efetividade interpessoal). Cada lição é planejada para um período de aula de 50 minutos e pode ser adaptada quando necessário a diversas durações de tempo. Cada lição é estruturada igualmente, começando com um exercício de *mindfulness*, seguido pela análise da tarefa de casa, depois o ensino de novas habilidades que incluem múltiplos exemplos e exercícios interativos, o que compreende a maior parte dos 50 minutos, e termina com um resumo da aula e a distribuição da nova tarefa de casa.

O nível de instrução recomendado para ensinar o currículo de habilidades no nível 1 nos Estados Unidos é um professor de educação geral que tenha algum conhecimento em saúde mental, como um professor de saúde e bem-estar. Essa recomendação está baseada no conceito de ter alguém dentro da estrutura escolar que esteja familiarizado com os alunos, fazendo parte da equipe de instrução em educação geral e dê aulas que façam parte do currículo básico da escola, dessa forma desempenhando um papel semelhante ao de um professor de ciências ou matemática. Os treinadores de atividades esportivas foram identificados como instrutores ideais porque frequentemente recebem a tarefa de dar instrução sobre drogas e álcool, comportamento sexual de risco, *bullying* e prevenção de suicídio/depressão; eles, portanto, têm alguns antecedentes relacionados a questões de saúde mental. Além disso, os alunos já estão acostumados com a abordagem desses tópicos pessoais pelos professores de saúde. No entanto, outros tipos de professores de educação geral ou membros da equipe escolar também podem fornecer instrução de habilidades, tais como o professor de línguas e literatura, professor de ciências, um treinador, conselheiro escolar ou um professor/membro da equipe que proporcione um ambiente receptivo e não julgador no qual os alunos se sentirão confortáveis e apoiados ao aprenderem e praticarem novas habilidades.

Educando a criança como um todo

Conforme dito antes, a oportunidade para os alunos aprenderem estratégias de enfrentamento e habilidades de tomada de decisão que focam na regulação emocional e no bem-estar mental é complementar a aprendizagem acadêmica e melhorar a capacidade deles de atingirem seu potencial educacional. Dada a natureza complementar dos programas SEL com as conquistas acadêmicas, as escolas se tornaram um contexto ideal, um ambiente integrador, onde se dá a educação da criança como um todo. A implementação de programas SEL, especificamente habilidades e/ou serviços em DBT, deve ocorrer em paralelo com a implementação do currículo acadêmico, significando que as estruturas de implementação do serviço precisam abordar as variadas necessidades emocionais dos alunos. Assim, alinhar a implementação de habilidades e/ou serviços em DBT ao longo de um *continuum* de apoio, como um sistema de apoio de múltiplos níveis (MTSS, do inglês *multi-tiered system of support*), fornece um guia teórico para a dimensão de serviços de apoio necessários para se adequar às necessidades dos alunos. Os três níveis dentro do MTSS são explicados em maiores detalhes a seguir, incluindo como o currículo em DBT STEPS-A é implementado dentro de uma estrutura do MTSS.

O primeiro nível do MTSS ocorre universalmente, significando que os serviços nesse nível são para todos os alunos. Infelizmente, quando as escolas usam um sistema de identificação para determinar as necessidades dos alunos, esse nível em geral recebe atenção e/ou recursos mínimos devido à ausência de necessidades formais identificadas. Porém, é o nível universal que oferece a abordagem mais preventiva ao fornecer aos alunos habilidades em DBT STEPS-A antes que o sofrimento emocional resulte em comportamentos disfuncionais severo e/ou autolesão. Ademais, um programa em DBT STEPS-A ensinado no nível universal oferece a mais ampla aplicação dentro de contextos escolares, o que aumenta a probabilidade de treinamento e apoio entre os pares, além de mudar o ambiente e a cultura da escola (a fim de que seja menos julgadora) e apoiar o uso de habilidades efetivas a partir de uma linguagem comum. A crescente oportunidade para os adolescentes ajudarem uns aos outros durante momentos emocionalmente estressantes não pode ser superestimada, pois as pesquisas continuam a mostrar que os adolescentes tendem a se expor primeiro uns aos outros antes de procurar a ajuda de um adulto (Mazza & Miller, no prelo).

O segundo nível dentro do MTSS ocorre para um grupo selecionado, significando que os serviços são fornecidos a alunos que foram identificados como "em risco" para dificuldades acadêmicas e/ou emocionais. Os estudantes neste nível se beneficiam de mais oportunidades e tempo para praticar habilidades e para estratégias de tomada de decisão. As estratégias para implementar a DBT STEPS-A neste nível incluem, mas não estão limitadas a, ensino em salas de aula de 10 a 15 alunos, em vez dos 25 a 30 alunos no nível 1. Essa estratégia oferece crescentes oportunidades para engajar os alunos no desenvolvimento de habilidades com mais profundidade e prática além da sala de aula na escola. A segunda estratégia de implementação neste nível é alocar mais tempo para cada habilidade; isso pode ser feito usando dois períodos de aula para o desenvolvimento e aquisição de habilidades ou percorrendo as habilidades duas vezes, sendo que a ideia é que, depois que os alunos entendem como as habilidades estão inter-relacionadas, a prática e a generalização das habilidades e/ou serviços serão mais significativas. Por fim, deve-se permitir um tempo individual dos alunos com o professor ou outro membro da equipe escolar para prática, treinamento ou mentoria baseados em eventos específicos (i.e., convidar alguém para sair, participar de um evento esportivo, dizer "não" a um amigo que quer que você use drogas). Este tempo individual seria oferecido quando necessário, por iniciativa do aluno e durante o horário escolar.

O terceiro nível nas escolas é para alunos com indicação de intervenção para problemas contínuos; isso ocorre quando os alunos estão experimentando dificuldades emocionais e comportamentais constantes e o treinamento no nível 2 não é suficiente devido à natureza contínua dos problemas. Neste nível, o desenvolvimento de habilidades pode ser mais demorado de ensinar, ao mesmo tempo que exige mais oportunidades de prática. Por essas razões, as estratégias de implementação incluem as mesmas do nível 2, juntamente com a implementação de serviços adicionais. Primeiro, o tempo individual semanal para cada aluno precisa ser agendado com o professor ou conselheiro escolar; ele pode durar apenas 15 minutos ou até 45 minutos. O tempo estipulado permite aos alunos uma oportunidade previsível para receber treinamento e mentoria individual que sejam específicos ao seu conjunto particular de habilidades ou situação; isso não é considerado, nem substitui, psicoterapia individual para aqueles que precisam de um nível superior de cuidados. Além das sessões individuais semanais com o professor ou conselheiro escolar no nível 3, as escolas oferecem um seminário de treinamento em habilidades para estes, pelo menos uma vez por módulo durante a noite, para que estes possam ter conhecimento das habilidades que o filho está adquirindo e saber como melhor apoiá-lo enquanto estiver praticando as novas habilidades. Embora este componente esteja diretamente incluído no nível 3 de intervenção, um seminário de habilidades com os pais pode ser benéfico em qualquer nível de intervenção. Essa estratégia está incorporada na maioria dos grupos ambulatoriais em DBT com adolescentes juntamente com a integração das habilidades de trilhar o caminho do meio.

Por último, como os alunos no nível 3 muitas vezes apresentam comportamentos de alto risco e/ou desafiadores, recomenda-se que os professores ou a escola incentivem reuniões regulares da equipe (i.e., uma vez por semana ou mês). Essa reunião ofereceria suporte e sugestões para casos difíceis. Ela atua como uma caixa de ressonância e fornece consultoria aos professores que têm a tarefa de ensinar as habilidades aos alunos, ao mesmo tempo que também oferece suporte via *coaching* dos pares pelos pares, *role-playing* e mentoria aos professores/indivíduos que estão ensinando as habilidades.

Conforme mencionado antes, a implementação da DBT STEPS-A no nível 3 não consiste em fornecer serviços de psicoterapia em que um aluno teria metas de tratamento específicas ou mesmo um plano de tratamento. Os alunos que precisam de serviços terapêuticos seriam encaminhados para tratamento ambulatorial, como DBT abrangente. Visto que se sabe que apenas 20% dos alunos encaminhados para serviços de saúde mental ambulatorial recebem tratamento (Kataoka et al., 2002), recomenda-se que as escolas desenvolvam programas de saúde mental no contexto escolar, o que permitiria que um número maior de alunos receba o tratamento necessário. Assim, para abordar as maiores necessidades de alguns alunos, ao mesmo tempo que se mantêm os serviços dentro de contextos escolares, a implementação da SB-DBT segue um *continuum*. Os serviços e habilidades em SB-DBT abordam o próximo nível de intervenção se os serviços no nível 3 não forem suficientes ou se o aluno estiver engajado em comportamentos mais severos e/ou agudos, como uso de substância, comportamentos suicidas ou CASIS (p. ex., cortar-se, queimar-se). A seção a seguir descreve a implementação da SB-DBT abrangente.

SB-DBT abrangente

Modos e funções

A SB-DBT em escolas é semelhante à DBT ambulatorial, pois é definida como tendo quatro modos de implementação: aconselhamento individual, grupo de habilidades, *coaching* e equipe de consultoria. Esses quatro modos são planejados para cumprir as cinco funções da DBT: ensinar habilidades, motivar os pacientes, generalizar as habilidades para os ambientes naturais, motivar e aprimorar as habilidades dos terapeutas e estruturar o ambiente (ver Miller, Rathus, Dexter-Mazza, Brice, & Graling, Capítulo 16 deste livro). Todos os modos e funções da DBT devem, em última análise, estar presentes em um contexto para satisfazer os critérios de SB-DBT abrangente. A seguir, serão discutidos cada um desses quatro modos, com um foco específico nas modificações para adequá-los a um contexto escolar.

Aconselhamento individual

A função do aconselhamento individual em DBT nas escolas é aumentar a motivação dos alunos para reduzir comportamentos de enfrentamento desadaptativos, ao mesmo tempo que aprendem a aplicar comportamentos substitutos mais adaptativos (i.e., habilidades). As sessões individuais podem ocorrer com frequência variável, dependendo do nível de sofrimento do aluno ou da gravidade do prejuízo funcional. O aconselhamento individual costuma ser dado por um conselheiro escolar, como o psicólogo, assistente social ou outro membro da escola treinado em saúde mental.

O conselheiro escolar é responsável por desenvolver o plano de tratamento do aluno, identificar os alvos e metas do tratamento, orientar o aluno para SB-DBT e assegurar o comprometimento dele com a SB-DBT. Depois que o estudante se comprometeu em participar na SB-DBT, cada sessão individual inicia com o conselheiro escolar e o aluno examinando o cartão diário semanal dele. O cartão diário acompanha os comportamentos funcionais e disfuncionais (personalizados para cada aluno), a intensidade da emoção e o uso de habilidades diariamente. O cartão diário é uma ferramenta essencial em DBT individual, pois permite que o conselheiro obtenha uma visão abrangente da semana do aluno em um curto período de tempo e indique quais comportamentos devem ser alvo da sessão. Os comportamentos-alvo são então selecionados com base na hierarquia dos alvos prioritários (comportamentos de ameaça iminente à vida primeiro, comportamentos que interferem na terapia em seguida, seguidos por comportamentos que interferem na qualidade de vida); enquanto isso, simultaneamente são aumentadas as habilidades comportamentais (Miller et al., 2007). Semelhante à DBT ambulatorial abrangente, a SB-DBT segue todos os mesmos procedimentos e princípios. A principal adaptação feita para as escolas é a duração de cada sessão. De modo similar ao grupo de habilidades em SB-DBT, as sessões individuais duram entre 30 e 45 minutos. Assim sendo, o conselheiro deve examinar rapidamente o cartão diário e se manter focado em selecionar de forma efetiva os comportamentos-alvo.

Grupo de habilidades

A função de um grupo de habilidades é adquirir, fortalecer e generalizar habilidades socioemocionais (Rathus & Miller, 2015). As habilidades em DBT são ensinadas proativamente, pelo menos uma vez por semana, e o ensino segue o programa de treinamento de habilidades em DBT descrito em Rathus e Miller (2015). Para que sejam viáveis em um contexto escolar, os grupos em geral são conduzidos dentro de um período escolar de 42 a 50 minutos. Algumas escolas conseguem realizar grupos por 60 a 75 minutos; no entanto, esta prática é menos comum. As escolas costumam utilizar alguma combinação de equipe de saúde mental, professores e orientadores educacionais para coliderar grupos de habilidades em DBT. Cada grupo de habilidades compreende cerca de 4 a 8 alunos para que haja tempo suficiente para a análise da tarefa de casa e o ensino do conteúdo de novas habilidades. Idealmente, dois membros da equipe treinados cofacilitam cada grupo, com um deles atuando como "líder do grupo" (responsável por liderar a análise da tarefa de casa, ensinar a habilidade e engajar os alunos em discussão relevante), enquanto o outro membro da equipe tem o papel de colíder para monitorar a participação dos alunos e abordar comportamentos do grupo que interferem na terapia e sair da sala com algum aluno quando necessário. Este papel dá sustentação ao líder do grupo para que ele possa continuar a focar no conteúdo didático da lição, a principal função do grupo. O grupo de habilidades examina cada um dos cinco módulos de habilidades durante o encontro: *mindfulness*, efetividade interpessoal, tolerância ao mal-estar, regulação emocional e trilhando o caminho do meio (ver Rathus & Miller, 2015, para descrições completas de cada módulo de habilidades).

Coaching

Ao contrário da DBT ambulatorial, a SB-DBT abrangente se baseia no *coaching in vivo* e/ou no *coaching* que ocorre no contexto de atendimento parcial/ambiente escolar. Os alunos podem procurar *coaching* com um membro da equipe preparado, quando então recebem instrução direta (de forma oportuna) sobre como aplicar as habilidades à desregulação emocional atual, lidar com o mal-estar emocional ou obter ajuda utilizando uma habilidade para resolver um problema existente. A função do *coaching* é generalizar as habilidades ensinadas no grupo. O *coaching in vivo* no contexto escolar oferece a oportunidade única de treinar os alunos quando eles estão verdadeiramente no estado emocional em que o uso das habilidades é mais importante. Esse membro da equipe deve ser capaz de estimular e reforçar o uso de habilidades, além de evitar que um problema escale ainda mais. É importante observar que o *coaching* é uma intervenção breve focada na aplicação imediata das habilidades. Ele difere do aconselhamento individual por abordar apenas o problema em questão (p. ex., ajudar um aluno a fazer uma solicitação com habilidade, resistir ao impulso de CASIS, reduzir emoção intensa ou voltar a se regular depois de um conflito sem escalar para uma briga física).

A meta do *coaching* é ajudar os alunos a regularem suas emoções e comportamentos e trazê-los de volta para a classe assim que possível. O conselheiro escolar que trabalha com o aluno em geral fornece o *coaching* de habilidades porque este membro da equipe conhece melhor os comportamentos-alvo do aluno. No entanto, devido às restrições de tempo e disponibilidade de um membro da equipe, outro membro treinado em DBT também deve ser capaz de oferecer *coaching* de habilidades. O encontro do grupo de habilidades ou outro momento de aconselhamento individual ao aluno não devem ser interrompidos para dar treinamento a outro aluno que solicite o mesmo. Semelhante à DBT ambulatorial, os alunos devem ser orientados a usar as habilidades até que o *coaching* esteja disponível. Os conselheiros escolares são encorajados a fornecer um espaço, como uma área de espera, que seja propício para os alunos usarem as habilidades de forma independente (p. ex., disponibilizando fichas de tarefas com os prós/contras, itens para a prática de habilidades de autoacalmar-se e distração, bem como sacos de gelo).

Equipe de consultoria

A função de uma equipe de consultoria é aprimorar as capacidades dos membros da equipe para usar DBT abrangente com seus alunos e estimular a motivação e o comprometimento de ajudar jovens com múltiplos problemas. Para participar em uma equipe de consultoria, os membros precisam ter recebido treinamento em SB-DBT abrangente e devem trabalhar diretamente com os alunos em alguma função em DBT (i.e., como líder de grupo de habilidades, conselheiro individual, *coaching* no ambiente escolar). Os administradores ou membros da equipe da escola que não trabalham diretamente com os alunos conduzindo um modo de SB-DBT não devem fazer parte da equipe. Descobrimos que quando o administrador ou membro da equipe não envolvido participa das reuniões da equipe, isso prejudica o funcionamento da equipe e é uma barreira para a abordagem do esgotamento (*burnout*). Por outro lado, todos os membros da equipe que conduzem SB-DBT devem consistentemente estar presentes como parte da equipe de consultoria.

A equipe de consultoria é criada para facilitar o trabalho dos conselheiros permitindo que eles continuem a SB-DBT com jovens com múltiplos problemas de alto risco no contexto escolar que buscam consultoria de caso e suporte. Em última análise, a equipe de consultoria no contexto escolar ajuda a responsabilizar a equipe por desenvolver a SB-DBT de forma aderente e provavelmente reduzir as crises e, por sua vez, os encaminhamentos aos serviços de emergência/internações psiquiátricas. A equipe de consultoria também aborda o esgotamento da equipe escolar, encoraja a expressão de vulnerabilidades e pede que todos os membros da equipe assumam uma postura não julgadora sobre os próprios erros ou déficits de habilidades.

Uma barreira para a equipe de consultoria que precisa ser abordada antes do início de um programa em SB-DBT é designar um tempo fixo da reunião de consultoria semanalmente que não seja interrompido por outras necessidades da escola, como reuniões da equipe, reuniões para o plano de educação individualizada (PEI) ou outras tarefas administrativas. Assegurar que o apoio integral do administrador e tempo suficiente sejam organizados em horários programados para esta reunião semanal é de suma importância na prestação da SB-DBT.

Estruturação do ambiente

Ambiente escolar. Uma vez que a meta final é treinar toda a equipe da escola e reforçar o uso efetivo das habilidades, acreditamos que seja importante fornecer psicoeducação à equipe da escola para generalizar o uso das habilidades e também criar uma cultura escolar apoiadora. Além de treinar a equipe escolar no uso de habilidades e oferecer *coaching*, as escolas também se beneficiarão com a educação dos professores e a equipe sobre teoria biossocial, princípios de reforço e punição, além de aceitação e validação. Muitas escolas reconhecidamente operam como um pronto-socorro, com mais tempo focado na atenção aos alunos em crises agudas e menos tempo focado em alunos que precisam de controle comportamental. Involuntariamente, esta postura reforça o comportamento extremo e disfuncional (um aluno irá escalar o comportamento até insultos verbais para sair da sala de aula e ser visto imediatamente por seu conselheiro favorito). Treinar a equipe para aplicar estratégias em DBT ajuda toda a escola a utilizar princípios comportamentais a fim de reforçar o comportamento habilidoso pró-social, ao mesmo tempo que extingue o comportamento desadaptativo indesejado, com menos dependência da punição como um método para mudar o comportamento. Estes tópicos podem ser abordados durante as reuniões da equipe escolar ou nos dias de treinamento em desenvolvimento profissional.

Ambiente doméstico. A função do envolvimento do cuidador é generalizar as habilidades da DBT para o ambiente doméstico do aluno e aumentar o conhecimento, a compaixão e o uso efetivo das habilidades dos pais com o filho (Miller et al., 2007). Envolver os cuidadores é essencial para abordar um componente potencialmente importante dos ambientes invalidantes. No mínimo, os cuidadores devem ter a oportunidade de participar de uma sessão informal sobre SB-DBT que ofereça uma orientação para o modelo do tratamento. Uma área adicional de foco na sessão de orientação deve ser o papel da validação das emoções dos alunos, além de psicoeducação sobre validação *versus* invalidação. Semelhante ao nível 3 para DBT STEPS-A, as escolas que usam SB-DBT convidam os pais para uma revisão mensal das habilidades que se alinham com o módulo de habilidades que está sendo ensinado ao seu filho. Além disso,

os cuidadores podem precisar participar ocasionalmente de sessões familiares individuais para abordar comportamentos problemáticos mais agudos que podem estar afetando o funcionamento acadêmico/emocional/social/familiar. Embora o tempo da equipe de saúde mental no contexto escolar seja limitado, encorajamos o máximo possível de oportunidades de envolvimento da família para permitir a aquisição e generalização das habilidades para o ambiente doméstico.

APLICANDO O TREINAMENTO DE HABILIDADES NO AMBIENTE ESCOLAR: O CASO DE CARL

Para demonstrar o uso do *coaching* efetivo de habilidades no contexto escolar, apresentamos a seguir uma vinheta clínica de um estudante participante em SB-DBT. O *coaching* dado pelo conselheiro escolar pode ser aplicado ao *coaching* de habilidades de qualquer aluno que tenha feito uma aula de DBT STEPS-A ou que recebeu SB-DBT.

Carl era aluno dos primeiros anos do ensino médio quando entrou pela primeira vez no gabinete de orientação; ele estava profundamente esgotado, choroso e zangado. Carl havia sido encaminhado ao psicólogo da escola. Durante uma entrevista clínica, Carl apresentou a seguinte história: seus pais eram divorciados, e ele morava com a mãe e via o pai regularmente. Eles tinham a guarda compartilhada. O relacionamento de Carl com a mãe era muito tenso; eles discutiam constantemente. Carl vinha se recusando a seguir as regras da casa e estava com muita raiva da família. Ele achava que a mãe não era apoiadora e que era impossível conviver com ela. Suas notas antes eram A e B, e agora ele estava em risco de ser reprovado. Carl era solicitado a fazer um número significativo de tarefas em casa, o que agora estava se recusando a fazer. Carl relatou que também estava tendo dificuldades para se dar bem com os amigos e atualmente estava em conflito com o grupo de pares. Carl estava enfrentando o beber compulsivo e outros comportamentos problemáticos, como comportamento sexual de risco e direção perigosa. Além disso, relatou que alguns meses antes ele estava tão sobrecarregado que ligou para o pai dizendo que não aguentava mais e que iria se matar. Ele foi avaliado em um pronto-socorro próximo, onde negou qualquer intenção de causar dano a si mesmo e foi liberado. Como consequência, no primeiro encontro, o psicólogo da escola administrou o Columbia Suicide Rating Inventory; Carl negou planos ou intenções passados e atuais de suicídio. Foi oferecida a Carl SB-DBT abrangente, mas ele recusou dizendo que seus horários eram muito apertados e ele tinha que trabalhar depois da escola. Os pais foram informados e orientados sobre recursos na comunidade para aconselhamento externo.

Carl voltou ao gabinete de orientação várias vezes nas semanas seguintes. Cada vez que voltava, ele estava emocionalmente desregulado e era "incapaz" de permanecer em aula. As coisas estavam piorando em casa, com os amigos e em termos do seu próprio comportamento, o qual algumas vezes era arriscado e não saudável (p. ex., beber compulsivo, sexo sem proteção e direção perigosa). O psicólogo da escola ofereceu mais uma vez SB-DBT abrangente e, usando várias estratégias de comprometimento, trabalhou com Carl para superar suas reservas iniciais. A estratégia mais efetiva para Carl foi completar as fichas de tarefas dos prós e contras que examinam os pontos fortes e os desafios de mudar seu comportamento *versus* os pontos fortes e desafios de permitir que a situação permanecesse a mesma. Este exercício chamou atenção para o fato de que Carl não estava trabalhando em direção à vida que desejava. Ao considerar as metas que faziam a vida valer a pena ser vivida, Carl disse que amava a família e identificou um melhor relacionamento com a mãe como sua meta primária. Ele também tinha altas aspirações de conseguir aumentar suas notas e estudar em uma faculdade de prestígio. Ele tinha planos de ser contador no futuro. Olhando para seu diagrama de quatro quadrantes com os prós e contras no quadro, Carl baixou a cabeça e concordou que sua vida não estava indo bem e que precisava de ajuda. Carl concordou em começar SB-DBT com o psicólogo da escola. A mãe foi contatada e chamada para participar de uma reunião na escola. Em poucos minutos de reunião, tanto Carl quanto a mãe estavam gritando um com o outro. Carl saiu correndo, chorando e com raiva, e se sentou na área de espera do gabinete de orientação, enquanto a mãe dele continuava a gritar com a equipe e se recusou a assinar o contrato da DBT para permitir que Carl participasse. A mãe declarou: "Carl é desrespeitoso e nada vai ajudar; já desisti dele!". Quando pressionada, a mãe de Carl disse: "Chamem o pai dele e peçam consentimento. Eu não me importo, não concordo com aconselhamento; isso não vai fazer diferença, aconselhamento não funciona". O pai foi contatado e concordou que Carl participasse na SB-DBT.

Foi marcada uma sessão de orientação aos pais e treinamento de habilidades para a semana seguinte, mas os pais se recusaram a participar. Nesta escola, a sessão de orientação aos pais e treinamento de habilidades é concebida como uma reunião em grupo para os pais de alunos participantes em SB-DBT. Ela fornece uma orientação para as novas famílias e uma visão geral das habilidades. É oferecida no início de cada módulo de *mindfulness* quando novos alunos podem se juntar ao grupo de SB-DBT. As novas famílias chegam na primeira metade da sessão para serem orientadas quanto ao tratamento e assinar o contrato da SB-DBT. Os pais dos alunos atuais da SB-DBT se juntam ao grupo depois da parte de orientação. Durante esta sessão de treinamento dos pais, é ensinada uma habilidade de *mindfulness* junto com uma habilidade do próximo módulo, por exemplo, uma habilidade de tolerância ao mal-estar de sobrevivência a crises.

Embora os pais de Carl não participassem do grupo de pais, Carl estava agora fortemente comprometido com a SB-DBT. Ele participava ativamente no grupo e em sessões individuais de SB-DBT que eram programadas para 42 minutos por semana. Durante os meses seguintes, o comportamento de Carl começou a melhorar drasticamente; ele não vinha mais ao gabinete de orientação em crise, mas em vez disso procurava *coaching* de habilidades breves quando necessário. A seguir, apresentamos a interação entre Carl e o psicólogo da escola no começo do tratamento em SB-DBT. No dia em questão, Carl teve dificuldade para permanecer em aula devido a problemas para regular sua raiva. Ele entrou no gabinete do psicólogo da escola agitado, com muita raiva e começou gritando:

Carl: Eu preciso ir embora da escola; estou totalmente sobrecarregado, tenho muito trabalho e simplesmente não consigo fazê-lo!

Psicólogo: Nossa! Posso ver que você está realmente muito incomodado. Conte-me o que está acontecendo.

Carl: Estou exausto. Trabalhei depois da escola, e quando por fim cheguei em casa, minha mãe me obrigou a fazer tarefas idiotas. Quando fui jantar e tomar banho, já eram 8h30min. Eu tentei estudar para minhas provas de inglês e matemática, mas não consegui terminar porque tinha uma chamada no Face-Time com um amigo sobre uma apresentação de estudos sociais que temos que fazer amanhã. Não consegui nem começar meu projeto de ciências porque já era meia-noite, e minha mãe estava gritando comigo para ir para a cama! Agora estou aqui, despreparado, e vou ser reprovado em tudo! Tenho que sair daqui!

Psicólogo: Não causa surpresa que você esteja se sentindo sobrecarregado. Você teve uma noite desafiadora, não dormiu o suficiente e agora tem um trabalho que ainda precisa colocar em dia. Sei que este é um dia muito difícil para você. Você já tentou alguma habilidade?

Carl: Não consigo fazer nenhuma habilidade idiota, estou com muita raiva.

Psicólogo: Entendo que isso é muito difícil para você e que você está com muita raiva. Mas ao mesmo tempo, vou lhe pedir que pense em uma habilidade que possa ajudá-lo a entrar na mente sábia para que você consiga fazer uma escolha ponderada. Lembre-se de que o objetivo é passar por este momento sem deixar as coisas ainda piores, poder voltar para a aula e avançar em direção aos seus objetivos. O quanto você está com raiva em uma escala de 0 a 10?

Carl: 8,5.

Psicólogo: OK, e o que você pode fazer para chegar a 4 ou menos para que possa pensar com mais clareza? Pense no que o ajudou no passado.

Carl: Bom, eu posso contar de sete em sete e tentar me acalmar.

Psicólogo: Essa é uma habilidade de distração efetiva. Sente-se por um momento na área de espera da orientação; pratique a habilidade e volte para a aula assim que puder. A secretária vai lhe dar uma autorização para voltar quando estiver pronto. Você pode voltar e falar comigo quando tiver um período livre para me contar como estão indo as coisas.

Carl se sentou na área de espera da orientação por mais alguns minutos e então pediu à secretária uma autorização para voltar à sala de aula. Ele voltou ao gabinete do psicólogo da escola mais tarde naquele dia, durante seu horário de almoço:

Carl: Ei, a contagem de sete em sete realmente funcionou, e eu tirei 92 na minha prova de matemática. Acho que estudei o suficiente na noite passada. Estou muito feliz por não ter desistido e ido para casa.

Psicólogo: Isso é incrível, Carl; eu sabia que você iria conseguir. Você deve se sentir muito orgulhoso de si mesmo. Você agiu com muita habilidade em um momento bastante emotivo. O que teria acontecido se você tivesse ido embora da escola?

Carl: Eu ainda teria que fazer as provas e minha mãe teria ficado completamente louca comigo. Nós teríamos discutido o tempo todo. Eu não teria feito boa parte do meu trabalho, certamente teria sido punido e não teria permissão para sair com meus amigos hoje depois da escola. Teria sido um caos total!

Com o tempo, Carl começou a vir menos frequentemente para o *coaching*. Quando vinha, muitas vezes ia diretamente para a área de espera quando começava a experimentar emoções intensas, utilizava habilidades da DBT e então pedia uma autorização para voltar para a aula.

Carl era um membro muito ativo do grupo de habilidades em SB-DBT. Durante as sessões individuais, ele examinava seu cartão diário, trabalhando em direção ao objetivo de reduzir comportamentos de risco e utilizando suas habilidades para regular as emoções e avançar para atingir suas metas. A análise em cadeia também foi utilizada para ajudar Carl a entender o impacto de fatores de vulnerabilidades sobre o seu processamento emocional, como não dormir ou fazer exercício, e como seus pensamentos afetam suas emoções e comportamentos. Juntos, Carl e o psicólogo da escola trabalharam em como romper a cadeia com a solução de problemas: usando habilidade de antecipação e outras. Quando o compromisso de Carl de mudar começou a enfraquecer, o psicólogo associou os comportamentos de Carl às suas metas de uma vida que valha a pena ser vivida para manter ou fortalecer seu comprometimento. Com o tempo, as emoções ficaram mais reguladas, os comportamentos de risco pararam e foram substituídos por habilidades de sobrevivência a crises, principalmente de distração, autoacalmar-se e *mindfulness* das emoções atuais. Ele foi capaz de utilizar habilidades de *mindfulness* e adquiriu uma visão de mais aceitação de si mesmo e dos outros. Ele se tornou mais "disposto" e com menos falta de disposição em relação a executar suas tarefas domésticas. Ele foi capaz de entrar em "mente sábia" e fazer a tarefa de casa e projetos mesmo quando eram difíceis e não queria fazê-los. As habilidades de efetividade interpessoal ajudaram Carl a se comunicar respeitosamente com sua família e amigos; ele agora era mais capaz de ter suas necessidades atendidas sem prejudicar relacionamentos ou sacrificar seu autorrespeito. Ele também relatou que estava se dando bem com a mãe. Os comportamentos de risco de Carl reduziram drasticamente; ele estava se exercitando de forma regular e tendo um estilo de vida mais saudável. Relatou estar mais regulado emocionalmente e, portanto, dirigindo com mais segurança. As notas de Carl melhoraram até

A e B, e ele agora estava visitando faculdades nas quais iria se inscrever em breve. Ele estava "de volta aos trilhos" e trabalhando para as metas que faziam a vida valer a pena e que ele havia definido no começo do ano letivo.

Perto do fim do ano letivo, foi realizada uma sessão de treinamento para os pais. Neste dia em particular, para surpresa da equipe em DBT que estava se apresentando, a mãe de Carl estava entre os pais que participavam. Em determinado momento, a mãe de Carl se levantou e ergueu a mão para ser chamada. Com apreensão, o apresentador a chamou. A mãe de Carl falou corajosamente com o grupo: "Este programa mudou nossa vida. Conseguimos nosso filho de volta quando estávamos perdendo a esperança. Obrigada!". Ela então andou na direção dos apresentadores e os abraçou, os quais não poderiam ter ficado mais agradavelmente surpresos. Carl concluiu a DBT e, no final da reunião do grupo, entregou aos líderes do grupo um bilhete de agradecimento escrito à mão e disse: "Este tratamento mudou tudo para mim".

RESUMO

A DBT é um tratamento efetivo. Uma das dificuldades com a DBT é sua disseminação para uma grande variedade de indivíduos em todos os níveis de serviço, especialmente adolescentes. Ao levarmos a DBT para o contexto escolar, não só aumentamos o número de adolescentes que se beneficiam com a DBT que de outra forma não a teriam recebido; também começamos a remover barreiras, esperando aumentar a porcentagem de adolescentes que recebem atenção adequada em saúde mental para mais de 20%. Ao avançarmos para uma abordagem de prevenção, a implementação do currículo em DBT STEPS-A proporcionará a todos os alunos habilidades efetivas de enfrentamento, regulação emocional e de tomada de decisão. Esta abordagem do bem-estar transportará o contexto escolar para o domínio da educação da criança como um todo.

REFERÊNCIAS

Bradley, R. G., & Follingstad, D. R. (2003). Group therapy for incarcerated women who experienced interpersonal violence: A pilot study. *Journal of Traumatic Stress, 16*(4), 337–340.

Center for Disease Control, National Center for Injury Prevention and Control. (2020). Ten leading causes of death and injury. Retrieved June 6, 2020, from *https://cdc.gov/imjury/ wisqars/LeadingCauses.html*.

Cook, C. R., Burns, M., Browning-Wright, D., & Gresham, F. M. (2010). *Transforming school psychology in the RTI era: A guide for administrators and school psychologists*. Palm Beach Gardens, FL: LRP.

Cook, C. R., Frye, M., Slemrod, T., Lyon, A. R., Renshaw, T. L., & Zhang, Y. (2015). An integrated approach to universal prevention: Independent and combined effects of PBIS and SEL on youths' mental health. *School Psychology Quarterly, 30*, 166–183.

Dadd, A. (2016). *The effectiveness of dialectical behavior therapy in treating multiproblem adolescents in a school setting*. Available from ProQuest Dissertations and Theses database (UMI No. 10000744).

Doll, B., & Cummings, J. (2008). Why population-based services are essential for school mental health, and how to make them happen in your school. In B. Doll & J. Cummings (Eds.), *Transforming school mental health services: Population-based approaches to promoting the competency and wellness of children* (pp. 1–20). Thousand Oaks, CA: Corwin Press in cooperation with the National Association of School Psychologists.

Flynn, D., Joyce, M., Weihrauch, M., & Corcoron, P. (2018). Innovations in practice: Dialectical behavior therapy — Skills Training for Emotional Problem Solving for Adolescents (DBT STEPS-A): Evaluation of a pilot implementation in Irish post-primary schools. *Child and Adolescent Mental Health, 23*(4), 376–380.

Hanson, J. B. (2015, October). *Dialectical behavior therapy in public schools*. Paper presented at the New York Association of School Psychologists conference, Verona, New York.

Harned, M. S., Chapman, A. L., Dexter-Mazza, E. T., Murray, A., Comtois, K. A., & Linehan, M. M. (2008). Treating co-occurring Axis I disorders in recurrently suicidal women with borderline personality disorder: A 2-year randomized trial of dialectical behavior therapy versus community treatment by experts. *Journal of Consulting and Clinical Psychology, 76*(6), 1068.

Hirvikoski, T., Waaler, E., Alfredsson, J., Pihlgren, C., Holmström, A., Johnson, A., et al. (2011).

Reduced ADHD symptoms in adults with ADHD after structured skills training group: Results from a randomized controlled trial. *Behaviour Research and Therapy, 49*(3), 175–185.

Joyce, M., Weihrauch, M., Flynn, D., O'Malley, C., & Hurley, P. (2016, September). *Evaluation of the pilot DBT STEPS-A programme in an Irish adolescent population*. Paper presented at the Society for Dialectical Behaviour Therapy, London.

Kataoka, S. H., Zhang, L., & Wells, K. B. (2002). Unmet need for mental health care among U.S. children: Variation by ethnicity and insurance status. *American Journal of Psychiatry, 159*, 1548–1555.

Koons, C. R., Robins, C. J., Tweed, J. L., Lynch, T. R., Gonzalez, A. M., Morse, J. Q., et al. (2001). Efficacy of dialectical behavior therapy in women veterans with borderline personality disorder. *Behavior Therapy, 32*(2), 371–390.

Linehan, M. M. (1993). *Skills training manual for treating borderline personality disorder*. New York: Guilford Press.

Linehan, M. M. (2014). *Dialectical behavior therapy skills training manual, second edition*. New York: Guilford Press.

Linehan, M. M., Comtois, K. A., Murray, A. M., Brown, M. Z., Gallop, R. J., Heard, H. L., et al. (2006). Two-year randomized controlled trial and follow-up of dialectical behavior therapy vs. therapy by experts for suicidal behaviors and borderline personality disorder. *Archives of General Psychiatry, 63*(7), 757–766.

Linehan, M. M., Korslund, K. E., Harned, M. S., Gallop, R. J., Lungu, A., Neacsiu, A. D., et al. (2015). Dialectical behavior therapy for high suicide risk in individuals with borderline personality disorder: A randomized clinical trial and component analysis. *JAMA Psychiatry, 72*(5), 475–482.

Mason, P., Catucci, D., Lusk, V., & Johnson, M. (2009). *An initial program evaluation of modified dialectical behavioral therapy skills training in a school setting*. Poster presented at the International Society for the Improvement and Teaching of Dialectical Behavior Therapy conference, New York.

Mazza, J. J., & Miller, D. N. (in press). Adolescent suicidal behavior in schools: What to know and what to do. In F. C. Worrell & T. L. Hughes (Ed.), *Cambridge handbook of applied school psychology*. New York: Cambridge University Press.

McCauley, E., Berk, M. S., Asarnow, J. R., Korslund, K., Adrian, M., Avina, C., et al. (2016, October). *Collaborative adolescent research on emotions and suicide (CARES): A randomized controlled trial of DBT with highly suicidal adolescents*. Paper presented at M. S. Berk & M. Adrian (Chairs), New Outcome Data on Treatments for Suicidal Adolescents Symposium, at the 50th annual convention of the Association for Behavioral and Cognitive Therapies, New York.

Mehlum, L., Ramberg, M., Tørmoen, A. J., Haga, E., Diep, L. M., Stanley, B. H., et al. (2016). Dialectical behavior therapy compared with enhanced usual care for adolescents with repeated suicidal and self-harming behavior: Outcomes over a one-year follow-up. *Journal of the American Academy of Child and Adolescent Psychiatry, 55*, 295–300.

Mehlum, L., Tørmoen, A. J., Ramberg, M., Haga, E., Diep, L. M., Laberg, S., et al. (2014). Dialectical behavior therapy for adolescents with recent and repeated self-harming behavior-first randomized controlled trial. *Journal of the American Academy of Child and Adolescent Psychiatry, 53*, 1082–1091.

Miller, A. L., Rathus, J. H., Linehan, M. M., Wetzler, S., & Leigh, E. (1997). Dialectical behavior therapy adapted for suicidal adolescents. *Journal of Psychiatric Practice, 3*(2), 78.

Neacsiu, A. D., Eberle, J. W., Kramer, R., Wiesmann, T., & Linehan, M. M. (2014). Dialectical behavior therapy skills for transdiagnostic emotion dysregulation: A pilot randomized controlled trial. *Behaviour Research and Therapy, 59*, 40–51.

Rathus, J. H., & Miller, A. L. (2002). Dialectical behavior therapy adapted for suicidal adolescents. *Suicide and Life-Threatening Behaviors, 32*, 146–157.

Rathus, J. H., & Miller, A. L. (2015). *DBT skills manual for adolescents*. New York: Guilford Publications.

Reynolds, W. M. (1987). *Suicidal ideation questionnaire (SIQ)*. Odessa, FL: Psychological Assessment Resources.

Safer, D. L., Telch, C. F., & Agras, W. S. (2001). Dialectical behavior therapy for bulimia nervosa. *American Journal of Psychiatry, 158*(4), 632–634.

7

DBT em centros de aconselhamento universitário

Jacqueline Pistorello e Carla D. Chugani

PROBLEMAS DE SAÚDE MENTAL ENTRE ESTUDANTES UNIVERSITÁRIOS ESTÃO AUMENTANDO

Raramente passa uma semana sem que a mídia destaque o aumento nos problemas de saúde mental em estudantes universitários e/ou a incapacidade dos centros de aconselhamento universitário (UCCs, do inglês *university counseling centers*) de absorverem esta necessidade crescente de serviços (p. ex., Brody, 2018; Wolverton, 2019). Lamentavelmente, a atenção atual da mídia é fundamentada por dados. O suicídio é a segunda principal causa de morte entre os estudantes universitários (Potter, Silverman, Connorton, & Posner, 2004). Cerca de 12% dos alunos universitários relatam ter tentado suicídio ao longo da vida — 1,7% no último ano — e mais de um quarto relata considerar seriamente o suicídio (American College Health Association [ACHA], 2018). Uma metanálise recente estimou que 22,3% dos estudantes universitários no mundo todo experimentam ideação suicida e 3,2% tentam suicídio durante a vida (Mortier et al., 2018). As condutas autolesivas sem intencionalidade suicida (CASIS) são estimadas em 12 a 17% (Whitlock, Eells, Cummings, & Purington, 2009).

Além de pensamentos e comportamentos suicidas, os problemas de saúde mental que afetam os estudantes universitários abarcam uma vasta gama de problemas, incluindo sobrecarga de ansiedade que dificulta o funcionamento (ACHA, 2018), transtornos alimentares (Eisenberg, Nicklett, Roeder, & Kirz, 2011) e depressão (Eagan et al., 2017). Embora o aumento nos problemas de saúde mental pareça ser um fenômeno mundial (ver Mortier et al., 2018), a maioria dos dados, estudos e sistemas de UCC discutidos na literatura (e, portanto, neste capítulo) está baseada em achados nos Estados Unidos e em outros países de língua inglesa, como Canadá e Austrália.

Não está claro por que os problemas de saúde mental ficam mais evidentes em estudantes universitários. Será que isso poderia ser um reflexo das tendências de taxas mais altas de suicídio na população geral (Curtin, Warner, & Hedegaard, 2016), aumento de sofrimento associado à obtenção de um diploma no ensino superior (Kadison &

DiGeronimo, 2004), mudanças na composição do corpo de estudantes graças a alterações na legislação (American with Disabilities Act [ADA], 1990), uma combinação desses e/ou outros fatores? Este tópico está fora do âmbito do presente capítulo, mas se tornou uma grande preocupação.

O ESFORÇO DOS UCCS PARA ATENDER ÀS NECESSIDADES DOS ESTUDANTES

Os UCCs são a linha de frente para os serviços de saúde mental para estudantes universitários que enfrentam problemas nessa área da saúde (Grayson & Meilman, 2006). Os UCCs variam bastante dependendo da instituição e dos recursos disponíveis, embora sejam comumente o lugar encarregado de abordar todas as necessidades de saúde mental do corpo discente. Apesar desta responsabilidade, em geral existem limitações relacionadas ao tempo e às despesas. Um quarto dos UCCs impõem limites estritos ao número de sessões individuais que os estudantes podem receber, e metade dos UCCs funcionam em um modelo de terapia breve (sem limites de sessões). Apenas um quarto dos UCCs atendem os estudantes pelo tempo julgado necessário (Gallagher, 2015).

Metade dos UCCs relatam que listas de espera se desenvolvem rapidamente e permanecem ativadas até o final de cada período acadêmico (Gallagher, 2012). O risco de suicídio é um aspecto essencial desta crise: um terço daqueles que procuram tratamento relatam pensamentos suicidas e 20% destes em altos níveis no último ano (Center for Collegiate Mental Health [CCMH], 2019). É importante notar que, embora algumas universidades prefiram encaminhar estudantes suicidas a outros locais para tratamento (ver Pistorello, Coyle, Locey, & Walloch, 2017), os dados mostram que estudantes suicidas e que praticam CASIS são regularmente tratados nos UCCs e usam 20 a 30% mais serviços do que estudantes sem estes problemas (CCMH, 2017). Isso não é de causar surpresa, já que há uma escassez de especialistas no tratamento de comportamento suicida em muitas partes dos Estados Unidos e seus serviços podem ser onerosos, o que se transforma em um desafio para aqueles que não possuem um seguro-saúde, transporte ou apoio financeiro para ter acesso a tratamento fora do *campus* universitário.

Os desafios são grandes quando ocorre um caso de suicídio dentro do *campus* (Lamis & Lester, 2011). Os UCCs são comumente responsabilizados em litígios por negligência, e os administradores estão começando a perceber que o risco de suicídio não tratado coloca sua instituição em risco. A manutenção de uma abordagem baseada em evidências efetiva em relação ao custo-benefício para tratar estudantes suicidas é um imperativo no *campus* (Lamis & Lester, 2011). Esses dados podem justificar as despesas e os esforços para desenvolver um programa de DBT abrangente em que estudantes com múltiplos problemas e alto risco de suicídio possam ser tratados dentro de um programa de especialidades no *campus*.

Além do risco de suicídio, os UCCs tratam uma grande variedade de problemas, como ansiedade, transtornos do humor, abuso de substância, problemas com alimentação/imagem corporal, transtorno de déficit de atenção/hiperatividade (TDAH), fracasso acadêmico, perfeccionismo/procrastinação e problemas de relacionamento e gerais com a família de origem (CCMH, 2019). Muitos desses problemas podem ser englobados dentro do escopo da desregulação emocional (Aldao, 2016). Assim, modelos adaptados da DBT baseando-se principalmente em grupos de habilidades também podem ser uma forma eficaz de tratar uma ampla gama de problemas com equipes mais enxutas. Em suma, o investimento inicial de tempo e recursos necessários para iniciar um programa de DBT no *campus*, seja ele um programa abrangente ou uma iniciativa apenas com habilidades, é justificado devido à miríade de desafios que os UCCs enfrentam ao atender às necessidades dos estudantes.

DBT EM UCCS E/OU COM ESTUDANTES UNIVERSITÁRIOS: ESTADO DAS EVIDÊNCIAS

Uma revisão da literatura publicada até o momento encontrou sete estudos em DBT utilizados em um UCC e dois com estudantes universitários recrutados mais amplamente. Conforme detalhado na Tabela 7.1, esses estudos variam quanto à população-alvo de estudantes, problemas presentes, elementos do tratamento em DBT aplicados, treinamento em DBT realizado e força da metodologia de pesquisa utilizada.

Três estudos adaptaram a DBT em um UCC, sugerindo que a DBT pode ser implementada neste contexto utilizando seus quatro modos de tratamento (individual, grupo, *coaching* telefônico/por mensagem de texto, equipe de consultoria para o terapeuta). Estas pesquisas concentraram-se em estudantes que enfrentam o transtorno da personalidade *borderline* (TPB) e/ou comportamentos de ameaça iminente à vida (LTBs, do inglês *life-threatening behaviors*) (Engle, Gadischke, Roy, & Nunziato, 2013; Pistorello, Fruzzetti, MacLane, Gallop, & Iverson, 2012) ou naqueles com importantes déficits de estratégias de enfrentamento (Panepinto, Uschold, Oldanese, & Linn, 2015). O estudo de Pistorello e colaboradores (2012) foi o único ensaio controlado randomizado (ECR) com estudantes referindo pensamentos e comportamentos suicidas; ele comparou 7 a 12 meses de DBT com o tratamento conforme usual (TAU, do inglês *treatment-as-usual*) otimizado. Os resultados indicaram que, comparados ao TAU, aqueles em DBT apresentaram redução significativa dos índices de ideação suicida, depressão, eventos de CASIS e melhora na adaptação social, em particular para aqueles com funcionamento global inferior na linha de base (Pistorello et al., 2012).

Os estudos restantes usaram grupos de treinamento de habilidades em DBT como intervenção primária. Os grupos em DBT, utilizados como adjuntos da terapia individual TAU/manejo de caso fornecidos no UCC, apresentaram achados positivos em termos dos sintomas clínicos (Chugani, Ghali, & Brunner, 2013; Muhomba, Chugnani, Uliaszek, & Kannan, 2017; Uliaszek, Rashid, Williams, & Gulamani, 2016). Oferecer um grupo de treinamento de habilidades em DBT, acessível somente a estudantes que tinham um prestador de assistência individual fora do *campus*, também se mostrou promissor (Meaney-Tavares & Hasking, 2013). Por último, grupos breves de habilidades em DBT adaptados como uma intervenção independente também parecem ser viáveis e sugerem resultados positivos para estudantes recrutados fora dos UCCs com desregulação emocional (Rizvi & Steffel, 2014) e TDAH (Fleming, McMahon, Moran, Peterson, & Dreessen, 2015).

Em suma, esta é uma área emergente de pesquisa, motivada pelo contexto atual de números crescentes de casos tratados pelos UCCs, assim como pela gravidade e complexidade destes (CCMH, 2019). A literatura existente mostra que os modos de tratamento da DBT podem ser viavelmente adaptados para tratar as necessidades de populações variadas e complexas de estudantes com melhoras nos sintomas. As seções restantes deste capítulo discutem a implementação de DBT e outros modelos de DBT adaptados em UCCs.

TABELA 7.1 Estudos da DBT em UCCs e/ou com estudantes universitários

Autores (ano)	População	Elementos do tratamento em DBT	Treinamento em DBT para os terapeutas	Delineamento/resultados
Pistorello, Fruzzetti, MacLane, Gallop, & Iverson (2012)	Estudantes universitários em tratamento em um UCC apresentando risco de suicídio, três ou mais critérios diagnósticos de TPB e uma história de vida de, no mínimo, um episódio de CASIS ou tentativa de suicídio. 81% do sexo feminino.	DBT com todos os quatro modos (individual, grupo, *coaching* telefônico e equipe de consultoria). Cada grupo de treinamento de habilidades e reuniões da equipe durava 90 minutos/semana.	30 horas de treinamento intensivo seguidas por supervisão semanal por especialistas. Os terapeutas eram estagiários em psicologia clínica.	ECR: DBT vs. TAU otimizado. Os estudantes que receberam DBT apresentaram reduções significativas em índices de risco de suicídio, depressão, número de eventos de CASIS (se o participante se autolesionou), critérios diagnósticos para o TPB e uso de medicação psicotrópica e melhoras significativamente maiores na adaptação social quando comparados com os estudantes que receberam TAU otimizado.
Chugani, Ghali, & Brunner (2013)	Estudantes universitários em tratamento em um UCC diagnosticados com um transtorno ou traços de transtornos da personalidade do *Cluster* B com escore de 1,5 desvios-padrão acima da média na medida de desregulação emocional. 95% do sexo feminino.	Grupos de treinamento de habilidades em DBT: 11 semanas de grupos de 90 minutos abrangendo todos os quatro módulos de habilidades como um adjunto para terapia individual em geral (não limitado à DBT). Os terapeutas de DBT se encontravam semanalmente por uma hora de reunião da equipe de consultoria. *Coaching* disponível por telefone ou *e-mail* durante o horário comercial.	A equipe foi preparada via programa de treinamento de habilidades *on-line* seguido por treinamento presencial de dois dias com um especialista em DBT.	Ensaio controlado não randomizado; habilidades em DBT vs. grupo-controle de estudantes elegíveis que se recusaram a participar. A participação no grupo com DBT resultou em aumentos significativos no uso de habilidades de enfrentamento adaptativas, decréscimos significativos em habilidades de enfrentamento desadaptativas e uma melhora estatisticamente não significativa na desregulação emocional em comparação com o grupo-controle.

(Continua)

TABELA 7.1 Estudos da DBT em UCCs e/ou com estudantes universitários *(Continuação)*

Autores (ano)	População	Elementos do tratamento em DBT	Treinamento em DBT para os terapeutas	Delineamento/resultados
Meaney-Tavares & Hasking (2013)	Estudantes universitários em tratamento em um UCC australiano diagnosticados com TPB. Os participantes deveriam ter um terapeuta individual fora do *campus*. 75% do sexo feminino.	Grupos de treinamento de habilidades em DBT: oito grupos de duas horas, cobrindo todos os quatro módulos. No módulo de regulação emocional, foi acrescentada a discussão dos neurotransmissores e sua relação com os sintomas de TPB. Além disso, ocorreram seis contatos de 20 minutos com terapeutas de grupo. Foi necessária terapia individual semanal (não baseada na DBT).	Os facilitadores do grupo tiveram treinamento formal em DBT (mais especificidades não disponíveis no artigo).	Pré-pós intervenção somente; sem condição-controle. Entre aqueles que terminaram o programa completo, houve uma redução significativa nos sintomas de depressão e TPB, e um aumento nas habilidades de enfrentamento adaptativas, incluindo solução de problemas e autoinstrução construtiva
Engle, Gadischkie, Roy, & Nunziato (2013)	Estudantes universitários diagnosticados com TPB que buscam tratamento. Não foi fornecida a distribuição por gênero.	DBT com todos os quatro modos de tratamento. O grupo de habilidades tinha 60-90 minutos de duração. Durante o primeiro semestre de intervenção, as habilidades trabalhadas no grupo foram: *mindfulness* + regulação emocional. Já no segundo semestre, foram desenvolvidos todos os quatro módulos de habilidades. A reunião da equipe de consultoria tinha 90 minutos de duração.	Os principais clínicos foram treinados e então supervisionados por um especialista em DBT para assistência com o delineamento do programa. Para seu treinamento, pós-doutorandos na equipe realizaram leitura, treinamento *on-line* e 1-2 sessões de treinamento presencial em DBT.	Ensaio controlado não randomizado; DBT vs. grupo-controle de estudantes elegíveis que não participaram. Quando comparados com um tratamento psicodinâmico de 8-10 sessões, aqueles em DBT tiveram menos hospitalizações (0 vs. 9) e licenças médicas (1 vs. 13).

(Continua)

Rizvi & Steffel (2014)	Estudantes universitários com desregulação emocional com base no corte da medida de desregulação emocional. 87,5% do sexo feminino.	Grupos de treinamento de habilidades em DBT: grupo semanal de duas horas de habilidades em DBT. Os estudantes receberam *mindfulness* + regulação emocional ou somente regulação emocional.	Os grupos eram liderados por estudantes de doutorado em psicologia treinados em DBT recebendo supervisão semanal.	Ensaio controlado não randomizado; *mindfulness* em DBT + habilidades em regulação emocional vs. somente habilidades em regulação emocional. Os estudantes em ambos os grupos mostraram melhora significativa na regulação emocional, no uso de habilidades, afeto e funcionamento. Não foi encontrada diferença entre os grupos.
Fleming, McMahon, Moran, Peterson, & Dreessen (2015)	Estudantes universitários com TDAH recrutados em três universidades. Aqueles com abuso de substância/dependência, risco de suicídio e condições de saúde mental sérias e severas foram excluídos. 43% do sexo feminino.	Grupos de treinamento de habilidades em DBT: 8 sessões semanais de 90 minutos em grupo para treinamento de habilidades e 7 chamadas semanais de 10 a 15 minutos para *coaching* telefônico individual. Uma sessão de 90 minutos em grupo de reforço foi realizada durante a primeira semana do trimestre de seguimento.	Os dois terapeutas eram estudantes de pós-graduação em psicologia clínica avançada que tiveram treinamento intensivo em DBT.	ECR: grupo de habilidades em DBT vs. manual de TDAH. Quando comparados com aqueles que receberam somente os manuais, os participantes que receberam DBT apresentaram uma tendência geral de redução nos sintomas de TDAH e sintomas de desatenção. Aqueles que receberam DBT se saíram significativamente melhor nas medidas de funcionamento executivo e qualidade de vida.
Panepinto, Uschold, Oldanese, & Linn (2015)	Estudantes universitários em um UCC identificados como precisando construir habilidades de enfrentamento. A inclusão foi baseada em déficits identificados nas habilidades comportamentais e apresentação de problemas como ideação suicida, CASIS, abuso de substância, transtornos alimentares, comportamentos sexuais de risco e comportamentos impulsivos. 77,2% do sexo feminino.	DBT modificada. Embora todos os quatro modos de tratamento estivessem incluídos, apenas estes foram modificados: sessões individuais quinzenais, grupos semanais de 90 minutos para treinamento de habilidades abrangendo todos os quatro módulos (6-13 semanas de duração), *coaching* telefônico e reuniões quinzenais de consulta da equipe de consultoria. Foram feitas modificações baseadas no contexto do UCC (p. ex., em sessões individuais).	Cinco clínicos receberam treinamento intensivo em DBT. O restante da equipe clínica participou de um programa de treinamento *on-line* de 20 horas.	Pré-pós somente; nenhuma condição-controle. Os estudantes apresentaram melhoras significativas nos sintomas clínicos e em problemas da vida.

(Continua)

TABELA 7.1 Estudos da DBT em UCCs e/ou com estudantes universitários *(Continuação)*

Autores (ano)	População	Elementos do tratamento em DBT	Treinamento em DBT para os terapeutas	Delineamento/resultados
Uliaszek, Rashid, Williams, & Gulamani (2016)	Estudantes universitários que procuram tratamento em uma universidade canadense. Os participantes experimentavam uma gama de sintomas que podiam ser amplamente indicativos de problemas psicológicos severos e desregulação emocional. Estudantes com distúrbio cognitivo severo ou transtornos psicóticos foram excluídos. 78% do sexo feminino.	Grupos de treinamento de habilidades em DBT: 12 semanas de grupo de duas horas de treinamento de habilidades em DBT. 81% dos participantes em DBT receberam terapia individual enquanto no grupo.	Os grupos eram liderados por um psicólogo clínico treinado intensivamente e experiente na prática da DBT, apoiado por vários colíderes (equipe com mestrado em aconselhamento ou estudantes de pós-graduação em psicologia clínica).	ECR: grupo de habilidades em DBT vs. grupo de psicologia positiva. Não havia efeitos de grupo ou interação para qualquer variável de sintoma, mas todos os sintomas melhoraram significativamente no curso do tratamento. Os tamanhos do efeito para o grupo de DBT variavam de médio a grande (0,61-1,23) e pequeno a grande (0,33-1,29) para o grupo de psicologia positiva. De modo geral, os tamanhos do efeito foram maiores para DBT. Aqueles que receberam DBT demonstraram participação e aliança terapêutica significativamente mais altas e menos atrito. Os abandonos foram em menor número para DBT (15%) do que para psicologia positiva (40%).
Muhomba, Chugani, Uliaszek, & Kannan (2017)	Estudantes que se apresentaram para tratamento em um UCC que exibiam no mínimo três áreas de desregulação. Participantes com psicose ativa ou comportamento disruptivo foram excluídos. 86% do sexo feminino.	Grupos de treinamento de habilidades em DBT: grupos de treinamento de habilidades em DBT semanais de 90 minutos (7-10 semanas), incluindo *mindfulness* + habilidades de tolerância ao mal-estar. A duração do grupo dependeu do tempo necessário para recrutar os participantes; todos os grupos receberam o mesmo conteúdo independentemente da duração. A maioria dos participantes recebeu medicação e terapia individual não DBT.	O líder do grupo foi treinado intensivamente durante o processo de treinamento intensivo de dois anos e recebeu consultoria constante com especialistas.	Pré-pós somente; sem condição-controle. Os estudantes tiveram melhoras significativas em desregulação emocional, uso de habilidades de enfrentamento disfuncionais e uso de habilidades de enfrentamento adaptativas. Não foi incluída condição de comparação.

IMPLEMENTANDO UM PROGRAMA DE DBT EM UCCS

Esta seção inclui uma discussão de: (1) adaptações do modelo original de DBT para UCCs, (2) como os vários elementos do tratamento em DBT podem ser implementados neste contexto e (3) os desafios da implementação da DBT em UCCs.

Adaptações

As adaptações do modelo ambulatorial original da DBT (Linehan, 1993) são estruturais na sua maior parte, com os princípios da DBT permanecendo intactos. As adaptações relativamente mínimas para os UCCs são listadas a seguir.

- **O programa em DBT é diferente de outras formas de tratamento no UCC.** Como a maioria dos UCCs operam em um modelo de tratamento breve, o programa em DBT deve ser visto por todas as partes envolvidas como uma intervenção de especialidade de maior intensidade de serviços, disponibilidade limitada e critérios de inclusão/exclusão rígidos (ver a seguir). Denominá-lo "programa em DBT" pode ajudar. Distinguir o programa em DBT de outros serviços permite que as políticas e procedimentos usuais (p. ex., limites da sessão) permaneçam aplicáveis dentro de cada UCC. Os estudantes podem ser encaminhados para uma lista de espera ou podem receber outros serviços enquanto aguardam para se juntar ao programa em DBT.
- **O tratamento em DBT nos UCCs é mais curto do que o contrato de tratamento típico de um ano oferecido por programas de DBT em outros contextos de prática.** Recomenda-se que o programa de DBT em UCC dure aproximadamente um semestre (i.e., 16 semanas), com a opção de expandir para outro semestre/período se o estudante estiver apresentando progresso suficiente. O alvo principal do programa é a estabilização por meio das cinco funções básicas do tratamento em DBT (melhorar a motivação, ensinar habilidades, generalizar para o ambiente, motivar os terapeutas e estruturar o ambiente; Linehan, 1993) para permitir que os alunos permaneçam vivos e na faculdade — esta última, se desejarem. Se um estudante continuar precisando de tratamento depois do segundo semestre/período de tratamento, deve ser considerado um encaminhamento para tratamento ambulatorial. Essa duração mais curta da DBT com estudantes está baseada em dados de um ECR (Pistorello et al., 2012) que demonstrou redução significativa da ideação suicida depois de três meses de tratamento e que um pacote de DBT de 7 a 12 meses foi útil, porém uma abordagem menos intensiva e/ou mais breve pode ser adequada para muitos estudantes (Pistorello et al., 2012). Embora a duração deste tratamento seja mais curta do que a DBT típica em outros contextos, este é um tratamento mais longo do que costuma ser oferecido em UCCs.
- **O tratamento em DBT conduzido em UCCs pode ser intermitente.** A DBT pode incluir intervalos prolongados, ser intercalada com outras formas de tratamento quando o estudante estiver em casa por um período de tempo estendido (i.e., recesso de verão) e/ou incluir sessões a longa distância durante intervalos mais curtos (p. ex., recesso de inverno). A questão relativa a continuar ou não o tratamento durante os intervalos deve seguir a política local no UCC. Na ausência de uma política

clara, as equipes de DBT devem tomar esta decisão caso a caso, levando em consideração questões como a preferência do estudante, os limites do terapeuta, quanto tempo o estudante estará afastado, se o estudante está suicida atualmente, se o estudante tem um terapeuta em casa que ele poderia ver e se ter sessões por telefone/Skype é viável para a díade paciente-terapeuta em questão. Uma regra é que, se o estudante ficar fora por mais de duas semanas e estiver ativamente suicida, a equipe deve insistir em um terapeuta local e facilitar um encaminhamento/consultoria. Durante intervalos maiores, os prontuários são fechados e reabertos mais adiante, quando o estudante retornar. Muitos estudantes optam por não procurar tratamento durante intervalos mais longos. Se houver uma interrupção previsível durante o tempo combinado para DBT (p. ex., um estudante se apresenta no final de um semestre), poderá ser preferível uma data posterior para começo da DBT, com manejo de risco/crise enquanto isso.

- **A DBT em UCCs pode envolver os pais.** Estudantes universitários em geral são considerados "adultos emergentes" (Arnett, 2004) e, diferente de gerações anteriores, costumam estar em contato regular com os pais. Os pais podem ser uma fonte poderosa de influência sobre os estudantes universitários, seja como um fator de risco ou fator de proteção (p. ex., Whitlock et al., 2013). Embora o envolvimento parental não esteja formalmente integrado ao tratamento com estudantes universitários como é a prática com adolescentes, algumas vezes é útil convidar os pais a participarem de uma a duas sessões com o estudante, usando os princípios da DBT com famílias como um guia (Fruzzetti, Payne, & Hoffman, Capítulo 17 deste livro). Sessões regulares com os pais não seriam possíveis porque isso fugiria do escopo dos UCCs e os pais em geral residem em uma cidade diferente. No entanto, uma sessão ocasional pode se revelar muito útil: para apresentar a teoria biossocial, educar os pais sobre validação/invalidação, discutir planos para manejo de segurança quando o estudante for para casa durante um recesso ou instruir os pais sobre o reforço involuntário da escalada emocional e comportamental ou prepará-los para eventos que provavelmente irão desencadear crises suicidas. Essas sessões também podem ser uma oportunidade para os estudantes se expressarem em um contexto neutro, para o terapeuta ser um porta-voz do paciente e/ou para o terapeuta observar a família interagindo.

  A decisão de oferecer ou não reuniões ocasionais à família é complexa (ver Engle et al., 2013). Respostas afirmativas a algumas das perguntas a seguir podem indicar que o envolvimento parental é justificado: (1) O estudante quer uma reunião com os pais? (2) As interações desadaptativas com a família servem como eventos desencadeantes para comportamentos de ameaça iminente à vida? (3) Há uma visita domiciliar em breve que justifique preocupação com a segurança do estudante e/ou onde a estruturação do ambiente doméstico seria útil? (4) Observar uma interação familiar é essencial para o terapeuta entender a natureza da dinâmica familiar? E, sobretudo, (5) é provável que a reunião *não* deixe as coisas piores para o estudante (p. ex., desencadeando uma crise familiar)?

- **O risco de fracasso acadêmico é um alvo importante do tratamento.** Uma adaptação da DBT ao contexto do UCC é a inclusão do risco de fracasso acadêmico à hierarquia dos alvos prioritários da terapia individual (Engle et al., 2013; Panepinto et al., 2015). Embora o funcionamento acadêmico geralmente esteja incluído na qualidade de vida, se o comportamento acadêmico (p. ex., faltar a aulas) estiver na cadeia do risco de suicídio/CASIS ou resultar na necessidade de o estudante deixar a escola ou o alojamento do *campus* (quando ele quiser permanecer), então estas questões são promovidas para o topo da lista dos comportamentos que interferem na terapia (TIBs, do inglês *therapy-interfering behaviors*). A perspectiva de fracassar na faculdade costuma estar associada a aumento em ideação suicida e/ou CASIS, devido a um desejo subjacente de ficar na faculdade, medo de julgamento pela família/amigos, sentimentos de fracasso, ou porque deixar a faculdade pode significar precisar sair do país (para estudantes estrangeiros) ou ter que retornar a um ambiente invalidante ou abusivo.

Para evitar o fracasso acadêmico, é útil discutir com os alunos quais disciplinas ainda podem ser interrompidas, se a carga atual do seu curso é conveniente ou não, e se uma carta do terapeuta (apenas quando clinicamente indicado) poderia ajudar o estudante a desistir de uma disciplina ou permanecer no alojamento atual no *campus*. Estratégias de consultoria para o paciente também são aplicadas, lembrando os estudantes de verificarem nos vários departamentos do *campus* determinadas questões, como o último dia em que um estudante pode desistir de uma disciplina e se ele receberia ou não reembolso, acomodações que podem ser fornecidas pelo departamento de pessoas com incapacidades, repercussões de desistir/faltar aulas no seu auxílio financeiro (se tiverem um) e regulamentos existentes dos alojamentos de estudantes.

- **O *coaching* de habilidades muitas vezes ocorre via mensagem de texto e não é implementado automaticamente.** O *coaching* de habilidades com estudantes universitários costuma ocorrer via mensagens de texto, pois os estudantes relatam maior conforto com as comunicações por essa via. As mensagens de texto lhes permitem receber *coaching* de forma discreta sem necessariamente terem de sair da situação para fazer uma ligação telefônica. No entanto, o *coaching* via mensagem de texto não é recomendado em casos de crise suicida, quando é preferível um telefonema para captar as nuances (p. ex., tom de voz) e se engajar em solução de problemas interativa. Para fazer parte de uma equipe de DBT, os terapeutas precisam estar dispostos a fornecer *coaching* de habilidades quando for indicado; no entanto, o *coaching* de habilidades nos UCCs não é implementado automaticamente como parte da DBT porque os estudantes tendem a ter mais recursos sociais/emocionais do que os pacientes típicos em DBT na comunidade. O treinamento de habilidades é implementado somente quando parece, por meio de repetida análise em cadeia, que esse treinamento pode ser essencial — para quebrar a cadeia de comportamentos inefetivos, ajudar um paciente a implementar um novo comportamento adaptativo ou dar a esse estudante acesso a um mínimo de apoio social. Se os estudantes forem capazes de lidar com comportamentos de ameaça iminente à vida e generalizar as habilidades para seu ambiente sem *coaching*, este último não será introduzido no tratamento. Esta é uma adaptação que ajuda a aumentar a disponibilidade da equipe do

UCC de se tornar parte de um time de DBT, mas ainda dando atenção à função de generalização. Além do mais, como com outros contextos, a maioria dos estudantes universitários não usa *coaching* telefônico/por mensagem de texto de forma regular mesmo quando fortemente encorajados a fazê-lo (Engle et al., 2013) — embora por vezes possa aparecer alguém que o utilize muito. As estratégias de DBT padrão para observação dos limites podem ser seguidas (Linehan, 1993), e as expectativas para *coaching* por mensagem de texto, telefone ou *e-mail* podem precisar ser articuladas com os estudantes. Por exemplo, alguns terapeutas preferem que as solicitações de *coaching* não urgentes sejam feitas por *e-mail* (se a política atual do UCC permitir) e não por mensagem de texto, pois os alertas de notificação das mensagens de texto podem ser experimentados como intrusivas.

- **Os grupos de treinamento de habilidades em DBT são oferecidos por meio de módulos mais curtos (4 a 5 semanas) para se adequarem aos horários acadêmicos dos estudantes.** Esta adaptação significa que é ensinado um subgrupo das habilidades, que estão sinalizadas com uma estrela no manual de habilidades atual (Linehan, 2015), com as habilidades escolhidas refletindo as necessidades atuais do paciente em DBT. Com base no *feedback* dos estudantes e dos facilitadores, os grupos duram duas horas para permitir maior interação entre os estudantes durante a análise da tarefa de casa. Oferecer aos grupos no começo da noite chá/café e petiscos pode aumentar a adesão à observância da participação no grupo. Para aumentar a eficiência e beneficiar o UCC, os grupos podem ser expandidos de modo a atender não somente os estudantes no programa em DBT (ver a seguir Seção "Implementando Programas em DBT Adaptados em UCCs"). Dependendo do tamanho do UCC, pelo menos dois módulos diferentes podem funcionar simultaneamente para que os estudantes que já participaram de um módulo possam se beneficiar de outro diferente.

Por último, a DBT em UCCs inclui terapia individual semanal e reunião da equipe de consultoria sem quaisquer adaptações importantes da DBT padrão típica (Linehan, 1993).

Elementos de um programa da DBT em um UCC

- **A entrada em DBT em um UCC começa com a admissão conduzida por um membro da equipe de DBT.** Os membros da equipe da DBT podem identificar pacientes no seu próprio volume de casos. Sujeitos à disponibilidade de abertura de vagas, os encaminhamentos também podem vir de outros membros da equipe do UCC, assim como do centro de saúde dos estudantes, de outros departamentos ou terapeutas na comunidade que conhecem o programa. Os membros da equipe devem alocar DBT para apenas 2 a 3 estudantes de cada vez, pois os estudantes designados para este nível mais alto de assistência em DBT com frequência são atualmente suicidas, com episódios de CASIS ou estão se engajando em múltiplos comportamentos geradores de crise. Os pacientes encaminhados para o programa são agendados para uma avaliação com um clínico da DBT com base na disponibilidade de tempo, solicitação do estudante e/ou apresentação. Em geral, essa avaliação ocorre durante as duas primeiras sessões, as quais focam na obtenção de um comprometimento com o tratamento e na análise dos critérios de inclusão/exclusão e metas pelas quais vale a pena viver. O acesso à DBT é mais bem apresentado como uma oportunidade única (o que de fato é!). Depois que um estudante se compromete com o programa, uma carta de acolhimento da equipe da DBT pode ser entregue pelo terapeuta individual destacando com o que o estudante se comprometeu, os princípios e modos básicos da terapia da DBT, critérios para estender o contrato por um segundo semestre/período, e em geral comunicando: "A equipe da DBT está aqui para apoiá-lo". Uma conversa franca e clara com o estudante sobre a duração e as opções do tratamento para continuar por um segundo período deve ocorrer repetidas vezes, tendo em vista que é provável que os estudantes que entram no tratamento em crise podem nem sempre reter essas informações (Hersh, 2013).

- **A DBT é reservada para estudantes com prejuízo severo e crônico.** Nem todos os estudantes precisarão do nível alto de cuidados oferecidos por um programa de DBT, e, para preservar os recursos, devem ser utilizadas abordagens menos intensivas sempre que possível. A DBT é reservada para estudantes que demonstram pelo menos um dos seguintes critérios: (1) problemas em múltiplas áreas (p. ex., abuso de substância, transtorno alimentar, problemas acadêmicos), (2) ideação suicida crônica (p. ex., ideação suicida esteve presente, ativada/desativada, por pelo menos um ano), (3) história de CASIS e/ou tentativas de suicídio e/ou (4) critérios diagnósticos para TPB são satisfeitos (i.e., preenche cinco ou mais critérios para TPB).
- **A DBT requer o comprometimento do estudante e a possibilidade de se beneficiar com DBT de curta duração.** Dois aspectos abrangentes excluem a participação na DBT em um UCC: (1) baixo comprometimento com as atividades do tratamento da DBT e (2) necessidade de mais do que terapia individual semanal para permanecer inscrito. O comprometimento pode ser aferido pela disposição do estudante para participar de terapia individual e um grupo de duas horas de treinamento de habilidades semanalmente e preencher um cartão diário durante o semestre/trimestre. Se o estudante não se comprometer com estes três aspectos da abordagem abrangente, o terapeuta tem a opção de oferecer uma abordagem da DBT menos intensiva (ver a seguir) ou uma abordagem diferente, ou encaminhar o estudante para um prestador diferente do UCC (se alguém estiver disposto/disponível) ou no contexto da comunidade. Embora comportamentos que interferem na terapia e flutuações no comprometimento ocorram com frequência, se o comprometimento com a DBT não for razoavelmente firme no início, fica difícil fazer uma oferta bem-sucedida do programa dentro de um determinado período. Além disso, um comprometimento muito baixo pode ser frustrante para os outros estudantes no programa. O comprometimento é discutido com transparência, e é assinado um contrato de tratamento focando na duração e nas expectativas para o tratamento.

Se um estudante precisa mais do que terapia individual semanal para se manter vivo e/ou funcionar no *campus*, um UCC não será o melhor contexto para tratamento. As três áreas que devem ser avaliadas são as seguintes:

a. Habilidade de funcionar em um *campus* universitário: o estudante está participando da maioria das aulas e consegue dar conta das tarefas

da classe? O estudante está em risco de ser expulso do alojamento (e, portanto, tendo que voltar para casa)? Há adaptações nas classes (cancelar/trocar disciplinas) ou outras intervenções (p. ex., um contrato comportamental com seu alojamento) que possam melhorar as chances de o estudante se manter inscrito?
b. Gravidade da apresentação do caso sugerindo um nível superior de atendimento: O estudante se engaja em comportamentos de ameaça iminente à vida que demandam mais do que terapia individual semanal para se estabilizar? O abuso de substância ou transtorno alimentar severo do estudante é suficiente para exigir níveis superiores de atendimento (p. ex., a necessidade de serviços médicos — desintoxicação ou tratamento de reintrodução alimentar)? O estudante está francamente psicótico ou experimentando um episódio maníaco?
c. História de cronicidade e/ou necessidade de terapia de longa duração baseada no seguinte: O estudante já apresentou múltiplos episódios de cuidados de longa duração sem melhoras consideráveis nos sintomas? O estudante tem uma crença firmemente arraigada de que ele precisa de serviços de terapia semanal de longa duração (p. ex.: "Eu preciso de anos de terapia")?

Avaliar a habilidade dos estudantes para funcionar no *campus* é essencial, pois se um estudante abandonar os estudos, ele também estará abandonando o tratamento da DBT. Os alojamentos de estudantes muitas vezes têm exigências, como um GPA mínimo, número de créditos ou conduta comportamental apropriada. A maioria das universidades considera CASIS ou tentativa de suicídio em um alojamento uma violação de conduta e muitas exigem que o estudante se submeta a uma avaliação e/ou aconselhamento ou que seja afastado da universidade por questões médicas até que certas condições sejam cumpridas. A gravidade da apresentação pode ser difícil de avaliar em apenas algumas sessões, mas um encaminhamento para tratamento ambulatorial na comunidade pode ser melhor para estudantes que requerem mais de um semestre de tratamento desde o início. Esses estudantes frequentemente já estiveram em terapia por vários anos antes de chegarem ao *campus* e esperam o mesmo nível de terapia semanal e continuidade. Um histórico traumático grave e/ou temores severos de abandono também podem ser indicadores de que um encaminhamento para a comunidade pode ser melhor devido à natureza breve da terapia nos UCCs.

- **O tratamento pode ser renovado por mais um período.** A segunda rodada da DBT em um UCC é mais reservada para os estudantes que estão fazendo progresso — o que está claramente expresso no contrato de tratamento como uma forma de reforçar comportamentos efetivos. Por exemplo, se depois de um semestre de DBT, o estudante permanecer altamente suicida e não exibir o progresso combinado em seus comportamentos-alvo, deve ser considerado um encaminhamento para a terapia ambulatorial. O segundo semestre destina-se a focar mais em questões de qualidade de vida, maior uso das habilidades e metas que façam a vida valer a pena. Para reduzir a carga para o UCC, as sessões individuais são espaçadas; o treinamento de habilidades (se presente) é gradualmente suprimido; a ideação suicida, se presente, deve ser menos intensa e manejável pelo estudante. Também recomenda-se que comportamentos suicidas e de CASIS estejam ausentes por pelo menos um mês.

A presença de comportamentos que interferem na terapia são essenciais para tomar a decisão de estender o tratamento por um segundo semestre/período ou não. Considerando-se sua duração reduzida, se os estudantes faltarem (sem cancelar/reagendar) duas sessões individuais seguidas, isso é considerado abandono da DBT. Como é típico na DBT (Linehan, 1993), a equipe deve ser incansável na tentativa de trazer os estudantes para o tratamento quando a motivação destes esmorecer. Também há outras ressalvas em termos da interrupção da DBT: (1) Algumas vezes o conselheiro no UCC pode precisar continuar a ver um paciente que não é aderente à DBT devido a outros fatores sistêmicos (p. ex., não há outra opção de tratamento); nesses casos, o terapeuta pode continuar vendo o estudante por meio de uma abordagem não DBT até que possa ser feito um encaminhamento viável para tratamento ambulatorial na comunidade. (2) Se um estudante abandonou todas as disciplinas do período atual, mas irá retornar no próximo, dependendo da política da clínica, ele pode permanecer na área e continuar em tratamento com DBT para aumentar as chances de sucesso acadêmico no futuro.

Desafios

Há diversos desafios associados à implementação da DBT em um contexto de UCC, alguns dos quais são compartilhados por diferentes contextos, e outros são relativamente específicos dos UCCs. Os desafios compartilhados com outros contextos incluem tempo, despesas e dedicação clínica necessários para treinar e implementar a DBT. Algumas universidades possuem mais recursos financeiros e de pessoal do que outras, dependendo do tamanho da instituição, do financiamento (privado vs. público) e do suporte administrativo. Os desafios que são relativamente únicos para este contexto incluem:

1. Os UCCs muitas vezes se empenham em fornecer intervenções de terapia breve, o que diverge do tratamento ambulatorial inicial de um ano inteiro geralmente prescrito para DBT (p. ex., Linehan, 1993).

2. Estagiários são comuns em UCCs (LeViness, Bershad, & Gorman, 2017), e alguns desses estagiários podem não permanecer tempo suficiente para que o UCC justifique o caro treinamento na DBT.

3. O contexto da universidade inerentemente envolve interrupções vinculadas ao calendário (p. ex., interrupção de três meses no verão, interrupções de um mês no inverno ou no trimestre) que interferem no fluxo do tratamento na DBT, o qual costuma ser conduzido com frequência semanal (Linehan, 1993).

4. Alguns membros da equipe no UCC, como os membros da instituição acadêmica mais ampla, podem ver seu trabalho sendo delimitado pelas fronteiras dos períodos acadêmicos e o horário do expediente, o que interfere na oferta de *coaching* telefônico.

5. Pode ser desafiador agendar grupos em horários que sejam compatíveis com os horários variáveis de aulas, trabalho e atividades extracurriculares.

6. Os estudantes universitários devem poder no mínimo se matricular na faculdade durante o período (semestre/trimestre) a fim de se manterem elegíveis para os serviços. Assim eles tendem a ter maior funcionamento do que muitos pacientes na DBT tratados em

contextos na comunidade que podem não achar que precisam da DBT.

Em suma, a DBT em UCCs é um programa com duração de um semestre que pode ser instituído como uma intervenção no primeiro estágio ou como uma abordagem mais intensiva no segundo estágio depois que intervenções iniciais, como o tratamento conforme usual (TAU) ou Avaliação Colaborativa e Gestão de Risco de Suicídio (CAMS; Jobes, 2016), foram aplicadas sem sucesso (ver Pistorello et al., 2018, como um exemplo).

IMPLEMENTANDO PROGRAMAS DE DBT ADAPTADOS EM UCCS

Dadas as diferenças nos UCCs com relação a tamanho, abrangência dos serviços, limites de sessões e disponibilidade de recursos, uma tendência recente e crescente entre os UCCs é a implementação de programas de DBT adaptados. Na verdade, muito mais modelos deste tipo foram pesquisados e publicados do que programas de DBT em UCCs. Podemos considerar que os programas adaptados se enquadram em uma de três categorias possíveis: (1) DBT adaptada (doravante denominada "DBT Leve", (2) grupo de habilidades da DBT associado com terapia individual não DBT e (3) grupo de habilidades da DBT independente (ver Tabela 7.2). Iniciamos examinando modelos adaptados da DBT com resultados clínicos positivos documentados, pois estes já foram implementados e avaliados de forma bem-sucedida pelos seus desenvolvedores.

DBT Leve

Programas de "DBT Leve" são aqueles que tentam cumprir algumas, *mas não todas as funções da DBT* (Linehan, 1993), oferecidos em um formato adaptado que está alinhado com a estrutura de serviço do UCC local e suas limitações associadas. A DBT Leve pode ser implementada de várias formas diferentes, ajustada às necessidades do UCC local, e pode ser considerada uma versão "mais tranquila" da DBT em UCCs descrita anteriormente. Este modelo sempre inclui grupos de habilidades, mas usa outros modos de tratamento da DBT quando necessário. As adaptações ao tratamento podem incluir não oferecer *coaching* telefônico/por mensagem de texto ou espaçamento entre as sessões individuais — essas escolhas são influenciadas pela população primária de estudantes que o programa deseja atender (p. ex., programas que atendem estudantes com ideação suicida e CASIS em geral irão oferecer terapia semanal, embora possa não ser terapia individual em DBT). Dois exemplos de DBT Leve focados em diferentes populações de estudantes são descritos a seguir.

Uma iteração da DBT Leve é detalhada por Panepinto e colaboradores (2015), que assumiram uma abordagem ampla para a aplicação do seu programa da DBT Leve focando em qualquer estudante que precisasse desenvolver habilidades de enfrentamento, em vez de apenas estudantes que apresentam risco de suicídio ou TPB. Este programa incluiu terapia individual a cada 15 dias, um grupo de treinamento em habilidades com duração variável, *coaching* telefônico e reunião de equipe de consultoria. O *coaching* telefônico era oferecido durante o horário de expediente, e os estudantes podiam usar o sistema de plantões existentes fora do horário de expediente. Para *coaching* após o expediente, estavam incluídas fichas de habilidades da DBT no folheto do plantão fornecido ao conselheiro que recebia as ligações. Os grupos de treinamento de habilidades funcionavam de 6 a 13 semanas, dependendo do período de tempo necessário para recrutar um grupo inteiro de estudantes. Em geral, os grupos incluíam habilidades de todos os quatro módulos, embora no caso de grupos de duração muito breve, fossem omitidas habilidades de efetividade interpessoal.

TABELA 7.2 Tipos de programas da DBT adaptados em UCCs

Tipo de programa	Descrição	População-alvo	Critérios de exclusão
DBT abrangente	Este é um programa da DBT com a duração de um semestre, com todos os elementos, porém de mais curta duração e com algumas adaptações ao contexto do UCC. O tratamento pode ser estendido para um segundo período.	Estudantes com apresentações clínicas sérias ou complexas (múltiplos problemas em múltiplas áreas), incluindo aqueles com características prototípicas de TPB, ideação/comportamento suicida e/ou CASIS.	• Estudantes que não estão dispostos a se comprometer a participar de tratamento semanal individual e em grupo e a completar o cartão diário. • Estudantes que requerem mais do que terapia individual semanal para funcionar no *campus*.
DBT Leve	Este é um programa da DBT adaptado que incorpora alguns, mas não todos os elementos da DBT padrão. As adaptações aos modos de tratamento da DBT são feitas para se adequarem aos recursos disponíveis no UCC e/ou para melhorar a viabilidade e sustentabilidade do programa (p. ex., oferecer *coaching* telefônico somente durante o horário de funcionamento do UCC).	Estudantes com apresentações clínicas sérias ou complexas, incluindo aqueles com características de TPB, ideação/comportamento suicida e/ou CASIS.	• Estudantes com preocupações/apresentações mais bem caracterizadas por supercontrole do que por desregulação. • Estudantes cujas necessidades de tratamento se estendem além dos limites do que o UCC e/ou a equipe da DBT pode oferecer satisfatoriamente.
Grupos de habilidades da DBT em conjunto com outro tratamento individual não DBT	Este é um programa da DBT que somente oferece grupos de treinamento de habilidades da DBT. Os grupos de treinamentos de habilidades em geral ensinam algumas habilidades essenciais de cada um dos quatro módulos de treinamento de habilidades da DBT. Os estudantes que participam destes grupos recebem outros serviços (não DBT) (p. ex., terapia individual, psiquiatria) do UCC ou da comunidade. O tratamento é coordenado.	Estudantes com apresentações clínicas sérias ou complexas, incluindo aqueles com características prototípicas de TPB, ideação/comportamento suicida e/ou CASIS. Também pode incluir estudantes com déficits clinicamente significativos em áreas visadas pelo treinamento de habilidades da DBT.	• Estudantes que são suicidas ou que estão se engajando em CASIS e que não estão em terapia individual/gerenciamento de caso concomitante.

(Continua)

TABELA 7.2 Tipos de programas da DBT adaptados em UCCs *(Continuação)*

Tipo de programa	Descrição	População-alvo	Critérios de exclusão
Grupos de habilidades em DBT como tratamento independente	Este grupo de treinamento de habilidades pode oferecer habilidades de múltiplos módulos (p. ex., somente habilidades de regulação emocional). Os grupos costumam ter duração mais curta, podem ser escalonados para iniciar na metade do semestre ou podem ser realizados como uma série de *workshops* (p. ex., sem triagem no grupo).	Estudantes que experimentam déficits significativos em áreas visadas pelo treinamento de habilidades da DBT.	• Estudantes que são suicidas, estão se engajando em CASIS ou não são clinicamente estáveis.

Estes autores identificaram que os estudantes que participaram no programa apresentaram melhora em impulsividade e desregulação emocional, entre outros fatores.

Um segundo exemplo de DBT Leve, e de como os programas podem se ampliar com o tempo, é o programa desenvolvido por Chugani e colaboradores (2013). Esse programa começou como um grupo de treinamento em habilidades de DBT de 11 semanas complementar à terapia individual não DBT no UCC (ver a próxima seção), mas evoluiu para um programa de DBT Leve. O grupo incluía habilidades de todos os módulos de treinamento de habilidades da DBT. Embora os terapeutas se reunissem para uma consultoria em equipe semanal, os membros da equipe tinham concluído somente treinamento *on-line* seguido por treinamento presencial de DBT por dois dias. *Coaching* telefônico e DBT individual não foram oferecidos. O sucesso inicial do programa na produção de mudanças positivas, em relação a TAU, para estudantes com desregulação emocional significativa e transtornos/traços de personalidade do *Cluster* B, em comportamentos de enfrentamento desadaptativos e adaptativos, permitiu que o centro lutasse pelos recursos para treinamento intensivo em DBT de 10 dias, o que permitiu a expansão do programa.

Depois do treinamento intensivo, o programa evoluiu de um serviço de treinamento de habilidades em DBT complementar a tratamento individual não DBT para um exemplo de DBT Leve, incluindo grupos de treinamento de habilidades de 12 semanas a cada semestre, sessões de terapia individual padrão ou orientada pela DBT, reuniões semanais da equipe de consultoria e *coaching* telefônico durante o horário comercial (ver Chugani, 2017). Os estudantes podiam utilizar *coaching* telefônico orientado pela DBT via linha direta do centro depois do horário do expediente, o qual tinha um protocolo particular para os estudantes no programa da DBT Leve. Este UCC não tem limites de sessões (embora em geral seja aplicado um modelo de tratamento breve), o que permitia que a equipe fornecesse um nível consideravelmente intenso de cuidados quando indicado (p. ex., em casos de comportamentos de ameaça iminente à vida). No entanto, estudantes com menor gravidade também podiam participar em grupos sem receber o pacote de tratamento completo, desse modo permitindo que o centro maximizasse seu investimento de recursos.

Os dois programas de DBT Leve recém-descritos adaptaram estrategicamente os componentes da DBT padrão para mais bem se enquadrarem dentro das estruturas práticas do seu UCC. Além disso, esses programas ampliaram os critérios de inclusão para participação, possibilitando assim que seus programas servissem a mais estudantes e a uma gama mais diversificada de necessidades dos estudantes. É de particular importância considerar a missão declarada do UCC e o escopo da prática ao planejar programas de DBT adaptados, pois estes programas que se alinham bem com as prioridades administrativas e clínicas têm maior probabilidade de ser prontamente adotados e aceitos pela equipe encarregada de ofertar e manter o programa.

Grupos de habilidades da DBT em conjunto com outro tratamento individual não DBT

Uma abordagem mais abreviada de execução da DBT em um UCC é oferecer um grupo de habilidades da DBT que ocorra em conjunto com outro tratamento individual não DBT. Para estes programas, o componente de intervenção principal no UCC é um grupo de treinamento de habilidades em que as habilidades de todos os quatro módulos são oferecidas aos estudantes em todos os níveis de risco, *mas o risco de suicídio do estudante é manejado fora da equipe de DBT*. Esses programas podem ser oferecidos como complementares da terapia individual, fornecidos dentro ou fora do *campus*, mas em geral não incluem outros elementos do modelo da DBT (i.e., nenhum tratamento individual da DBT, equipe de consultoria dos pares em DBT ou *coaching* telefônico). Um desses programas descritos na literatura (Meaney-Tavares & Hasking, 2013) é um programa de treinamento em habilidades da DBT de oito semanas para estudantes universitários que preenchem todos os critérios para TPB. É exigido que todos os estudantes participem de aconselhamento individual semanal com um prestador fora do *campus*, e o programa funciona colaborativamente com cada estudante para criar listas de contatos para depois do expediente. Este tipo de programa é uma forma inovadora de reduzir os custos do tratamento necessário para estudantes com TPB, ao mesmo tempo que adere a uma dimensão de serviços previamente estabelecidos. Os estudantes podem ter acesso a grupos abreviados de treinamento de habilidades da DBT via UCC, mas a responsabilidade primária pela avaliação semanal e pelo manejo de tendências suicidas e outros alvos prioritários do tratamento recai sobre um terapeuta de fora do *campus*. As colaborações entre os UCCs e os terapeutas de fora do *campus* idealmente envolverão um acordo por escrito referente a quais serviços cada um pretende oferecer. Esse acordo pode ser facilitado pelo uso de um contrato primário do terapeuta com os pacientes que recebem treinamento de habilidades da DBT, como o que foi incluído no manual de treinamento de habilidades da DBT (Linehan, 2015, p. 39).

Outro modelo de habilidades complementar a um tratamento individual não DBT voltado para estudantes com psicopatologia significativa e desregulação emocional é o programa de 12 semanas desenvolvido por Uliaszek e colaboradores (2016). Esse programa reflete a típica oferta de treinamento de habilidades da DBT, mas em um pacote abreviado adequado para aplicação em um *campus* universitário. O protocolo de treinamento de habilidades inclui três semanas de habilidades de tolerância ao mal-estar, três de regulação emocional e três de efetividade interpessoal, com uma sessão de *mindfulness* antes do início de cada novo módulo. Embora o aconselhamento individual não seja necessário neste modelo, os desenvolvedores do programa relataram que a maioria dos participantes da DBT também recebe tratamento individual concomitante.

Embora os dois modelos que foram discutidos sejam programas com duração fixa, protocolos de treinamento de habilidades com duração variável também foram desenvolvidos para estudantes universitários com problemas psicológicos sérios, incluindo tendência suicida e CASIS (ver Muhomba et al., 2017). Como com outros modelos apresentados nesta seção, este programa foca exclusivamente no treinamento de habilidades, mas sem a exigência de uma duração de tempo fixa para realização. A principal vantagem de um modelo com duração variável é que os grupos podem iniciar em vários momentos durante o semestre, permitindo que os líderes do grupo sejam mais responsivos às necessidades dos estudantes que podem não se apresentar nas primeiras semanas de aula. Por exemplo, o programa pode ter um currículo-padrão de habilidades, mas oferecê-las via grupos de 6, 8 ou 10 semanas, dependendo do tempo disponível no semestre depois que o grupo atinge sua capacidade. Como este modelo também foca em estudantes com problemas sérios e/ou com comportamentos de ameaça iminente à vida, é provável que a maioria dos estudantes no programa receba outros serviços (p. ex., terapia individual), mas não é necessário que procedimentos formais estejam em funcionamento para o fornecimento de terapia individual em DBT, *coaching* telefônico ou consultoria do terapeuta.

Mesmo nos casos em que a intenção é oferecer o grupo como um tratamento independente (Uliaszek et al., 2016), se a amostra for de alta gravidade, a maioria dos estudantes acaba recebendo aconselhamento individual ou gerenciamento de caso para manejar o risco, e os grupos de habilidades da DBT se tornam uma forma de tratamento complementar, é recomendada a coordenação do tratamento. No entanto, conforme observado antes (ver Meaney-Tavares & Hasking, 2013), o UCC não precisa assumir responsabilidade única pela oferta desta atenção extra. Os estudantes com maiores necessidades comumente são vistos por um psiquiatra do *campus*, que em geral faz parte da clínica de saúde do *campus*. As consultas na clínica de saúde e de seguimento associadas à psiquiatria baseada no *campus* proporcionam um ponto de contato adicional no *campus* para acompanhar os estudantes vulneráveis. Os UCCs também podem formar uma rede com os terapeutas de fora do *campus* e os centros de saúde mental na comunidade para oferecer uma lista de opções econômicas e acessíveis para os estudantes.

Grupos de habilidades da DBT independentes

Os grupos de treinamento de habilidades como uma intervenção independente costumam ser o único modo da DBT oferecido nos UCCs (Chugani & Landes, 2016). Um grupo independente é apropriado quando os estudantes atendidos não apresentam risco de suicídio e/ou TPB. Em um grupo independente, os estudantes em geral são clinicamente estáveis e os facilitadores do grupo de habilidades da DBT não coordenam o trabalho em conjunto com os terapeutas individuais.

Os grupos de habilidades da DBT independentes são planejados para se encaixar no cronograma do semestre ou trimestre e podem abranger módulos de treinamento de habilidades da DBT ou ser específicos para um módulo (p. ex., somente regulação emocional). A oferta de um programa de módulo único permite que os UCCs foquem na oferta em profundidade de habilidades de um único módulo de treinamento de habilidades da DBT. Os grupos de habilidades da DBT independentes também podem ser oferecidos como uma série de *workshops*, nos quais os estudantes podem participar de vários deles (frequentemente com 60 minutos de duração) sobre habilidades específicas. Esses *workshops* breves podem ser vistos como serviços de acolhimento fornecidos na clínica para pacientes atuais do UCC ou como uma forma de aproximação oferecida pelo UCC a toda a comunidade do *campus* em geral.

DIRETRIZES PARA ADAPTAÇÃO DA DBT PARA UCCS

Uma dialética principal com que os UCCs precisam lidar é o equilíbrio entre aderir à DBT padrão como uma prática baseada em evidências *versus* adotar uma abordagem mais flexível na aplicação de práticas e princípios da DBT a fim de acomodar as diferenças nas estruturas de serviços e âmbito da prática nos UCCs. Considerando a ampla variação nos UCCs, uma abordagem "tamanho único" provavelmente não é viável. Os UCCs já estão adaptando a DBT, com o treinamento de habilidades em grupo sendo o componente mais popular oferecido (Chugani & Landes, 2016). A próxima seção concentra-se no desenvolvimento do programa, equilibrando eficácia com viabilidade/sustentabilidade.

Desenvolvendo um programa viável e sustentável

Para alguns UCCs, a DBT abrangente, reduzida a um ou dois semestres (até um ano no máximo), provou ser viável (Engle et al., 2013; Pistorello et al., 2012). O modelo proposto aqui é usar a flexibilidade da DBT, ao longo de um espectro de intensidade, reservando a DBT como um programa de especialidades para estudantes de risco mais alto dispostos e capazes de se engajar neste tratamento multimodal. Isso poupa recursos e aumenta o escopo da abordagem da DBT dentro do UCC, e o formato de especialidades permite que o UCC ofereça mais serviços a alguns estudantes com necessidades especialmente altas. Os UCCs podem considerar a implementação da DBT abrangente, por exemplo, pois eles já estão tratando estudantes de mais alto risco, mas gostariam de fazer isso de forma sistemática, ou porque a abordagem atual parece ser inefetiva ou resulta em hospitalizações/licenças médicas (Engle et al., 2013).

No entanto, a DBT abrangente, mesmo que com apenas um semestre de duração, pode não ser viável para alguns UCCs devido ao treinamento, custos para a oferta de tratamento, baixo número de membros na equipe, requisitos de produtividade, limites das sessões ou um âmbito restrito dos serviços. Felizmente, há muitas opções para oferecer DBT no *campus*. Começar com um programa flexível e administrável que permita que o programa e a equipe cresçam em um ritmo razoável é fundamental. É melhor começar pequeno e crescer com o tempo do que lançar uma iniciativa que pressione a equipe e os recursos e, assim, possa não ser sustentável a longo prazo.

Para iniciar o desenvolvimento do programa, é importante considerar o equilíbrio entre a população-alvo dos estudantes e os modos de tratamento DBT que podem realisticamente se encaixar na estrutura do UCC e no âmbito dos serviços. Embora grupos de treinamentos de habilidades da DBT como uma intervenção independente não sejam recomendados para estudantes com TPB e/ou risco de suicídio (devido à falta de oportunidade para fornecer avaliação do risco ou atenção a alvos individualizados do tratamento), pode ser possível oferecer grupos da DBT como um serviço adjuvante aos estudantes que recebem terapia individual conduzida por outros terapeutas não DBT no mesmo UCC (ver Chugani et al., 2013; Chugani, 2017) ou na comunidade local (ver Meaney-Tavares & Hasking, 2013). Assim, existem diferentes métodos para combinar as populações com os componentes da DBT. Parcerias com a comunidade podem ser de particular utilidade caso o tratamento para estudantes altamente agudos seja necessário, mas não possa ser realisticamente obtido no UCC local sem apoio adicional de fora do *campus*. Essas iniciativas podem incluir, por exemplo, uma parceria entre um hospital psiquiátrico e um ou mais *campi* locais para desenvolver um programa ambulatorial intensivo orientado pela DBT especificamente para estudantes universitários (University of

Pittsburg Medical Center, 2020). Ou então o UCC pode desenvolver uma lista de locais que oferecem tratamento na comunidade que trabalham com o tratamento de pacientes alto risco e coordenem ativamente o tratamento, com o UCC fornecendo o grupo de treinamento de habilidades da DBT enquanto os clínicos realizam a terapia individual — seja ela DBT ou não. Para facilitar a disseminação da DBT para clínicos privados, o UCC local pode promover treinamento intensivo em DBT e abri-lo para a comunidade e/ou fazer apresentações da DBT regularmente para criar mais interesse/conhecimento.

Uma segunda área fundamental a considerar é o equilíbrio entre os recursos disponíveis *versus* aqueles necessários para desenvolver o programa. Os recursos importantes a considerar são a disponibilidade de financiamento para atividades de treinamento e materiais necessários (p. ex., livros, fotocópias, fichários), suporte administrativo para desenvolvimento e implementação do programa da DBT (incluindo a reserva de tempo para um grupo semanal de consultoria aos pares para DBT, além de oportunidades de educação continuada), membros suficientes da equipe e estagiários para participar, interesse e disposição da equipe para aprender DBT e espaço físico suficiente (p. ex., uma sala para o grupo). Embora a longo prazo a DBT possa reduzir o esgotamento da equipe no UCC ao ajudar um amplo segmento de estudantes desafiadores a aprenderem habilidades, o impacto a curto prazo do desenvolvimento de um programa da DBT provavelmente representará uma sobrecarga — por exemplo, mais comprometimento de tempo da equipe para treinamento e estudo dos materiais da DBT. Se possível, os UCCs devem fornecer um tempo livre das demandas de produtividade típicas para apoiar a equipe na aprendizagem da DBT ou procurar ativamente opções de treinamento que ocorrerão durante os recessos acadêmicos quando a equipe poderá ter mais disponibilidade. Também é importante reconhecer que os conselheiros no UCC em geral são experientes e têm orientações teóricas bem estabelecidas; a DBT pode desafiar ou entrar em conflito com algumas das visões de mundo preexistentes. Os membros potenciais da equipe da DBT devem ser informados acerca da exigência de firmar um compromisso de adotar as práticas e os princípios da DBT (quando aplicáveis ao programa da DBT específico) para assegurar que eles estejam muito conscientes das expectativas gerais antes de se juntarem à equipe. Por exemplo, se o programa no UCC implementar a DBT, os membros potenciais da equipe devem ser informados das exigências de participar das reuniões semanais da equipe e fornecer *coaching* de habilidades se necessário.

Outro recurso que vale a pena ser considerado é a disponibilidade de estagiários. Considerando-se que 63% dos UCCs têm estagiários em nível de mestrado e 39% têm residentes em nível de doutorado (LeViness et al., 2017), os estagiários clínicos são um recurso valioso que pode ajudar a compensar o tempo da equipe dedicado a realizar grupos de DBT. Há diversas vantagens, tanto para os estagiários quando para os UCCs, em incluir estagiários como cofacilitadores dos grupos em DBT (Rizvi & Steffel, 2014). Primeiramente, os estagiários podem participar no treinamento da DBT como parte das exigências de aprendizagem e, portanto, como parte das suas responsabilidades na função. Em segundo lugar, os estagiários podem ter mais exposição ao manejo de situações clínicas mais agudas, dessa forma aprimorando suas habilidades clínicas. Terceiro, contar com estagiários para servir como cofacilitadores libera a equipe sênior para coordenar outras formas de tratamento ou manejar situações agudas que exigem sua *expertise*. Por último, os estagiários podem aprender habilidades úteis, o que pode despertar seu interesse em continuar a aprender uma abordagem baseada em evidências, desse modo promovendo a disseminação de tais práticas nos UCCs e na comunidade local.

Treinamento em DBT e implementação do programa

O treinamento em DBT pode variar dependendo do tipo de programa que está sendo implementado no UCC (ver Tabela 7.2). Antes de fazer um investimento financeiro maior, pode ser útil formar uma equipe e marcar reuniões semanais para discutir capítulos dos manuais de tratamento da DBT (Linehan, 1993, 2015). Isso permitirá que a equipe funcione em um ritmo confortável e adquira maior familiaridade com as práticas e princípios da DBT antes de tomar decisões sobre possíveis adaptações do modelo-padrão. A suplementação dessas atividades com programas de treinamento *on-line*, comunidades de aprendizagem *on-line* ou o apoio de um consultor de DBT pode aumentar a compreensão dos textos, ao mesmo tempo que possibilita que a equipe desempenhe o trabalho em seu próprio ritmo. Quando mais treinamento formal for desejável ou indicado, escolha as atividades de treinamento que se alinham mais intimamente com os objetivos do programa. Por exemplo, se o plano for implementar grupos de treinamento de habilidades de DBT com nenhuma ou muito pouca intenção de oferecer algum dos outros componentes do modelo-padrão, provavelmente não será necessário um treinamento intensivo de 10 dias. Contudo, para aqueles que desejam expandir seus programas, existem evidências de que as equipes que começam oferecendo DBT antes de treinamento intensivo desenvolvem programas que sobrevivem por mais tempo (Harned et al., 2015).

A DBT também deve ser adaptada *estrategicamente*. Ou seja, as adaptações devem ser feitas quando necessário para a viabilidade e sustentabilidade do programa, em vez de baseadas na inclusão de componentes alheios por interesse pessoal (p. ex., acrescentar ioga). Depois de desenvolver o programa da maneira que melhor atenda às necessidades dos estudantes e do UCC, podemos manter uma atitude flexível em relação à estrutura do programa fazendo ensaios-piloto de diferentes versões do programa para ver qual é mais eficiente e eficaz. Por exemplo, podemos tentar realizar grupos de diferentes durações para determinar qual duração parece ser a ideal tanto para o recrutamento quanto para os resultados clínicos. Em termos de duração do grupo, isso dependerá da estrutura acadêmica do *campus* (p. ex., semestre vs. trimestre), além do tempo necessário para recrutar participantes suficientes para um grupo (p. ex., interesse dos estudantes em participar e disposição da equipe do UCC para encaminhar para o grupo) e o fluxo de estudantes no UCC (p. ex., tamanho da clínica e/ou *campus*). Grupos menores permitem que os estudantes que se apresentam na metade do semestre sejam incluídos (Muhomba et al., 2017). O uso de um protocolo de treinamento de habilidades em grupo que exija a maior parte do semestre/trimestre para ser empregado (p. ex., 11 a 12 semanas) pode apenas captar aqueles estudantes que se apresentam para tratamento durante as primeiras semanas do período. O uso de grupos com duração variável ou grupos menores (como no programa da DBT antes relatado e por Panepinto et al., [2015]) permite datas de início escalonadas durante a primeira metade do semestre para acomodar mais estudantes à medida que se apresentem para tratamento ao longo do semestre. Embora esta abordagem de ensaio e erro exija maior comprometimento, a longo prazo, tomar decisões sobre o programa baseadas em evidências, nos alunos e na contribuição da equipe tem maior probabilidade de resultar em um programa sustentável que atenderá bem aos estudantes específicos em um UCC.

Avaliação do programa

Uma área final que recomendamos para consideração é a avaliação do programa. Embora a extensa literatura apresente variantes de programas da DBT em UCCs, esta pesquisa é principalmente composta de pequenos estudos-piloto não controlados (ver Tabela 7.1).

Além do mais, UCCs individuais podem escolher desenvolver seu próprio programa da DBT em vez de seguir um dos modelos antes descritos. Assim, encorajamos a consideração cuidadosa de quais resultados clínicos primários são mais desejáveis (p. ex., melhora na regulação emocional, redução nos sintomas de TPB ou depressão, redução nas hospitalizações, permanência no contexto acadêmico) e recomendamos fortemente o uso de medidas relevantes para assegurar que o programa esteja produzindo os resultados esperados (ver Skerven et al., Capítulo 4 deste livro). Muitas medidas para livre utilização estão disponíveis, e o leitor pode consultar os estudos listados na Tabela 7.1 para as medidas mais usadas para avaliação dos resultados da DBT em UCCs. Existem maneiras de coletar dados sem que se acrescente uma sobrecarga indevida aos membros da equipe do UCC, que podem não ter tempo para atividades de avaliação, como fazer parceria com um estudante de doutorado ou membro do corpo docente em psicologia, aconselhamento ou serviço social em troca de permissão para publicar os dados ou usá-los em uma tese de doutorado ou dissertação de mestrado. Os UCCs que já estão usando tecnologia (p. ex., *tablets*) podem recorrer a plataformas *on-line* de pesquisa (p. ex., Qualtrics) para coletar dados dos estudantes a fim de minimizar a sobrecarga de registro dos dados.

CONCLUSÃO

Os estudantes universitários estão experimentando níveis e complexidade mais altos de problemas psicológicos (incluindo pensamentos e comportamentos suicidas), e indivíduos com problemas que ameaçam a si mesmos tendem a utilizar muito os serviços de saúde (CCMH, 2017, 2019) e podem sobrecarregar os recursos do UCC. Devido à sua natureza multimodal guiada por princípios, a DBT pode ser implantada de várias maneiras ao longo de um *continuum* de intensidade e custos, adequando-se às necessidades e recursos do UCC. Além disso, a inclusão da DBT como parte do programa de treinamento no UCC é uma forma ideal de reduzir os custos associados à oferta do programa, ao mesmo tempo que dá aos estagiários a oportunidade de aprender um conjunto de habilidades baseadas em evidências e altamente negociáveis. Por último, os princípios da DBT também podem ser úteis fora da terapia. Além dos extensos esforços para ensinar as habilidades aos estudantes, o treinamento da equipe local e de outros funcionários/docentes da universidade sobre como evitar reforçar inadvertidamente a escalada e comportamentos de crise pode ser útil para a comunidade mais ampla do *campus*.

Uma revisão da DBT na literatura sobre UCCs demonstra que a DBT é eficaz na redução do risco de suicídio, do sofrimento psicológico e no aumento no uso de habilidades. No entanto, a maioria das pesquisas foi conduzida dentro da alçada da avaliação do programa ou viabilidade/aceitabilidade inicial, sem randomização e/ou grupos-controle. Apesar dessa limitação, todos os estudos demonstraram a viabilidade da adaptação da DBT para UCCs. Alguns estudos mostraram que a DBT tinha maiores taxas de participação e conclusão do tratamento (Uliaszek et al., 2016) e estava associada a menos hospitalizações e licenças médicas (Engle et al., 2013), as quais são muito onerosas para os UCCs e a própria instituição acadêmica. As variáveis de resultados relevantes para instituições acadêmicas, como licenças médicas ou funcionamento acadêmico ruim, são essenciais para demonstrar às instituições o custo-benefício da DBT. Para terminar, os programas da DBT em UCCs se apresentam em uma variedade de formas com base nas necessidades dos estudantes e do UCC. Embora não exista uma abordagem única de melhor prática no *campus*, pesquisas atuais sugerem que a DBT pode e realmente funciona para abordar alguns dos problemas mais prementes enfrentados pelos UCCs.

AGRADECIMENTOS

Algumas das pesquisas relatadas neste capítulo foram apoiadas pelo National Institute of Mental Health sob o número R34MH104714 (Jacqueline Pistorello, investigadora principal). O conteúdo é de responsabilidade exclusiva dos autores e não representa necessariamente as opiniões do National Institutes of Health. Gostaríamos de agradecer a nossas respectivas equipes de DBT.

REFERÊNCIAS

Aldao, A. (2016). Introduction to the special issue: Emotion regulation as a transdiagnostic process. *Cognitive Therapy and Research, 40*(3), 257–261.

American College Health Association. (2018, Spring). *ACHA national college health assessment II: Reference group executive summary.* Silver Spring, MD: Author.

American with Disabilities ACT. (1990, amended in 2008). Retrieved from *www.ada.gov/pubs/adastatute08.htm.*

Arnett, J. J. (2004). *Emerging adulthood: The winding road from the late teens through the twenties.* New York: Oxford University Press.

Brody, J. E. (2018). Preventing suicide among college students. *The New York Times,* Personal Health section. Retrieved from *www.nytimes. com/ 2018/ 07/ 02 /well/preventing-suicide-among-college-students.html*

Center for Collegiate Mental Health. (2017, January). 2016 annual report (Publication No. STA 17-74). Retrieved from *https://sites.psu.edu/ccmh/files/2017/01/2016-Annual-Report-FINAL_2016_01_09-1gc2hj6.pdf.*

Center for Collegiate Mental Health. (2019, January). 2018 annual report (Publication No. STA 17-74). Retrieved from *https://sites.psu.edu/ccmh/files/2019/01/2018-Annual-Report-1.30.19-ziytkb.pdf.*

Chugani, C. D. (2017). Adapting dialectical behavior therapy for college counseling centers. *Journal of College Counseling, 20*(1), 64–80.

Chugani, C. D., Ghali, M. N., & Brunner, J. (2013). Effectiveness of short-term dialectical behavior skills training in college students with Cluster B personality disorders. *Journal of College Student Psychotherapy, 27*(4), 323–336.

Chugani, C. D., & Landes, S. J. (2016). Dialectical behavior therapy in college counseling centers: Current trends and barriers to implementation. *Journal of College Student Psychotherapy, 30*(3), 176–186.

Curtin, S. C., Warner, M., & Hedegaard, H. (2016). *Increase in suicide in the United States, 1999–2014.* Washington, DC: U.S. Department of Health and Human Services, Centers for Disease Control and Prevention, National Center for Health Statistics.

Eagan, M. K., Stolzenberg, E. B., Zimmerman, H. B., Aragon, M. C., Whang Sayson, H., & Rios-Aguilar, C. (2017). *The American freshman: National norms fall 2016.* Los Angeles: Higher Education Research Institute, UCLA.

Eisenberg, D., Nicklett, E. J., Roeder, K., & Kirz, N. E. (2011). Eating disorder symptoms among college students: Prevalence, persistence, correlates, and treatment-seeking. *Journal of American College Health, 59*(8), 700–707.

Engle, E., Gadischkie, S., Roy, N., & Nunziato, D. (2013). Dialectical behavior therapy for a college population: Applications at Sarah Lawrence College and beyond. *Journal of College Student Psychotherapy, 27*(1), 11–30.

Fleming, A. P., McMahon, R. J., Moran, L. R., Peterson, A. P., & Dreessen, A. (2015). Pilot randomized controlled trial of dialectical behavior therapy group skills training for ADHD among college students. *Journal of Attention Disorders, 19*(3), 260–271.

Gallagher, R. P. (2012). *National survey of college counseling 2012* (Monograph Series 9T). Pittsburgh, PA: International Association of Counseling Services. Retrieved from *http://d-scholarship.pitt.edu/28175/1/ NSCCD_Survey_2012.pdf.*

Gallagher, R. P. (2015). *National survey of college counseling centers 2014* (Monograph Series 9V). Pittsburgh, PA: International Association of Counseling Services. Retrieved from *http://d-scholarship.pitt.edu/28178/1/survey_2014.pdf.*

Grayson, P., & Meilman, P. (Eds.). (2006). *College mental health practice.* New York: Routledge.

Harned, M., Navarro-Haro, M., Korslund, K. E., Chen, T., DuBose, A., Ivanoff, A., et al. (2015, September). *Rates and predictors of implementation after dialectical behavior therapy intensive training.* Paper presented at the Society for Implementation Research Collaboration, Seattle, WA.

Hersh, R. G. (2013). Assessment and treatment of patients with borderline personality disorder in the college and university population. *Journal of College Student Psychotherapy, 27*(4), 304–322.

Jobes, D. A. (2016). *Managing suicidal risk: A collaborative approach* (2nd ed.). New York: Guilford Press.

Kadison, R., & DiGeronimo, T. F. (2004). *College of the overwhelmed: The campus mental health crisis and what to do about it.* San Francisco: Jossey-Bass.

Lamis, D. A., & Lester, D. (Eds.). (2011). *Understanding and preventing college student suicide*. Springfield, IL: Charles C Thomas.

LeViness, P., Bershad, C., & Gorman, K. (2017). The Association for University and College Counseling Center Directors annual survey: Reporting period July 1, 2016, through June 30, 2017. Retrieved November 30, 2018, from *www.aucccd.org/ assets/2017%20aucccd%20 survey-public-apr17.pdf*.

Linehan, M. M. (1993). *Cognitive-behavioral treatment of borderline personality disorder*. New York: Guilford Press.

Linehan, M. M. (2015). *DBT skills training manual* (2nd ed.). New York: Guilford Press.

Meaney-Tavares, R., & Hasking, P. (2013). Coping and regulating emotions: A pilot study of a modified dialectical behavior therapy group delivered in a college counseling service. *Journal of American College Health, 61*(5), 303–309.

Mortier, P., Cuijpers, P., Kiekens, G., Auerbach, R. P., Demyttenaere, K., Green, J. G., et al. (2018). The prevalence of suicidal thoughts and behaviours among college students: A meta-analysis. *Psychological Medicine, 48*(4), 554–565.

Muhomba, M., Chugani, C. D., Uliaszek, A. A., & Kannan, D. (2017). Distress tolerance skills for college students: A pilot investigation of a brief DBT group skills training program. *Journal of College Student Psychotherapy, 31*(3), 247–256.

Panepinto, A. R., Uschold, C. C., Oldanese, M., & Linn, B. K. (2015). Beyond borderline personality disorder: Dialectical behavior therapy in a college counseling center. *Journal of College Student Psychotherapy, 29*, 211–226.

Pistorello, J., Coyle, T. N., Locey, N. S., & Walloch, J. C. (2017). Treating suicidality in college counseling centers: A response to Polychronis. *Journal of College Student Psychotherapy, 31*, 30–42.

Pistorello, J., Fruzzetti, A. E., MacLane, C., Gallop, R., & Iverson, K. M. (2012). Dialectical behavior therapy (DBT) applied to college students: A randomized clinical trial. *Journal of Consulting and Clinical Psychology, 80*(6), 982–994.

Pistorello, J., Jobes, D., Compton, S., Locey, N. S., Walloch, J., Gallop, R., et al. (2018). Developing adaptive treatment strategies to address suicidal risk in college students: A pilot Sequential Multiple Assignment Randomized Trial (SMART). *Archives of Suicide Research, 22*(4), 644–664.

Potter, L., Silverman, M., Connorton, E., & Posner, M. for Suicide Prevention Resource Center. (2004). *Promoting mental health and preventing suicide in college and university settings*. Newton, MA: Education Development Center.

Rizvi, S. L., & Steffel, L. M. (2014). A pilot study of 2 brief forms of dialectical behavior therapy skills training for emotion dysregulation in college students. *Journal of American College Health, 62*(6), 434–439.

Uliaszek, A. A., Rashid, T., Williams, G. E., & Gulamani, T. (2016). Group therapy for university students: A randomized control trial of dialectical behavior therapy and positive psychotherapy. *Behavior Research and Therapy, 77*, 77–85.

University of Pittsburgh Medical School (2020). College option — Services for transition-age students at risk (CO-STAR). Retrieved from *upmc.com/services/behavioral-health/teen-sat-risk*.

Whitlock, J., Eells, G., Cummings, N., & Purington, A. (2009). Nonsuicidal self-injury in college populations: Mental health provider assessment of prevalence and need. *Journal of College Student Psychotherapy, 23*(3), 172–183.

Whitlock, J., Muehlenkamp, J., Eckenrode, J., Purington, A., Barrera, P., Baral-Abrams, G., et al. (2013). Non-suicidal self-injury as a gateway to suicide in adolescents and young adults. *Journal of Adolescent Health, 52*(4), 486–492.

Wolverton, B. (2019). As students struggle with stress and depression, colleges act as counselors. *The New York Times*, Higher Education special section. Retrieved from *www.nytimes. com/2019/02/21/education/ learning/mental-health-counseling-on-campus.html*.

8

DBT em programas de justiça juvenil

Debra M. Bond, Jesse Homan e Brad Beach

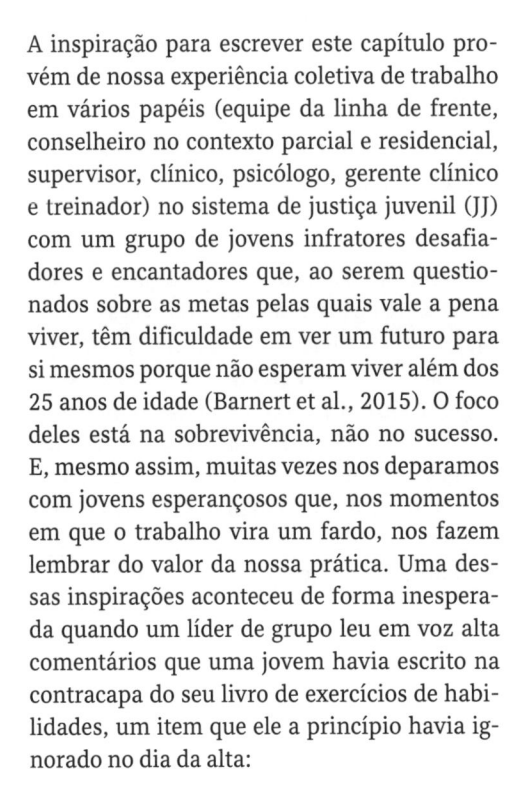

A inspiração para escrever este capítulo provém de nossa experiência coletiva de trabalho em vários papéis (equipe da linha de frente, conselheiro no contexto parcial e residencial, supervisor, clínico, psicólogo, gerente clínico e treinador) no sistema de justiça juvenil (JJ) com um grupo de jovens infratores desafiadores e encantadores que, ao serem questionados sobre as metas pelas quais vale a pena viver, têm dificuldade em ver um futuro para si mesmos porque não esperam viver além dos 25 anos de idade (Barnert et al., 2015). O foco deles está na sobrevivência, não no sucesso. E, mesmo assim, muitas vezes nos deparamos com jovens esperançosos que, nos momentos em que o trabalho vira um fardo, nos fazem lembrar do valor da nossa prática. Uma dessas inspirações aconteceu de forma inesperada quando um líder de grupo leu em voz alta comentários que uma jovem havia escrito na contracapa do seu livro de exercícios de habilidades, um item que ele a princípio havia ignorado no dia da alta:

> *Eu acho que a DBT significou muito. É muito importante saber estas coisas. No início eu pensei: "Este grupo é idiota", mas depois que me sentei e li, aquilo fez muito sentido. No grupo, eu levei na brincadeira porque éramos muitos e todos nós ignorávamos o líder. Um dia, quando eu estava tendo alguns problemas... fui até o meu quarto e comecei a revirar as minhas coisas. Então me deparei com o livreto sobre DBT e o li. E isso ajudou!*

Este capítulo apresenta ao leitor uma visão geral das questões que vêm à tona quando trabalhamos com jovens da JJ entre 12 e 20 anos acusados ou julgados por delitos criminais em contextos de cuidado congregado* ou residencial (estabelecimentos que abrigam infratores juvenis como resultado de alguma decisão judicial). O sistema legal reconhece que esses jovens são diferentes dos infratores adultos e têm necessidades que demandam tratamento e reabilitação. Descrevemos as formas pelas quais a terapia comportamental dialética (DBT) tem sido aplicada a este contexto peculiar e importante.

---

* N. de R. T. Essas instituições funcionam como uma unidade de tratamento e recuperação para menores infratores com algum diagnóstico formal do DSM-5. Para maiores informações, acesse: https://www.ncsl.org/research/human-services/congregate-care-and-group-home-state-legislative-enactments.aspx

VISÃO GERAL

A cada ano, mais de 2 milhões de jovens são presos nos Estados Unidos. Felizmente, o número de casos de delinquência está decrescendo — tendo caído 51% de 2005 a 2017 (Office of Juvenile Justice and Delinquence Prevention [OJJDP], 2019) — em todas as categorias de delitos (leis relacionadas a propriedade, ordem pública, pessoa e drogas). Os infratores juvenis têm quatro vezes mais probabilidade de passar por quatro ou mais experiências adversas na infância (EAIs). Experiências adversas específicas relacionadas à disfunção familiar aumentam as chances dos jovens de envolvimento no sistema de JJ, além de colocá-los em maior risco de reincidência (Baglivio et al., 2014).

Particularmente, os jovens no sistema de JJ têm uma taxa mais elevada de prevalência de transtornos mentais em comparação com a população geral de adolescentes (Underwood & Washington, 2016). Jovens em regime de medida socioeducativa de internação têm pelo menos um transtorno de saúde mental e relatam no mínimo uma EAI documentada (Bielas et al., 2016). Esses jovens estão em risco aumentado para suicídio, que é a principal causa de morte entre jovens em regime de medida socioeducativa de internação (Bureau of Justice Statistics, 2000-2005; Hayes, 2009; Teplin et al., 2015). Teplin e colaboradores (2015) encontraram taxas de prevalência de 19 a 32% para ideação suicida e 12 a 15,5% para tentativas de suicídio no último ano. As taxas de prevalência combinadas no sistema de JJ indicam que os jovens que estão mais profundamente envolvidos no sistema de JJ têm altas taxas de prevalência. Além disso, as taxas de prevalência de suicídio são mais altas durante o curso de uma permanência na instituição correcional do que no momento da admissão. O Centers for Disease Control and Prevention (CDC, 2016) relatou que o suicídio na adolescência é agora a segunda principal causa de morte, depois de ser a terceira principal causa de morte em 2012, e os jovens no sistema de JJ estão em maior risco. Jovens diagnosticados com transtornos do humor costumam se apresentar como irritáveis e provocam respostas de raiva nos outros, o que pode aumentar seu risco de agressão e levar ao envolvimento com o sistema de JJ. Uma vez institucionalizados, esses jovens podem participar de brigas e exibir outros comportamentos agressivos, além de se engajar em condutas autolesivas sem intencionalidade suicida (CASIS). Como consequência, o CDC, em uma declaração de posicionamento institucional, identificou os componentes principais de um programa bem-sucedido de prevenção de suicídio para instituições correcionais juvenis. Assim sendo, existem preocupações com a segurança tanto dos jovens quanto da equipe, e os administradores procuram identificar intervenções de tratamento rigorosas e efetivas que satisfaçam as necessidades dos jovens que estão sendo atendidos.

Refutando a noção de que "nada funciona" para jovens em detenção e em instituições de JJ, *What Works* é uma coleção de princípios das melhores práticas que formam uma estrutura de tratamento para abordar as necessidades dos jovens envolvidos com a JJ (Landenberger & Lipsey, 2005; Lowenkamp, Latessa, & Holsinger, 2006). Uma recomendação fundamental é que os jovens em maior risco para reincidência recebam o tratamento mais intensivo usando práticas baseadas em evidências para aqueles problemas comportamentais mais intimamente associados a comportamentos delinquentes. *What Works* também recomenda que a intervenção na JJ se ajuste ou seja responsiva ao jovem infrator específico que está sendo atendido. Um relatório (Improving the Effectiveness of Juvenile Justice Programs) do Center for Juvenile Justice Reform at Georgetown na Georgetown University (Lipsey, Howell, Kelly, Chapman, & Carver, 2010) recomendou programas de tratamento que estejam "integrados a uma estratégia abrangente". Identificou-se que programas de tratamento inefetivos colocam em risco o sucesso de todo o sistema de atenção à saúde. A DBT é um tratamento cognitivo-comportamental abrangente que respeita esses princípios.

O uso da DBT em um contexto da JJ faz sentido por várias razões: é um modelo de tratamento cognitivo-comportamental abrangente para pacientes com múltiplas comorbidades.

O modelo pode ser adaptado clinicamente com facilidade para abordar todos os tipos de problemas; os alvos do tratamento permitem que o clínico se adapte facilmente a diferentes tipos de jovens e problemas, ao mesmo tempo que mantém a fidelidade à DBT padrão. A DBT fornece uma abordagem baseada no trabalho em equipe que pode ser estendida para o contexto no qual o paciente está recebendo tratamento.

A parte central da DBT é o treinamento de habilidades, e estas têm relevância direta para jovens na JJ: regulação emocional para ajudar com x, efetividade interpessoal que os ajuda com y, e assim por diante.

A DBT está baseada em teoria sólida, pesquisas rigorosas e na prática clínica. A DBT não só aborda questões comportamentais significativas e comportamentos suicidas exibido por jovens dentro da instituição, mas também lhes oferece uma série de habilidades de enfrentamento e de vida que podem fazer frente ao seu risco de reincidência (Berzins & Trestman, 2004). O tratamento aprimorado, juntamente com avaliação e práticas de prevenção de suicídio em toda a instituição, pode fornecer dados sobre os resultados e intervenções efetivas na JJ. A DBT pode ajudar a abordar problemas na instituição relacionados ao desenvolvimento e à manutenção de um contexto parcial ou residencial terapêutico, reduzir o esgotamento (burnout) da equipe (Haynos et al., 2006) e aumentar os autocuidados da equipe. O esgotamento pode estar associado a piores resultados dos pacientes, atitudes negativas em relação aos pacientes e maiores custos institucionais (Morse, Salyers, Rollins, Monroe-DeVota, & Phahler, 2012). Por último, a implementação da DBT também pode ser vista como uma síntese dialética ou solução para as demandas com a meta de abordar segurança, proteção e a responsabilidade dos jovens, ao mesmo tempo que também atende às demandas para um modelo restaurativo baseado em evidências que satisfaça as necessidades individualizadas dos jovens na JJ.

PESQUISAS ATUAIS EM DBT NO SISTEMA DE JJ

O uso da DBT para jovens no sistema de JJ foi iniciado no Echo Glen Children's Centre, localizado no Pacífico Noroeste, quando o centro adaptou a DBT para uso com garotas infratoras com problemas de saúde mental que estavam residindo em uma instituição de segurança fechada. Muitos dos primeiros estudos da DBT foram realizados com infratoras do sexo feminino, em parte devido às taxas mais altas de tentativas de suicídio entre elas em comparação com infratores do sexo masculino (Teplin et al., 2015). Os resultados deste estudo inicial foram de fato promissores, conforme evidenciado pelas reduções em CASIS, agressão e comportamento disruptivo em sala de aula (Trupin, Stewart, Beach, & Boesky, 2002). Desde estes primeiros esforços, a DBT tem sido implementada sistematicamente em vários estados nos Estados Unidos e no Canadá (Quinn & Shera, 2009) com jovens na JJ que residem em uma instituição de segurança fechada e ao longo de um *continuum* de assistência, incluindo seu uso em contextos ambulatoriais na reabilitação.

A capacidade de conduzir pesquisas rigorosas em contextos correcionais é limitada. Estudos atuais revisados utilizaram delineamentos semi ou quase-experimentais de jovens pré e pós-teste, ou uma comparação de grupos de habilidades da DBT e grupos-controle ou grupos de tratamento conforme usual. Ao mesmo tempo que se mantinha a aderência ao tratamento da DBT, as modificações foram implementadas usando somente grupos de habilidades e/ou adaptações materiais a fim de abranger exemplos mais apropriados para adolescentes, a inclusão da equipe da linha de frente ou equipe do contexto parcial ou residencial como treinadores e treinamento direto da equipe no contexto parcial ou residencial.

Estudos intrassujeito mostraram uma redução nos comportamentos-alvo de impulsividade e agressão, tendência suicida e comportamentos com risco de autolesão, multas disciplinares, além de melhora no autocontrole e na regulação das emoções (Trupin et al., 2002; Shelton, Kesten, Zhang, & Trestman, 2011; Quinn & Shera, 2009; Sakdalan, Shaw, & Collier, 2010; Banks & Gibbons, 2016). Estudos usando medidas pré e pós-teste também incluíram ferramentas de autorrelato para avaliação clínica de rotina, tais como o Beck Depression Inventory (BDI-II),* e a Ohio Youth Scales Problems Subscale também encontrou reduções significativas em comportamentos de internalização e no nível de sintomas de depressão (Banks, Kuhn, & Blackford, 2015). Houve algumas sugestões de que os fracos resultados dos jovens estão relacionados a fatores da equipe como rigidez e flexibilidade, favoritismo de alguns jovens em detrimento de outros e uso de interações verbais caracterizadas por irreverência extrema (Quinn & Shera, 2009). Trupin e colaboradores encontraram alguma associação entre o nível de treinamento da equipe em DBT e os resultados dos jovens. Os resultados da equipe para avaliar reduções no uso de respostas punitivas ou redução no esgotamento ou mudanças globais na cultura da instituição não foram consistentemente avaliados. Não há pesquisas publicadas comparando adaptações ao modelo de treinamento na JJ. Isso pode se dever em parte ao fato de alguns modelos de treinamento na DBT exigirem um comprometimento de tempo e recursos que são muito onerosos ou que sobrecarregam os funcionários das instituições de JJ.

Pesquisas sobre a continuidade dos efeitos do tratamento da instituição para a comunidade também são limitadas. Um segundo estudo no Echo Glen Children's Center (Drake & Barnoski, 2006) examinou as taxas de jovens que reincidiram até 36 meses depois do seu retorno à comunidade. As taxas de reincidência foram mais baixas para jovens em tratamento com DBT em comparação com jovens que não receberam tratamento. No entanto, os resultados não foram estatisticamente significativos devido ao tamanho pequeno da amostra; assim, não foi possível afirmar que a DBT reduz a reincidência.

O envolvimento dos membros da família é reconhecido como importante porque foi determinado que, quando o jovem não tem as habilidades abordadas pela DBT, suas famílias provavelmente também serão deficientes nessas habilidades. Portanto, a inclusão dos pais no tratamento da DBT antes da alta pode servir para reduzir a invalidação parental e o uso de respostas parentais inefetivas a um jovem (Quinn & Shera, 2009). O modelo das Transições Familiares Integradas (FIT, do inglês Family Integrated Transitions), utilizado no Washington State Institute for Public Policy (2006), engaja os jovens e suas famílias antes da alta e depois do seu retorno à comunidade. Dados do FIT demonstraram uma redução nas taxas de reincidência (taxas de condenação para posteriores delitos criminais juvenis ou adultos) depois da libertação por um período de seis meses.

Recentemente, Fox, Miksicek e Veele (2019) concluíram uma avaliação da implementação da DBT no estado de Washington para determinar o impacto da DBT de 2012 a 2019. Desde o piloto Echo Glen em 2002, o estado de Washington tem usado a DBT em todo o território, mas tem havido variações entre os programas. Dados de garantia de qualidade foram analisados para medir a aderência à DBT e a qualidade do contexto parcial ou residencial terapêutico/ambiente social na unidade na qual está sendo desenvolvida a medida socioeducativa, com base em observações de interações entre a equipe e os jovens conforme medido por uma ferramen-

---

* N. de R. T. Tradução brasileira: Gomes-Oliveira, M. H., Gorenstein, C., Lotufo, F. Neto, Andrade, L. H., & Wang, Y. P. (2012). Validation of the Brazilian Portuguese version of the Beck Depression Inventory-II in a community sample. *Brazilian Journal of Psychiatry*, 34(4), 389-394.

ta de codificação da aderência ambiental (EA, do inglês *environmental adherence*) juntamente com levantamentos na equipe, nos jovens e nas famílias. As unidades com altos escores em EA foram classificadas pelos jovens como também tendo tratamento de alta qualidade. Contudo, devido às formas inconsistentes de relatar incidentes nas unidades, os pesquisadores não foram capazes de determinar o impacto da DBT sobre o comportamento dos jovens no contexto parcial ou residencial. Foi desenvolvida uma metodologia (regressão logística) para examinar a eficácia da DBT conforme determinado por seu impacto na reincidência dos jovens para EA, sessões individuais, sessões de grupo de habilidades e envolvimento da equipe de consultoria. Constatou-se que a alta aderência ambiental correspondia a reduções nas taxas de reincidência em delitos e era importante para os mais jovens e com altas necessidades de saúde mental.

Em geral, apesar das limitações dos estudos quase-experimentais e da ausência de ensaios clínicos controlados randomizados (ECRs) de jovens no sistema de JJ, o consenso é que usar a DBT para focar comportamentos problemáticos é uma abordagem promissora. São necessárias mais pesquisas para examinar componentes específicos/modos de tratamento e a eficácia destes na residência de comportamentos delituosos.

ADAPTANDO A DBT A POPULAÇÕES E CONTEXTOS DE JJ

O manual de tratamento da DBT original (Linehan, 1993b) serve como o manual de tratamento abrangente para programas de JJ, e embora haja muitas maneiras de aplicar a DBT, a aderência é estrita aos seus princípios básicos. A tensão dialética entre a aderência aos princípios da DBT e a aplicação de uma maneira atraente e culturalmente relevante é um dos fatores mais críticos na implementação e manutenção de um programa de DBT efetivo em um contexto da JJ. A menos que os jovens e a equipe de cuidados diretos possam ver a relevância genuína da DBT para suas vidas, a aderência em geral será mínima. A aderência da equipe clínica é essencial, pois os clínicos ajudam a assegurar a generalização das habilidades para as famílias dos jovens e para o mundo real. Também é essencial ter a aderência dos administradores e diretores nos níveis mais altos, os quais podem desenvolver políticas que estejam alinhadas com os princípios da DBT e ajudem a alocar os recursos necessários para implementar a DBT. Além disso, os administradores precisam fornecer incentivos para a equipe e para os jovens e demonstrar seu comprometimento com o programa de DBT. O comprometimento dos administradores é expresso pela garantia de cobertura dada à equipe treinada em DBT para participar de grupos de habilidades e reuniões da equipe de consultoria, conduzir *check-ins* individuais (que consistem em curtos períodos de tempo entre a equipe e o jovem no ambiente, que são benéficos) ou análises em cadeia comportamentais e participar de treinamentos de atualização ou outras atividades relacionadas à DBT.

Assim, o treinamento e as fases de implementação da DBT em um contexto de JJ são os aspectos mais críticos e, portanto, o foco principal deste capítulo. Além disso, o capítulo concentra-se no uso da validação e no treinamento no contexto em que a intervenção é empregada. Todos os membros da equipe que interagirem com os jovens precisarão fornecer *coaching* de habilidades no momento em que for necessário para ajudá-los a fortalecerem e a generalizarem as habilidades para suas vidas diárias. Usamos a palavra "equipe" para descrever qualquer pessoa que trabalhe com os jovens em uma instituição: equipe da linha de frente, clínicos, professores e outros. Por último, algumas adaptações e protocolos da DBT específicos para os jovens também são descritos, sendo apresentados exemplos para aumentar a compreensão do uso da DBT em um contexto de JJ. Presume-se que os leitores se reportarão aos muitos recursos da DBT padrão para adultos ou adolescentes no que se refere a questões específicas sobre os estágios e alvos (entre eles, alvos secundários) do tratamento e funções e modos de tratamento na DBT, incluindo grupos de habilidades, terapia individual, equipe de consultoria e terapia familiar.

TREINAMENTO

Em contraste com muitas organizações de treinamento, os modelos bem-sucedidos da JJ aplicam uma abordagem ativa de treinamento (em vez do treinamento com métodos habituais que se baseiam fortemente na apresentação didática). Sempre que possível, utiliza-se uma aprendizagem baseada na prática experiencial e deliberada baseada na equipe, em que os conceitos são primeiro demonstrados, e depois praticados e executados em *role-plays* pelos participantes. Aplicando os princípios da DBT ao próprio ensino, os aprendizes recebem *coaching* no momento presente sobre como melhorar sua prática usando modelagem e *feedback* verbal. A Tabela 8.1 é um exemplo de um plano de trabalho para treinamento juvenil. Uma ênfase especial é colocada na adequação do treinamento para satisfazer as necessidades do programa, da equipe e dos jovens a quem ele atende. O treinamento combina apresentação didática com modelação e *role-play*, junto com exercícios para a construção de equipes. Consistentes com os padrões da melhor prática, materiais são distribuídos no treinamento.

Em alguns casos, os sistemas não conseguem liberar sua equipe de uma só vez durante cinco dias sem que a assistência aos jovens fique consideravelmente comprometida. Nesses casos, o currículo-padrão de cinco dias pode ser dividido em dois segmentos: um treinamento inicial de três dias seguido por dois dias adicionais, em geral duas semanas depois. Assim, em vez de dois treinamentos de cinco dias (Partes I e II), há quatro, com cada parte composta de treinamento de três dias e dois dias em estreita proximidade. Tanto a abordagem-padrão quanto a versão modificada têm seus prós e contras. Por essa razão, a consulta prévia à liderança é essencial.

IMPLEMENTAÇÃO

A implementação da DBT em um contexto de JJ frequentemente requer uma importante mudança de paradigma na cultura da instituição. Em vez de uma ênfase única na segurança e proteção e no uso de medidas punitivas, a implementação da DBT concentra-se na criação de uma cultura que adote uma postura não julgadora, seja observadora e restaurativa. Sintetizar segurança/proteção e tratamento é essencial. Se não for obtida uma síntese, os programas da DBT podem ser destruídos (Ivanoff & Marotta, 2019). Além disso, a DBT assegura responsabilidades, tenta ajudar a reparar o dano causado nas relações e se compromete com o uso de habilidades e incentivos para aumentar a motivação na equipe e nos jovens. Também se considera a DBT no contexto da JJ como um programa em contextos de intervenção parciais ou residenciais, e não um programa clínico. Neste espírito, como o termo "menor infrator" tem conotações negativas para muitos, alguns programas começaram a se referir aos jovens como residentes ou estudantes. O termo "jovem" é usado neste capítulo para se referir aos menores que estão detidos por comportamentos infracionais.

A fase inicial de preparação e implementação da DBT inclui a identificação de uma equipe central dos representantes na instituição de todas as disciplinas que têm contato direto com os jovens. Também se recomenda a representação dos jovens para aumentar a aderência. Descobrimos que isso funciona melhor quando a equipe recebe o nome "campeões da DBT" ou "guerreiros da DBT", ou algum termo do tipo que ajude a aumentar a noção de um contexto parcial ou residencial terapêutico em vez de um ambiente correcional. Alguns programas fornecem aos jovens e à equipe camisetas especiais com o logotipo "Campeões da DBT" para ajudar a desenvolver um senso de pertencimento, além de identificar os jovens e principais membros da equipe a quem outros membros ou jovens podem dirigir as suas perguntas. Uma instituição em Connecticut realizava mensalmente um

TABELA 8.1 Plano de trabalho para treinamento na JJ

Tipo	Foco	Equipe incluída
Consultoria com os líderes para implementação inicial (1 dia)	Orientação para implementação da DBT: uma breve visão geral da DBT e pesquisas até a data usando a DBT no contexto da JJ; principais componentes de uma implementação bem-sucedida. A ênfase especial será mais uma vez colocada na adequação do treinamento para atender às necessidades daqueles que o programa convidou a participar. Os tópicos do treinamento serão coordenados com a liderança antecipadamente para assegurar o máximo impacto.	Financiadores e outras principais partes interessadas/decisores, diretores da instituição, gerentes do programa e diretores clínicos.
Parte I (5 dias)	Uma visão geral abrangente da DBT, incluindo estágios da DBT e alvos do tratamento, funções e modos da DBT, dialética, estratégias de validação, procedimentos de modificação cognitiva, procedimentos de manejo de contingências, procedimentos de exposição, métodos de treinamento de habilidades e procedimentos especiais desenvolvidos e avaliados em ambientes da JJ (i.e., protocolo para comportamentos que infringem as normas, estratégias para otimizar o contexto parcial ou residencial para generalizar a aprendizagem).	Cada programa terá uma equipe da DBT composta por vários membros que irão fazer parte do tratamento da DBT com no mínimo quatro indivíduos e no máximo oito.
Parte II (5 dias)	A Parte II foca nos seguintes tópicos: (1) mais prática com maior precisão comportamental na aplicação da análise em cadeia comportamental; (2) estratégias para melhorar a implementação e prática do protocolo para comportamentos que infringem as normas; (3) estratégias e prática para tornar os grupos de treinamento de habilidades da DBT divertidos, atraentes e efetivos para os jovens; e (4) desenvolvimento para os jovens de planos de tratamento na terapia individual em DBT com maior e maior rendimento. Em sistemas com muitos incidentes de CASIS e suicídio, a avaliação e a intervenção em comportamentos suicidas são ensinadas durante a Parte II. Apresentações para a equipe: pelo menos um caso para *feedback* pelos treinadores durante a Parte II. Cada equipe também fará uma apresentação do seu programa de DBT.	Combina a equipe clínica e do programa. A equipe da DBT é composta por vários membros que farão parte do tratamento da DBT, incluindo *coaching* de habilidades da DBT. Esses membros podem incluir clínicos, professores, equipe da linha de frente, enfermeiros, especialistas em orientação vocacional e voluntários. As equipes em geral são compostas por, no mínimo, quatro indivíduos e, no máximo, oito.
Consultoria mensal por telefone durante o primeiro ano	As ligações telefônicas mensais serão agendadas com cada membro da equipe que participa do treinamento em DBT. O propósito da consultoria telefônica é abordar questões clínicas e/ou programáticas sobre a implementação da DBT.	A consultoria telefônica incluirá toda a equipe que participa do treinamento em DBT.

(Continua)

TABELA 8.1 Plano de trabalho para treinamento na JJ *(Continuação)*

Tipo	Foco	Equipe incluída
Treinamento para *coaching* no momento em que a situação está ocorrendo e em habilidades da DBT (2 dias)	Além de ensinar habilidades da DBT em todos os módulos de treinamento de habilidades da DBT, os participantes aprenderão princípios de *coaching* de habilidades *in vivo* ("*coaching* no momento em que a situação está ocorrendo"), como estruturar os grupos de treinamento de habilidades nos ambientes nos quais estes ocorrem, para maximizar os resultados positivos, como estender o uso de habilidades ao contexto parcial ou residencial e como responder efetivamente a comportamentos difíceis que interferem no tratamento durante os grupos.	Todos os membros das equipes de DBT, assim como toda a equipe da linha de frente, professores e outros membros que puderem participar.
Treinamento para transtornos por uso de substâncias (2 dias)	Interligação da DBT com a terapia cognitivo-comportamental (TCC), estratégias para redução de danos (se permitido pelo programa) e entrevista motivacional (EM) – com um foco específico no tratamento de abuso de álcool e drogas entre jovens que podem ter grande ambivalência quanto a parar ou reduzir seu uso.	Terapeutas individuais da DBT, membros da equipe de consultoria da DBT.
O treinamento adicional interno pode ser substituído pelo treinamento para transtorno por uso de substância (2-3 horas cada)	Os tópicos do treinamento no local podem incluir, por exemplo, uma série de treinamentos breves de 2 a 3 horas com grupos pequenos da equipe da linha de frente em algumas habilidades da DBT (p. ex., tolerância ao mal-estar, antecipação, sobrevivência a crises + aceitação radical; justificativa para uso do protocolo para comportamentos que infringem as normas e passos para a implementação; e/ou estratégias de validação para interromper a escalada de uma crise).	Equipe da linha de frente.
Consultoria/treinamento no local e checagens da fidelidade ao programa (1 dia inteiro a cada visita)	São recomendadas visitas locais pelo menos três vezes durante o curso da implementação: no início da implementação (a fim de obter um conhecimento direto do sistema e desenvolver um plano estratégico para desenvolvimento durante o curso da implementação), no ponto intermediário da implementação (em grande proximidade com a Parte II o treinamento intensivo em DBT) e no fim da implementação (para focar nos próximos passos no desenvolvimento, manutenção e/ou sustentabilidade).	Gerentes de administração, membros da equipe de consultoria da DBT.
Treinamento do treinador/desenvolvimento de *expertise* na implementação interna	A melhor maneira de assegurar o sucesso da implementação a longo prazo é iniciar uma implementação com um plano claro para o planejamento da sucessão – dos especialistas para uma equipe da própria instituição. Devido à complexidade da DBT, é irrealista esperar que um aprendiz recente de DBT esteja pronto para suportar a carga de todo o treinamento depois de apenas um ano. O essencial, no entanto, é que desde o início seja aberto o caminho para "treinar os treinadores".	Equipe treinada em DBT em todos os níveis.

almoço/sessão de treinamento de reciclagem com a equipe e os jovens campeões da DBT para reforçar as habilidades. A equipe relatou que esse almoço era fundamental para aumentar sua motivação e sentimento de conexão entre si. Quando o almoço foi descontinuado em função de uma mudança na administração, o nível de participação da equipe e a motivação para conduzir DBT declinaram acentuadamente.

Uso de estratégias de comprometimento e validação para reforçar a implementação

Obter comprometimento com a DBT pode ser desafiador em um contexto de JJ por muitas razões. No caso dos jovens, muitos são internados nestas instituições pela justiça; assim, a internação em geral não é voluntária. Acrescente a isso à desconfiança que muitos jovens têm dos adultos e de figuras de autoridade, além da crença de que não irão viver além dos 25 anos (Barnett et al., 2015) e esta tarefa se torna ainda mais desafiadora. No caso da equipe, os sistemas frequentemente decidem quais programas serão implementados e então seus membros são obrigados a participar de sessões de treinamento para aprender a implementar o programa.

Estes são desafios suficientemente difíceis por si só. Outro obstáculo é que muitas pessoas empregadas nos sistemas de JJ foram treinadas e trabalham sobretudo em sistemas que têm uma abordagem correcional. Não é raro que uma equipe em todos os níveis encare o tratamento como inefetivo e "brando". Outro problema em nossa experiência é que muitos membros da equipe, em especial aqueles que estiveram no sistema por mais tempo, testemunharam uma infinidade de programas e tratamentos indo e vindo durante o período em que permaneceram no sistema (Greenwood, 2008). Isso tende a resultar em apatia em relação a aprender algo novo, pois muitos relatam que se sentem frustrados porque, em sua experiência, quando eles aprendem o novo programa/sistema, outro programa tomará o seu lugar. Para eles, a DBT é apenas mais uma coisa nova que provavelmente será substituída em pouco tempo. Todos esses fatores criam muitos obstáculos à obtenção de um comprometimento em contextos da JJ.

Tanto para os jovens quanto para a equipe, a meta é obter seu comprometimento de aprender e incorporar a DBT às suas vidas. Para os jovens, isso significa aprender e aplicar as habilidades nas escolas, no contexto parcial ou residencial, com a família e amigos e em suas vidas fora das instituições. Para a equipe, significa aplicar as habilidades e as estratégias com os jovens em seus programas, consigo mesmos e seus colegas. Isso é essencial, pois oferece a oportunidade de demonstrar as habilidades para os jovens.

Como os jovens e a equipe tendem a acreditar que a DBT é alguma coisa que eles são obrigados a fazer, é comum que muitos não estejam interessados em aprender a terapia. Para que tanto os jovens quanto a equipe "comprem" a ideia, é imperativo associar a aprendizagem e aplicação da DBT às suas metas específicas. Depois de obter o comprometimento da equipe, assim como dos jovens, é importante associar a aprendizagem da DBT às metas da equipe. Por exemplo, maior segurança na unidade, melhores relações com os jovens e redução no esgotamento com frequência são as metas em que a equipe está mais interessada. A forma mais efetiva de obter um forte comprometimento é por meio de conversas individuais com o jovem e a equipe que trabalha nas unidades onde a DBT será aplicada.

Embora muitos jovens tenham a meta de voltar para casa e lá permanecer, este conceito algumas vezes pode estar muito distante no futuro para que lhes pareça tangível. Assim sendo, é importante equilibrar e identificar as metas de curto e longo prazo que o jovem deseja. Por exemplo, um jovem em uma instituição sabia que ficaria ali por, no mínimo, dois anos. Conversando com ele, ficou claro que ele estava desanimado quanto à duração do tratamento e, portanto, não estava motivado para aprender ou aplicar a DBT a fim de atingir uma meta tão distante. A resposta foi que iria "apenas cumprir meu tempo" e iria para casa. Nenhuma das tentativas de obter dele um comprometimento desta maneira funcionou. Ao prestar atenção especial a este jovem (validação Nível 1), a equipe percebeu que ele passou muitas vezes pela experiência das pessoas não o ouvirem ou não o levarem a sério. Isso ocorreu com seus pares, professores e membros da equipe que não estavam na sua unidade. Um membro da equipe por quem este jovem tinha alta consideração se aproximou e perguntou se ele gostaria de ser ouvido por outras pessoas. O jovem empaticamente disse "sim". O membro da equipe então associou a aprendizagem da DBT à obtenção desta meta.

Também há formas pelas quais o comprometimento de participar na DBT pode ser incorporado à estrutura de um programa. Por exemplo, no Echo Glen, os jovens escolhem a cada manhã se participam ou não de uma prática de *mindfulness*. Aqueles que se excluem sentam-se fora do círculo e virados para a parede. Aqueles que participam da prática de *mindfulness* entram na fila do café da manhã antes daqueles que não participaram. A estrutura programática pode ser extremamente útil para assegurar um comprometimento dos jovens, mas não deve tomar o lugar da obtenção de comprometimento de cada jovem individualmente.

Uso de estratégias de comprometimento no contexto parcial ou residencial

É indispensável obter o comprometimento dos jovens de trabalhar com a equipe, aprender a DBT e identificar metas pelas quais valha a pena viver e metas para suas vidas fora da internação. Para um grande número de jovens, isso é extremamente difícil. As razões são muitas. Alguns não fizeram planos porque não esperam viver muito tempo. Para outros, o pensamento de contemplar o que *de fato* querem na vida é doloroso, pois não acreditam que possam conseguir. Ainda, outros podem ter metas, mas relutam em falar abertamente sobre elas com pessoas em quem não confiam.

Por essa razão, é indispensável usar validação de forma regular ao trabalhar com os jovens para construir, manter e fortalecer as relações.

Embora as metas que façam a vida valer a pena possam ser difíceis de identificar desde cedo, podem ser usadas estratégias de comprometimento em uma variedade de interações com os jovens. Como os jovens são forçados a ir para instituições e a maioria é obrigada a tratamento, é indispensável que os clínicos da DBT criem escolhas para os jovens o tempo todo para evitar uma reação psicológica causada por "ter que fazer", ou seja, fazer alguma coisa que não querem fazer. Para evitar um efeito de resistência, descobrimos que é útil usar linguagem associada à disposição pessoal. Por exemplo, perguntar a um jovem se ele estaria *disposto* a conversar ou *disposto* a aprender uma nova habilidade pode fazer diferença entre uma dura reação de resistência e a proverbial porta sendo aberta lentamente. Note a diferença entre "Você estaria disposto a falar comigo por um momento?" e "Ei, eu preciso falar com você agora!". A primeira pergunta coloca a responsabilidade nas mãos do jovem. Isso terá um efeito positivo, já que comunica que o jovem é importante e um igual na relação: *ele* pode escolher se fala ou não. Se ele disser "não", o membro da equipe pode gentilmente lembrá-lo de que ele sempre pode parar para conversar, caso mude de ideia. Este tipo de resposta evita lutas de poder desnecessárias e com frequência pode ser um fator poderoso no desenvolvimento de uma relação com o jovem. No outro exemplo anti-DBT, não é dada nenhuma opção ao jovem. Em outros contextos com adolescentes que têm diferentes histórias de aprendizagem e menos traumas, isso pode não ser tão "bom negócio" quanto é para jovens detidos em uma instituição de JJ. Em contextos de JJ, os jovens ouvem ordens dos adultos o dia inteiro. O uso repetido da disposição com relação a solicitações aparentemente cotidianas pode ajudar muito a aumentar o comprometimento com a DBT, aprender habilidades e trabalhar na construção de uma vida que valha a pena ser vivida.

Estratégias de comprometimento também são essenciais em situações de alto risco. Considere o exemplo da obtenção de comprometimento de um jovem que se engajava em comportamentos violentos frequentes e não estava disposto a modificar a sua conduta apesar dos inúmeros e variados esforços da equipe para ajudá-lo a fazer isso. O jovem mostrou-se irritado com a assistente da reabilitação que iria acompanhá-lo após sua soltura e estava ameaçando atacá-la, pois a data de liberação dele havia sido adiada. Como esse jovem tinha uma história bem estabelecida de violência contra outras pessoas, a assistente da reabilitação não teve dúvidas de que ele estava falando sério e cumpriria suas ameaças. A equipe tentou ponderar com ele e encorajá-lo a pensar em seu futuro e em outras opções. O jovem estava firmemente entrincheirado em sua posição e não estava disposto a arredar pé. Quanto mais a equipe o encorajava a mudar, mais inflexível o jovem ficava. Outro fator complicador era que o jovem recentemente havia sido encaminhado para um clínico diferente, pois o anterior tinha se aposentado.

Ao se encontrar com o jovem, a primeira tarefa da terapeuta foi rapidamente tentar construir uma relação, o que foi feito por meio de perguntas sobre ele e mediante validação nos Níveis 5 e 6, respostas honestas às perguntas do jovem e uso de autorrevelação. Quando a terapeuta apresentou a ideia de fazer uma análise em cadeia com ele, a conduta do jovem se apaziguou. Ele olhou para a terapeuta diretamente nos olhos e disse: "Olhe, eu vou fazer isto [análise em cadeia] com você, mas tenho certeza de que você já ouviu falar que se a [palavrão] não reconsiderar a minha data, eu vou atrás dela".

Terapeuta: Eu já estou sabendo. Parece que você está decidido em relação a isso.

Jovem: É.

Terapeuta: Olhe, essa é uma decisão a ser tomada. Se isso é o que você vai fazer, isso é o que você vai fazer. [Sinalizando aceitação do jovem e da sua habilidade para fazer escolhas.] Mas me diga uma coisa: o que vai lhe acontecer se você for atrás dela? [avaliando as consequências do comportamento.]

Jovem: Eu sei o que vai acontecer. (*Começa a olhar em volta na unidade para cada um dos funcionários.*) Ele vai vir atrás de mim, e ele vai vir atrás de mim, e ele vai vir atrás de mim. E eles vão me pegar. Mas sabe o quê? Eu vou pegar alguns deles primeiro. (*Fica agitado: o peito se expande, os braços começam a ficar tensos e flexionados, e ele sorri abertamente ao pensar em pegar alguns deles.*)

Terapeuta: Ok, então. Essa é a sua decisão, você sabe o que vai acontecer. E que tal isto? Eu não vou tentar obrigá-lo a fazer o que você não quer [indicando aceitação]. Mas se em algum momento — enquanto estiver falando comigo — você mudar de ideia e quiser que eu lhe ensine outras coisas que poderia fazer em vez de esganá-la, você me diz? [Indicando a liberdade de escolha na ausência de alternativas e disposição sobre desejo.]

Jovem: OK.

Terapeuta: Ótimo! Então conte-me o que aconteceu duas semanas atrás.

A terapeuta e o jovem conduziram a análise em cadeia. Muitas vezes, durante a análise em cadeia, o jovem disse que queria atacar a assistente da reabilitação. Cada vez que isso ocorria, a terapeuta respondia com o mesmo uso da liberdade de escolha na ausência de alternativas e disposição sobre o desejo. Durante os 30 minutos da análise em cadeia, o jovem não exibiu nenhum sinal de abrandamento em sua atitude de atacar a assistente da reabilitação. A terapeuta lhe ensinou respiração compassada e relaxamento muscular pareado. Eles praticaram essas habilidades no local. A terapeuta obteve o comprometimento do jovem em continuar praticando as técnicas sozinho. Foram identificadas situações em que seria útil empregar essas habilidades na unidade e na escola. O jovem identificou membros na equipe que ele poderia procurar para receber *coaching*. Depois de obter o comprometimento do jovem, a terapeuta olhou para ele e disse: "Só estou curiosa, por que cargas d'água você realmente faria isto; vai ser o caminho mais difícil" [fazendo o papel de advogado do diabo]. O jovem parou por um momento e disse: "Bem, na verdade eu quero ir para casa e sair daqui". A terapeuta reconheceu que o uso das habilidades de fato o ajudaria a ir para casa mais cedo do que se ele agredisse a assistente da reabilitação, o que resultaria em uma nova acusação e potencial internação em uma instituição de maior segurança. Foi então conduzida a solução de problemas para identificar os perigos no plano do jovem e gerar soluções. Depois desta reunião, ele não atacou a assistente da reabilitação.

Esta interação não só resultou no comprometimento de um jovem que não estava disposto, mas também teve o efeito de aumentar o compromisso dos membros da equipe que eram céticos quanto ao uso da DBT. Ver que as estratégias demonstradas e o terapeuta obtém um desfecho que foi diferente dos anteriores sem entrar em uma luta de poder e sem escalada da emoção por parte do jovem foi essencial para aumentar a disponibilidade da equipe para aprender. Em nossa experiência, quando se trata de aumentar o comprometimento de uma equipe cética, uma das melhores maneiras de conseguir isso é fazendo-os observar a DBT em ação. Com frequência, depois que a equipe relutante vê que as estratégias funcionam, sua disposição para aprendê-las aumenta significativamente.

Embora apenas algumas estratégias de comprometimento tenham sido destacadas nesta seção, a mesma abordagem pode ser usada com todas as diferentes estratégias.

O princípio para usar essas estratégias com os jovens na JJ é enfatizar ativamente que eles têm uma escolha: de como se comportam e em que ações se engajam. As diferentes estratégias de comprometimento podem então ser utilizadas para ajudar a avaliar as consequências das várias opções e fortalecer o comprometimento do jovem com o comportamento habilidoso.

Validação

O desenvolvimento de uma relação forte em contextos da JJ com jovens que tiveram experiências traumáticas significativas e que muitas vezes têm múltiplos e complexos problemas de saúde mental é essencial e pode ser muito difícil. A construção de uma relação forte envolve significativamente mais tempo e o uso de estratégias de aceitação e validação do que em contextos ambulatoriais não DBT padrão (Fasulo, Ball, Jurkovic, & Miller, 2015). Em geral, os jovens já interagiram com muitas pessoas em suas vidas que são consistentemente e altamente críticas do seu comportamento e que fazem tentativas frequentes de mudá-los, mas em vão (Fasulo et al., 2015). Tentar mudá-los sem entender o contexto em que ocorre o comportamento e observar o que é simultaneamente válido em seu comportamento inválido só os distancia ainda mais dos pares não desviantes e fortalece a sua relação com outros pares desviantes.

Por exemplo, um jovem que recentemente havia sido liberado foi trazido de volta para uma instituição após agredir um homem adulto. O jovem cometeu a agressão depois que o adulto agarrou e empurrou sua irmã mais nova. A princípio, o clínico e a equipe tentaram fazer com que o jovem entendesse que seu comportamento era problemático e que ele precisava aprender habilidades da DBT para mudar. A reação a essas tentativas foram raiva e atitude defensiva, com o jovem não se mostrando disposto a falar com a equipe sobre se engajar na DBT. A intenção era apenas cumprir o seu tempo e então voltar para casa e continuar fazendo o que melhor sabia. Cerca de uma semana depois, um dos membros da equipe se aproximou do jovem, dizendo: "Aposto que é difícil estar de volta aqui quando tudo o que você estava tentando fazer era ser um bom irmão e defender a sua irmã". O jovem olhou surpreso por estes comentários, mas admitiu que era difícil. Os dois conversaram mais, e o jovem expôs ao membro da equipe o que havia acontecido. O membro da equipe prestou muita atenção para validar os temores do jovem: que se outros vissem sua irmã ser tratada desta maneira e ele não a defendesse, ela estaria em maior perigo. O resultado disso foi o jovem ter uma conversa mais aberta sobre a agressão. O jovem reconheceu que, ao ver o homem empurrar sua irmã, "perdeu a cabeça" e não conseguiu se controlar. O membro da equipe ecoou, sugerindo ao jovem que sua raiva era como um interruptor de luz: era ligada ou desligada. O jovem aceitou a descrição, concordando que depois que a raiva era desencadeada, ele não tinha mais controle sobre ela. O membro da equipe validou o quanto aquela circunstância era difícil e perguntou se o jovem gostaria de reagir de forma diferente na próxima vez que sua raiva reacendesse. O jovem respondeu que "sim". Esta conversa fez com que o jovem se comprometesse em aprender habilidades da DBT.

Além de histórias de invalidação generalizada e rejeição social, raça, classe, idade, condição socioeconômica, nível de instrução e outras diferenças reais e percebidas entre a equipe e os jovens também interferem na confiança de um jovem no que está sendo ensinado e na sua crença de que as habilidades (no caso da DBT) realmente irão funcionar (Fasulo et al., 2015). Em nossa experiência, não é raro ouvir os jovens dizerem: "Esta m* só vale para os ricos" ou "Esta m* só funciona para os brancos" ou "Esta m* não vai funcionar comigo; você não tem ideia de como é o lugar de onde eu venho". Muitas vezes, essas declarações dos jovens são feitas com tremenda raiva e hostilidade enquanto eles ativamente descartam os esforços da equipe para ajudá-los a resolver um problema importante. Estes são momentos críticos no trabalho com um jovem. Se o clínico ou a equipe ficar na defensiva, procurar argumentar ou até mesmo tentar convencer o jovem de que o que ele está dizendo é impreciso e que estas são habilidades para humanos em todas as condições de vida, o jovem provavelmente ficará ainda mais resistente em sua posição. O uso específico de aceitação sem julgamento e validação é fundamental no desenvolvimento de fortes relações com o jovem, bem como para transformar momentos de conflito em oportunidades para entendimento e aliança.

Níveis de validação nos contextos de JJ

Muito já foi escrito sobre estratégias de validação e os níveis de validação da DBT (Fruzzetti & Ruork, 2019; Linehan, 1997; Linehan, 1993a). O objetivo desta seção é dar exemplos de como utilizar essas estratégias efetivamente em contextos de JJ. Em nossa experiência, validação e aceitação no contexto parcial ou residencial são tarefas ativas e constantes necessárias o tempo todo e em cada interação. A equipe aceita ativamente os jovens, responde a eles como importantes, considerando-os pessoas dignas de atenção, e leva seus problemas a sério. A equipe também procura a verdade ou validade nas respostas dos jovens e evita banalizar os problemas, ignorá-los ou ter uma visão pejorativa deles. Por exemplo, em vez de dizer "É óbvio que você não se importa, pois, caso se importasse, não estaria se metendo em problemas pelas mesmas coisas de novo" a um jovem que frequentemente está na corda bamba no programa, o membro da equipe diria "Mudar o comportamento é difícil!". Nós reconhecemos que mudar o comportamento pode ser uma tarefa muito difícil durante a interação devido à natureza exigente dos jovens e à óbvia disfunção presente ao longo deste período.

Nível 1 de validação (V1): ouvindo e observando

V1 é essencial em contextos de JJ e muitas vezes difícil de atingir dada a variedade de fatores ambientais para muitos jovens na unidade — muitos membros na equipe, rádios e outras distrações. Por mais desafiadora que V1 seja, manter-se vigilante e prestar atenção a cada jovem é imprescindível, pois isso comunica ao jovem que ele é importante e está sendo considerado como um ser humano que merece respeito. Uma forma de considerar o uso de V1 é cumprimentar cada jovem na unidade da forma como você reconheceria alguém com quem se importa, no início e no encerramento de cada plantão. Em nossa experiência, aqueles membros da equipe que circulam e cumprimentam e conversam com cada jovem, e então fazem o mesmo quando encerram o seu turno, tendem a ter as relações mais fortes com os jovens. Isso pode ser desafiador quando a comunicação não verbal do jovem sinaliza: "Fique longe de mim" e/ou "Não ligo a mínima para você". No entanto, é importante que a equipe se coloque no mundo do jovem e busque empatia fenomenológica nestes momentos e prossiga de forma cordial independentemente da comunicação não verbal desencorajadora do jovem (Fruzzetti & Ruork, 2019). Se o jovem não responder e se mantiver frio, o membro da equipe pode simplesmente optar por se afastar e tentar se aproximar dele mais tarde. Isso em geral vai depender da relação entre os dois.

Nível 2 de validação (V2): reflexão acurada

V2 é utilizada quando a equipe reflete os pensamentos, sentimentos, crenças, pressupostos e comportamentos dos jovens adotando uma postura não julgadora. A equipe comunica compreensão dos fatos e ajuda os jovens a resolverem as discrepâncias entre o que estão percebendo e o que realmente está acontecendo. Por exemplo, um jovem em um grupo de habilidades ficou furioso quando o líder do grupo começou a dizer aos jovens como o uso das habilidades poderia ajudar suas vidas, passando logo em seguida para uma discussão da mudança antes que estivesse estabelecida uma base sólida de validação. O jovem gritou com os líderes do grupo: "Esta m* pode funcionar para vocês nas suas malditas mansões, mas não vai funcionar para nós nas ruas". O colíder respondeu usando V2: "Ao que parece, até agora nenhuma destas habilidades foi apresentada de uma maneira que se aplique a vocês". Todos os jovens concordaram sinceramente com essa declaração. Os líderes então fizeram uma pausa e assumiram uma abordagem mais validante e baseada na aceitação, indagando sobre as experiências diretas dos jovens. Os jovens e os líderes continuaram a discutir como as habilidades poderiam ser ensinadas de uma forma que fosse compatível com suas vidas. Para os jovens, uma parte importante disso foi conseguir fazer com que os líderes entendessem como eram as suas vidas (aceitação e validação) e usassem exemplos e modelos com os quais os jovens se identificassem.

Nível 3 de validação (V3): articulando o não verbalizado

V3 ocorre quando a equipe é capaz de ler o comportamento de um jovem e comunicar o que está acontecendo sem que o jovem tenha dito uma palavra. Serve para validar o jovem verificando as respostas como justificáveis, normais e compreensíveis. Pode ser tão simples quanto dizer: "Isso com certeza está piorando" depois de observar uma interação entre pares, ou "Isso é assustador, não é?" depois de um incidente terrível. V3 envolve prestar muita atenção ao jovem e pode ser particularmente poderoso quando a validação é acurada. Por exemplo, um jovem foi retirado de um grupo de habilidades por um telefonema do advogado. Antes do telefonema, o jovem estava de bom humor e participando no grupo. Quando retornou, ele afundou na cadeira, com os ombros caídos e os olhos fixos no chão. O colíder que estava sentado ao lado dele se inclinou e disse em voz baixa: "Telefonema difícil, hein!". O jovem olhou para ele, com um aceno de cabeça e disse "sim". O colíder então se ofereceu: "Estou por perto se você quiser conversar sobre isso depois do grupo". O jovem concordou com um "sim". Depois disso, ele se sentou ereto e prestou atenção ao grupo. Embora sua participação não tivesse retornado ao nível anterior, o jovem estava prestando atenção ao grupo e exibia um visível decréscimo no afeto negativo.

Nível 4 de validação (V4): validando em termos de aprendizagem ou transtorno prévio

V4 valida o comportamento de um jovem ao levar em consideração suas causas, incluindo sua história, os antecedentes do comportamento ou as consequências do comportamento. Por exemplo, um jovem que se recusa a sair do quarto pode estar se engajando em um comportamento que não pareça válido no contexto atual (em um dia particular na instituição), mas que pode ser válido em um contexto diferente: se esse jovem fosse atormentado, agredido ou provocado constantemente na detenção, seu comportamento seria validado pela equipe da linha de frente devido ao que havia acontecido com ele no passado. A resposta da equipe dizendo "Isso faz sentido; como você poderia fazer de outra forma? Vamos trabalhar nesta questão" seria uma validação Nível 4.

Nível 5 de validação (V5): validando como normal no momento

Ao se engajar em V5, a equipe procura o "núcleo da verdade" nas respostas presentes, amplia a verdade e a reforça. V5 também inclui validar respostas normativas e ordenadas, bem como reconhecer pequenos passos rumo ao progresso e ao uso de comportamento habilidoso. Por exemplo, uma jovem ficou extremamente furiosa depois que uma colega fez um comentário sexual grosseiro sobre ela. Este comportamento é válido, já que qualquer um pode responder desta maneira. A equipe pode validar a paciente: "É claro que você ficou furiosa depois do que ela lhe disse", em vez de dizer: "Você tem um problema com o manejo da raiva".

Com frequência, identificar o núcleo da verdade é desafiador. Por exemplo, é comum que um jovem diga que ele planeja voltar para a sua gangue, roubar para vender ou coisas semelhantes depois que sair. Muitas vezes, este é um momento de descrédito para os membros da equipe que se importam com o jovem e trabalharam duro para tentar fazê-lo mudar de vida. Uma declaração como essa pode ser difícil de aceitar e ver como válida. Este é, no entanto, outro momento para aceitação e validação e de pedir mais informações do jovem. Quando a equipe aceita esta proposta como sendo uma escolha viável para o jovem e o encoraja a falar mais sobre essa opção, torna-se claro que para o jovem as gangues e outros comportamentos criminosos oferecem comunidade, aceitação, poder, prestígio, dinheiro, todos os quais são valores importantes para os humanos (Linehan, 2015). Entender e aceitar isso muitas vezes abre uma porta para conversações sobre como trabalhar por estas metas/valores de outras maneiras.

Nível 6 de validação (V6): tratando a pessoa como válida — autenticidade radical

Em V6, o nível mais alto de validação, a equipe vê além do "transtorno" e trata o jovem como uma pessoa válida e não como apenas um detento. V6 requer uma postura genuína, flexível e compassiva sem representar um papel, por assim dizer. Isso costuma ser difícil de manter quando a equipe da linha de frente está encarregada de controlar o grupo, aplicar as regras e tentar ser profissional. V6 envolve acreditar no jovem e acreditar nele como um indivíduo capaz de se tornar habilidoso e efetivo e de melhorar. Em nossa experiência, isso tem particular importância com jovens na JJ, pois muitas vezes as vivências que eles têm é de serem vistos pelas pessoas como criminosos, pouco inteligentes, fracassados e problemáticos. Por exemplo, um jovem mencionou a uma integrante da equipe que estava mais uma vez com problemas por ser "burro" e que não era inteligente o suficiente para ficar longe de problemas. Depois de validar a frustração e o desapontamento do jovem, a integrante da equipe questionou: "O que você está sugerindo quando diz que não é inteligente o suficiente? Você é uma pessoa incrivelmente inteligente e resiliente". Ela então descreveu várias situações em que havia visto o jovem se envolver de forma habilidosa e com inteligência. Ela insistiu: "Eu acredito completamente na sua capacidade de ter a vida que você de fato deseja". O jovem mudou de uma atitude que comunicava aversão a si mesmo e vergonha para uma que transmitia orgulho.

Provavelmente trabalhar na JJ irá demandar mais validação e aceitação dos jovens do que em contextos ambulatoriais ou mesmo outros contextos de internação. O uso de validação no momento em que a situação está ocorrendo pode ter um impacto tremendo para equilibrar a ênfase na mudança do comportamento, e em especial a tendência a ver a maior parte do comportamento dos jovens como patológica. Os resultados que a validação oferece incluem relações terapêuticas mais fortes entre o jovem e a equipe, menos hostilidade e agressividade do jovem em relação à equipe, maior confiança e compreensão mútua e, por fim, um ambiente muito mais terapêutico onde, como os jovens frequentemente dizem, "Podemos ser nós mesmos".

COACHING NO MOMENTO EM QUE A SITUAÇÃO ESTÁ OCORRENDO/TERAPIA NO CONTEXTO PARCIAL OU RESIDENCIAL

Todos os membros da equipe treinados em DBT servem como terapeutas no contexto parcial ou residencial e como equipe de *coaching* para garantir a aquisição, o fortalecimento e a generalização das habilidades. "A meta abrangente é aumentar e fortalecer comportamentos funcionais e reduzir comportamentos disfuncionais para ajudar os jovens a atingirem suas metas na comunidade e com suas famílias. A equipe precisa encarar todas as interações como oportunidades para realizar o tratamento e ver a si mesmos como os membros do tratamento" (Juvenile Rehabilitation Administration [JRA], 2012).

O JRA desenvolveu os seguintes valores nucleares para tratamento em DBT no contexto da justiça juvenil:

- Ser centrado nos jovens, com as necessidades e pontos fortes dos jovens ditando os tipos e a mescla dos serviços fornecidos.
- Incluir protocolos e técnicas que enfatizem as competências culturais e reflitam que os valores culturais, crenças e práticas foram reconhecidos e respeitados.
- Exercer a prática de uma maneira culturalmente competente em que a equipe possa ajudar a minimizar os estressores dos jovens e incorporar práticas culturais que apoiem comportamentos de enfrentamento ideais.
- Estar consciente das diferenças, conhecendo-as, desenvolvendo habilidades para trabalhar com as diferenças e tendo um desejo de aprender sobre diferentes culturas e origens.
- Encorajar a equipe a desenvolver um repertório de habilidades transculturais que possa ser usado para aumentar a competência para lidar com as diferenças e como um modelo para sucessivas interações com jovens e famílias de origens diversas.
- Reconhecer que o contexto parcial ou residencial não é estático; ele é flexível e apresenta estruturas comuns que visam a dar suporte para o desenvolvimento dos jovens, tais como rotinas diárias, regras consistentes e atividades prazerosas.
- Fornecer apoio, envolvimento e validação da equipe de serviços diretos adultos e também dos pares dos jovens e outros participantes de atividades da unidade.
- Apoiar o direito dos jovens de se sentirem seguros e respeitados.
- Evidenciar o aumento nos resultados positivos do tratamento correlacionados a um ambiente de tratamento que

seja seguro, acolhedor, consistente, supervisionado e altamente estruturado.
- Aumentar a experiência, por parte dos jovens, de confiança na equipe do contexto parcial ou residencial.
- Apoiar todos os modos do tratamento; eles devem ser fornecidos em um contexto que atenda às necessidades psicossociais, desenvolvimentais, educacionais, culturais e do tratamento dos jovens.
- Exercer prática em uma atmosfera que seja o menos restritiva possível, que estimule o respeito pelos outros, adotando uma postura não julgadora.

Os alvos da DBT específicos para o contexto da JJ incluem comportamentos destrutivos na unidade ou no contexto parcial ou residencial que impactam a segurança e a proteção do programa — como comportamentos altamente desviantes das normas como: condutas suicidas, violentas, agressivas ou outros comportamentos infratores; planos de fuga; incitação dos outros; e assédio aos outros (Linehan, 1993a; JRA, 2012). A equipe que oferece *coaching* trabalha para interromper comportamentos que destroem o tratamento ou desarticulam a programação da unidade. Comportamentos que interferem na equipe ou nos jovens que ocorrem no contexto parcial ou residencial são observados e abordados. As habilidades e os comportamentos são generalizados de uma maneira culturalmente sensível em todos os contextos relevantes. Os membros que oferecem *coaching* ensinam e aumentam o uso de habilidades e manejam e suprimem comportamentos inefetivos.

A equipe da linha de frente oferece *coaching* aos jovens no uso das habilidades aprendidas no treinamento de habilidades e os reforça quando elas são usadas. Os clínicos usam sessões individuais e também grupos de habilidades e o tempo que passam no contexto parcial ou residencial para oferecer *coaching* aos jovens. A equipe procura empoderar os jovens para que usem habilidades a fim de lidar com certas situações, em vez de mudar a situação para eles (o que geralmente é o que os jovens querem). A equipe pode sugerir habilidades a serem usadas em situações problemáticas em vez de resolver o problema para os jovens ou pressupor que eles sabem o que fazer em uma determinada situação. Para que o *coaching* seja efetivo, é essencial que os membros da equipe já tenham construído relações sólidas e tenham obtido o comprometimento dos jovens de aprender e praticar as habilidades antes das crises. Se o comprometimento e o *coaching* ocorrerem somente no momento de uma crise, é provável que sejam muito menos efetivos. O *coaching* inclui a obtenção de um comprometimento, o desenvolvimento de um plano, a prática de habilidades em situações cotidianas, o reforço da prática de habilidades, além de *coaching* durante a crise.

Coaching no momento se refere ao papel essencial da equipe de linha de frente quando trabalha com os jovens diretamente. A habilidade de *coaching* específica necessária pela equipe pode incluir motivar e estimular um comportamento mais efetivo, interromper comportamento disfuncional e promover um comportamento mais efetivo e funcional naquele exato momento (em vez de lidar com ele posteriormente), focar na geração de soluções com os jovens e estimulá-los a tentar novas soluções no momento em que a situação está ocorrendo, ajudar os jovens a olhar à frente para os próximos eventos e solucioná-los (aumentando as habilidades de solução de problemas e criando uma associação positiva com o pedido de conselhos e orientação aos adultos) e reparar rupturas nos relacionamentos.

Os jovens em geral precisam de bem mais contato com a equipe do que pode ser oferecido em uma sessão individual e também podem não receber a atenção individual de que precisam "no ambiente". Alguns jovens também acionam o *coaching* quando experimentam vergonha, mas se apresentam como zangados e não cooperativos durante o treinamento na unidade na presença dos pares. Assim, *check-ins* que consistem em curtos períodos de tempo entre a equipe e o jovem no ambiente são benéficos. Estes momentos podem ocorrer no consultório, no refeitório, em uma caminhada e afins, possibilitando aos jovens a oportunidade de obter ajuda com os desafios diários entre as sessões individuais semanais. Os *check-ins* podem ser iniciados pelo jovem ou pela equipe e geralmente se concentram na prevenção de situações de crise, ajudando com a generalização de habilidades, reparando a relação terapêutica ou processando tempo para outras questões. Não há um tempo ou número estabelecido de *check-ins*. Eles costumam ser determinados pela urgência do problema ou pela possibilidade da equipe de estar no ambiente.

Durante o *coaching*, é útil lembrar e treinar os jovens nas habilidades a serem usadas. Ofereça o *coaching* quando um jovem estiver usando uma habilidade de forma independente (dê *feedback*) ou implemente *role-plays*. Enfatize o uso das habilidades no ambiente quando observado e reforce as tentativas de usar essas habilidades (pontos, elogio verbal, atender às expectativas de um jovem [validação funcional]).

ADAPTAÇÕES/PROTOCOLOS ESPECÍFICOS PARA JJ

As adaptações das habilidades da DBT devem considerar os interesses e níveis de leitura dos jovens. Algumas vezes, pode ser útil que o terapeuta individual ou uma equipe de linha de frente pré-ensine as habilidades aos jovens para que eles não tenham que entender os conceitos pela primeira vez na frente dos pares.

Uma instituição em Connecticut usou uma adaptação preferida da habilidade de regulação emocional que se tornou a preferida (Roy, Indik, Rushford, Hammer, & Cerat, 2004) para redução da vulnerabilidade a um estado emocional da mente que mudou o acrônimo SABER de Linehan (1993b) para I SEEM MAD (ver Figura 8.1).

Uma modificação feita na instituição para jovens em Echo Glen, Washington, para ensinar habilidades de regulação emocional mostra como tornar o material relevante para os pacientes:

> Ao ensinar regulação emocional, a equipe perguntou aos jovens se eles sabiam o que o jogador dos Seattle Seahawks Russel Wilson e o artista de hip-hop Future tinham em comum. A maioria deles sabia que ambos haviam namorado a artista de R&B Ciara e que Russell Wilson havia se casado com ela. Ciara e Future também tinham um filho juntos. Foi perguntado ao grupo que emoções e impulsos de ação poderiam surgir para Future nesta situação. Muitos imediatamente indicaram raiva, que ele poderia querer agredir Russel Wilson. Quando foram

---

"I SEEM MAD"

Tratar doença física (*I*llness)

Ter sono balanceado (*S*leep)

Fazer exercício (*E*xercise)

Ter alimentação balanceada (*E*ating)

Construir maestria (*M*astery)

Evitar drogas que alteram o humor (*M*ood-*A*ltering-*D*rugs)

FIGURA 8.1 Adaptação I SEEM MAD da habilidade de regulação emocional SABER da DBT.

solicitados exemplos de outras emoções, eles puderam identificar e aprender a respeito das emoções de inveja e ciúme e a diferença entre as duas. O grupo também foi capaz de examinar a habilidade da DBT de os diferentes estados da mente (emocional, racional e sábia) e ver qual seria a resposta mais efetiva na situação que eles tiveram que considerar.

Atividades de *mindfulness* podem ser feitas ao longo do dia e ajudam os jovens a participarem voluntariamente e a aprenderem a controlar suas mentes em vez de serem controlados. A prática de *mindfulness* realizada no início de cada período de transição, tanto na unidade quanto na escola, e durante atividades recreacionais quando for necessário retomar o foco podem ser muito efetivas. Por exemplo, fazer um jovem equilibrar uma pena no dedo por um minuto exige intensa concentração. Jogar um jogo de contagem rápida em que o jovem precisa dizer um número, contando de 1 a 20, sem olhar para os outros; se dois jovens dizem o mesmo número ao mesmo tempo, o grupo deve reiniciar no número 1. Este é um exercício divertido e encoraja os jovens a trabalharem em conjunto.

Outro programa iniciava o dia com um grupo de definição de metas e *mindfulness* todas as manhãs antes do café. Os jovens e os membros da equipe compartilhavam suas metas para aquele dia e as habilidades que planejavam usar para ajudá-los a atingir essas metas e indicavam membros da equipe ou pares que poderiam apoiá-los durante o dia. Eles então faziam uma prática breve de *mindfulness* que também era divertida. Os jovens que atuam como "campeões da DBT" podem ser voluntários para liderar a prática de *mindfulness*. Esta modificação costuma aumentar a participação de outros jovens e encoraja a aderência da equipe.

Em uma instituição em Connecticut, todos os jovens mantinham um cartaz com as metas e habilidades da DBT pregado na porta do quarto. A equipe colocava adesivos nas portas dos jovens quando observava que eles estavam tentando usar uma habilidade.

Protocolos para uso no contexto da JJ

Protocolos específicos para abordar o comportamento disfuncional e que infringem as normas no contexto parcial ou residencial (ver Figura 8.2) e a interrupção da escalada emocional e comportamental são essenciais para a segurança e responsabilidade no contexto da JJ. Esses protocolos proporcionam aos membros da equipe habilidades específicas para abordar o comportamento problemático adotando uma postura não julgadora e evitar lutas de poder, ao mesmo tempo ainda sendo validantes e comportamentalmente específicos. Descobrimos que se um membro da equipe aborda um jovem dizendo "Use suas habilidades", é mais provável que esse jovem adote uma postura de falta de disposição frente a isso. Quando a equipe aponta comportamentos específicos e expressa um desejo de treinar, os jovens são mais dispostos e cooperativos.

O guia para interromper a escalada emocional e comportamental encoraja a equipe a usar habilidades de autogerenciamento para avaliar em que estado da mente se encontra (emocional, racional ou sábia) antes de se envolver com um jovem. Os membros da equipe na JJ frequentemente acham que é importante não recuar e mostrar ao jovem quem está no comando. Entretanto, quando a equipe for o desencadeante, será mais efetivo e seguro para todos se aquele membro puder se afastar e se retirar da situação. O guia apresentado na Figura 8.3 apoia a equipe na execução deste processo.

O protocolo para lidar com comportamentos que infringem as normas (EBP, do inglês *egregious behavior protocol*; ver Figura 8.4) é uma *intervenção de tratamento* que acompanha um comportamento infrator de um jovem no programa da instituição. Os fundamentos dessa intervenção são segurança, engajamento, empoderamento e construção de habilidades. Ele deve ser combinado e recebido voluntariamente pelo jovem. Ou seja, *ele deve estar*

1. *Observe* o comportamento disfuncional.
2. *Descreva* o comportamento como disfuncional: "Este comportamento é seu pior inimigo; ele sempre lhe coloca em apuros".
3. *Elabore* uma resposta (use uma habilidade) que seria mais efetiva: "Que habilidades você pode usar?".
    a. A habilidade é boa, a melhor que se pode esperar no mundo real? Salte para o item 5.
    b. A habilidade não é útil, nenhuma resposta, ou você não tem certeza? Vá para o item 4.
4. *Instrua* (ensine) o jovem sobre o que fazer: "Isto é algo que você poderia fazer em vez daquilo".
5. *Oriente* quanto à importância do novo comportamento: "Este novo comportamento deve ser empregado para ter êxito na instituição e no mundo real".
6. Obtenha um *comprometimento* do jovem de tentar a habilidade em uma determinada situação: "Você está disposto a fazer isto?".
7. *Pratique* o novo comportamento na hora ou em outro momento, se esta não for uma opção (pelo menos uma vez): "Eu vou lhe dizer 'não' novamente e quero que você use a habilidade".
8. *Resolva* (descubra o que poderia interferir no uso, por parte do jovem, dessa habilidade no futuro): "Então, o que poderia impedir que isto funcione na próxima vez?".
9. *Reforce* o jovem e vá em frente.

Para se antecipar aos comportamentos problemáticos, você precisa realizar tarefas essenciais:

- Obtenha um comprometimento.
- Identifique os alvos e coloque-os em ordem hierárquica; faça uma análise em cadeia dos comportamentos problemáticos.
- Ensine as habilidades a serem usadas no seu lugar; pratique-as a fim de que elas sejam suficientemente fortes para funcionar.
- Faça a análise de soluções para prevenir que os comportamentos problemáticos aconteçam outra vez.
- Desenvolva e atualize o plano de tratamento.
- Generalize as habilidades para outras situações quando necessário no programa.
- Mantenha todos motivados a seguir o mesmo plano.
- Desenvolva os passos para o Ensaio Comportamental.
- Ensine habilidades, faça *role-play* destas e as pratique.
- Propicie exposição a estímulos/manejo de estímulos.
- Treine uma habilidade no contexto parcial ou residencial.
- Reforce o uso das habilidades em uma situação real.
- Nessa altura, o uso das habilidades provavelmente se tornará automático.
- Embora os outros modos de tratamento sejam elementos cruciais no programa de tratamento dos jovens, a equipe da linha de frente passa a maior parte do seu tempo "no ambiente". Obter o comprometimento com a prática e o uso das habilidades é fundamental. Se vier à tona a falta de disposição, trate-a imediatamente perguntando ao jovem se ele está se sentindo indisposto. Pergunte se ele gostaria de reduzir sua falta de disposição.

FIGURA 8.2 Protocolo para comportamento disfuncional no contexto parcial ou residencial.

disposto a fazer — mesmo que não goste ou reclame quando tiver que fazer. Um jovem que se recusa a completar uma intervenção deve obviamente permanecer mais perto da equipe, sem poder participar em alguns aspectos desejáveis da programação até que o processo esteja concluído. O propósito é criar tempo, espaço e apoio para que o jovem (1) examine o comportamento e o que o originou, (2) identifique quem foi prejudicado e impactado pelo comportamento e faça reparações e (3) demonstre um conhecimento de como manejar diferentemente os fatores contribuintes para obter um desfecho diferente no futuro.

- Avalie em qual estado da mente você está (emocional, racional ou sábia): Você é capaz de trabalhar efetivamente com o jovem nesta situação ou suas próprias emoções estão escaladas? Você precisa recuar?
- Dê uma olhada na equipe envolvida: Alguém precisa ser removido ou substituído para baixar o tom?
- Avalie a localização imediata para segurança: Há alguma coisa que você possa fazer para minimizar o risco?

Estratégias

1. Remova o desencadeante do comportamento.

   Curto prazo
   - Identifique o desencadeante e afaste o jovem deste (pode ser outro jovem, membro da equipe ou algum fator diferente).
   - Se necessário, passe para uma zona de segurança designada.

   Longo prazo
   - Ensine ao jovem habilidades para manejar o desencadeante.

2. Use estratégias de validação.
   - Mostre que você está prestando atenção.
   - Identifique a emoção subjacente ao comportamento problemático e a valide.
   - Encontre o núcleo da verdade.
   - Reconheça o ponto de vista do jovem.
   - Ouça, exponha, escute o que está sendo dito.

3. Use o *coaching* de habilidades.
   - Conduza o jovem pelo caminho que você quer que ele responda, passo a passo. Esclareça que habilidade o ajuda a passar por esta situação.
   - Pratique a habilidade com o jovem.

4. Use intervenções fisiológicas.
   - Demonstre com sua própria postura natural, relaxando as mãos e soltando os ombros; seja visual e pratique com o jovem.
   - Relaxe o rosto e baixe seu tom de voz.
   - *Respire* lenta e profundamente em tom audível e faça o jovem respirar com você.
   - Saia para uma caminhada com o jovem.

5. Use distrações.
   - Encontre uma distração que direcione brevemente a atenção do jovem para longe do problema.
   - Mude a atenção para outra coisa que envolva o jovem.

Pontos a lembrar

- Você está em um local onde possa falar com o jovem com alguma privacidade?
- Esteja atento ao tempo envolvido; algumas estratégias levam mais tempo do que outras.
- Que outras atividades estão acontecendo? Quem está supervisionando os outros jovens?
- Conheça seu jovem. Desenvolva uma relação previamente!

FIGURA 8.3 Exame das estratégias de interrupção da escalada emocional e comportamental: um guia rápido para referência.

Exemplos de comportamentos que infringem as normas
1. Dano a si mesmo (CASIS, gesto ou tentativa suicida).
2. Dano a outros (agressão ou violência com a equipe ou outros jovens).
3. Perturbação importante no programa (pode incluir uma tentativa de sair sem permissão, destruição importante de propriedade, perturbação ou incitamento no grupo, recusa a se movimentar fisicamente para que o programa não possa continuar, destruição importante de uma área do programa [p. ex., uma sala de aula] de forma que o programa não possa continuar).
   - O EPB é tratamento e não punição para estes tipos de comportamento. As consequências negativas que são resultado de mau comportamento (como internação estendida no programa, perda de privilégios ou outras sanções) ocorrem como parte do processo da audiência ou outras sanções; elas *não* devem fazer parte do EPB.
   - O EPB deve acontecer em um local que seja tranquilo e livre de distrações. É importante apoiar o jovem a passar pela intervenção. Auxilie quando necessário com análise em cadeia, reparação (justiça restaurativa) e correção.

Análise em cadeia
- O jovem examina os fatores que contribuíram para o incidente, incluindo pensamentos, emoções, sensações corporais e comportamentos que levaram a isso, e que se seguiram ao incidente (desfechos). Esta avaliação do que aconteceu é feita no contexto da relação entre o jovem e a equipe que está fazendo a análise em cadeia.

Reparação (justiça restaurativa)
- Identifique aqueles que foram prejudicados ou impactados negativamente pelo comportamento problemático e para quem as reparações precisam ser feitas.

Correção
- Demonstre para o jovem uma ou mais formas pelas quais o incidente (que acabou de acontecer) poderia ser diferente no futuro — com um desfecho diferente (positivo ou neutro). Isso pode incluir um comprometimento público de usar habilidades da DBT na próxima vez, passar um tempo com a pessoa prejudicada física ou emocionalmente e corrigir o dano físico e emocional de modo que todos estejam bem.
- Quando acontecer o comportamento que infringe as normas, interrompa imediatamente o programa para o jovem envolvido e prepare-se para seguir em frente com o EPB. *Não inicie o EPB com um jovem enquanto ele estiver perturbado, desregulado emocional ou comportamentalmente ou recusando as diretivas da equipe.*

EBP passo a passo
Passo 1: Garanta a segurança imediatamente.
Passo 2: Atenda qualquer necessidade médica.
Passo 3: Avalie o jovem que se engajou em comportamento que infringe as normas quanto à prontidão para EBP.
Passo 4: Pergunte ao jovem se ele está pronto para concluir a intervenção esperada no comportamento que infringe as normas. Caso a resposta seja "sim", o jovem segue para o local da intervenção com a equipe para iniciar a análise em cadeia. Caso seja "não", são usadas estratégias de comprometimento.
Passo 5: O jovem conduz a análise em cadeia do comportamento.
Passo 6: O jovem trabalha na análise em cadeia pelo mínimo de tempo especificado no programa. Os programas que implementam intervenção para comportamento que infringe as normas escolhem um período de tempo de 1 ou 2 horas para sua intervenção. A equipe monitora o jovem e auxilia quando necessário pelo período mínimo. Depois que o jovem concluiu a intervenção no comportamento que infringe as normas, a equipe deve continuar a supervisioná-lo no local da intervenção até o final de um tempo mínimo. Apesar da existência de um tempo mínimo, o foco não é no tempo, mas na qualidade do trabalho que está sendo feito. Isso pode reduzir o tempo.

FIGURA 8.4 Protocolo para lidar com comportamentos que infringem as normas. *(Continua)*

Passo 7: A equipe examina a análise em cadeia com o jovem.
Passo 8: A equipe e o jovem identificam e praticam soluções/habilidades.
Passo 9: A equipe então discute com o jovem alguma reparação ou correção necessária.
Passo 10: A equipe examina a análise em cadeia do comportamento.
Passo 11: Engaje-se na correção e na sobreposição da correção.

Conceitos gerais
A intervenção no comportamento que infringe as normas é um componente do tratamento. Estamos interessados em reforçar a *recuperação* de um problema. Todos são afetados por comportamentos graves.

FIGURA 8.4 *(Continuação)* Protocolo para lidar com comportamentos que infringem as normas.

CONCLUSÃO

A DBT, quando bem adaptada, é uma solução poderosa para abordar os desafios dos jovens em instituições de JJ e congregar contextos de assistência. A DBT é capaz de abordar efetivamente as necessidades individualizadas dos jovens e focar em comportamentos específicos de ameaça iminente à vida e comportamentos que interferem na qualidade de vida, tanto na instituição quanto dentro da comunidade. Acima de tudo, a DBT ajuda os jovens que não têm expectativa de desenvolver metas pelas quais valha a pena viver; eles começam a desenvolver esperança e a vislumbrar um futuro para si mesmos.

A DBT pode impactar positivamente a cultura em instituições de JJ e desperta na equipe o desejo de desenvolver relações positivas com os jovens e de treiná-los para serem mais efetivos e produtivos. A DBT oferece à equipe habilidades específicas baseadas em evidências para visar a comportamentos problemáticos no contexto parcial ou residencial, responsabilizar os jovens e reduzir o engajamento em lutas pelo poder. A DBT melhora a motivação da equipe e reduz sua dependência de medidas correcionais punitivas.

O sucesso na implementação da DBT começa com o compromisso administrativo "de cima para baixo", em que os administradores lideram pelo exemplo e colocam a DBT próxima do topo da agenda em todas as reuniões da equipe e administrativas. A DBT oferece aos administradores as ferramentas para reforma cultural e um formato para resolver tensões entre as disciplinas na equipe e dentro da equipe de tratamento. A DBT fornece uma hierarquia para lidar com questões de segurança e proteção e protocolos para o manejo de comportamento infrator.

A meta geral da aplicação da DBT no sistema de JJ está centrada em torno do conceito de que o *coaching* no momento em que a situação está ocorrendo começa com a obtenção de um comprometimento de todos na instituição, incluindo os jovens, equipe da linha de frente, clínicos, professores e administradores. Todos precisam usar a DBT uns com os outros e com os jovens (os administradores com os supervisores, os supervisores com a equipe da linha de frente, a equipe com os colegas de trabalho, a equipe com os jovens e os jovens com os outros jovens).

REFERÊNCIAS

Baglivio, M., Epps, N., Swartz, K., Sayedul Huq, M., Sheer, A., & Hardt, N. (2014). The prevalence of Adverse Childhood Experiences (ACE) in the lives of juvenile offenders. *Journal of Juvenile Justice, 3*, 1–23.

Banks, B., & Gibbons, M. (2016). Dialectical behavior therapy techniques for counseling incarcerated female adolescents: A case illustration. *Journal of Addictions and Offender Counseling, 37*(1), 49–62.

Banks, B., Kuhn, T., & Blackford, J. U. (2015). Modifying dialectical behavior therapy for incarcerated female youth: A pilot study. *Journal of Juvenile Justice, 4*(1), 1–14.

Barnert, E., Perry, R., Azzi, V., Shetgiri, R., Ryan, G., Dudovitz, R., et al. (2015). Incarcerated youths' perspectives on protective factors and risk factors for juvenile offending: A qualitative analysis. *American Journal of Public Health, 105*(7), 1365–1371.

Berzins, L., & Trestman, R. (2004). The development and implementation of dialectical behavior therapy in forensic settings. *International Journal of Forensic Mental Health, 3*(1), 93–103.

Bielas, H., Barra, S., Skrivanek, C., Aebi, M., Steinhausen, H.-C., Bessler, C., & Plattner, B. (2016). The associations of cumulative adverse childhood experiences and irritability with mental disorders in detained male adolescent offenders. *Child and Adolescent Psychiatry and Mental Health, 10*(1), 34.

Bureau of Justice Statistics. (2002–2005). Death in custody statistical tables. Retrieved from *www.bjs.gov/content/dcrp/dictabs.cfm*.

Drake, E., & Barnoski, R. (2006). *Recidivism findings for the Juvenile Rehabilitation Administration's dialectical behavior therapy program: Final report* (Document No. 06-05-1202). Olympia: Washington State Institute for Public Policy.

Fasulo, S. J., Ball, J. M., Jurkovic, G. J., & Miller, A. L. (2015). Towards the development of an effective working alliance: The application of DBT validation and stylistic strategies in the adaptation of a manualized complex trauma group treatment program for adolescents in long-term detention. *American Journal of Psychotherapy, 69*(2) 219–239.

Fox, A. M., Miksicek, D., & Veele, S. (2019). *An evaluation of dialectical behavior therapy in Washington State's juvenile rehabilitation*. Olympia, WA: Department of Children, Youth, and Families, Office of Innovation, Alignment, and Accountability.

Fruzzetti, A. E., & Ruork, A. K. (2019). Validation principles and practices in dialectical behaviour therapy. In M. A. Swales (Ed.), *The Oxford handbook of dialectical behaviour therapy* (pp. 325–344). New York: Oxford University Press

Greenwood, P. (2008). Prevention and intervention programs for juvenile offenders. *Future of Children, 18*(2), 185–210.

Hayes, L. (2009). Juvenile suicide in confinement: Findings from the first national survey. *Suicide and Life-Threatening Behavior, 39*(4), 353–363.

Hockenberry, S. (2019, October). Juvenile justice statistics. Retrieved November 15, 2019, from *https://ojjdp.ojp.gov/statistics*

Ivanoff, A., & Marotta, P. (2019). DBT in forensic settings. In M. A. Swales (Ed.), *The Oxford handbook of dialectical behaviour therapy* (pp. 617–644). New York: Oxford University Press. Juvenile Rehabilitation Administration. (2012, April). *Dialectical behavior treatment milieu standard*. Washington, DC: Author.

Landenberger, N. A., & Lipsey, M. W. (2005). The positive effects of cognitive-behavioral programs for offenders: A meta-analysis of factors associated with effective treatment. *Journal of Experimental Criminology, 1*(4), 451–476.

Linehan, M. M. (1993a). *Cognitive-behavioral treatment of borderline personality disorder*. New York: Guilford Press.

Linehan, M. M. (1993b). *Skills training manual for treating borderline personality disorder*. New York: Guilford Press.

Linehan, M. M. (2015). *DBT skills training manual* (2nd ed.). New York: Guilford Press.

Morse, G., Salyers, M. P., Rollins, A. L., Monroe-DeVita, M., & Pfahler, C. (2012, September). Burnout in mental health services: A review of the problem and its remediation. *Administration and Policy in Mental Health, 39*(5), 341–352.

Mulder, E., Brand, E., Bullens, R., & van Marle, H. (2011). Risk factors for overall recidivism and severity of recidivism in serious juvenile offenders. *International Journal of Offender Therapy and Comparative Criminology, 55*(1). Office of Juvenile Justice and Delinquency Prevention. (2019, October). Juvenile justice statistics. Retrieved from *https://ojjdp.ojp.gov/statistics*.

Quinn, A., & Shera, W. (2009). Evidence-based practice in group work with incarcerated youth. *International Journal of Law and Psychiatry, 32*(5), 288–293.

Rathus, J. H., & Miller, A. L. (2014). *DBT skills manual for adolescents*. New York: Guilford Press.

Roy, R., Indik, J., Rushford, R., Hammer, J., & Cerar, K. (2004). *Adolescent dialectical behavior therapy lesson plans*. Unpublished manuscript. Northampton, MA.

Sakdalan, J. A., Shaw, J., & Collier, V. (2010). Staying in the here-and-now: A pilot study on the use of dialectical behavior therapy group skills training for forensic clients with intellectual disability. *Journal of Intellectual Disability Research, 54*(6), 568–572.

Shelton, D., Kesten, K., Zhang, W., & Trestman, R. (2011). Impact of a Dialectic Behavior Therapy-Corrections Modified (DBT-CM) upon behaviorally challenged incarcerated male adolescents. *Journal of Child and Adolescent Psychiatric Nursing, 24*(2), 105–113.

Trupin, E., Stewart, D., Beach, B., & Boesky, L. (2002). Effectiveness of a dialectical behavior therapy program for incarcerated female juvenile offenders. *Child and Adolescent Mental Health, 7*(3), 121–127.

Underwood, L., & Washington, A. (2016). Mental illness and juvenile offenders. *International Journal of Environmental Research and Public Health, 13*(2), 228.

Washington State Institute for Public Policy. (2006). *Recidivism findings for the Juvenile Rehabilitation Administration's dialectical behavior therapy program: Final report*, 1–6. Retrieved from *www.wsipp.wa.gov*.

9

Programas forenses e correcionais na DBT abrangente
Orquídeas, não dentes-de-leão

Robin McCann e Elissa M. Ball

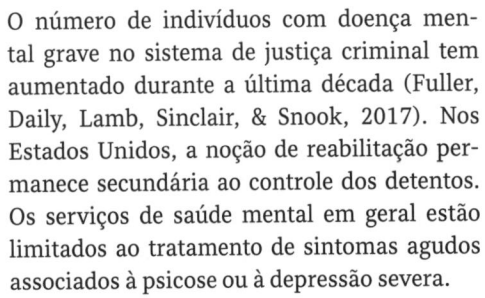

O número de indivíduos com doença mental grave no sistema de justiça criminal tem aumentado durante a última década (Fuller, Daily, Lamb, Sinclair, & Snook, 2017). Nos Estados Unidos, a noção de reabilitação permanece secundária ao controle dos detentos. Os serviços de saúde mental em geral estão limitados ao tratamento de sintomas agudos associados à psicose ou à depressão severa.

Os termos "forense" e "correcional" são usados neste capítulo para descrever contextos de instituições penais, onde são oferecidos serviços de saúde mental. Os contextos correcionais fornecem custódia e encarceramento para indivíduos que cometeram crimes e são julgados "plenamente" responsáveis por seu comportamento. Já os hospitais forenses fornecem tratamento para indivíduos que cometeram crimes, mas que são julgados não culpados por razão de insanidade (NGRI, do inglês *not guilty by reason of insanity*) — inimputáveis. Segurança e proteção são as primeiras prioridades dos contextos correcionais e forenses, embora os serviços de saúde mental estejam mais disponíveis em contextos de hospitais forenses.

Desde 2013, houve 30 estudos que examinaram a terapia comportamental dialética (DBT) dentro de contextos de hospitais forenses ou instituições correcionais, incluindo 11 ensaios clínicos controlados randomizados (ECRs; Ivanoff & Chapman, 2018). A maioria desses ECRs não examinou a DBT abrangente, ou seja, todos os quatro modos de terapia, incluindo DBT individual, treinamento de habilidades da DBT, equipe de consultoria e *coaching* de habilidades. Uma exceção foi o trabalho de Van den Bosch e colaboradores (2005) com um grupo ambulatorial de mulheres infratoras. Seis meses depois do encerramento do tratamento, o grupo em DBT foi comparado ao tratamento conforme usual quanto à redução nas condutas autolesivas sem intencionalidade suicida (CASIS), impulsividade e uso de álcool.

Outra revisão indicou que pelo menos cinco locais implementaram DBT abrangente (Layden, Turner, & Chapman, 2017). Esses locais incluíam hospitais forenses de alta segurança, uma prisão para indivíduos cumprindo prisão perpétua, uma unidade ambulatorial correcional e uma ambulatorial forense. Pelo menos dois desses locais implementaram DBT abrangente não por modos, mas por funções.[1]

Quatro dos cinco locais, incluindo o nosso, um hospital forense, mencionaram dados promissores, apesar de não randomizados. Embora a base de pesquisa em DBT permaneça escassa (Ivanoff & Chapman, 2018), dados não randomizados indicam decréscimos na impulsividade, CASIS, severidade da violência e infrações disciplinares.

Ainda que a implementação da DBT tenha sido comparada a plantar uma árvore, nossa experiência é que implementar e manter um programa de DBT abrangente em um contexto forense ou correcional é mais parecido com plantar uma orquídea em solo ácido, isto é, inóspito. Um programa de DBT abrangente não se enraíza facilmente em um hospital forense e, depois de enraizado, permanece eternamente vulnerável à infiltração por dentes-de-leão resistentes, cardos espinhosos e ervas daninhas. Embora um dos modos, o treinamento de habilidades em DBT, desenvolva-se como o dente-de-leão resiliente, outros modos são consideravelmente menos resilientes. Esses modos vulneráveis da DBT, equipe de consultoria e DBT individual, assim como as orquídeas, desenvolvem-se apenas quando cultivados com cuidado e precisão por jardineiros experientes.

POR QUE A DBT?

Diversos fatores fazem da DBT naturalmente adequada para uso em contextos correcionais. Em primeiro lugar, embora a taxa de transtornos da personalidade (TPs) em populações correcionais seja alta, o tratamento de TPs em instituições correcionais ou forenses é escasso. Em segundo lugar, a DBT é compatível com os princípios da melhor prática para tratamento forense efetivo. Esses princípios incluem *risco*, *responsividade* e *necessidade* (Andrews & Bonta, 1998). O princípio do *risco* significa que você obtém maior custo-benefício quando trata os casos com maior risco e mais severos. A DBT se direciona para indivíduos de alto risco, com múltiplas comorbidades, difíceis de tratar e que se engajam em comportamentos de ameaça iminente à vida. As populações correcionais são compostas de indivíduos difíceis de tratar e com alto risco de reincidência. Transtorno da personalidade antissocial (TPA) e transtornos por uso de substâncias são os diagnósticos mais frequentes em contextos correcionais adultos. O princípio da *responsividade* significa combinar o tratamento com os estilos de aprendizagem dos infratores. Em termos gerais, isso significa que o tratamento cognitivo-comportamental é titulado para as capacidades do infrator. Um exemplo clínico de titulação da DBT para um infrator agressivo e com lesão cerebral é ilustrado pelo caso de Joey neste capítulo. Por último, o princípio da *necessidade* significa que o tratamento correcional efetivo visa aos fatores de risco associados à reincidência criminal ou violenta. Esses fatores de risco se sobrepõem a alvos que interferem no tratamento ou na qualidade de vida na hierarquia dos comportamentos-alvo da DBT, incluindo uso de substâncias, parceiros criminosos, crenças criminais, solução de problemas deficiente e manejo ineficaz da raiva.

---

[1] Um programa abrangente em DBT inclui todas as cinco funções da DBT: melhorar a motivação do paciente, aprimorar as capacidades do paciente, aumentar a motivação e capacidade do terapeuta, assegurar a generalização para o ambiente e estruturar o ambiente. Como alternativa, pode ser considerado um programa abrangente em DBT se incluir todos os quatro modos da DBT: terapia individual da DBT, grupo de habilidades da DBT, equipe de consultoria e *coaching* telefônico ou no contexto parcial ou residencial. Por outro lado, um programa de DBT "parcial" inclui alguns modos, mas não todos eles e, assim, não serve a todas as cinco funções de um tratamento abrangente. O termo DBT "informada", embora universal, não é recomendado. Embora um dos modos, o treinamento de habilidades da DBT, se desenvolva como o dente-de-leão resiliente, outros modos são consideravelmente menos resilientes. Esses modos vulneráveis da DBT equipe de consultoria e DBT individual, tal qual as orquídeas, se desenvolvem somente quando cultivados com cuidado e precisão por jardineiros experientes.

A terceira razão para aplicar a DBT em contextos forenses ou correcionais é que sua teoria biossocial se aplica a populações forenses e/ou correcionais. Embora vieses de gênero no diagnóstico possam obscurecer as semelhanças entre transtorno da personalidade *borderline* (TPB) e TPA, a teoria biossocial parece ser relevante para indivíduos com os dois diagnósticos. Os dois transtornos são marcados por ambientes invalidantes, particularmente negligência e abuso. A hipótese é que ambos refletem vulnerabilidades biológicas. Por exemplo, Crowell e colaboradores (2009) levantaram a hipótese de que a vulnerabilidade biológica inicial para indivíduos que desenvolvem TPB é impulsividade seguida por sensibilidade emocional. A impulsividade desempenha um papel central tanto no TPA quanto no TPB. Os homens, que apresentam maior probabilidade de ser diagnosticados com TPA do que as mulheres, têm mais probabilidade de externalizar a agressão, e as mulheres, que apresentam maior probabilidade de ser diagnosticadas com TPB do que os homens, têm mais probabilidade de internalizar a agressão (Paris, 2005).

Nossa discussão do programa da DBT é organizada a partir dos modos de tratamento da DBT e suas funções concomitantes. Os modos de tratamento da DBT incluem terapia individual, treinamento de habilidades, *coaching* de habilidades e equipe de consultoria. Validação, solução de problemas e dialética — os três fundamentos da DBT — serão destacadas. A validação será enfocada na apresentação da terapia individual da DBT e no caso de Jessica. A solução de problemas é destacada na terapia individual e na generalização de habilidades, com um foco nas soluções de problemas mais difíceis de implementar, como análise em cadeia, manejo das contingências e generalização das habilidades. O capítulo encerra com uma discussão dos dilemas forenses e das tarefas adicionais do observador da equipe de consultoria forense.

TERAPIA INDIVIDUAL EM DBT

O propósito da terapia individual em DBT é aumentar a motivação do infrator para a mudança, ou seja, aumentar a capacidade, a prontidão e a disposição do infrator para usar habilidades a fim de construir uma vida que valha a pena ser vivida sem agressão a si mesmo e aos outros. A terapia individual em DBT é o modo mais difícil de implantar em contextos forenses devido ao acesso inadequado a clínicos treinados.[2] O tratamento, em vez disso, comumente é prestado por indivíduos com baixos níveis de treinamento clínico formal (Ivanoff & Chapman, 2018). Os contextos correcionais podem não ter salas onde conduzir a terapia individual. Se uma sala estiver disponível, os infratores às vezes são algemados às suas cadeiras ou mesmo ficam sentados em celas. É desnecessário dizer que aumentar a motivação do infrator neste contexto é desafiador.

Em termos gerais, uma sessão de DBT individual inicia com um exame do cartão diário do infrator, gerando uma pauta para a sessão consistente com a hierarquia dos alvos prioritários. Consistente com a DBT padrão, a sessão provavelmente incluirá análises em cadeia conduzidas pelo terapeuta, *role-playing* e comprometimento do infrator de usar a habilidade ou realizar uma tarefa como dever de casa antes da próxima sessão. A validação é a cobertura de açúcar que ajuda os infratores a deglutirem estas tarefas. Esta seção discute a dificuldade da validação das infrações criminais e a dificuldade das análises em cadeia em razão dos limites burocráticos. Na sequência,

---

[2] Os componentes de uma sessão de terapia individual em DBT incluem: (1) exame do cartão diário para estruturar a sessão de terapia individual do dia, (2) exame da tarefa de casa da semana anterior, (3) análise em cadeia dos alvos de acordo com a hierarquia destes, (4) análise de soluções e prática das soluções e (5) comprometimento.

um estudo de caso ilustra a hierarquia de alvos prioritários e o uso da validação.

Validando infratores

Validação é uma das duas estratégias centrais na DBT. A maioria dos internos forenses julgados inimputáveis cometeu delitos violentos. Como você valida um agressor que perpetrou atos criminosos inimagináveis que evocam repugnância no clínico? Quando você os valida? Quando você os invalida?

O encarceramento é o protótipo da invalidação. A sociedade — via sistema de justiça criminal — comunicou ao encarcerado que ele é tão "mau" ou "maligno" que precisa ser contido. Concomitante ao seu ingresso na prisão ou no hospital, alguns infratores podem receber um diagnóstico psiquiátrico pela primeira vez. Para infratores julgados inimputáveis, o sistema de justiça criminal comunicou que eles são não apenas perigosos, mas fazem tão pouco sentido que precisam ser encarcerados "para sempre" em uma instituição psiquiátrica.*

A crença comumente mantida de que infratores inimputáveis continuam a ser perigosos para a sociedade não é apoiada pelos fatos. Programas especializados para infratores com doenças mentais graves indicam os índices reduzidos de nova detenção de 10% ou menos no seguimento de cinco anos (Fuller et al., 2017). Por exemplo, em nosso hospital, Creek (2014) identificou que 4% dos 218 infratores inimputáveis ambulatoriais cometeram transgressão no seguimento de cinco anos. Ball (2010) constatou que 15% dos infratores inimputáveis ambulatoriais cometeram transgressão no seguimento de sete anos.

Validação significa comunicar aos infratores que eles fazem sentido. Todo comportamento, mesmo comportamentos criminais horrorosos, é válido em algum nível. Vamos aplicar os níveis de validação a Joseph, um infrator que argumentou que Deuteronômio 20:10-14 o instruiu a estuprar uma criança pequena. O Nível 1 envolve que o clínico escute, observe e sinta (observando suas sensações corporais) adotando uma postura não julgadora e não tendenciosa. O Nível 2 poderia ser: "Você está dizendo que Deuteronômio 20:10-14 instrui você a estuprar meninas pequenas", dando a Joseph a oportunidade de confirmar ou refutar o que seu clínico compreendeu. O Nível 3 seria: "Você está dizendo que deve estuprar meninas pequenas e parece que está preocupado por me contar isso". Se Joseph responder "sim", é provável que ele tenha experimentado validação. Ou então, se Joseph responder com afastamento, incredulidade ou raiva, é provável que não tenha experimentado validação. Assim, o clínico poderia considerar outro Nível 3, talvez reconhecendo que, segundo o ponto de vista de Joseph, Deuteronômio 20:10-14 justifica sua agressão anterior. No entanto, o terapeuta pode se preocupar que esse reconhecimento possa validar o que é inválido: a justificativa da agressão. O Nível 4 é a validação preferida quando o clínico está confuso, quando no momento o clínico não consegue determinar o que validar: "Faz sentido que você interprete Deuteronômio 20:10-14 à sua maneira, já que isso pode ajudá-lo a entender sua própria história de vitimização sexual" ou "Faz sentido para mim que você esteja tentando entender como foi capaz de estuprar uma criança pequena". Como as ações de Joseph não são normativas e provavelmente despertarão repugnância e afastarão os outros, o Nível 5 não é clinicamente apropriado. A autenticidade radical (Nível 6) pode ser um dos níveis mais difíceis para a equipe forense e correcional aceitar. Em resposta à declaração de Joseph de que "Algumas pessoas podem achar meu argumento errado", o clínico pode simplesmente responder "Sim, é verdade".

---

* N. de R. T. Refere-se ao sistema criminal norte-americano. No Brasil a pena máxima para alguém julgado como inimputável é de medida de segurança de três anos, podendo ser renovada de acordo com avaliação.

O desafio da análise em cadeia

Ao longo de 20 anos de implementação da DBT, observamos o seguinte. Primeiro, ponderamos: Quando o terapeuta individual deve manter a confidencialidade do infrator? Quando o terapeuta individual deve expor para a equipe os conteúdos da sessão de terapia individual? Em segundo lugar, análises em cadeia da DBT aderentes são como orquídeas, e *protocolos* de análise em cadeia são ervas daninhas, vulneráveis ao mau uso, rotinização e institucionalização. Por último, o acesso a clínicos licenciados adicionais não resulta necessariamente em mais análises em cadeia (muito menos DBT individual).

Os desafios de garantir a confidencialidade

Embora a divulgação de informações entre o terapeuta individual da DBT e a equipe da unidade possa manter a segurança da unidade, essa divulgação pode interferir na confidencialidade do infrator-paciente, dessa forma minando a segurança da unidade. Idealmente, o terapeuta individual documenta e/ou discute com outros membros da equipe detalhes das suas sessões relevantes para o risco. Entretanto, o membro da equipe que está vazando informações (divulgando de forma indiscreta) pode dificultar a confidencialidade e a aliança terapêutica. Um membro da equipe muito eloquente pode compartilhar informações sensíveis sobre o infrator com membros da equipe de fora da unidade. Caso o infrator fique sabendo disso, a aliança de tratamento e a segurança da unidade podem ser rapidamente corroídas. Além disso, alguns membros da equipe são, ou acham que são, obrigados a divulgar informações aos administradores de fora da equipe, em particular em um sistema de gerenciamento hierárquico típico das instituições correcionais. Essa divulgação pode resultar em punição, até mesmo imputações, para o infrator. A equipe, sobretudo no contexto da agressão, não manteria, e talvez não pudesse manter, a confidencialidade do infrator e possivelmente divulgaria informações incriminadoras.[3] O terapeuta individual da DBT pode administrar o equilíbrio dialético entre confidencialidade e divulgação nunca colocando as análises em cadeia completas e detalhadas nos registros do infrator. Em vez disso, o terapeuta pode resumir os fatores de vulnerabilidade, os eventos desencadeantes, os sinais e as consequências que levam ao pretenso comportamento problemático sem nomear o comportamento problemático específico que a cadeia aborda.

Estudo de caso em DBT individual: Jessica

A interação entre validação e estratégias de mudança está ilustrada no caso de uma infratora suicida, julgada como inimputável, que assassinou seu bebê. "Jessica" tinha 29 anos quando entrou no hospital antes do julgamento de assassinato em primeiro grau na qual foi considerada inimputável. Seus diagnósticos na época da admissão incluíam depressão pós-parto com características psicóticas, transtorno depressivo maior recorrente, bulimia nervosa, transtorno de estresse pós-traumático (TEPT) e excluíam transtorno bipolar.

O desenvolvimento de Jessica foi marcado por uma base biológica para a desregulação emocional e por um ambiente invalidante caracterizado por vitimização sexual na infância, perdas precoces, testemunho de violência doméstica e modelação do comportamento antissocial.

Jessica era uma "boa menina". Ela discretamente procurava agradar e não se envolvia em problemas comportamentais explícitos, as-

---

[3] Se o clínico realmente tiver um papel duplo e for obrigado a compartilhar informações confidenciais com os administradores, Ross, Polaschek e Ward (2008) recomendam que os clínicos sejam explícitos com os pacientes desde o começo em relação ao que precisam ou não divulgar. Ao divulgar, faça isso de maneira cuidadosa, interessada e não autoritária.

sumindo afazeres importantes em casa, trabalhando em tempo parcial fora de casa no começo da adolescência e tirando boas notas na escola. Aos 6 anos, depois de ser castigada pela mãe por ter relatado o abuso sexual do seu padrasto, Jessica aprendeu a manter a confidencialidade da sua mãe, não falando para ninguém sobre a vitimização da mãe ou mesmo a própria vitimização. Apesar da bulimia nervosa, de uma tentativa de suicídio e de dois episódios de depressão maior não tratados, Jessica concluiu a universidade, fez mestrado em administração e trabalhou como contadora pública certificada por três anos antes do nascimento da filha.

Após o nascimento da filha, Jessica diversas vezes contou sobre seus pensamentos de suicídio para o marido, amigos e sogra, mas não falou nada sobre seus pensamentos de infanticídio. Na noite em que sufocou a filha de 6 meses, ela estava delirante, achando que seu bebê era neurologicamente deficiente. Ela queria proteger o bebê do sofrimento e proteger o marido do fardo de uma criança com necessidades especiais.

Alguns dias depois de sua prisão, o marido lhe apresentou os papéis do divórcio. Jessica nunca mais viu ou falou com o marido ou os familiares dele. Por orientação dos advogados, ela evitou falar da filha, do luto e de seus pensamentos no momento do crime. Como acontece com a maioria dos casos de inimputabilidade, o julgamento dela levou mais de um ano. A impossibilidade de processar verbalmente seu luto complicou e prolongou ainda mais a situação.

Depois do julgamento de inimputabilidade, foi realizada uma avaliação do risco de violência. O perfil de Jessica era notável pela ausência da maioria dos fatores de risco estáticos associados à reincidência violenta. O escore de Jessica na Psychopathy Checklist revisada (PCL-R) se situava na variação muito baixa. Ela não tinha história de transtorno da conduta, uso de substância ou algum ato de violência antes do seu delito julgado como inimputável. Um dossiê do National Crime Institution Center (NCIC) e os parentes do marido confirmaram que ela sempre foi uma cidadã cumpridora da lei antes de matar seu bebê. Além disso, relataram que ela havia sido uma esposa e mãe gentil e atenciosa; este relato pareceu consistente com o comportamento gentil e atencioso de Jessica com seus pares na unidade. Em suma, não havia evidências de que Jessica já tivesse tido atitudes criminosas ou se engajado em comportamento agressivo, exceto no contexto da sua psicose pós-parto.

Concomitante à progressão para a unidade de DBT, Jessica se comprometeu em "continuar viva, achar uma forma de conviver com o que fiz e encontrar a minha voz." Os alvos principais de Jessica no Estágio 1 incluíam:

1. *Comportamento de ameaça iminente à vida.* Jessica tentou se enforcar duas vezes apesar das precauções do hospital com suicídio em uma unidade de alta segurança.
2. *Comportamentos destrutivos na unidade.* Depois da progressão para a unidade de DBT, Jessica diversas vezes manteve relações sexuais com um par do sexo masculino, 10 anos mais novo do que ela. Certa vez ela o acusou falsamente de sexo não consensual. Depois que a administração do hospital ficou sabendo da sua alegação, todas as mulheres infratoras deixaram de residir na unidade de DBT, depois disso participando apenas da programação diurna. A equipe de tratamento condicionou as metas de Jessica, a progressão dos privilégios e a alta do hospital a nenhum sexo com pacientes da DBT, nenhuma falsa alegação contra os outros e maior domínio dos próprios comportamentos.
3. *Comportamentos que interferem no tratamento.* Apesar das exigências da equipe de que ela parasse de fazer isso, Jessica manteve o relacionamento romântico e sexual com o mesmo rapaz. Além disso, Jessica declarou que queria engravidar, provocando preocupação na equipe. Ela não desencorajava o assédio romântico dos infratores. Ela ignorava a preocupa-

ção da equipe e considerava que a equipe a vitimizava pela sua demonstração de uma busca de amor e validação que é normal nas mulheres. Os alvos do tratamento incluíam nenhuma relação sexual; honestidade; solução de problemas com a equipe relacionados aos seus desejos, impulsos, fantasias e comportamentos com os homens na unidade; e o manejo habilidoso da vergonha.

4. *Comportamentos que interferem na qualidade de vida*. Jessica, querendo agradar os outros, apresentava dificuldades para dizer "não". Ela relatava dificuldade para dormir, humor deprimido e eufórico dentro do mesmo dia, pouca concentração intermitente, pensamentos acelerados, libido aumentada e pensamentos de suicídio. Os alvos a aumentar incluíam autovalidação e observação dos seus limites e o relato continuado e acurado dos sintomas ao psiquiatra responsável pelo seu tratamento farmacológico.

A equipe também se engajou em comportamentos que interferem no tratamento. Alguns membros da equipe, impressionados com seu delito e pelo seu comportamento sexual, julgavam Jessica insuficientemente arrependida em relação à morte da filha. Eles criticavam suas roupas ("exageradamente reveladoras") e a julgavam como "manipuladora". A equipe ficou polarizada, com alguns integrantes considerando Jessica uma vítima, outros vendo seu namorado como a vítima. Esses julgamentos despertaram a vergonha de Jessica. A terapeuta individual em DBT, como algumas vezes é o caso em um contexto da justiça criminal (ver seção adiante, "Dilemas forenses"), às vezes se alinhava com Jessica contra o resto da equipe de tratamento. Alguns membros da equipe zombavam das hipóteses da terapeuta de que a hipersexualidade de Jessica e as violações às regras associadas não representavam um defeito de caráter ("comportamento de me- retriz"), mas eram o alvo secundário do luto inibido *versus* crises implacáveis. Suas crises, por exemplo, tentativas de suicídio e relações sexuais, funcionavam para distrair Jessica e a equipe do seu luto.

Embora Jessica tivesse se comprometido a acabar com a autolesão, ela continuava experimentando ideação suicida. Embora ambivalente sobre evitar relacionamentos românticos, ela concordava que esses relacionamentos causavam conflito com a equipe, dessa forma prolongando sua hospitalização. Assim sendo, ela se comprometeu a encerrar a busca de todos os relacionamentos românticos e revelar honestamente os sentimentos ou intenções românticas na terapia. Embora mantivesse seu compromisso de parar com comportamentos de autolesão, ela tinha mais dificuldade em manter esse comprometimento em relação ao romance. Por exemplo, quando a equipe observava que ela estava de mãos dadas com um par, Jessica mentia, negando o comportamento. Essas interações originavam crises, o que distraía Jessica e a equipe do seu luto. Embora habilidosa quando calma, quando sentia vergonha, ansiedade ou depressão, Jessica inicialmente não conseguia observar, descrever ou identificar suas emoções e impulsos. Como seu déficit nas habilidades era tão contextual, ou seja, evidente apenas no contexto de emoção intensa, alguns membros da equipe a consideravam dissimulada. A equipe não entendia como ela podia ser tão habilidosa em um contexto e tão pouco habilidosa em outro.

A ideação suicida de Jessica e o sexo impulsivo pareciam motivados por um alvo secundário: luto inibido *versus* crises implacáveis. O tratamento para o luto inibido era a exposição informal. O tratamento para as crises implacáveis era a solução de problemas. No caso de Jessica, a impulsividade interferia na sua habilidade de resolver problemas. Em outras palavras, suas habilidades para solução de problemas seriam excelentes se ela conseguisse conter a impulsividade.

A terapeuta da DBT, uma profissional licenciada, ouviu sem julgamento o relato de Jessica sobre seus pensamentos e sentimentos (validação no Nível 1). Jessica reconheceu que havia "se enganado" em relação à intenção romântica com seu par. Depois que a terapeuta inferiu que ela provavelmente ansiava por ser amada (validação do Nível 3), Jessica expressou o vazio que sentia por ter perdido abruptamente a filha e o marido. Ela reconheceu semelhanças entre as emoções que tinha sentido com a filha e o par na unidade. A validação possibilitou que Jessica iniciasse o tratamento para o "luto inibido". Assim, Jessica se permitiu vivenciar o luto.

A validação também melhorou o relacionamento de Jessica com a equipe. Sua terapeuta na DBT disse que não conseguia imaginar o quanto deveria ser difícil ser uma das duas únicas mulheres residindo em uma unidade forense com 23 homens, alguns dos quais estupradores e assassinos (Nível 5). A terapeuta confirmou que alguns dos pares de Jessica, particularmente devido às suas próprias histórias de vitimização, pareciam ter medo dela ou mesmo aversão (Nível 5). Por outro lado, a terapeuta foi cuidadosa para evitar validar o inválido. Por exemplo, quando Jessica alegava: "Eu não sabia que estava flertando", a terapeuta replicava de forma tranquila: "Me poupe, Jessica".

À medida que Jessica foi experimentando validação na terapia individual, começou a aumentar a autovalidação, o que por sua vez reduziu sua intensidade emocional e impulsividade, permitindo que ela usasse sua habilidade em geral excelente para entender a perspectiva dos outros. Ela achou particularmente úteis várias habilidades da DBT. Ao evitar atuar sua emoção, ela experimentava ou observava sua emoção, aprendendo a nomeá-la de forma acurada. O *coaching* telefônico também ajudou a reduzir os comportamentos impulsivos; o número de crises ou interações problemáticas então decresceu, possibilitando ainda mais que Jessica vivenciasse seu luto e outras emoções, incluindo raiva e vergonha. Sua autovalidação parecia correlacionada à validação da equipe. Por exemplo, em vez de se engajar em um discurso, Jessica informava a equipe que entendia o quanto eles não confiavam nela devido ao seu comportamento passado (Nível 4) e entendia que a equipe de enfermagem era responsabilizada pelos erros dos pacientes (Nível 5).

Conforme a data da sua liberação para a comunidade ia se aproximando, Jessica se debatia com as expectativas de algumas pessoas de que ela fizesse a cirurgia de ligadura de trompas. A raiva mais uma vez inibia seu luto referente à perda da capacidade de dar à luz. A terapeuta validou que sua raiva fazia sentido, já que um ginecologista e um psiquiatra haviam opinado que ela poderia ser monitorada com segurança durante uma gravidez, parto e pós-parto (Nível 4). A validação ajudou a atenuar sua raiva. Jessica considerou os prós e os contras de dar à luz a outro bebê e decidiu fazer a ligadura de trompas.

Jessica agora vive em segurança fora do hospital há anos. Embora os aniversários associados à sua filha permaneçam dolorosos, Jessica relata felicidade. Ela mora sozinha, mas tem um namorado. Está empregada e tem uma forte rede de apoio e a cultiva cuidadosamente. Ela atingiu suas metas: continuar viva, achar uma forma de conviver consigo mesma, obter a liberação do hospital e "encontrar" a sua "voz".

Análises em cadeia sem terapeutas individuais

Jessica recebeu DBT individual de uma terapeuta clínica licenciada. E quanto aos infratores que não têm acesso a clínicos licenciados?

Os protocolos para análise em cadeia podem ser usados na ausência de acesso suficiente a clínicos licenciados. Uma das funções do terapeuta individual, conduzir análises em cadeia, pode ser oferecida com a implementação de protocolos para análise em cadeia com contingências. Os infratores julgados inimputáveis que completam suas análises em cadeia ou de solução e usam habilidades podem progredir mais rapidamente do que aqueles que não as realizam.

Em resumo, todas as coisas boas acontecem com os infratores que fazem DBT. Fazemos aqui uma distinção entre uma análise em cadeia colaborativa, ou seja, uma análise em cadeia conduzida entre o terapeuta individual em DBT e o infrator segundo protocolos-padrão da DBT *versus* protocolos para comportamentos infratores e preocupantes, ou seja, análises em cadeia designadas pela equipe e escritas pelo infrator que trabalha sozinho (Swenson, Witterholt, & Bohus, 2007).

Comportamento infrator no tratamento é definido como aquele de ameaça iminente à vida e/ou destruidor na unidade (McCann, Ivanoff, Schmidt, & Beach, 2007). A equipe da linha de frente em geral designa o protocolo para comportamentos infratores. Os apenados trabalham sozinhos, desassistidos e não colaborativamente nas suas análises em cadeia, usando uma ficha de tarefas por um período de tempo especificado. Depois de completar as cadeias por escrito, os infratores apresentam seu trabalho à equipe para *feedback*. No caso de outro comportamento prejudicial ou destrutivo na unidade (mas não autolesão), os infratores podem apresentar seu trabalho aos pares e clínicos em um grupo de análise em cadeia (McCann et al., 2007) a fim de desenvolverem um plano para reparação e comportamentos mais habilidosos. Embora um único clínico licenciado não possa oferecer DBT individual semanal a 20 infratores, esse único clínico poderia oferecer terapia em grupo semanal para 20 infratores divididos em dois grupos para análise em cadeia. O grupo possibilita que o clínico, a equipe e os pares desenvolvam um quadro colaborativo dos acontecimentos. Os privilégios são devolvidos depois de uma apresentação de reparação se a equipe da DBT concordar que os privilégios podem ser recuperados com segurança. Nossa impressão é de que essas apresentações funcionam para informar todos os membros da unidade sobre as vulnerabilidades e fatores de risco de cada infrator, dessa forma fornecendo a todos os membros da unidade, incluindo os infratores, informações para manter a segurança na unidade. Os infratores são os primeiros a observar, os primeiros a detectar e, pelo menos em uma unidade da DBT, podem ser os primeiros a relatar o comportamento problemático dos pares.

Depois de observar a utilidade do protocolo para comportamentos infratores e notar que os comportamentos que interferem no tratamento eram, felizmente, mais frequentes na unidade do que os comportamentos que ameaçam a vida ou destrutivos, McCann e colaboradores implementaram um protocolo para comportamentos preocupantes. Comportamento preocupante é definido como o comportamento que interfere no tratamento e/ou na qualidade de vida (McCann et al., 2007). A equipe designou os protocolos e os infratores que trabalhavam sozinhos, desassistidos e não colaborativamente em suas análises em cadeia usando uma ficha de tarefas por uma hora e apresentavam o trabalho à equipe para *feedback*. Quando a equipe aprovava o trabalho, os infratores retornavam imediatamente à programação e aos privilégios normais, mas depois apresentavam o trabalho aos pares no grupo para análise em cadeia e desenvolviam um plano para reparação e um comportamento mais habilidoso. No contexto de uma equipe de consultoria em DBT com bom funcionamento, os benefícios dos protocolos para comportamentos infratores e preocupantes (dados escritos imediatos, rápido retorno dos privilégios no caso de protocolos para comportamentos preocupantes, economia de tempo para os clínicos e a equipe) superaram os contras (a equipe designando protocolos para evitar *coaching* ou aplicar punição).

Entretanto, quando a equipe de consultoria em DBT não funcionou bem, os protocolos para comportamentos infratores e preocupantes, assim como as ervas daninhas, se multiplicaram e viraram rotina: tornaram-se apenas outro formulário para o infrator preencher, sem trabalho extra para a equipe. Sem uma equipe de consultoria funcional, os comportamentos que interferem no tratamento ou na qualidade de vida inflam o *status* de infratores com penalidades concomitantes. Em vez de avaliar os sinais ou as consequências de manter o comportamento problemático, alguns infratores e a equipe confundem condutas com definições coloquiais de consequências, por exemplo, interpretando erroneamente os protocolos como as "consequências" do comportamento problemático! Em suma, no contexto de uma equipe de consultoria com mau funcionamento, os protocolos para comportamentos infratores e preocupantes podem manter a função aversiva das análises em cadeia, mas perder os benefícios desse procedimento.

As considerações a seguir podem ajudar a amenizar o problema ao fornecer as funções da terapia individual sem um número de clínicos suficiente:

1. Dado o tempo de permanência tipicamente prolongado em instituições forenses e correcionais, considere encaminhar os infratores que completaram um ano de treinamento de habilidades em DBT para um grupo de análise em cadeia (MCann et al., 2007). Examine colaborativamente no grupo as análises em cadeia dos comportamentos infratores (excluindo autolesão) e preocupantes. Os membros do grupo muitas vezes têm mais conhecimento dos antecedentes dos pares e das consequências do que a equipe e os terapeutas. O líder e os membros do grupo habilidosos e o líder do grupo habilidoso podem tecer soluções, ou seja, habilidades, contingências, exposição e intervenções cognitivas, para incluir na análise. Neste contexto, a função das análises em cadeia incluindo exposição, melhora na memória autobiográfica, aprendizagem de novos comportamentos e consequências aversivas (Rozvi & Ritschel, 2014) mais provavelmente será preservada.
2. Da mesma forma, considere oferecer funções adicionais da terapia individual, isto é, avaliação e análise de soluções, em pequenos grupos conforme sugerido por Swenson, Witterholt e Bohus (2007).
3. Faça distinção entre presença de comportamentos problemáticos ou ausência de condutas habilidosas e/ou esperadas. Quando o comportamento necessário ou efetivo é omitido (p. ex., o infrator não compareceu, não tomou a medicação, não fez exame toxicológico, não limpou o quarto), considere a implementação da análise de *missing links* que é mais curta e menos punitiva das ligações que estão faltando (Linehan, 2015, pp. 23, 38) em vez de protocolos de análise em cadeia.
4. Em vez de designar protocolos de análise em cadeia, faça *coaching* de habilidades no momento em que a situação está acontecendo.

GENERALIZAÇÃO DE HABILIDADES DA DBT: CONTINGÊNCIAS E TREINAMENTO

Contingências são consequências que resultam, em média, em aumento ou redução no comportamento. Qual terapeuta que trabalha no Departamento de Correções não se desesperou depois de receber uma ordem administrativa de que todos os reforços devem ser não contingentes, disponíveis para todos os internos independentemente do seu comportamento, pois reforços são definidos como "direitos, não privilégios"? Como seria bom se os terapeutas da DBT pudessem controlar o mundo, ou seja, controlar as contingências dos seus pacientes.

Embora a justiça, e não a equipe de tratamento, determine se o infrator julgado como inimputável pode progredir para a comunidade, será a equipe de DBT, e não a justiça, quem determinará se e quando o infrator poderá progredir para a comunidade[*]. Igualmente, embora

---

[*] N. de R. T. Refere-se ao sistema prisional norte-americano.

questões administrativas como o espaço entre as camas possa algumas vezes determinar quando os infratores progridem para uma unidade com menor segurança, o psiquiatra da DBT determina qual infrator progredirá. O clínico da DBT forense pode manejar as contingências entre ele e o infrator dentro da sessão da DBT individual, o que também é o caso da DBT padrão. A má notícia talvez seja que os clínicos forenses precisam, como todos os outros clínicos, observar os limites das suas instituições. Esses limites podem incluir funções administrativas que não necessariamente são consistentes com a DBT.

Considere o seguinte cenário: um infrator que está em uma unidade de segurança mínima corta os pulsos, precisando levar pontos. O terapeuta da DBT faz uma análise em cadeia e avalia o seguinte (entre outras considerações): se a autolesão foi suicida ou não suicida, se a autolesão teve sua função mais relacionada aos antecedentes ou consequentes e se a regressão para uma unidade de maior segurança reforçaria a autolesão e/ou a evitação.

Quando a equipe maneja as contingências

No contexto de uma estrutura organizacional horizontal, não hierárquica, caso a equipe de DBT determine que o ato de se cortar foi suicida, que o infrator se cortou para evitar um par temido — significando que a regressão para uma unidade de maior segurança poderia reforçar a autolesão e a evitação —, o psiquiatra da equipe poderia determinar que para seu benefício o infrator deveria permanecer na unidade da DBT de segurança mínima. Nesta estrutura organizacional não hierárquica, a equipe da DBT poderia evitar reforçar a evitação e a autolesão.

Quando a equipe não pode manejar as contingências

No contexto da provável estrutura organizacional hierárquica de um contexto correcional, se a equipe de DBT determinar que para seu benefício o infrator deveria permanecer na unidade de segurança mínima, sua decisão poderia ser rejeitada por instâncias hierarquicamente superiores. Como observado por Ivanoff e Chapman (2018), as políticas institucionais terão prevalência sobre a compreensão dos fatores que mantêm a autolesão para um determinado indivíduo. Se a política determinar regressão depois de autolesão, o infrator irá regredir de qualquer maneira. Neste caso, a evitação e a autolesão serão reforçadas. As políticas e os procedimentos, sobretudo as políticas relacionadas ou aparentemente relacionadas à responsabilidade, podem ter prevalência. Os clínicos podem não ser capazes ou não estar dispostos a defender sua posição efetivamente. O que se deve fazer? Aplique as opções de Linehan para resolver qualquer problema (Linehan, 2015):

1. Aceitação radical: siga e discorde da política. O primeiro passo da aceitação radical é observar que você está lutando contra a realidade: que você acha que as coisas não deveriam ser como são. As causas da política podem precisar de identificação antes de aceitar que "tudo está como deveria ser". Ver a Ficha de Tolerância ao Mal-Estar Nº 11B para os outros passos restantes da aceitação radical (Linehan, 2015).
2. Mude suas emoções acerca da política. Em outras palavras, "faça do limão uma limonada". Demonstre a observação dos limites, descrevendo-os honestamente em voz alta para os indivíduos interessados. Assim, no caso do infrator que repetidamente solicitar que você viole uma nova política, a qual você considera desnecessária, você pode dizer: "Eu não gosto da nova política, mas tenho que aceitá-la. Você tem me pedido para violar a política nos últimos cinco dias. Não me peça mais. No entanto, eu ficaria satisfeito se você me perguntasse como lidar com esta nova política". Da mesma forma, no caso do infrator cuja autolesão

é mantida pela evitação, o qual mesmo assim terá regressão administrativa, a autorrevelação envolvente por ser justificada. Isso seria mais ou menos assim: "Estou preocupado que você possa ter regredido administrativamente, pois essa regressão parece reforçar sua autolesão. Este é o seu problema na vida aqui".
3. Resolva o problema. Continue a defender a mudança, lembrando que estruturar o ambiente para que todas as coisas boas cheguem àqueles que praticam a DBT é uma das cinco funções da DBT abrangente. A mudança, na ausência de um processo judicial relevante, é lenta nos contextos forenses. Considere-se como a água fluindo sobre uma política inefetiva e prejudicial. Você faz pressão pela mudança como a água bate nas pedras, tantas vezes, até que a política mude.
4. Mantenha-se insatisfeito. Constantemente ameace desistir.

O animal nunca está errado: generalização das habilidades

Os infratores julgados como inimputáveis permanecem hospitalizados não porque são mentalmente doentes, mas porque foram perigosos, continuam sendo perigosos ou pelo menos são considerados perigosos. Conforme indicado antes, no contexto de programas de tratamento especializado, a crença comum de que os infratores julgados como inimputáveis continuam a representar um perigo para o público não é apoiada pelos dados. Por outro lado, os prisioneiros permanecem encarcerados até que cumpram seu tempo (completem sua sentença) independentemente de serem ou não perigosos. Uma prisão foi descrita como um "congelamento comportamental profundo" (Andrews & Bonta, 1998) em que os prisioneiros não têm exposição a estímulos cotidianos como dinheiro, relacionamentos, trabalho, arte, contato com o sexo oposto ou familiares. Os infratores julgados como inimputáveis igualmente não são expostos

a estímulos cotidianos. Os infratores têm pouco ou nenhum controle sobre suas vidas e poucas oportunidades para tomarem decisões. Embora essa restrição mantenha ou não a segurança, ela não promove a generalização das habilidades.

A generalização das habilidades reflete a tendência do comportamento em um contexto a se generalizar para outro contexto. Os terapeutas da DBT não presumem ou esperam que a generalização das habilidades vá ocorrer naturalmente. Em vez disso, os terapeutas da DBT e os infratores criam situações nas quais a generalização das habilidades pode ser avaliada e praticada. Esta seção discute:

- Dois métodos de generalização das habilidades do contexto forense para a comunidade: exposição *in vivo* e *coaching* telefônico na DBT.
- Estruturação do contexto parcial ou residencial para evocar habilidades e treinar habilidades para promover a sua generalização no contexto de emoções extremas.

Exposição in vivo *e coaching telefônico na DBT*

Embora a prisão tenha sido descrita como um "congelamento profundo" que restringe a prática e a generalização dos comportamentos, o hospital forense é mais como um tanque de água. Os mamíferos têm dificuldade para generalizar suas habilidades de uma situação para outra; os treinadores de golfinhos chamam isso de "síndrome do tanque novo" (Pryor, 1984). Quando os treinadores mudam os golfinhos de um tanque para outro, eles já têm a expectativa de que os golfinhos se esquecerão do que aprenderam previamente. Por exemplo, golfinhos que antes aprenderam a andar sobre a cauda ficam temporariamente incapazes de fazer isso no novo tanque. Em outras palavras, no contexto de novos estímulos, isso não só é esperado, mas também natural, seja ele um golfinho ou um humano: esquecer o que foi aprendido previamente. Em vez de criticar, repreender, interpretar ou culpar o golfinho, o treinador ensaia as habilidades antes aprendidas no novo tanque ou contexto, possibilitando que ele se habitue aos novos estímulos e se recorde da aprendizagem anterior. Como dizem os treinadores de animais: "O animal nunca está errado".

Exposição in vivo

Um infrator liberado para a comunidade depois de anos de hospitalização é liberado de um tanque estéril para um mar selvagem e excitante. Considerando que é esperado e natural que um mamífero esqueça o que aprendeu, é essencial expor os infratores a estímulos antes da sua progressão para a comunidade. Alguns contextos, como um hospital forense em que os infratores são tratados desde a segurança máxima até a liberdade condicional, se prestam para exposição *in vivo*. No entanto, a exposição *in vivo* só é possível se os clínicos não estiverem tão habituados aos seus tanques que não estejam dispostos a se aventurar no mar. Além disso, explicações pejorativas, em vez de explicações "fenomenologicamente empáticas", para o "fracasso" do infrator na comunidade podem interferir na motivação dos clínicos para proporcionar exposição a estímulos. Um clínico que conclui que o infrator "simulou" o comportamento habilidoso enquanto estava encarcerado ou que conclui que o infrator está se "autossabotando" provavelmente não se sentirá motivado para proporcionar exposição *in vivo*.

Assim, levando em conta que os contextos forenses são relativamente mais deficientes em estímulos — sem estímulos, desde maquiagem até lápis de cor, sacolas plásticas, ou carros e maconha —, como ajudamos os infratores a se habituarem aos estímulos e generalizarem suas habilidades em uma comunidade? De modo ideal, o terapeuta da DBT e o infrator identificam estímulos emocionalmente evocativos antes da progressão para a comunidade. Por exemplo, Greg, um veterano combatente diagnosticado com TEPT, foi julgado inimputável depois de ter tentado afogar a namorada. Antes do julgamento de sua inimputabilidade, Greg algumas vezes ficava tão furioso com motoristas "lentos", "que grudam no carro da frente" ou "barbeiros" que saía do carro e agarrava e batia nos outros motoristas. Enquanto recebia exposição prolongada para TEPT, Greg aprendeu a comunicar sua ansiedade usando as pontuações na Escala de Unidades Subjetivas de Desconforto (SUDS, do inglês Subjective Units of Distress Scale). Ele também aprendeu a reduzir a ansiedade com a estratégia da respiração em quadrado. O terapeuta dele, que por acaso era exatamente o tipo de motorista que Greg abominava, determinou que seria útil expô-lo ao estímulo de um motorista que fica "grudado" no carro da frente. A segurança do hospital foi notificada deste plano de exposição *in vivo* no pátio da instituição; foi solicitado que os agentes ficassem por perto. O terapeuta e Greg se comunicaram pelo telefone celular. Quando o terapeuta começou a ficar grudado no carro de Greg, a avaliação na escala SUDS de raiva previsivelmente aumentou. Greg usou a respiração em quadrado para reduzir a pontuação com algum treinamento do terapeuta. Esta exposição pareceu bem-sucedida, já que não há conhecimento de que Greg, que agora está dirigindo na comunidade há cinco anos, tenha voltado a se envolver em ataques de fúria nas ruas ou em qualquer outro lugar. As habilidades de Greg foram transferidas de uma situação (alto grau de ansiedade) para outra situação (alto grau de raiva); este é um exemplo de generalização do estímulo.

Coaching telefônico

Como é o caso na DBT padrão, os clínicos forenses utilizaram não só exposição *in vivo*, mas *coaching* telefônico para ajudar os infratores a usarem as habilidades. Em unidades de segurança mínima, os infratores podem ter telefones celulares. Portanto, seu terapeuta individual pode oferecer *coaching* telefônico como comumente ocorre na DBT. Assim, a estrutura do *coaching* telefônico da DBT padrão é indicada.

Uma terapeuta individual da DBT iniciou *coaching* telefônico com um infrator bem conhecido por ser exigente demais. A maioria o julgava "intrusivo" ou pior. Antes de iniciar o *coaching* telefônico, a terapeuta o orientou quanto aos parâmetros do *coaching* telefônico, ou seja, telefonar buscando treinamento antes de uma crise (os comportamentos-alvo deste infrator incluíam agressões e ameaças), que a ligação duraria não mais de 10 minutos, etc. No entanto, como era esperado, considerando que chamar a terapeuta por telefone era um novo contexto ou um "novo tanque", o infrator ligou com mais frequência do que a terapeuta desejava, ligando para conversar ou reclamar, e não para solicitar *coaching* telefônico. Assim como o golfinho, ele se esqueceu do que aprendeu no consultório da terapeuta. Durante a sessão presencial seguinte, a terapeuta e o infrator realizaram uma análise em cadeia exaustiva dos detalhes. O *feedback* específico e genuíno da terapeuta (p. ex., "Só me ligue para *coaching* telefônico" e "Eu não sou o seu telefone de emergência" e "Eu tenho uma vida" e "Não me ligue mais do que três vezes por semana") rapidamente moldou o comportamento do infrator e, para alívio da terapeuta, se generalizou para seu comportamento com ela no contexto parcial ou residencial (mas não se generalizou com outras pessoas).

Generalização das habilidades da DBT do grupo de habilidades para unidades parciais ou intensivas

Generalização das habilidades significa que o infrator usa as habilidades em outras situações, com outras pessoas e ao longo do tempo. Não importa quem se aproxime do infrator, mesmo que seja a Enfermeira Ratched ou Voldemort, o esperado é que ele seja habilidoso, embora, é claro, ninguém seja habilidoso o tempo todo. Existem limoeiros nas instituições forenses. Ser efetivo significa fazer a limonada.

Embora a rotatividade na equipe seja alta, a rotatividade entre os infratores é baixa. Enquanto o julgamento de inimputabilidade costuma ser indeterminado, como diz a equipe, "para toda a vida", a duração média de permanência para pacientes inimputáveis foi estimada entre 5 e 7 anos (McClelland, 2017). Isso significa que em geral existe um quadro de infratores, potencialmente habilitados na DBT, que podem orientar os recém-chegados para o contexto parcial ou intensivo da DBT. Em um contexto comunitário parcial ou intensivo funcionando com DBT, os infratores conhecem as vulnerabilidades uns dos outros e muitas vezes intervêm para prevenir comportamentos problemáticos e facilitar as habilidades da DBT.

Esta seção discute a estruturação do contexto parcial ou intensivo e o *coaching* de habilidades nesses contextos para promover a generalização das habilidades. A generalização das habilidades no contexto de emoções intensas é relevante para a mitigação do risco. Os infratores devem ter acesso à exposição a estímulos que induzem emoções. Embora os ambientes forenses sejam relativamente sem estímulos, não obstante acontecem estímulos emocionalmente evocativos. A origem desses estímulos inclui imposições administrativas aparentemente arbitrárias e o comportamento inábil intermitente dos pares, da equipe e de nós mesmos: comportamento que é maximizado no tanque. Ninguém é habilidoso o tempo todo; nossos erros são o momento perfeito para praticar. A generalização do grupo de habilidades para os contextos parciais e intensivos pode ser facilitada por:

1. Estruturação dos contextos parciais e intensivos para evocar habilidades associando as habilidades a situações comuns.
2. *Coaching* de habilidades da equipe da linha de frente.

Estruturando os contextos parciais e intensivos

Os contextos parciais e intensivos podem ser estruturados para evocar habilidades associando um comportamento com baixa frequência a um comportamento ou situação com alta frequência (o princípio de Premak), por exemplo, esperar em uma fila. As filas são onipresentes nas instituições forenses: para medicação, para a comida, para toalhas e assim por diante. O tédio enquanto se espera na fila é comum. No entanto, como observou um treinador da DBT, "Tédio é o oposto de *mindfulness*" (J. Waltz, comunicação pessoal, 2016). Um cartaz localizado atrás da fila estimulando a prática de *mindfulness* é a habilidade perfeita para praticar durante a espera na fila para a medicação. A tarefa de casa pode ser designada com a prescrição de *mindfulness* especificamente: na fila da medicação, por exemplo, sinta seus pés no chão, ouça a respiração da pessoa à sua frente, conte sua própria respiração.

Outra situação com alta frequência talvez tão potencialmente penosa quanto esperar em uma fila é a obrigação do infrator de pedir à equipe para ter acesso a quase tudo: o chuveiro, um frasco de xampu, o pátio. As solicitações do infrator podem ser feitas habilidosamente usando habilidades de efetividade interpessoal (DEAR MAN, GIVE, FAST) ou de forma menos habilidosa, ou seja, exigindo ou se recusando absolutamente a pedir porque "os outros deveriam saber" o que queremos. A equipe se tornou hábil em solicitar a "habilidade GIVE" do infrator exigente, moldando um DEAR MAN para o infrator retraído e definindo uma contingência com um infrator que sugere que ele não deveria ter que pedir o que quer.

Os contextos parciais ou intensivos podem ser ainda mais estruturados com a identificação de uma habilidade do dia ou da semana. A identificação da habilidade depende do que o contexto parcial ou residencial precisa em um momento particular. Por exemplo, se muitos estão experimentando emoções extremas, talvez relacionadas a um acontecimento extremo, uma habilidade para emoção extrema se impõe (ver Ficha de tolerância ao mal-estar 6: Habilidades TIP: alterando a fisiologia corporal; Linehan, 2015). A unidade pode ter uma competição de habilidades TIP; os critérios da disputa podem incluir frequência ou eficácia do uso de TIP e/ou *coaching* de TIP. Em um contexto, por exemplo, os membros da equipe, ao ficarem sabendo do uso de água gelada para diminuir a excitação emocional, colocam os próprios rostos em tigelas com água gelada enquanto os infratores colocam os rostos em suas respectivas tigelas de água gelada. Os prêmios da competição para os infratores e/ou a equipe incluem adesivos, cartas dos gerentes/administradores, tempo extra com algum membro da equipe e itens de lojas de brindes.

Fornecendo coaching *de habilidades*

A vantagem do *coaching* nos contextos parciais ou intensivos, ou, ainda, no momento em que a situação está acontecendo, ou seja, a equipe intervém com o infrator no instante exato em que ele está emocionalmente excitado. A equipe pode observar o comportamento problemático e intervir rapidamente com *coaching* de habilidades. O desafio para todos os que estão prestando *coaching* é descrever de forma rápida, acurada e comportamental a conduta do infrator em voz alta naquele momento. A excitação emocional de quem está oferecendo o *coaching* pode interferir nessa descrição. Humildade é fundamental, pois as pessoas que desenvolvem o *coaching* podem ter observado o infrator gritando palavrões, mas não viram o que motivou seus palavrões. Assim como os camundongos cegos, nós sabemos apenas uma parte do que aconteceu.

Embora outros formatos para *coaching* tenham sido sugeridos (ver Swenson, 2009), o seguinte é o mínimo:

1. Descreva os comportamentos problemáticos do infrator com a maior especificidade possível.
2. Valide.
3. Pergunte: "Que habilidade você pode usar?".
4. Se o infrator não estiver disposto ou não conseguir gerar uma habilidade específica, certifique-se de que você possa gerar uma habilidade específica e relevante no momento.
5. Se o infrator rejeitar a sua ajuda, mantenha-se educado e habilidoso e deixe a porta aberta para *coaching* futuro.

Estudo de caso de generalização de habilidades: Joey

Este caso ilustra a aplicação do treinamento de habilidades, *coaching* de habilidades e manejo de contingências para promover a generalização das habilidades com um paciente difícil de tratar: um homem agressivo com déficits cognitivos. O terapeuta individual da DBT associou o objetivo clínico da equipe (acabar com a agressão) à meta de Joey (ter um cachorro). Ciente dos déficits cognitivos de Joey, a equipe gradualmente testou e desenvolveu suas capacidades na comunidade.

À época da admissão, "Joey" era um rapaz de 23 anos. Devido à sua história de múltiplas e graves agressões em vários contextos (no hospital, na comunidade, na cadeia, na prisão e em residências coletivas) e diagnósticos de esquizofrenia paranoide e transtorno da personalidade antissocial (TPA), o tribunal distrital estipulou um veredito de inimputabilidade para várias acusações de agressão em segundo grau. O advogado distrital, concordando com a "leve possibilidade" de que um hospital pudesse ajudá-lo, concordou com esta sentença para proteger a comunidade de Joey. Os diagnósticos na admissão de Joey incluíam transtorno da personalidade devido a lesão cerebral traumática, dependência de cocaína ou maconha em remissão, QI limítrofe, transtorno da personalidade não especificado (TP-NE) com características antissociais e paranoides e a traumatismo cerebral.

O desenvolvimento de Joey era significativo para desregulação emocional biologicamente baseada e um ambiente invalidante, com início aos 10 anos quando ele foi atropelado por um carro enquanto caminhava de casa até a escola. Ele sofreu uma lesão cerebral com envolvimento do lobo frontal e temporal bilateral, envolvimento limitado do córtex motor e uma cicatriz desfigurante permanente na testa. Depois de um prolongado período de reabilitação, Joey voltou para a escola, mas seu manejo emocional, controle dos impulsos e funcionamento intelectual não retornaram à linha de base. Sua fala estava moderadamente prejudicada, contribuindo para conflitos interpessoais e crises de raiva. Um ano depois que Joey voltou para a escola, seu pai, antes saudável, ativo e amoroso, morreu de infarto do miocárdio. Sua mãe, também saudável e amorosa, ficou tão deprimida que não conseguia mais trabalhar. Joey e seus irmãos se envolveram com gangues de rua. Depois que a mãe desenvolveu câncer metastático, Joey tentou suicídio. Após a morte da mãe, ele e os irmãos foram colocados em casas de acolhimento. Ele foi transferido de uma casa de acolhimento para outra e passou por hospitais psiquiátricos e centros de tratamento residencial devido à sua agressividade.

A avaliação do risco de Joey para violência o identificou como de alto risco; a pontuação no PCL-R era moderadamente alta. O teste neuropsicológico indicou prejuízo cerebral significativo. Joey teve desempenho dentro da variação para dano cerebral em 100% do teste componente da Halstead-Reitan Neuropsychological Battery (HRNB). Os déficits incluíam atenção, solução de problemas, raciocínio, aprendizagem, memória, funcionamento sensorial e motor e processamento da informação.

Antes do tratamento em DBT, sua hospitalização foi marcada por ameaças violentas e/ou raciais e agressões físicas, incluindo morder duas mulheres integrantes da equipe. Joey e alguns membros da equipe previam que sua única maneira de sair do hospital era "em um caixão".

Na época em que chegou à unidade da DBT de segurança média, ele havia cometido mais de 20 agressões no hospital. Ao ingressar, os alvos do Estágio 1 na DBT de Joey incluíam:

1. Comportamentos de ameaça iminente à vida e fisicamente ameaçadores: tentativas de suicídio prévias; porte e uso de armas; ameaças verbais de danos corporais ("Eu vou quebrar a sua cara");

postura ofensiva; cuspir; insultar; xingar; calúnias raciais escalando para agressões (morder, bater, esbofetear).
2. Comportamentos destrutivos na unidade: dizer obscenidades em voz alta e em público direcionadas à equipe e aos pares ("mentiroso de m*... v* gordo espinhento", "idiota imbecil"); não encerrar uma discussão com os pares, mesmo com alertas; focar a raiva em uma pessoa; reiterar acusações raivosas; fazer falsas acusações sobre a equipe e os pares.
3. Comportamentos que interferiam no tratamento: fala obscena; xingamentos limitados a demonstrações menos públicas; intensas críticas repetidas das decisões terapêuticas sobre outros pacientes, incluindo acusações e exclamações sobre injustiça ("Todos os assassinos e estupradores são tratados melhor do que eu... As pessoas me tratam como um retardado... Não vou ficar puxando seu saco como esse bando de baba-o-vos"); respostas raivosas a elogios ou cumprimentos; zombar da equipe e dos pares no tratamento em grupo; faltar a consultas; dormir durante as sessões em grupo; falar em tom muito baixo.
4. Comportamentos que ameaçam a qualidade de vida: padrão de comunicação não recíproca (interromper, olhar para o chão em torno da sala, contar piadas ofensivamente, fazer brincadeiras rudes, contar longas histórias grandiosas "improváveis" sobre si mesmo); não seguir as recomendações médicas, como, por exemplo, não usar uma máquina de pressão positiva contínua nas vias aéreas (CPAP) para a apneia do sono; usar palavras não relacionadas à emoção, exceto "p* da vida"; história de extenso uso de substância.

Joey frequentava os grupos de treinamento de habilidades da DBT, mas parecia dormir durante os encontros. Ele dizia que era incapaz de fazer as tarefas de dever de casa do grupo. A equipe revisou o material que ele não havia aprendido em grupo e o ajudou a fazer a tarefa de casa. Embora tenha sido reprovado várias vezes nas provas escritas e orais de aquisição de habilidades da DBT, ele parecia absorver algum conteúdo das habilidades, usando distração, autoacalmar-se e fazendo ação oposta à raiva. Depois de dois anos, o controle do seu comportamento melhorou adequadamente de modo que pôde progredir para a unidade de DBT intermediária. Em vez de aprender os acrônimos das habilidades da DBT ou completar a tarefa de casa escrita do grupo da DBT, a equipe esperava que ele praticasse habilidades para receber privilégios não supervisionados em campo. A equipe definiu uma contingência: para deixar a unidade, Joey deveria realizar *role-plays* das habilidades especificamente visadas. Ele, por fim, recebeu os privilégios não supervisionados em campo, o que lhe possibilitou receber a incumbência na terapia de entregar os jornais em todo o hospital. Com o tempo, Joey gradualmente foi capaz de observar sua raiva e agir de forma oposta a ela pedindo para deixar o local. Sua observância das orientações da equipe de *coaching* de fazer uma pausa também aumentou. Seus privilégios permaneceram contingentes ao comportamento pacífico. Quando ele ameaçava outras pessoas, direta ou indiretamente (i.e., ameaçava matar ou "ferrar" com alguém que não estava presente) e quando chutava e empurrava durante brincadeiras rudes, os privilégios eram retirados. Seu comportamento se tornou suficientemente estável para que ele começasse um trabalho voluntário comunitário no zoológico e no abrigo de cães. O sonho de alugar uma casa e viver com um cachorro se fundiram.

Depois de cinco anos de progresso com hospitalização, Joey foi considerado elegível para progressão para a comunidade vivendo com o acompanhamento da equipe ambulatorial do hospital. Entretanto, os responsáveis pela decisão administrativa aprovaram a sua colocação somente em um contexto de grupo estruturado e altamente supervisionado. Esse contexto era inconsistente com a meta declarada de Joey: viver de forma independente com um cachorro. Ele foi liberado para uma instituição de moradia assistida em grupo. Seus prestadores de tratamento ambulatorial e a equipe da instituição de cuidados assistidos foram orientados para um plano inicial de manejo de contingências com o objetivo de abordar comportamentos que interferiam seriamente no tratamento ou eram fisicamente ameaçadores. Comportamentos problemáticos específicos (p. ex., Joey dizer: "Eu vou estragar tudo", palavrões piores do que "puta, foda-se") resultariam em um pernoite no hospital e a realização de análise em cadeia. Comportamentos mais graves resultariam em uma internação de 30 dias. Qualquer agressão real ou outro comportamento que ameaçasse a vida resultaria em um retorno à hospitalização por um período de tempo não especificado.

Quando Joey se engajava em comportamentos que interferiam no tratamento, os membros da equipe podiam: ignorar (ou seja, extinguir), observar os limites (p. ex., quando você me chama de "puta" eu tenho vontade de sair) ou encerrar o contato (contingência aversiva). Como ocorre com frequência em instituições forenses, o plano era fraco na implementação do reforçador positivo dos comportamentos adaptativos relevantes para o alvo. No caso de Joey, os elogios verbais não eram reforçadores. Felizmente, permanecer na comunidade era. Havia um único grande reforçador tardio: um ano sem um retorno a uma internação por problema comportamental com a resultante reconsideração de vida independente com a possibilidade associada de adotar um cachorro.

As circunstâncias na comunidade testaram o manejo da raiva de Joey. Embora ele usasse palavrões e chamasse os membros da equipe de "idiotas", a motivação para ter um cachorro venceu; ele não precisou retornar à condição de interno durante o primeiro ano de colocação na comunidade.

Embora os profissionais que anteriormente haviam realizado a avaliação neuropsicológica e psiquiátrica de Joey tivessem alertado que ele nunca poderia viver de forma independente, a equipe de tratamento o ajudou a estruturar o ambiente para promover seu objetivo de viver com um cachorro. Os déficits de atenção, concentração e solução de problemas no contexto da vida independente poderiam ter resultado em diversos desfechos negativos, tais como provocar um incêndio em casa ou deixar de tomar a medicação. Havia a preocupação de que o cachorro poderia ficar fora de controle, até mesmo agressivo. Por um lado, Joey precisava mudar. Ele se submeteu a um treinamento de segurança doméstica e foi equipado com um dispositivo de alerta 24 horas. Também economizou dinheiro para as aulas de adestramento do cachorro. Por outro lado, o ambiente precisava mudar. A equipe de cuidados de saúde a domicílio foi mobilizada para supervisionar sua segurança médica. O Medicaid pagou por dispensadores de medicação que o alertavam quanto aos horários da medicação e continuavam emitindo alertas se os medicamentos não fossem retirados do dispensador. A agência de saúde era notificada a cada vez que as medicações não eram tomadas. Com o apoio da equipe de tratamento, Joey alugou uma pequena casa a pouca distância do hospital e escolheu um cachorro no abrigo de animais. O cachorro, batizado como Max, recebeu adestramento de obediência. Joey atingiu seu objetivo de longo prazo: viver de forma independente com um cachorro — para Joey, uma vida que valia a pena ser vivida. Max acompanhava Joey a todos os lugares. Joey vive em segurança na comunidade há mais de uma década.

DILEMAS FORENSES

Antes de se juntarem a uma equipe de consultoria em DBT, os membros da equipe consentem em "manter as combinações da equipe, especialmente se manter solidário, atento e dialético". Como você se mantém dialético em contextos não dialéticos? Como você se mantém solidário trabalhando no sistema de justiça criminal — um sistema que é, na melhor das hipóteses, invalidante e, na pior, desumanizante? A equipe de consultoria da DBT é um pomar: vulnerável, florescendo somente quando cultivado com cuidado e precisão. A equipe de consultoria da DBT é a flor mais importante no buquê da DBT. Como disse um treinador da DBT: "Um programa da DBT é tão bom quanto a equipe de consultoria da DBT" (A. Chapman, comunicação pessoal, 2017).

Esta seção discute os dilemas dialéticos forenses e humildemente sugere soluções. Antes de compartilhar nossas sugestões, definimos brevemente dialética e discutimos as características do contexto da justiça criminal que orientam a dinâmica da equipe de consultoria da DBT forense e/ou correcional. Dialética significa:

1. Os comportamentos são específicos para o contexto. Por exemplo, Jessica costumava ser habilidosa, exceto no contexto de emoções extremas.
2. A identidade é transacional. Você não pode ser um criminoso sem que um sistema o julgue como tal.
3. Quando ocorre polarização, reconhecemos verdade em ambas as posições e buscamos a síntese, e não um meio-termo. A dialética não é uma mistura cinzenta, mas preto e branco como um padrão de bolinhas pretas e brancas.

Quando travados, quando em conflito com os infratores e os membros da equipe, realizamos uma avaliação dialética, o que significa procurar o que está faltando e o que está sendo deixado de fora. A história dos sete camundongos cegos e alguma coisa estranha ilustra a avaliação dialética (Young, 1992). Em suma, cada camundongo percebia parte da verdade, mas somente o camundongo dialético percebia a verdade como um todo.

Como seis dos sete camundongos cegos, os clínicos e a equipe podem estar excessivamente confiantes na sua percepção de alguma coisa estranha. Isso com certeza pode ser exacerbado em um contexto residencial forense. Os membros da equipe forense e correcional têm mais probabilidade que os membros da equipe da DBT padrão de acompanhar o mesmo infrator ao longo do tempo, vivenciando dias, meses e até mesmo anos com o mesmo infrator. O infrator pode se comportar diferentemente com a equipe residencial forense quando comparado com um terapeuta individual ou de grupo da DBT. Como dizem os behavioristas, "O comportamento é específico para a situação". Quando a equipe de DBT se torna polarizada, com alguns membros talvez declarando "Ele está usando habilidades" em contraste com outros que insistem "Acorde, ele é um psicopata", a equipe de DBT funcional avança para uma avaliação dialética. Um membro da equipe de DBT, ou seja, o rato dialético, procura o que está faltando na compreensão da equipe. Uma resposta dialética é a sinergia destas perspectivas.

O contexto legal e psiquiátrico pode reforçar os membros da equipe forense a se desviarem da dialética. O sistema de justiça criminal é percebido não como dialético, mas como universal: só há uma verdade. As pessoas são julgadas culpadas ou não culpadas, sãs ou insanas. Entretanto, em contraste com essa percepção, nossa experiência com os tribunais no Colorado é que eles são dialéticos; eles procuram a verdade em múltiplas posições. A psiquiatria também é percebida não como dialética, mas como universal: você é delirante, você não é delirante, você precisa de medicação, ou não precisa. Em nossa experiência, a psiquiatria é mais dialética do que alguns podem perceber.

Tratamento compulsório com infratores com internação judicial

Diversos modelos foram propostos para o trabalho terapêutico de infratores com tratamento compulsório. Várias décadas atrás, Monahan recomendou que os clínicos forenses se perguntassem: "Quem é o paciente?". Ele recomendou que o paciente deveria ser o infrator, a menos que o infrator represente um risco para a sociedade. Este modelo bidimensional sugere que a resposta a "Quem é o paciente?" depende do risco dinâmico do infrator. Se aumentar o risco dinâmico do infrator, as prioridades mudarão; a prioridade é a segurança da comunidade. Considerando que a confiabilidade interavaliadores entre a avaliação de risco do terapeuta individual e a dos outros membros da equipe pode não ser alta, pode se desenvolver uma situação em que a prioridade do terapeuta seja o infrator, ao passo que a prioridade da equipe seja a segurança da comunidade ou mesmo da instituição. Diferentes experiências e treinamentos entre os terapeutas e a equipe da unidade podem exacerbar essa discordância.

Um modelo tridimensional mais recente sugere que os clínicos podem se "identificar" com uma de três narrativas: do infrator, da vítima ou do tribunal. Seus autores (Chudzik & Aschieri, 2014) sugerem que embora os clínicos possam ser mais atraídos para uma narrativa do que para outra, todos os clínicos involuntariamente assumem todas as posições, algumas vezes trocando as posições com o mesmo infrator. Quando os clínicos se identificam com os infratores, eles podem minimizar o risco do infrator e acreditar que eles são os únicos que podem entender e tratar o infrator. Por outro lado, quando os clínicos se identificam com a vítima, eles podem deixar de ver o infrator como uma pessoa, mas como um inimigo ou mesmo como uma encarnação do mal puro (Baumeister, 1996). Por sua vez, quando se identificam com o tribunal e/ou o sistema de justiça criminal, os clínicos se tornam extensões do sistema. Eles podem perceber a si mesmos como árbitros do direito social, como judiciosos ou reparadores. Eles podem confundir controle com terapia. Imagine uma equipe forense com 10 membros ou mais. A probabilidade de que os membros da equipe assumam diferentes posições em diferentes momentos é alta e, por conseguinte, a probabilidade de conflito é alta. Aplicamos o modelo tridimensional à DBT acrescentando a observação desses dilemas à tarefa do observador na equipe de consultoria.

Tratando a polarização na equipe

Quando o infrator é a primeira prioridade, a equipe pode falhar em avaliar suficientemente e tratar os fatores de risco criminogênico do infrator, ilusoriamente argumentando que porque este infrator não se engajou em comportamento violento na instituição, não há razão para se preocupar com esses fatores de risco. O terapeuta individual pode focar exclusivamente no trauma, vendo o infrator também como uma vítima, talvez a forma de o terapeuta lidar com o delito do infrator (Ross, Polaschek, & Ward, 2008). O terapeuta individual pode se ver como o único que pode entender e tratar efetivamente este infrator em particular. O infrator pode, da mesma forma, ver seu terapeuta como a única pessoa que o entende, a única pessoa que importa; o infrator pode ignorar, até mesmo depreciar outros membros da equipe, em especial a equipe de linha de frente — por exemplo: "Eu não tenho que ouvir você, vou esperar o meu terapeuta individual". O terapeuta e o infrator podem se unir contra outros membros da equipe, da instituição e do sistema judiciário; eles esqueceram seu contexto forense. Esse esquecimento é uma falha dialética.

Como você trata a polarização entre o infrator e a instituição? Os alvos do tratamento para o infrator e talvez para o terapeuta e a equipe incluem consciência do contexto legal, aceitação radical e autovalidação. O infrator, depois de fazer os reparos na equipe, precisa reduzir a noção que tem de que ele é o centro do mundo e aumentar sua consciência dos outros, particularmente outras pessoas na equipe além do terapeuta individual, de outras equipes além da equipe da unidade (administradores) e outras pessoas além dos profissionais de saúde mental (membros da justiça criminal e a comunidade em geral). O infrator e o terapeuta podem intensificar o pensamento dialético; o pensamento de que eles são "dois contra o mundo" é seu inimigo mortal.

Quando o pêndulo oscila na direção oposta, ou seja, a instituição é a única prioridade, o que os infratores fazem? O infrator e o terapeuta podem aumentar a aceitação radical da posição do infrator, talvez uma das posições de poder mais inferiores nos Estados Unidos.

Quando controle é a única coisa que importa, o terapeuta e/ou outros membros da equipe confundem terapia com controle. Os princípios do risco são esquecidos. Os objetivos predeterminados para redução de risco podem funcionar para despersonalizar os infratores. A responsividade aos princípios é esquecida. Os infratores podem ser obrigados a participar de grupos, seguindo-os à risca sem considerar suas necessidades de tratamento ou desejos pessoais. Os infratores podem continuar a repetir o mesmo programa ano após ano, compensando a inadequada alocação de pessoal ou respondendo às demandas administrativas de agências de acreditação quanto às horas de tratamento. Em resposta, os infratores podem se retrair ou então dizem todas as "coisas certas" para apaziguar todos. Este afastamento desperta suspeitas da equipe. A equipe se transforma em uma arma do sistema de justiça criminal.

Quando controle é o único fator que importa, o alvo do tratamento para o infrator é a aceitação radical, entrando ou permanecendo sob o radar, e conscientemente esperando por outro dia. O provérbio japonês "O prego que está para fora é martelado" é relevante para o contexto forense. Seja o prego que se alinha com a madeira. Não seja martelado. Quando a vergonha for justificada, acalme-se e se esconda. Espere que o controle dos outros passe para outro agressor, outra unidade, outro contexto.

Tarefas do observador da equipe de consultoria

Existem pelo menos duas diferenças significativas entre a equipe de consultoria na DBT padrão e a equipe de consultoria na DBT forense. Primeiramente, na DBT ambulatorial padrão, a equipe de consultoria funciona para voltar a reunir o terapeuta e o paciente. Em contraste, na equipe de consultoria na DBT forense, a equipe pode insistir no fato de que o infrator precisa mudar e o terapeuta individual pode insistir no fato de que o infrator está fazendo o melhor que pode. Na equipe de consultoria na DBT forense, a equipe funciona para trazer o terapeuta e o infrator de volta para a equipe de tratamento. Por que a diferença? Na DBT ambulatorial padrão, outros membros da equipe de consultoria podem ter pouco ou nenhum contato com o paciente discutido na equipe de consultoria. No contexto residencial forense, os membros da equipe podem ter mais contato pessoal com o infrator do que o terapeuta individual.

A segunda diferença entre a equipe de consultoria na DBT padrão e no ambiente forense é o contexto de justiça criminal. Não é incomum que as interações entre os membros da equipe simulem os papéis do promotor, do réu e do advogado de defesa. A solução para este padrão que interfere na equipe de consultoria é o *mindfulness*. Assim, o observador tem uma tarefa adicional: dar o sinal de alerta quando os membros da equipe assumirem o papel de promotor, ou réu, ou advogado de defesa. Se as emoções forem intensas, pode ser efetivo sugerir uma prática de respiração antes de descrever o comportamento. Como observou um membro da equipe: "Algumas vezes parece que há muitos sinos tocando aqui dentro".

CONCLUSÃO

Alguns modos da DBT, por exemplo, o treinamento de habilidades, podem se desenvolver como dentes-de-leão em contextos forenses, enquanto outros modos, particularmente a DBT individual e a equipe de consultoria da DBT, precisam ser tratados com cuidado. O contexto de justiça criminal é semelhante ao solo ácido. Validação e *mindfulness* dos dilemas dialéticos forenses são o adubo e as cinzas que ajudam a melhorar a acidez. Por um lado, implementar e manter um programa em DBT abrangente em um hospital forense pode estar além das habilidades do jardineiro mais talentoso. Neste caso, como aconselhou uma sábia mulher: "Ame os dentes-de-leão" (Linehan, 2015). Por outro lado, um programa em DBT abrangente, assim como o pomar, é potencialmente imortal; ele se divide e se multiplica, criando novos brotos, bulbos e flores.

REFERÊNCIAS

Andrew, D. A., & Bonta, J. (1998). *The psychology of criminal conduct*. Cincinnati, OH: Anderson.

Ball, E. (2010). Unpublished data, Colorado Mental Health Institute at Pueblo, Pueblo, Colorado.

Baumeister, R. F. (1996). *Evil: Inside human cruelty and violence*. New York: Freeman.

Chudzik, L., & Aschieri, F. (2013). Clinical relationships with forensic clients: A three-dimensional model. *Aggression and Violent Behavior, 18*, 722–731.

Creek, B. (2014). Unpublished data, Colorado Mental Health Institute at Pueblo, Pueblo, Colorado.

Crowell, S. E., Beauchain, T. P., & Linehan, M. M. (2009). A biosocial developmental model of BPD: Elaborating and extending Linehan's theory. *Psychological Bulletin, 135*, 496–510.

Fuller, E. F., Dailey, L., Lamb, H. R., Sinclair, E., & Snook, J. (2017). *Treat or repeat: A state survey of serious mental illness, major crimes and community treatment*. Alexandria, VA: Treatment Advocacy Center, Office of Research and Public Affairs. Retrieved from www.treatmentadvocacycenter.org/storage/documents/treat-or-repeat.pdf.

Ivanoff, A., & Chapman, A. (2018). Forensic issues in borderline personality disorder. In A. New & B. Stanley (Eds.), *Primer on borderline personality disorder* (pp. 403–419). New York: Oxford University Press.

Layden, B. K., Turner, B. J., & Chapman, A. L. (2017). *Comprehensive review of dialectical behavior therapy in forensic settings: Current practices and future directions*. Unpublished manuscript. Vancouver, Canada.

Linehan, M. M. (2015). *DBT skills training manual* (2nd ed.). New York: Guilford Press.

McCann, R. A., Ivanoff, A., Schmidt, H., & Beach, B. (2007). Implementing DBT in residential forensic settings with adults and juveniles. In L. A. Dimeff & K. Koerner (Eds.), *Dialectical behavior therapy in clinical practice* (pp. 112–144). New York: Guilford Press.

McClelland, M. (2017, October 1). "They'll be here till they die." *The New York Times Magazine*, pp. 36–41, 87–88.

Paris, J. (2005). The development of impulsivity and suicidality borderline personality disorder. *Development and Psychopathology, 17*, 1091–1104.

Pryor, K. (1984). *Don't shoot the dog*. New York: Simon & Schuster.

Rizvi, S. L., & Ritschel, L. A. (2014). Mastering the art of chain analysis. *Cognitive and Behavioral Practice, 21*, 335–349.

Ross, E. C., Polaschek, D. L., & Ward, T. (2008). The therapeutic alliance: A theoretical revision for offender rehabilitation. *Aggression and Violent Behavior, 13*, 462–480.

Schmidt, H., & Ivanoff, A. (2015). Behavior management plans. In R. Trestman, K. Appelbaum, & J. Metzner (Eds.), *Oxford textbook of correctional psychiatry* (pp. 286–290). Oxford, UK: Oxford University Press.

Swenson, C. R. (2009, May 4–5). *DBT therapy on the frontlines: Training for clinical supervisors, program managers and direct care staff*. Atlanta, GA: Behavioral Tech.

Swenson, C. R., Witterholt, S., & Bohus, M. (2007). Dialectical behavior therapy on inpatient units. In L. A. Dimeff & K. Koerner (Eds.), *Dialectical behavior therapy in clinical practice* (pp. 69–111). New York: Guilford Press.

Van den Bosch, L. M., Koeter, M. W., Stijnen, T., Verheul, R., & Van den Brink, W. (2005). Sustained efficacy of DBT for borderline personality disorder. *Behavioral Research and Therapy, 43*, 1231–1241.

Young, E. (1992). *Seven blind mice*. New York: Scholastic.

PARTE III

Aplicações nas populações

10

DBT — aceitando os desafios do emprego e da autossuficiência

Katherine Anne Comtois, Lynn Elwood, Jenna Melman e Adam Carmel

O objetivo deste capítulo é fornecer informações sobre o desenvolvimento da terapia comportamental dialética — Aceitando os Desafios do Emprego e da Autossuficiência (DBT–ACES, do inglês *dialectical behavior therapy – Accepting the Challenges of Employment and Self-Sufficiency*), um programa com duração de um ano planejado para ajudar pacientes que receberam alta da DBT padrão a deixarem para trás a incapacidade psiquiátrica encontrando e mantendo um emprego e se tornando autossuficientes. Este capítulo traz uma visão geral da história da DBT–ACES, antes de descrever o programa relacionado, incluindo uma breve apresentação dos modos, módulos de habilidades e manejo de contingências específicos e estratégias baseadas em exposição em DBT–ACES que funcionam para iniciar e manter o emprego e comportamentos de autossuficiência. Um estudo de caso é apresentado para ilustrar esses conceitos.

A HISTÓRIA DA DBT–ACES

A DBT–ACES (Comtois, Carmel, & Linehan, 2020a) foi desenvolvida no Harborview Mental Health Services (HMHS) em Seattle, Washington, para ajudar pacientes psiquiatricamente incapacitados com transtorno da personalidade *borderline* (TPB) a vencer as dificuldades sistêmicas associadas à manutenção do emprego com um salário digno e à autossuficiência. O HMHS foi o primeiro local a implementar a DBT padrão sem ser a clínica de pesquisa de Linehan e vem conduzindo um programa em DBT padrão para indivíduos psiquiatricamente incapacitados com TPB severo e crônico desde 1988. A avaliação do programa demonstrou resultados comparáveis aos das pesquisas realizadas com ensaios clínicos randomizados (Comtois, Elwood, Holdcraft, Simpson, & Smith, 2007). No entanto, também descobrimos que, por mais sucesso que tivéssemos na redução do comportamento suicida e das visitas associadas ao pronto-socorro e internações psiquiátricas, os pacientes que chegavam a nós profundamente inseridos nos serviços públicos retornavam ao tratamento conforme usual (TAU, do inglês *treatment-as-usual*) em centros públicos de saúde mental depois do ano de DBT padrão, onde o progresso parecia ser interrompido ou mesmo revertido. Os serviços públicos de saúde mental de longo prazo pareciam ser a expectativa dos gerentes de caso e psiquiatras que assumiam o atendimento dos pacientes em

DBT padrão. No estado de Washington, assim como em muitos estados dentro dos Estados Unidos, o tratamento no sistema público de saúde mental custeado por planos de saúde públicos é contingente à incapacidade psiquiátrica em curso. Decidimos como equipe que manter-se estável depois de um ano em DBT padrão não seria suficiente para ajudar os pacientes a atingirem suas metas que os levariam a desenvolver uma vida que valha a pena ser vivida. Ao mesmo tempo, parecia desolador ver um ano de trabalho incrivelmente árduo por parte dos pacientes e da equipe ser insuficiente para uma mudança sustentável ou uma vida que valesse a pena viver. Devido a isso, tentamos acrescentar um segundo ano de DBT padrão e obtivemos os mesmos resultados. Uma abordagem diferente se fazia necessária.

O desafio que os pacientes enfrentavam ao retornar para o TAU é que o tratamento no sistema público de saúde mental tende a focar na estabilidade geral (via manejo da medicação, gerenciamento de caso, terapia de grupo relacionada aos sintomas), em vez de promover uma vida que valha a pena ser vivida. Muitos profissionais da saúde e de serviço social mantêm os pacientes conectados a clínicas de saúde mental ou outro tipo de assistência pública oferecendo oportunidades para moradia, voluntariado, emprego e eventos sociais que estão associados a ser "um paciente". Além disso, a meta importante de muitos terapeutas é assegurar que os benefícios do seguro com financiamento público do paciente e/ou os benefícios por incapacidade não estejam em risco — em parte porque uma perda dos benefícios significa uma perda do próprio tratamento ou serviço que eles fornecem. Embora esta abordagem possa ser útil para garantir estabilidade, muitos pacientes continuam a viver uma vida de pobreza e inatividade, levando a depressão, ansiedade, vergonha e sofrimento em desespero silencioso (Killeen & O'Day, 2004; Underlid, 2005).

Muitos dos nossos pacientes nunca tiveram um emprego. Eles em geral vinham de famílias que eram dependentes da rede de seguridade social devido à pobreza, à adição e a problemas de saúde mental. A crença dos nossos pacientes em si mesmos e em suas capacidades era limitada, e estas crenças haviam sido involuntariamente perpetuadas e reforçadas pelo sistema de saúde mental e o serviço social (Carmel, Torres, Chalker, & Comtois, 2018). Por exemplo, muitas vezes encorajávamos os pacientes a trabalharem mais horas ou a obterem empregos com melhor salário, mas eles relutavam porque isso ameaçaria os benefícios que recebiam por incapacidade e porque seu *coach* de carreira/gerente de caso o desencorajava. A mensagem que esses pacientes recebiam explícita ou implicitamente era de que não eram capazes de ser bem-sucedidos em um emprego com salário competitivo e que tentar isso seria muito arriscado e provavelmente ameaçaria sua estabilidade financeira e moradia. Assim, os pacientes eram encorajados a "não arriscar". Os pacientes muitas vezes falavam sobre querer uma "vida normal": ter um parceiro amoroso, poder viajar, ter um carro ou um animal de estimação. O que os pacientes identificavam como uma vida que vale a pena parecia tão realista e atingível, mas as contingências do sistema puniam este tipo de recuperação e autossuficiência. Como equipe, víamos a capacidade das pessoas com quem trabalhávamos; assim sendo, consideramos este padrão desolador e intolerável. Percebemos que a menos que os ajudássemos a encontrar uma saída deste ciclo, o sofrimento, a vergonha e o desespero silencioso provavelmente continuariam e eles permaneceriam sendo "pacientes psiquiátricos" aos próprios olhos e aos olhos da família e dos amigos. Eles acabariam perdendo as gratificações sociais e financeiras de um emprego, a redução dos sintomas associada a uma vida comportamentalmente ativada e estruturada e a possibilidade de fazer as próprias escolhas em vez de ter que justificar onde vivem, como passam o tempo e o que fazem com seu dinheiro para aqueles que detêm o poder. Para obter essa liberdade, reconhecemos a necessidade de um novo tratamento que fornecesse fortes contingências e reforço positivo praticamente contínuo para o trabalho e para o comportamento autossuficiente, além de exposição efetiva ao medo, à frustração e à vergonha que surgem diante da busca de emprego, matrícula em uma escola ou faculdade, controle do orçamento, administração do tempo e outras atividades necessárias para obter trabalho e alcançar a independência financeira.

Pesquisas em DBT padrão demonstraram melhoras na adaptação social que incluem emprego, mas sem diferenças na questão do emprego especificamente (Bateman, 2012; McMain, Guimond, Streiner, Cardish, & Links, 2012). Consideramos outras práticas baseadas em evidências para transtornos mentais severos e persistentes, como Emprego Apoiado (Blum et al., 2008; Cook et al., 2005; Drake et al., 1999; Markowitz, Bleiberg, Pessin, & Skodol, 2007) e Tratamento Assertivo na Comunidade (Drake & Deegan, 2008; Gold, Meisler, Duross, & Bailey, 2004; Gold et al., 2006; Horvitz-Lennon, Reynolds, Wolbert, & Witheridge, 2009) que demonstraram melhoras na variável emprego. Entretanto, essas intervenções não foram avaliadas para TPB e especialistas clínicos na área não encorajaram o uso delas para TPB (Swenson, Torrey, & Koerner, 2002; Weisbrod, 1983). Não encontramos tratamento para TPB ou transtornos psicológicos severos e persistentes que tenha avaliado o encerramento exitoso de pensão por invalidez ou a saída do sistema de saúde mental público como desfechos do tratamento.

Consideramos cuidadosamente os muitos fatores que mantêm os pacientes no sistema de saúde mental público, incluindo receber incentivos financeiros, encontrar a maior parte do apoio social ali, ouvir mensagens negativas sobre os limites das suas capacidades e potencial, e permitir que outros que temem que o paciente fracasse influenciem decisões importantes para ele. Levando em conta que há tantos desincentivos sistêmicos, descobrimos que tínhamos que desenvolver contingências na forma de prazos, ambições e reforço sistemático do comportamento adaptativo para incentivar os pacientes a retornarem ao trabalho. Essas contingências incluíam uma exigência de atividade normativa-produtiva, o desenvolvimento de uma visão e plano de carreira, além de requerer emprego competitivo e tributável, em uma data fixada, no mercado de trabalho aberto. Como uma parte focal do tratamento, exigíamos que os pacientes cruzassem a linha entre o desejo de trabalhar e estar realmente empregados. Nossa justificativa é que muitos dos nossos pacientes nunca trabalharam ou então tiveram experiências negativas no ambiente de trabalho que tornam seu retorno assustador ou humilhante. Queríamos que eles ingressassem ou retornassem a esses ambientes durante o tratamento conosco para que tivessem apoio, *coaching*, validação e encorajamento quando inevitavelmente tropeçassem para que seus temores em relação a trabalhar não se realizassem. O objetivo do ano no programa da DBT–ACES é que os pacientes se tornem competentes em habilidades suficientes, sejam expostos aos estímulos temidos e criem fortes contingências ambientais. Desse modo, os pacientes atingem um dinamismo suficiente para continuar a atingir suas metas sociais de emprego e de independência depois que o tratamento terminar.

Em consulta com Linehan e outros especialistas em DBT, começamos a desenvolver um nível avançado de DBT altamente estruturado e baseado em contingências focado em uma vida que valha a pena ser vivida fora do sistema público de saúde mental. Trabalhando em uma agência pública de saúde mental custeada principalmente pela seguridade social, fomos forçados a abordar os desafios que nossos pacientes enfrentam para viver fora do sistema do serviço social atrelado à incapacidade psiquiátrica. Para reduzir a dependência dos nossos pacientes dos serviços sociais e aumentar o emprego com um salário digno, concentramos as habilidades da DBT–ACES no aumento da autossuficiência, na definição de metas — e comportamentos direcionados a estas, na solução de problemas, na antecipação dos fatores que interferem na solução de problemas, no reforço a si mesmo e aos outros, bem como na dialética. Embora haja diversas habilidades da DBT-ACES para abordar os desafios antes descritos, o programa DBT-ACES é em grande medida um tratamento orientado para os princípios. Um princípio importante é que os pacientes não são "pacientes de saúde mental"; eles são pessoas focadas em progredir e resolver problemas em face do medo e da vergonha, cada um com as próprias ambições, objetivos e desafios. A DBT-ACES ajuda os pacientes a manterem a dialética de que, por um lado, eles podem ter uma história de problemas de saúde mental sérios que podem aparecer em muitos domínios da sua vida e, por outro lado, que as frustrações que os pacientes vivenciam no dia a dia quando avançam em direção ao emprego e à autossuficiência são em grande parte compreensíveis, vivenciadas pela maioria das pessoas e administráveis com o desenvolvimento de habilidades e resiliência. A DBT-ACES busca uma síntese da validação e superação das barreiras da desregulação emocional e doença mental, ao mesmo tempo que ajuda os pacientes a perceberem o quanto têm em comum com outras pessoas desempregadas que não tiveram problemas de saúde mental e emocionais sérios. Assim, essa síntese ocorre não para ignorar os problemas emocionais nem para evitar o trabalho; ao contrário, é para desafiar o paciente a aceitar as dificuldades da vida, aceitar ajuda e apoio e seguir dando o próximo passo.

Recentemente ampliamos o alcance da DBT-ACES para incluir pacientes que não se encontram em programas estaduais e federais de incapacidade psiquiátrica, mas são mantidos financeiramente pela família, amigos ou outras organizações como os programas de empregadores que apoiam pessoas com incapacidades, igrejas ou instituições sem fins lucrativos. Descobrimos que esses problemas e necessidades são muito semelhantes para esses indivíduos e não exigem mudanças substanciais na DBT-ACES.

VISÃO GERAL: O PROBLEMA DA INCAPACIDADE PSIQUIÁTRICA

A incapacidade psiquiátrica tem várias formas. Nos Estados Unidos, os governos estaduais e federal mantêm designações de incapacitação que indicam uma incapacidade de trabalhar o suficiente para se sustentar, e a maioria inclui transtornos mentais e psiquiátricos como as causas dessa incapacidade. Os empregadores muitas vezes têm uma designação de incapacidade — embora geralmente de curto prazo — semelhante. Por último, existem versões não oficiais de incapacidade em que a família, parceiros, amigos, organizações religiosas ou outras mantêm financeiramente indivíduos cujos problemas psiquiátricos interferem na sua capacidade de trabalhar. Em todos os casos, o indivíduo está em uma posição de dependência, incapaz de fazer escolhas sem justificar e obter a permissão daqueles que os financiam — e isso é mais frequente do que não viver na pobreza ou abaixo da posição socioeconômica da família e dos amigos. Na DBT-ACES, todas essas situações constituem dependência e são consideradas uma incapacidade psiquiátrica se forem primariamente resultantes de problemas mentais ou emocionais.

Indivíduos psiquiatricamente incapacitados em geral estão engajados em serviços de saúde mental com a esperança de melhorar sua incapacidade. Os tratamentos estão disponíveis e variam desde farmacoterapia até psicoterapia individual de longa duração, tratamento-dia, *clubhouse* ou outros serviços mais intensivos. Se não sustentados pelo patrimônio familiar ou apoio generoso do empregador, os indivíduos psiquiatricamente incapacitados estão em geral incluídos em uma gama de serviços sociais além da saúde mental. Isso inclui pensão por invalidez, programas de seguros com financiamento público, habitação popular, vale-alimentação, subsídio para creche e assim por diante. À medida que os indivíduos melhoram e evoluem para o emprego, a participação deles nesses programas de rede de seguridade social é ameaçada. Da mesma forma, as famílias e os empregadores costumam retirar o apoio financeiro quando o indivíduo incapacitado apresenta melhora. Para a maioria dos indivíduos, evoluir para o emprego com a meta de sair da incapacidade muitas vezes se assemelha a dar um salto sem rede de proteção. Uma paciente em DBT-ACES vinha recebendo benefícios federais por incapacidade psiquiátrica há mais de 20 anos quando resolveu correr o risco de voltar a trabalhar. Ela descobriu que os benefícios em dinheiro e alimentação que recebia foram imediatamente reduzidos — antes que seu fluxo de caixa pelo trabalho tivesse se estabilizado. Então tomou a decisão desafiadora de continuar na direção da sua ambição e das metas pelas quais a vida vale a pena, mesmo diante das contingências adversas.

A jornada para um emprego com salário digno significa passar por uma perda dos benefícios em direção à meta em que o rendimento ganho é maior do que a combinação dos benefícios recebidos por incapacidade. Assim, a DBT-ACES é diferente de muitos outros programas de apoio ao emprego que encorajam os pacientes a ganhar apenas dinheiro suficiente que não os coloque em risco de perderem seus benefícios. O objetivo da DBT-ACES é encontrar uma síntese dialética focando na autossuficiência e no emprego como os passos principais no caminho da recuperação e do funcionamento normativo, ao mesmo tempo compensando a perda dos recursos decorrente dessa mudança.

Funcionamento normativo é definido como agir como se você não tivesse doença mental ou problemas emocionais quando está perto de outros que estão agindo da mesma forma. Isso se aplica ao trabalho, ao estudo, aos contatos sociais e à vida na comunidade (p. ex., relacionar-se com um banco, profissionais da área da saúde, agentes de seguro, funcionários do governo, pagar as contas). A questão principal é que o contexto só é "normativo" se ele não for definido pelos problemas emocionais ou doença psiquiátrica dos seus membros (p. ex., não um centro comunitário de saúde mental, emprego protegido, *clubhouse*). Ao longo do tempo, descobrimos que indivíduos com TPB são muito sensíveis às expectativas daqueles à sua volta e têm mais sucesso em ambientes onde o foco está afastado dos seus problemas emocionais e psiquiátricos. Muitos dos nossos pacientes acharam mais fácil não expor seus problemas emocionais aos membros dos novos contextos e comunidades. Quando a comunidade só espera comportamento normativo, isso parece ajudar as habilidades dos pacientes da DBT-ACES de produzi-lo.[1]

Metas da recuperação na DBT-ACES: o que é recuperação da incapacidade?

A DBT-ACES é oferecida depois que o paciente conclui a DBT padrão e quando emprego e recuperação da incapacidade psiquiátrica são as metas do paciente. Alguns programas da DBT padrão têm uma duração fixa (p. ex., seis meses ou um ano) e os pacientes podem entrar em DBT-ACES depois de terem concluído esse programa (ver Figura 10.1). Para pacientes

---

[1] É importante que os clínicos na DBT-ACES estejam cientes das implicações da decisão de não expor as incapacidades, para que possam orientar efetivamente seus pacientes. Por exemplo, de acordo com a lei federal americana, se as limitações não forem declaradas no momento da contratação, o empregador não é obrigado a cumprir o Americans with Disabilities Act (ADA) e outras acomodações por incapacidade se for solicitado posteriormente. Outras regulações e políticas do empregador, municipais, estaduais ou federais também podem se aplicar às decisões relacionadas à incapacidade do seu paciente. Os clínicos e os pacientes da DBT-ACES exploram as tensões dialéticas em tais decisões para ajudar o paciente a fazer uma escolha com a mente sábia.

```
Considerando              Interessado          Contingências           Iniciar DBT-ACES
assistência               na DBT-ACES          pré-tratamento          depois da DBT
posterior na DBT                                na DBT-ACES            padrão (1 ano)
padrão (1 ano)                                   atendidas

                                              Contingências           Terminar DBT
                                              pré-tratamento          padrão, depois
                                               na DBT-ACES            recandidatar-se
                                               não atendidas          quando os
                                                                      critérios forem
                                                                      atendidos

                          Não interessado                              Terminar DBT
                          na DBT-ACES                                  padrão, depois ser
                                                                       encaminhado para
                                                                       fora da clínica
```

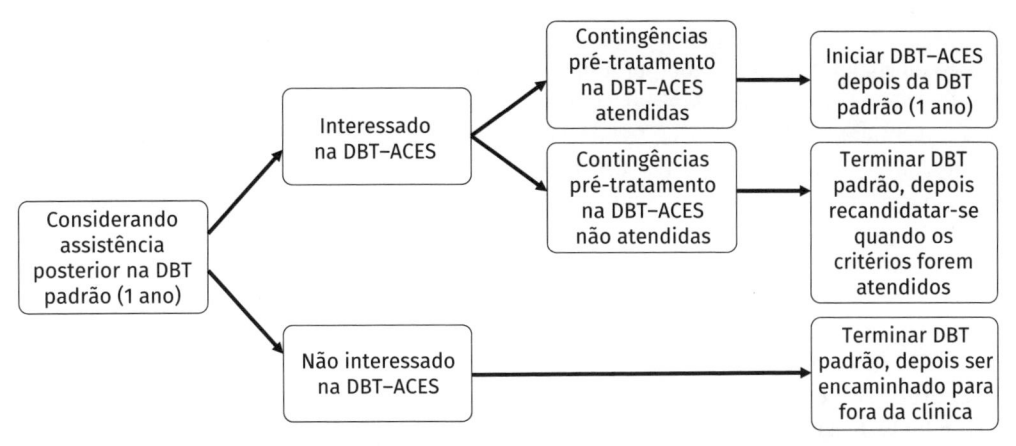

FIGURA 10.1 Processo de admissão à DBT–ACES após a DBT padrão. A admissão à DBT–ACES é contingente a (1) realizar uma inscrição; (2) passar por avaliações de desempenho pelo indivíduo e os terapeutas de grupo; (3) criar um currículo pronto para uso; (4) passar em um teste de habilidades da DBT; (5) engajar-se em 20 horas ou mais por semana de atividade normativa e produtiva (i.e., atividades programadas fora de casa, nas quais o paciente age como se não tivesse problemas emocionais perto de outras pessoas que agem da mesma forma); e (6) no mínimo dois meses sem comportamento que ameace a vida ou interfira significativamente na terapia.

da DBT padrão sem um ponto final determinado, a elegibilidade para serem transferidos para DBT–ACES depende da qualidade da vida que está sendo o alvo primário do tratamento. O que difere quando um paciente recebe alta na DBT padrão e inicia um programa na DBT–ACES é que as Metas da Recuperação são a prioridade entre os comportamentos que interferem na qualidade de vida.

Se outros comportamentos significativos que interferem na qualidade de vida estiverem ocorrendo, o tratamento do paciente será adiado, a menos que eles sejam fatores importantes que controlam as Metas da Recuperação na DBT–ACES.[2]

A DBT–ACES é conceitualizada como um tratamento no Estágio 1 para aqueles que resolveram de forma bem-sucedida comportamentos que ameaçam a vida e interferem na terapia que volta sua atenção para o desemprego, isolamento social e incapacidade psiquiátrica como questões principais da qualidade de vida que tendem a provocar sofrimento, descontrole comportamental e, de modo mais distante, risco de suicídio (Estágio 1A).

Embora a DBT–ACES não inicie oficialmente até depois da DBT padrão, incorporamos alguns elementos ao final desse tratamento para ajudar o paciente a avaliar se a DBT–ACES será adequada para ele (ver mais informações sobre o processo pré-tratamento na DBT–ACES a seguir).

A DBT–ACES usa a mesma hierarquia geral que a DBT padrão: (1) reduzir comportamentos que ameaçam de forma iminente a vida, (2) reduzir comportamentos que interferem na terapia, (3) reduzir comportamentos que interferem na qualidade de vida e, simultaneamente, (4) aumentar a maestria em habilidades da DBT.

Os alvos secundários na DBT–ACES são idênticos aos da DBT padrão. Como na DBT padrão, os terapeutas aderem à hierarquia de tratamento, o que significa que um comportamento suicida ou que interfere na terapia

---

[2] Para ser incluído na DBT–ACES, os comportamentos do paciente que ameaçam a vida e interferem na terapia precisam ser interrompidos, permitindo que as Metas da Recuperação sejam o foco principal do tratamento. Isso é discutido no processo de aplicação a seguir.

recebe prioridade quando aparece; no entanto, o foco do tratamento são os comportamentos que interferem na qualidade de vida e as Metas da Recuperação (ver Tabela 10.1). As Metas da Recuperação são focadas na ordem combinada pelo paciente e o terapeuta individual. Trimestralmente durante o ano da DBT-ACES, os pacientes reavaliam seu progresso nestes alvos usando a autoavaliação das Metas da Recuperação (disponíveis mediante solicitação), e esta é examinada pelo terapeuta e a equipe de consultoria para assegurar que o terapeuta individual esteja focando efetivamente.

Por exemplo, pacientes com ansiedade social costumam se engajar em comportamentos de evitação que interferem na obtenção de emprego e na construção de amizades. Os comportamentos socialmente ansiosos então se tornam um foco da terapia individual na DBT-ACES para atingir as metas de emprego e rede social. Porém, se a ansiedade social não estiver relacionada à Meta da Recuperação na DBT-ACES, a sua abordagem seria adiada até que as Metas da Recuperação fossem substancialmente cumpridas. Um segundo exemplo seria o uso contínuo de substâncias. O abuso de substância é um comportamento comum que interfere na qualidade de vida. Na DBT padrão, é feita uma avaliação para determinar se o abuso de substância do paciente é um comportamento que ameaça a vida de forma iminente ou que interfere na terapia ou se é um fator-chave que controla a ocorrência ou não de um dos alvos principais. O abuso de substância só é abordado se ele for um fator de controle importante até que comportamentos que ameaçam iminentemente a vida e que interferem na terapia estejam sob controle substancial. Nesse ponto, o abuso de substância pode se tornar por si só um alvo de qualidade de vida no tratamento.

Existem princípios semelhantes na DBT-ACES, embora os pacientes tenham parado com a maior parte das crises e comportamentos que interferem na terapia (e o uso de substâncias a ponto de causar esses comportamentos). O terapeuta da DBT-ACES foca nos problemas remanescentes do uso de substância se eles se relacionarem às Metas da Recuperação. Por exemplo, beber em excesso na noite anterior ao trabalho fazendo com que o paciente se atrase ou fique em casa, beber para reduzir a ansiedade social quando isso não for aceitável para os amigos com quem o paciente está saindo, e usar ou estar em posse ilegal de substâncias que interferem na obtenção de um emprego ou no desempenho acadêmico seriam abordados como parte das Metas da Recuperação. Mais tarde, quando o paciente estiver atingindo suas Metas da Recuperação, outro uso de substância pode ser visado se o paciente quiser fazer isso, ou não queira caso outro comportamento que interfere na qualidade de vida seja uma prioridade mais alta para ele.

Algumas vezes, pacientes que estão na DBT-ACES gostariam de trabalhar em questões relacionadas ao trauma ou à sintomatologia do transtorno de estresse pós-traumático (TEPT). Com frequência a presença desses sintomas pode interferir nas Metas da Recuperação, embora isso nem sempre seja o caso. Quando esse não é o caso, o terapeuta da DBT-ACES está disposto a tratar o trauma enquanto o progresso nas Metas da Recuperação permanecer estabilizado e consistente e não reaparecer comportamento que ameace a vida e interfira na terapia. A discussão com a equipe de consultoria na DBT-ACES em geral é essencial na decisão do foco nesses dilemas.

MODOS DE EXECUÇÃO DO TRATAMENTO NA DBT-ACES

A DBT-ACES é fundamentalmente DBT. Este programa assume os princípios, pressupostos, combinações e estratégias de tratamento da DBT padrão e os usa de maneira explícita para gerar e fortalecer comportamentos nos ambientes onde eles são mais necessários. A DBT padrão pode ser comparada ao treinamento militar básico, em que os alistados aprendem

TABELA 10.1 Metas da recuperação na DBT–ACES

Emprego com salário digno e saída da incapacidade psiquiátrica
• Escolher um caminho de carreira para buscar um emprego com salário digno, sabendo que este se encaixa com os seus valores e talentos em sua mente sábia, além de questões práticas de salário, plano de saúde, benefícios de licenças e aposentadoria, horários, turnos, treinamento ou certificação necessários, e caminhos para promoção. • Demonstrar capacidade de se sustentar financeiramente (e a sua família) na carreira escolhida sem o pagamento de benefícios por incapacidade psiquiátrica ou a renda do parceiro/família. • Demonstrar capacidade de se sustentar financeiramente (e a sua família) em pelo menos uma segunda opção de carreira sem o pagamento de benefícios por incapacidade psiquiátrica ou a renda do parceiro/família (se necessário). • Ter plano de saúde suficiente para manter a assistência médica e medicações. • No trabalho, manter mais de 90% de frequência, ser pontual, vestir-se e portar-se apropriadamente, seguir instruções e executar as tarefas específicas da função. Proficiência interpessoal • Ter relações interpessoais, sendo alguém fácil de se trabalhar ou com quem se associar — mesmo com pessoas difíceis e durante momentos estressantes. • Demonstrar capacidade de regular a expressão emocional e as ações e encontrar a mente sábia em todas as situações interpessoais — mesmo com pessoas difíceis e durante momentos estressantes. • Conhecer, a partir da sua mente sábia, os próprios limites e agir de acordo com eles consigo mesmo, com o empregador, amigos, familiares, colegas e membros da comunidade. • Receber elogios, aumentos salariais, promoções e ofertas de empregos e papéis mais recomendáveis dentro da comunidade. Vida fora do trabalho[a] • Ter, no mínimo, dois amigos locais e/ou a longa distância cujos valores se alinhem com os seus. • Ter, no mínimo, uma pessoa ou grupo para interações casuais (p. ex., no refeitório, na igreja, para tomar um café, para assistir a um filme, frequentar um clube de leitura, dentro de uma organização de voluntários). • Ter, no mínimo, uma pessoa próxima de apoio com quem você possa experimentar intimidade e discutir assuntos particulares (alguém que não seja o próprio terapeuta). • Ter, no mínimo, uma pessoa ou grupo local que notaria a sua ausência e tomaria providências para encontrá-lo ou contatá-lo. • Ser um membro ativo de uma atividade recreacional organizada que seja divertida ou significativa e não relacionada à saúde mental (p. ex., uma organização de voluntariado, igreja, time esportivo, aula de ginástica, curso de idiomas, dança de salão). • Afastar-se de relacionamentos com familiares que são inefetivos ou destrutivos. • Afastar-se ou terminar amizades que sejam inefetivas ou destrutivas. • Escolher relacionamentos com base em evidências de que as outras pessoas provavelmente serão compatíveis com seu estilo de vida, necessidades e valores. • Tomar providências para encontrar um relacionamento romântico efetivo e gratificante (se desejado).

[a] Estas categorias devem se sobrepor.

(Continua)

TABELA 10.1 Metas da recuperação na DBT-ACES *(Continuação)*

Proficiência emocional
• Ser capaz de experimentar emoções negativas conscientemente quando se desenvolverem, permanecerem e desaparecerem — não evitando ou fugindo delas ou passando mentalmente para um momento diferente.
• Ser capaz de experimentar emoções positivas conscientemente quando se desenvolverem, permanecerem e desaparecerem — não evitando ou fugindo delas ou passando mentalmente para um momento diferente.
• Ser capaz de reduzir emoções problemáticas de forma efetiva e suficientemente rápida para evitar que elas originem problemas.
Autogerenciamento
• Ter um método efetivo para gerenciar seu orçamento mensal e despesas eventuais (p. ex., pneus novos) de modo a se manter dentro da sua renda.
• Reservar fundos de emergência para cobrir as despesas de subsistência por três meses caso você perca o emprego.
• Ter um método efetivo de juntar dinheiro para adquirir bens do seu interesse.
• Ter um método efetivo para quitar/reduzir dívidas a um nível razoável.
• Ter um método efetivo para gerenciar o tempo a fim de que você o aproveite de acordo com os valores da sua mente sábia.
• Ter um método que garanta que as coisas importantes sejam feitas dentro do prazo.
• Ter um método efetivo para gerenciar o tempo que equilibre trabalho, lazer, tarefas domésticas e descanso.
• Ter um método efetivo para impedir que doenças e sintomas psiquiátricos impactem seu funcionamento.
• Ter um método efetivo para gerenciar doença ou dor crônica a fim de minimizar seu impacto na qualidade de vida.

e dominam habilidades básicas, mas não têm que aplicá-las. A DBT-ACES é mais semelhante a mobilizar a tropa: o lugar onde é essencial que os novos soldados implementem e integrem suas habilidades para melhorarem e potencialmente salvarem suas vidas. Embora a DBT padrão seja considerada concluída antes que a DBT-ACES inicie, o mesmo terapeuta que forneceu DBT padrão pode continuar a trabalhar com o paciente para fornecer DBT-ACES. Depois que estão na DBT-ACES, os pacientes não são autorizados a retornar à DBT padrão. A justificativa para isso é que queremos manter o padrão alto, preservar nossa crença em seu sucesso e não queremos inadvertidamente reforçar uma escalada emocional e comportamental que acabe em comportamentos suicidas ou de autolesão. Tememos que ao permitirmos que os pacientes permaneçam por mais tempo do que o período de tratamento combinado ou se o ressurgimento dos comportamentos de crise resultar em um retorno à DBT padrão, isso teria o efeito de evitar as contingências da DBT-ACES que asseguram o impulso que faz avançar em direção às metas de autossuficiência. Para entrar na DBT-ACES, os pacientes demonstraram que podem gerenciar com sucesso os comportamentos de ameaça iminente à vida e que interferem na terapia. Mesmo que a vida produza mais desafios ou eles se sintam mais vulneráveis ou menos capazes, não queremos validar funcionalmente essas crenças oferecendo DBT padrão outra vez e lhes tirando a oportunidade de atingirem suas metas e atenderem às contingências da DBT-ACES.

É claro que o outro lado da dialética é que algumas vezes os pacientes não têm as habilidades de que precisam. Nesses casos, o terapeuta da DBT-ACES ensina as habilidades necessárias, pratica-as na sessão em *in vivo* e valida verbalmente as dificuldades. As estratégias de manejo de caso na DBT são fundamentais aqui: encontrar o equilíbrio certo da consultoria com o paciente e a intervenção ambiental para lidar com a realidade do paciente. A equipe de consultoria desempenha um papel importante na decisão de intervir ou não, ou quanto fazer isso pelo paciente ou, ainda, "baixar o nível de exigência" e quando manter o nível de exigência alto. Na DBT-ACES, os terapeutas encorajam e treinam os pacientes para que eles mesmos gerenciem situações difíceis — mantendo-se alinhados com suas metas a longo prazo relativas a trabalho, relacionamentos, regulação emocional e autossuficiência e a fazê-lo com a DBT-ACES. No entanto, se em sua mente sábia um paciente achar que não consegue avançar com a DBT-ACES e/ou precisa retornar à DBT padrão, ele pode desistir da DBT-ACES e voltar a se candidatar em uma data futura quando as barreiras percebidas tiverem sido abordadas. Em nossa clínica, este paciente precisaria procurar DBT padrão ou outros serviços em outra instituição.

Há pequenas mudanças em relação aos modos de realização do tratamento na DBT padrão, e essas diferenças residem principalmente no formato e no conteúdo do treinamento de habilidades em grupo. As próximas seções descrevem cada modo de tratamento, destacam as mudanças e abordam os obstáculos específicos que surgem para a DBT-ACES.

DBT individual

A terapia individual na DBT-ACES é fundamentalmente semelhante à terapia individual na DBT padrão. Como na DBT padrão, as sessões semanais de terapia individual na DBT-ACES são o modo em torno do qual giram todos os outros modos de tratamento. O terapeuta individual é responsável por identificar as metas pessoais de um paciente e as Metas da Recuperação na DBT-ACES, implementando validação essencial e estratégias de solução de problemas, além de aplicar manejo de contingências, treinamento de habilidades, procedimentos de exposição e modificação cognitiva, sintetizar tensões dialéticas e todas as outras estratégias da DBT.

As diferenças entre os dois tratamentos derivam das demandas mais altas e habilidades aprimoradas exigidas dos pacientes na DBT-ACES. A DBT-ACES coloca relativamente mais ênfase na estimulação do comportamento efetivo do paciente do que no bloqueio do comportamento disfuncional e no ensino do novo comportamento. Embora os alvos prioritários na DBT padrão de (1) comportamento de autolesão e (2) comportamento que interfere na terapia permaneçam como alvos prioritários na DBT-ACES e sejam monitorados a cada semana, eles são infrequentes, desse modo raramente ocupando tempo da sessão individual. Em vez disso, o foco principal são as Metas da Recuperação. As Metas da Recuperação se prestam a uma ampla gama de estratégias de exposição e tratamentos comportamentais manualizados para transtornos psicológicos (p. ex., tratamento com ativação comportamental para depressão ou tratamento cognitivo-comportamental para fobia social), e é mais provável que um paciente possa levar até o fim esse protocolo de tratamento do que acontece tipicamente com pacientes iniciantes na DBT padrão considerando-se a aquisição de habilidades e o aumento na regulação emocional como consequência do tratamento.

A DBT-ACES individual usa todas as mesmas estratégias da DBT padrão para tratar as Metas da Recuperação mais as habilidades ensinadas no currículo de habilidades da DBT-ACES. Exposição e manejo das contingências (em particular prolongar o novo comportamento e reforçar o comportamento adaptativo) predominam nas sessões da DBT-ACES. Em termos das funções da DBT, na DBT-ACES há uma ênfase maior na melhora da motivação e generalização do comportamento habilidoso do que no aprimoramento das capacidades, como é apropriado para os que finalizam a DBT padrão. Por exemplo, quando o paciente expõe uma situação emocionalmente desafiadora no trabalho, o terapeuta espera que o paciente já esteja usando habilidades para abordá-la. Os pacientes geram mais ideias para solução do problema e uso de habilidades diante do terapeuta que estabelece a expectativa tanto verbalmente quanto não verbalmente. Da mesma forma, é mais provável que o terapeuta estimule o paciente a gerar uma postura dialética em resposta a uma posição polarizada que motiva uma emoção negativa, em vez de ser o primeiro a destacar ambos os lados.

Duas dificuldades potenciais nas sessões individuais na DBT-ACES incluem a escalada da autolesão, de comportamentos geradores de crise ou que interferem na terapia; ou a redução na motivação do paciente ou do terapeuta (urgência) antes de atingir um objetivo. Nas sessões individuais na DBT-ACES, a escalada da autolesão do paciente, de comportamentos geradores de crise ou que interferem na terapia requer os protocolos-padrão além do mesmo conjunto de estratégias de aceitação e mudança como na DBT padrão. Essa recaída ou escalada pode ocorrer quando surgir medo ou vergonha em face de novos desafios, se as expectativas forem muito altas ou se a escalada funciona para evitar dar o passo seguinte no emprego ou na carreira. Essas "crises" de comportamentos disfuncionais são esperadas *e* podem ser desmotivadoras para o paciente e o terapeuta na DBT-ACES e podem levar o paciente ou o terapeuta a se retrair diante dos desafios de encontrar trabalho, matricular-se na escola, manter-se no emprego, etc.

Houve vários casos ao longo dos anos em que um paciente na DBT-ACES se engajou em comportamento de autolesão. Em cada caso, o paciente foi colocado em período probatório e avisado de que se houvesse recorrência do comportamento de autolesão, ele seria colocado em suspensão no tratamento (o que também é conhecido como férias da terapia).

Em todos os casos, com exceção de um, o paciente conseguiu examinar o que havia acontecido, resolveu o problema e voltou a se comprometer em conter esse comportamento. No único caso em que o paciente não estava disposto a fazer isso, ele teve alta da clínica e começou a trabalhar com um terapeuta em outro lugar. Os pacientes são acolhidos para voltar a se candidatar à DBT-ACES quando usarem habilidades para evitar comportamento de autolesão por, no mínimo, oito semanas.

A outra dificuldade típica na DBT-ACES ocorre quando o paciente ou o terapeuta perde a motivação, resultando em uma tendência a se conformar com menos do que as metas originais. Este senso de complacência ou "suficientemente bom" com certeza é compreensível e não incomum na DBT ou em outras psicoterapias. No entanto, dada a expectativa de atingir as Metas da Recuperação, este problema é mais evidente na DBT-ACES. Como na DBT padrão, a DBT-ACES requer um equilíbrio dialético constante entre mudança e aceitação. Entretanto, em contraste com muitos pacientes na DBT padrão, o paciente na DBT-ACES não está sofrendo tão intensamente e sua vida já está mais estável e apoiada do que foi em outro momento. Isso significa que a vida em si nem sempre fornece a urgência que o tratamento exige. Assim, o terapeuta individual na DBT-ACES é convocado a criar urgência para ajudar o paciente a fazer as mudanças necessárias. Por exemplo, se um paciente estiver trabalhando em tempo integral em um emprego com salário-mínimo e está se sentindo estável, mas sua ambição é ser capaz de sustentar uma casa e viajar, o terapeuta precisaria ajudá-lo a sentir urgência suficiente para continuar avançando. Isso é feito ajudando o paciente a manter a dialética e lidar com as contingências das Atividades da Carreira (discutidas mais adiante).

A perda da motivação também aparece com frequência no âmbito das relações sociais. Na época em que estão na DBT-ACES, a maioria dos pacientes já fez mudanças significativas na vida e se dá conta de que gostaria de ter mais amigos ou relacionamentos com maior profundidade. Relacionamentos e conexões mais profundos são essenciais para a satisfação na vida e protegem contra o suicídio (Chu et al., 2017; Joiner, 2009; Joiner & Van Orden, 2008). Se o terapeuta não persistir em fazer disso um alvo da terapia, o paciente continuará correndo o risco de se afastar, sentir-se desconectado e isolado, e permanecerá vulnerável e em risco de recorrer à ideação suicida (IS). Embora os pacientes percebam que os relacionamentos são uma meta, eles muitas vezes se sentem paralisados e não sabem como prosseguir para fazer as mudanças que desejam. Com a DBT-ACES, sempre há outras Metas da Recuperação com as quais trabalhar e as relações sociais podem ser esquecidas ou adiadas, mesmo que sejam essenciais para as metas do paciente. O terapeuta astuto na DBT-ACES, com a ajuda da equipe de consultoria, reconhecerá a urgência desta situação e perceberá que esta é uma Meta da Recuperação que precisa ser focada enquanto o paciente está na DBT-ACES (juntamente com emprego e carreira).

Por exemplo, uma paciente na DBT-ACES retornou com êxito aos estudos e começou a trabalhar pela primeira vez na vida. Embora fosse importante celebrar estes sucessos, a ansiedade social continuava interferindo na sua participação em grupos sociais. Considerando que fazer parte de um grupo era essencial para a ambição de uma vida que valesse a pena ser vivida, essa ansiedade não poderia ser ignorada. Associando às metas, enfatizando a natureza de curto prazo do tratamento da ansiedade social e as formas que a evitação social conduzem à depressão persistente, o terapeuta e a paciente criaram urgência na definição de alvos semanais para que ela passasse algum tempo com pelo menos uma amiga fora do trabalho, do tratamento ou de uma reunião do grupo de apoio, e fizesse um esforço intencional e consciente para dar início a um contato social com alguém. Exposição é o segredo para o sucesso na DBT-ACES; portanto, para melhorar as relações sociais, a terapia geralmente envolve exposição *in vivo* a contextos e a comportamentos sociais, exposição informal como bloqueio de comportamentos de vergonha em sessões de terapia individual ou de grupo e protocolos de tratamento baseados na exposição. A DBT-ACES também reconhece a premissa de que "contingências criam capacidades" (Carmel, Comtois, Harned, Holler, & McFarr, 2016). Para os relacionamentos sociais, os terapeutas em nossa clínica usaram manejo das contingências para gerar comportamento. Por exemplo, houve o caso de um paciente que era tão evitativo de situações sociais que, antes de ser capaz de iniciar a DBT-ACES, ele precisou se inscrever e participar de um time de futebol. Para outra paciente, a maior parte da interação social dela ocorria no tratamento, em contextos de 12 passos e grupos de apoio. Embora seja possível argumentar que estes são mecanismos de interação social normativos, o que não era normativo para esta paciente era que ela não se relacionava com ninguém de fora desses contextos e que cada um desses ambientes exigia que ela estivesse vinculada àquela parte da sua identidade de viciada ou de alguém com problemas de saúde mental. O reforço sistemático de comportamentos sociais adaptativos é fornecido consistentemente nessas circunstâncias para manter o reforço positivo com a contingência usada na DBT-ACES. A característica das contingências na DBT-ACES de trabalho e desenvolvimento de carreira (descritas a seguir) e o uso sistemático de contingências individualizadas criam motivação para atingir o emprego estável, uma gama de relacionamentos gratificantes, vidas enriquecidas e autossuficiência.

Treinamento de habilidades em grupo

O treinamento de habilidades da DBT-ACES é um grupo semanal de duas horas seguindo um formato específico e um currículo de treinamento de habilidades. O grupo inicia compartilhando as boas notícias da semana, depois cada membro e os líderes do grupo compartilham sua ambição e os passos do *check-in*, e então examinam o dever de casa e a aprendizagem do novo material.

A hierarquia de alvos para o grupo da DBT-ACES é a mesma que para a DBT padrão. Ou seja, o alvo principal é aumentar a aquisição e o fortalecimento das habilidades, e esse alvo só é vencido pelo comportamento que possa destruir o grupo de habilidades. Como na DBT padrão, os comportamentos que interferem na terapia são abordados sobremaneira durante as sessões individuais, embora no grupo de DBT-ACES eles nem sempre sejam ignorados. Como o grupo é um espaço onde habilidades interpessoais são necessárias e comportamento profissional é o esperado, os deslizes costumam ser destacados quando ocorrem para estimular o paciente a buscar uma resposta mais efetiva. Mais comumente, isso é feito por meio de comunicação não verbal, como franzir as sobrancelhas ou inclinar a cabeça em resposta a comportamentos inefetivos. Com frequência respostas mais efetivas podem ser evocadas por uma declaração leve ou irreverente como: "Aposto que seu chefe adora essa resposta!".

Isso se associa ainda mais às Metas da Recuperação da DBT-ACES para não só encontrar e manter um emprego, mas também para que o empregado receba aumento salarial, elogios, promoções e ótimas referências. Atingir esta meta requer habilidades interpessoais efetivas e comportamento profissional excepcional, mesmo ao se sentir vulnerável ou aborrecido. As sessões da DBT-ACES são oportunidades para os pacientes praticarem comportamento profissional. Os grupos de habilidades são oportunidades para os pacientes se mostrarem e se apresentarem de uma forma pró-social e lhes proporcionam uma oportunidade para receberem *feedback* de um ambiente onde não existem consequências maiores ou duradouras.

A principal diferença entre o grupo da DBT-ACES e sua contrapartida da DBT padrão é que as expectativas comportamentais dos membros do grupo são mais altas, a sensação geral no grupo é mais relaxada e aberta (em geral devido a poucos comportamentos que interferem na terapia em comparação à DBT padrão) e o reforço do comportamento efetivo e progresso por outros membros do grupo é explicitamente encorajado. Além disso, os líderes do grupo funcionam como membros do grupo que compartilham as ambições e os *check-ins* semanais e são modelos efetivos para modelagem, enfrentamento e solução de problemas. A cultura criada é aberta, leve e colaborativa — já que queremos demonstrar e reforçar este estilo para o ambiente de trabalho, a sala de aula e contextos sociais. Os membros do grupo devem validar e reforçar uns aos outros, espera-se que se ajudem a resolver os desafios e as barreiras e validem e treinem uns aos outros durante as dificuldades com que se deparam na revisão dos seus *check-ins* e da tarefa de casa. Os pacientes também são encorajados a "ler a sala" e descobrir quando falar e quando se manter em silêncio ou apenas sorrir e acenar com a cabeça. O treinamento de como fazer isso é fornecido pelos líderes do grupo e pelos terapeutas individuais.

A diferença principal do currículo de habilidades da DBT-ACES é que os pacientes aprendem o suficiente dos fundamentos de behaviorismo, solução de problemas, aceitação e validação para, em grande medida, tornarem-se seus próprios terapeutas (pelo menos quando isso se relaciona à sua estabilidade emocional geral). As capacidades específicas incluem ser capaz de misturar e combinar habilidades e entender *explicitamente* o que eles experimentam *implicitamente* na terapia individual, incluindo avaliação comportamental, reforço, definição de metas, solução de problemas, reestruturação cognitiva, autovalidação e dialética. A meta é que os pacientes sejam capazes de aplicar estas estratégias a si mesmos em uma variedade de ambientes, além de entender os passos específicos necessários para criar o próprio sistema de apoio social e interagir efetivamente com as pessoas no trabalho, com amigos novos e já estabelecidos e com os profissionais de saúde que produzem o tratamento. Comparável à diferença entre treinamento de pós-graduação e graduação, um estudante de graduação aprenderá a matéria na teoria, mas na pós-graduação ele começará a aplicar de forma significativa o que aprendeu em uma prática estruturada, se tornará um praticante e será capaz de ensinar outras pessoas (p. ex., Career Activities, Work as Therapy e Check-in for DBT–ACES são como programas de estágio na pós-graduação). Para tanto, os líderes na DBT–ACES demonstram os comportamentos desejados, nomeiam estes princípios e estratégias à medida que surgem e reforçam o comportamento adaptativo dos pacientes durante as sessões em grupo, repetidas vezes.

Boa parte do grupo na DBT–ACES se concentra na ambição individual de vida de cada paciente e nos alvos semanais. Ao iniciar DBT–ACES, os pacientes são solicitados a criar uma ambição que seja alguma coisa que desejam ardentemente atingir como uma mudança na vida — uma meta que não seja um meio para um fim, mas um fim em si mesmo. Então a cada semana, os pacientes, com a ajuda dos colíderes e dos outros, identificam um "passo de ação" na direção da sua ambição e uma etapa no emprego que seja comportamentalmente definida, que seja clara quando estiver concluída, sob seu controle e na qual eles têm mais de 50% de chance de sucesso. Por exemplo, a ambição de um paciente na DBT–ACES era a seguinte:

> *Quero ser um trabalhador bastante respeitado que seja um colaborador importante na minha equipe, tenha ideias perspicazes, produza trabalho de alta qualidade e seja valorizado, e que seja percebido como tal pelos meus colegas. E quero fazer um trabalho que seja desafiador o suficiente para ser interessante, e quando for tão difícil a ponto de eu querer desistir, que eu seja persistente e vá até o fim. Quero ser um adulto competente em termos da manutenção da casa e pagamento das contas em dia. Quero um relacionamento em que trabalhemos como uma equipe e eu me comporte de uma forma que reduza o conflito com a minha esposa, não reagindo com atitude defensiva e me comportando ativamente de modo que cultive bondade, trabalho em equipe e respeito. Quero ser uma pessoa mais paciente para que eu tenha as habilidades para ser um pai gentil e compreensivo no futuro. Quero viver um estilo de vida ativo e saudável onde eu sinta a confiança de que posso vencer qualquer desafio que eu persiga, incluindo ser capaz de me levantar e dar um salto duplo (a pedido).*

A ambição não precisa ser específica, apenas clara o bastante para incorporar os valores subjacentes, e experimentada pelo paciente com entusiasmo suficiente de modo que ele tenha uma direção geral para a qual trabalhar. Outras ambições na DBT–ACES poderiam ser: "Acordar feliz na maioria das vezes" ou "Ser a mãe que meu filho precisa" quando essas ambições mais simples estiverem na essência das metas do paciente de uma vida que valha a pena ser vivida. Mais curta ou mais longa, a ambição precisa capturar o que é verdadeiramente importante, significativo e motivador para esse paciente. Os passos de ação para este paciente naquela semana podem ser preencher a papelada para o auxílio financeiro para os estudos ou estudar por seis horas para o LSAT,* ou praticar um meio-sorriso uma vez por dia quando irritado e respirar profundamente cinco vezes antes de responder. Uma ação e um passo em direção ao emprego é tudo o que é necessário a cada semana, embora fazer mais seja aceitável se for adequado às ambições do paciente e ao tempo disponível, sem que isso resulte na conclusão parcial *versus* completa dos passos de ação para aquela semana.

Durante a seção de *check-in* de cada grupo da DBT–ACES, cada paciente e os colíderes lembram a todos da sua ambição e então relatam o progresso no seu passo de ação naquela

---

* N. de R. T. Law School Admissions Test, um teste análogo a um vestibular específico para direito.

semana e o que eles fizeram que foi efetivo e alguma forma pela qual evitaram trabalhar nisso. O problema da evitação é resolvido, e um novo passo de ação é escolhido, assumindo-se um compromisso para a semana seguinte. Pedimos que os pacientes façam isso usando a ação oposta à vergonha, adotando uma postura corporal de alerta, olhando para os outros e com um tom de voz confiante. É solicitado, então, que os outros participantes pratiquem habilidades interpessoais notando conscientemente o que é reforçador para cada pessoa específica e trabalhando de forma ativa para reforçar o trabalho árduo uns dos outros.

Como na DBT padrão, novas habilidades são ensinadas e a tarefa de casa é designada para praticar a nova habilidade (ver adiante mais detalhes sobre o currículo de habilidades). A diferença principal em relação à DBT–ACES é que as habilidades e a tarefa de casa a cada semana estão especificamente focadas nas Metas da Recuperação da DBT–ACES.

Coaching telefônico

Na DBT padrão, o *coaching* telefônico por meio do qual o paciente contata o terapeuta para treinamento *in vivo* é usado como intervenção para manejo de crise e como um meio útil para estimular e reforçar a aquisição precoce da habilidade. Na DBT–ACES, o *coaching* telefônico difere, na medida em que enfatiza estratégias de consultoria para o paciente que visam mais a generalização das habilidades e a autossuficiência. Há menos necessidade da função de manejo de crise, já que é esperado que os pacientes estejam estáveis e consigam manejar situações que anteriormente desencadearam uma crise sem a necessidade de assistência imediata.

Algumas dificuldades potenciais do *coaching* telefônico para DBT–ACES são estas: (1) O *coaching* telefônico pode ser subutilizado devido à sua associação na DBT padrão com comportamento de crises e (2) o *coaching* telefônico pode interferir nos alvos de "autossuficiência" ao reforçar inadvertidamente a dependência de estimulação do terapeuta. A associação com "manejo de crise" no tratamento na DBT padrão representa um desafio para que pacientes e terapeutas se adaptem a um uso do *coaching* telefônico mais apropriado em termos desenvolvimentais. Isso é administrado na DBT–ACES por lembretes regulares em reuniões da equipe para avaliar a utilidade do *coaching* telefônico e analisar algum possível reforço involuntário do comportamento de evitação por parte do paciente. Os clínicos na DBT–ACES também usam ligações telefônicas, *e-mails* e mensagens de texto como um veículo para os pacientes relatarem seu comportamento habilidoso e maestria com mais frequência. O reforço do comportamento adaptativo é extremamente importante quando os pacientes superam a ansiedade e a vergonha e se aproximam da força de trabalho e da comunidade social.

Equipe de consultoria do terapeuta

As funções e os procedimentos básicos das reuniões semanais da equipe de consultoria na DBT–ACES são idênticos aos da DBT padrão (e, em nosso caso, os programas em DBT padrão e DBT–ACES dentro das mesmas reuniões da equipe). Como na DBT padrão, as reuniões semanais da equipe de consultoria incluem todos os terapeutas individuais e de grupo. Todos os terapeutas fazem e cumprem as combinações para supervisão/consultoria, incentivam outros terapeutas, mantêm um equilíbrio entre as estratégias de aceitação e mudança e mantêm a integridade da "equipe" como um agente ativo na terapia. A equipe de consultoria é também onde a equipe planeja e autoriza a aplicação de contingências específicas, tais como mudanças individualmente adaptadas às expectativas comportamentais, requisitos de tratamento para abuso de substância colateral quando necessário, ou suspensões da terapia.

A principal dificuldade das reuniões da equipe de consultoria na DBT–ACES é que é mais desafiador para a equipe de consultoria monitorar as melhoras graduais nas Metas da Recuperação na DBT-ACES entre os pacientes do que identificar e focar em comportamentos específicos de autolesão e interferentes na terapia na DBT padrão. Com isso, fica difícil saber se um terapeuta está focando efetivamente ou reforçando involuntariamente a evitação. Este problema é abordado, uma vez por trimestre, durante 30 a 45 minutos do tempo da equipe de consultoria dedicados a focar nos pacientes atuais em DBT-ACES e para ver se os terapeutas individuais estão visando às Metas da Recuperação mais efetivas. Em nossa equipe, achamos útil associar estas discussões trimestrais da equipe a quando os pacientes na DBT-ACES fazem uma avaliação das suas Metas da Recuperação, o que fazemos a cada três meses durante o grupo de habilidades na DBT-ACES ou como tarefa de casa do grupo. Se o terapeuta tiver esta autoavaliação à sua frente, ele poderá ver como seu alvo se compara com a perspectiva do paciente. A equipe poderá discutir as mudanças que precisam ser feitas ou fazer "terapia para o terapeuta" se o terapeuta souber o que fazer, mas não estiver fazendo.

PRINCIPAIS ADAPTAÇÕES DA DBT PADRÃO PARA A DBT-ACES

A DBT-ACES tem quatro adaptações principais da DBT padrão: (1) o processo pré-tratamento na DBT-ACES, (2) as Metas da Recuperação na DBT-ACES (descritas anteriormente), (3) contingências relacionadas à carreira e ao trabalho e (4) o currículo de habilidades da DBT-ACES. Detalhes para cada uma delas podem ser encontrados nos manuais da DBT-ACES (Comtois, Carmel, & Linehan, 2020b) e materiais em *www.dbtaces.com*.

Para que um paciente possa iniciar o tratamento em DBT-ACES é necessário: (1) estar engajado em 20 horas por semana de atividades normativas e produtivas (i.e., atividades programadas fora de casa em que o paciente aja como se não tivesse problemas emocionais perto de outras pessoas que agem da mesma forma),
conforme documentado no verso do seu cartão diário; (2) exibir pelo menos dois meses sem comportamentos que ameacem a vida de forma iminente ou comportamentos de autolesão, sem potencial de letalidade; e (3) exibir pelo menos dois meses sem comportamentos significativos que interfiram na terapia que sejam analisados pelas avaliações de desempenho da DBT padrão individual e em grupo. Não há critérios de exclusão para o programa de DBT-ACES.

Quando a DBT-ACES ocorre logo após a DBT padrão, o terapeuta começa a trabalhar nesses requisitos com seis meses de DBT padrão, e o pré-tratamento da DBT-ACES (que ocorre em paralelo à DBT padrão) inicia dois módulos de habilidades (i.e., cerca de 16 semanas) antes de encerrar a DBT padrão para aqueles que desejam continuar diretamente na DBT-ACES (ver Figura 10.1). Retornar para a DBT-ACES em um momento posterior ou participar da DBT-ACES depois de concluir a DBT padrão em outro local requer os mesmos critérios no momento da inscrição. A equipe de admissão na DBT-ACES conduz DBT-ACES no pré-tratamento com o paciente e o terapeuta da DBT padrão e os treina sobre como se preparar para a DBT-ACES. Os critérios na DBT-ACES são sempre necessários, mas eles não são oferecidos de uma única vez. Os pacientes interessados são encorajados a continuar trabalhando para satisfazer esses critérios até que consigam atingi-los.

Embora a vasta maioria dos pacientes que se candidatam à DBT-ACES seja aceita, é a minoria destes que estão em tratamento na DBT padrão que se candidatam. Na avaliação inicial da DBT-ACES em que todos os pacientes estavam incluídos nos benefícios federais ou estaduais por incapacidade, cerca de 50% daqueles que iniciaram DBT padrão se candidataram à DBT-ACES. Isso também foi válido para um programa em DBT-ACES na Alemanha. No entanto, apenas um quarto dos pacientes recentes na DBT padrão se candidataram à DBT-ACES no programa de Harborview, que agora inclui uma gama de origens de incapacidade; índices similares de candidatura à DBT-ACES foram encontrados em um programa iniciado na Califórnia (Comtois et al., 2010; Comtois et al., 2020). Embora alguns paciente já estivessem no caminho para o emprego e os estudos sem precisar da DBT–ACES, a maioria que não escolheu a DBT–ACES decidiu que não queria encontrar emprego ou deixar para trás a incapacidade psiquiátrica. Isso tem sido uma decepção para a equipe em DBT quando o paciente não está em idade para aposentadoria. Entretanto, a mente sábia do paciente é sempre apoiada, e a DBT–ACES nunca é conduzida a não ser que se ajuste às metas do paciente.

Pré-tratamento na DBT–ACES

Nossa meta na DBT–ACES é proporcionar oportunidades de aprendizagem excepcionais para aqueles que procuram uma vida produtiva e satisfatória fora da incapacidade/dependência/sistema social, ao mesmo tempo minimizando a possibilidade de fracasso. Com base em relatos da experiência clínica, os pacientes que tiveram êxito em geral demonstraram competência em três áreas: (1) domínio das habilidades da DBT, (2) habilidade de expressar e demonstrar o desejo de ter uma vida produtiva e satisfatória longe do sistema de saúde mental e serviço social e (3) nenhum ou presença mínima de comportamentos que interfiram na terapia. Usamos um processo de candidatura para determinar essas competências. A meta na DBT–ACES é que todos preencham uma inscrição. São encorajadas múltiplas tentativas em qualquer seção, já que perseverança e determinação precisam ser reforçadas. Os pacientes podem se candidatar ao programa até que consigam ingressar.

O processo no pré-tratamento é dividido em cinco partes, cada qual funcionando para dar aos pacientes uma oportunidade de demonstrar sua proficiência em áreas específicas que são típicas dos formados bem-sucedidos na DBT padrão. O pré-tratamento na DBT–ACES é planejado em consonância com as candidaturas a trabalho e estudos e envolve que o paciente preencha um formulário de inscrição, que os terapeutas preencham avaliações de desempenho do trabalho do paciente na DBT padrão, um teste de conhecimentos das habilidades, um currículo e uma entrevista.

A candidatura inclui uma descrição da DBT–ACES e o que a torna diferente da DBT padrão, uma lista das Metas da Recuperação, uma descrição do desenvolvimento de carreira e de trabalho como requisitos para a terapia, e um cronograma com as principais datas para garantir que o paciente e o terapeuta se mantenham no rumo e preencham a inscrição dentro do prazo. Uma *checklist* das etapas também é fornecida para auxiliar o paciente a completar todo o processo. Um aspecto importante é que o processo pré-tratamento precisa ser introduzido até seis meses antes da DBT–ACES a fim de assegurar que o paciente tenha tempo suficiente para entender o que está envolvido na DBT–ACES e considerar se está na sua mente sábia se candidatar. Isso funciona para criar urgência em torno da eliminação de comportamentos que possam impedir o paciente de participar na DBT–ACES, ao mesmo tempo ainda dando tempo suficiente para que ele reduza esses comportamentos. Além disso, muitas vezes são necessários até dois meses para que o formulário de inscrição do paciente seja preenchido corretamente. Por último, em nossa clínica, onde a DBT padrão é sempre concluída em um ano, uma decisão definitiva sobre a progressão do paciente para DBT–ACES imediatamente após a DBT padrão deve ser tomada ao final dos 11 meses de um programa de um ano para que o terapeuta e o paciente tenham um mês para encerrarem a DBT padrão e planejarem os próximos passos se eles não forem permanecer na DBT–ACES.

Por exemplo, em nosso programa de DBT padrão de um ano, a maioria dos pacientes começa a considerar DBT–ACES com o terapeuta aos seis meses; eles começam o pré-tratamento na DBT–ACES dois módulos antes do final da DBT padrão, assim o processo de pré-tratamento pode estar praticamente concluído antes de iniciar o módulo final do seu ano na DBT padrão. Como os critérios para DBT–ACES estão baseados em oito semanas sem intensidade do comportamento-alvo, ter concluído o processo de pré-tratamento antes do último módulo de habilidades permite ao paciente oito semanas, se necessário, para resolver algum comportamento que interfira na DBT-ACES (p. ex., risco de suicídio, baixa participação) de modo que o paciente permaneça plenamente elegível para DBT-ACES logo depois da DBT padrão. Se a maior parte do processo pré-tratamento não for concluída antes do último módulo da DBT padrão, não conduzimos o paciente para DBT-ACES imediatamente, mas em vez disso fazemos com que se afaste por algum tempo (pelo menos três meses) e se candidate quando estiver mais preparado. Isso evita o caos no final da terapia, com o paciente tentando entrar na DBT-ACES e encerrar a DBT padrão simultaneamente. Descobrimos que se não houver um prazo claro bem antes do final da DBT padrão, os pacientes algumas vezes veem a não entrada na DBT-ACES como um fracasso e precisam de tempo na terapia para articular: para darem a si mesmos o crédito e desfrutarem o sucesso de terminar um ano de DBT padrão incrivelmente exigente.

O processo pré-tratamento da DBT-ACES dá aos pacientes uma oportunidade de aplicar às suas escolhas futuras as habilidades da DBT e também habilidades de solução de problemas e avaliação comportamental que aprenderam na DBT padrão. O objetivo é destacar os sucessos e os comportamentos problemáticos que os pacientes superaram, planejar para o futuro e decidir como o programa da DBT-ACES os ajudará a atingir suas metas.

Às vezes, os pacientes podem ficar frustrados porque o pré-tratamento inteiro foca neles como o problema, e não em como os terapeutas tiveram dificuldade para trabalhar com eles ou em como a vida tornou as coisas difíceis para eles. Este ponto de vista deve ser validado como absolutamente correto. O pré-tratamento da DBT-ACES é uma avaliação da própria capacidade de descrever e considerar sua peça no quebra-cabeça, e descobrir como

superar as limitações dos outros e do sistema. A justificativa é que a maioria das candidaturas a emprego, critérios para entrada na escola e assim por diante também estão baseadas unicamente na capacidade do candidato de realizar o trabalho independentemente do ambiente ou dos desafios no local de trabalho. Além disso, ser capaz de seguir em frente diante do que um paciente julga errado ou injusto é o que costuma ser necessário em contextos profissionais e escolares. Se o paciente precisar que o ambiente seja particularmente hospitaleiro com ele para que possa atingir o sucesso, ele empregará uma quantidade de esforço inefetiva tentando mudar ambientes poderosos e provavelmente será bloqueado em seu progresso de retorno ao trabalho e saída dos serviços sociais.

Como parte do pré-tratamento na DBT-ACES, o paciente também precisa submeter formulários de avaliação de desempenho, preenchidos pelo terapeuta individual e um líder do grupo, avaliando seu desempenho na DBT padrão. Para ter sucesso no emprego e no programa da DBT-ACES, os pacientes precisarão ser capazes de manejar efetivamente seu comportamento e emoções em situações aborrecidas e também desafiadoras, individuais e de grupo. Nossa equipe utilizou uma avaliação no emprego genuína adaptada à terapia individual e ao grupo de habilidades. Este formulário os avalia em 11 categorias diferentes (p. ex., qualidade do desempenho, confiabilidade, comunicação verbal e escrita, identificação de problemas, integração social) e tem classificações que variam de "excepcional" até "precisa melhorar/insatisfatório". O propósito da avaliação é que o líder do grupo e o terapeuta forneçam *feedback* ao paciente destacando seus pontos fortes e também um *feedback* construtivo em áreas que devem ser melhoradas. Isso reflete a abordagem que os pacientes precisam seguir na DBT-ACES como fariam em um emprego, em um curso na faculdade, em um encontro amoroso ou com a família durante as férias.

A fim de possibilitar aprendizagem máxima e preocupação mínima para o paciente da DBT padrão, os materiais de pré-tratamento da DBT-ACES contêm "avaliações de desempenho intermediárias" opcionais que são idênticas às avaliações de desempenho finais, mas que oferecem uma oportunidade adicional para um relato do progresso que o paciente pode obter do terapeuta individual e dos líderes do grupo. Muitos pacientes gostam de produzir estes formulários assim que começam a considerar DBT-ACES para aprender a respeito e melhorar o comportamento que se mostraria como deficiente na sua avaliação final.

A maestria nas habilidades da DBT é avaliada quando o paciente realiza e é aprovado em um teste escrito. As perguntas no teste abrangem habilidades de *mindfulness* (Como você sabe quando está sendo julgador? Quais são as habilidades "O QUE FAZER"?); efetividade interpessoal (Que habilidades devem ser usadas em um cenário interpessoal?); regulação emocional (O que SABER significa? Combine a emoção com sua ação oposta); e tolerância ao mal-estar (Como você sabe se suas habilidades de tolerância ao mal-estar estão funcionando?). Um escore acima de 75% é considerado uma nota de aprovação. Materiais de estudo e testes rápidos sobre o módulo de habilidades de preparação para o teste estão disponíveis aos pacientes para que eles possam se preparar para o teste ou praticar para refazê-lo. O teste pode ser refeito quantas vezes forem necessárias para passar.

Depois de completados os materiais do pré-tratamento e aprovados pelo terapeuta individual, o paciente agenda um encontro individual com o líder da equipe da DBT (ou outro membro da equipe da DBT que não seja seu terapeuta individual e preferivelmente seja menos conhecido para o paciente) para apresentar os materiais e ser entrevistado quanto à sua prontidão para iniciar a DBT-ACES. Esse encontro funciona não somente como exposição a um tipo de entrevista de emprego/escolar, mas também como uma sessão de compromisso concebida para reforçar o progresso do paciente, orientar sobre os aspectos em que a DBT-ACES difere da DBT padrão, confirmar que o paciente está comprometido com a DBT-ACES e fortalecer esse compromisso e resolver problemas potenciais.

Se o paciente já participou da DBT padrão em outro programa de DBT ou em algum momento anteriormente, ainda é recomendado que ele cumpra ao máximo o processo de aplicação — o fator limitante em geral são as avaliações de desempenho dos terapeutas de grupo e individual. Se foi um programa externo da DBT padrão, o importante é assegurar que o terapeuta da DBT padrão entenda o que está envolvido na DBT-ACES e no processo de pré-tratamento para que possa apoiar seu paciente completamente.

Contingências de atividades da carreira e trabalho como terapia

A DBT-ACES inclui duas séries de contingências gradativas para atividades normativas e produtivas para facilitar o emprego com um salário digno: "Atividades da Carreira" e "Trabalho como Terapia". A primeira, Atividades da Carreira, está diretamente associada às ambições pessoais do paciente quanto à carreira com um salário digno e reflete as atividades mais efetivas para atingi-las. Isso pode incluir trabalho remunerado e/ou faculdade, treinamento vocacional, estágios, trabalho autônomo, etc. Por exemplo, um paciente que gostaria de ter uma carreira em enfermagem precisará de formação e experiência de trabalho relacionada — talvez como auxiliar de enfermagem ou voluntário em um hospital. Um paciente que quer conseguir um emprego como gerente de loja, em contrapartida, provavelmente precisará concentrar-se em encontrar emprego no setor varejista desejado ou construir seu caminho até lá. Aulas de gerenciamento podem ser úteis, mas em geral formação escolar é menos importante. É provável que um paciente que quer ser um artista ou escritor precisará de um emprego com salário digno que pague suas contas e um plano de saúde, ao mesmo tempo reservando tempo suficiente durante a semana para pintar ou escrever, além do tempo e habilidades para comercializar seu trabalho.

As Atividades da Carreira devem estar diretamente ligadas às ambições profissionais do paciente. As atividades específicas são decididas por uma síntese das mentes sábias do paciente e do terapeuta individual, mas precisam ter uma ligação direta com a carreira desejada (p. ex., cursar uma disciplina interessante na faculdade fora da sua área profissional não é uma Atividade da Carreira). A equipe da DBT-ACES pode auxiliar na decisão do que incluir e excluir das Atividades da Carreira quando a díade terapeuta individual-paciente precisar de ajuda. Os pacientes da DBT-ACES devem se engajar em Atividades da Carreira por 10 horas ou mais/semana durante quatro meses na DBT-ACES e por 20 horas ou mais/semana durante oito meses na DBT-ACES. Se esta meta não for atingida, então ocorre a suspensão da terapia (ver a seguir).

Uma dificuldade comum das Atividades da Carreira é que algumas vezes os pacientes identificam o tempo gasto "pesquisando" sua carreira como horas relacionadas à exigência de 10 horas, em vez de atividades que demandam imersão e "ação". Esta "pesquisa" costuma funcionar como evitação e, em última análise, não ajuda os pacientes a atingirem suas metas da DBT-ACES. Embora possamos entender que "pesquisar" é uma parte importante das principais decisões na vida, descobrimos que quando não nos comprometemos com um plano de ação específico imediatamente e estabelecemos limites quanto ao número de horas que a pesquisa pode contabilizar para as Atividades da Carreira, os pacientes e terapeutas individuais podem facilmente ficar emperrados e frustrados. Na DBT-ACES, busca-se impedir a evitação a todo custo.

Por exemplo, uma paciente queria montar o próprio negócio como *coach* de vida. No entanto, ela tinha medo e inquietação diante da ideia de mergulhar de cabeça nesse projeto. Assim, ela estava gastando a maior parte das suas horas de carreira pesquisando como começar o próprio negócio e fazendo panfletos e outros elementos de *marketing* para seu negócio. Ficou claro depois de um período que ela estava perdendo tempo e aumentando a ansiedade. Quando a equipe e o terapeuta individual comunicaram que estava na hora de fazer a transição para a "ação", a paciente expressou medo e frustração, mas rapidamente encontrou um trabalho em escritório em um espaço com outras pessoas que faziam trabalho semelhante. Este trabalho permitiu que ela formasse uma rede de parceria e usasse o espaço do escritório gratuitamente para começar a desenvolver sua prática. A transição para a ação a levou a construir maestria, sentir maior confiança e impedir a evitação. Caso a equipe não tivesse deixado clara a contingência de "agir", provavelmente a paciente teria levado bem mais tempo para atingir suas metas da DBT-ACES.

A segunda contingência da DBT-ACES, Trabalho como Terapia, está baseada na meta do programa da DBT-ACES que auxilia os pacientes a se tornarem financeiramente independentes do auxílio por incapacidade psiquiátrica, do sistema de serviço social e do apoio financeiro de familiares ou amigos. Para um paciente da DBT-ACES, provavelmente chegará o momento em que ele perderá um emprego, será demitido, mudará para uma nova cidade ou de alguma outra maneira terá que recomeçar. Quando ele tiver que fazer isso sem o auxílio por incapacidade, isso significará rapidamente ter que encontrar e manter um emprego — com sorte, na sua área profissional, mas nem sempre. Para assegurar que os pacientes da DBT-ACES tenham as habilidades para (1) encontrar um trabalho rapidamente e (2) mantê-lo até encontrar um melhor, a contingência do Trabalho como Terapia exige encontrar um emprego-padrão[3] no mercado aberto e trabalhar ali por um mínimo de 10 horas/semana durante pelo menos seis meses. O paciente deve iniciar o emprego no Trabalho como Terapia no 4º mês da DBT-ACES. As horas no Trabalho como Terapia também contam para as horas na atividade da carreira; portanto, no 4º mês, cumprir as horas do Trabalho como Terapia funciona como cumprir a exigência para as Atividades da Carreira. No 8º mês, no entanto, a exigência de 10 horas do Trabalho como Terapia é menos do que a exigência de 20 horas das Atividades da Carreira, de modo que os pacientes precisam focar na sua carreira, assim como no seu emprego atual. (É claro que, se a carreira for mais bem atendida pelo emprego no Trabalho como Terapia, eles podem fazer isso durante todas as 20 horas ou mais de Atividades da Carreira — como alguém que quer trabalhar na construção e encontra um emprego do Trabalho como Terapia na construção.)

Por fim, o Trabalho como Terapia pode ser iniciado durante a DBT padrão (i.e., sem esperar até que tenha iniciado a DBT-ACES). Esta cronologia retira um pouco da pressão dos pacientes que de outra forma teriam que encontrar trabalho dentro de quatro meses, particularmente em uma economia em baixa.

No desenvolvimento inicial da DBT-ACES, demos uma escolha aos nossos pacientes: retornar ao trabalho *ou* aos estudos como um passo na direção do emprego. A maioria esmagadora dos pacientes decidiu retornar aos estudos, e logo percebemos que embora eles estivessem saindo da zona de conforto ao retornar aos estudos, isso muitas vezes funcionava como evitação do emprego. Assim, começamos requerendo emprego competitivo, em um trabalho tributável, como uma exigência do programa. Ao final da DBT-ACES, a meta é que o paciente tenha desenvolvido as habilidades, capacidade e crença na sua competência para trabalhar, o que não pode ser avaliado ou desenvolvido sem que, na verdade, se esteja trabalhando.

Durante a última década do nosso programa da DBT-ACES, tem havido algumas exceções à contingência do Trabalho como Terapia quando existem evidências convincentes de que o paciente tem as habilidades necessárias para encontrar e manter um emprego competitivo *e* a contingência do Trabalho como Terapia está interferindo nas principais Atividades da Carreira que o paciente quer seguir. Neste caso, a equipe da DBT-ACES pode ser pressionada pelo paciente para uma exceção com uma carta DEAR MAN que inclua uma carta de referência de um empregador anterior ou outra demonstração de que existem as habilidades necessárias para o Trabalho como Terapia e que a contingência do Trabalho como Terapia entra em conflito direto com as Atividades da Carreira. Um exemplo foi uma paciente que havia trabalhado para um centro de educação especial no passado, mas havia deixado esse emprego para criar uma prática privada de educação especial. Durante a DBT padrão, ela finalmente estava recebendo pacientes particulares e não queria interromper o processo para retornar a um emprego. Ela solicitou e recebeu uma carta de recomendação do antigo empregador indicando que eles a contratariam de volta com prazer, e ela requereu à equipe que fosse dispensada da contingência do Trabalho como Terapia desde que maximizasse a contingência de Atividades da Carreira. Em outro caso, uma paciente tinha uma história bem-sucedida no ensino e havia recebido vários prêmios em educação antes de a depressão ter desencadeado seu declínio até a incapacidade. Ela queria focar as Atividades

---

[3] Nos Estados Unidos, classificamos um emprego-padrão como um emprego "W2", que se refere ao formulário de impostos da Receita Federal, W2, para um emprego-padrão onde um chefe é o empregador (em contraste com o paciente sendo um contratante independente, um profissional autônomo ou um estagiário não remunerado), notificando este emprego ao governo (ao contrário de um trabalho informal). Se a DBT-ACES for conduzida fora dos Estados Unidos, princípios comparáveis se aplicam.

da Carreira em um certificado de ensino em tempo integral em um programa de pós-graduação que não deixaria tempo livre para um emprego externo. Esta paciente já havia concluído seis horas/semana de Trabalho como Terapia por três meses. Estava claro que ela era capaz de funcionar em um contexto de trabalho. Ela teve êxito na petição que fez à equipe da DBT-ACES para liberá-la da exigência restante do Trabalho como Terapia. Como pode ser visto nestes casos, os critérios para uma exceção foram: (1) a habilidade já existe e (b) não realizar Trabalho como Terapia está principalmente (se não unicamente) a serviço das Atividades da Carreira para maximizar o emprego sustentável com um salário condizente. Essas exceções são raras. Em quase todos os casos, existe uma razão válida para o Trabalho como Terapia.

Se um paciente da DBT-ACES não satisfizer uma exigência das Atividades da Carreira ou Trabalho como Terapia por quatro semanas consecutivas, ele será convidado a deixar o tratamento até que possa cumprir a contingência por uma semana e então imediatamente reiniciar a DBT-ACES. Isso é denominado "suspensão da terapia"[4] e usa todos os princípios das férias da terapia na DBT padrão. Assim como as férias da terapia, o objetivo é o reforço negativo: o afastamento do tratamento (com a expectativa de que seja uma contingência negativa) termina assim que a pessoa conclui uma semana das contingências (p. ex., trabalha 10 horas em um emprego de Trabalho como Terapia), com o objetivo de reforçar o comportamento adaptativo. Durante a suspensão, o terapeuta individual lamenta e deseja o retorno do paciente, mas não realiza sessões de terapia e o paciente não participa do treinamento de habilidades da DBT-ACES. O treinamento se limita a esclarecer como o paciente pode cumprir a contingência e a incentivar o progresso.

Vale a pena discutir várias implicações dessas contingências de Atividades da Carreira e Trabalho como Terapia. Embora a maioria dos pacientes na DBT-ACES acabe trabalhando mais do que o mínimo de 10 horas para Trabalho como Terapia e em geral seja mais fácil encontrar trabalho por 20 horas ou mais do que por apenas 10, a DBT-ACES escolhe 10 horas como o mínimo para o Trabalho como Terapia para reservar tempo para Atividades da Carreira que não são trabalho, tais como escola ou um estágio não remunerado. Nós aprendemos que 10 horas/semana por seis meses é uma amostra comportamental suficiente para avaliar e resolver problemas com emprego. Considerando que muitos pacientes da DBT-ACES têm limitações físicas, outras responsabilidades como filhos ou pais idosos, ou limitações com transporte, tentamos manter nossas exigências a um máximo de 20 horas/semana. Isso nem sempre funciona na prática, mas o objetivo é não exaurir ou sobrecarregar os pacientes. Deve ser mencionado que, a não ser que ele trabalhe por um salário por pelo menos 20 horas/semana, a redução em outros benefícios (p. ex., moradia ou vale-alimentação) provavelmente irá acabar com os incentivos ao trabalho (ver seção anterior "Visão geral: o problema da incapacidade psiquiátrica").

As Atividades da Carreira fazem muito sentido para os pacientes da DBT-ACES e costumam ser fáceis de definir e perseguir. O Trabalho como Terapia, por outro lado, requer orientação substancial e justificativa para os pacientes, já que é (1) menos obviamente benéfico, (2) menos divertido, (3) mais assustador e (4) o tipo de atividade na qual eles já

---

[4] A suspensão da terapia pode ser indefinida, mas idealmente é muito breve. Em nossa clínica, não podemos manter os pacientes que não estão ativamente engajados em tratamento em nosso volume de casos; assim, quando um paciente está em suspensão, nós o manteremos em nosso volume de casos por quatro semanas com a esperança de que ele retorne rapidamente. Se não conseguir cumprir a contingência nesse período de tempo, ele será dispensado da clínica e poderá nos contatar quando cumpri-la. Nós fazemos o máximo para tê-los de volta o mais rápido possível.

fracassaram antes e que causou incapacidade inicialmente. Acima de tudo, o Trabalho como Terapia não é planejado para ser uma experiência de trabalho estressante, com remuneração mínima ou negativa em algum outro aspecto, o que muitos pacientes da DBT padrão pensam quando ouvem falar pela primeira vez desta exigência. Ocasionalmente, esses empregos são o ponto de partida, mas em geral os pacientes podem encontrar trabalho em uma área de interesse geral se não específico da carreira (p. ex., trabalhar em uma loja de jardinagem se quiser ser um paisagista). De fato, costuma ser mais fácil encontrar e manter o emprego em um trabalho com salário mais alto na sua área do que em um trabalho do qual ele não gostaria.

Os pacientes também são encorajados a usar o dinheiro ganho no Trabalho como Terapia para sustentar suas outras Atividades da Carreira, tais como comprar um carro ou materiais de arte, ou pagar pelo seu estudo. Empregos na área profissional do paciente podem não ser tão fáceis de encontrar após um longo período de desemprego, mas são mais viáveis depois que eles desenvolvem um histórico de emprego e têm uma referência positiva de outro local onde trabalharam. Por exemplo, uma paciente que tinha treinamento como auxiliar de enfermagem não conseguia encontrar um emprego nessa área de atuação. Para cumprir o prazo do Trabalho como Terapia, ela se empregou em uma rede de restaurantes *fast-food* enquanto continuava buscando uma vaga como auxiliar de enfermagem.

Vários meses mais tarde, ela conseguiu um emprego como auxiliar de enfermagem, o que atribuiu não só a estar empregada enquanto se candidatava ao trabalho, mas também à capacidade de ser pontual, persistente e flexível — todas essas habilidades que adquiriu com o emprego no *fast-food*.

Recomendamos que os terapeutas da DBT padrão comecem a orientação para estas contingências seis meses ou mais antes de iniciar a DBT–ACES para que os pacientes tenham a chance de pensar sobre as implicações e chegar a uma decisão sábia. O processo de pré-tratamento é uma forma excelente de facilitar uma consideração das dificuldades. Idealmente, os terapeutas da DBT padrão querem muito que seus pacientes frequentem a DBT–ACES, mas não *precisam* que eles o façam; assim, eles podem ajudar os pacientes a prosseguir, ao mesmo tempo lhes permitindo que façam uma grande escolha com a mente sábia sobre seu futuro.

Currículo de habilidades da DBT–ACES

Os módulos a seguir formam o currículo de habilidades da DBT–ACES (Comtois, Carmel, & Linehan, 2020b): perfeccionismo *versus* reforço, estabelecimento e reavaliação dos relacionamentos, gerenciamento do tempo, manejo efetivo das emoções, sucesso depois da DBT e aplicações de *mindfulness*. Cada módulo tem um mês de duração e, assim, o currículo é concluído em seis meses. Aqueles que concluem a DBT–ACES no curso de um ano repetirão o currículo duas vezes.

Quando a DBT–ACES iniciou, o currículo era composto em grande parte de variações das habilidades da DBT padrão mais habilidades adicionais que depois foram acrescentadas como parte do manual de habilidades da DBT revisado (p. ex., Verificar os Fatos, Solução de Problemas). Com o tempo, outras estratégias e tópicos comportamentais foram acrescentados para abordar dificuldades comuns para pacientes da DBT–ACES, como mau gerenciamento do tempo, perfeccionismo, punição involuntária do próprio comportamento habilidoso e problemas para interagir de forma efetiva com clínicos não DBT depois da graduação. Recentemente, o currículo foi reduzido para seis meses, removendo habilidades ensinadas na DBT padrão com o manual de habilidades revisado, retirando estratégias mais bem manejadas em terapia individual, mantendo os panfletos de habilidades mais efetivos, etc., passando para o atual currículo de seis meses (disponível em *www.dbtaces.com*).

Como com a DBT padrão, os próprios terapeutas da DBT-ACES precisam aprender todas as habilidades no currículo da DBT-ACES. Embora ninguém seja um mestre em todas essas habilidades, os terapeutas da DBT-ACES (como todos os terapeutas da DBT) se empenham em ser modelos de enfrentamento para os pacientes — ou seja, modelos que tiveram dificuldades com as habilidades e encontraram uma maneira de fazê-las funcionar. O processo de aprendizagem de cada habilidade da DBT-ACES também significa que os terapeutas têm uma compreensão real de como as habilidades podem dar errado e o que é necessário para superar os obstáculos de modo que eles possam incorporar isso ao ensino inicial e à análise das tarefas práticas.

Estudo de caso: Gina

Este caso demonstra a aplicação da DBT-ACES no tratamento de uma paciente cronicamente suicida recebendo auxílio por incapacidade psiquiátrica que havia se estabilizado durante a DBT padrão, e que estava motivada a ingressar no programa da DBT-ACES. Após a apresentação do histórico do caso, segue uma descrição do tratamento individual e em grupo, incluindo como as contingências da DBT-ACES foram usadas para promover autossuficiência.

"Gina",[5] uma mulher de 30 anos, branca, heterossexual, encaminhada para nós para o manejo de IS crônica e comportamento de autolesão, entrava e saía de tratamentos de saúde mental desde os 15 anos de idade. Apesar de anos e anos de tratamento de saúde mental e para abuso de substância, ela continuava experimentando ansiedade significativa, depressão e TEPT. Tinha uma história de abuso de substância significativo iniciado aos 13 anos, havia estado em tratamento residencial por várias vezes e foi encaminhada para nós pelo seu programa ambulatorial para abuso de substância para ajudá-la a reduzir comportamentos de autolesão. Ela havia sido hospitalizada por três vezes nos dois anos anteriores em consequência de IS e autolesão, com uma hospitalização após uma tentativa de suicídio. Quando iniciou a DBT padrão, estava sendo sustentada por pensão do estado de aproximadamente U$330 mensais por incapacidade psiquiátrica, com benefício do seguro estatal e morando em uma casa de recuperação.

O ano de DBT padrão de Gina teve como foco inicial fechar a porta para o suicídio, aprender habilidades para regular e manejar as emoções e interromper a autolesão. A paciente respondeu bem à DBT padrão. Já não pensava mais em suicídio e, embora ocasionalmente tivesse impulso de autolesão, interrompeu esse comportamento no quinto mês de DBT padrão.

Ao longo da vida, Gina teve vários empregos; no entanto, devido à desregulação emocional e aos déficits nas habilidades, o tempo mais longo que se manteve em um emprego foi de um ano em uma cafeteria. Ela havia perdido empregos por diversas razões, incluindo demissão por trabalhar alcoolizada, ficar tão zangada e frustrada com os colegas a ponto de ir embora e padecer de uma depressão debilitante que interferia na frequência ao trabalho. A ambição de Gina na DBT-ACES era ter uma carreira significativa, manter a sobriedade, deixar a incapacidade para trás e ser autossuficiente e algum dia ter um parceiro e um gato. No entanto, não tinha certeza do que queria fazer, já que nunca havia considerado seriamente um caminho profissional inspirador. Cinco anos antes de participar na DBT-ACES, ela frequentou a universidade por um curto período apresentando desempenho razoável, mas acabou se desmotivando e abandonou o curso ao ser reprovada em matemática pela terceira vez. Quando iniciou a DBT-ACES, não trabalhava há quatro anos, e cada vez que considerava voltar ao trabalho, seu nível de ansiedade aumentava e os impulsos para usar drogas aumentavam, o que resultava na evitação

---

[5] Embora este seja um caso real em nossa clínica, alteramos os detalhes do histórico da paciente para preservar o sigilo.

da situação e decisão de "esperar para voltar a trabalhar quando estiver pronta". Essa ideia de esperar até que estivesse pronta era reforçada por boa parte da sua comunidade com abuso de substância, família e amigos. Assim, as contingências de medo e sociais estavam funcionando para reforçar a evitação.

Com seis meses em DBT padrão, o terapeuta de Gina a orientou para DBT-ACES e discutiu a possibilidade de continuarem o trabalho juntos na DBT-ACES depois da DBT padrão, tendo como foco o retorno ao trabalho e a busca de uma carreira profissional. Embora a paciente ficasse nervosa, ela sabia em sua mente sábia que isso era algo que desejava e precisava fazer.

À medida que progrediu o ano da DBT padrão, o terapeuta continuou trabalhando com a paciente para aumentar sua participação em atividades sociais e voluntariado. A paciente começou a assumir a liderança e a presidir as reuniões dos Alcoólicos Anônimos (AA) e Narcóticos Anônimos (NA), e assumiu mais responsabilidades na casa de recuperação onde vivia. Embora este aumento na atividade fosse uma experiência positiva para ela, a maior parte do que fazia estava dentro de uma comunidade onde ela se sentia "segura" e conhecia a maioria das pessoas.

Segundo uma perspectiva de modelagem comportamental, isso era progresso, embora trabalhar para ter a vida que desejava exigisse que ela desse um passo para fora da comunidade de recuperação e interagisse com pessoas com quem não tinha tanta familiaridade. Levando em conta o comprometimento em fazer DBT-ACES, ela e o terapeuta começaram a preparar um currículo (obtendo ajuda de outros quando necessário), por fim se candidatando a vários empregos. O foco da DBT padrão neste momento estava sobretudo na exposição. Pensar em trabalhar e procurar casualmente empregos *on-line* despertava alguma vergonha. Quando sentia vergonha, suas respostas típicas eram aumentadas pelo autojulgamento, autoinvalidação, pensamentos de desesperança, impulsos de autolesão e crença de que jamais seria capaz de trabalhar. Então ela fugia da situação e continuava a evitar. Ela e o terapeuta trabalharam juntos para gradualmente expô-la a situações que despertavam ansiedade e habilidades interpessoais quando surgiam entrevistas.

Gina candidatou-se à DBT-ACES no 10º mês de DBT padrão e iniciou DBT-ACES depois de se formar na DBT padrão. Depois de dois meses, começou a trabalhar em uma sorveteria. (Conforme descrito antes, isso significa que ela estava cumprindo as exigências do Trabalho como Terapia e Atividade da Carreira dois meses antes do prazo.) Em seguida, recebeu a responsabilidade de abrir e fechar o negócio; isso provocou medo e ansiedade adicional para ela, pois era muito mais responsabilidade do que estava acostumada e lhe daria acesso a grandes quantidades de dinheiro, o que, historicamente, teria sido um fator de risco para uso de drogas. Nesta época, o terapeuta ficou sabendo que a paciente havia estruturado sua vida para ter acesso limitado a dinheiro e havia pedido a um amigo da comunidade de recuperação que frequentava para administrar seu dinheiro. Isso fez com que a paciente e o terapeuta focassem parte do trabalho conjunto em questões em torno de "surfar" o impulso de ação sem executá-lo, gerenciamento financeiro e enfrentamento das dívidas.

Outro alvo da terapia individual foi aplicar as habilidades para aumentar a eficácia no trabalho e, dialeticamente, procurar um emprego que se adequasse mais à sua personalidade e valores. Embora a paciente agora estivesse empregada, na verdade ela não queria aquele emprego. Ela fazia julgamentos significativos sobre as pessoas que viviam naquele bairro e avaliações negativas dos colegas de trabalho e pacientes, e achava que estava sendo julgada por todos com quem interagia no trabalho. As sessões individuais focaram em estimular o aumento de *mindfulness*, usar ação oposta e aprender a tolerar a insatisfação até que conseguisse resolver o problema e encontrar um emprego que fosse mais adequado para ela. Alguns meses depois (i.e., quatro meses em DBT–ACES), ela foi contratada para um emprego que apreciava, com o qual se importava e onde trabalhava com outras pessoas de quem gostava.

Embora estivesse cumprindo sua contingência do Trabalho como Terapia, este não era o tipo de trabalho que desejava seguir como carreira. Assim sendo, ela precisava começar a considerar o que fazer nas horas de Atividades da Carreira. (Conforme descrito antes, no 8º mês as 10 horas de Trabalho como Terapia serão cumpridas por esse emprego, porém mais 10 horas de Atividades da Carreira serão necessárias, e o emprego só contaria se fosse o melhor passo seguinte para a sua carreira.) O plano de Gina era voltar para a faculdade e, para isso, ela precisava pagar sua dívida com o financiamento estudantil. Os primeiros meses dos seus *check-ins* no grupo da DBT–ACES giraram em torno dos passos necessários a serem dados para se matricular na faculdade e liquidar a dívida, com os terapeutas do grupo de DBT–ACES reforçando todo comportamento adaptativo e bloqueando a evitação, ao passo que a sessão individual de DBT–ACES concentrava-se na vergonha, autoaceitação/compaixão, engajamento em um protocolo de terapia de exposição para seus medos da matemática e adoção de medidas para formar relacionamentos nos ambientes onde ela não se identificava como alguém com problemas com uso de substância ou doença mental. O terapeuta trabalhou com ela para identificar outras pessoas e eventos com os quais se engajar, como interagir com pessoas que compartilhavam valores diferentes dos seus de forma que pudesse continuar a ser amiga delas se quisesse, e não fazer ou dizer coisas que minariam a forma como se sentia sobre si mesma. A vasta maioria do contato fora das sessões com Gina lhe fornecia treinamento para situações interpessoais em que havia um conflito entre seus valores e querer que as outras pessoas gostassem dela. Além do treinamento em torno das habilidades interpessoais, havia contatos fora das sessões para estimular estratégias de exposição. Como parte do protocolo de exposição à ansiedade e à vergonha quando ela se deparasse com estímulos relacionados à matemática, o terapeuta lhe enviaria por mensagem vários problemas ou equações de matemática que ela teria que resolver naquele dia; Gina então deveria tirar fotos do trabalho concluído e mandá-las de volta para o terapeuta por mensagem de texto.

Aproximadamente uma semana depois da formatura da paciente na DBT–ACES, ela estava prestes a retornar aos estudos na faculdade, e apesar de uma oferta da mente sábia do terapeuta de estender a terapia por mais um mês para auxiliar na transição para a classe de matemática, ela recusou. Sua mente sábia insistia que ela tinha as habilidades e era capaz de fazer isso sozinha, usando apenas seus apoios sociais naturais e o apoio do padrinho e da comunidade de 12 passos. A paciente fez uma visita à clínica vários meses depois para participar da formatura na DBT–ACES de uma amiga. Na época, ela relatou que havia concluído sua classe de matemática com um GPA alto, tinha sido promovida no trabalho e havia se mudado da casa de recuperação para a própria casa.

As Metas da Recuperação da DBT–ACES são amplas e ambiciosas — mesmo para aqueles que não enfrentam problemas emocionais e de saúde mental. Considerando as histórias de pacientes da DBT padrão e DBT–ACES, é raro que as metas e os alvos sigam um caminho claro e distinto sem barreiras. Como foi ilustrado com esta paciente, na superfície pode parecer que o progresso era simplesmente uma questão de conseguir um emprego para receber um salário e saldar as dívidas para voltar a estudar. Embora haja alguma verdade nessa percepção, havia muito terreno emocional que Gina teve que percorrer para ser capaz e estar disposta a atingir essas metas sem se engajar em comportamentos geradores de crise ou evitação. Essas barreiras incluíam, entre outras, crenças sobre si mesma e os outros, enfrentar diversos eventos e cenários que anteriormente provocaram recaídas, culpa em relação ao passado, vergonha sobre quem ela era e a necessidade de quitar a dívida com a faculdade e conseguir melhores condições de habitação. A meta de um tratamento da DBT tem a ver com o desenvolvimento de uma vida que valha a pena ser vivida. A DBT-ACES é uma forma de ajudar a fazer uma ponte na divisão existente para alguém que completa a DBT padrão com êxito e ainda não desenvolveu verdadeiramente suas ambições pelas quais vale a pena ser vivida. Embora não valha para todos, este demonstrou ser um caminho rápido para o sucesso. Em essência, a DBT-ACES é um ano de disposição, um ano de ação oposta à emoção e um ano de dedicação completa.

CONCLUSÕES

A DBT-ACES é claramente mais do que um programa para pacientes que finalizam a DBT padrão com sucesso. Semelhante à DBT, a DBT-ACES foi desenvolvida durante uma década de ensaio e erro — acrescentando novas habilidades, adaptando o formato do grupo, desenvolvendo as Metas da Recuperação e contingências do trabalho — pelo que somos muitos gratos a Marsha Linehan e a nossos pacientes por nos ajudarem a reconhecer, enfrentar e encontrar sínteses para tensões dialéticas fundamentais. Gradualmente foram acrescentadas expectativas e exigências ao longo do tempo e fomos reforçados pela descoberta de que os pacientes conseguiam cumpri-las e ultrapassá-las. O programa completo da DBT-ACES resultante requer tempo e compromisso considerável tanto dos pacientes quanto da equipe da DBT, mas obteve mais de 75% de inscrições em emprego ou estudo. Em nossa avaliação pré-pós original, os pacientes na DBT-ACES tinham três vezes mais probabilidade de estar trabalhando ou estudando e cinco vezes mais probabilidade de estar trabalhando 20 horas por semana ou mais no ano da DBT-ACES do que em seu ano na DBT padrão (Comtois et al., 2010). Avaliações recentes incluindo os programas na Alemanha e Califórnia replicaram e ultrapassaram estes resultados pré-pós (Comtois et al., 2020).

Muitos princípios e estratégias da DBT-ACES podem ser integrados à DBT padrão sem que seja conduzido o programa inteiro. Certamente, as Metas da Recuperação podem ser usadas para organizar os comportamentos que interferem na qualidade de vida de muitos pacientes que querem se tornar mais autossuficientes ou trabalhar ou estudar. Estabelecer contingências para produtividade normativa e exigir que os pacientes sigam atividades programadas fora de casa pode ser uma estratégia útil para aumentar a ativação comportamental entre pacientes da DBT padrão. O processo de *check-in* é excelente para ensinar os pacientes a serem seus próprios terapeutas: como definir passos de ação atingíveis, impedir evitação e reforçar a prática. Por fim, os módulos de habilidades da DBT-ACES também podem ser integrados à DBT padrão para focar em comportamentos problemáticos e abordar déficits em habilidades particulares, tais como o uso de material do módulo de perfeccionismo *versus* reforço para trabalhar o perfeccionismo.

A DBT-ACES resolveu boa parte do desgosto que sentimos como equipe quando pacientes profundamente entrincheirados e complexos não alcançavam as vidas que desejavam depois de apenas um ano de tratamento. A DBT-ACES criou a estrutura e as contingências que esses pacientes precisavam para fazer progresso significativo e ganhar impulso em direção às metas que façam a vida valer a pena. Em nossa equipe de consultoria, não havia forma mais efetiva de reduzir o esgotamento do que ouvir nossos pacientes que se formaram na DBT-ACES anos atrás nos contando sobre suas vidas "normais" e acima da média preenchidas com carreiras promissoras, amigos, família e amor.

REFERÊNCIAS

Bateman, A. W. (2012). Treating borderline personality disorder in clinical practice. *American Journal of Psychiatry, 169*(6), 560–563.

Blum, N., St. John, D., Pfohl, B., Stuart, S., McCormick, B., Allen, J., et al. (2008). Systems training for emotional predictability and problem solving

(STEPPS) for outpatients with borderline personality disorder: A randomized controlled trial and 1-year follow-up. *American Journal of Psychiatry, 165*(4), 468–478.

Carmel, A., Comtois, K. A., Harned, M. S., Holler, R., & McFarr, L. (2016). Contingencies create capabilities: Adjunctive treatments in dialectical behavior therapy that reinforce behavior change. *Cognitive and Behavioral Practice, 23,* 110–120.

Carmel, A., Torres, N. I., Chalker, S., & Comtois, K. A. (2018). Interpersonal barriers to recovery from borderline personality disorder: A qualitative analysis of patient perspectives. *Personality and Mental Health, 12,* 38–48.

Chu, C., Buchman-Schmitt, J. M., Stanley, I. H., Hom, M. A., Tucker, R. P., Hagan, C. R., et al. (2017). The interpersonal theory of suicide: A systematic review and meta-analysis of a decade of cross-national research. *Psychological Bulletin, 143*(22), 1313–1345.

Comtois, K. A., Carmel, A., & Linehan, M. M. (2020a). *DBT–Accepting the challenges of employment and self-sufficiency (DBT– ACES): A clinician's guide.* Seattle: University of Washington.

Comtois, K. A., Carmel, A., & Linehan, M. M. (2020b). *DBT–Accepting the challenges of employment and self-sufficiency (DBT– ACES): Skills training handouts.* Seattle: University of Washington.

Comtois, K. A., Carmel, A., McFarr, L., Hoschel, K., Huh, D., Murphy, S. M., et al. (2020). Dialectical behavior therapy–Accepting the challenges of employment and self-sufficiency (DBT–ACES) effectiveness: A re-evaluation in three settings. *DBT Bulletin, 3*(1).

Comtois, K. A., Kerbrat, A. H., Atkins, D. A., Harned, M. S., & Elwood, L. (2010). Recovery from disability for individuals with borderline personality disorder: A feasibility trial of DBT– ACES. *Psychiatric Services, 61*(11).

Comtois, K. A., Elwood, L., Holdcraft, L. C., Simpson, T. L., & Smith, W. R. (2007). Effectiveness of dialectical behavioral therapy in a community mental health center. *Cognitive and Behavioral Practice, 14,* 406–414.

Drake, R. E., & Deegan, P. E. (2008, February). Are assertive community treatment and recovery compatible?: Commentary on "ACT and recovery: Integrating evidence-based practice and recovery orientation on assertive community treatment teams." *Community Mental Health Journal, 44*(1), 75–77.

Drake, R. E., McHugo, G. J., Bebout, R. R., Becker, D. R., Harris, M., Bond, G. R., et al. (1999). A randomized clinical trial of supported employment for inner-city patients with severe mental disorders. *Archives of General Psychiatry, 56*(7), 627–633.

Gold, P. B., Meisler, N., Duross, D., & Bailey, L. (2004). Employment outcomes for hard-to-reach persons with chronic and severe substance use disorders receiving assertive community treatment. *Substance Use and Misuse, 39*(13–14), 2425–2489.

Gold, P. B., Meisler, N., Santos, A. B., Carnemolla, M. A., Williams, O. H., & Keleher, J. (2006). Randomized trial of supported employment integrated with assertive community treatment for rural adults with severe mental illness. *Schizophrenia Bulletin, 32*(2), 378–395.

Horvitz-Lennon, M., Reynolds, S., Wolbert, R., & Witheridge, T. F. (2009). The role of assertive community treatment in the treatment of people with borderline personality disorder. *American Journal of Psychiatric Rehabilitation, 12*(3), 261–277.

Joiner, T. (2009). *Why people die by suicide.* Cambridge, MA: Harvard University Press.

Joiner, T. E., & Van Orden, K. A. (2008). The interpersonal-psychological theory of suicidal behavior indicates specific and crucial psychotherapeutic targets. *International Journal of Cognitive Therapy, 1*(1), 80–89.

Killeen, M. B., & O'Day, B. L. (2004). Challenging expectations: How individuals with psychiatric disabilities find and keep work. *Psychiatric Rehabilitation Journal, 28*(2), 157–163.

Markowitz, J. C., Bleiberg, K., Pessin, H., & Skodol, A. E. (2007). Adapting interpersonal psychotherapy for borderline personality disorder. *Journal of Mental Health, 16*(1), 103–116. McMain, S. F., Guimond, T., Streiner, D. L., Cardish, R. J., & Links, P. S. (2012, June).

Dialectical behavior therapy compared with general psychiatric management for borderline personality disorder: Clinical outcomes and functioning over a 2-year follow-up. *American Journal of Psychiatry, 169*(6), 650–661.

Swenson, C. R., Torrey, W. C., & Koerner, K. (2002). Implementing dialectical behavioral therapy. *Psychiatric Services, 53,* 171–178.

Underlid, K. (2005). Poverty and experiences of social devaluation: A qualitative interview study of 25 long-standing recipients of Social Security payments. *Scandinavian Journal of Psychology, 46*(3), 273–283.

Weisbrod, B. A. (1983). A guide to benefit–cost analysis, as seen through a controlled experiment in treating the mentally ill. *Journal of Health Policy, Politics and Law, 7*(4), 808–845.

11

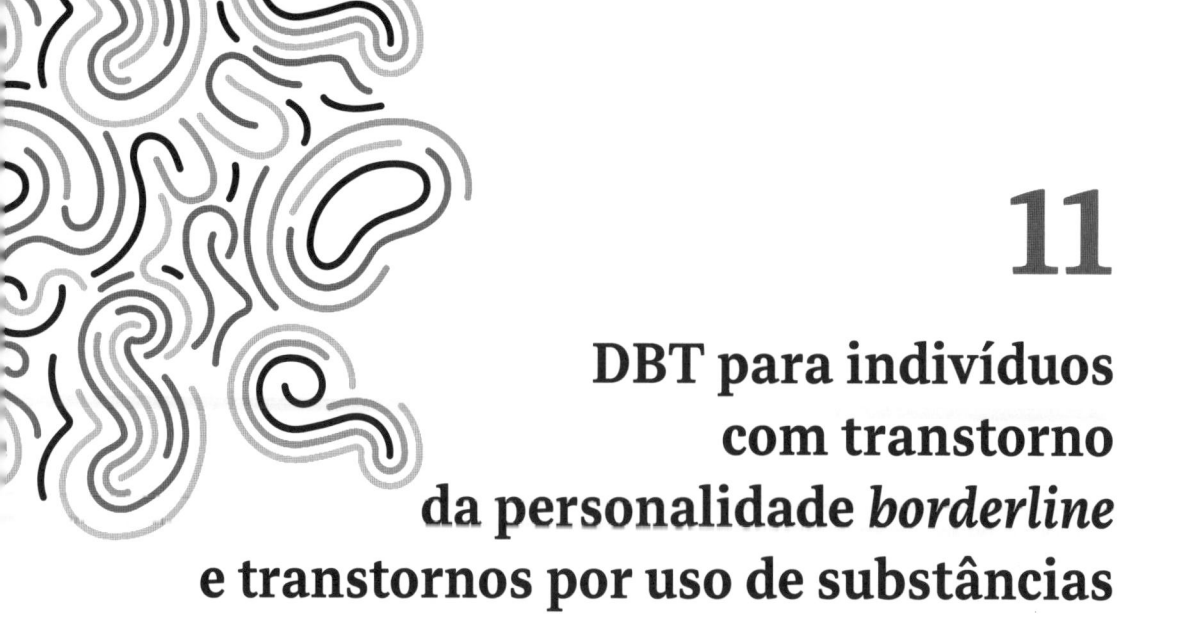

DBT para indivíduos com transtorno da personalidade *borderline* e transtornos por uso de substâncias

*Linda A. Dimeff, Shelley McMain, Jennifer H. R. Sayrs,
Chelsey R. Wilks e Marsha M. Linehan*

VISÃO GERAL DO PROBLEMA

Os transtornos por uso de substâncias (TUS) comumente são comórbidos a transtorno da personalidade *borderline* (TPB; Trull et al., 2018; Trull, Sher, Minks-Brown, Durbin, & Burr, 2000) e resultam em problemas comportamentais sérios e complexos. A prevalência entre TUS e TPB só fica atrás da comorbidade de transtornos do humor e transtorno da personalidade antissocial (Trull & Widiger, 1991). Em sua extensa revisão de 70 estudos publicados de 2000 a 2017, Trull e Widiger descobriram que cerca de metade dos indivíduos com TPB tinha pelo menos um problema de TUS concomitante — mais frequentemente, transtorno por uso de álcool (TUA). Dos indivíduos que apresentavam TUS, em torno de 25% também satisfaziam os critérios para TPB. Aqueles com uso concomitante de opioide, cocaína e TUA tinham mais probabilidade de receber um diagnóstico de TPB. Esta sobreposição não é inesperada — afinal, impulsividade em áreas que são potencialmente prejudiciais ao indivíduo (como abuso de substâncias) é um dos critérios diagnósticos para TPB. De fato, os níveis de impulsividade são mais altos entre indivíduos com os dois transtornos (Links, Heslegrave, Mitton, & Van Reekum, 1995; Tomko, Trull, Wood, & Sher, 2014; Trull et al., 2004). Entretanto, a alta comorbidade entre TPB e TUS não é inteiramente explicada por essa sobreposição nos critérios. Por exemplo, Dulit e colaboradores (1990) constataram que 67% dos pacientes atuais com TPB satisfaziam os critérios para TUS. Quando o abuso de substâncias não foi usado como um critério para TPB, a incidência caiu para 57%, o que ainda é uma proporção muito significativa da população.

Indivíduos com TPB e TUS são pacientes difíceis de tratar e têm uma gama mais ampla de problemas comparados com aqueles com TUS ou TPB isoladamente (Links et al., 1995). Por exemplo, as taxas de suicídio e tentativas de suicídio, já altas entre indivíduos com TPB (Frances, Fyer, & Clarkin, 1986; Stone, Hurt, & Stone, 1987) e com abuso de substâncias (Beautrais, Joyce, & Mulder, 1999; Links et al., 1995; Rossow & Lauritzen, 1999), são ainda mais altas para indivíduos com os dois transtornos (Rossow & Lauritzen, 1999). Além do mais, indivíduos que fazem uso abusivo de substâncias com TPB são uniformemente mais disfuncionais do que aqueles que abusam de substâncias sem um transtorno da personalidade. Estudos comparando pacientes que abusam de substâncias com e sem transtornos da personalidade relataram que aqueles com transtornos da personalidade têm significativamente mais problemas comportamentais, legais e médicos, incluindo alcoolismo e depressão, e estão mais amplamente envolvidos em abuso de substâncias do que pacientes sem transtornos da personalidade (Cacciola, Alterman, Rutherford, & Snider, 1995; Cacciola, Alterman, McKay, & Rutherford, 2001; McKay, Alterman, Cacciola, Mulvaney, & O'Brien, 2000; Nace, Davis, & Gaspari, 1991; Rutherford, Cacciola, & Alterman, 1994). Em um estudo, a remissão de TPB mostrou ser impedida pela presença de um TUS (Zanarini, Frankenburg, Hennen, Reich, & Silk, 2004; Zanarini, Frankenburg, Weingeroff, Reich, & Weiss, 2011). Alguns estudos sobre indivíduos que fazem abuso de substâncias que compararam aqueles com TPB com indivíduos com outros transtornos da personalidade observaram que pacientes com TPB tinham problemas psiquiátricos mais severos do que pacientes com outros transtornos da personalidade (Kosten, Kosten, & Rounsaville, 1989; Skinstad & Swain, 2001).

Como se explicam as altas taxas de sobreposição entre TUS e TPB? Uma ampla constelação de fatores interligados, incluindo componentes biológicos, psicológicos e socioculturais, contribui para o desenvolvimento e a manutenção do abuso de substâncias em associação com TPB. Evidências de uma predisposição genética para abuso de substâncias psicoativas em indivíduos com TPB são sugeridas pelas altas taxas de problemas de adição em estudos familiares de indivíduos com TPB (Anokhina, Veretinskaya, Vasil'eva, & Ovchinnikov, 2000). Também há evidências de uma relação entre traço de impulsividade e abuso de substâncias (Levenson, Oyama, & Meek, 1987). Indivíduos que abusam de substâncias exibem níveis mais altos de impulsividade em relação às suas contrapartidas com TPB sem abuso de substâncias (p. ex., Kruedelbach, McCormick, Schulz, & Greuneich, 1993; Morgenstern, Langenbucher, Labouvie, & Miller, 1997), o que pode, em grande parte, explicar as altas taxas de TUS concomitantes (Trull et al., 2000). Pessoas com TPB estão em risco aumentado para problemas de adição devido à desregulação emocional pervasiva subjacente ao seu transtorno (Linehan, 1993c; Marziali, Munroe-Blum, & McCleary, 1999). A dependência de substâncias psicoativas, como outros comportamentos problemáticos (p. ex., cortar-se, bater a cabeça, gastar em excesso, comer compulsivamente), funciona (embora disfuncionalmente) para regular emoções negativas fora de controle. De fato, muitas pessoas com TPB relatam que o uso de drogas é uma tentativa de manejar seus estados emocionais intensos, incluindo tristeza, vergonha, vazio, tédio, raiva e sofrimento emocional. Em um nível biológico, a fuga das emoções negativas por meio do uso de drogas é reforçada por um aumento da dopamina em um indivíduo que, de outra forma, teria níveis baixos de dopamina no circuito mesolímbico depois do uso extenso de drogas ao longo do tempo (Leshner, 1997; Leshner & Koob, 1999). Embora o abuso inicial de substâncias produza prazer em razão do aumento no sistema da dopamina, o uso prolongado dificulta a experiência de sensações de prazer porque o sistema da dopamina está alterado (Leshner & Koob, 1999), resultando no que Leshner e Koob (1999) chamam de "cérebro modificado". Por último, fatores ambientais também desempenham um papel importante no desenvolvimento e na manutenção de comportamentos de adição para indivíduos com TPB. Frequentemente se observa que experiências familiares adversas como comunicação deficiente, conflito e abuso caracterizam as histórias de indivíduos com TPB (Herman, Perry, & van der Kolk, 1989; Zanarini & Frankenburg, 1997). O tratamento efetivo deve observar com atenção a infinidade de fatores que interagem para manter o comportamento de adição.

JUSTIFICATIVA PARA APLICAÇÃO DE DBT EM INDIVÍDUOS COM TPB E TUS

A decisão de usar e avaliar terapia comportamental dialética (DBT) em indivíduos com TPB e TUS foi influenciada por diversos desenvolvimentos. Dentro dos sistemas mais amplos para tratamento de saúde mental e adição, houve um reconhecimento crescente nas últimas décadas das limitações das abordagens tradicionais no tratamento de pessoas com transtornos comórbidos. Historicamente, muitos clínicos sustentaram que os problemas de adição precisam ser superados antes que os problemas de saúde mental possam ser tratados com êxito. Essa perspectiva contribuiu para uma abordagem diferencial de longo prazo para o tratamento de pessoas com problemas de saúde mental e TUS concomitantes comparados com aqueles com problemas de saúde mental sem TUS. Muitos indivíduos foram impedidos de ter acesso a serviços de saúde mental especializados até que seus problemas de abuso de substâncias estivessem estabilizados.

Nos últimos anos, uma consciência maior das limitações das abordagens sequenciais do tratamento promoveu um movimento crescente voltado para o uso de abordagens integradas para transtornos mentais sem comorbidade — ou seja, tratamentos em que tanto os problemas de adição quanto os de saúde mental são abordados pelos mesmos clínicos. Para apoiar o desenvolvimento de modelos de tratamento integrados, crescentes oportunidades de financiamento têm sido disponibilizadas por importantes organizações, incluindo o National Institute on Drug Abuse (NIDA) e o National Institute on Alcohol Abuse and Alcoholism (NIAAA). A adaptação da DBT para indivíduos dependentes de substâncias com TPB foi desenvolvida no contexto de um estudo financiado pelo NIDA para avaliar DBT para indivíduos dependentes de substâncias com TPB (Linehan et al., 1999a; Linehan & Dimeff, 1997).

Muitas outras fortes razões existiam para justificar a ampliação da DBT para o tratamento de TPB e abuso de substâncias comórbidos. Primeiro, surgiram estudos que indicavam que a DBT era efetiva na redução de comportamentos impulsivos associados ao TPB, mais notadamente comportamentos suicidas (Linehan, Armstrong, Suarez, Allman, & Heard, 1991; Koons et al., 2001). As constatações de que a DBT poderia ser bem-sucedida no tratamento de indivíduos com múltiplos transtornos que não respondiam bem aos protocolos de tratamento tradicionais trouxeram a esperança de que ela pudesse ajudar a reduzir outros comportamentos impulsivos, como abuso de substâncias. Além do mais, os fundamentos teóricos e as estratégias básicas do tratamento da DBT compartilhavam muitas semelhanças com tratamentos proeminentes para adição. Segundo uma teoria popular do comportamento aditivo, conhecido como a "hipótese da automedicação", os indivíduos usam drogas e álcool para modular seus estados emocionais (Khantzian & Schneider, 1986). Esta premissa é consistente com a teoria biossocial da DBT, a qual propõe que a desregulação emocional está na essência dos critérios comportamentais do TPB (Crowell, Beauchaine, & Linehan, 2009). A visão de que indivíduos que abusam de substâncias têm dificuldades para regular a emoção e que estados emocionais negativos precipitam o uso de substâncias é apoiada por um grande corpo de evidências empíricas (Kushner, Sher, & Beitman, 1990; Bradley, Gossop, Brewin, & Philips, 1992; Cummings, Gordon, & Marlatt, 1980). Além disso, o risco de recaída de álcool foi previsto por alta desregulação emocional (Berking et al., 2011). Por último, no nível da prática clínica, as estratégias básicas da DBT, que se fundamentam nos modelos cognitivo-comportamentais e nas tradições baseadas na aceitação, figuram centralmente em modelos proeminentes de tratamento para adição. Estratégias cognitivo-comportamentais são a base da prevenção de recaída, um tratamento efetivo e bem estabelecido para comportamentos aditivos. As técnicas essenciais em DBT, incluindo exposição a estímulos, treinamento de habilidades e manejo de contingências, também são os fundamentos do tratamento para adição. O extenso uso de validação em DBT é semelhante à abordagem de entrevista motivacional (EM) de Miller e Rollnick (1991). O equilíbrio dialético na DBT entre solução de problemas e uma aceitação fundamental da realidade atual, incluindo coisas que podem não ser possível mudar, tem semelhanças com uma filosofia básica das abordagens de 12 passos.

A DBT é o primeiro modelo de tratamento integrado desenvolvido para pessoas com abuso de substâncias e TPB sem comorbidade. Desde o desenvolvimento do manual de tratamento original, a DBT evoluiu por meio da pesquisa e da prática clínica. Até o momento, ela já foi implementada e avaliada por grupos de pesquisa em vários países e com diferentes grupos de pessoas com TPB e TUS.

RESULTADOS EMPÍRICOS

Até agora, foram conduzidos diversos ensaios clínicos randomizados (ECRs), estudos não controlados e quase-experimentais apoiando a eficácia da DBT e da DBT-TUS para indivíduos dependentes de substâncias, incluindo aqueles com TPB. Em seu mergulho detalhado e abrangente na literatura da DBT-TUS, Salsman (2020) examinou oito ECRs, 12 ensaios não controlados e quase-experimentais, juntamente com alguns estudos com N pequeno e de caso. Em geral, a eficácia da DBT-TUS foi corroborada.

O estudo seminal sobre DBT-TUS da University of Washington (UW) (Linehan & Dimeff, 1997) procurou determinar se a DBT-TUS era superior ao tratamento conforme usual (TAU, do inglês *treatment as usual*) baseado na comunidade. Vinte e oito mulheres dependentes de substâncias com TPB foram randomizadas para um ano de DBT ($n=12$) ou para o grupo-controle com TAU ($n=16$). A maioria das participantes (74%) eram usuárias de diversas substâncias que satisfaziam os critérios para dependência de uma gama de substâncias psicoativas; entre as principais estavam álcool (52%) e cocaína (58%). A DBT foi superior ao TAU na redução do abuso de drogas durante o ano de tratamento e aos 16 meses de seguimento, e foi mais efetiva na retenção das participantes durante o período de um ano de tratamento (64% vs. 27%). As participantes na DBT também apresentaram funcionamento social e adaptação global significativamente mais altos aos 16 meses de seguimento comparadas às participantes em TAU. Mais importante, a análise da aderência dos terapeutas à DBT observou que as pacientes de terapeutas cujas sessões eram consistentemente avaliadas quanto à aderência tinham resultados significativamente melhores na urinálise do que as pacientes de terapeutas que não eram avaliados consistentemente como aderentes.

O segundo estudo da UW (Linehan et al., 2002) usou uma condição-controle mais rigorosa para as ameaças usuais à validade interna (p. ex., prestígio de receber tratamento na UW, aplicação de tratamento manualizado padronizado, modos de tratamento e tempo engajado no tratamento). Além disso, todos os participantes ($N=23$) deviam ter um diagnóstico principal de TUS de dependência de opioides, além de TPB. Muitos participantes também satisfaziam os critérios para dependência de cocaína (52%), sedativos (13%), maconha (8,7%) e álcool (26%). Os sujeitos foram randomicamente designados para um ano de DBT ou terapia de validação abrangente com intervenção de 12 passos (CVT + 12S, do inglês *comprehensive validation therapy with 12-step intervention*). Desenvolvida por Linehan e colaboradores (Linehan, Tutek, Dimeff, & Koerner, 1999b), a condição de CVT + 12S incluía terapia individual e encorajamento para participar de reuniões de 12 passos. O tratamento com CVT + 12S enfatizou a aplicação de estratégias de aceitação da DBT dentro de um modelo de doença/estrutura de 12 passos muito semelhante ao tratamento de facilitação dos 12 passos usado no Projeto MATCH (Matching Alcoholism Treatment to Client Heterogeneity; Nowinski & Baker, 1992). Os resultados do estudo indicam que ambos os tratamentos foram significativamente efetivos na redução do uso de opiáceos durante os primeiros oito meses de tratamento ativo. Entretanto, houve uma divergência entre os grupos na avaliação no 8º mês. Entre o 8º mês e o final do tratamento ativo de 12 meses, os sujeitos que receberam a intervenção de CVT + 12S aumentaram de forma significativa seu uso de opiáceos comparados com os sujeitos no grupo da DBT, que mantiveram suas reduções. Houve diferenças significativas entre os grupos quanto à retenção no tratamento. Todos os 12 sujeitos designados para a CVT + 12S permaneceram em tratamento, ao passo que quatro dos 11 sujeitos na DBT abandonaram o tratamento.

O primeiro estudo de replicação independente publicado sobre DBT com indivíduos dependentes de drogas com TPB foi conduzido por pesquisadores nos Países Baixos. Verheul e colaboradores (2003) conduziram um ECR para avaliar a eficácia da DBT padrão *versus* TAU controle. Os participantes consistiam em 58 mulheres diagnosticadas com TPB, com e sem TUS. Os resultados mostraram que a DBT era mais efetiva do que o TAU na redução do abandono do tratamento, na frequência de comportamentos de autolesão e em comportamentos impulsivos autodestrutivos, incluindo abuso de álcool. Curiosamente, não houve diferenças entre as condições em outras drogas de abuso. Em contraste com a pesquisa de Linehan com indivíduos dependentes de substâncias com TPB, este estudo *não* fez uso das modificações da DBT para indivíduos dependentes de substâncias, em vez disso fazendo uso da DBT padrão. Além do mais, problemas de adição não foram o foco da pesquisa.

Em outro ECR de DBT-TUS (McMain et al., 2004), 27 mulheres com TUS e TPB concomitantes foram randomizadas para DBT ou um tratamento-controle com TAU que envolvia tratamento não manualizado para pacientes com adição e problemas de saúde mental concomitantes. Em termos de uso de álcool, os resultados favoreciam a DBT: o uso de álcool não mudou significativamente entre os sujeitos em TAU, ao passo que os escores de severidade do uso de álcool eram substancialmente reduzidos em participantes que receberam a DBT — cerca de um terço mais baixo do que no pré-tratamento. Ambos os grupos apresentaram melhoras nos resultados para uso de drogas: os participantes alocados no grupo de DBT tiveram maiores reduções iniciais em uso de drogas, embora no resultado final os sujeitos em TAU tenham revelado maior melhora geral. Os resultados deste estudo mostraram que a DBT tinha mais impacto na redução de comportamentos de autolesão e uso de álcool. Semelhante aos resultados no estudo de Verheul e colaboradores (2003), a DBT não foi mais benéfica do que os tratamentos-padrão para problemas de adição no que se refere à redução do uso de drogas. Apesar da necessidade de mais pesquisas, esses resultados sugerem que, embora a DBT possa ser equivalente aos tratamentos-padrão na redução do uso de drogas, ela pode ter uma vantagem adicional de melhorar outros problemas comportamentais relacionados ao TPB, tais como impulsividade e comportamento de autolesão.

Animadoramente, a DBT padrão não focada em TUS é efetiva na redução do *status* diagnóstico de TUS e TUA. Em uma análise de dados secundária de um ECR sobre mulheres suicidas com TPB (Linehan et al., 2006),

Harned e colaboradores (2008) observaram que 87,5% dos indivíduos com um TUS tiveram remissão total do diagnóstico de transtorno, e tinham 2,5 vezes mais probabilidade de atingir plena remissão do que os indivíduos randomizados para o grupo de "tratamento por especialistas". Além do mais, as taxas de remissão para aqueles em DBT eram comparáveis aos protocolos para comportamentos desviantes da norma (EBPs, do inglês *egregious behavior protocols*) desenvolvidos para TUS (Crits-Christoph et al., 1999).

Dando prosseguimento aos estudos anteriores, Linehan e colaboradores (2009) conduziram um ECR multicêntrico comparando DBT a aconselhamento em uso de drogas individual e em grupo (IGDC, do inglês *individual and group drug counseling*) entre 125 homens e mulheres com TPB em comorbidade de dependência de opiáceos. Os participantes em ambas as condições receberam mediação para substituição de opiáceo (buprenorfina-naloxona). Os resultados da urinálise (UA) indicaram que os pacientes nos dois grupos tiveram reduções similares no uso de opiáceos e cocaína durante o estudo e no seguimento em pessoa. Devido aos resultados inconsistentes das entrevistas e à falta de resultados de UA, a DBT pode ter sido superior na redução do uso de outras drogas. A DBT foi significativamente mais efetiva na redução de depressão e ansiedade do que o IGDC. Os resultados deste estudo sugerem que, embora a DBT-TUS seja comparável aos tratamentos multimodais padrão-ouro para abuso de substâncias, ela é superior aos resultados que focam na saúde mental.

Em um ECR comparando DBT a TAU, 25 mulheres com comorbidade entre TUS e transtornos alimentares (TA) foram avaliadas quanto a transtorno alimentar, uso de substâncias e depressão. As participantes randomizadas para DBT evidenciaram taxas de retenção e resultados clínicos superiores. Entretanto, os indivíduos randomizados para TAU tiveram piora nos sintomas de TA e TUS e, como consequência, os autores encerraram o recrutamento antecipadamente (Courbasson, Nishikawa, & Dixon, 2012).

Em um ensaio aberto de DBT para TUS, Axelrod e colaboradores (2011) procuraram investigar se as melhoras na desregulação emocional explicavam as melhoras na frequência no uso de substâncias entre indivíduos que recebiam DBT. Os autores constataram que a regulação emocional explicava as melhoras no uso de substâncias, destacando o papel das melhoras na regulação emocional como um mecanismo de mudança para indivíduos com uso de substâncias.

Novas aplicações da DBT para trabalhar os alvos na adição

Quando as principais habilidades da DBT foram acrescentadas ao Brief Alcohol Screening and Intervention for College Students (BASICS) para estudantes universitários deprimidos e/ou ansiosos e bebedores pesados de álcool, a intervenção BASICS reforçada por DBT superou a BASICS no controle do relaxamento em ansiedade, depressão, consumo de álcool e regulação emocional no seguimento de 1 e 3 meses (Whiteside, 2010).

Rizvi, Dimeff e colaboradores (2011) fizeram um teste-piloto de um aplicativo para celular da habilidade da DBT "ação oposta" entre 22 indivíduos com TPB-TUS em um esforço para aumentar a capacidade de generalização das habilidades da DBT. Os participantes no estudo avaliaram o aplicativo como altamente útil e conveniente.

A fim de aumentar o acesso ao tratamento para indivíduos mais distantes com tratamento baseado em evidências, foi desenvolvida uma intervenção de treinamento de habilidades da DBT feita pela internet concebida especificamente para pacientes com comportamentos suicidas e com abuso de álcool pesado episódico e avaliada preliminarmente em 69 indivíduos. Os participantes foram randomizados para receber acesso à intervenção de treinamento de habilidades *on-line* imediatamente ou depois de uma lista de espera de oito semanas. A intervenção *on-line* durou oito semanas e consistia em habilidades de *mindfulness*, quando a crise é adição, regulação emocional e tolerância ao mal-estar. Os participantes randomizados para receber tratamento imediatamente tiveram reduções bem mais rápidas na quantidade de uso de álcool e também nos escores para ideação suicida (Wilks, Lungu, Ang, Matsumaya, & Linehan, 2018).

PARA QUEM A DBT É INDICADA?

A DBT foi desenvolvida originalmente para o tratamento de indivíduos cronicamente suicidas com problemas comportamentais múltiplos e severos. A adaptação específica para dependência de substância foi concebida e avaliada como um tratamento para indivíduos com essa problemática associada ao TPB. A população de indivíduos com TPB e TUS para quem tal adaptação estava baseada é em grande parte heterogênea em termos das drogas de abuso e das variáveis demográficas (p. ex., raça/etnia, gênero, educação, estado civil). A maioria dos indivíduos que participaram dos ECRs anteriormente citados nos quais as adaptações estão baseadas eram dependentes de múltiplas substâncias com extensas histórias de abuso de drogas e tentativas malsucedidas de sair da dependência antes de iniciar a DBT.

A DBT pode ser útil para outros indivíduos dependentes de substâncias sem TPB? Até o momento não foram realizados estudos para avaliar a eficácia da DBT em indivíduos dependentes de substância sem um diagnóstico de TPB concomitante. Como decisões clínicas costumam ser necessárias antes que resultados de ensaios clínicos controlados estejam disponíveis, alguns princípios podem ajudar a determinar se a DBT pode ser uma intervenção apropriada. Primeiramente, as decisões clínicas e o planejamento do tratamento devem ser guiados pelo que é conhecido da literatura empírica. Existe um tratamento já comprovado para o(s) problema(s) particular(es) que seu paciente tem? Em segundo lugar, seja parcimonioso. Todas as coisas sendo iguais, considere iniciar com um tratamento mais simples e eficiente do que com um tão complexo e abrangente quanto a DBT. Embora a DBT sem dúvida contenha elementos que serão terapêuticos para a maioria dos pacientes, também é provável que ela seja consideravelmente mais extensa do que o necessário para muitos dos pacientes com TUS. Terceiro, considere em que medida a desregulação emocional desempenha um papel no uso continuado de drogas pelo indivíduo. Como a DBT foi desenvolvida especificamente para indivíduos com desregulação emocional global, ou invasiva, ela pode ser adequada para pessoas cujo uso de drogas está associado a descontrole emocional. Mas a DBT pode ser inefetiva para indivíduos cujas emoções contribuem pouco, ou nada, para o uso continuado de drogas. Por último, considerando que foi desenvolvida para uma população de pacientes em geral difíceis de tratar com múltiplos problemas dos Eixos I e II,* a DBT pode ser bem estudada para abordar os problemas do paciente que, embora não tenha TPB, é um paciente com TUS com múltiplas comorbidades que fracassou em muitas ocasiões em outras terapias para TUS baseadas em evidências.

O QUE É DBT PARA TUS E TPB EM COMORBIDADE?

O protocolo da DBT padrão foi desenvolvido por Linehan (1993a, 1993b, 2015a, 2015b) para o tratamento do TPB. Em DBT para o tratamento do TPB e TUS, é adotada uma abordagem de tratamento integrativa com o objetivo de abordar concomitantemente problemas de adição e outros problemas comportamentais que são únicos para indivíduos com TPB. A DBT para TPB e TUS concomitantes

---

* N. de R. T. Refere-se ao DSM-IV-TR. O DSM-5 não adota a divisão por eixos.

difere da DBT padrão em apenas um aspecto: ela traz mais foco para comportamentos de adição e problemas associados. Sob outros aspectos, os tratamentos são idênticos. Ela é concebida para o tratamento de indivíduos com múltiplos transtornos com TPB e problemas com abuso de substância concomitantes. Consistentes com o tratamento-padrão de DBT, as metas abrangentes do tratamento são (1) reduzir descontrole comportamental sério (p. ex., abuso de substâncias, comportamentos suicidas, comportamentos de autolesão sem intencionalidade suicida (CASIS), comportamentos excessivos e extremos que interferem na terapia e outros comportamentos que interferem significativamente na qualidade de vida dos pacientes) e (2) promover comportamentos habilidosos mais adaptativos para funcionamento na vida. Como com outros comportamentos impulsivos associados ao TPB, comportamentos de adição são conceitualizados como comportamentos aprendidos que funcionam como um meio de regular as emoções e que podem ocorrer em meio ao caos da desregulação. Todos os modos do tratamento (i.e., terapia individual, grupo de habilidades, *coaching* telefônico, equipe de consultoria do terapeuta) são aplicados exatamente como é feito na DBT padrão.

Várias características adicionais foram incorporadas à DBT para pacientes com TPB e TUS a fim de facilitar o tratamento de abuso de substâncias. As modificações no tratamento são extraídas de intervenções discutidas na literatura do tratamento de abuso de substância e também da experiência clínica adquirida pela aplicação da DBT a indivíduos com TPB que usam substâncias em diversos contextos. A DBT para pacientes com TPB e TUS difere da DBT padrão somente pelo acréscimo de (1) um enquadramento conceitual para entender a sobreposição entre TPB e abuso de substâncias, (2) uma filosofia dialética para definir as metas do tratamento relacionadas a comportamentos de adição e para abordar a recaída e (3) uma hierarquia de alvos

do tratamento modificada que inclua um foco no abuso de substâncias. Além disso, várias estratégias de tratamento especiais foram acrescentadas para abordar as necessidades únicas de pacientes com TPB e TUS comórbidos, incluindo uma série de estratégias de vinculação desenvolvidas para melhorar o engajamento e a retenção no tratamento nesta população notoriamente difícil de se engajar, bem como exemplos específicos das habilidades da DBT adaptadas à população com TUS.

ABSTINÊNCIA DIALÉTICA

A DBT enfatiza a mensagem de que, para obter o máximo de satisfação na vida, a abstinência do uso de drogas é a meta final mais apropriada em um tratamento no Estágio 1. Por quê? Porque o uso de drogas interfere de maneira significativa na construção de uma vida que vale a pena ser vivida em indivíduos severamente perturbados, incluindo aqueles com TPB e TUS. Contudo, focar unicamente na abstinência muitas vezes deixa uma verdadeira lacuna quando os pacientes fracassam — um fenômeno descrito inicialmente por Marlatt e Gordon (1985) como o "efeito de violação da abstinência" (EVA). As intensas emoções negativas que o paciente costuma sentir em resposta a um deslize ou recaída podem criar as condições para o uso continuado de drogas. Sobremaneira entre indivíduos severamente perturbados com problemas de desregulação emocional global, ou invasiva, abordar o EVA em geral exige apoio e treinamento do terapeuta para ajudá-los a retornar à abstinência com segurança. Uma atitude dialética sobre o uso de drogas foi desenvolvida em reconhecimento às descobertas de que, por um lado, abordagens cognitivo-comportamentais de prevenção de recaída (PR) baseadas em grande parte em princípios de redução de danos (Marlatt & Donovan, 2005) são efetivas na redução da frequência e intensidade do uso de drogas após um período de abstinência e de que, por outro lado, abordagens de "abstinência absoluta" são efetivas no prolongamento do intervalo entre os períodos de uso (Hall, Havassy, & Wasserman, 1990; Supnick & Colletti, 1984). A "abstinência dialética", que procura equilibrar essas posições, é uma síntese da insistência na abstinência total diante de alguma droga ilícita e aceitação radical, solução de problemas não julgadora e prevenção de recaída efetiva depois do uso de drogas.

Embora a meta final em DBT seja conseguir que os pacientes fiquem completamente livres do problema de abuso de drogas e mantê-los assim, para muitos indivíduos a meta da abstinência parece fora de alcance. A essência da abstinência absoluta em uma das pontas da dialética envolve ensinar aos pacientes estratégias específicas de autocontrole cognitivo que lhes permitam voltar suas mentes plena e completamente para a abstinência. Especificamente, os pacientes são ensinados a prever e a tratar a falta de disposição, desesperança e desvios do compromisso de se afastar das drogas que costumam surgir e complicar o tratamento depois que um indivíduo se compromete a renunciar a um hábito disfuncional. Os pacientes aprendem que a chave para a abstinência absoluta reside em assumir um forte comprometimento de eliminar inteiramente o uso de drogas. Pode-se conseguir isso aceitando manter a abstinência por um período de tempo especificado que não seja mais longo do que eles possam se comprometer com 100% de certeza. Assim como ocorre com o *slogan* popular dos 12 passos "Só por hoje", o compromisso com 100% de abstinência pode ser de apenas um dia, ou um mês inteiro, ou apenas cinco minutos, dependendo do quanto o indivíduo pode se comprometer com 100% de certeza de sucesso. O compromisso, então, é um ato mental de "fechar completamente a porta" por esse período de tempo específico. Ao expirar o período de compromisso original, o indivíduo se compromete mais uma vez com a abstinência. Neste sentido, a abstinência absoluta é atingida por uma série de novos compromissos de "fechar completamente a porta". Como consequência, a abstinência é buscada apenas no momento e somente por uma determinada série de momentos. Assim como as pérolas que compõem um colar, uma vida de abstinência é atingida por um momento ou um dia de cada vez — justo neste momento, depois no próximo e assim por diante. A meta final desta estratégia é bloquear a habilidade de assumir compromissos sem convicção (ou negar a realidade que foi alcançada), simultaneamente limitando a duração do compromisso a um período que seja percebido pelo cérebro da pessoa, por assim dizer, como atingível.

Outras estratégias cognitivas de autocontrole para abstinência absoluta usadas para enganar o cérebro do indivíduo durante essa fase incluem negação "adaptativa" imediata dos desejos e opções a serem usadas durante o período de compromisso especificado, prática da aceitação radical da ausência do uso de drogas e das dificuldades envolvidas, efetuação de um acordo interno consigo mesmo de que a opção de usar drogas é deixada em aberto para o futuro, assim como a promessa a si mesmo de usar drogas quando estiver perto da morte ou ao tomar conhecimento de uma doença terminal. Os indivíduos com TUS também são ensinados a olhar para o futuro, planejar para o perigo e serem proativos para não usar drogas novamente. Por exemplo, eles são treinados para "queimar as pontes" para que não tenham mais acesso às drogas; eles aprendem quais estímulos lhes são perigosos e como evitá-los; e aprendem habilidades para tolerar impulsos e fissuras, além de habilidades para mudar seu ambiente social de modo que seja mais propício a mantê-los livre de drogas. A determinação de qual estratégia utilizar depende de qual é mais efetiva na promoção da abstinência e da disposição de mantê-la.

Embora permaneça totalmente comprometida com a abstinência, a DBT, assim como a PR, reconhece que todos os novos comportamentos, incluindo aqueles associados à abstinência, demandam tempo e prática para se solidificarem e que, como consequência dessa realidade, é provável que ocorram deslizes no percurso. Enquanto sustenta que um compromisso com a abstinência é essencial, o terapeuta simultaneamente prepara o paciente para causar o menor dano possível se e quando acontecer um deslize e fornece assistência para o retorno à abstinência o mais rápido possível. Como na PR, uma recaída é vista como um problema a ser resolvido, e não como um fracasso do tratamento. Em vez disso, a ênfase está na aquisição e no fortalecimento das habilidades de "falhar bem", o que envolve admitir que o uso de drogas ocorreu e aprender com os próprios erros, conduzindo uma minuciosa análise em cadeia e identificando soluções para utilização futura caso o evento que motivou o uso de drogas volte a ocorrer. Ao se ensinar como falhar bem, a ênfase é colocada nas habilidades "e se" e "por via das dúvidas" caso ocorra uma crise. De modo consistente com a PR (Marlatt & Donovan, 2005), o terapeuta e o paciente discutem habilidades realistas e planos de jogo que o paciente pode usar caso se defronte com uma situação similar no futuro. Em vez de ser pego desprevenido por uma situação de alto risco inevitável que poderia ameaçar a abstinência adquirida a duras penas, a DBT, assim como a PR, foca na precaução, no planejamento e na preparação como um meio de reforçar o controle comportamental do indivíduo, resultando, em última análise, em melhores desfechos no tratamento. Muito semelhante à forma como uma equipe de bordo prepara os passageiros para o *evento improvável* de uma despressurização na cabine ou um pouso na água, a DBT e a PR preparam as pessoas para manejarem efetivamente a situação de alto risco inevitável, incluindo um deslize potencial, para que a resposta seja rápida e efetiva (p. ex., um deslize é apenas um deslize e não progride para uma recaída completa). Essas estratégias de emergência de "cair e rolar" incluem ligar para o terapeuta da DBT, ter lembretes de por que eles querem ficar limpos e se desfazer das drogas para que não possam usá-las novamente. "Falhar bem" inclui análise e reparação do dano causado pelo uso de drogas. A ênfase na correção do dano causado aos outros e a si mesmo é semelhante a fazer reparações nos programas de 12 passos.

Outras estratégias de redução de danos (Marlatt, 1998) incorporadas à DBT incluem instruir os pacientes sobre transmissão de HIV/aids e hepatite C, infecções relacionadas ao uso injetável de drogas e outras formas de minimizar o dano caso eles usem drogas. Neste aspecto, a DBT ajuda os pacientes a usarem drogas com mais segurança quando o fizerem, mas esta abordagem é adotada somente quando necessário, sempre trabalhando para retornar à abstinência.

O conceito de abstinência dialética parece com os movimentos de um centroavante no futebol. A cada lance, o centroavante nunca está plenamente satisfeito e quer conseguir avançar mais uns metros para fazer um gol: ele está sempre se esforçando para marcar um gol. Depois que a jogada é iniciada, todos os esforços são orientados para avançar com a bola até o objetivo (abstinência), a menos que ele seja marcado e perca a bola. O terapeuta da DBT adota uma abordagem semelhante, "correndo" com o paciente como um louco em direção à abstinência, parando somente se o paciente perder a bola ou cair e, mesmo assim, apenas por um tempo suficiente para que o paciente possa recuperar a bola ou ficar de pé e então correr de novo com a completa intenção de marcar um gol na próxima vez.

HIERARQUIA DOS ALVOS NO TRATAMENTO DE TPB E TUS EM COMORBIDADE

A hierarquia para DBT com pacientes com TUS permanece a mesma que na DBT tradicional. Embora haja considerações especiais referentes à priorização do uso de substâncias e comportamentos relacionados, a hierarquia permanece sendo um guia para tratar pacientes com múltiplos comportamentos difíceis de alto risco.

Pré-tratamento

Na DBT, o terapeuta comunica a expectativa de abstinência ao pedir que o paciente se comprometa a parar de usar substâncias logo na primeira sessão. Este compromisso é fortalecido por meio das estratégias da DBT e discutido com frequência durante o tratamento. A obtenção do comprometimento inicial nas primeiras sessões pode ser atingida com as estratégias de comprometimento da DBT padrão. Em suma, o paciente e o terapeuta exploram as metas e os valores do paciente, e o terapeuta salienta ao paciente que não é possível atingir essas metas ou viver dentro desses valores enquanto estiver fazendo uso de substâncias. Neste ponto, o terapeuta reivindica um compromisso com a abstinência completa. Usando estrategicamente as técnicas da "porta na cara" (demandando um compromisso muito grande, tal como "Você concorda em nunca voltar a usar?", que pode aumentar a probabilidade de concordância com objetivos menores) e "pé na porta" (obtendo uma concordância relativamente pequena, que então abre a porta para o terapeuta pedir mais), o terapeuta pode acabar estimulando um período mais longo com o qual o paciente se comprometerá com a abstinência. Esse compromisso inicial pode ser durante o curso do tratamento (um ano) ou apenas por 24 horas. O importante é que um compromisso com a abstinência — a meta da DBT no Estágio 1 — seja assumido, e que o terapeuta transmita a mensagem de que esse compromisso será levado muito a sério.

No compromisso inicial com o tratamento, o terapeuta busca um comprometimento com a abstinência: o paciente está disposto a se afastar das drogas? A abstinência é a meta da DBT? Ou o paciente tem a expectativa ou prefere uma abordagem pura de redução de danos, em que a meta *não* é necessariamente se afastar das drogas, mas experimentar menos consequências negativas enquanto faz uso delas? Assim como ocorre com o planejamento de uma viagem, você deve se certificar de que sabe o seu destino antes de comprar as passagens de avião. É melhor que você e seu paciente tenham clareza sobre o que a DBT oferecerá e não oferecerá do que descobrir uma diferença fundamental na abordagem preferida no meio do tratamento. Somente depois que o paciente se comprometeu com a abstinência é que o terapeuta faria uso da estratégia de compromisso com "abstinência absoluta" (p. ex., comprometendo-se com um período de abstinência que a pessoa saiba que consegue atingir com absoluta certeza). Esta estratégia específica é elaborada para ajudar o indivíduo a atingir sua meta de abstinência dividindo a tarefa em etapas menores e mais administráveis.

Em DBT, um paciente permanece em pré-tratamento até que possa assumir o compromisso de trabalhar na eliminação de todos os comportamentos que ameaçam, de forma iminente, a vida e se engajar no tratamento. A mesma expectativa vale para DBT com pacientes com TUS. Mas será que devemos esperar que um paciente assuma um compromisso de se abster de todas as substâncias problemáticas ilícitas antes de iniciar a DBT? Com pacientes com TPB, a abstinência é a escolha de metas mais apropriada, já que ensinar o uso controlado provavelmente não trará resultados positivos. No entanto, o problema de exigir abstinência antes de começar o tratamento é que algumas pessoas inicialmente recusarão uma meta como esta. Por exemplo, um paciente iniciando DBT para dependência de opiáceos pode não estar disposto a interromper o uso de maconha, mas deseja iniciar o tratamento para opiáceos. Nessas situações, exigir a abstinência de todas as substâncias não é necessariamente efetivo. Em vez disso, o terapeuta pode focar na obtenção de um compromisso de se abster da substância que representa maior ameaça à qualidade de vida do paciente (e alguma outra que o paciente possa ser convencido a abandonar), ao mesmo tempo obtendo a concordância de que outras substâncias de mais baixa prioridade serão negociadas mais tarde na terapia. O que costuma ocorrer é que depois que os pacientes tiveram sucesso com uma substância problemática, eles se empenham muito mais em abordar a seguinte. Como as outras estão mais abaixo na hierarquia do tratamento, elas podem ser focadas posteriormente. Em outros casos, a abstinência completa pode não ser essencial. Por exemplo, indivíduos que não satisfazem os critérios para dependência de álcool, mas expressam preocupação com seu consumo podem ser capazes de aprender a controlar o uso de álcool. Da mesma forma, indivíduos mantidos com metadona podem não buscar abstinência de metadona, mas ser capazes de melhorar drasticamente sua qualidade de vida.

Após conseguir que o paciente se comprometa com a abstinência, o terapeuta então passa para o papel de advogado do diabo. O terapeuta aponta todas as razões pelas quais alguém poderia querer permanecer nas drogas e pergunta: "A troco de quê você iria querer assumir este compromisso?". Isso ajuda o paciente a identificar as razões por que usa e a gerar motivos pelos quais valeria a pena abrir mão desses "benefícios" (p. ex., regulação emocional a curto prazo). Fazer o paciente construir estes argumentos é importante para que ele possa recriar essas razões quando estiver sozinho e se deparar com a tentação. Mais detalhes sobre estratégias de comprometimento podem ser encontrados em Linehan (1993a).

Nas primeiras sessões, o terapeuta e o paciente podem retornar muitas vezes a essa discussão. Até que o paciente de fato pare de usar drogas por um certo tempo, o paciente será considerado na fase de "compromisso pré-tratamento" e as estratégias de comprometimento são o foco principal das sessões. Durante esse período, o terapeuta concentra-se pesadamente nos valores e prioridades do paciente — as razões da sua "mente sábia" para sair das drogas. Muitas vezes, esses pacientes nunca olharam para o futuro ou refletiram sobre quais são seus valores. Mas com discussão suficiente, os pacientes em geral conseguem determinar pelo menos alguns dos próprios valores. A mensagem consistente do terapeuta é que uma pessoa não pode viver alinhada com seus valores ou atingir suas metas na vida enquanto estiver abusando de substâncias. Isso estabelece as bases para aumentar o investimento na abstinência também quando o paciente vacilar posteriormente no tratamento. Linehan (2015a, 2015b) desenvolveu uma série de fichas de habilidades e fichas de tarefas visando a elucidar os valores dos pacientes e a ajudá-los a determinar prioridades para trabalhar em direção a esses valores, cujo material é usado nas fases iniciais e durante o tratamento.

Por exemplo, tivemos um paciente adolescente que não havia conseguido ficar livre de drogas por nenhum período de tempo no final da infância ou durante a adolescência. Ele nunca havia parado para pensar sobre o que valorizava ou em que desejava trabalhar. Com treinamento do terapeuta, ele percebeu que valorizava fortemente as relações familiares (as quais havia negligenciado por muitos anos). Ele se motivou muito para ficar livre de drogas a fim de nutrir esses vínculos. A discussão com o terapeuta fortaleceu seu investimento no tratamento e mudou o foco das drogas para sua família. Depois dessa discussão, o terapeuta o lembrou dos seus valores e metas relacionadas quando ele não estava na mente sábia, o que o ajudou a retornar a comportamentos efetivos em muitas situações.

Assim que o paciente para de usar drogas (mesmo que apenas por um breve período de tempo, como uma semana), o terapeuta muda as estratégias de comprometimento para solução de problemas depois de um tempo. Caso ocorra um deslize, as principais ferramentas são a análise em cadeia e a análise da solução.

No espírito de falhar bem, é feito um esforço para determinar os fatores que levaram ao deslize como um meio de gerar soluções alternativas efetivas para evitar outro deslize. Um erro comum na DBT e em outros tratamentos para abuso de substância é usar estratégias de manutenção (i.e., análise em cadeia) *antes* de cessar o comportamento. Descobrimos que passar para a análise em cadeia prematuramente, antes que um compromisso tenha sido assegurado, é muito menos efetivo porque o paciente tem menos probabilidade de implementar a solução. Levando em conta essa realidade, somente *depois* que os pacientes estiverem abstinentes e "se lançando no tratamento" é que os terapeutas devem avançar para estratégias de solução de problemas focadas na mudança. Isso não significa dizer que o terapeuta não analisa padrões nem avalia as funções dos comportamentos na fase de comprometimento, mas faz isso a serviço de ajudar o paciente a ver os prós e contras do uso de drogas, além das consequências disso. Somente depois que o paciente e o terapeuta estão funcionando como uma equipe a serviço das mesmas metas, conforme evidenciado pelo compromisso e pelo menos uma breve cessação do uso de drogas, é que a díade avança para estratégias de tratamento da DBT tradicional.

Estágio 1

Tratar um paciente no Estágio 1 com TPB e TUS em comorbidade em geral envolve visar a múltiplos problemas extremos. Isso pode sobrecarregar o terapeuta e contribuir para um tratamento não focado em que a ênfase está na "crise da semana", com pouco progresso em qualquer meta. Para abordar este problema, a DBT segue a hierarquia dos alvos no protocolo-padrão (ver Linehan, 1993a, para uma descrição mais detalhada). Não é esperado que o terapeuta foque em apenas um alvo comportamental a cada sessão; em vez disso, a hierarquia é usada para definir as pautas das sessões e priorizar os focos comportamentais. Este sistema de focalização permite que o terapeuta dê atenção aos problemas que são de máxima importância sem serem desviados do caminho pelas crises constantes que surgem entre as sessões.

Na DBT, o abuso de substância é considerado um comportamento que interfere na qualidade de vida e, portanto, está posicionado na hierarquia abaixo de comportamentos que ameaçam, de forma iminente, a vida e que interferem na terapia. Isso significa que, em uma determinada sessão de terapia, o comportamento de abuso de substância de um paciente pode não ser a principal prioridade. Por exemplo, se um usuário de metanfetamina se tornar suicida, o terapeuta pode optar por focar no uso de drogas apenas brevemente, ou mesmo adiar esta discussão para avaliar e minimizar o risco de suicídio. Desde que o paciente esteja evitando se engajar em comportamentos que ameaçam, de forma iminente, a vida e que interferem na terapia, o comportamento de abuso de substâncias pode ter alta prioridade. Se houver uma preocupação de que o paciente possa não sobreviver até a próxima sessão, ou estiver se comportando de forma inconsistente com o progresso do tratamento, o abuso de substância deve ficar em segundo plano em relação a estes outros alvos. Isso não significa que o terapeuta deva ignorar o uso de substâncias em uma sessão com alvos de ordem superior, mas o terapeuta da DBT deve ficar atento para manter o paciente vivo e participar no tratamento em vez de colocar o foco principal da sessão nas substâncias. Embora esta possa ser uma regra de ouro na maioria das outras terapias baseadas em evidências para comportamentos de adição, ela é explícita na DBT devido à severidade dos pacientes tratados em DBT.

Se a análise cuidadosa revelar que alvos de ordem inferior estão intimamente relacionados a alvos comportamentais primários de ordem superior, os alvos de ordem inferior podem assumir mais importância também no início do tratamento. Por exemplo, um terapeuta pode descobrir que beber é um desencadeante para tentativas de suicídio. Neste caso, a ingestão de álcool seria focada imediatamente em uma tentativa de mudar a cadeia de eventos em direção ao suicídio. Da mesma forma, o tabagismo em geral seria colocado mais abaixo na hierarquia do tratamento; no entanto, se ele estivesse intimamente associado a abuso de substância ilícita, assumiria uma prioridade mais alta. Um de nós (L.D.) teve um paciente dependente de heroína que costumava chegar atrasado (mais de uma hora de atraso na maioria dos casos) a quase todas as suas sessões. Focar no atraso por meio de uma análise em cadeia e solução de problemas não produziria nenhuma mudança. A equipe de consultoria discutiu o problema e decidiu que, como esta conduta do paciente estava quase sempre relacionado aos atrasos, essa conduta precisava ser considerada como um comportamento que interferia na terapia. Focar no uso de heroína em vez de no resultado do uso de heroína (atrasos) foi mais efetivo neste caso.

Em outro caso, um de nós (S.M.) teve uma paciente que bebia uma ou duas cervejas por dia, um comportamento problemático que em circunstâncias comuns estaria muito abaixo na hierarquia do tratamento. No entanto, esta paciente tinha pancreatite e havia sido informada pelo médico de que uma única cerveja poderia matá-la. Neste caso, optamos por promover o alvo "beber cerveja" para "comportamento que ameaça iminentemente a vida" (a qualquer momento em que um comportamento perigoso se torna *iminentemente* ameaçador à vida, ele sobe na hierarquia; para essa paciente específica, o comportamento também era autolesão intencional, na medida em que a dor por beber funcionava para regular suas emoções), significando que ele tinha precedência sobre tudo o mais, exceto seus outros comportamentos de autolesão. Ao usarmos como guias os dados que tínhamos referentes à pancreatite e à ingestão de álcool, pudemos adequar a hierarquia às suas necessidades com muito mais êxito.

Priorizar várias substâncias de abuso também pode ser um desafio. As decisões referentes a quais substâncias problemáticas são prioridade mais alta e quais são prioridade mais baixa devem ser tomadas caso a caso. Um foco na eficácia e na hierarquia do tratamento ajuda terapeuta e paciente a tomarem decisões relacionadas às prioridades. As substâncias ilícitas são visadas primeiro na maioria dos casos, pois representam uma ameaça mais significativa à qualidade de vida de um indivíduo (não só as sequelas do abuso especificamente, mas também a ameaça de problemas legais). São recomendadas medicações substitutas, sobretudo para opiáceos, se a severidade do uso de drogas justificar sua utilização. Embora elas possam comprometer um pouco a qualidade de vida, estudos dos resultados de tratamentos sugerem que este é um risco menor do que não ter substituição (Dole, 1988). As decisões de como priorizar os alvos de uso de substâncias com usuários de múltiplas substâncias estão baseadas na situação individual do paciente, levando em conta a severidade do abuso e em que medida a substância aumenta as chances de uma qualidade de vida comprometida (com o abuso de substâncias e também em outras áreas da vida do paciente).

O caminho para a mente límpida

O uso de drogas é apenas um dos comportamentos visados sob a categoria geral de decréscimo no abuso de substância; outros comportamentos relacionados ao abuso de substâncias também precisam ser priorizados. Dentro do alvo comportamental de abuso de substância, a DBT tem alvos adicionais especificamente voltados aos comportamentos necessários para se afastar das drogas. Estes alvos relacionados ao decréscimo no uso de substâncias são conhecidos coletivamente como o *caminho da DBT para a mente límpida*. O caminho inicia com o alvo abrangente em abuso de substâncias de reduzir o uso abusivo, depois coloca um foco igual em outros passos importantes necessários para o indivíduo ficar e permanecer limpo. Em contraste com a hierarquia da DBT padrão, os alvos que formam o caminho para a mente límpida *não* são organizados hierarquicamente, com exceção do primeiro alvo lógico: reduzir o abuso de substâncias. O caminho para os alvos da mente límpida inclui:

- *Reduzir o abuso de substâncias:* Este é o primeiro passo no caminho para a mente límpida, o que inclui interromper todo uso de drogas ilegais e todo abuso de drogas de prescrição.
- *Reduzir o desconforto físico.* Este alvo está particularmente focado na redução do desconforto devido aos sintomas de abstinência, mas também inclui outras causas de desconforto físico. Como a maioria das pessoas não está plenamente ciente dos sintomas físicos e psicológicos da abstinência que correspondem às suas drogas de abuso específicas, é essencial informá-las sobre os efeitos de cada substância usada. Por exemplo, uma mulher que era dependente de *crack* achava que seu uso estava sob controle porque ela conseguia se abster por três dias entre cada período de uso. Ela não se dava conta de que o uso de *crack* correspondia a intensas sensações de abstinência, incluindo insônia, irritabilidade e vazio. Embora estivesse comprometida com o objetivo da abstinência, sempre que experimentava o primeiro sinal de abstinência, ela recorria ao uso de *crack* para aliviar o desconforto que sentia. A DBT incorpora facilmente medicações de substituição como metadona, buprenorfina ou ativan quando apropriado, em um esforço para reduzir o desconforto físico devido à abstinência, ao mesmo tempo maximizando as chances de abstinência. As formas não opiáceas de manejo da dor também podem ser efetivas.
- *Reduzir impulsos, fissuras e tentações de usar drogas.* Pesquisas demonstraram que impulsos — em particular a intensidade do impulso ao acordar — são preditivos de deslize (Shiffman, Engberg, Paty, & Perz 1997). Os pacientes aprendem várias habilidades (Linehan, 2015a, 2015b) para ajudá-los a tolerar impulsos, fissuras e tentações e a serem mais proativos na prevenção de deslizes. As estratégias incluem observar e nomear um impulso como "apenas um impulso", analisando os prós e contras do uso a longo prazo e empregando habilidades de tolerância ao mal-estar. Exemplos de habilidades de tolerância ao mal-estar para TUS incluem imaginar-se sendo efetivo e não usando drogas; distrair-se dos impulsos e fissuras; acalmar-se; focar em um momento de cada vez; mergulhar o rosto em água gelada para provocar o "reflexo de mergulho" (Hiebert & Burch, 2003), o que pode ajudar a regular a emoção (Porges, Doussard-Roosevelt, & Maita, 1994); e lembrar-se de que impulsos e fissuras são passageiros e não precisam resultar em ação (Porges et al., 1994).
- *Reduzir a opção de usar drogas.* Este alvo envolve reduzir a probabilidade de o paciente recorrer a substâncias psicoativas mesmo quando a tentação for grande. Para tanto, o paciente é treinado a sistematicamente eliminar oportunidades de usar drogas — "queimar (suas) pontes" da vida anterior de uso de drogas. As atitudes tomadas podem incluir afastar-se dos traficantes, deletar os números de telefone dos contatos para drogas, mudar o número do próprio telefone para impedir que essas pessoas entrem em contato, parar de mentir e roubar, assumir compromissos públicos de ficar limpo, dizer aos outros (sobretudo ao seu terapeuta) como detectar sinais de uso e se identificar como alguém que abandonou o

uso. Treinar os pacientes a se afirmarem efetivamente com o uso de habilidades de efetividade interpessoal é importante neste estágio. O treinamento de habilidades de tolerância ao mal-estar também é importante para ajudar os pacientes a encerrarem intencionalmente relacionamentos destrutivos focados nas drogas. Por exemplo, uma paciente se irritou intencionalmente com um ex-namorado para que ele parasse de visitá-la sem avisar levando drogas de graça. Romper por completo com o ex-namorado foi extremamente difícil, mas necessário para que ela conseguisse a abstinência. Esta abordagem pode ajudar os pacientes a evitarem o uso de drogas mesmo quando temporariamente perderem de vista o compromisso e decidirem usar outra vez. Isso é semelhante a remover meios letais para pacientes suicidas. O objetivo é ajudar a impedir que o indivíduo aja quando estiver em um estado da "mente emocional", durante o qual os pensamentos, desejos e comportamentos dos pacientes são governados apenas pela emoção (Linehan, 1993a) e eles estão menos inclinados a cumprir os compromissos. Eliminar as opções força o paciente a encontrar outras maneiras de tolerar os impulsos e o mal-estar, em vez de perder o controle.

- *Reduzir o contato com estímulos para o uso de drogas.* Estes estímulos servem para lembrar o paciente do uso de drogas prévio (em geral fora da consciência do indivíduo). Além disso, os estímulos para o uso de drogas podem na verdade provocar sintomas de abstinência, por sua vez aumentando a probabilidade de recaída (Siegel & Ramos, 2002). Estímulos que foram repetidamente associados ao uso de drogas podem operar para fazer o indivíduo "esperar" a droga. O cérebro então reage como se a droga tivesse sido administrada e compensa os efeitos da droga para manter a homeostase. Quando ocorre essa compensação na ausência da droga, são experimentadas as sensações de abstinência, aumentando a probabilidade de uso para aliviar o desconforto físico (Siegel & Ramos, 2002). É importante avaliar cuidadosamente quais são os estímulos do paciente para usar drogas, pois eles variam de acordo com o padrão de uso de drogas de cada pessoa. Exemplos desses estímulos podem incluir determinados indivíduos, localizações, pensamentos, músicas ou até mesmo sentar-se na fileira de trás de uma reunião dos Narcóticos Anônimos. Ao ajudar os pacientes a evitarem contato com estímulos para uso de drogas, seus impulsos, fissuras e uso real podem ser reduzidos. Os pacientes são treinados a se livrarem da parafernália das drogas e de outros lembretes do uso de drogas, a não entrarem em situações relacionadas ao uso prévio e a evitarem indivíduos que podem estar associados a drogas. Por exemplo, uma paciente se deu conta de que tinha um impulso irresistível de usar cocaína sempre que estava em seu banheiro. Foi importante ajudá-la a entender que o banheiro era um estímulo, pois era o lugar para onde ela escapava a fim de ter privacidade para usar *crack*. Mudar os estímulos no banheiro, pintando o ambiente com outra cor, colocando sabonetes com uma nova fragrância e pendurando toalhas coloridas diferentes foi instrumental para reduzir seus impulsos de usar drogas.

- *Aumentar o reforço de comportamentos da "mente límpida".* Pacientes que tiveram êxito em ficar limpos não se manterão limpos se seus novos comportamentos habilidosos não forem reforçados. É importante que eles organizem seus ambientes de modo que recebam reforço, não punição, por se engajaram nessas mudanças. Um paciente que consegue ficar limpo, mas ainda passa algum tempo com amigos usuários, provavelmente se defrontará com contigências punitivas (tais como: "Não posso acreditar que você está indo a um terapeuta" ou "Isso não vai durar") que podem ameaçar o sucesso do tratamento. Este alvo foca em ajudar o paciente a encontrar novos amigos, atividades sociais, contextos vocacionais e outros ambientes que darão suporte para comportamentos limpos, e apoiarão ou mesmo punirão comportamentos relacionados ao uso de drogas. As habilidades de efetividade interpessoal (Linehan, 1993a, 2015a, 2015b) são particularmente importantes para ajudar a construir estas novas relações.

- *Mente límpida.* "Mente límpida" é a meta final dos alvos do abuso de substância na DBT. É um pré-requisito para entrar na "mente sábia" (Linehan, 1993a, 1993b), na qual o paciente pode sintetizar os polos da "mente racional" (em que o indivíduo é influenciado apenas pela lógica sem o benefício da emoção) e a "mente emocional" (em que o indivíduo é influenciado apenas pelas emoções sem o benefício da lógica) para incorporar todas as formas de saber. A mente sábia é por definição um estado em que somos capazes de tomar as decisões mais sábias possíveis, sabendo apenas o que é necessário em um dado momento. A mente límpida é por si só uma dialética: ela é a síntese da "mente aditiva" e da "mente limpa". Pacientes com abuso de substâncias iniciam o tratamento na mente aditiva, em que seus pensamentos, crenças, ações e emoções são controlados pela fissura por drogas, a busca de drogas e o uso delas. Este é o estado em que o indivíduo está "correndo atrás da droga", impulsivo e disposto a sacrificar o que é importante apenas para obter e usar a substância desejada. Depois de algum tempo limpos, os pacientes costumam avançar para a mente limpa. Na mente limpa, o paciente não está usando a substância, mas se esquece de que pode estar em perigo de usá-la novamente. Este estado pode ser entendido como sendo "ofuscado pela luz", ou tendo o julgamento do indivíduo distorcido pelo fato de que ele finalmente conseguiu sair das drogas. Os pacientes neste estado podem se tornar imprudentes, achando que estão imunes a problemas futuros porque tiveram êxito em ficar limpos. Como resultado, eles podem não conseguir manejar a dor de forma apropriada, ignorar as tentações ou estímulos que aumentam a vulnerabilidade ao uso e manter as opções abertas ao uso de drogas.

Quando o paciente atinge um estado de mente límpida, ele permanece muito consciente de que a mente aditiva pode retornar a qualquer momento. Os estímulos ainda podem levar à fissura intensa e, sem intervenção, ao real uso de drogas. O paciente não só desfruta do sucesso, mas também se prepara para problemas futuros e tem planos para o que fazer caso fique difícil manter-se limpo. Uma metáfora que pode ajudar os pacientes a entenderem este ponto é a seguinte: estar na mente límpida é como escalar uma montanha. Quando você se aproxima do pico, pode ficar animado e achar que o trabalho duro terminou. Quando chega ao topo, você para de trabalhar, descansa e desfruta da vista. Sem desconsiderar a emoção e o alívio por chegar ao topo, para ser efetivo, você precisa se lembrar de que tem uma viagem de volta à sua frente e que você vai precisar deixar o pico enquanto ainda há luz do dia suficiente para voltar até o carro; você vai precisar se assegurar de ter comida e água suficientes para a viagem de retorno; e você vai precisar se certificar de que tem energia suficiente para voltar. A questão é, enquanto está desfrutando do sucesso, você precisa se lembrar e se preparar para os desafios restantes que fazem parte da descida da montanha. Assim, na mente límpida, você trabalha duro para *ficar limpo* e realmente valoriza o sucesso de *estar limpo*, mas você não esquece que ficar limpo não é o ponto final. Ainda há uma jornada depois de ficar limpo e que envolve *manter-se* limpo. Além disso, o planejamento para a viagem de volta não pode ser adiado para quando você chegar ao topo da montanha. Se você conseguir chegar ao pico e *então* perceber que não tem comida suficiente para a viagem de volta, estará com problemas. O planejamento para *manter-se* limpo precisa começar *agora*, assim como o planejamento para a escalada inteira inicia antes de você sair de casa.

Equilibrar os muitos alvos no caminho até a mente límpida pode ser desafiador. Os terapeutas podem descobrir que muitos dos alvos nesta hierarquia estão interligados. Como acontece com a hierarquia no tratamento da DBT padrão, o caminho para a mente límpida, associado à avaliação detalhada, pode fornecer a tão necessária estrutura. Por exemplo, uma paciente se comprometeu a parar de usar drogas. De fato ela foi bem-sucedida ao trocar de heroína para suboxone* e se manteve por várias semanas com amostras de urina limpa (i.e., ela reduziu com êxito o uso e o desconforto físico associado à abstinência). No entanto, ela se encontrava em um relacionamento bastante tumultuado e estava criando dois filhos pequenos com muito pouco dinheiro. Ela continuou tendo fortes impulsos que estavam mais comumente associados a fortes emoções relacionadas ao namorado e aos estresses da parentalidade e da pobreza. Mesmo quando não estava experimentando impulsos, ela tinha amigos que a "visitavam" e muitas vezes lhe traziam heroína e cocaína de graça. Para o terapeuta, esta era uma sobrecarga de problemas a serem atacados (i.e., fortes impulsos relacionados ao conflito com o namorado, à pobreza, ao estresse da parentalidade, às visitas de amigos usuários de drogas). Usar o caminho para a mente límpida trouxe alguma ordem às sessões, pois paciente e terapeuta escolhiam um ou dois alvos como foco em um determinado momento. Às vezes, sua avaliação os levava a atribuir alta prioridade a itens de menor importância — por exemplo, eles descobriram que seus impulsos mais fortes surgiam sempre que ela era apresentada ao estímulo do cachimbo de *crack* do namorado. Como havia uma solução relativamente simples para o problema (pedir que ele escondesse o cachimbo em algum lugar), este alvo teve precedência sobre os outros. O caminho para a mente límpida pretende fornecer estrutura e não se somar à confusão de problemas complexos ou criar rigidez desnecessária.

ESTRATÉGIAS ESPECIAIS DE TRATAMENTO

As estratégias de intervenção específicas que foram acrescentadas à DBT para TPB e TUS concomitantes podem ser agrupadas em três categorias principais: (1) uma série de estratégias de vinculação concebidas para abordar as dificuldades de se vincular ao tratamento (o problema dos pacientes "borboleta"); (2) exemplos específicos das habilidades da DBT para lidar com os impulsos, fissuras e com os consequentes deslizes ou recaídas (o problema da "adição"); e (3) estratégias de autogerenciamento para lidar com as consequências de ter um estilo de vida construído com base no abuso de substâncias (o problema de "obter uma vida normal").

Estratégias de vinculação

Engajar os pacientes no processo de tratamento é vital para o sucesso da terapia. Embora a

---

* N. de R. T. Combinação de medicamentos de dose fixa que inclui buprenorfina e naloxona.

retenção de pacientes com TPB no tratamento seja notoriamente difícil (Linehan, 1993a), ela é ainda mais difícil com aqueles que têm problemas de abuso de substâncias concomitantes. Embora alguns pacientes se vinculem ao tratamento facilmente, Linehan e colaboradores (1993a) caracterizam outros como pacientes "borboletas", que frequentam as sessões de forma intermitente, não retornam os telefonemas e "esvoaçam" entrando e saindo do tratamento inesperadamente. Diversos fatores podem contribuir para problemas com o engajamento no tratamento. Muitos indivíduos que fazem uso abusivo de substâncias com TPB levam estilos de vida caóticos como consequência do uso generalizado de drogas: eles podem estar desempregados, podem ser incapazes de se manter financeiramente e ter recorrido a atividades criminosas. Alguns indivíduos não possuem moradia adequada e podem viver na rua ou em casas de *crack*. Alguns se mantêm em relacionamentos disfuncionais ou mesmo abusivos porque não possuem meios financeiros para se mudarem para um novo ambiente. O abuso de drogas pode interromper a organização de rotinas na vida cotidiana, dificultando a participação em compromissos agendados. Ademais, isso costuma envolver negação e mentira acerca do próprio comportamento. Os pacientes com frequência minimizam seus problemas e relutam em reconhecer comportamentos problemáticos para si mesmos e para os outros devido à sua ambivalência em relação à mudança. Por exemplo, uma mulher revelou que estava trabalhando como prostituta somente depois de ser tratada por vários meses. Uma relutância geral para discutir comportamentos problemáticos pode derivar do medo de revelar atividades ilegais ou vergonha pelo uso de drogas.

Ocasionalmente, muitos terapeutas da DBT que começam a tratar indivíduos que abusam de substâncias consideram isso uma adaptação difícil. Os terapeutas em geral comentam que percebem que têm muito menos influência sobre seus pacientes com TUS. Enquanto na DBT padrão eles muitas vezes são a única fonte de reforço para seus pacientes, incluindo acolhimento, encorajamento, elogio e validação, para os pacientes com TUS eles sentem como se precisassem "competir" com as drogas. Pacientes da DBT tradicional em geral ficam muito vinculados à relação terapêutica, mas pacientes com TUS podem não reagir assim, pelo menos no começo do tratamento. As drogas simplesmente oferecem mudanças mais poderosas e imediatas na emoção do que o terapeuta pode fornecer. As estratégias de vinculação podem combater este problema quando aplicadas com diligência no início do tratamento.

Uma tarefa primária em DBT é estimular a motivação do paciente e o engajamento dele no tratamento. A falta de motivação ou desengajamento é vista como um problema a ser resolvido, e não como um obstáculo que precisa ser resolvido antes que o tratamento possa ser iniciado. O terapeuta é desafiado a engajar o paciente e precisa estar preparado para assumir um papel ativo ao fazer isso. Assim como um pescador experiente, que deve usar diferentes iscas, caniços e linhas, e às vezes pode precisar usar uma rede e a carretilha para fazer a captura do peixe, o terapeuta precisa se manter firme e paciente nesses esforços. Idealmente, o processo de pegar o peixe será tão gratificante quanto a vitória da captura. No entanto, se for uma longa espera sem resultados, o processo pode ser experimentado como árduo e frustrante. Assim como o pescador, o terapeuta da DBT pode precisar de apoio dos outros para continuar na busca.

A DBT incorpora várias estratégias de vinculação específicas (ver Tabela 11.1) com o objetivo de facilitar o engajamento terapêutico de pacientes com abuso de substâncias com TPB para influenciar a probabilidade da sua entrada, engajamento e conclusão bem-sucedida do tratamento. O terapeuta precisa iniciar orientando o paciente quanto ao problema. Durante essa fase de orientação, é crucial discutir de forma aberta as barreiras potenciais ao engajamento no tratamen-

TABELA 11.1 Estratégias para melhorar a vinculação ao tratamento

- Orientar o paciente quanto ao problema.
- Aumentar o contato.
- Fornecer terapia *in vivo*.
- Construir conexões com a rede social.
- Proporcionar sessões mais curtas ou mais longas quando necessário.
- Buscar ativamente os pacientes quando eles se perderem.
- Mobilizar a equipe quando o terapeuta ficar desmotivado.
- Construir a conexão do paciente com a rede de tratamento.

to, incluindo prever os obstáculos imediatamente, discutir os primeiros sinais de alerta e desenvolver um plano para lidar com elas quando surgirem. Uma reunião conjunta com outros profissionais da saúde (p. ex., um farmacoterapeuta) deve ocorrer durante a fase de orientação para assegurar que todos estejam trabalhando juntos no objetivo de apoiar o paciente. Familiares ou amigos apoiadores também devem ser engajados cedo no tratamento para se assegurar de que eles estão reforçando comportamentos efetivos. Por exemplo, uma de nossas pacientes estava sob forte pressão do pai para ingressar por 60 dias em uma instituição residencial para tratamento de abuso de substâncias, o que teria significado que ela perderia quatro sessões consecutivas de DBT e, consequentemente, teria sido retirada do programa. Era importante ter uma reunião conjunta com a família a fim de discutir a justificativa para que ela permanecesse em um programa ambulatorial da DBT. Também é necessário, durante a fase de orientação, desenvolver um plano geral de crises com o paciente, incluindo detalhes sobre onde o paciente pode ir no caso de "se perder" (se estiver em risco de perder quatro sessões consecutivas) e quem pode ser chamado para trazer o paciente de volta para o tratamento. Nas primeiras sessões, o terapeuta pode descobrir onde o paciente costuma ir quando está usando drogas; onde ele irá dormir, comer, tomar banho, etc.; e quem saberá como encontrá-lo. O terapeuta pode também obter permissão por escrito para falar com pessoas importantes na vida do paciente, no caso de ele parar de comparecer às sessões.

Nos primeiros meses de terapia, é importante ter o máximo possível de contato com o paciente para aumentar seus sentimentos positivos sobre a terapia e a relação terapêutica. Além do mais, no início do tratamento, o contato extra pode ajudar os pacientes a reduzirem o caos em suas vidas mais rapidamente. Aumentar o contato agendando sessões extras, prolongar as sessões ou acrescentar telefone e/ou mensagens de texto pode ajudar os pacientes a manejarem múltiplas crises quando não puderem esperar uma semana para receber ajuda, e pode auxiliá-los a perceberem que existe uma comunidade de apoio disponível para ajudar. Alguns pacientes podem se beneficiar de sessões mais curtas e mais frequentes.

Se o paciente "se perder", o terapeuta principal e a equipe devem trabalhar ativamente para reengajá-lo. Isso pode incluir ir atrás do paciente enviando cartões ou um presente simbólico (p. ex., um pacote de sementes de miosótis — em inglês, *forget-me-not*: "não me esqueça"), ou mesmo procurando o paciente em seu próprio ambiente, pelos arredores ou em sua cafeteria favorita. Por exemplo, com uma paciente que não aparecia nas sessões, o terapeuta foi até o local de trabalho dela, um clube de *strip-tease*, e colou um bilhete dizendo: "Fique conosco". É essencial tentar evitar que ocorram consequências negativas enquanto o paciente permanece fora de alcance.

Por exemplo, um paciente que faltou a três semanas de sessões porque consumiu *crack* em excesso acabou envolvido em uma altercação física com a polícia que o levou a ser expulso do próprio apartamento, a acusações criminais e a ficar um tempo na cadeia. Em nossa experiência, buscar ativamente os pacientes em seu próprio ambiente se eles se perderem costuma causar um forte impacto, com os pacientes em geral surpresos pelo fato de alguém se importar o suficiente a ponto de ir atrás deles.

Com pacientes que são difíceis de se engajar, não é raro que os terapeutas se sintam esgotados e sem energia para buscar ativamente o paciente. A equipe de tratamento precisa se manter alerta ao fato de que pacientes difíceis de se engajar provavelmente irão desmotivar até mesmo o terapeuta mais habilidoso, devendo trabalhar ativamente para apoiá-lo. Toda a equipe entra em alerta e se mobiliza quando um paciente falta a três sessões consecutivas. Por exemplo, quando estávamos a ponto de perder uma paciente devido à regra das quatro sessões perdidas, muitos membros da equipe tentaram visitá-la em casa e levar uma dose de suboxone para que ela não usasse drogas novamente. O terapeuta coordenou o esforço, mas diversos membros da equipe tentaram fazer contato com a paciente, o que animou o terapeuta e fortaleceu as relações na equipe.

Usando habilidades para lidar com impulsos e fissuras e reduzir o risco de recaída

O protocolo de tratamento da DBT padrão para TPB inclui quatro módulos de habilidades nucleares (Linehan, 1993b, 2015a) que são tão relevantes para o tratamento de problemas relacionados à adição quanto são para outros problemas associados ao TPB. Uma descrição completa das habilidades da DBT-TUS está disponível no livro *Treinamento de habilidades em DBT*, de Linehan (2015a).

Mente límpida

O conceito de mente límpida foi descrito antes, na seção "O caminho para a mente límpida". Essencialmente, a tarefa terapêutica é ajudar o paciente a facilitar a síntese de dois polos: (1) estar limpo (mente limpa) e (2) ser cauteloso quanto aos perigos de pensamentos, emoções e comportamentos de adição (mente aditiva). Para tanto, os treinadores de habilidades e o terapeuta individual destacam momentos em que o paciente pode estar na "mente aditiva", quando estiver procurando drogas e não trabalhando para a abstinência, ou na "mente limpa", quando estiver limpo e achar que a luta terminou. Nossos pacientes ajudaram a gerar exemplos desses polos. Exemplos de mente aditiva incluíram algum comportamento que envolvesse buscar, comprar ou de outra forma procurar drogas; mentir; roubar; não fazer contato visual; "agir como um morto"; "não ter brilho nos olhos"; evitar médicos; enaltecer as drogas; e pensar: "Eu não tenho problema com drogas". Exemplos de comportamentos de mente limpa incluíram pensar que não é perigoso se vestir como um viciado em drogas; retornar aos ambientes e relacionamentos associados às drogas; acreditar que consegue lidar com o problema sozinho; interromper a medicação; acreditar: "Eu posso usar apenas um pouco"; andar com dinheiro extra; e pensar: "Não suporto isto". Os terapeutas individuais e líderes de habilidades que estão vigilantes a esses sinais podem ajudar a trazer o paciente de volta para a mente límpida, onde ele está abstinente e agudamente consciente de que, sem habilidades e vigilância, a tentação e os impulsos intensos podem retornar a qualquer momento.

Habilidades de mindfulness

As habilidades são essenciais para tratar adição. Um exemplo de adaptação das habilidades de *mindfulness* é o uso das habilidades "observar e descrever" para ajudar os pacientes a reconhecerem e lidarem com suas fissuras e impulsos de usar substâncias. Impulsos e fissuras de usar substâncias estão entre os principais desencadeantes para uso de substâncias. Não raro, existe uma tremenda ansiedade associada a impulsos e fissuras porque eles são percebidos como um sinal de fracasso ou uma indicação de recaída inevitável. Em um esforço para lidar com ansiedade e desconforto esmagadores e reduzir o risco de recaída, o indivíduo dependente pode tentar ignorar ou evitar pensamentos e sentimentos relacionados ao uso de substâncias. Infelizmente, embora esta estratégia possa reduzir a ansiedade a curto prazo, ela costuma intensificar impulsos para usar drogas e aumenta o risco de recaída a longo prazo.

Os pacientes aprendem que impulsos são ocorrências naturais do abuso crônico de substâncias que em geral duram não mais do que uma hora e diminuem de intensidade com o tempo se simplesmente forem notados, e não resolvidos com o uso de substâncias. O "surfar o impulso de ação", uma técnica descrita por Marlatt (1985), é uma metáfora para as habilidades "observar e descrever" usadas para reduzir a ansiedade associada aos impulsos e assim diminuir a vulnerabilidade à recaída. A habilidade envolve ajudar os pacientes a se separarem dos seus impulsos usando as habilidades "observar e descrever" sem julgamento e de forma efetiva, o que torna os impulsos mais toleráveis e faz o paciente lembrar que o impulso irá simplesmente passar com o tempo. A metáfora de surfar captura as estratégias necessárias para lidar de forma bem-sucedida com os impulsos. Surfar requer muita atenção a cada característica da onda em constante mudança. O surfista precisa fazer ajustes sutis constantes para se manter na crista da onda sem ser "varrido" por ela. Se alguém conseguir se manter no alto da onda, a onda acabará se desfazendo quando se aproximar da praia. A negação é o oposto do *mindfulness* e é análoga a surfar com os olhos e ouvidos fechados, ao mesmo tempo ignorando as mudanças físicas,

emocionais e cognitivas. Ignorar as ondas não fará com que elas desapareçam. Ao aceitar a inevitabilidade dos impulsos e das fissuras, o paciente poderá desenvolver uma capacidade de observar os impulsos de forma desapegada e aprender a esperar que a onda se forme e passe.

A rebelião alternativa, uma habilidade de eficácia, envolve ajudar os pacientes a satisfazerem efetivamente seu impulso de se rebelar sem agirem contra os próprios interesses. A rebelião alternativa envolve permanecer focado em fazer o que funciona e estar focado em metas de longo prazo, ao mesmo tempo satisfazendo o desejo de se rebelar. Os pacientes são instruídos de que a rebelião contra o convencional não é inerentemente ruim, e que na verdade o indivíduo pode se rebelar de uma maneira que não destrua sua habilidade de atingir uma vida que valha a pena ser vivida. "Rebelar-se bem" (efetivamente) pode assumir a forma de mudar o próprio estilo de se vestir, fazer uma tatuagem ou *piercing*, pintar o cabelo de azul ou encontrar novos lugares legais (e seguros) para "dar um rolê". Formas alternativas de expressar rebelião podem ser efetivas, em particular se forem secretas. Por exemplo, uma jovem que foi ao parque Disney World com os amigos teve sua entrada barrada por estar vestindo uma camiseta do Mickey. Ela voltou até o carro e colocou uma blusa por cima da camiseta para que ainda pudesse sentir que estava expressando rebelião desrespeitadora, mas agora podia desfrutar do dia com os amigos.

Habilidades de tolerância ao mal-estar

As habilidades de tolerância ao mal-estar são essenciais no início do tratamento para ajudar a manejar dor física e emocional intensa extrema quando a pessoa começa a se abster. A habilidade da DBT-TUS de "queimar as pontes" envolve ensinar os pacientes a eliminarem todas as opções de usar drogas à medida que o paciente avança da mente limpa para a mente límpida. Isso envolve, é claro, *avaliar* todas as muitas formas pelas quais as drogas permanecem acessíveis ao paciente, o que inclui o esconderijo secreto de drogas "por via das dúvidas" (caso ele mude de ideia e decida retomar o uso). Outros exemplos de pontes que precisam ser queimadas incluem a venda de drogas, trabalhar ou conviver com indivíduos usuários, a venda de parafernália "artesanal" para drogas nas exposições de artesanato na comunidade. Os terapeutas da DBT investigam diretamente quais pontes precisam ser queimadas, sabendo que a maioria dos pacientes reluta em dar esta informação de forma voluntária.

A "negação adaptativa" é um exemplo de "afastamento" que transforma a fraqueza característica do uso de substâncias — autoengano, ou a habilidade de enganar a si mesmo — em um recurso. Um dos maiores desafios enfrentados por indivíduos que abusam de substâncias é que eles estão sendo cobrados a deixar de fazer alguma coisa que desejam intensamente. Abster-se requer que o paciente substitua comportamentos mal-adaptativos outros que têm menor gratificação imediata. A negação adaptativa envolve bloquear ou afastar informações potencialmente acuradas, mas estressantes, por meio do autoengano. Uma paciente que adorava o ato de se preparar para fumar um baseado e sentia falta do *processo* de enrolar o cigarro e também da "viagem" acabou virando uma entusiasta dos chás e do ritual de escolhê-los e prepará-los. Quando os impulsos se manifestavam, ela agia como se o impulso fosse para o chá em vez da maconha e primorosamente preparava para si uma xícara de chá.

Examinar os "prós e contras" com a mente sábia é outra habilidade que pode ajudar os pacientes a manejarem fissuras intensas. Ao serem vencidos por impulsos poderosos, os abusadores de substâncias em geral têm dificuldade para relembrar as consequências negativas do uso de droga e tendem a experimentar forte euforia associada aos aspectos fisiológicos e psicológicos da adição. Os pacientes são encorajados a fazer uma lista por escrito das consequências negativas do abuso de substância e das consequências positivas da abstinência. Essa lista pode ser um lembrete concreto útil para não agir de acordo com o impulso.

Habilidades de regulação emocional

Assim como na DBT padrão, em que muitos comportamentos-alvo funcionam para regular as emoções, os comportamentos de abuso de substâncias com pacientes com TPB podem ser muito semelhantes. Em consequência, as habilidades de regulação emocional permanecem centrais para o tratamento da DBT com pacientes que abusam de substâncias. Muitos de nossos pacientes usam drogas ao primeiro sinal de emoções difíceis, portanto um forte foco em *mindfulness* para as emoções atuais é essencial. A "ação oposta" à emoção também é útil para evitar que os indivíduos "caiam no abismo" quando estiverem experimentando essas emoções difíceis. E as habilidades SABER são importantes para abordar problemas com dor física, desnutrição, sono e as muitas outras vulnerabilidades que esses pacientes costumam adquirir.

Por exemplo, uma paciente tinha dores de dente tão fortes que usava opiáceos (heroína, bem como medicação para a dor) para poder tolerar a dor. Focar nas habilidades SABER se tornou uma alta prioridade porque a dor era consistentemente um estímulo para usar drogas. A orientação para que ela visitasse um dentista, comparecesse regularmente para acompanhamento dentário e nutrição aliviou a dor, o que por sua vez reduziu o uso de drogas.

Habilidades de efetividade interpessoal

Nos pacientes com TUS, o foco principal tende a ser alterar o ambiente para que mudanças efetivas sejam reforçadas. Gasta-se muito tempo em *role-plays* de como dizer "não" às drogas em várias situações, desde estranhos na rua, traficantes conhecidos, outras pessoas significativas e alguma outra fonte de substâncias que o indivíduo possa encontrar. Ajudar os pacientes a queimarem as pontes, conforme mencionado antes, também é benéfico, assegurando que eles não percam o autorrespeito no processo.

As habilidades de efetividade interpessoal também ajudam a criar oportunidades e aumentar a frequência de contingências reforçadoras para o comportamento efetivo. Ensaiar como construir novas relações livres de drogas e como impressionar os entrevistadores quando se candidatar a um novo emprego são exemplos excelentes de como essas habilidades podem ajudar o paciente a avançar em direção à abstinência. DEAR MAN também pode ajudar a "treinar" as pessoas amadas para reforçar o comportamento efetivo. O apoio ambiental para se libertar dos comportamentos de uso de substâncias é uma intervenção extremamente poderosa por si só (p. ex., Myers & Smith, 1995), e as habilidades de efetividade interpessoal são essenciais para tornar o ambiente mais favorável ao comportamento limpo.

Por exemplo, a paciente antes mencionada com dores de dente intensas e consistentes também passava muito tempo praticando DEAR MAN para que pudesse dizer ao dentista que não queria analgésicos para a dor. Ela e o terapeuta individual ensaiaram como dizer isso ao dentista sem dar muitas informações e ao mesmo tempo manter o dentista empenhado em tratá-la. Ela também praticou como dizer "não" ao traficante de heroína em vários níveis de intensidade. O terapeuta deu orientações de como saber o quanto ser intensa diante de diferentes respostas.

Estratégias de autogerenciamento

Com muita frequência, o abuso de substâncias conduz a uma gama de problemas que impactam todos os aspectos da vida de uma pessoa, incluindo a ausência de declaração de rendimentos W-2/1099* (vs. tráfico de drogas), relações interpessoais, gerenciamento do tempo, atividades de lazer, saúde, finanças e família. Em nossa experiência, os indivíduos variam dramaticamente no grau em que seu estilo de vida é dominado por problemas com uso de substâncias: alguns levam a estilos de vida caóticos (p. ex., vender drogas e sexo nas ruas), enquanto outros funcionam bem em empregos estáveis, ao mesmo tempo prosseguindo no vício de drogas de forma privada. A maioria dos tratamentos para abuso de substância reconhece que a recuperação de indivíduos dependentes vai além de ajudá-los a simplesmente se absterem; em geral é essencial ajudá-los a construírem ativamente um estilo de vida saudável — um passo de cada vez. Isso exige avaliação do grau em que o estilo de vida atual de um indivíduo apoia ou impede o processo de recuperação. Ajudar um paciente a ter uma vida "normal" costuma exigir que lhe seja prestada assistência para reingressar no mercado de trabalho (p. ex., ajudá-lo a prever perguntas desafiadoras que podem ser feitas durante o processo de entrevista por não ter tido um emprego recente), deixar com segurança um relacionamento violento problemático e/ou buscar aconselhamento financeiro.

Aumentar o autogerenciamento inclui ensinar ao paciente como aplicar os princípios da modificação comportamental a si mesmo, como é essencial na DBT padrão. Os pacientes da DBT são essencialmente ensinados a serem seus próprios terapeutas, implementando estratégias de mudança fora da sessão assim como o terapeuta faz na sessão. Por essa razão, os pacientes da DBT são encorajados a fazer um registro de todas as vezes que reforçam o

---

* N. de R. T. Nos Estados Unidos, os empregadores precisam preencher um formulário W-2 para cada funcionário assalariado, informando o valor total das remunerações, pagamentos e demais compensações pagos durante o ano fiscal. Já o formulário 1099 relata os pagamentos realizados a prestadores de serviço externos que receberam mais de US$ 600,00 ao longo do ano fiscal.

próprio comportamento, em um esforço para fortalecer esse comportamento. Por exemplo, uma paciente fazia uma marca de verificação em seu cartão diário (um reforçador por si só) e se permitia um tempo para ler um romance (um luxo ao qual raramente se permitia antes desta intervenção) cada vez que usava uma habilidade em resposta a um impulso.

As consequências não são a única área de intervenção ao implementar princípios de mudança; manejar os antecedentes/estímulos para os impulsos e fissuras de usar drogas também é uma estratégia importante de autogerenciamento no caminho para a construção de um estilo de vida livre de drogas. Por exemplo, uma mulher tinha fissura de fumar maconha todas as noites. Durante os últimos anos, ela costumava fumar maconha todos os dias ao chegar em casa do trabalho. Embora tivesse removido do seu apartamento as drogas e toda a parafernália a elas relacionada, ela continuava experimentando fortes impulsos de fumar maconha todos os dias depois do trabalho. Era importante ajudá-la a agendar atividades todas as noites como uma forma de distraí-la dos seus impulsos. Ela se inscreveu em aulas de *kickboxing* e começou a ir à academia depois do trabalho. À medida que suas fissuras não fossem seguidas por uso de substâncias, a associação entre os estímulos e as substâncias diminuiria com o tempo. Nesse sentido, era importante que o terapeuta discutisse o conceito de extinção. Todas essas estratégias são métodos para ajudar o paciente e entender as formas de aplicar ferramentas de autogerenciamento.

As intervenções no estilo de vida também podem consistir em ajudar os pacientes a construírem estrutura como, por exemplo, encontrar um lugar seguro para morar, desenvolver relacionamentos sadios, obter educação/emprego e cuidar de questões relativas à saúde física. Pode não ser possível para o terapeuta principal auxiliar em todos os problemas do paciente. O paciente pode ser mais bem atendido requisitando a ajuda de um gerente de casos auxiliar, que é um recurso para o terapeuta ou que atende diretamente com o paciente. Por exemplo, uma mulher dependente de opiáceos que estava empregada como auxiliar de enfermagem roubava medicamentos para dor dos pacientes. Ela foi aconselhada a deixar o emprego e procurar trabalho em um contexto menos arriscado. Incapaz de pensar em escolhas de carreira alternativas, ela foi encaminhada a um conselheiro que auxiliou na identificação de um emprego mais apropriado. Na DBT, o objetivo principal é oferecer *coaching* para que o paciente possa lidar com crises e ter acesso a apoios essenciais. O desenvolvimento de habilidades de autogerenciamento e a estruturação do ambiente estão inextricavelmente relacionados, já que envolvem estar em *mindfulness* e reduzir os fatores que levaram ao uso de substâncias.

COMPARANDO A DBT COM OUTROS TRATAMENTOS-PADRÃO PARA ADIÇÃO

A DBT tem muito em comum com abordagens terapêuticas que resistiram ao teste do tempo e ao escrutínio científico rigoroso, incluindo três abordagens proeminentes para tratar dependência de drogas: abordagem cognitivo-comportamental para prevenção de recaída (Marlatt & Gordon, 1985), EM (Miller & Rollnick, 1991) e as abordagens baseadas nos 12 passos dos Alcoólicos Anônimos (Alcoholics Anonymous, 1981). As principais semelhanças e diferenças entre a DBT e essas três abordagens são destacadas na Tabela 11.2.

Com sua forte base nos princípios cognitivo-comportamentais e de solução de problemas, a DBT compartilha muita coisa com a *abordagem da PR* de Marlatt (Marlatt & Gordon, 1985) e, mais recentemente, PR *baseada em mindfulness* (MDRP, do inglês *mindfulness-based RP*; Bowen, Chawla, & Marlatt, 2011). Ambas são abordagens orientadas por princípios que focam no direcionamento e tratamento do controle das variáveis, incluindo fatores de vulnerabilidade proximal (i.e., alto risco imediato) e distal que estimulam e mantêm problemas com

TABELA 11.2 DBT comparada com os principais modelos de tratamento para adição

Modelo	Semelhanças com a DBT	Diferenças da DBT
Prevenção de recaída	• O desenvolvimento e a manutenção da dependência de drogas estão baseados, no modelo biopsicossocial. • Baseado na abordagem cognitivo-comportamental, solução de problemas. • Tratamento ideográfico, orientado por princípios, que decorre de análises (funcionais) rigorosas de comportamentos problemáticos. • Atenção a fatores proximais (a atenção a "situações de alto risco" é semelhante ao uso da análise em cadeia após o uso de drogas ou outro comportamento problemático na DBT); fatores proximais (o desequilíbrio global no estilo de vida na PR é como os fatores de vulnerabilidade na DBT).	• A PR foi desenvolvida inicialmente como um tratamento de manutenção "a posteriori" para abusadores de sustâncias que atingiram abstinência; a DBT é um tratamento abrangente, psicossocial integrado para cessação de comportamentos mal-adaptativos e manutenção desses comportamentos. • Os princípios da PR podem ser aplicados tanto à meta de abstinência quanto à meta de redução de danos (p. ex., moderação); a DBT enfatiza a abstinência para pacientes com múltiplos transtornos no Estágio 1.
Entrevista motivacional (EM)	• Na EM, o tratamento concentra-se no aumento da motivação para mudança; na DBT, a atenção à motivação do paciente e aos fatores que inibem a motivação permeiam o tratamento. Os dois tratamentos incluem estratégias similares para manejar a ambivalência ou relutância em fazer mudanças comportamentais. Por exemplo, o "judô psicológico" na EM é semelhante à extensão em DBT; o uso de declarações automotivacionais na EM é semelhante ao uso de "advogado do diabo" em DBT; os dois tratamentos usam avaliação dos prós e contras. • A EM é enraizada na terapia rogeriana centrada na pessoa; as estratégias de validação da DBT igualmente envolvem aderência aos conceitos nucleares de Rogers de empatia e aceitação do indivíduo.	• A EM foi desenvolvida como uma intervenção breve para pacientes que têm transtornos relacionados ao uso e substâncias como única patologia; a DBT foi desenvolvida para pessoas com TPB e múltiplos transtornos. • A EM em geral é conduzida em algumas sessões; a DBT padrão dura um mínimo de um ano. • Na EM, a motivação é entendida como um estado interno; na DBT, a motivação se refere à constelação das variáveis que controlam se o comportamento é emitido em um contexto particular. • A EM oferece uma abordagem não confrontacional e é oposta à confrontação; a DBT é uma síntese em que o terapeuta é benevolentemente confrontacional.

(Continua)

TABELA 11.2 DBT comparada com os principais modelos de tratamento para adição *(Continuação)*

Modelo	Semelhanças com a DBT	Diferenças da DBT
Abordagens de 12 passos	• Os dois tratamentos enfatizam a abstinência como o objetivo do tratamento. • Nos dois tratamentos, há um foco na mobilização do apoio da comunidade terapêutica para facilitar o processo de recuperação. • As duas abordagens se baseiam em tradições espirituais, com o AA sendo um resultado do movimento do Christian Oxford Group, e a DBT enfatizando aspectos do zen budismo. As dimensões espirituais dos programas de 12 passos que enfatizam "mudar o que você pode e aceitar todo o resto" interagem com a influência filosófica oriental na DBT e o conceito de aceitação radical quando uma "pessoa, local, coisa ou situação" não pode ser mudada. • Os dois modelos incluem uma ênfase na mudança comportamental inicial, no desenvolvimento de atividades incompatíveis com beber e usar drogas e na identificação e mudança de comportamentos e cognições disfuncionais (McCrady, 1994). Os dois fazem uso do manejo de contingências e estratégias de aprendizagem operante, incluindo o uso de reforçadores para aumentar a abstinência (p. ex., chaveiros para reconhecer diferentes durações de sobriedade).	• Na DBT, o abuso de substâncias é um comportamento aprendido desencadeado por múltiplos fatores algumas vezes não relacionados; as abordagens de 12 passos conceitualizam abuso de substância como uma doença caracterizada por negação e perda do controle. • Ao contrário das abordagens de 12 passos, a DBT não exige que os pacientes assumam o compromisso de parar com todo o uso de drogas como uma condição para iniciar o tratamento, nem que os pacientes se rotulem como viciados ou alcoolistas. • As abordagens de 12 passos defendem fortemente a abstinência como a única meta racional do tratamento, uma vez que qualquer retorno ao uso resultará em recaída porque desencadeia a doença latente; a DBT não é oposta às abordagens de redução de danos, incluindo moderação. A DBT enfatiza a dicotomia da abstinência *versus* redução de danos. • As abordagens de 12 passos concentram-se na remoção dos pacientes do ambiente associado ao uso de drogas para uma instituição de tratamento residencial para ficarem limpos; a DBT favorece a geração de mudança no ambiente natural. • Nas abordagens de 12 passos, o companheirismo é considerado um agente de mudança importante, se não o principal; na DBT, o indivíduo é considerado o agente da mudança.

o uso de álcool e/ou drogas. Em ambos os modelos, a adição é vista como um processo complexo envolvendo múltiplos determinantes em transação (p. ex., genética, biológica, história de aprendizagem, normas socioculturais) que variam na influência ao longo do tempo. Os dois modelos encaram a mudança comportamental como um processo contínuo. Há uma ênfase no desenvolvimento de novas habilidades comportamentais para substituir comportamentos mal-adaptativos, ao mesmo tempo também observando outras variáveis importantes, como expectativas cognitivas e fatores ambientais que podem desencadear o uso de substâncias. O tratamento está focado na identificação de ligações problemáticas na cadeia de eventos que levaram ao uso de substâncias ou a outros comportamentos problemáticos. As estratégias de tratamento incluem ensino e modelação de habilidades de enfrentamento, desenvolvimento de automonitoramento, avaliação comportamental, estratégias didáticas, reestruturação cognitiva, ensaio encoberto ou *role-play* de situações de risco de recaída, identificação dos primeiros sinais de alerta para risco de recaída e desenvolvimento de planos de prevenção. Assim como a DBT, a MBRP incorpora a prática de *mindfulness* ao tratamento com o objetivo de que as fissuras e os impulsos possam ser observados e tolerados em vez de controlarem o comportamento do paciente.

As estratégias de enfrentamento específicas incluem ajudar os pacientes a fazerem mudanças no estilo de vida para sustentar a sua recuperação, como ter uma vida diária equilibrada, substituir hábitos insalubres por saudáveis (p. ex., correr, tocar piano, meditar), desenvolver uma rede social que mantenha a recuperação, substituir as indulgências disfuncionais por "desejos adaptativos" (p. ex., atividades recreativas), citar decisões aparentemente irrelevantes como sinais de alerta e usar estratégias de evitação (Dimeff & Marlatt, 1995). Nos dois modelos, situações difíceis como deslizes ou recaídas são reestruturadas como oportunidades para aprender com os próprios erros.

Uma principal distinção entre os modelos é que a PR, que foi desenvolvida como um programa *a posteriori* para promover a manutenção da abstinência a partir de comportamentos de adição, não inclui um programa específico para a iniciação da abstinência. Por outro lado, a DBT foi desenvolvida como um tratamento abrangente e incorpora uma gama de intervenções para tratar indivíduos com múltiplos comportamentos problemáticos.

Semelhante à EM (Miller & Rollnick, 1991), a DBT sempre abordou a motivação dos pacientes para fazer mudanças. A diferença fundamental entre EM e DBT refere-se à definição de "motivação". Na EM, a motivação é conceitualizada como um estado interno, ao passo que na DBT ela é definida em termos comportamentais como a constelação de variáveis que controlam o repertório comportamental de um indivíduo em um contexto particular e que se relacionam com a probabilidade de um comportamento. Apesar dessas diferenças conceituais, a atenção aos fatores motivacionais permeia o desenvolvimento do tratamento nos dois modelos. Os dois tratamentos oferecem estratégias criativas para manejar efetivamente a ambivalência de um paciente e sua relutância em fazer mudanças comportamentais. Na DBT, o clínico foca em obter o comprometimento do paciente de participar no tratamento e se abster do uso problemático de substâncias. Ambas incorporam estratégias semelhantes, incluindo avaliar os prós e contras e usar a estratégia do advogado do diabo de modo a fortalecer as razões do paciente para mudar. As duas abordagens têm raízes profundas na abordagem de Rogers centrada na pessoa (Rogers & Wood, 1974), que forma a base da EM e das estratégias de validação na DBT. Consideração positiva incondicional (p. ex., aceitação radical do paciente na DBT), autenticidade e compreensão empática acurada são aspectos necessários e essenciais dos dois tratamentos. No entanto, a forma como essas estratégias de tratamento são aplicadas varia de maneira considerável.

Uma diferença significativa é que a EM envolve uma abordagem não confrontacional com o paciente em que o terapeuta decididamente evita confrontação, ao passo que, por outro lado, a DBT opta por uma síntese: o terapeuta da DBT comunica cordialidade e aceitação do indivíduo, mas ao mesmo tempo é benevolentemente confrontacional, muitas vezes ficando "cara a cara" com o paciente para obter um compromisso de parar de usar drogas e participar no tratamento.

As *abordagens de 12 passos* incluem o programa desenvolvido inicialmente pelos Alcoólicos Anônimos (Alcoholics Anonymous, 1981) e mais tarde adaptado por fraternidades como os Narcóticos Anônimos, Cocaína Anônimos, Jogadores Anônimos e muitos outros. Também incluídos aqui estão a terapia de facilitação de 12 passos e o aconselhamento em 12 passos. Assim como esses programas, a DBT enfatiza a abstinência do uso problemático de substâncias. A premissa básica das abordagens de 12 passos é que a adição é uma doença crônica e progressiva, e negação e perda do controle sobre o uso de drogas são as características do processo da doença. Por outro lado, a DBT, assim como a PR, sustenta que o início e a manutenção do problema são causados por muitos fatores complexos e em interação, com a biologia sendo simplesmente um dos muitos fatores. Onde as abordagens de 12 passos costumam assumir que uma pessoa está sempre "se recuperando", a DBT assume que a recuperação plena de comportamentos de adição é possível.

Muitas abordagens de tratamento de 12 passos recomendam a remoção do paciente do ambiente associado a substâncias e um recolhimento para um ambiente residencial para "ficar limpo". Já a DBT normalmente prefere ajudar os pacientes a fazerem mudanças dentro do contexto do seu ambiente natural. Essa abordagem está baseada em dados significativos indicando que indivíduos dependentes de drogas muitas vezes retomam rapidamente o uso quando retornam ao seu ambiente (Marlatt & Gordon, 1985), além do conhecimento de que o método de aprendizagem mais poderoso ocorre quando os indivíduos desenvolvem novos comportamentos no contexto em que é esperado que apliquem esses comportamentos.

Semelhante às abordagens de 12 passos, a DBT é um tratamento baseado na abstinência. Os adeptos da DBT reconhecem o valor das abordagens de redução de danos, incluindo moderação, mas têm conhecimento das fortes evidências empíricas sugerindo que as pessoas que mais provavelmente irão falhar nos esforços de moderação são aquelas com as vulnerabilidades típicas do TPB (i.e., um alto grau de psicopatologia e impulsividade; Klein, Orleans, & Soule, 1991). Embora a DBT desencoraje o uso de substâncias, seus praticantes também examinam cuidadosamente casos de uso para descobrir os fatores contextuais relevantes que estão envolvidos na manutenção dos comportamentos de uso de drogas. Como os comportamentos aprendidos em um estado particular são recordados e usados com maior sucesso em estados semelhantes, a DBT encoraja os pacientes a praticarem habilidades comportamentais mesmo durante estados de intoxicação. Assim, o paciente que chega a um grupo de habilidades sob influência de drogas é encorajado a permanecer no grupo e a usar habilidades para se manter alerta e engajado durante a sessão. Na DBT, não existe a exigência de que os pacientes firmem um contrato de parar com todo o uso de drogas como uma condição para iniciar o tratamento, tampouco é esperado que eles se rotulem como viciados ou alcoolistas, como é a prática nas abordagens de 12 passos. O terapeuta da DBT trabalha para obter um compromisso verbal com a abstinência total durante a primeira sessão. No entanto, assim como outros comprometimentos obtidos na DBT, este é visto como um ato público que aumenta a probabilidade do comportamento no futuro, e não como um contrato que, se violado, ameaça a continuidade do tratamento.

As duas abordagens se baseiam em tradições espirituais. Os Alcoólicos Anônimos são uma consequência do movimento do Christian

Oxford Group, enquanto a DBT enfatiza aspectos das práticas contemplativas orientais e ocidentais. As semelhanças incluem uma base filosófica comum que enfatiza a aceitação radical quando uma "pessoa, lugar, coisa ou situação" não pode, de fato, ser mudada, e uma percepção de que o momento atual é certamente o momento perfeito (Alcoholics Anonymous, 1976). Aqui, as dimensões espirituais dos programas de 12 passos se entrelaçam com a influência filosófica oriental na DBT. A Oração da Serenidade, com sua premissa de mudar o que você pode e aceitar todo o resto, expressa esta base comum.

Outra área de sobreposição entre os dois modelos é que ambos enfatizam a importância da comunidade terapêutica (para terapeutas e pacientes igualmente) a fim de obter apoio dos outros no processo de recuperação. Além disso, nas duas abordagens, há uma ênfase na mudança comportamental inicial, no desenvolvimento de atividades incompatíveis com o uso de álcool e drogas e na identificação e mudança de comportamentos e cognições disfuncionais (McCrady, 1994). Ambos os modelos fazem uso do manejo de contingências e estratégias de aprendizagem operante, incluindo a utilização de reforçadores para aumentar a abstinência (p. ex., fichas ou medalhas para reconhecer períodos de sobriedade de diferentes durações).

RESUMO

Nos últimos anos, foi feito um esforço para modificar a DBT com o objetivo de abordar as necessidades únicas e as capacidades de indivíduos que fazem uso de substâncias e têm TPB. A DBT para indivíduos com TPB e TUS incorpora os elementos essenciais do protocolo da DBT padrão, além de técnicas específicas concebidas para abordar problemas associados ao uso problemático de substância. A DBT para abusadores de substância pressupõe que, assim como outros comportamentos disfuncionais associados ao TPB, o uso de substâncias por um indivíduo funciona como um meio de regular estados de humor negativos. Consequentemente, o foco do tratamento é ajudar o indivíduo a eliminar o uso problemático de substância por meio do desenvolvimento de estratégias mais efetivas para regular suas emoções. As metas da DBT-TUS incluem eliminar o uso problemático de substância, reduzir outros comportamentos mal-adaptativos (p. ex., comportamentos de autolesão), construir estrutura, eliminar estressores ambientais e melhorar o funcionamento global na vida. A DBT-TUS inclui modificações como uma hierarquia de alvos específica para TUS, estratégias de vinculação, abstinência dialética, além de habilidades comportamentais adicionais. A DBT tem sido usada no tratamento de indivíduos com TPB e diversos tipos de problemas de uso de substâncias. Pesquisas da DBT mostraram que, de modo geral, ela é efetiva na redução do uso de substâncias e na melhora do funcionamento adaptativo em muitos indivíduos diagnosticados com TPB.

REFERÊNCIAS

Alcoholics Anonymous. (1976). *Alcoholics Anonymous*. New York: Alcoholics Anonymous World Services.

Alcoholics Anonymous. (1981). *Twelve steps and twelve traditions*. New York: Alcoholics Anonymous World Services.

Anokhina, I. P., Veretinskaya, A. G., Vasil'eva, G. N., & Ovchinnikov, I. V. (2000). Homogeneity of the biological mechanisms of individual predispositions to the abuse of various psychoactive substances. *Human Physiology, 26*, 715-721.

Axelrod, S. R., Perepletchikova, F., Holtzman, K., & Sinha, R. (2011). Emotion regulation and substance use frequency in women with substance dependence and borderline personality disorder receiving dialectical behavior therapy. *American Journal of Drug and Alcohol Abuse, 37*(1), 37-42.

Beautrais, A. L., Joyce, P. R., & Mulder, R. T. (1999). Cannabis abuse and serious suicide attempts. *Addiction, 94*(8), 1155-1164.

Berking, M., Margraf, M., Ebert, D., Wupperman, P., Hofmann, S. G., & Junghanns, K. (2011). Deficits in emotion-regulation skills predict alcohol use during and after cognitive-behavioral therapy for alcohol dependence. *Journal of Consulting and Clinical Psychology, 79*(3), 307.

Bowen, S., Chawla, N., & Marlatt, G. A. (2011). *Mindfulness-based relapse prevention for addictive behaviors: A clinician's guide.* New York: Guilford Press.

Bradley, B. P., Gossop, M., Brewin, C. P., & Phillips, G. (1992). Attributions and relapse in opiate addicts. *Journal of Consulting and Clinical Psychology, 60,* 470–472.

Cacciola, J. S., Alterman, A. I., McKay, J. R., & Rutherford, M. J. (2001). Psychiatric comorbidity in patients with substance use disorders: Do not forget Axis II disorders. *Psychiatric Annals, 31*(5), 321–331.

Cacciola, J. S., Alterman, A. I., Rutherford, M. J., & Snider, E. C. (1995). Treatment response of antisocial substance abusers. *Journal of Nervous and Mental Disease, 183*(3), 166–171.

Courbasson, C., Nishikawa, Y., & Dixon, L. (2012). Outcome of dialectical behaviour therapy for concurrent eating and substance use disorders. *Clinical Psychology and Psychotherapy, 19*(5), 434–449.

Crits-Christoph, P., Siqueland, L., Blaine, J., Frank, A., Luborsky, L., Onken, L. S., et al. (1999). Psychosocial treatments for cocaine dependence: National Institute on Drug Abuse Collaborative Cocaine Treatment Study. *Archives of General Psychiatry, 56*(6), 493–502.

Crowell, S. E., Beauchaine, T. P., & Linehan, M. M. (2009). A biosocial developmental model of borderline personality: Elaborating and extending Linehan's theory. *Psychological Bulletin, 135*(3), 495.

Cummings, C., Gordon, J. R., & Marlatt, G. A. (1980). Relapse: Strategies of prevention and prediction. In W. R. Miller (Ed.), *The addictive behaviors: Treatment of alcoholism, drug abuse, smoking, and obesity* (pp. 291–321). London: Pergamon Press.

Dimeff, L. A., & Marlatt, G. A. (1995). Relapse prevention. In R. K. Hester & W. R. Miller (Eds.), *Handbook of alcoholism treatment approaches: Effective alternatives* (2nd ed., pp. 176–194). Boston: Allyn & Bacon.

Dole, V. P. (1988). Implications of methadone maintenance for theories of narcotic addiction. *Journal of the American Medical Association, 260,* 3025–3029.

Dulit, R. A., Fyer, M. R., Haas, G. L., Sullivan, T., & Frances, A. J. (1990). Substance use in borderline personality disorder. *American Journal of Psychiatry, 147,* 1002–1007.

Frances, A., Fyer, M., & Clarkin, J. (1986). Personality and suicide. *Annals of the New York Academy of Sciences, 487,* 281–293.

Hall, S. M., Havassy, B. E., & Wasserman, D. A. (1990). Commitment to abstinence and acute stress in relapse to alcohol, opiates, and nicotine. *Journal of Consulting and Clinical Psychology, 58*(2), 175–181.

Harned, M. S., Chapman, A. L., Dexter-Mazza, E. T., Murray, A., Comtois, K. A., & Linehan, M. M. (2008). Treating co-occurring Axis I disorders in recurrently suicidal women with borderline personality disorder: A 2-year randomized trial of dialectical behavior therapy versus community treatment by experts. *Journal of Consulting and Clinical Psychology, 76*(6), 1068.

Herman, J. L., Perry, J. C., & van der Kolk, B. A. (1989). Childhood trauma in borderline personality disorder. *American Journal of Psychiatry, 146,* 490–495.

Hiebert, S. M., & Burch, E. (2003). Simulated human diving and heart rate: Making the most of the diving response as a laboratory exercise. *Advances in Physiology Education, 27,* 130–145.

Khantzian, E. J., & Schneider, R. J. (1986). Treatment implications of a psychodynamic understanding of opioid addicts. In R. Meyer (Ed.), *Psychopathology and addictive disorders* (pp. 323–333). New York: Guilford Press.

Klein, R. H., Orleans, J. F., & Soule, C. R. (1991). The Axis II group: Treating severely characterologically disturbed patients. *International Journal of Group Psychotherapy, 41,* 97–115.

Koons, C. R., Robins, C. J., Tweed, J. L., Lynch, T. R., Gonzalez, A. M., Morse, J. Q., et al. (2001). Efficacy of dialectical behavior therapy in women veterans with borderline personality disorder. *Behavior Therapy, 32,* 371–390.

Kosten, T. A., Kosten, T. R., & Rounsaville, B. J. (1989). Personality disorders in opiate addicts show prognostic specificity. *Journal of Substance Abuse Treatment, 6*(3), 163–168.

Kruedelbach, N., McCormick, R. A., Schulz, S. C., & Grueneich, R. (1993). Impulsivity, coping styles, and triggers for craving in substance abusers with borderline personality disorder. *Journal of Personality Disorders, 7*(3), 214–222.

Kushner, M. G., Sher, K. J., & Beitman, B. D. (1990). The relation between alcohol problems and the anxiety disorders. *American Journal of Psychiatry, 6,* 685–695.

Leshner, A. I. (1997). Addiction is a brain disease, and it matters. *Science, 278,* 45–47.

Leshner, A. I., & Koob, G. F. (1999). Drugs of abuse and the brain. *Proceedings of the Association of American Physicians, 111,* 99–108.

Levenson, R. W., Oyama, O. N., & Meek, P. S. (1987). Greater reinforcement from alcohol for those at risk:

Parental risk, personality risk, and sex. *Journal of Abnormal Psychology, 96*(3), 242–253.

Linehan, M. M. (1993a). *Cognitive-behavioral treatment of borderline personality disorder*. New York: Guilford Press.

Linehan, M. M. (1993b). *Skills training manual for treating borderline personality disorder*. New York: Guilford Press.

Linehan, M. M. (1993c). DBT for treatment of BPD: Implications for the treatment of substance abuse. In L. Onken, J. Blaine, & J. Boren (Eds.), *Behaviour treatments for drug abuse and dependence* (NIDA Research Monograph No. 137, pp. 201–216). Rockville, MD: U.S. Department of Health and Human Services.

Linehan, M. M. (2015a). *DBT skills training manual* (2nd ed.). New York: Guilford Press.

Linehan, M. M. (2015b). *DBT® skills training handouts and worksheets* (2nd ed.). New York: Guilford Press.

Linehan, M. M., Armstrong, H. E., Suarez, A., Allman, D., & Heard, H. L. (1991). Cognitive behavioral treatment of chronically parasuicidal borderline patients. *Archives of General Psychiatry, 48,* 1060–1064.

Linehan, M. M., Comtois, K. A., Murray, A. M., Brown, M. Z., Gallop, R. J., Heard, H. L., et al. (2006). Two-year randomized controlled trial and follow-up of dialectical behavior therapy vs. therapy by experts for suicidal behaviors and borderline personality disorder. *Archives of General Psychiatry, 63*(7), 757–766.

Linehan, M. M., & Dimeff, L. A. (1997). *Dialectical behavior therapy manual of treatment interventions for drug abusers with borderline personality disorder*. Seattle: University of Washington.

Linehan, M. M., Dimeff, L. A., Reynolds, S. K., Comtois, K. A., Welch, S. S., Heagerty, P., et al. (2002). Dialectal behavior therapy versus comprehensive validation therapy plus 12-step for the treatment of opioid dependent women meeting criteria for borderline personality disorder. *Drug and Alcohol Dependence, 67*(1), 13–26.

Linehan, M. M., Lynch T. R., Harned, M. S., Korslund, K. E., & Rosenthal, Z. M. (2009, November). *Preliminary outcomes of a randomized controlled trial of DBT vs. drug counseling for opiate-dependent BPD men and women*. Paper presented at the 43rd annual ABCT Convention, New York.

Linehan, M. M., Schmidt, H., Dimeff, L. A., Craft, J. C., Kanter, J., & Comtois, K. A. (1999). Dialectical behavior therapy for patients with borderline personality disorder and drug dependence. *American Journal on Addictions, 8,* 279–292.

Linehan, M. M., Tutek, D. A., Dimeff, L. A., & Koerner, K. (1999). *Comprehensive validation therapy for substance abuse (CVT-S) for clients meeting criteria for borderline personality disorder: Treatment manual*. Unpublished manuscript.

Links, P. S., Heslegrave, R. J., Mitton, J. E., & Van Reekum, R. (1995). Borderline personality disorder and substance abuse: Consequences of comorbidity. *Canadian Journal of Psychiatry, 40*(1), 9–14.

Marlatt, G. A. (1985). Cognitive assessment and intervention procedures for relapse prevention. In G. A. Marlatt & J. R. Gordon (Eds.), *Relapse prevention: Maintenance strategies in treatment of addictive behaviors* (pp. 201–279). New York: Guilford Press.

Marlatt, G. A. (Ed.). (1998). *Harm reduction: Pragmatic strategies for managing high-risk behaviors*. New York: Guilford Press.

Marlatt, G. A., & Donovan, D. M. (Eds.). (2005). *Relapse prevention: Maintenance strategies in the treatment of addictive behaviors* (2nd ed.). New York: Guilford Press.

Marlatt, G. A., & Gordon, J. R. (Eds.). (1985). *Relapse prevention: Maintenance strategies in the treatment of addictive behaviors*. New York: Guilford Press.

Marziali, E., Munroe-Blum, H., & McCleary, L. (1999). The effects of the therapeutic alliance on the outcomes of individual and group psychotherapy with borderline personality disorder. *Psychotherapy Research, 9,* 424–436.

McCrady, B. S. (1994). Alcoholics Anonymous and behavior therapy: Can habits be treated as diseases?: Can diseases be treated as habits? *Journal of Consulting and Clinical Psychology, 62,* 1159–1166.

McKay, J. R., Alterman, A. I., Cacciola, J. S., Mulvaney, F. D., & O'Brien, C. P. (2000). Prognostic significance of antisocial personality disorders in cocaine-dependent patients entering continuing care. *Journal of Nervous and Mental Disease, 188*(5), 287–296.

McMain, S., Korman, L., Blak, T., Dimeff, L., Collis, R., & Beadnell, B. (2004, November). *Dialectical behavior therapy for substance users with borderline personality disorder: A randomized controlled trial in Canada*. Paper presented at the annual meeting of the Association for the Advancement of Behavior Therapy, New Orleans, LA.

Miller, W. R., & Rollnick, S. (1991). *Motivational interviewing: Preparing people to change addictive behavior*. New York: Guilford Press.

Morgenstern, J., Langenbucher, J., Labouvie, E., & Miller, K. J. (1997). The comorbidity of alcoholism and personality disorders in a clinical population: Prevalence and relation to alcohol typology variables. *Journal of Abnormal Psychology, 106*(1), 74–84.

Myers, J. E., & Smith, A. W. (1995). A national survey of on-campus clinical training in counselor education. *Counselor Education and Supervision, 35*(1), 70–81.

Nace, E. P., Davis, C. W., & Gaspari, J. P. (1991). Axis II comorbidity in substance abusers. *American Journal of Psychiatry, 148*(1), 118–120.

Nowinski, J., & Baker, S. (1992). *The twelve-step facilitation handbook: A systematic approach to early recovery from alcoholism and addiction*. San Francisco: Jossey-Bass.

Porges, S. W., Doussard-Roosevelt, J. A., & Maita, A. K. (1994). Vagal tone and the physiological regulation of emotion. *Monographs of the Society for Research in Child Development, 59*, 167–186.

Rizvi, S. L., Dimeff, L. A., Skutch, J., Carroll, D., & Linehan, M. M. (2011). A pilot study of the DBT coach: An interactive mobile phone application for individuals with borderline personality disorder and substance use disorder. *Behavior Therapy, 42*(4), 589–600.

Rogers, C. R., & Wood, J. K. (1974). Client-centered theory: Carl R. Rogers. In A. Burton (Ed.), *Operational theories of personality* (pp. 211–258). Oxford, UK: Brunner/Mazel.

Rossow, I., & Lauritzen, G. (1999). Balancing on the edge of death: Suicide attempts and life-threatening overdoses among drug addicts. *Addiction, 94*(2), 209–219.

Rutherford, M. J., Cacciola, J. S., & Alterman, A. I. (1994). Relationships of personality disorders with problem severity in methadone patients. *Drug and Alcohol Dependence, 35*(1), 69–76.

Salsman, N. L. (2020). Dialectical behavior therapy for individuals with substance use problems: Theoretical adaptations and empirical evidence. In J. Bedics (Ed.), *Handbook of dialectical behavior therapy*. Amsterdam, the Netherlands: Elsevier.

Shiffman, S., Engberg, J. B., Paty, J. A., & Perz, W. G. (1997). A day at a time: Predicting smoking lapse from daily urge. *Journal of Abnormal Psychology, 106*(1), 104–116.

Siegel, S., & Ramos, B. M. C. (2002). Applying laboratory research: Drug anticipation and the treatment of drug addiction. *Experimental and Clinical Psychopharmacology, 10*, 162–183.

Skinstad, A., & Swain, A. (2001). Comorbidity in a clinical sample of substance abusers. *American Journal of Drug and Alcohol Abuse, 27*, 45–64.

Stone, M. H., Hurt, S. W., & Stone, D. K. (1987). The PI 500: Long-term follow-up of borderline inpatients meeting DSM-III criteria: I. Global outcome. *Journal of Personality Disorders, 1*(4), 291–298.

Supnick, J. A., & Colletti, G. (1984). Relapse coping and problem solving training following treatment for smoking. *Addictive Behaviors, 9*(4), 401–404.

Tomko, R. L., Trull, T. J., Wood, P. K., & Sher, K. J. (2014). Characteristics of borderline personality disorder in a community sample: Comorbidity, treatment utilization, and general functioning. *Journal of Personality Disorders, 28*(5), 734–750.

Trull, T. J., Freeman, L. K., Vebares, T. J., Choate, A. M., Helle, A. C., & Wycoff, A. M. (2018). Borderline personality disorder and substance use disorders: An updated review. *Borderline Personality Disorder, 5*, 15.

Trull, T. J., Sher, K. J., Minks-Brown, C., Durbin, J., & Burr, R. (2000). Borderline personality disorder and substance use disorders: A review and integration. *Clinical Psychology Review, 20*(2), 235–253.

Trull, T. J., & Widiger, T. A. (1991). The relationship between borderline personality disorder criteria and dysthymia symptoms. *Journal of Psychopathology and Behavioral Assessment, 13*(2), 91–105.

Verheul, R., van den Bosch, L. M. C., Koeter, M. W. J., de Ridder, M. A. J., Stijnen, T., & van den Brink, W. (2003). Dialectical behaviour therapy for women with borderline personality disorder: 12-month, randomised clinical trial in the Netherlands. *British Journal of Psychiatry, 182*(2), 135–140.

Whiteside, U. S. (2010). *A brief personalized feedback intervention integrating a motivational interviewing therapeutic style and dialectical behavioral therapy skills for depressed or anxious heavy drinking young adults*. PhD dissertation, University of Washington, Seattle, WA. Wilks, C. R., Lungu, A., Ang, S. Y., Matsumaya, B., & Linehan, M. M. (2018, May). A randomized controlled trial of an Internet delivered dialectical behavior therapy skills training for suicidal and heavy episodic drinkers. *Journal of Affective Disorders, 232*, 219–228.

Zanarini, M. C., & Frankenburg, F. R. (1997). Pathways to the development of borderline personality disorder. *Journal of Personality Disorders (Special Issue: Trauma and Personality Disorders), 11*(1), 93–104.

Zanarini, M. C., Frankenburg, F. R., Hennen, J., Reich, D. B., & Silk, K. R. (2004). Axis I comorbidity in patients with borderline personality disorder: 6-year follow-up and prediction of time to remission. *American Journal of Psychiatry, 161*, 2108–2114.

Zanarini, M. C., Frankenburg, F. R., Weingeroff, J. L., Reich, D. B., Fitzmaurice, G. M., & Weiss, R. D. (2011). The course of substance use disorders in patients with borderline personality disorder and Axis II comparison subjects: A 10-year follow-up study. *Addiction, 106*(2), 342–348.

12

Tratando transtorno de estresse pós-traumático durante a DBT
Aplicando os princípios e procedimentos do protocolo de exposição prolongada da DBT

Melanie S. Harned e Sara C. Schmidt

A terapia comportamental dialética (DBT) foi desenvolvida para tratar indivíduos cronicamente suicidas com transtornos mentais múltiplos e desregulação emocional global e invasiva. Desde a sua concepção, a DBT tem destacado o papel do trauma como um fator etiológico comum e o transtorno de estresse pós-traumático (TEPT) como um alvo terapêutico importante para muitos pacientes que recebem este tratamento. No entanto, as duas primeiras décadas de desenvolvimento e pesquisa do tratamento da DBT focaram principalmente no Estágio 1 da DBT para abordar descontrole comportamental, e o Estágio 2 da DBT em que o TEPT é focado ficou em grande parte subdesenvolvido. Como consequência, o tratamento formal do TEPT durante a DBT foi a exceção em vez da regra. O protocolo de exposição prolongada da DBT (DBT PE, do inglês *DBT Prolonged Exposure*) (Harned, Korslund, Foa, & Linehan, 2012; Harned, Korslund, & Linehan, 2014) foi desenvolvido especificamente para fornecer um método estruturado de tratamento do TEPT dentro da DBT. Neste capítulo, apresentamos uma justificativa para integrar o tratamento formal do TEPT à DBT e uma visão geral do tratamento integrado da DBT e da DBT PE. Depois descrevemos os princípios subjacentes ao tratamento e nos concentramos em como aplicar os procedimentos centrais do protocolo da DBT PE de uma forma orientada pelos princípios para abordar flexivelmente as necessidades de pacientes com múltiplas comorbidades, complexos e de alto risco com TEPT. Por último, apresentamos um exemplo de caso para ilustrar a aplicação desse protocolo orientado por princípios.

POR QUE APLICAR DBT AO TRATAMENTO DE TEPT?

A DBT pretende ser um tratamento abrangente que pode abordar a gama completa dos problemas complexos exibidos por pacientes com múltiplas comorbidades e de alto risco. Embora a DBT tenha demonstrado ser eficaz no tratamento de muitos problemas comuns nesta população de pacientes, seus efeitos no

TEPT são limitados. De fato, embora o TEPT seja um dos transtornos mais comuns entre pacientes que recebem DBT (~50%; Barnicot & Priebe, 2013; Linehan et al., 2006), ele tem a taxa mais baixa de remissão do diagnóstico de qualquer transtorno durante a aplicação do tratamento e no ano seguinte à DBT (35%; Harned et al., 2008). Essa taxa de remissão também é mais baixa do que as tipicamente encontradas em psicoterapias para TEPT (56-67%; Bradley, Greene, Russ, Dutra, & Westen, 2005). Além do mais, algumas pesquisas indicam que pacientes com TEPT têm resultados piores durante a DBT em termos de severidade dos comportamentos suicidas e de autolesão e transtorno da personalidade *borderline* (TPB; Harned, Jackson, Comtois, & Linehan, 2010; Barnicot & Crawford, 2018; Barnicot & Priebe, 2013), sugerindo que o TEPT provavelmente complica o tratamento de outros problemas funcionalmente relacionados. Tomados em conjunto, esses resultados destacam a importância de melhorar os efeitos da DBT no TEPT.

ABORDAGENS PARA TRATAR TEPT NA DBT

Diante de um paciente suicida, autolesivo e múltiplas comorbidades para quem o TEPT é apenas um dos muitos problemas que demandam tratamento, o que um clínico da DBT deve fazer? De acordo com o modelo de estágios da DBT, o tratamento deve iniciar no Estágio 1 com a meta de atingir o controle comportamental e adquirir habilidades antes que o TEPT possa ser tratado no Estágio 2 (Linehan, 1993). Na prática clínica, no entanto, a DBT em geral tem sido realizada com um foco principal nas metas do Estágio 1 e não progrediu para tratar TEPT diretamente ou formalmente. Em vez disso, a abordagem para tratar TEPT muitas vezes tem sido ensinar aos pacientes habilidades comportamentais para manejar efetivamente comportamentos de TEPT (p. ex., pesadelos, *flashbacks*, reatividade fisiológica e emocional a estímulos relacionados ao trauma) sem tratar o transtorno subjacente. Há muitas razões compreensíveis para esta abordagem direta e focada nas habilidades, incluindo a falta de informações no manual da DBT sobre exatamente quando e como tratar TEPT, treinamento clínico insuficiente em tratamentos para TEPT baseados em evidências, preocupações quanto à piora do paciente durante tratamentos para TEPT e barreiras potenciais relacionadas ao paciente (p. ex., ambivalência quanto a se engajar no tratamento para TEPT).

Uma segunda abordagem é fornecer tratamento sequencial em que a DBT é realizada primeiro (p. ex., por um ano) antes de encaminhar os pacientes para um programa ou clínico diferente para tratamento formal de TEPT. Esse tratamento sequencial pode ser claramente articulado no plano de tratamento inicial ou pode se desenvolver à medida que o tratamento progredir e a necessidade de tratamento focado para TEPT se tornar evidente. Embora preferível a não receber nenhum tratamento formal para TEPT, este modelo sequencial pode atrasar desnecessariamente o tratamento para TEPT, já que é provável que muitos pacientes atingirão a estabilidade necessária para se engajar no tratamento para TEPT durante o tempo em que estiverem recebendo DBT (Harned et al., 2010). Além disso, este modelo de atendimento descontínuo cria um risco de que os pacientes ainda não possam receber tratamento para TEPT devido aos desafios potenciais relacionados a encontrar e se transferir para um novo clínico depois de ter concluído a DBT.

Uma terceira abordagem preferida que está integrada ao tratamento permite focar no TEPT, em problemas de ocorrência concomitante e em seus mecanismos comuns no mesmo tratamento (Najavits et al., 2009; Rizvi & Harned, 2013). Vale salientar que Linehan (1993) fez duas recomendações de como tratar TEPT durante o Estágio 2 da DBT, ambas consistentes com uma abordagem de tratamento integrado. Elas incluem (1) utilizar estratégias existentes da DBT baseadas na exposição de uma forma focada para abordar o TEPT durante a DBT ou (2) inserir ou aplicar concomitantemente à DBT um tratamento bem desenvolvido para TEPT (Linehan, 1993, p. 344). O protocolo integrado da DBT e DBT PE descrito neste capítulo é consistente com esta última recomendação e reflete a abordagem típica da DBT para abordar transtornos severos concomitantes de forma mais ampla. Em particular, espera-se que os clínicos integrem à DBT outros protocolos de tratamento específicos para outros transtornos quando necessário a fim de reforçar o foco nos transtornos comórbidos.

ESCOLHENDO UM TRATAMENTO PARA TEPT PARA INTEGRAÇÃO À DBT

Depois de escolhida esta abordagem geral para focar no TEPT, a tarefa seguinte foi identificar um tratamento estabelecido para TEPT para integrar à DBT. A terapia de exposição prolongada (PE; Foa, Hembree, & Rothbaum, 2007; Foa, Hembree, Rothbaum, & Rauch, 2019) foi escolhida por várias razões. Primeiro, a terapia de exposição tem as mais fortes evidências para o tratamento do TEPT (p. ex., Cusack et al., 2016; Foa, Keane, Friedman, & Cohen, 2009; Institute of Medicine, 2008; American Psychological Association [APA], 2017) e, dos tratamentos para TEPT baseados na exposição, a PE é a mais pesquisada. Entre adultos e adolescentes que recebem PE, cerca de 60 a 78% atingem remissão do diagnóstico de TEPT (p. ex., Foa, Dancu, et al., 1999; Foa, McLean, Capaldi, & Rosenfield, 2013) e 93% exibem uma melhora confiável na severidade do TEPT (Jayawickreme et al., 2014). Em segundo lugar, Linehan (1993) recomendou especificamente o uso de exposição para tratar TEPT, o que é consistente com a orientação fortemente comportamental da DBT. Terceiro, a PE mostrou-se facilmente transportável para contextos da comunidade onde os clínicos com mínimo treinamento cognitivo-comportamental prévio atingiram resultados comparáveis aos dos especialistas (Foa, Hembree, et al., 2005). Por último, contrária à tradição clínica comum, a PE é bem tolerada pelos pacientes. Uma piora seguramente atribuível à PE no pós-tratamento é extremamente rara (0 a 1%; Jayawickreme et al., 2014), as taxas de abandono do tratamento são baixas (20%; Hembree et al., 2003) e estes resultados potencialmente adversos são comparáveis aos encontrados em tratamentos para TEPT não baseados em exposição. Em suma, a PE foi escolhida porque é um tratamento padrão-ouro para TEPT e altamente compatível com a DBT.

Cabe salientar que, embora a PE tenha sido escolhida como base para a abordagem descrita neste capítulo, é possível que outros tratamentos para TEPT também possam ser efetivos quando integrados à DBT. Outros tratamentos com força de evidência baixa a moderada para TEPT incluem terapia cognitiva, terapia de processamento cognitivo, terapias comportamentais mistas, dessensibilização e reprocessamento por meio dos movimentos oculares (EMDR, do inglês *eye movement desensitization and reprocessing*) e terapia de exposição narrativa (Cusack et al., 2016; Foa et al., 2009; APA, 2017). Até o momento, no entanto, nenhum outro tratamento para TEPT foi pesquisado quando realizado em combinação com a DBT padrão. Embora tenham sido desenvolvidos vários tratamentos para TEPT que incorporam aspectos da DBT, incluindo DBT para TEPT (DBT-TEPT; Bohus et al., 2013; Steil, Dyer, Priebe, Kleindienst, & Bohus, 2011) e Skills Training in Affective and Interpersonal Regulation-Narrative Therapy (STAIR-NT; Cloitre, Koenen, Cohen, & Han, 202; Cloitre et al., 2010), estes tratamentos utilizam versões adaptadas da DBT antes de iniciar várias intervenções focadas no trauma.

VISÃO GERAL DO PROTOCOLO DA DBT PE

O protocolo da DBT PE é uma versão adaptada da PE (Foa et al., 2007; Foa et al., 2019) que foi desenvolvido especificamente para ser integrado à DBT padrão. O protocolo da DBT PE utiliza a mesma estrutura e procedimentos centrais do tratamento da PE padrão, ao mesmo tempo incorporando adaptações que visam à compatibilidade com a DBT e melhor abordam as características de uma população de pacientes de alto risco, severos e com múltiplas comorbidades. Consistente com a abordagem baseada em protocolos, o tratamento é feito em um formato estruturado em que cada sessão inclui os componentes necessários. A Tabela 12.1 fornece um esboço de cada sessão do protocolo da DBT PE e especifica quais componentes da sessão foram acrescentados ou modificados em relação à PE padrão.

Como na PE padrão, o tratamento ocorre em três fases. Durante as sessões de pré-exposição (1 e 2), o terapeuta apresenta ao paciente uma justificativa para o tratamento, conduz uma avaliação formal do trauma, fornece psicoeducação sobre as reações dialéticas comuns ao trauma e constrói a hierarquia da exposição *in vivo*. Além disso, uma sessão conjunta opcional pode ser conduzida com o paciente e um membro da família ou amigo para orientar a pessoa sobre o tratamento e discutir como ela pode dar apoio. Durante as sessões de exposição (3+), o terapeuta conduz exposição imagística seguida pelo processamento dos pensamentos e emoções despertados pela exposição. A tarefa de casa entre as sessões inclui exposição *in vivo* e a escuta repetida de uma gravação da exposição imagística dentro da sessão. Por fim, durante a sessão final de consolidação, o terapeuta revisa o progresso na exposição imagística e *in vivo* e ensina habilidades para prevenção de recaída.

E o mais importante, embora a DBT PE seja um protocolo estruturado, ela é aplicada dentro da DBT, um tratamento orientado pelos princípios que exige que os terapeutas escolham flexivelmente estratégias de tratamento baseadas nos princípios subjacentes ao tratamento e nas respostas do paciente no momento. A aplicação ideal do protocolo da DBT PE envolve uma síntese destas duas abordagens; ou seja, os clínicos desenvolvem os elementos necessários do protocolo da DBT PE de um modo orientado pelos princípios. Em um nível superior, isso significa que os clínicos permanecem embasados nos princípios de mudança, aceitação e dialética da DBT e utilizam flexivelmente as estratégias destes paradigmas quando necessário para otimizar os resultados. Por exemplo, os elementos necessários do protocolo da DBT PE são aumentados com estratégias da DBT quando os pacientes não estão dispostos ou são incapazes de se engajar nas tarefas necessárias do tratamento de uma maneira que provavelmente será efetiva e/ou quando a melhora é lenta ou insuficiente. Em poucas palavras, os clínicos continuam a "fazer DBT" enquanto aplicam o protocolo da DBT PE: o objetivo é ser aderente aos dois tratamentos simultaneamente. Desse modo, a PE está não só integrada à DBT, a DBT também está integrada à PE para atingir uma verdadeira síntese desses dois tratamentos altamente efetivos.

A FUNDAMENTAÇÃO TEÓRICA DO PROTOCOLO DA DBT PE

A PE está baseada na teoria do processamento emocional (EPT, do inglês *emotional processing theory*; Foa & Kozak, 1986; Foa & McLean, 2016), uma extensão da teoria da aprendizagem comportamental que fornece uma conceitualização de como o TEPT é mantido e como a exposição funciona para reduzir o TEPT.

Como o TEPT é mantido

A terapia de exposição prolongada (TEP) especifica dois fatores que mantêm o TEPT ao longo do tempo: evitação e crenças problemáticas. A *evitação* inclui esforços persistentes para evitar pensamentos e lembranças de trauma passado, além de situações que lembram o trauma. Essa evitação costuma ser alimentada por

TABELA 12.1 Estrutura do protocolo da DBT PE

Sessão 1
- Revisar o cartão diário da DBT[a] e definir uma pauta para a sessão.
- Apresentar uma visão geral da justificativa e dos procedimentos do tratamento.
- Conduzir a entrevista sobre o trauma e escolher o primeiro trauma-alvo.[b]
- Fortalecer os comprometimentos para controlar comportamentos de mais alta prioridade.[a]
- Completar o plano de habilidades da DBT pós-exposição.[a]
- Designar a tarefa de casa.[b]

Sessão 2
- Revisar o cartão diário[a] da DBT e definir uma pauta para a sessão.
- Analisar a tarefa de casa.
- Fornecer psicoeducação sobre reações dialéticas comuns ao trauma.[b]
- Orientar quanto à justificativa para a exposição *in vivo*.
- Introduzir a escala SUDS e estabelecer pontos de ancoragem.
- Conduzir a hierarquia de exposição *in vivo*.[b]
- Orientar quanto ao Formulário para registro da exposição.[a]
- Designar a tarefa de casa.[b]

Sessão conjunta
- Sessão opcional com o paciente e a(s) pessoa(s) da rede de apoio.[a]

Sessão 3
- Revisar o cartão diário[a] da DBT e definir a pauta da sessão.
- Revisar a tarefa de casa da exposição *in vivo*.
- Orientar quanto à justificativa para exposição imagística.[b]
- Conduzir a exposição imagística.
- Conduzir o processamento da exposição imagística.[b]
- Designar a tarefa de casa *in vivo* e de exposição imagística.

Sessão 4+
- Revisar o cartão diário[a] da DBT e definir a pauta da sessão.
- Revisar a tarefa de casa *in vivo* e de exposição imagística.
- Escolher os pontos cruciais (se necessário) e fornecer uma justificativa para isso.
- Conduzir a exposição imagística.
- Conduzir o processamento da exposição imagística.[b]
- Designar a tarefa de casa *in vivo* e de exposição imagística.

Sessão final
- Revisar o cartão diário[a] da DBT e definir a pauta da sessão.
- Conduzir breve exposição imagística.
- Revisar o progresso do tratamento.
- Discutir as fichas de prevenção de recaída e preencher as fichas de tarefas.[a]

[a] Este componente não está incluído na PE padrão.
[b] Este componente foi modificado da PE padrão.

certos tipos de *crenças problemáticas*, incluindo crenças sobre perigo (p. ex., "O mundo é perigoso" e "As pessoas não merecem confiança") e crenças negativas sobre si mesmo (p. ex., "Eu sou fraco e incompetente" e "É minha culpa que o trauma tenha ocorrido"). Embora evitar pensamentos e situações relacionados ao trauma funcione para reduzir emoções penosas a curto prazo, isso mantém essas emoções penosas a longo prazo ao impedir novas aprendizagens. Em particular, a evitação impede que pessoas com TEPT encontrem informações corretivas que mudariam suas crenças problemáticas, o que é necessário para reduzir as emoções penosas a longo prazo.

Como um exemplo, considere o caso de uma mulher que foi sexualmente abusada pelo irmão mais velho durante a infância e a adolescência. Como consequência desse abuso, ela agora evita usar roupas justas que marquem suas formas porque acredita que será estuprada se fizer isso. Ela também tem medo de muitas outras situações que ativam essa mesma crença (p. ex., falar com homens que não conhece bem, andar na rua à noite, ir a um bar). Como resultado desse abuso, ela tenta evitar ao máximo esses tipos de situações ou, caso se encontre nessas situações, ela utiliza vários comportamentos de evitação para se sentir mais segura (p. ex., trazer uma amiga, não fazer contato visual, dissociar). Essa evitação funciona para reduzir o estresse que ela sente ao encontrar as situações temidas e imediatamente depois disso, mas mantém o estresse a longo prazo, o que a impede de aprender que a real probabilidade de ser estuprada nessas situações é extremamente baixa.

Como a exposição funciona para reduzir o TEPT

Com base nesta formulação do TEPT, a TEP especifica que há duas condições necessárias para que o TEPT seja reduzido: (1) a emoção precisa ser ativada (*engajamento emocional*) e (2) informações que são incompatíveis com os resultados aversivos esperados devem estar presentes (*refutação da crença*). A exposição é um método de abordar estímulos evitados, mas não perigosos, para ativar emoções e mudar as crenças problemáticas associadas a esses estímulos. No exemplo anterior, isso envolve fazer a paciente interagir com homens em diversos contextos cotidianos (p. ex., em lojas, na rua, no ônibus) usando roupas que não sejam folgadas para aprender que a probabilidade real de ser estuprada é muito baixa. A exposição repetida a estímulos evitados na ausência das consequências temidas acabará levando, com o tempo, a uma redução na intensidade das emoções (o que é referido clinicamente como "habituação entre as sessões"). Consistentes com a TEP, pesquisas encontraram fortes evidências para o papel da mudança das crenças e habituação entre as sessões e evidências moderadas para o papel do engajamento emocional como mecanismos de mudança na PE (Cooper, Clifton, & Feeny, 2017).

OS PROCEDIMENTOS CENTRAIS DO PROTOCOLO DA DBT PE

O protocolo da DBT PE inclui três procedimentos centrais: exposição *in vivo*, exposição imagística e processamento da exposição imagística. Esses procedimentos são individualmente adaptados para focar nos comportamentos de evitação específicos e nas crenças problemáticas que estão mantendo o TEPT para um determinado paciente. A aplicação efetiva desses procedimentos centrais requer que os clínicos tenham uma compreensão profunda da justificativa para o procedimento, bem como dos mecanismos de condução do próprio procedimento.

Exposição *in vivo*

As pessoas com TEPT costumam viver vidas muito restritas devido aos esforços para evitar uma grande variedade de situações que despertam emoções dolorosas relacionadas ao trauma. Esta evitação comportamental em geral interfere enormemente na construção de uma vida que vale a pena ser vivida, já que isso com frequência limita a habilidade da pessoa de se engajar em atividades prazerosas, desenvolver e manter relações significativas e perseguir metas acadêmicas e relacionadas ao trabalho. A exposição *in vivo* é concebida para se contrapor a essa evitação comportamental aproximando-se *in vivo* (i.e., na vida real) de pessoas, lugares e coisas evitados, mas em contextos que são objetivamente seguros.

A justificativa

A exposição *in vivo* visa a atingir vários objetivos importantes. Ao se aproximarem de situações temidas, mas não perigosas, as pessoas terão a chance de aprender que as situações evitadas na verdade são seguras. Neste processo, elas também aprendem que emoções intensas, embora desconfortáveis, não são perigosas e podem ser toleradas. Ao romper o hábito de depender da evitação para obter alívio de emoções dolorosas a curto prazo, elas aprendem que as emoções não duram para sempre e com o tempo serão menos intensas. Em geral, a exposição *in vivo* funciona como uma forma de construir maestria e aumentar a crença da pessoa de que ela é competente e pode fazer coisas difíceis.

O procedimento

A exposição *in vivo* e os procedimentos de exposição em geral têm quatro etapas principais. Primeiro, os estímulos específicos que são evitados, as emoções que os estímulos despertam e os desfechos temidos do confronto com os estímulos precisam ser identificados. Como na PE padrão, as tarefas da exposição *in vivo* incluem estímulos que são (1) percebidos como perigosos (p. ex., multidões, falar com estranhos, dormir com as luzes apagadas); (2) lembretes do trauma (p. ex., sons, cheiros e objetos que estavam presentes no momento do trauma); e (3) evitados devido à depressão (p. ex., *hobbies*, exercícios, eventos sociais). Além disso, considerando que a vergonha é uma emoção particularmente comum e prejudicial entre pacientes da DBT, o protocolo da DBT PE usa exposição *in vivo* para mirar em estímulos que despertam vergonha injustificada (p. ex., cometer um erro, compartilhar informações pessoais, dizer "não" a uma solicitação). Guiados pela formulação do caso, terapeuta e paciente identificam colaborativamente tarefas da exposição *in vivo* que testarão as crenças problemáticas específicas do paciente e que irão melhorar sua qualidade de vida. As tarefas *in vivo* selecionadas são organizadas em uma hierarquia desde a menos estressante até a mais estressante.

Em segundo lugar, um estímulo específico é intencionalmente abordado para que as emoções problemáticas e as crenças associadas sejam ativadas. A exposição *in vivo* costuma ser feita de forma gradual, iniciando com tarefas que são moderadamente estressantes antes de progredir para as tarefas mais estressantes. Além disso, abordar os estímulos na exposição *in vivo* de modo que maximize a variabilidade aumenta sua eficácia. Em particular, variar os estímulos da exposição, os contextos em que os estímulos são abordados e os níveis de estresse durante a exposição demonstrou reduzir a probabilidade de recaída posterior (Craske, Treanor, Conway, Zbozinek, & Vervliet, 2014).

Terceiro, os impulsos de evitar o estímulo são bloqueados. A eficácia da exposição *in vivo* é aumentada quando as tarefas são realizadas com *mindfulness* relacionado aos estímulos no momento presente. Para isso, o paciente precisa notar quando ocorre a evitação e, adotando uma postura não julgadora, trazer de volta sua atenção para o estímulo. Igualmente, para exposição *in vivo* para o trabalho, o paciente precisa permitir as experiências internas desconfortáveis (emoções, pensamentos, sensações físicas) que isso desperta em vez de evitá-las.

Quarto, o paciente se confronta repetidas vezes com o estímulo até que suas expectativas quanto à frequência e/ou à severidade dos desfechos temidos sejam refutadas (o que é referido clinicamente como "aprendizagem corretiva") e as emoções associadas diminuam de intensidade. Em geral, as tarefas da exposição *in vivo* podem ser vistas como experimentos no mundo real concebidos para testar hipóteses sobre a probabilidade e a severidade de desfechos específicos temidos. Por exemplo, um homem pode ter medo de que olhar para coisas que lembram o filho que morreu em um acidente faça com que ele experimente tristeza intensa e que isso será insuportável. Neste caso, as tarefas da exposição *in vivo* podem avaliar esta hipótese fazendo com que ele se aproxime de coisas que lembram o filho (p. ex., fotos, pertences pessoais, cartas) para aprender que a tristeza intensa que essas lembranças despertam é tolerável e pode ser enfrentada efetivamente. Em geral, deve haver uma justificativa para cada tarefa de exposição *in vivo* que seja escolhida em termos das crenças específicas que ela é designada para testar e, idealmente, refutar.

Exposição imagística

Pessoas com TEPT também evitam pensar nos traumas que experimentaram e tentam afastar as lembranças do trauma quando elas surgem. Esta evitação cognitiva é compreensível, pois pensar no trauma desperta emoções dolorosas que a maioria das pessoas preferiria não ter. No entanto, evitar pensamentos relacionados ao trauma torna impossível processar estes acontecimentos e mantém o sofrimento a longo prazo. A exposição imagística é concebida para se contrapor à evitação cognitiva, aproximando-se das lembranças do trauma passado em vez de evitá-las.

A justificativa

A exposição imagística pretende ajudar as pessoas a obterem uma nova perspectiva sobre o que aconteceu antes, durante e depois de um trauma e organizar estes acontecimentos em uma narrativa mais coerente. Ao focar nos detalhes de um trauma específico, a pessoa também se torna mais capaz de diferenciar entre o evento traumático e os eventos similares, porém seguros, atualmente. Como ocorre com a exposição *in vivo*, a exposição imagística também aumenta a crença das pessoas na sua habilidade de tolerar emoções intensas e lhes permite aprender que as emoções não duram para sempre e que acabarão diminuindo. Nesse processo, as pessoas aprendem que as lembranças do trauma não são perigosas e que lembrar um trauma não é o mesmo que viver o trauma outra vez. Com o tempo, a abordagem repetida das lembranças do trauma em vez de evitá-las também aumentará a sensação de domínio e competência da pessoa.

O procedimento

Assim como a exposição *in vivo*, a exposição imagística consiste em quatro etapas. Primeiro, o paciente e o terapeuta selecionam lembranças específicas do trauma que serão abordadas via exposição imagística. No protocolo da DBT PE, uma avaliação minuciosa do trauma é conduzida na sessão 1 e até três lembranças do trauma são identificadas e priorizadas com base no grau em que estão contribuindo para o TEPT e a debilitação em geral. Tipicamente, o trauma mais estressante é selecionado como foco da primeira exposição imagística, pois isso provavelmente produzirá a maior redução no TEPT de forma mais rápida. No entanto, os pacientes podem optar por começar com um evento menos estressante, se preferirem.

Em segundo lugar, a lembrança do trauma escolhida é abordada fazendo o paciente descrever o acontecimento repetidamente em voz alta no tempo presente e com o máximo de detalhes possível com os olhos fechados. Durante a exposição imagística, o terapeuta avalia o nível de ativação emocional do paciente em uma escala de 0 a 100 (i.e., Escala de Unidades

Subjetivas de Desconforto [SUDS], do inglês Subjective Units of Distress Scale) aproximadamente a cada cinco minutos. É importante que os pacientes atinjam um nível efetivo de engajamento emocional durante a exposição imagística, pois uma ativação emocional extremamente baixa ou alta provavelmente irá interferir na aprendizagem corretiva. Com pacientes que apresentam pouco engajamento, os terapeutas podem treiná-los para fazer regulação ascendente das emoções usando habilidades de *mindfulness* e aceitação da realidade, ao passo que os pacientes que são excessivamente engajados podem ser treinados para uma regulação descendente das emoções usando habilidades de sobrevivência a crises ou regulação emocional.

Terceiro, tanto o paciente quanto o terapeuta permanecem atentos à evitação e trabalham para bloqueá-la quando surgir. A exposição imagística exige que os pacientes foquem a atenção conscientemente em uma lembrança do trauma enquanto descrevem em detalhes suas experiências internas e externas no momento em que o trauma ocorreu. Os pacientes com frequência iniciam a exposição imagística focando em certos detalhes, muitas vezes externos, do evento traumático e deixando de fora outros detalhes importantes, em geral internos, da sua experiência. Com o tempo, os pacientes são treinados para descrever integralmente todos os aspectos da experiência traumática sem deixar de fora ou mudar qualquer detalhe. Nesse processo, é importante que os pacientes permitam, em vez de evitar ou suprimir, as emoções penosas que surgem quando pensam no trauma.

Quarto, a exposição imagística é feita de maneira prolongada (20 a 45 minutos) e repetida (muitas vezes por semana) para possibilitar que a aprendizagem corretiva ocorra. Para muitos pacientes, as hipóteses mais diretas testadas pela exposição imagística relacionam-se à sua habilidade percebida de tolerar pensamentos sobre o trauma passado. Por exemplo, muitos pacientes que recebem o protocolo da DBT PE acreditam que pensar sobre o trauma passado fará com que percam o controle comportamental (p. ex., tentativa de suicídio, autolesão, uso de substância), o controle cognitivo (p. ex., ficar presos a pensamentos negativos) e/ou o controle emocional (p. ex., chorar interminavelmente). De maneira ideal, a exposição imagística irá refutar essas crenças e permitirá que os pacientes aprendam que pensamentos e emoções relacionados ao trauma são dolorosos, mas não perigosos, e podem ser tolerados. Depois de conduzidas muitas sessões de exposição imagística sobre uma lembrança do trauma e a habituação estiver começando a ocorrer, o foco muda para a realização desse método de exposição em um "ponto de tensão" (i.e., a parte da lembrança mais estressante). Depois de ocorrer habituação ao(s) ponto(s) de tensão, mais uma vez é feita a exposição imagística à lembrança completa para garantir que não existam partes que continuem a despertar alto estresse antes de passar para uma nova memória, caso seja necessário.

Processamento da exposição imagística

Imediatamente após a exposição imagística, os pacientes se engajam em uma discussão de 15 a 30 minutos (i.e., "processamento") das emoções e crenças que são evocadas pela exposição. Como ocorre com a exposição imagística, a meta geral do processamento é facilitar a aprendizagem corretiva. No entanto, esses dois procedimentos seguem caminhos diferentes para atingir a meta. A exposição imagística é semelhante ao conceito de "mente emocional" na DBT, já que envolve a ativação de emoções intensas e permite que essas emoções direcionem a experiência de realidade do indivíduo. Por outro lado, o processamento é mais como a "mente racional", pois se concentra na lógica, análise e reflexão como um meio de entender a realidade. Juntos, os dois procedimentos são usados para ajudar os pacientes a encontrarem sua "mente sábia" ao integrarem emoção e razão para descobrirem uma perspectiva nova e mais equilibrada sobre seu trauma.

A justificativa

No protocolo da DBT PE, o processamento tem três metas principais: a aquisição, o fortalecimento e a generalização da nova aprendizagem. Como um ponto de partida, os terapeutas precisam ajudar os pacientes a adquirirem crenças mais adaptativas. Algumas vezes, essas novas crenças se desenvolvem naturalmente como resultado direto da exposição imagística; por exemplo, um paciente pode reconhecer imediatamente que os desfechos temidos de ter um ataque de pânico e desmaiar como resultado de pensar no seu trauma não ocorreram. Para outras crenças, em particular crenças negativas sobre si mesmo (p. ex., "Eu sou indigno e repugnante") e autoacusação sobre o trauma (p. ex., "Foi minha culpa ter sido abusado"), a aquisição de formas mais adaptativas de pensar pode ocorrer mais lentamente e exigir esforço por parte do paciente e do terapeuta. Depois que uma crença mais funcional está presente e pelo menos parcialmente endossada pelo paciente, o terapeuta avança rapidamente para fortalecer esta nova aprendizagem. Isso costuma ser feito pela validação e pelo reforço da crença mais adaptativa do paciente. Com o tempo, a meta é que a nova aprendizagem se torne mais forte do que a aprendizagem mal-adaptativa original e, portanto, a iniba. Por fim, o terapeuta e o paciente trabalham ativamente para generalizar a nova aprendizagem para outros eventos semelhantes (quando o trauma era recorrente), para outros traumas não relacionados e para a narrativa de vida da pessoa de forma mais abrangente. Desse modo, o TEPT pode ser efetivamente tratado entre pacientes com múltiplos traumas focando apenas em alguns eventos traumáticos por meio da exposição imagística (em geral, dois a três) e assegurando que a aprendizagem se generalize para múltiplos eventos durante o processamento.

O procedimento

O processamento é estruturado para incluir três fases gerais. Primeiro, o terapeuta prepara o terreno oferecendo reforço imediato ao paciente pelo fato de ter concluído a exposição imagística e o treina para usar habilidades da DBT quando necessário de modo a se regular o suficiente para se engajar em discussão produtiva. Em segundo lugar, o terapeuta obtém a perspectiva do paciente fazendo perguntas abertas como: "O que você aprendeu ao fazer a exposição imagística?" ou "O que você está pensando agora sobre este acontecimento?". O terapeuta continua a avaliar e normaliza a perspectiva do paciente enquanto trabalha para mudar crenças problemáticas que podem estar evidentes. Por último, depois que o paciente já teve tempo suficiente para verbalizar suas reações, o terapeuta compartilha as próprias observações e faz perguntas focadas sobre coisas importantes que surgiram durante a exposição.

As estratégias da DBT a partir dos paradigmas de mudança, aceitação e dialética são usadas durante o processamento para atingir a meta da aprendizagem corretiva. De fato, a parte de processamento das sessões da DBT PE pode essencialmente ser considerada DBT que está visando à redução de crenças e emoções problemáticas pós-traumáticas. Assim, as estratégias de modificação cognitiva do paradigma de mudança da DBT costumam ser usadas para ajudar os pacientes a observarem e a descreverem seus pensamentos, avaliarem e desafiarem crenças específicas e gerarem formas de pensar mais adaptativas. Os terapeutas usam o diálogo socrático quando possível para ajudar os pacientes a autogerarem novas crenças e irão diretamente gerar e "vender" mais crenças adaptativas quando necessário. Estilisticamente, os terapeutas podem às vezes usar estratégias de comunicação irreverentes para confrontar diretamente crenças disfuncionais e dar respostas inesperadas, descontraídas ou bem-humoradas que ajudem os pacientes a se desprenderem de padrões de pensamento rígidos.

O paradigma da aceitação também oferece estratégias úteis para ajudar os pacientes a aceitarem e construírem uma compreensão compassiva de suas experiências traumáticas. Estratégias de validação costumam ser usadas durante o processamento a fim de normalizar o comportamento do paciente e comunicar que ele é compreensível. A validação pode ser de particular utilidade para ajudar os pacientes a entenderem suas reações no momento do trauma adotando uma postura não julgadora. Para a criança abusada sexualmente que às vezes iniciava o contato sexual com um adulto perpetrador, como este comportamento faz sentido? Para a vítima de violência pelo parceiro íntimo que o amava apesar do seu comportamento abusivo, como esta emoção é compreensível? Para o paciente que achava que seria perigoso expor o abuso físico sofrido, como este pensamento é razoável? Para comunicar mais aceitação do paciente, o estilo-padrão do terapeuta está baseado nas estratégias de comunicação recíproca da DBT, incluindo ser responsivo ao paciente, expressar engajamento cordial e manter uma atitude não julgadora. Os terapeutas também usam regularmente a autorrevelação para estrategicamente compartilhar os próprios pensamentos e sentimentos sobre o evento traumático e as respostas do paciente a ele. Por exemplo, a autorrevelação em geral é usada para demonstrar formas de pensar adaptativas (p. ex., "Eu também não teria reagido a um assaltante armado") e combater vergonha injustificada (p. ex., "Eu não acho que você seja repugnante").

A partir do paradigma dialético, o processamento costuma se concentrar em ajudar os pacientes a identificarem o pensamento não dialético e a trabalharem para uma síntese. Exemplos de dilemas dialéticos comuns que surgem incluem (1) querer que o trauma seja real e não querer que ele seja real, (2) querer ver a si mesmo positivamente e não querer ver o perpetrador negativamente e (3) querer melhorar e não querer agir como se o trauma não fosse prejudicial. Além disso, o processamento foca em ajudar os pacientes a desenvolverem uma compreensão mais realista das experiências traumáticas ativamente chamando a atenção aos detalhes que estão sendo deixados de fora. Por exemplo, os pacientes costumam se concentrar excessivamente nos elementos do evento que eles acreditam que fazem com que o acontecimento seja sua culpa (p. ex., ter hesitado enquanto era estuprada) e não prestam atenção a outras coisas que aconteceram antes ou depois (p. ex., expressar repetidamente seu não consentimento). Esta perspectiva sistêmica também é aplicada para generalizar a aprendizagem de um trauma para outros traumas; por exemplo, como o abuso sexual que uma paciente vivenciou quando criança influenciou seu comportamento durante um estupro que ela viveu quando adulta? Por último, quando os pacientes ficam presos a padrões rígidos, estratégias dialéticas como metáforas, extensão, advogado do diabo e fazer dos limões uma limonada podem ajudar a obter movimento e progresso em direção à mudança.

INTEGRANDO O PROTOCOLO DA DBT PE À DBT

O protocolo de tratamento integrado da DBT à DBT PE adere ao modelo de estágios do tratamento da DBT. Especificamente, o tratamento inicia no Estágio 1 usando a DBT padrão para estabilizar problemas que são uma prioridade mais alta do que o TEPT. Depois que os comportamentos de mais alta prioridade foram suficientemente abordados, o tratamento progride para o Estágio 2, durante o qual o protocolo da DBT PE é integrado à DBT em curso para focar diretamente no TEPT. O estágio final do tratamento concentra-se na abordagem de problemas na vida que permanecem depois que o TEPT foi tratado. Cabe destacar que há uma discussão em andamento sobre como definir Estágio 1 versus Estágio 2 da DBT. Alguns argumentam que o Estágio 2 requer um período de controle comportamental sustentado e a ausência de problemas severos ou incapacitantes em qualquer domínio da vida. Outros defendem que, se uma pessoa recentemente atingiu controle comportamental e tem as habilidades necessárias para realizar o tratamento para TEPT, ela está por definição no Estágio 2. Dada a falta de consenso sobre a questão, por muitos anos descrevemos o protocolo da DBT PE como ocorrendo em uma posição intermediária denominada "Estágio 1B". Mais recentemente, no entanto, descrevemos o protocolo da DBT PE como ocorrendo no Estágio 2 com base no fato de que o manual da DBT (Linehan, 1993) especifica claramente que o tratamento do TEPT ocorre no Estágio 2. Independentemente da linguagem exata que é usada quanto ao estágio, é importante entender de forma clara e precisa que (1) o tratamento presente progride em estágios; (2) a fim de serem elegíveis para iniciar o protocolo da DBT PE, os pacientes precisam ter atingido controle suficiente sobre comportamentos que tornariam o engajamento no tratamento para TEPT provavelmente inseguro ou inefetivo; e (3) os pacientes não precisam eliminar todos os problemas severos e potencialmente incapacitantes antes de progredir para o protocolo da DBT PE. A trajetória e a estrutura dos estágios do tratamento são descritas a seguir.

Estágio 1 da DBT: alcançando controle comportamental e adquirindo habilidades

Este tratamento integrado é destinado a indivíduos com TEPT que requerem estabilização antes de serem capazes de se engajar efetivamente no tratamento para TEPT. Assim sendo, o tratamento começa com o Estágio 1 da DBT visando, em ordem hierárquica, a comportamentos que ameaçam a vida, a comportamentos que interferem na terapia e a comportamentos que interferem na qualidade de vida. Embora o Estágio 1 da DBT seja executado sem qualquer adaptação de acordo com o manual de Linehan (1993), ele é amplamente conceitualizado como estando a serviço da preparação dos pacientes para se engajarem com segurança e efetivamente no protocolo da DBT PE no Estágio 2. Para esse fim, os terapeutas iniciam orientando os pacientes para o protocolo da DBT PE durante o pré-tratamento da DBT e trabalham para construir motivação com o objetivo de se engajar neste tratamento durante o Estágio 1. Além disso, o Estágio 1 foca explicitamente no decréscimo de comportamentos que provavelmente tornarão inseguro (p. ex., risco de suicídio agudo) ou inefetivo (p. ex., dissociação severa durante as sessões, não adesão consistente ao tratamento) o posterior protocolo da DBT PE, ao mesmo tempo que aumenta habilidades que provavelmente melhorarão a sua eficácia (p. ex., *mindfulness*, tolerância ao mal-estar, regulação emocional).

Determinando a prontidão para o protocolo da DBT PE

A decisão sobre quando progredir para o protocolo da DBT PE é tomada colaborativamente usando um conjunto de critérios orientados pelos princípios que se alinham com a hierarquia do Estágio 1. No domínio de comportamentos que ameaçam a vida, é necessário que os pacientes (1) não estejam em risco iminente de suicídio (p. ex., ideação suicida [IS] séria com intenção e um plano), (2) não tenham se engajado em autolesão suicida ou não suicida por, no mínimo, dois meses e (3) sejam capazes de controlar impulsos de se engajar em autolesão suicida e não suicida *quando na presença de estímulos para esses comportamentos*. O período de dois meses de abstinência de comportamentos que ameaçam iminentemente a vida (Critério 2) foi determinado por meio de um processo de desenvolvimento de tratamento iterativo que a princípio exigia quatro meses de abstinência e, com base na baixa taxa de recaída desses comportamentos de alto risco durante o protocolo da DBT PE, acabou sendo progressivamente reduzido para dois meses.

No domínio dos comportamentos que interferem na terapia, é necessário que os pacientes (4) não estejam engajados em qualquer comportamento sério que interfira na terapia. O princípio orientador aqui é que o paciente não deve estar se engajando em qualquer comportamento que seja sério o suficiente a ponto de provavelmente tornar o protocolo da DBT PE inefetivo. Isso inclui comportamentos desatentos sérios (p. ex., seguidamente cancelar compromissos, sair das sessões mais cedo ou chegar nas sessões sob influência de drogas ou álcool); comportamentos não colaborativos (p. ex., frequente falta de vontade de se engajar em tarefas do tratamento ou hostilidade constante); e comportamentos de inconformidade (p. ex., repetidamente não realizar a tarefa de casa ou se recusar a cumprir as combinações do tratamento).

Por último, dois critérios para prontidão se enquadram no domínio da qualidade de vida, incluindo (5) o tratamento do TEPT deve ser a meta com prioridade mais alta para o paciente e (6) o paciente deve ter capacidade e disposição para tolerar emoções intensas sem fugir. O quinto critério é consistente com a abordagem geral da DBT de permitir que os pacientes determinem a ordem em que os problemas de qualidade de vida são visados. O critério final pretende otimizar os resultados durante o protocolo da DBT PE, já que a evitação emocional provavelmente irá prejudicar o tratamento. A habilidade do paciente de experimentar emoções efetivamente costuma ser determinada pela observação comportamental das emoções do paciente que ocorrem naturalmente durante as sessões de terapia, além de testes comportamentais concebidos para induzir emoções (p. ex., descrever um evento triste, mas não traumático).

De modo geral, esses critérios de prontidão podem ser conceitualizados como um plano formal de manejo de contingências que é desenvolvido colaborativamente com os pacientes no começo do Estágio 1. Em particular, terapeutas e pacientes trabalham juntos para definir claramente os comportamentos específicos que devem ser aumentados ou diminuídos em cada domínio dos critérios para que possam iniciar o protocolo da DBT PE. Levando em conta que a maioria (76%) dos pacientes suicidas e ou/autolesivos com TEPT e TPB relatam uma preferência por um tratamento com protocolo combinado de DBT e DBT PE em relação à DBT isoladamente (Harned, Tkachuck, & Youngberg, 2013), o protocolo da DBT PE em geral funciona como um reforçador que ajuda a motivar os pacientes a rapidamente obterem controle sobre comportamentos de alta prioridade durante o Estágio 1.

Estágio 2: tratando TEPT com o protocolo da DBT PE

Depois que foram atingidos os critérios de prontidão, o paciente progride para o Estágio 2, em que o protocolo da DBT PE é integrado às sessões de terapia individual da DBT. Os pacientes recebem uma sessão por semana de DBT + DBT PE combinadas (90 a 120 minutos) ou duas sessões por semana de terapia individual separada (uma sessão de 60 a 90 minutos de DBT PE e uma sessão de 60 minutos de DBT). A duração e a estrutura das sessões de terapia individual são determinadas pelas preferências do paciente e do terapeuta e pelas restrições pragmáticas, mas espera-se que todos os pacientes recebam alguma terapia individual com DBT além do protocolo da DBT PE. Além disso, todos os outros modos da DBT padrão continuam a ser empregados sem adaptação, incluindo treinamento de habilidades em grupo da DBT, *coaching* telefônico entre as sessões e equipe de consultoria com o terapeuta.

Embora o progresso neste tratamento baseado em estágios seja linear para alguns pacientes, para outros ele pode incluir múltiplas transições entre os Estágios 1 e 2. Os terapeutas usam um conjunto de diretrizes baseadas nos princípios para tomar decisões sobre quando pausar o protocolo da DBT PE para abordar comportamentos com prioridade mais alta (p. ex., uma recorrência de comportamento suicida ou de autolesão), quando retomar o protocolo depois da pausa e quando encerrar o protocolo por ter atingido melhora suficiente. Desse modo, o tratamento é realizado de uma maneira ideográfica, com o momento e a duração dos Estágios 1 e 2 variando dependendo do paciente. Depois que o protocolo da DBT PE estiver concluído, os pacientes geralmente continuam a receber DBT padrão para abordar os alvos e as metas restantes do tratamento, os quais costumam estar relacionados à melhora no funcionamento psicossocial (p. ex., trabalho, escola, relacionamentos).

BASE EM EVIDÊNCIAS DA DBT PE

Até o momento, a DBT + DBT PE foi avaliada como um tratamento ambulatorial de um ano em um ensaio aberto (*n*=13; Harned, Korslund, Foa, & Linehan, 2012) e um ensaio controlado randomizado (ECR) comparando DBT com e sem protocolo da DBT PE (*n*=26; Harned, Korslund, & Linehan, 2014). Os dois estudos envolviam mulheres adultas com TEPT, TPB e autolesão suicida e/ou não suicida recorrente. Nos dois estudos, 60% das pacientes iniciaram o protocolo da DBT PE depois de uma média de 20 semanas de DBT; destas, 73% concluíram o protocolo em uma média de 13 sessões (variação = 6 a 19). Mais de 70% das pacientes que concluíram o protocolo da DBT PE atingiram remissão do diagnóstico de TEPT e, no ECR, a adição do protocolo da DBT PE dobrou a taxa de remissão de TEPT comparada com DBT isoladamente (80% vs. 40%). Estes resultados melhorados do TEPT foram atingidos sem aumento no risco para os pacientes; de fato, as pacientes no ECR que concluíram o protocolo da DBT PE tiveram 2,4 vezes menos probabilidade de tentar suicídio (17% vs. 40%) e 1,5 vezes menos probabilidade de autolesão (67% vs. 100%) do que aquelas que concluíram somente DBT. Além disso, os dois estudos encontraram grandes melhoras

pré-pós em dissociação, depressão, ansiedade, culpa, vergonha e funcionamento social e global; no ECR, as melhoras foram maiores do que as encontradas na DBT isoladamente.

Estudos do momento e dos mecanismos de mudança durante o tratamento integrado de DBT e DBT PE constataram que (1) é improvável que o TEPT melhore até que seja focado diretamente no Estágio 2 (Harned, Gallop, & Valenstein-Mah, 2016); (2) habituação em emoções relacionadas ao trauma (Harned, Ruork, Liu, & Tkachuck, 2015), além de crenças e evitação experiencial relacionadas ao trauma (Harned, Fitzpatrick, & Schmidt, no prelo), são alvos críticos para a redução do TEPT; e (3) a redução da severidade do TEPT conduz a subsequentes melhoras em vários desfechos de saúde mental e funcionais (Harned et al., 2018; Harned, Wilks, Schmidt, & Coyle, 2016).

Por fim, foi realizado um estudo de eficácia avaliando o tratamento em um contexto de cuidados de rotina (Meyers et al., 2017). Ele identificou que um tratamento combinado de DBT e PE tinha efeitos promissores quando empregado como tratamento ambulatorial intensivo de 12 semanas com 33 veteranos do sexo masculino e feminino com TEPT, traços de TPB e abandono prévio ou exclusão de tratamentos-padrão para TEPT no sistema da Organização Americana dos Veteranos (VA). No pós-tratamento, 91% dos pacientes apresentaram melhora confiável e 64% estavam abaixo dos pontos de corte para TEPT, e reduções significativas também foram encontradas em TPB, ideação suicida, ansiedade e depressão. Estudos adicionais sobre a eficácia foram concluídos recentemente ou estão em andamento.

INTEGRANDO TUDO: O CASO DE MOLLY

Para melhor ilustrar a aplicação dos princípios e procedimentos do protocolo da DBT PE, apresentamos o exemplo de caso de uma paciente que recebeu este tratamento. Para proteger os dados de identificação, a paciente é um híbrido de diversos pacientes que tratamos.

Molly era uma mulher branca de 30 anos, solteira, que morava sozinha. Seus pais haviam se divorciado quando ela tinha 2 anos e a mãe se casou de novo quando ela estava com 5 anos. Ela tinha dois meios-irmãos mais novos. Molly foi abusada sexualmente pelo padrasto entre os 6 e os 12 anos, quando então a mãe descobriu que ele estava tendo um caso e eles se divorciaram. Aos 13 anos, Molly começou com autolesões não suicidas (cortando-se com uma lâmina de barbear) muitas vezes por semana. Depois de vários meses, a mãe de Molly chegou no momento em que ela estava cortando seu braço, ficou extremamente assustada e a levou ao pronto-socorro. Foi neste momento que Molly revelou o abuso perpetrado pelo padrasto. Molly relatou que, ao saber disso, sua mãe ficou muito triste e com raiva, querendo saber por que Molly não tinha lhe contado antes e lhe implorou que ela não falasse mais sobre isso ou contasse aos irmãos mais novos. Depois desse incidente, Molly disse que "enterrou" profundamente as lembranças do padrasto e nunca mais falou do abuso. Molly relatou que sempre sentiu a pressão para ser "perfeita". Por exemplo, quando sua mãe estava lutando contra a depressão após o divórcio, ela procurava os conselhos e o conforto de Molly e costumava esperar que a filha cuidasse dos irmãos mais novos. Com o tempo, Molly desenvolveu a crença de que suas necessidades eram menos importantes do que as dos outros e que ela precisava ser aquela que "mantinha a união" na família.

Durante a adolescência e seus 20 anos, Molly continuou se cortando regularmente, começou a restringir sua ingestão alimentar como forma de ficar entorpecida e experimentava depressão crônica. Apesar dessas dificuldades, era uma boa aluna e foi aceita para cursar a faculdade da sua primeira escolha. Na faculdade, Molly se sentia muito sobrecarregada e começou a pensar em se matar durante períodos de estresse particularmente alto. No segundo ano, contou a uma colega de quarto que estava pensando em se suicidar e acabou sendo internada em um hospital psiquiátrico depois que a referida colega compartilhou essa informação com seu orientador do alojamento estudantil. Como resultado dessa experiência, Molly decidiu que iria guardar o sofrimento para si mesma e sempre tentaria agir como se estivesse "bem". Ela se dedicou aos estudos e ao trabalho, obtendo um grau de mestrado aos 25 anos. Quando Molly tinha 27 anos, um amigo de outro estado veio visitá-la. Certa noite, quando ela estava dormindo no quarto, acordou com ele despido por cima dela. Ela fingiu que ainda estava dormindo enquanto ele a estuprou, e durante o resto da permanência dessa visita ela agiu como se o incidente não tivesse ocorrido.

Logo após esse incidente, Molly notou um aumento nos sintomas de TEPT relacionados ao abuso pelo padrasto, incluindo lembranças angustiantes e intrusivas frequentes e imagens do trauma, e a evitação de situações que a faziam lembrar do abuso (p. ex., parou de assistir seu programa de TV favorito em que um personagem tinha uma semelhança física com o padrasto). Foi nesse ponto que ela decidiu procurar tratamento. Na admissão, Molly relatou que se cortava com uma lâmina de barbear em média uma vez por semana, engajava-se em comportamento sexual de alto risco (sexo sem proteção com homens que não conhecia) algumas vezes por mês, bebia na maioria dos dias e até apagar pelo menos duas vezes por mês e restringia sua ingestão alimentar durante períodos de estresse. Além disso, embora Molly dissesse que tinha muitos amigos, frequentemente passava longos períodos de tempo isolada no apartamento ou trabalhando longas horas para evitar interação com outras pessoas, e tendia a "perder a noção do tempo". Ela satisfazia os critérios para TEPT, TPB, depressão maior, transtorno por uso de álcool e transtorno alimentar não especificado.

Estágio 1 da DBT

Durante o pré-tratamento da DBT, Molly identificou que tratar o TEPT era uma de suas metas principais no tratamento. A terapeuta a orientou quanto à justificativa e procedimentos do protocolo da DBT PE, e Molly disse que, embora isso parecesse muito difícil, estava disposta a experimentar o protocolo caso a terapeuta achasse que isso ajudaria. Enquanto orientava Molly para a hierarquia de alvos da DBT, a terapeuta associou isso aos critérios de prontidão para iniciar DBT PE; ou seja, que Molly teria que parar todas as formas de autolesão suicida e não suicida por, no mínimo, dois meses e eliminar qualquer comportamento sério que interferisse no tratamento antes que pudesse iniciar a DBT PE. Considerando que tratar o TEPT era uma meta importante de Molly, essas contingências ajudaram a aumentar a motivação para rapidamente obter controle sobre seu comportamento de autolesão.

O Estágio 1 da DBT iniciou focando na redução do comportamento de ameaça iminente à vida, ensinando para Molly habilidades a serem usadas para manejar estes impulsos. Molly a princípio recorreu intensamente a habilidades de sobrevivência a crises para tolerar períodos de alto estresse e com o tempo se tornou mais capaz de utilizar estratégias de regulação emocional para reduzir sua vulnerabilidade emocional e mudar emoções indesejadas. Molly se cortou uma vez por semana durante os três primeiros meses de tratamento, mas então parou totalmente de se autolesionar. Ela não exibia comportamentos importantes que interferissem na terapia, completando toda a tarefa de casa e os cartões diários e participando regularmente do grupo de habilidades. Embora no início estivesse hesitante em usar *coaching* telefônico, ela fazia isso apropriadamente e com crescente frequência à medida que o tratamento progredia.

Além das tarefas-padrão do Estágio 1, a terapeuta também começou a identificar crenças problemáticas relacionadas ao trauma de Molly sobre si mesma e os outros, além dos seus padrões de evitação para desenvolver uma formulação de caso inicial. Por meio da análise em cadeia e da avaliação constante, a terapeuta de Molly identificou importantes emoções problemáticas de tristeza e vergonha e diversas estratégias de evitação cognitivas (dissociação; pensar em autolesão), emocionais (supressão das emoções; entorpecimento) e comportamentais (restrição; autolesão; sexo de alto risco; consumo de álcool; evitação de conversas incitadoras de emoções penosas). Além disso, a terapeuta levantou a hipótese de que as crenças de Molly sobre si mesma ("Eu sou inadequada"; "Não vou conseguir controlar minha resposta emocional se pensar no trauma") e sobre os outros ("Não consigo confiar nas pessoas"; "Você nunca sabe quem vai lhe magoar") contribuíam para a autoaversão profundamente arraigada e as tentativas desesperadas de controlar a si mesma e o seu ambiente. Como consequência, Molly oscilava entre perfeccionismo rígido e hipercontrole e comportamentos impulsivos e imprudentes.

Embora Molly ainda estivesse se envolvendo em vários comportamentos que interferiam na qualidade de vida (restringindo a ingestão alimentar, bebendo e engajando-se em sexo de alto risco) durante o Estágio 1, isso diminuiu de frequência à medida que Molly usava cada vez mais habilidades para manejar os impulsos de se engajar nestes comportamentos. Molly também estava fazendo mais planos sociais e se associou a um grupo de corrida. No terceiro mês de tratamento, quando Molly adquiriu mais controle sobre seus comportamentos problemáticos e demonstrava maior uso de uma gama de habilidades da DBT, ela e a terapeuta começaram a desenvolver testes comportamentais para avaliar sua prontidão para a DBT PE. Para avaliar sua habilidade de tolerar emoções intensas sem fugir, a terapeuta pediu que Molly contasse uma história não relacionada ao trauma que despertasse emoção intensa. Molly contou à terapeuta sobre a época em que seu namorado no ensino médio rompeu com ela em meio ao baile de formatura deles, quando então ela pôde experimentar a tristeza associada que isso despertou. Ela se gravou contando a história e a ouviu mais duas vezes em casa. Molly também intencionalmente se colocou em situações que historicamente haviam provocado autolesão, incluindo uma longa chamada telefônica (20 minutos) com a mãe e sair do trabalho mais cedo do que os colegas. Depois que Molly completou com êxito cada um destes experimentos comportamentais, ela e a terapeuta determinaram que ela estava pronta para iniciar o protocolo da DBT PE — isso ocorreu depois de 18 semanas de DBT. Devido ao rigoroso horário de trabalho de Molly, ela e a terapeuta combinaram de conduzir a DBT e DBT PE em uma sessão de duas horas por semana. Elas decidiram fazer DBT PE nos primeiros 90 minutos de cada sessão e usar os últimos 30 minutos para DBT, pois Molly achava que esta mudança de tema a ajudaria a se sentir mais regulada antes de sair do consultório.

Estágio 2: focando no TEPT via protocolo da DBT PE

Sessões pré-exposição

Durante a sessão 1, a terapeuta realizou uma entrevista formal sobre a história do trauma para identificar e priorizar os traumas-alvo. Neste ponto, Molly relatou que o estupro pelo amigo aos 27 anos estava causando o estresse mais atual, seguido por um incidente de abuso sexual que despertava vergonha perpetrado pelo padrasto aos 10 anos e a reação da mãe ao saber do seu abuso sexual aos 13 anos. Molly e a terapeuta decidiram colaborativamente focar primeiro no estupro, já que este era o mais estressante. Como parte da entrevista sobre o trauma, a terapeuta obteve informações sobre quem Molly culpava pelo estupro, se é que havia um culpado. Molly relatou que culpava principalmente a si mesma (90%), mas atribuía alguma culpa à "sociedade e às normas de gênero" (10%). Ela não atribuiu nenhuma culpa ao perpetrador. Também foi pedido a Molly que avaliasse a intensidade das emoções atuais que tinha sobre o trauma em uma escala de 0 a 100. Ela relatou níveis altos de culpa (70), nojo (70) e vergonha (90), níveis moderados de medo (50) e níveis baixos de tristeza (2) e raiva (10). Molly disse que quase havia "revelado" o trauma a uma amiga no começo do ano, mas "se acovardou" e não contou a mais ninguém além da terapeuta. Como parte do plano pós-exposição das habilidades da DBT, Molly concordou que não se engajaria em qualquer comportamento que interferisse na qualidade de vida (beber; engajar-se em sexo de alto risco; restringir a alimentação) por, no mínimo, duas horas depois de ter realizado alguma tarefa de exposição.

Durante a sessão 2, a terapeuta de Molly examinou reações dialéticas comuns ao trauma, e Molly endossou elementos de cada um dos extremos de subcontrole e supercontrole, incluindo oscilar entre inundação emocional e entorpecimento, desinibição descuidada e controle rígido e conexão desesperada e independência desapegada. A terapeuta então apresentou a justificativa para a exposição *in vivo*, e elas começaram a construir a hierarquia *in vivo*, selecionando tarefas que violariam maximamente as crenças de Molly sobre segurança relacionadas ao trauma. As tarefas envolviam usar transporte público, sair para um encontro amoroso e dar uma corrida sozinha pelo bairro. Para testar as crenças sobre precisar "parecer perfeita" e estar no controle, elas também incluíram situações que evocariam vergonha injustificada, tais como intencionalmente cometer um erro no trabalho e contar a uma amiga sobre o trauma. A primeira tarefa de casa de exposição *in vivo* de Molly foi designada e incluía correr sozinha no bairro (três vezes) e iniciar uma conversa com um colega de trabalho do sexo masculino (três vezes).

Sessões de exposição

A sessão 3 iniciou com a terapeuta revisando a tarefa de casa da exposição *in vivo* de Molly. Ela havia realizado com sucesso as três corridas, mas tinha conseguido se aproximar de um colega de trabalho apenas uma vez. A terapeuta reforçou os esforços de Molly e usou a análise de *missing links* da DBT das ligações que faltavam para avaliar brevemente e resolver o que a impediu de concluir inteiramente a tarefa de casa. A terapeuta então apresentou uma justificativa para a exposição imagística e orientou Molly quanto aos procedimentos. Molly então começou a exposição imagística descrevendo os detalhes do estupro. A princípio, ela teve dificuldade para se engajar emocionalmente, relatando escores na SUDS entre 30 e 50, e a terapeuta abordou a questão reiterando a justificativa e estimulando-a a incluir mais detalhes da sua experiência interna ao recontar a narrativa do trauma.

Nas sessões de exposição subsequentes, Molly alcançou níveis mais satisfatórios de engajamento emocional durante a exposição imagística, com os escores na SUDS variando de 70 a 100. A terapeuta continuou a monitorar seu progresso usando a PTSD Checklist (PCL; Blevins, Weathers, Davis, Witte, & Domino, 2015) e obtendo avaliações pré e pós-exposição de emoções específicas e aceitação radical do trauma usando o Formulário para registro de exposição. Depois de cinco sessões de exposição imagística, Molly apresentou uma grande redução no medo (de 85 para 10) e culpa (de 100 para 50). Entretanto, a vergonha de Molly permaneceu em 90 e sua aceitação radical de que o trauma ocorreu ficou ao redor de 10. Além disso, Molly ainda estava relatando sintomas significativos de TEPT. Durante o processamento, a terapeuta lhe perguntou o que estava causando este alto índice de vergonha e baixa aceitação. Molly ficou em silêncio e então começou a soluçar. Ela revelou à terapeuta que estava "inventando a história toda". Depois de uma avaliação detalhada, a terapeuta descobriu que Molly havia desencadeado sexo consensual com o perpetrador por duas vezes nos dias seguintes ao estupro. Embora Molly estivesse cada vez com mais consciência de que não deveria ser culpada pelo estupro, ela estava sentindo vergonha intensa e autoaversão por ter feito sexo com o perpetrador posteriormente e por ter "enganado" a terapeuta levando-a acreditar que ela merecia compaixão.

Molly chegou à sessão na semana seguinte se recusando a fazer exposição. Ela não havia feito a tarefa de casa com exposição imagística nem *in vivo* e estava minimamente responsiva às tentativas da terapeuta de avaliar o que a impediu de fazê-lo. A terapeuta levantou a hipótese de que Molly estaria prevendo rejeição baseada na sessão da semana anterior, ofereceu alguma tranquilização de que não a estava vendo criticamente e a encorajou a continuar com a exposição planejada para obter informações adicionais a fim de identificar se a vergonha que ela sentia era justificada. Molly ficou irritada e disse que o tratamento não estava funcionando, estava muito difícil e talvez a terapeuta não soubesse o que estava fazendo. Ela se recusou a fazer a exposição planejada e saiu da sessão mais cedo. Dois dias depois, Molly utilizou o *coaching* telefônico para reparar sua relação com a terapeuta e concordou em continuar a DBT PE conforme planejado.

Durante as cinco sessões seguintes, a terapeuta de Molly focou especificamente na vergonha e aceitação radical. Ela designou tarefas *in vivo* para focar na vergonha não justificada fazendo Molly revelar o estupro à irmã e a uma amiga, as quais responderam com apoio e cuidado. Durante a exposição imagística, Molly foi treinada para usar a ação oposta à vergonha fazendo contato visual com a terapeuta e falando em um tom de voz confiante. A exposição imagística também progrediu para focar no ponto crucial do estupro que mais despertava vergonha: quando Molly fingiu estar dormindo. Durante o processamento, a terapeuta focou na vergonha ajudando Molly a desenvolver uma interpretação compassiva e não julgadora das suas respostas durante e após o estupro. Molly acabou reconhecendo que fingir estar dormindo era uma estratégia que ela usava quando criança e que algumas vezes funcionava para evitar que o padrasto abusasse dela. Com esta perspectiva mais ampla dos sistemas, ela foi então capaz de reconhecer que fingir estar dormindo era na verdade uma resposta estratégica por meio da qual ela esperava que fosse dissuadir seu amigo de estuprá-la. Da mesma forma, Molly acabou entendendo que posteriormente consentiu com o sexo com o perpetrador em um esforço para recuperar a sensação de poder. Ela também começou a abrir mão do pensamento não dialético de que o posterior sexo consensual havia de alguma maneira anulado o estupro, e em vez disso reconheceu que ambos poderiam ser verdade ("Eu fui estuprada e depois consenti com o sexo"). Depois que ocorreram estas mudanças cognitivas, a aceitação radical de Molly do estupro aumentou para 90, a vergonha reduziu para 10 e a culpa diminuiu até 0. Em vez disso, ela estava sentindo as emoções justificadas de tristeza (80) sobre o impacto do estupro e raiva (20) do perpetrador. Seus sintomas de TEPT também diminuíram em 12 pontos na PCL, mas ainda permaneciam acima do limiar.

Molly então progrediu para focar no abuso sexual por parte do padrasto e a subsequente invalidação da mãe quando lhe revelou o acontecimento. Ela e a terapeuta identificaram um incidente específico deste abuso recorrente que era particularmente estressante para Molly: uma situação em que o padrasto fez com que ela tivesse um orgasmo como um "presente" pelo seu décimo aniversário. Como consequência de saber que aquilo havia ocorrido quando focava no estupro, Molly iniciou esta exposição com baixo medo e mínima culpa ou autoacusação por este acontecimento. Assim, o processamento focou sobretudo na redução da sua culpa e repulsa autodirigida por ter se excitado sexualmente durante o abuso, além da raiva que sentiu da mãe por não ter sido mais apoiadora quando lhe revelou o abuso que havia sofrido. Depois de seis sessões, a vergonha de Molly havia diminuído de 70 para 5, a raiva em relação à mãe havia diminuído de 80 para 20 e ela já não satisfazia mais os critérios para TEPT. Então ela e a terapeuta realizaram a sessão final da DBT PE focada na consolidação e prevenção de recaída. Depois que o protocolo da DBT PE foi concluído, Molly continuou em DBT pelo tempo restante do seu contrato de tratamento de um ano, durante o qual focou na construção de novas amizades, namoro e redução das suas demandas perfeccionistas para consigo mesma.

CONCLUSÃO

O protocolo integrado da DBT + DBT PE foi desenvolvido para facilitar a focalização rotineira no TEPT durante a DBT com pacientes com múltiplas comorbidades de alto risco. Embora a DBT PE seja um protocolo estruturado, ela incorpora flexivelmente os princípios e estratégias da DBT para abordar os problemas que ocorrem e otimizar os resultados. Assim, o desenvolvimento efetivo do protocolo da DBT PE exige que os terapeutas se mantenham alicerçados nos princípios da DBT enquanto realizam os procedimentos de exposição *in vivo*, exposição imagística e processamento. Além do mais, o protocolo da DBT PE é aplicado de maneira ideográfica, adaptando os procedimentos centrais para focar idealmente nos mecanismos específicos do paciente, com a meta final de ajudar os pacientes a encontrarem alívio do TEPT e a construírem uma vida que considerem que vale a pena ser vivida.

DECLARAÇÃO

Os Drs. Harned e Schmidt são pagos para dar treinamento e consultoria em DBT e DBT PE.

REFERÊNCIAS

American Psychological Association. (2017). *Clinical practice guideline for the treatment of PTSD*. Washington, DC: Author.

Barnicot, K., & Crawford, M. (2018). Posttraumatic stress disorder in patients with borderline personality disorder: Treatment outcomes and mediators. *Journal of Traumatic Stress, 31*, 899–908.

Barnicot, K., & Priebe, S. (2013). Post-traumatic stress disorder and the outcome of dialectical behaviour therapy for borderline personality disorder. *Personality and Mental Health, 7*, 181–190.

Blevins, C. A., Weathers, F. W., Davis, M. T., Witte, T. K., & Domino, J. L. (2015). The Post-traumatic Stress Disorder Checklist for DSM-5 (PCL-5): Development and initial psychometric evaluation. *Journal of Traumatic Stress, 28*, 489–498.

Bohus, M., Dyer, A. S., Priebe, K., Kruger, A., Kleindienst, N., Schmahl, C., et al. (2013). Dialectical behaviour therapy for post-traumatic stress disorder after childhood sexual abuse in patients with and without borderline personality disorder: A randomised controlled trial. *Psychotherapy and Psychosomatics, 82*(4), 221–233.

Bradley, R., Greene, J., Russ, E., Dutra, L., & Westen, D. (2005). A multidimensional meta-analysis of psychotherapy for PTSD. *American Journal of Psychiatry, 162*, 214–227.

Cloitre, M., Koenen, K. C., Cohen, L. R., & Han, H. (2002). Skills training in affective and interpersonal regulation followed by exposure: A phase-based treatment for PTSD related to childhood abuse. *Journal of Consulting and Clinical Psychology, 70*(5), 1067–1074.

Cloitre, M., Stovall-McClough, K. C., Nooner, K., Zorbas, P., Cherry, S., Jackson, C. L., et al. (2010). Treatment for PTSD related to childhood abuse: A randomized controlled trial. *American Journal of Psychiatry, 167*(8), 915–924.

Cooper, A. A., Clifton, E. G., & Feeny, N. C. (2017). An empirical review of potential mediators and mechanisms of prolonged exposure therapy. *Clinical Psychology Review, 56*, 106–121.

Craske, M. G., Treanor, M., Conway, C., Zbozinek, T., & Vervliet, B. (2014). Maximizing exposure therapy: An inhibitory learning approach. *Behaviour Research and Therapy, 58*, 10–23.

Cusack, K., Jonas, D. E., Forneris, C. A., Wines, C., Sonis, J., Middleton, J. C., et al. (2016). Psychological treatments for adults with posttraumatic stress disorder: A systematic review and meta-analysis. *Clinical Psychology Review, 43*, 128–141.

Foa, E. B., Dancu, C. V., Hembree, E. A., Jaycox, L. H., Meadows, E. A., & Street, G. P. (1999). A comparison of exposure therapy, stress inoculation training, and their combination for reducing posttraumatic stress disorder in female assault victims. *Journal of Consulting and Clinical Psychology, 67*(2), 194–200.

Foa, E. B., Hembree, E. A., Feeny, N. C., Cahill, S. P., Rauch, S. A. M., Riggs, D. S., et al. (2005). Randomized trial of prolonged exposure for posttraumatic stress disorder with and without cognitive restructuring: Outcomes at academic and community clinics. *Journal of Consulting and Clinical Psychology, 73*(5), 953–964.

Foa, E. B., Hembree, E., & Rothbaum, B. O. (2007). *Prolonged exposure therapy for PTSD: Emotional processing of traumatic experiences*. New York: Oxford University Press.

Foa, E. B., Hembree E. A., Rothbaum B. O., & Rauch, S. A. M. (2019). *Prolonged exposure therapy for PTSD: Emotional processing of traumatic experiences* (2nd ed.). New York: Oxford University Press.

Foa, E. B., Keane, T. M., Friedman, M. J., & Cohen, J. (2009). *Effective treatments for PTSD: Practice guidelines from the International Society for Traumatic Stress Studies*. New York: Guilford Press.

Foa, E. B., & Kozak, M. J. (1986). Emotional processing of fear: Exposure to corrective information. *Psychological Bulletin, 99*, 20–35.

Foa, E. B., & McLean, C. P. (2016). The efficacy of exposure therapy for anxiety-related disorders and its underlying mechanisms: The case of OCD and PTSD. *Annual Review of Clinical Psychology, 12*, 1–28.

Foa, E. B., McLean, C. P., Capaldi, S., & Rosenfield, D. (2013). Prolonged exposure vs. supportive counseling for sexual abuse-related PTSD in adolescent girls: A randomized clinical trial. *JAMA, 310*(24), 2650–2657.

Harned, M. S., Chapman, A. L., Dexter-Mazza, E. T., Murray, A., Comtois, K. A., & Linehan, M. M. (2008). Treating co-occurring Axis I disorders in chronically suicidal women with borderline personality disorder: A 2-year randomized trial of dialectical behavior therapy versus community treatment by experts. *Journal of Consulting and Clinical Psychology, 76*(6), 1068–1075.

Harned, M. S., Fitzpatrick, S., & Schmidt, S. C. (in press). Identifying change targets for PTSD among suicidal and self-injuring women with borderline personality disorder. *Journal of Traumatic Stress*.

Harned, M. S., Gallop, R. J., & Valenstein-Mah, H. R. (2016). What changes when?: The course of improvement during a stage-based treatment for suicidal and self-injuring women with borderline personality disorder and PTSD. *Psychotherapy Research, 28*(5), 761–775.

Harned, M. S., Jackson, S. C., Comtois, K. A., & Linehan, M. M. (2010). Dialectical behavior therapy as a precursor to PTSD treatment for suicidal and/or self-injuring women with borderline personality disorder. *Journal of Traumatic Stress, 23,* 421–429.

Harned, M. S., Korslund, K. E., Foa, E. B., & Linehan, M. M. (2012). Treating PTSD in suicidal and self-injuring women with borderline personality disorder: Development and preliminary evaluation of a dialectical behavior therapy prolonged exposure protocol. *Behaviour Research and Therapy, 50,* 381–386.

Harned, M. S., Korslund, K. E., & Linehan, M. M. (2014). A pilot randomized controlled trial of dialectical behavior therapy with and without the dialectical behavior therapy prolonged exposure protocol for suicidal and self-injuring women with borderline personality disorder and PTSD. *Behaviour Research and Therapy, 55,* 7–17.

Harned, M. S., Ruork, A. K., Liu, J., & Tkachuck, M. A. (2015). Emotional activation and habituation during imaginal exposure for PTSD among women with borderline personality disorder. *Journal of Traumatic Stress, 28,* 253–257.

Harned, M. S., Tkachuck, M. A., & Youngberg, K. A. (2013). Treatment preference among suicidal and self-injuring women with borderline personality disorder and PTSD. *Journal of Clinical Psychology, 69,* 749–761.

Harned, M. S., Wilks, C., Schmidt, S., & Coyle, T. (2016, October). The impact of PTSD severity on treatment outcomes in DBT with and without the DBT prolonged exposure protocol. In C. Wilks (Chair), *The how and the why: Mechanisms and change processes of dialectical behavior therapy.* Symposium presented at the 50th annual convention of the Association for Behavioral and Cognitive Therapies, New York.

Harned, M. S., Wilks, C. R., Schmidt, S. C., & Coyle, T. N. (2018). Improving functional outcomes in borderline personality disorder by changing PTSD severity and post-traumatic cognitions. *Behaviour Research and Therapy, 103,* 53–61.

Hembree, E. A., Foa, E. B., Dorfan, N. M., Street, G. P., Kowalski, J., & Tu, X. (2003). Do patients drop out prematurely from exposure therapy for PTSD? *Journal of Traumatic Stress, 16*(6), 555–562.

Institute of Medicine. (2008). *Treatment of posttraumatic stress disorder: An assessment of the evidence.* Washington, DC: National Academies Press.

Jayawickreme, N., Cahill, S. P., Riggs, D. S., Rauch, S. A. M., Resick, P. A., Rothbaum, B. O., et al. (2014). *Primum non nocere* (first do no harm): Symptom worsening and improvement in female assault victims after prolonged exposure for PTSD. *Depression and Anxiety, 31,* 412–419.

Linehan, M. M. (1993). *Cognitive-behavioral treatment of borderline personality disorder.* New York: Guilford Press.

Linehan, M. M., Comtois, K. A., Murray, A. M., Brown, M. Z., Gallop, R. J., Heard, H. L., et al. (2006). Two-year randomized controlled trial and follow-up of dialectical behavior therapy vs. therapy by experts for suicidal behaviors and borderline personality disorder. *Archives of General Psychiatry, 63,* 757–766.

Meyers, L., Voller, E. K., McCallum, E. B., Thuras, P., Shallcross, S., Velasquez, T., et al. (2017). Treating veterans with PTSD and borderline personality symptoms in a 12-week intensive outpatient setting: Findings from a pilot program. *Journal of Traumatic Stress, 30,* 178–181.

Najavits, L. M., Ryngala, D., Back, S. E., Bolton, E., Mueser, K. T., & Brady, K. T. (2009). Treatment for PTSD and comorbid disorders. In E. B. Foa, T. M. Keane, M. J. Friedman, & J. A. Cohen (Eds.), *Effective treatments for PTSD: Practice guidelines from the International Society for Traumatic Stress Studies* (2nd ed., pp. 508–535). New York: Guilford Press.

Rizvi, S. L., & Harned, M. S. (2013). Increasing treatment efficiency and effectiveness: Rethinking approaches to assessing and treating comorbid disorders. *Clinical Psychology Science and Practice, 20,* 285–290.

Steil, R., Dyer, A., Priebe, K., Kleindienst, N., & Bohus, M. (2011). Dialectical behavior therapy for posttraumatic stress disorder related to childhood sexual abuse: A pilot study of an intensive residential program. *Journal of Traumatic Stress, 24,* 102–106.

13

DBT e transtornos alimentares

Lucene Wisniewski, Debra L. Safer,
Sarah Adler e Caitlin Martin-Wagar

A terapia comportamental dialética (DBT) tem sido amplamente adaptada para abordar muitos comportamentos associados à desregulação emocional. Os transtornos alimentares (TAs) envolvem comportamentos que funcionam para gerenciar emoções fortes, fazendo da DBT um ponto focal interessante para pesquisadores e clínicos. O objetivo deste capítulo é ilustrar as formas pelas quais a DBT pode ser usada para tratar pacientes com TAs. Apresentamos dois modelos de DBT abrangente adaptados para TAs, também ilustrando como a DBT pode ser aplicada a pacientes com TAs que têm uma variedade de comportamentos que interferem na qualidade de vida. Estes dois modelos — DBT para transtornos alimentares com múltiplas comorbidades (M-ED DBT, do inglês *multi-diagnostic eating disorder DBT*) e o modelo Stanford (SM, do inglês *Stanford Model*) — foram concebidos para atender às diversas necessidades de pacientes que se apresentam para tratamento de TAs, ao mesmo tempo usando os alvos do tratamento do modelo da DBT tradicional. Embora existam variações, em geral o modelo M-ED DBT foi desenvolvido para tratar pacientes no Estágio 1 com TAs cujos sintomas justificam um nível mais alto de assistência (i.e., com comportamentos suicidas ou alimentares que ameaçam a vida), enquanto o SM foi desenvolvido para tratar pacientes com TAs em estágio posterior e déficits de habilidades de regulação emocional cujos comportamentos do TA interferem na qualidade de vida. Os dois modelos estão alinhados com a DBT padrão, enfatizando especificamente as habilidades de enfrentamento, melhorando os fatores motivacionais, assegurando a generalização e promovendo a motivação e a eficácia do terapeuta por meio da estruturação do ambiente do tratamento. Neste capítulo, fornecemos descrições detalhadas dos modelos citados, além de exemplos concretos de como empregar a DBT em pacientes com TAs que apresentam graus variados de complexidade dos sintomas.

POR QUE APLICAMOS DBT AO TRATAMENTO DE PACIENTES COM TAs?

A terapia cognitivo-comportamental (TCC) e a psicoterapia interpessoal para adultos e o tratamento baseado na família para adolescentes são considerados os tratamentos de primeira linha para TAs (National Institute for Health and Care Excellence [NICE], 2004), embora sejam efetivos para somente 50% dos pacientes com bulimia nervosa (BN) e transtorno de compulsão alimentar (TCA; Keel & Brown, 2010). Os efeitos do tratamento para anorexia nervosa (AN) são ainda mais modestos (Bulik, Berkman, Brownley, Sedway, & Lohr, 2007). Os preditores de resultados modestos nos modelos de tratamento-padrão baseados em evidências para TAs incluem a severidade dos sintomas do transtorno, menos mudança nos sintomas no começo do tratamento e transtornos da personalidade comórbidos ou outros transtornos no Eixo I (para uma revisão detalhada, ver Vall & Wade, 2015).

A DBT pode ser uma opção viável para aqueles pacientes que não foram ajudados por tratamentos baseados em evidências. A DBT, diferentemente de outros tratamentos para TAs, está baseada em um modelo de regulação emocional dos sintomas de TAs. Há evidências de que o afeto é um precursor frequente da compulsão alimentar (p. ex., Lavender et al., 2016), e que o transtorno alimentar e outros tipos de patologia alimentar (p. ex., vômitos, restrição alimentar) possibilitam um meio, embora mal-adaptativo, de regular as emoções (ver, p. ex., Waller, 2003; Telch, Agras, & Linehan, 2000; Haedt-Matt et al., 2014). O fato de que a DBT é especificamente concebida para ensinar habilidades adaptativas de regulação das emoções e tem como alvo comportamentos resultantes da desregulação emocional fornece uma justificativa teórica para a aplicação da DBT aos TAs (Telch, Agras, & Linehan, 2001).

A *justificativa* para aplicação da DBT ao tratamento de TAs já foi descrita em detalhes na literatura (p. ex., Bhatnagar, Martin-Wagar, & Wisniewski, 2017; Chen & Safer, 2010). Assim, este capítulo concentra-se preponderantemente na *aplicação* da DBT ao tratamento de TAs.

ADAPTAÇÕES TEÓRICAS DO MODELO DA DBT AO TRATAR TAs

Adaptação da teoria biossocial da DBT aos TAs

Não há dados no momento examinando o modelo biossocial da DBT aplicado a indivíduos com um diagnóstico principal de um TA. A conceitualização dos TAs como um problema de desregulação emocional generalizada é aplicável e relevante para certos pacientes, embora o padrão biossocial exija alguma adaptação. Em primeiro lugar, além do embasamento em uma crença na vulnerabilidade biológica do indivíduo à desregulação emocional global ou invasiva, o modelo biossocial da DBT para entender o desenvolvimento dos TAs inclui o conhecimento de uma vulnerabilidade nutricional especial (Wisniewski & Kelly, 2003; Bankoff, Forbes, & Pantalone, 2012). As vulnerabilidades relacionadas à nutrição que podem aumentar o risco para desenvolvimento de um TA incluem uma perturbação na capacidade corporal de sinalizar efetivamente fome e saciedade. Essa perturbação, que pode ocorrer antes do comportamento alimentar perturbado ou depois dele (p. ex., Wisniewski, Epstein, Marcus, & Kaye, 1997), pode dificultar particularmente a regulação da ingestão alimentar.

O ambiente emocionalmente invalidante para um paciente com um TA pode ser ampliado para incluir provocações relacionadas à forma e ao peso corporal por parte dos pares e da família (Puhl et al., 2017) e pela cultura em geral. Enquanto as taxas de obesidade aumentam no mundo todo (Ng et al., 2014), ao mesmo tempo existe a mensagem onipresente de que "magro é bom" e "gordo é ruim", e as pessoas obesas podem experimentar vergonha, preconceito e até mesmo abuso devido ao seu peso. A diferença entre a realidade de uma experiência corporal vivida e as expectativas culturais de magreza pode resultar em expectativas sociais de beleza que podem ser vivenciadas como invalidantes para alguns indivíduos. Além disso, em pacientes com transtorno da personalidade *borderline* (TPB) e TA comórbidos, a desregulação do *self* — um comportamento importante como critério para TPB — pode deixar os pacientes particularmente vulneráveis a se voltarem para ambientes focados na imagem corporal como fontes de informação sobre como o indivíduo "deve" ser. Por fim, pacientes com TAs também podem experimentar invalidação no que diz respeito aos seus sintomas específicos de TA, como quando é perguntado: "Por que você não consegue apenas parar de comer?" ou, ao contrário: "Por que você não consegue simplesmente comer?". Esta conceitualização do ambiente invalidante, embora não testada, pode explicar o maior grau de autodesregulação muitas vezes visto clinicamente em pacientes com TPB e TA. Ter TPB e um TA pode criar as condições para os pacientes se engajarem em comportamentos mais extremos (p. ex., purgação com peso muito baixo) como uma forma de buscar atenção e reforço positivo.

Adaptações dos alvos do tratamento na DBT padrão para pacientes com TAs

Alvo 1: comportamentos que ameaçam de forma iminente a vida

Como na DBT padrão, comportamentos suicidas e outros que ameaçam iminentemente a vida são os primeiros alvos abordados no tratamento. Comportamentos de TAs são considerados de alvo 1 quando o engajamento no comportamento representa uma ameaça *iminente* à vida do paciente. Exemplos incluem restrição de líquidos ou exercícios em um paciente bradicárdico, vômitos apesar do desequilíbrio eletrolítico e manipulação de insulina em um paciente diabético insulinodependente, pois todas essas condições podem levar à morte iminente, seja ela intencional ou não.

Surgem dificuldades ao determinarmos se um comportamento particular de TA satisfaz os critérios para ser considerado de alvo 1, pois — embora altas taxas de morbidade e mortalidade estejam associadas a TAs — não existe nenhuma diretriz definitiva para designar quais comportamentos do TA representam perigo *iminente* à vida. Além disso, o risco médico de um comportamento problemático particular pode variar entre os pacientes. Por exemplo, múltiplos episódios diários de purgação podem resultar em distúrbios eletrolíticos em um indivíduo, mas não em outro. Ao decidir em que alvo se enquadra um comportamento particular, é importante considerar função, letalidade, iminência, grau de incapacitação e complexidade do comportamento para um indivíduo particular, ao mesmo tempo também levando em conta a história do comportamento. Por exemplo, o abuso de ipecacuanha pode ser imediatamente ameaçador à vida em um paciente com bradicardia (independentemente da *intenção* do paciente de morrer ou se prejudicar; alvo 1) ou pode constituir "comportamento que interfere na terapia" (alvo 2, ver a seguir) se ocorreu com um paciente sem desequilíbrio eletrolítico como uma justificativa "legítima" para faltar a uma sessão de habilidades em grupo. Por último, o mesmo comportamento pode ser um comportamento que interfere na qualidade de vida (alvo 3) em um paciente que abusa frequentemente de ipecacuanha como um meio para induzir vômito (Mehler & Frank, 2016).

Dada a dificuldade de predizer o risco, é importante que a decisão de incluir um comportamento de TA como alvo 1 seja tomada caso a caso e que a decisão tenha aderência à definição comportamental desta classe de comportamentos (i.e., risco iminente de morte). Com frequência, será necessário consultar profissionais da área médica para determinar se um comportamento particular é de fato um comportamento iminentemente letal dentro do contexto dos resultados e dos achados laboratoriais relevantes. A tolerância do clínico ou da instituição em relação ao risco não deve ser vista como um fator relevante ao considerar se o comportamento é um alvo de prioridade.

Alvo 2: comportamentos que interferem na terapia

Os comportamentos comuns que interferem na terapia que podem ocorrer dentro dos contextos de TAs incluem não preencher os cartões-diários alimentares; ser incapaz de se concentrar durante a sessão devido a um estado de desnutrição; recusar-se a ser pesado; ficar abaixo de uma variação de peso combinada; engajar-se em comportamentos para alterar o peso veladamente; fazer exercícios contra as orientações médicas; ausentar-se do tratamento em razão de necessidade de intervenção médica; e/ou engajar-se em purgação que interfira na eficácia da medicação.

Alvo 3: comportamentos que interferem na qualidade de vida

Os comportamentos de TAs que não estão associados a um risco iminente à vida são classificados como de alvo 3. Exemplos de comportamentos específicos de TAs podem incluir restrição alimentar, compulsão alimentar, vômitos, uso de laxantes, uso de diuréticos, uso de comprimidos para emagrecer, exercício excessivo ou compulsivo e outros alvos específicos da alimentação. A maior parte do tratamento para pacientes com TAs que não são suicidas ou não estão em risco iminente de morte irá se enquadrar nos alvos 2 e 3.

Para pacientes que têm diversos comportamentos que interferem na qualidade de vida entre múltiplas classes de comportamento (p. ex., TAs, abuso de substâncias, problemas legais), é importante determinar a hierarquia de alvos comportamentais dentro deste domínio. A não ser que de outra forma, especificados a seguir, os princípios da DBT padrão (Linehan, 1993a) devem ser aplicados, resultando nas seguintes considerações:

1. A urgência do problema (p. ex., não ter um lugar onde dormir à noite é um alvo mais urgente comparado com a compulsão alimentar).
2. A resolubilidade do problema: tentar resolver os problemas menos difíceis em vez dos mais difíceis gera maiores chances de reforçar o uso e a generalização de uma habilidade.
3. A relação funcional dos comportamentos com os alvos de maior prioridade (p. ex., comportamentos de crise suicida e comportamentos de autolesão não suicida; comportamento que interfere na terapia; ideação suicida e sensação de "infelicidade"; manutenção dos ganhos do tratamento e outras metas na vida).
4. As metas do paciente.

Considere a paciente que, por exemplo, se engajou em compulsão alimentar, mas também tinha um problema de acumulação, situação que resultou em um apartamento tão cheio de coisas que era difícil se movimentar de um cômodo para outro. A impossibilidade da paciente de comer na sua mesa de jantar ou de convidar outras pessoas para virem comer com ela cria vergonha que leva a aumento do risco de comportamentos suicidas. Neste caso, a acumulação da paciente, e não a compulsão alimentar dela, está levando a risco iminente e, portanto, indica um alvo de ordem superior no tratamento. Na prática, os terapeutas devem estar cientes de que, embora a paciente possa se apresentar para tratamento com compulsão alimentar, funcionalmente, a acumulação pode ser uma prioridade maior devido ao sofrimento que está causando à paciente. De fato, abordar a compulsão alimentar e ignorar o alvo de ordem superior (e o sofrimento da paciente) pode fazer com que a paciente se sinta invalidada e aumente os comportamentos que interferem na terapia (como resistência ou abandono).

DBT PARA TAs COM MÚLTIPLAS COMORBIDADES

O modelo de tratamento em M-ED DBT foi desenvolvido para abordar as necessidades de pacientes que não foram ajudados por outros tratamentos para TAs baseados em evidências ou que foram diagnosticados com transtornos comórbidos que poderiam interferir ou complicar seu tratamento para TAs — em particular, aqueles com TPB ou que tinham risco de suicídio ou de condutas autolesivas sem intencionalidade suicida (CASIS) significativos. Tendo em vista que a literatura sobre o uso de DBT com pacientes com TAs e múltiplas comorbidades ainda está se desenvolvendo (ver, p. ex., Chen, Matthews, Allen, Kuo, & Linehan, 2008; Courbasson, Nishikawa, & Dixon, 2012; Federici & Wisniewski, 2013; Kröger et al., 2010; Lenz, Taylor, Fleming, & Serman, 2014; Palmer et al., 2003), os clínicos precisam de orientação com esta população. A presente seção pretende atender a essa necessidade.

Embora o tratamento em M-ED DBT aqui descrito possa teoricamente ser usado com qualquer paciente adulto com um TA, a Tabela 13.1 delineia os critérios de admissão que estão sendo desenvolvidos por Wiesniewski para determinar se um paciente pode ou não ser um candidato ideal para tratamento com M-ED DBT. Ao usar esses critérios, em primeiro lugar é considerado se um paciente já recebeu e não foi ajudado por um tratamento de TCC desenvolvido de forma adequada. Dados sugerem que a resposta a um curso de TCC para um TA será evidente dentro das primeiras seis sessões (Mitchell et al., 2002). A não resposta ao tratamento com TCC padrão pode, portanto, ser identificada muito rapidamente.

A seguir, consideramos se o paciente tem diagnósticos que podem interferir, ou interferiram, na implementação da TCC para TA, já que adultos com quadros clínicos com múltiplas comorbidades complexas (p. ex., um diagnóstico duplo de TPB, transtorno por uso de substância [TUS] ou risco de suicídio ou CASIS recorrente) podem não se beneficiar tanto da TCC (p. ex., Chen et al., 2008; Wilfley et al., 2000).

Por último, se um paciente descreve sintomas de TA como sendo usados para regulação

TABELA 13.1 Critérios para tratamento com M-ED DBT

Critérios	Explicações e exemplos
1. Tentativas prévias de tratamento para TA baseado em evidências	Não resposta ao tratamento dentro das primeiras seis sessões de um tratamento de TA baseado em evidências, como TCC.
2. Múltiplas comorbidades	TPB, TUS.
3. Risco de suicídio ou de autolesão presente	Risco de suicídio ou de CASIS recorrente.
4. Os comportamentos de TAs são utilizados para regular o humor/manejar as emoções	Comportamentos de TAs servem principalmente à função de regular emoções, como compulsão alimentar e purgação quando o indivíduo se sente ferido.
5. Comportamentos que interferem na terapia/tratamento	Uma história de engajamento em comportamentos que interferem no tratamento, como atrasos repetidos, faltar ao tratamento, dormir durante o tratamento, não aderir à medicação e cartões-diários incompletos.

emocional, engaja-se em CASIS, experimenta risco de suicídio crônico ou tem uma história de se engajar em comportamentos que interferem no tratamento, consideramos fortemente o tratamento em M-ED DBT (Federici & Wisniewski, 2013; Federici, Wisniewski, & Ben-Porath, 2012). Temos usado este modelo e decidimos clinicamente que um paciente que satisfaz três dos cinco critérios antes listados seria um paciente que poderia se beneficiar do tratamento para TAs com múltiplas comorbidades.

Avaliação de pacientes com TAs com múltiplas comorbidades

Ao determinar o curso do tratamento para indivíduos TAs e múltiplas comorbidades complexas, é importante considerar tanto o nível de comprometimento clínico quanto o estado de insuficiência nutricional. Intervenções psicológicas que incluem DBT podem ter eficácia limitada se a saúde física do paciente e seus processos cognitivos estiverem abaixo do nível de funcionamento devido aos sintomas relacionados ao TA. Todos os pacientes potenciais para M-ED DBT devem ser inicialmente avaliados para determinar o nível de cuidados apropriado no tratamento, dada a severidade do transtorno e o grau de prejuízo funcional. Isso pode ser feito quando o paciente participa de uma entrevista clínica semiestruturada planejada para avaliar a patologia alimentar e também outras comorbidades e o terapeuta usa os critérios para os níveis de cuidados descritos nas *Practice Guidelines for the Treatment of Patients with Eating Disorders* da Associação Americana de Psiquiatria (American Psychiatric Association [APA], 2006) para fazer recomendações sobre o nível de cuidados. Essas diretrizes sugerem o uso de uma avaliação multiaxial que inclua peso, a presença de compulsão e/ou purgação e o acesso a tratamento para determinar o nível de cuidados. Recomenda-se consultar essas diretrizes antes de iniciar a DBT (ou alguma outra abordagem de tratamento psicológico ambulatorial) com pacientes com TAs.

Orientação para tratamento de M-ED DBT

Como acontece com a DBT padrão, os pacientes que iniciam M-ED DBT são orientados quanto à estrutura do tratamento, como o uso de uma equipe de consultoria, *coaching* telefônico de habilidades e a regra das quatro faltas. Na avaliação inicial, pede-se que os pacientes marquem uma consulta com seu médico para um exame físico e algum outro exame necessário (p. ex., hemograma, eletrocardiograma) para pesquisa de desequilíbrio de eletrólitos ou anormalidades cardíacas associadas à purgação ou à restrição ou problemas médicos relacionados à obesidade (p. ex., diabetes tipo II). Muitos terapeutas e clínicos gerais têm conhecimentos limitados sobre a avaliação clínica de TAs, podendo ser orientados a ler *Eating Disorders: A Guide to Medical Care*, da Academy for Eating Disorders — AED, muitas vezes referido como "o livreto roxo" (Academy for Eating Disorders, 2016). Este documento fornece recursos que auxiliarão no reconhecimento e manejo do risco nos cuidados de TAs e pode ser dado a um paciente usando a estratégia da DBT de consultoria para o paciente. O paciente pode trazer esse livreto para a consulta médica a fim de que o profissional tenha informações que ajudarão a avaliar e manejar adequadamente as questões pertinentes do TA.

Sessões individuais no tratamento em M-ED DBT

As sessões de terapia individual em M-ED DBT são conduzidas com a mesma estrutura que a DBT padrão, com uma exceção: no começo de cada sessão, os pacientes são pesados pelo terapeuta individual. O paciente pode ser pesado por um auxiliar fora da sessão se for seguida a aderência à regra da consultoria para o paciente (i.e., se o paciente concordar em ter o peso comunicado ao terapeuta individual a cada semana). Pesar-se semanalmente proporciona exposição ao número na balança e, em conjunto com psicoeducação sobre como o peso flutua, pode ser particularmente útil para pacientes que evitam se pesar. Para pacientes com TAs que verificam o peso com frequência, aprender a se pesar apenas uma vez por semana também pode ser útil.

Checar o peso e conversar sobre os números é parte integrante da TCC para pacientes com TAs (Fairburn, 2008; Waller, Stringer, & Meyer, 2012). Não checar ou não falar sobre o peso de um paciente com um TA seria o mesmo que um terapeuta não perguntar sobre o risco de suicídio de um paciente deprimido. Pode ser difícil fazer progresso ao abordar um problema se você não conseguir falar sobre ele. Se você estiver desconfortável com este aspecto do tratamento, é importante que obtenha apoio, *feedback* e habilidades da sua equipe de consultoria de DBT.

Treinamento de habilidades em grupo em M-ED DBT

O treinamento de habilidades em grupo em M-ED DBT envolve ensinar todos os quatro módulos do treinamento de habilidades-padrão. Como não há módulos dedicados de forma integral e específica aos TAs, as discussões relativas ao tratamento, problemas e experiências com TAs devem ser construídas a partir do ensino dos módulos de DBT. O uso de habilidades da DBT é demonstrado usando comportamentos do TA como exemplo (p. ex., levantando os prós e contras dos impulsos para restringir uma refeição planejada). Este exemplo pode ser discutido em um contexto grupal, pois a discussão de comportamentos alimentares, diferentemente da discussão de comportamento suicida, não parece ter um efeito de contágio negativo nos pacientes. Com as habilidades SABER de regulação emocional e as habilidades de distração para sobrevivência a crises (ACCEPTS), aqueles que restringem sua ingestão ou que se exercitam em excesso são chamados a usar alternativas mais adaptativas. Ao aplicar habilidades de distração para sobrevivência a crises a fim de interromper a compulsão alimentar, solicita-se que os pacientes encontrem alternativas incompatíveis com compulsão alimentar, como fazer crochê ou tricô. Exercícios de *mindfulness* em torno da alimentação e consciência corporal, incluindo o exercício da uva-passa descrito por Kabat-Zinn (1990), também podem ser acrescentados. Dito isso, como em qualquer prática de grupo de habilidades, os pacientes podem ser encorajados, mas não forçados, a participar de atividades de prática em grupo.

Uma palavra sobre mindfulness *e* mindful eating

Em nossas consultorias com outros colegas de DBT, muitas vezes somos questionados sobre o papel que o *mindful eating* desempenha no tratamento de TAs. A resposta a essa pergunta depende do diagnóstico do transtorno alimentar específico e do estágio do tratamento. Em M-ED DBT, os pacientes são encorajados a usar *mindfulness* para começarem a monitorar sua fome e as sensações de saciedade desde o início do tratamento, já que por definição pacientes com TAs não respondem a esses sinais (p. ex., eles não comem apesar de terem fome, ou não param de comer embora estejam satisfeitos). No tratamento de TA, a alimentação regular é prescrita como uma estratégia tanto para aumentar quanto para limitar a ingestão. Durante os primeiros estágios do tratamento, os pacientes devem comer em um horário prescrito, mesmo que não estejam com fome, e só devem parar de comer depois de uma quantidade prescrita, mesmo que se sintam completamente saciados (no caso da AN) ou não suficientemente saciados (no caso de BN ou TCA). Assim, usando uma abordagem dialética, os pacientes aprendem a prestar atenção efetivamente à fome e à saciedade *e* que comer de acordo com o plano de refeições deve ocorrer independentemente de fome ou à saciedade no começo do tratamento, pois "alimento é remédio" e estes sistemas muitas vezes estão perturbados em pacientes com TAs (ver Wisniewski et al., 1997).

Mindfulness de sensações corporais (i.e., sinais de fome e saciedade), no entanto, é diferente de *mindful eating*. Um indivíduo pode praticar habilidades de *mindfulness* comendo conscientemente um pedaço de chocolate ou uma uva-passa. Mas *mindful eating* também pode ser pensado como comer com intenção e atenção. Há dados que sugerem que pacientes que se engajam em compulsão alimentar se beneficiam de uma abordagem consciente para comer com um foco na consciência dos sinais de fome e saciedade (Allen & Craighead, 1999; Kristeller, Wolever, & Sheets, 2014). No entanto, pesquisas de Wisniewski e colaboradores (Marek et al., 2013) encontraram aumento na emoção aversiva pós-refeição em pacientes com AN e BN quando praticavam *mindful eating*. Portanto, encorajamos os pacientes com AN e BN no início do tratamento a realizarem a ação oposta ou usarem distrações durante as refeições terapêuticas para auxiliar no estabelecimento de um padrão alimentar regular ou na recuperação do peso. Com o tempo, quando esses pacientes apresentam domínio sobre o ato de comer *per se*, e seus sintomas de TAs decrescem, eles podem ser encorajados a abordarem a refeição terapêutica com mais consciência.

Grupo de habilidades em M-ED DBT: questões estruturais

Os grupos de habilidades em M-ED DBT podem ser altamente heterogêneos, incluindo pacientes com um diagnóstico de TAs, pacientes com e sem TPB e pacientes que variam no tamanho corporal desde abaixo do peso até obesos. Conforme descrito por Linehan (1993b), o segredo para conduzir grupos de treinamento de habilidades com um grupo de pacientes heterogêneo é focar no problema compartilhado da desregulação emocional que precipita inúmeros comportamentos problemáticos.

Como pacientes com TAs têm uma tendência à comparação social (p. ex., Tiggemann & Polivy, 2010), pode ser necessário que as sessões de terapia individual ressaltem ou pratiquem o uso de habilidades para manejar efetivamente a tendência à comparação social em um contexto grupal.

Equipe de consultoria em M-ED DBT

Não há diferenças na função ou na estrutura da equipe de consultoria em M-ED DBT; no entanto, é recomendado que todos os membros da equipe tenham treinamento e *expertise* em avaliação e tratamento de pacientes com TAs e conhecimento relativo a peso e obesidade. Coerente com a combinação com o terapeuta na DBT padrão, quando os membros da equipe de consultoria não têm competência em TAs, sugerimos que eles recebam treinamento ou busquem consultoria. Quando não há um especialista em TAs disponível para ensinar ou dar consultoria sobre os casos, os terapeutas podem convidar um consultor para ministrar uma série de palestras, seja presencialmente ou por teleconferência. Sugestões para encontrar um consultor incluem contatar a Academy for Eating Disorders, a National Eating Disorders Association ou um programa de pós-graduação em psicologia de orientação comportamental. Uma alternativa menos onerosa incluiria desenvolver um grupo de estudos durante o horário de treinamento dedicado à leitura e à apresentação de artigos sobre transtornos alimentares.

Coaching *telefônico* em M-ED DBT

O *coaching* telefônico em M-ED DBT segue os mesmos princípios e protocolo que a DBT padrão com uma modificação em torno da regra das 24 horas. A aplicação da regra das 24 horas é problemática para uso com a focalização de alvos relacionados aos TAs, já que estímulos para comida, alimentação, peso e forma são onipresentes. O objetivo da regra das 24 horas não é ser excessivamente punitivo, mas modelar o comportamento do paciente para telefonar antes de uma crise, e não depois, e prevenir o reforçamento potencial do comportamento disfuncional ao aumentar o contato com o terapeuta logo após o comportamento disfuncional (presumindo que o terapeuta seja um reforçador para o paciente). Usar a regra das 24 horas com comportamentos de TAs tornaria extremamente improvável que um paciente fosse capaz de usar o *coaching* telefônico se ele se engajasse em algum comportamento de TAs! Em resposta a esse dilema, desenvolvemos a seguinte regra da próxima refeição/lanche (regra NM/S, do inglês *next meal/snack*) (Wisniewski & Ben-Porath, 2005). A regra NM/S postula que um paciente procure *coaching* telefônico antes de se engajar em um comportamento-alvo de TAs. No entanto, se o paciente realmente se engajar em um comportamento-alvo de TA, ele pode solicitar *coaching na próxima refeição ou lanche programado*. Se uma paciente purgar no almoço, por exemplo, ela pode solicitar *coaching* (e é esperado que o faça) se estiver tendo dificuldades com o lanche da tarde. O foco dessa ligação à tarde, no entanto, será apenas no episódio *atual* (i.e., impulsos de restringir o lanche da tarde), e não no episódio de purgação do almoço.

Consistente com a DBT padrão, os pacientes são encorajados a usar estratégias de sobrevivência a crises quando surgirem impulsos intensos de se engajar em comportamentos disfuncionais *antes* de contatarem seu terapeuta individual. Dependendo do nível de habilidade do paciente, o terapeuta individual pode especificar diversas habilidades a serem experimentadas antes de contatar o terapeuta. Depois que o paciente telefonar e a razão específica para a ligação for identificada, o terapeuta individual deve perguntar: "Que habilidades você já tentou para conseguir comer?" ou "Que ajuda você precisa para usar as habilidades para não realizar comportamento de purgação?". Às vezes,

é difícil avaliar se habilidades baseadas em mudança (p. ex., estratégias de sobrevivência a crises) são necessárias ou se estratégias baseadas em aceitação seriam mais benéficas. Algumas vezes, pacientes com TAs que são novos na DBT ficam reticentes em relação ao *coaching*. Nesses casos, os telefonemas podem ser designados como tarefa de casa e praticados para aumentar a probabilidade de que o paciente ligue durante uma situação real de crise.

Tratamentos auxiliares em M-ED DBT

Tratamentos auxiliares são importantes ao tratar TAs, pois os problemas mais letais associados aos TAs costumam ser aqueles que os profissionais médicos, e não os terapeutas, são qualificados para avaliar e monitorar. Por essa razão, temos a exigência de que os pacientes em tratamento em M-ED DBT façam uma bateria completa de exames antes de iniciarem o tratamento e se submetam a monitoramento contínuo pelos profissionais médicos ao longo do tratamento (p. ex., avaliação regular de eletrólitos). O comparecimento a essas consultas é monitorado pelo terapeuta individual em M-ED DBT. O não comparecimento é focado como comportamento que interfere na terapia e pode até mesmo ser destruidor da terapia se o paciente estiver clinicamente instável.

O trabalho com um nutricionista pode ser útil para aqueles pacientes que são novos no tratamento para TAs e que poderiam se beneficiar ao aprenderem habilidades de autogerenciamento. Nessas sessões, podem ser ensinadas aos pacientes habilidades específicas para promover uma alimentação balanceada, incluindo educação em nutrição básica e habilidades de planejamento das refeições, além de como preencher seu cartão diário da DBT. O objetivo do encontros seria educar (ou reeducar) os pacientes com TAs sobre tópicos como tamanho das porções, planejamento das refeições, metabolismo, função de uma dieta variada e efeitos da restrição alimentar e comportamentos compensatórios sobre o controle do peso e do humor. Outros temas que podem ser abordados durante os encontros incluem mitos sobre dieta, publicidade e reforçadores culturais para o comportamento de dieta, psicoeducação referente a transtornos alimentares, regulação do peso e questões médicas.

Outros programas auxiliares comuns utilizados pela M-ED DBT são aqueles para controle do peso ou questões médicas relacionadas (p. ex., consultar um *personal trainer*, frequentar um programa para controle de peso e consultar especialistas para dor crônica ou diabetes) ou para outro tratamento psicológico (p. ex., frequentar os Narcóticos Anônimos, reduzir gradualmente as medicações psicotrópicas com um farmacoterapeuta). Possibilitar que os pacientes consultem profissionais auxiliares mantém o programa em M-ED DBT focado no ensino de habilidades para gerenciar as emoções. Conforme descrito antes, é importante que o terapeuta individual tenha conhecimento da eficácia relativa de intervenções para obesidade a fim de orientar os pacientes nas escolhas de programas para controle do peso. No entanto, os pacientes em geral já experimentaram diversos programas para controle do peso e de exercícios, mas obtiveram benefícios limitados ou os descontinuaram devido a dificuldades com a regulação das próprias emoções (p. ex., frustração, raiva e ansiedade) e com a negociação das dificuldades interpessoais que podem surgir. Assim sendo, treinar os pacientes em como aproveitar ao máximo esses programas pode ser abordado no tratamento.

A maioria dos pacientes com TAs e aqueles que os tratam estão acostumados ao uso de uma abordagem multidisciplinar que envolve muitos profissionais. É importante que o terapeuta em M-ED DBT oriente não apenas o paciente, mas também a rede de tratamento quanto à abordagem da DBT, incluindo a consultoria para o paciente (vs. estratégias de intervenção ambiental), além do modelo de tratamento em geral (p. ex., teoria biossocial, estágios e alvos do tratamento).

Dilemas dialéticos para pacientes em M-ED DBT

Relacionar as metas de um paciente com alvos secundários e dilemas dialéticos pode ser uma introdução útil à noção de dialética. Em M-ED DBT, os pacientes são encorajados a encontrar uma síntese dialética entre os extremos da alimentação supercontrolada/rígida e a ausência de um plano alimentar (Wisniewski & Kelly, 2003). Usando a linguagem da DBT, essa síntese é discutida dentro de um modelo de "comer efetivo". Comer efetivo pode ser descrito como comer quando tiver fome, parar quando estiver saciado e usar uma variedade de alimentos para atingir estes objetivos. Este modelo também permite comer mais do que o usual em ocasiões sociais especiais sem experimentar uma perda do controle. Discutir a alimentação dentro do conceito de efetividade da DBT pode ajudar um paciente a se livrar da dúvida sobre se uma comida em particular, ou mesmo comer, é "bom ou ruim". Um exemplo disso é a paciente que almoça um *fast-food* altamente calórico e então não janta porque acha que "já comeu demais". Essa paciente pode então ficar com fome à noite, o que provoca um episódio de comer compulsivo. Comer *fast-food* no almoço e pular o jantar, portanto, pode ser visto como inefetivo quanto a ajudar a paciente a atingir seu objetivo de parar com o comer compulsivo. O terapeuta e a paciente podem conjuntamente criar um plano mais efetivo que inclua um almoço moderado para que ela se sinta com mais condições de também jantar. Observe que a linguagem da efetividade pode ajudar a paciente a permanecer afastada da afirmação de que ela foi "má" ou que o que comeu foi "ruim" ou engorda.

Estratégias centrais do terapeuta em M-ED DBT

Cartão diário e análises em cadeia

O cartão diário para pacientes em M-ED DBT inclui um diário alimentar que consiste na hora do dia em que é consumido alimento/líquido, a quantidade e a descrição do alimento e líquido consumidos. Esse diário pode ser conceitualizado como incluindo componentes da DBT padrão de automonitoramento dos comportamentos-alvo (modificados para incluir comportamentos de TA), além do registro da ingestão alimentar. O registro da ingestão é incluído neste cartão diário, pois ele reflete a tradição da TCC de planejamento das refeições e tem a expectativa de que seguir um padrão regular de alimentação ajudará a reduzir o TA e outros comportamentos-alvo. A alimentação regular e balanceada também é um componente importante da regulação emocional. Por exemplo, um paciente que segue um padrão prescrito de fazer três refeições e dois lanches por dia provavelmente terá menos fome e se sentirá menos privado, reduzindo a probabilidade de aumento da sensação de fome e privação que leva a um episódio de compulsão. Além disso, o planejamento das refeições e o automonitoramento da ingestão são essenciais ao tratar um paciente com baixo peso corporal, já que o aumento da ingestão é um alvo primário do tratamento. É importante notar que este cartão diário particular pressupõe que o paciente recebe um plano de refeições como resultado de um encontro com um nutricionista que entenda de TAs. O plano de refeições é concebido para ajudar o paciente a comer de forma normal e efetiva e reflete o objetivo de ganhar ou manter o peso. Este monitoramento permite que o paciente e o terapeuta tenham conhecimento do que o paciente pode comer e em que contexto, e pode ser útil no contexto da DBT individual, desde que o terapeuta tenha conhecimento sobre o seu uso.

Exposição in vivo: *comer na sessão*

Devido ao problema que muitos pacientes com TAs têm para iniciar ou parar uma refeição, comer na sessão é uma estratégia de tratamento importante. Os pacientes podem trazer para a sessão refeições completas ou alimentos desencadeantes para o trabalho de exposição *in vivo*. O contexto da refeição funciona como uma exposição para muitos pacientes, os quais com frequência preferem comer sozinhos e/ou em segredo. Além do mais, como a refeição terapêutica permite ao membro da equipe a observação *in vivo* do comportamento do paciente, as intervenções podem ser planejadas no momento para um paciente particular. Por exemplo, um paciente que corta exageradamente em pedaços a sua comida pode ser convidado a usar uma habilidade da DBT específica apropriada para o paciente, o comportamento e o contexto para parar com este comportamento no momento (p. ex., ação oposta à emoção, praticar os prós e contras). Um paciente que está tendo dificuldade para terminar a refeição pode receber incentivo e sugestões do terapeuta quanto ao uso de habilidades. Vale destacar, o terapeuta pode escolher fazer uma refeição ou comer um alimento específico com o paciente na sessão. A escolha da refeição do terapeuta e o comportamento alimentar podem servir como modelo de comportamento efetivo para os pacientes.

O MODELO STANFORD

O segundo modelo apresentado neste capítulo foi desenvolvido para pacientes cujo foco primário é adquirir controle sobre comportamentos de transtorno alimentar que estejam interferindo de maneira significativa na sua qualidade de vida. Esses pacientes costumam estar no Estágio 3, embora este nem sempre seja o caso (ver Koerner, Dimeff, & Rizvi, Capítulo 1 deste livro). O modelo Stanford (SM) para pacientes envolveu diversas adaptações da DBT padrão que refletem esta população de pacientes, seus diagnósticos e o nível de transtorno consistente com um foco na qualidade de vida *versus* alvos de ordem superior. Considerando que o SM foi desenvolvido especificamente para esses pacientes, este modelo não é apropriado para pacientes suicidas com outros comportamentos fora de controle (p. ex., abuso ou dependência de substância). De fato, esses indivíduos foram excluídos da pesquisa original na qual este modelo está baseado.

Embora esta seção pretenda fornecer os aspectos básicos e práticos de como implementar DBT de acordo com o SM, há disponíveis recursos básicos que descrevem este modelo, incluindo um manual de tratamento publicado para o terapeuta (Safer, Telch, & Chen, 2009).

Pesquisas que apoiam o modelo Stanford para pacientes com TCA e BN

O SM é um tratamento manualizado e foi pesquisado usando 20 sessões ambulatoriais com mulheres e homens adultos que satisfaziam os critérios para TCA e BN. O SM é atualmente uma das poucas adaptações da DBT para TAs apoiadas por ensaios clínicos randomizados (ECRs). Até o momento, foram publicados sete estudos (quatro ECRs, um estudo não controlado e dois relatos de caso) (Telch, Agras, & Linehan, 2000, 2001; Telch, 1997; Safer, Telch, & Agras, 2001a, 2001b; Safer, Robinson, & Jo, 2010; Masson, von Ranson, Wallace, & Safer, 2013). Os resultados desses estudos são promissores até o momento. Por exemplo, as taxas de abstinência dos ECRs foram de 64 a 89% depois de 20 sessões de DBT-TCA (Telch et al., 2001; Safer et al., 2010) e 28,6% depois de 20 sessões de DBT-BN (Safer et al., 2001b). Mais recentemente, uma versão guiada de autoajuda do SM foi desenvolvida e testada. As taxas de abstinência depois de receber 13 semanas de autoajuda guiada (incluindo até seis sessões de *coaching* telefônico de 20 minutos com um terapeuta) foram de 40% (Masson et al., 2013).

Uma palavra antes de iniciar

É importante mencionar que, na maioria das pesquisas realizadas até o momento, o SM foi conduzido em um formato de sessão em grupo para pacientes com TCA e em um formato de sessão individual para pacientes com BN. A justificativa para essa distinção é mais um artifício do processo de pesquisa (dificuldade para recrutar pacientes suficientes com BN ao mesmo tempo para um formato de grupo) do que por alguma razão clínica. Não esperamos que mudar o formato no qual o tratamento será ofertado (i.e., em grupo ou individual) afetaria de modo adverso os resultados clínicos. Portanto, embora o conteúdo presente foque no TCA, ele é perfeitamente transferível para BN.

Hierarquia de alvos

O SM se volta para pacientes cujo foco principal do tratamento inclui comportamentos alimentares problemáticos de TCA e BN que interferem na qualidade de vida. Na ausência de dados sobre a aplicação do modelo para pacientes com comportamentos que ameaçam a vida e dada a abundância de dados sobre a eficácia da DBT para esses pacientes, desencorajamos fortemente a aplicação do SM para pacientes com TCA ou BN que se engajam em comportamentos suicidas e/ou alimentares que representam uma ameaça *iminente* à própria vida. Quando esses pacientes desejam se inscrever em nosso programa, são encaminhados para cuidados de nível superior de acordo com os padrões antes apresentados neste capítulo.

Estrutura do tratamento: combinando funções do tratamento individual com treinamento de habilidades

Há duas características distintas do modelo Stanford para compulsão alimentar e bulimia que diferem do modelo M-ED DBT e da DBT padrão. Em primeiro lugar, o SM combina funções tanto da terapia individual quanto do treinamento de habilidades em grupo. Especificamente, enquanto o aumento da motivação na DBT padrão costuma ser feito na psicoterapia individual e a aquisição/fortalecimento de novas habilidades ocorre dentro de um grupo de treinamento de habilidades, essas funções são combinadas nesta adaptação. Em segundo lugar, enquanto a DBT padrão costuma ser empregada em não menos de um ano, este modelo consiste em 20 sessões. Essas adaptações foram feitas sobretudo por motivos pragmáticos. Por exemplo, os outros tratamentos eficazes para TCA e BN com os quais a DBT seria comparada durante os ensaios de pesquisa, como a TCC e terapia interpessoal (TIP), em geral duram não mais de 20 sessões. A decisão de remover efetividade interpessoal também foi tomada principalmente em função do delineamento da pesquisa: para evitar críticas de que o tratamento foi "energizado" por este módulo, já que inúmeros estudos demonstraram que a TIP é eficaz (p. ex., Wilfley et al., 2002; Wilson, Wilfley, Agras, & Bryson, 2010). Para clínicos e programas que não estão limitados pelas restrições de tempo, recursos ou pesquisa, não há razão baseada em pesquisas para não acrescentar de volta o módulo de efetividade interpessoal.

Os módulos abrangidos no SM, em sequência, são o módulo de *mindfulness* (sessões 3 a 5), o módulo de regulação emocional (sessões 6 a 12) e o módulo de tolerância ao mal-estar (sessões 14 a 18). As sessões 1 e 2 são introdutórias (orientação quanto ao modelo de tratamento e aos alvos do tratamento, às regras e combinações do grupo, ao comprometimento com o grupo de parar a compulsão alimentar), enquanto as sessões 19 e 20 são dedicadas à revisão do programa e à prevenção de recaída. Conforme descrito a seguir, a participação em tratamento de grupo é precedida por uma visita de orientação no pré-tratamento.

Visita de orientação no pré-tratamento

Um componente essencial do SM para pacientes com compulsão alimentar e bulimia é que cada participante se encontra individualmente com um dos coterapeutas (ou, para BN, o terapeuta individual) por 30 a 45 minutos antes de iniciar a terapia. Os objetivos principais dessa visita no pré-tratamento envolvem a orientação do participante quanto ao modelo de regulação emocional da DBT para compulsão alimentar e os alvos do tratamento, descrevendo as expectativas dos membros do grupo (p. ex., ter frequência regular e pontual, ouvir as gravações das sessões perdidas, realizar as tarefas de casa) e obter o comprometimento do paciente de parar a compulsão alimentar e abordar qualquer comportamento que interfira no tratamento que venha a surgir.

O terapeuta conduz esta sessão e obtém um compromisso usando as mesmas estratégias aplicadas pelo terapeuta individual na DBT padrão. Além das combinações da DBT padrão (p. ex., compromisso de participar de todas as sessões e fazer toda a tarefa de casa, trabalhar com o terapeuta nos problemas na relação terapêutica, caso surjam), o terapeuta também procura obter o comprometimento do paciente de especificamente abandonar comportamentos associados ao TA (p. ex., compulsão alimentar).

Formato das sessões em grupo

Os grupos para pacientes com TCA tratados de acordo com o SM são compostos de 8 a 10 membros com dois coterapeutas: um líder e um colíder. A duração do grupo não deve ser inferior a duas horas e superior a duas horas e meia (ou 50 minutos, se o tratamento for conduzido individualmente). O formato é dividido em duas metades, com um breve intervalo (5 a 10 minutos). A primeira metade, que contém elementos comuns às sessões de terapia individual na DBT padrão, concentra-se no fortalecimento de habilidades e envolve a revisão dos cartões diários dos pacientes, análises em cadeia e a tarefa de casa designada. A segunda metade, que contém elementos comuns aos grupos de treinamento de habilidades na DBT padrão, é dedicada ao ensino de conteúdo novo (aquisição de habilidades) e à prática dessas novas habilidades. Durante a análise das tarefas de casa, cada membro do grupo terá entre 5 e 10 minutos para relatar o uso que fez das novas habilidades na última semana e descrever sucessos ou dificuldades específicas na aplicação das habilidades ao substituir os comportamentos alimentares problemáticos. A duração de tempo que cada membro tem varia com base no tempo total reservado para o grupo e o número de pacientes presentes para que todos tenham tempo suficiente para compartilhar. Os membros do grupo são encorajados a ajudar uns aos outros a identificar soluções para os problemas encontrados no uso das habilidades e para "comemorar" os esforços feitos.

Indicadores terapêuticos para análise da tarefa de casa

É importante designar aos membros do grupo a tarefa de casa de realizar no mínimo uma análise em cadeia a cada semana pelo menos nas 15 primeiras sessões. Mesmo que não se engajem em compulsão alimentar, os pacientes devem usar a cadeia para abordar outro comportamento-alvo (p. ex., comer sem consciência). Caso não tenham tido absolutamente nenhum comportamento problemático relacionado à alimentação em uma determinada semana, eles podem descrever um comportamento problemático passado de compulsão ou não relacionado à alimentação. A justificativa para requerer que não menos de uma cadeia seja conduzida por semana durante as primeiras 15 sessões é que os pacientes precisam praticar o uso da cadeia para a entenderem o suficiente de modo que continuem a usá-la sozinhos depois que terminarem o tratamento. Na semana 16, os pacientes podem começar a preencher as análises em cadeia apenas quando necessário para algum episódio problemático relacionado à alimentação.

Os pacientes são orientados quanto à importância de fazer uso máximo do tempo estabelecido, vindo para as sessões preparados para discutir seu cartão diário preenchido, uma análise em cadeia (incluindo todos os elementos relevantes da cadeia, especialmente onde eles poderiam ter interferido com uma alternativa habilidosa que teria eliminado o comportamento problemático) e as fichas da tarefa de casa com habilidades específicas. Os membros do grupo devem concentrar-se primeiro nos alvos de ordem superior (p. ex., um episódio de compulsão em vez de um episódio de comer sem consciência).

Sessão 1: obtendo o comprometimento do grupo em parar a compulsão alimentar

Uma tarefa importante da sessão 1 é obter um comprometimento do grupo em parar a compulsão alimentar. Depois das apresentações iniciais de cada membro do grupo e dos coterapeutas, é essencial que os terapeutas criem uma onda de motivação e comprometimento por parte dos membros do grupo, utilizando flexivelmente as estratégias de comprometimento da DBT padrão. Os terapeutas podem começar usando a estratégia do advogado do diabo (Linehan, 1993a). De uma maneira um tanto confusa e desafiadora, por exemplo, eles podem dizer:

> OK, estamos supondo que todos vocês estão aqui porque querem conseguir controlar o seu comportamento alimentar. Especificamente, estamos presumindo que vocês querem parar a compulsão alimentar, certo? Também estamos assumindo que vocês querem desfrutar da vida — ou seja, querem uma qualidade de vida em que desfrutem das suas relações, tenham uma sensação de domínio e sintam-se bem sobre si mesmos a maior parte do tempo. E como o entendemos, a compulsão alimentar é um

problema porque interfere em sentir-se bem sobre si mesmo e ter a qualidade de vida que vocês desejam. O que não está claro para nós e o que gostaríamos que fosse explicado agora é: por que vocês não podem ter uma qualidade de vida e continuar tendo comportamentos alimentares compulsivos? Por que vocês não podem fazer as duas coisas? Expliquem isso para nós (Safer et al., 2009).

A questão para os terapeutas é atrair os membros do grupo para discutir que é imperativo que eles parem com a compulsão alimentar a fim de levarem uma vida de qualidade. Os terapeutas precisam assegurar a polarização da discussão descrevendo a qualidade de vida que eles acham que os membros do grupo podem atingir como profundamente gratificante, em que os membros do grupo estejam cheios de vida e se sintam muito, *muito* bem sobre si mesmos — uma aparente impossibilidade para muitos pacientes com TCA. Em outras palavras, os terapeutas precisam assegurar que os membros do grupo entendam que por "qualidade de vida" não estamos nos referindo simplesmente a existir, sobreviver ou minimizar a dor.

Os terapeutas então usam os argumentos dos membros do grupo como um ponto de partida para levantar os prós e contras de continuar a vida com comportamento alimentar compulsivo e os listam no quadro. Em seguida, os terapeutas podem dizer:

Ok, com base no que acabamos de ouvir de vocês, não há absolutamente outra opção a não ser parar a compulsão alimentar. Vocês nos convenceram. Então vamos enfrentar e colocar isso na mesa antes de irmos adiante. A compulsão alimentar acabou. Seu último episódio de compulsão alimentar foi definitivamente o último. Vocês simplesmente não podem ter o tipo de vida que querem levar e continuar com compulsão alimentar e problemas para comer. Portanto, estamos todos de acordo, certo? Estamos todos comprometidos, certo?

A intenção é obter um comprometimento verbal de cada membro do grupo. Alguns pacientes podem ficar receosos de se comprometer devido a preocupações de que venham a fracassar. Um dos terapeutas pode dizer:

Vocês estão preocupados com a compulsão alimentar neste momento ou estão preocupados com o futuro? Não estamos falando sobre o futuro, mas sobre este momento. Vocês seriam capazes de se comprometer a tentar da forma mais absoluta possível a nunca mais ter compulsão novamente neste momento, agora mesmo? [porta na cara]

Se um paciente insistir que "É impossível" ou que se comprometer seria uma "ordem", o terapeuta poderia dizer:

Seria literalmente impossível? Quero dizer, é provável que seria muito, muito difícil e assustador — mas vocês estão dizendo que acham que não sobreviveriam fisicamente de jeito nenhum a não ser que comessem de forma compulsiva?" [usando um tom objetivo, com irreverência]

Se o paciente admitir que na verdade seria *possível*, um dos terapeutas pode dizer:

Então parece que vocês concordam que na verdade seria possível parar a compulsão, mas vocês estão bastante certos de que fracassariam na tentativa. Portanto, parece mais fácil dizerem a si mesmos que parar a compulsão alimentar é mais impossível do que tentar parar. Porque se vocês tentassem dar o seu melhor, mas fracassassem, teriam que se sentir muito mal em relação a si mesmos não apenas por ter tido compulsão, mas por fracassarem na sua tentativa de parar. Posso entender esse tipo de pensamento. [validação] No entanto, nós sabemos pelas pesquisas sobre comprometimentos que quando as pessoas não se comprometem ou dizem que aceitarão menos — quando, desde o começo elas dizem que não há esperança — a probabilidade de sucesso é muito baixa.

Outras tarefas da sessão 1 incluem orientar os membros do grupo para (1) o modelo de regulação emocional da compulsão alimentar; (2) os alvos do tratamento e combinações do grupo; (3) o modelo biossocial, incluindo uma explicação do ambiente invalidante (ver a adaptação da teoria biossocial da DBT para os TAs); e (4) o cartão diário (descrito a seguir) e a análise em cadeia.

Sessão 2: explicando o conceito de abstinência dialética

Na sessão 2, os terapeutas introduzem os pacientes ao conceito de abstinência dialética, um conceito originalmente desenvolvido na DBT adaptado para transtornos por uso de substâncias (DBT-TUS; Linehan & Dimeff, 1997). Abstinência dialética é uma síntese de 100% de compromisso com a abstinência e 100% de compromisso com estratégias de redução de danos. Antes de um paciente se engajar em comportamentos problemáticos (p. ex., compulsão alimentar), há uma insistência constante na abstinência total. Depois que um paciente teve compulsão, no entanto, a ênfase é na aceitação radical, solução de problemas sem julgamento e prevenção de recaída efetiva, seguidas por um rápido retorno à insistência constante na abstinência (Linehan et al., 1999).

Os terapeutas podem introduzir este conceito com uma explicação de que uma "visão dialética" reconhece que, para cada força ou posição, existe uma força ou posição oposta: uma tese e uma antítese, *yin* e *yang*. Por exemplo, o símbolo do *yin* e *yang* é preto e branco, mas a síntese deles não é meramente a cor cinza. Isso leva à discussão de um problema e também da sua solução. Por um lado, todos os membros do grupo se comprometeram 100% com abstinência da compulsão. Qualquer coisa menos do que isso seria fracasso. Quando se defrontam com o impulso da compulsão, não podemos ter a ideia de que "tudo bem" ter compulsão e falhar e "simplesmente tentar de novo". Esse pensamento é prejudicial e tornará mais provável que o indivíduo se decida pela compulsão alimentar. No lado oposto, está claro que ao não esperarem e se prepararem para um deslize, os pacientes terão menos probabilidade de lidar com esse evento efetivamente, caso ele ocorra. Este é o problema com que os terapeutas e os membros do grupo se defrontam e que é apresentado para discussão: como podemos lidar com estas duas forças opostas de sucesso e fracasso?

A metáfora dos Jogos Olímpicos é muito útil neste ponto (Safer et al., 2009). Os terapeutas sugerem que os membros do grupo são como atletas olímpicos e os terapeutas são como treinadores. Os pacientes estão participando de um evento incrivelmente importante, melhorando suas vidas ao colocarem um fim na compulsão alimentar. Absolutamente nada é discutido antes de uma corrida nos Jogos Olímpicos, exceto vencer ou "buscar o ouro". Da mesma forma, a única coisa que os membros do grupo podem se permitir pensar e discutir é a absoluta e total abstinência da compulsão. Mas, é claro, os atletas e os membros do grupo devem estar preparados para a possibilidade de fracasso. O segredo é estarem preparados para fracassarem bem. O dilema dialético é que tanto o sucesso quanto o fracasso existem. A solução da abstinência dialética envolve 100% de certeza de que a compulsão alimentar está fora de questão e 100% de confiança de que o paciente jamais terá compulsão novamente. Entretanto, simultaneamente temos em mente ("Bem lá na parte mais profunda do seu cérebro para que nunca interfira na sua determinação") que, se houver um deslize, o paciente lidará com isso efetivamente adotando uma postura não julgadora e irá se reerguer, sabendo que jamais terá um deslize outra vez.

Sessões 3 a 5: habilidades de mindfulness

As habilidades de *mindfulness* são introduzidas nestas três sessões e analisadas na sessão 12.

Essas habilidades envolvem o *mindful eating*, bem como as habilidades centrais de *mindfulness* da DBT padrão (mente sábia, habilidades "o que fazer" e "como fazer") e fornecerão a base para a introdução de outras duas habilidades, que não fazem parte do grupo formal das habilidades de *mindfulness*, mas que são profundamente embasadas nestas. Estas são: surfar o impulso de ação e rebelião alternativa — que são discutidos em maior profundidade a seguir. Surfar o impulso de ação e rebelião alternativa foram emprestados da DBT-TUS (Linehan & Dimeff, 1997).

Mindful eating

O *mindful eating*, em oposição ao comer sem consciência, é a experiência de participação integral na alimentação. É comer com *mindfulness* fazendo uma coisa de cada vez, mas sem insegurança ou julgamento.

Surfar o impulso de ação

Surfar o impulso de ação envolve a habilidade de *mindfulness* de observação adotando uma postura de não apego dos impulsos de comer compulsivamente ou comer sem consciência. As habilidades de *mindfulness* ensinam o indivíduo a aceitar a realidade de que existem estímulos no mundo que desencadeiam o impulso para compulsão alimentar. Os pacientes são educados sobre como os impulsos e fissuras são respostas classicamente condicionadas. Surfar o impulso de ação com *mindfulness* envolve consciência sem se engajar em comportamentos impulsivos dependentes do humor. A pessoa simplesmente nota e então descreve o fluxo e o refluxo do impulso. O indivíduo "abandona" ou "se desapega" do objeto do impulso e "surfa sobre a onda" do impulso de ação. Embora tendo semelhanças com *mindfulness* das emoções atuais, surfar sobre o impulso de ação é uma habilidade de *mindfulness* que envolve observar e descrever impulsos, fissuras e preocupações com a comida adotando uma postura não julgadora.

Rebelião alternativa

Esta habilidade de *mindfulness* envolve a habilidade "como fazer" de satisfazer *efetivamente* um desejo de se rebelar sem destruir o objetivo principal de parar a compulsão alimentar. O propósito não é suprimir ou julgar a rebelião, mas encontrar maneiras criativas de se rebelar que não envolvam "dar um tiro no próprio pé". Muitos pacientes com TCA descreveram o desejo de "voltar" para a sociedade, os amigos e/ou a família a quem percebem como críticos do seu peso. Em vez de comprometer os próprios objetivos e consumir ainda mais comida como um meio de "voltar", a rebelião alternativa envolve encontrar formas efetivas de se rebelar de modo que as metas de longo prazo sejam honradas. Os pacientes são encorajados a observar sua necessidade de se rebelar, nomeiam este impulso como tal e então, se decidirem agir de acordo com o impulso, devem fazer isso efetivamente. Os membros do grupo podem ser criativos. Por exemplo, uma paciente que se sente julgada pela sociedade por ser obesa pode "se rebelar" comprando e usando uma *lingerie* de renda.

Sessões 6 a 12: habilidades de regulação emocional

Estas sessões abrangem as habilidades de regulação emocional ensinadas na DBT padrão, sem qualquer adaptação específica para pacientes no Estágio 3 com TCA, exceto quando envolverem um foco na hierarquia de tratamento dos problemas alimentares.

Sessões 13 a 18: habilidades de tolerância ao mal-estar

Estas sessões abrangem as habilidades de tolerância ao mal-estar da DBT padrão. As únicas habilidades acrescentadas, queimando as pontes e rebelião alternativa, foram emprestadas da DBT-TUS (Linehan & Dimeff, 1997).

Queimando pontes

Esta habilidade envolve a aceitação do nível mais profundo e mais radical da ideia de que o paciente realmente não vai ter compulsão alimentar, ou comer sem consciência, ou jamais vai abusar da comida outra vez — dessa forma queimando a ponte para esses comportamentos. O indivíduo aceita que não irá mais bloquear, negar ou evitar a realidade com a compulsão alimentar.

Sessões 19 a 20: prevenção de recaída

A sessão 19 inicia com uma revisão de *mindfulness*, regulação emocional e tolerância ao mal-estar. Além disso, os pacientes preenchem uma ficha de tarefas para a sessão 20 que lhes solicita:

1. Detalhar seus planos específicos para continuar a prática das habilidades ensinadas.
2. Descrever seus planos específicos para manejar as emoções habilidosamente no futuro. Eles devem identificar as circunstâncias e emoções que antes desencadearam a compulsão alimentar. Descrever seus planos para lidar com as emoções que irão impedir qualquer comportamento alimentar problemático. Escrever sobre pelo menos três emoções diferentes.
3. Explicar por escrito as próximas medidas que eles precisam adotar na vida para continuarem a construir uma qualidade de vida satisfatória e gratificante.

A sessão 20 inclui cada membro do grupo analisando sua ficha de tarefas, além das despedidas finais. Como ocorre na DBT padrão, muitos grupos criam rituais para marcar o encerramento do tratamento.

Equipe de consultoria de DBT

Os terapeutas se reúnem semanalmente com a equipe de tratamento para conferir o progresso do tratamento e a aderência aos princípios da DBT. No entanto, essas equipes de consultoria não interagem com o indivíduo e o terapeuta de habilidades pois, diferentemente da DBT padrão, os pacientes são tratados apenas em um contexto de grupo. Como o SM para pacientes com compulsão alimentar e bulimia foi pesquisado em um local onde os membros da equipe de tratamento estavam altamente familiarizados com TAs, mas nem todos estavam familiarizados com a DBT, muitas vezes foi útil ter como membro da equipe de tratamento um terapeuta especialista em DBT que não era identificado como especialista em TAs.

Coaching telefônico

Embora os pacientes sejam encorajados a telefonar para os terapeutas se tiverem perguntas durante a semana (p. ex., para esclarecer uma habilidade particular, para lidar com a incerteza de como aplicar uma habilidade em uma situação particular), o *coaching* telefônico conforme praticado por terapeutas individuais na DBT padrão não é usado em DBT para compulsão alimentar e bulimia. A generalização de habilidades é abordada durante a primeira hora do tratamento em grupo e durante o *feedback* por escrito nas tarefas de casa semanais pelos terapeutas. Como ocorre com outros componentes da DBT para compulsão alimentar e bulimia, esta decisão de não implementar o *coaching* telefônico de habilidades da DBT padrão foi tomada para fins de pesquisa de modo que o tratamento fosse comparável com outras terapias ambulatoriais de curta duração (p. ex., 20 semanas) para esta população em termos das demandas de tempo dos clínicos. O *coaching* telefônico na DBT padrão pode muito bem ser indicado em outros contextos.

Cartão diário e análises em cadeia

As estratégias da DBT são usadas sem modificação, conforme descrito no manual de tratamento para DBT padrão (Linehan, 1993a), com exceção dos cartões-diários e comportamentos-alvo específicos para TAs. Em outras palavras, as análises em cadeia são aquelas usadas na DBT padrão (Linehan, 1993a) com comportamento alimentar mal-adaptativo (p. ex., compulsão alimentar, comer sem consciência) como o comportamento problemático alvo para estes pacientes no Estágio 3.

RESUMO

Este capítulo discutiu como e por que aplicar DBT a pacientes com TAs. Apresentamos dois modelos desenvolvidos de forma independente que foram influenciados pelas suas populações de pacientes e o contexto do tratamento. A DBT para TAs com múltiplas comorbidades, por exemplo, foi desenvolvida especificamente para pacientes que satisfaçam os critérios para TPB comórbido. Uma vantagem desse modelo é a adequação para pacientes que são suicidas e/ou se engajam em CASIS e/ou se engajam em abuso de substância em combinação com seu TAs. Também é apropriado para pacientes cujo TA é sério, complexo e/ou resistente ao tratamento e também com possíveis comorbidades clínicas e psiquiátricas pode demandar um contexto ambulatorial intensivo e hospitalar parcial. Se necessário, este modelo pode incluir componentes da TCC dentro de um modelo da DBT. A DBT para pacientes com TAs com múltiplas comorbidades exige uma infraestrutura adequada em que possam ser oferecidos componentes da DBT, como DBT em grupo e individual, uma equipe de consultoria para os terapeutas e um sistema de plantão 24 horas.

O segundo modelo apresentado, o modelo Stanford, foi especificamente concebido para pacientes com TCA e BN em um contexto clínico ambulatorial. Elementos da DBT padrão, como sessões individuais semanais e grupos semanais de treinamento de habilidades, foram combinados em um formato único (p. ex., 20 sessões de terapia em grupo semanal de duas horas para TCA). O SM para pacientes com TCA e bulimia nervosa tem a vantagem de ter mais apoio empírico no momento. Com a utilização das informações fornecidas neste capítulo como fundamento, pode ser obtida maior clareza na implementação de adaptações específicas para TAs compatíveis com outros contextos de tratamento e populações-alvo de pacientes.

REFERÊNCIAS

Academy for Eating Disorders. (2016). *Eating disorders: A guide to medical care* (3rd ed.). Reston, VA: Academy for Eating Disorders. Retrieved from https://higherlogicdownload.s3.amazonaws.com/AEDWEB/27a3b69a-8aae-45b2-a04c-2a078d02145d/Uploaded-Images/AED_Medical_Care_Guidelines_English_04_03_18_a.pdf.

Allen, H., & Craighead, L. (1999). Appetite monitoring in the treatment of binge eating disorder. *Behavior Therapy, 30*, 253–272.

American Psychiatric Association. (2006). *Practice guidelines for the treatment of clients with eating disorders* (3rd ed.). Washington, DC: Author.

Bankoff, S. M., Karpel, M. G., Forbes, H. E., & Pantalone, D. W. (2012). A systematic review of dialectical behavior therapy for the treatment of eating disorders. *Eating Disorders, 20*, 196–215.

Bhatnagar, K. C., Martin-Wagar, C., & Wisniewski, L. (2017). DBT for eating disorders. In M. A. Swales (Ed.), *The Oxford handbook of dialectical behaviour therapy*. Oxford, UK: Oxford University Press.

Bulik, C. M., Berkman, N. D., Brownley, K. A., Sedway, J. A., & Lohr, K. N. (2007). Anorexia nervosa treatment: A systemic review of randomized controlled trials. *International Journal of Eating Disorders, 40*, 310–320.

Chen, E. Y., Matthews, L., Allen, C., Kuo, J. R., & Linehan, M. M. (2008). Dialectical behavior therapy for clients with binge-eating disorder or bulimia nervosa and borderline personality disorder. *International Journal of Eating Disorders, 41*, 505–512.

Chen, E. Y., & Safer, D. L. (2010). Dialectical behavior therapy. In W. S. Agras (Ed.), *The Oxford handbook of eating disorders*. Oxford, UK: Oxford University Press.

Courbasson, C., Nishikawa, Y., & Dixon, L. (2012). Outcome of dialectical behaviour therapy for concurrent eating and substance use disorders. *Clinical Psychology and Psychotherapy, 19*, 434–449.

Fairburn, C. G. (2008). *Cognitive behavior therapy and eating disorders*. New York: Guilford Press.

Federici, A., & Wisniewski, L. (2013). An intensive DBT program for patients with multidiagnostic eating disorder presentations: A case series analysis. *International Journal of Eating Disorders, 46*, 322–331.

Federici, A., Wisniewski, L., & Ben-Porath, D. D. (2012). Development and feasibility of an intensive DBT outpatient program for multidiagnostic clients with eating disorders. *Journal of Counseling and Development, 90*, 330–338.

Haedt-Matt, A. A., Keel, P. K., Racine, S. E., Burt, S. A., Hu, J. Y., Boker, S., et al. (2014). Do emotional eating urges regulate affect?: Concurrent and prospective associations and implications for risk models of binge eating. *International Journal of Eating Disorders, 47*, 874–877.

Kabat-Zinn, J. (1990). *Full-catastrophe living*. New York: Delta.

Keel, P. K., & Brown, T. A. (2010). Update on course and outcome in eating disorders. *International Journal of Eating Disorders, 43*, 195– 204.

Kristeller, J., Wolever, R. Q., & Sheets, V. (2014). Mindfulness-based eating awareness training (MB EAT) for binge eating: A randomized clinical trial. *Mindfulness, 5*, 282–297.

Kröger, C., Schweiger, U., Sipos, V., Kliem, S., Arnold, R., Schunert, T., et al. (2010). Dialectical behaviour therapy and an added cognitive behavioural treatment module for eating disorders in women with borderline personality disorder and anorexia nervosa or bulimia nervosa who failed to respond to previous treatments: An open trial with a 15-month follow-up. *Journal of Behavior Therapy and Experimental Psychiatry, 41*(4), 381–388.

Lavender, J. M., Utzinger, L. M., Cao, L., Wonderlich, S. A., Engel, S. G., Mitchell, J. E., et al. (2016). Reciprocal associations between negative affect, binge eating, and purging in the natural environment in women with bulimia nervosa. *Journal of Abnormal Psychology, 125*, 381.

Lenz, A. S., Taylor, R., Fleming, M., & Serman, N. (2014). Effectiveness of dialectical behavior therapy for treating eating disorders. *Journal of Counseling and Development, 92*, 26–35.

Linehan, M. M. (1993a). *Cognitive-behavioral treatment of borderline personality disorder*. New York: Guilford Press.

Linehan, M. M. (l993b). *Skills training manual for treating borderline personality disorder*. New York: Guilford Press.

Linehan, M. M., & Dimeff, L. A. (1997). *Dialectical behavior therapy manual of treatment interventions for drug abusers with borderline personality disorder*. Seattle: University of Washington.

Linehan, M. M., Schmidt, H., Dimeff, L. A., Craft, C. C., Kanter, J., & Comtois, K. A. (1999). Dialectical behavior therapy for patients with borderline personality disorder and drug-dependence. *American Journal on Addictions, 8*, 279–292.

Marek, R. J., Ben-Porath, D. D., Federici, A., Wisniewski, L., & Warren, M. (2013). Targeting pre-meal anxiety in eating disordered clients and normal controls: A preliminary investigation into the use of mindful eating vs. distraction during food exposure. *International Journal of Eating Disorders, 46*, 582–585.

Masson, P. C., von Ranson K. M., Wallace, L. M., & Safer, D. L. (2013). A randomized wait-list controlled pilot study of dialectical behaviour therapy guided self-help for binge eating disorder. *Behaviour Research and Therapy, 51*, 723–728.

Mehler, P. S., & Frank, G. K. W. (Eds.). (2016). Medical issues in eating disorders. *International Journal of Eating Disorders, Special Issue, 49*, 205–344.

Mitchell, J. E., Halmi, K., Wilson, G. T., Agras, W. S., Kraemer, H., & Crow, S. (2002). A randomized secondary treatment study of women with bulimia nervosa who fail to respond to CBT. *International Journal of Eating Disorders, 32*, 271–281.

National Institute for Health and Care Excellence. (2004). *Core interventions in the treatment and management of anorexia nervosa, bulimia nervosa, and binge eating disorder* (National Clinical Practice Guideline CG9). Retrieved from www.nice.org.uk/ nicemedia/ pdf/CG9FullGuideline.pdf.

Ng, M., Fleming, T., Robinson, M., Thomson, B., Graetz, N., Margono, C., et al. (2014). Global, regional, and national prevalence of overweight and obesity in children and adults during 1980–2013: A systematic analysis for the Global Burden of Disease Study 2013. *The Lancet, 384*, 766–781.

Palmer, R. L., Birchall, H., Damani, S., Gatward, N., McGrain, L., & Parker, L. (2003). A dialectical behavior therapy program for people with an eating disorder and borderline personality disorder — description and outcome. *International Journal of Eating Disorders, 33*, 281–286.

Puhl, R. M., Wall, M. M., Chen, C., Austin, S. B., Eisenberg, M. E., & Neumark-Sztainer, D. (2017). Experiences of weight teasing in adolescence and weight-related outcomes in adulthood: A 15-year longitudinal study. *Preventive Medicine, 100,* 173–179.

Safer, D. L., Robinson, A. H., & Jo, B. (2010). Outcome from a randomized controlled trial of group therapy for binge eating disorder: Comparing dialectical behavior therapy adapted for binge eating to an active comparison group therapy. *Behavior Therapy, 41,* 106–120.

Safer, D. L., Telch, C. F., & Agras, W. S. (2001a). Dialectical behavior therapy for bulimia nervosa: A case study. *International Journal of Eating Disorders, 30,* 101–106.

Safer, D. L., Telch, C. F., & Agras, W. S. (2001b). Dialectical behavior therapy for bulimia nervosa. *American Journal of Psychiatry, 158,* 632–634.

Safer, D. L., Telch, C. F., & Chen, E. Y. (2009). *Dialectical behavior therapy for binge eating and bulimia.* New York: Guilford Press.

Telch, C. F. (1997). Skills training treatment for adaptive affect regulation in a woman with binge-eating disorder. *International Journal of Eating Disorders, 22,* 77–81.

Telch, C. F., Agras, W. S., & Linehan, M. M. (2000). Group dialectical behavior therapy for binge-eating disorder: A preliminary, uncontrolled trial. *Behavior Therapy, 31,* 569–582.

Telch, C. F., Agras, W. S., & Linehan, M. M. (2001). Dialectical behavior therapy for binge eating disorder. *Journal of Consulting and Clinical Psychology, 69,* 1061–1065.

Tiggemann, M., & Polivy, J. (2010). Upward and downward: Social comparison processing of thin idealized media images. *Psychology of Women Quarterly, 34,* 356–364.

Vall, E., & Wade, T. D. (2015). Predictors of treatment outcome in individuals with eating disorders: A systematic review and meta-analysis. *International Journal of Eating Disorders, 48,* 946–971.

Waller, G. (2003). The psychology of binge eating. In C. G. Fairburn & K. D. Brownell (Eds.), *Eating disorders and obesity: A comprehensive handbook* (2nd ed., pp. 98–107). New York: Guilford Press.

Waller, G., Stringer, H., & Meyer, C. (2012). What cognitive behavioral techniques do therapists report using when delivering cognitive behavioral therapy for the eating disorders? *Journal of Consulting and Clinical Psychology, 80,* 171.

Wilfley, D. E., Friedman, M. A., Dounchis, J. Z., Stein, R. I., Welch, R. R., & Ball, S. A. (2000). Comorbid psychopathology in binge eating disorder: Relation to eating disorder severity at baseline and following treatment. *Journal of Consulting and Clinical Psychology, 68,* 641–649.

Wilfley, D. E., Welch, R. R., Stein, R. I., Spurrell, E. B., Cohen, L. R., Saelens, B. E., et al. (2002). A randomized comparison of group cognitive-behavioral therapy and group interpersonal psychotherapy for the treatment of overweight individuals with binge-eating disorder. *Archives of General Psychiatry, 59,* 713–721.

Wilson, G. T., Wilfley, D. E., Agras, W. S., & Bryson, S. W. (2010). Psychological treatments of binge eating disorder. *Archives of General Psychiatry, 67,* 94–101.

Wisniewski, L., & Ben-Porath, D. (2005). Telephone skill-coaching with eating disordered clients: Clinical guidelines using a DBT framework. *European Eating Disorder Review, 13,* 344–350.

Wisniewski, L., Epstein, L. H., Marcus, M. D., & Kaye, W. (1997). Differences in salivary habituation to palatable foods in bulimia nervosa patients and controls. *Psychosomatic Medicine, 4,* 427–433.

Wisniewski, L., & Kelly, E. (2003). The application of dialectical behavior therapy to the treatment of eating disorders. *Cognitive and Behavioral Practice, 10,* 131–138.

14

DBT além do Estágio 1
Uma perspectiva geral dos Estágios 2, 3 e 4

Cedar R. Koons

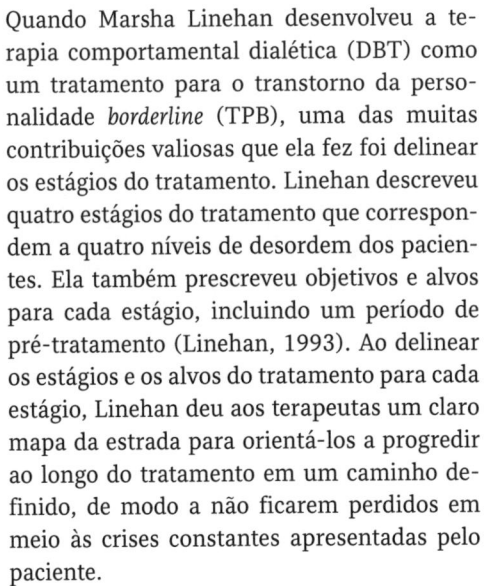

Quando Marsha Linehan desenvolveu a terapia comportamental dialética (DBT) como um tratamento para o transtorno da personalidade *borderline* (TPB), uma das muitas contribuições valiosas que ela fez foi delinear os estágios do tratamento. Linehan descreveu quatro estágios do tratamento que correspondem a quatro níveis de desordem dos pacientes. Ela também prescreveu objetivos e alvos para cada estágio, incluindo um período de pré-tratamento (Linehan, 1993). Ao delinear os estágios e os alvos do tratamento para cada estágio, Linehan deu aos terapeutas um claro mapa da estrada para orientá-los a progredir ao longo do tratamento em um caminho definido, de modo a não ficarem perdidos em meio às crises constantes apresentadas pelo paciente.

O nível de desordem que corresponde ao Estágio 1 do tratamento inclui tentativas de suicídio e autolesão intencional não suicida, comportamentos que potencialmente podem destruir a terapia e comportamentos inconsistentes com uma qualidade de vida adequada, como abusar de álcool ou viver nas ruas. Esses comportamentos não são causados por um problema distinto como adição ou depressão, mas teoricamente são causados por desregulação emocional global ou invasiva e por carência de habilidades comportamentais. A meta do tratamento no Estágio 1 é eliminar comportamentos suicidas e de autolesão, reduzir comportamentos que interferem na terapia, estabelecer o controle comportamental básico e aumentar as habilidades comportamentais.

O nível de desordem aparente no Estágio 2 inclui evitação emocional, entorpecimento e sintomas de estresse pós-traumático que contribuem para o "desespero silencioso" e a baixa qualidade de vida. A meta do tratamento no Estágio 2 é reduzir o estresse pós-traumático e aumentar a experiência emocional normativa, incluindo amor e alegria. Os pacientes no nível de desordem no Estágio 3, embora tendo vencido o descontrole comportamental e o desespero silencioso, continuam a ter "problemas corriqueiros na vida", como relações interpessoais limitadas ou conflituosas, déficits no autocuidado ou dificuldades prolongadas com o trabalho e as finanças. Esses problemas, embora provavelmente abordados em parte nos estágios anteriores, são os alvos principais do Estágio 3. O nível de desordem associado ao Estágio 4 inclui problemas persistentes com significado, vazio e falta de alegria e liberdade. A meta do Estágio 4 é atingir maior satisfação na vida, consciência sobre felicidade, flexibilidade emocional e liberdade da rigidez e do apego. O tratamento no Estágio 4, quando ocorre na terapia, muitas vezes inclui esforços para fortalecer a prática de *mindfulness*.

O Estágio 1 da DBT está bem descrito no manual de tratamento de Linehan, 1993, e é resumido por Comtois, Elwood, Melmen e Carmel no Capítulo 10 deste livro. Em alguns contextos de tratamento, o Estágio 1 é a totalidade da DBT oferecida. Durante muitos anos, o Estágio 2 não foi detalhado muito além do que estava no texto de Linehan, embora um trabalho notável tenha descrito o terreno e os dilemas do Estágio 2 (Wagner & Linehan, 2006; Rizvi & Linehan, 2005), incluindo algumas pesquisas (Bohus et al., 2013). Recentemente, o protocolo de exposição prolongada da DBT (DBT PE) e outros tratamentos de exposição compatíveis com a DBT estão se mostrando promissores e fornecendo mais informações sobre como realizar exposição formal e outras intervenções voltadas para esse estágio do tratamento (Harned, Korslund, & Linehan, 2014; para uma discussão da DBT PE, ver Capítulo 12). No entanto, a forma de conduzir os Estágios 3 e 4 recebeu pouca atenção tanto na literatura clínica quanto na de pesquisa. Tendo em vista que o trabalho do Estágio 1 só nos permite levar o paciente até a direção de uma vida que valha a pena ser vivida, ser capaz de oferecer um tratamento voltado para que o paciente faça "o caminho todo" pode reduzir a probabilidade de recaída e também melhorar a satisfação para o terapeuta.

Em contextos nos quais os recursos são limitados, os pacientes podem ser encaminhados depois de um período de tempo prescrito ou no final do Estágio 1. Para muitos pacientes de DBT, o risco de recaída para comportamentos do Estágio 1 pode ser reduzido ao se manter o mesmo terapeuta nos estágios posteriores, já que esta pessoa compreende seus pontos fortes e vulnerabilidades particulares e conhece a sua história. Em todos os contextos ambulatoriais, no entanto, os terapeutas devem estar preparados para conduzir o tratamento além do Estágio 1, evitar continuar as estratégias de tratamento do Estágio 1 quando elas não forem mais necessárias ou negligenciar novas metas e alvos quando surgirem. Se não estiverem preparados, os terapeutas podem conduzir sessões não focadas sem um plano de tratamento claro ou uma hierarquia de alvos. Este capítulo descreve as noções básicas de como a DBT pode ser conduzida nos Estágios 2 e 3 e oferece algumas sugestões para o Estágio 4, utilizando um exemplo de caso fictício.

MEU PACIENTE ESTÁ NO ESTÁGIO 2?

O movimento ao longo dos estágios da DBT não é uma questão de tempo, embora o tempo realmente desempenhe um papel. Para determinar se um paciente chegou ao Estágio 2, avaliamos se ele teve um progresso significativo em cada um dos quatro alvos principais do Estágio 1: eliminação do risco de suicídio, reduções em comportamentos que interferem de forma significativa na terapia ou em uma qualidade de vida adequada e aquisição de habilidades comportamentais (Wagner & Linehan, 2006). Um paciente que não está ativamente suicida ou com risco de autolesão e não está se engajando em outros comportamentos severos na presença de estímulos que antes evocavam comportamentos suicidas e outros comportamentos severamente disfuncionais, e que de fato possui habilidades comportamentais básicas, pode estar no Estágio 2 ou perto dele já no início do tratamento. Entretanto, a maioria dos pacientes encaminhados para DBT, mesmo aqueles sem comportamentos severos, precisam de algum tempo para adquirir e fortalecer as habilidades básicas do Estágio 1 antes de ingressarem no Estágio 2.

Pacientes que são ativamente suicidas ou estão se engajando em autolesão não suicida encontram-se, por definição, no Estágio 1, mesmo que tenham estado em tratamento por mais de um ano. Também se encontram no

Estágio 1 os pacientes cujos comportamentos que interferem na terapia são severos o suficiente para que a relação terapêutica esteja em constante estresse, ou cuja qualidade de vida não é adequada em razão de comportamentos severamente disfuncionais e comportamentos repetitivos de alto risco ou devido a um ambiente de alto risco sobre o qual eles não têm controle. Os pacientes que se recusam a usar habilidades para manejar seu comportamento severo visado devem ser considerados no Estágio 1, mesmo que conheçam as habilidades tão bem a ponto de poder ensiná-las a outras pessoas. E, independentemente do tempo em que estão em DBT, pacientes que aboliram os compromissos básicos com a terapia devem ser considerados tendo retornado ao pré-tratamento, cuja meta é retomar o comprometimento com o estágio e com os alvos do tratamento em que estavam antes de se desviarem do compromisso.

No começo do Estágio 2, os pacientes devem colaborar com o terapeuta e tolerar o grupo suficientemente bem para poder frequentá-lo e dele participar. Eles devem ter adquirido algumas habilidades em cada um dos módulos, sobretudo tolerância ao mal-estar, e assim ter melhorado sua habilidade de experimentar fortes emoções sem recorrer a comportamentos autodestrutivos ou de adição. Pacientes que eliminaram tentativas de suicídio e autolesão não suicida deram um grande passo na direção do Estágio 2, mesmo que ainda tenham desejo, pensamento ou expectativa suicida ocasionalmente. Como os pensamentos suicidas podem ter sido habituais durante anos e é provável que tenham sido reforçados negativa e positivamente, eles podem persistir por algum tempo, mesmo depois que a pessoa não mais endossa qualquer desejo atual de se matar (Linehan, 1993).

O paciente no Estágio 2 de desordem frequentemente ainda parecerá e se sentirá infeliz. Embora não se comportando mais de formas que pareçam fora do controle para os outros, eles podem sentir como se não tivessem controle — das emoções, dos relacionamentos e da vida. No entanto, eles em geral frequentam a terapia, vêm para o grupo e aderem ao que o terapeuta lhes pede para fazer, como a tarefa de casa, o cartão diário, *coaching* telefônico e outras atividades. Os pacientes podem parecer que estão apenas "cumprindo as formalidades", pois permanecem emocional e experiencialmente evitativos e socialmente isolados. Embora talvez já não dissociem com tanta frequência, eles podem relatar que se sentem anestesiados. Também descrevem sentimentos de anedonia, vazio, tédio e ausência de sentido. Uma meta primária do Estágio 2, então, é aumentar a experiência emocional normativa; esta consciência também pode reduzir os sentimentos de vazio e tédio (Wagner & Linehan, 2006; Fruzzetti, 2016).

O que preciso fazer para começar o tratamento no Estágio 2?

Para conduzir DBT competente no Estágio 2, os terapeutas primeiro revisam sua formulação de caso para alinhá-la com as metas e com problemas atuais do paciente, tendo em mente o modelo biossocial da DBT e os alvos secundários do Estágio 1 (Wagner, Rizvi, & Harned, 2007). Muitos pacientes continuam a ter problemas significativos, os quais podem ter recebido atenção insuficiente no Estágio 1 ou têm recorrência no Estágio 2, incluindo depressão pouco tratada, ataques de pânico, transtorno obsessivo-compulsivo (TOC), isolamento social, transtornos do sono e assim por diante. Os protocolos baseados em evidências disponíveis podem ser aprendidos em manuais ou por treinamento com especialista.

Se não for capaz ou não estiver disposto a aprender ou aplicar tratamentos de que o paciente claramente necessita, o terapeuta de DBT precisará fazer um encaminhamento para alguém que possa oferecer os melhores métodos disponíveis no final do Estágio 1. Entretanto, esses protocolos em geral não são desenvolvidos para indivíduos com TPB, e os terapeutas especializados que os aplicam podem não ter experiência com o tratamento de pessoas com TPB e, assim, podem não estar dispostos a tratá-los ou têm julgamentos e temores em relação à sua história emocional ou comportamento suicida. Assim, idealmente, o terapeuta de DBT estará disposto a aprender tratamentos baseados em evidências para a maioria dos problemas comuns que pacientes no Estágio 2 experimentam, incluindo métodos de exposição formais e informais.

Assim como no Estágio 1, o Estágio 2 exige alvos claros e apropriados, uma ênfase na generalização das habilidades, o uso continuado de uma equipe de consultoria em DBT e a atualização em relação às pesquisas mais recentes (Wagner et al., 2007). Esses aspectos básicos da DBT, mais a base de uma abordagem dialética, ajudam os terapeutas a permanecerem efetivos com os pacientes no Estágio 2 (Fruzzetti & Payne, 2015).

Meu paciente deve permanecer no treino de habilidades?

Os pacientes no Estágio 2 podem se beneficiar ao permanecerem no treino de habilidades além do requisito do primeiro ano ou participando de um treinamento de habilidades avançado, se houver algum disponível. Existem diferentes modelos de treinamentos de habilidades avançados além do Estágio 1, desde os liderados pelo terapeuta até os liderados pelos pares, e desde aqueles que focam no exame e na generalização das habilidades, como o programa Accepting the Challenges of Employment and Self-Sufficiency (ACES) (ver Capítulo 10), até aqueles que aumentam a interação entre os participantes por meio do ensino dos pares e das interações no processo. Os terapeutas devem avaliar o domínio que seus pacientes têm das habilidades e as necessidades de determinar se eles se beneficiariam mais se permanecessem em um treino de habilidades regular, participando de um grupo avançado ou fazendo uma pausa do grupo no Estágio 2 (Harned & Linehan, 2008).

Cada módulo de habilidades em DBT também tem aplicações específicas para as tarefas do Estágio 2. Por exemplo, as habilidades de *mindfulness* podem ajudar os pacientes a reduzirem a dissociação e aumentarem a experiência sensorial, as quais os ajudam a atingir experiências emocionais normativas (Harned, Ruork, Liu, & Tkachuck, 2015). As habilidades de efetividade interpessoal, que podem não ter sido suficientemente adquiridas no Estágio 1, são fortalecidas no Estágio 2, à medida que o paciente isolado aumenta sua autoexpressão, aprende como abordar os relacionamentos e pratica estar mais atento aos outros (Linehan, 2015). O paciente no Estágio 2 pode fazer maior uso das habilidades de aceitação da realidade a partir do módulo de tolerância ao mal-estar. Não usando mais as habilidades de sobrevivência a crises apenas para atravessar o dia, ele pode começar a praticar e compreender as habilidades de redirecionar a mente, disposição e aceitação radical e a usar essas habilidades de forma generalizada. Por último, aprender a observar e nomear emoções, além de entendê-las, adotá-las e regulá-las, tem novo significado para os pacientes no Estágio 2 que praticaram evitação emocional por tanto tempo, possivelmente mesmo durante sua primeira exposição às habilidades de regulação emocional no Estágio 1. As emoções se tornam menos assustadoras, mais toleráveis e mais aceitáveis durante o Estágio 2. Os pacientes começam a compreender a importância de reduzir a sua vulnerabilidade a fortes emoções e resolver problemas em torno de situações emocionais, em vez de evitá-los.

Iniciando o Estágio 2

Quando um paciente se move entre os estágios na DBT, o terapeuta deve considerar revisitar orientação e comprometimento. Uma boa maneira de iniciar é enfatizando o progresso já feito e conectando esse progresso com o trabalho que tem pela frente. Por exemplo, se o paciente trabalhou duro no Estágio 1 para tolerar o mal-estar das emoções intensas, ele pode usar essas mesmas habilidades no próximo trabalho para aumentar a experiência emocional normativa. Assim, o paciente que no Estágio 1 ficou paralisado pelo medo quando convidado para um jantar simples na vizinhança — participando, quando muito, com desconforto intenso — irá ao jantar no Estágio 2 apesar de sentir ansiedade leve a moderada, participando plenamente e talvez até mesmo desfrutando da festa.

Chamar a atenção para o progresso desse modo naturalmente leva a uma discussão sobre em que o paciente gostaria de trabalhar a seguir. O terapeuta pergunta sobre as metas do paciente no momento e como elas podem ser atingidas, além de fornecer informações sobre que métodos podem ser usados e as evidências acerca da sua efetividade. Os pacientes no Estágio 2 devem estar preparados para participar de exposição para transtorno de estresse pós-traumático (TEPT), ataques de pânico, ansiedade social, TOC, fobia simples e outros transtornos de ansiedade que são caracterizados por comportamentos de evitação; ou, na ausência de um transtorno específico, aprender a experimentar de maneira plena as emoções em vez de evitá-las ou contê-las de alguma forma. O Estágio 2 também é um momento para recomendar atividades que ajudam o paciente a se reengajar na sua comunidade, como voltar a estudar, fazer alguma atividade física, participar de orientação vocacional ou trabalhar como voluntário.

O terapeuta e o paciente devem chegar a um acordo sobre a estrutura para o Estágio 2, como sessões semanais de terapia individual de DBT e a possível participação em um de treinamento de habilidades ou um grupo avançado para fins específicos do estágio. Assim como no Estágio 1, o paciente será convidado a preencher um cartão diário e fazer as tarefas de casa, tanto na terapia individual quanto em grupo.

A tarefa seguinte é ser específico quanto aos alvos do Estágio 2 e sobre o que poderia impedir que essas metas sejam alcançadas. Por exemplo, para um paciente que é socialmente isolado, mas quer mais relacionamentos, o terapeuta pode ter como alvo obstáculos como ansiedade em contextos sociais, ao mesmo tempo fortalecendo uma série de habilidades para superá-los (Fruzzetti, 2016). Quanto mais específico e claramente definido o obstáculo, mais fácil será superá-lo.

Alguns pacientes estão ansiosos por fazer terapia conjugal ou de família nos Estágios 1 ou 2, talvez antes de terem as habilidades necessárias para manejar os estímulos presentes nas sessões conjuntas. O terapeuta de DBT deve considerar o momento da terapia conjugal e de família na hierarquia de alvos, sobretudo para pacientes que são temperamentais ou emocionalmente vulneráveis e que têm mais dificuldades para ser interpessoalmente efetivos quando profundamente excitados em termos emocionais (Fruzzetti & Payne, 2015). As sessões de terapia conjugal e de família, em especial as conduzidas fora de um modelo da DBT, podem causar interrupções no trabalho em outros alvos caso um paciente precise usar a sessão para falar sobre o que aconteceu em uma sessão conjunta e voltar a se regular. Assim, o terapeuta e o paciente devem chegar a um acordo sobre quais alvos priorizar. Se o paciente e o terapeuta concordarem que o trabalho conjugal tem preferência, ele pode ser feito no Estágio 2 antes do trabalho de exposição. No entanto, em muitos casos, as sessões de terapia conjunta podem ser adiadas até mais tarde no Estágio 2 ou mesmo postergadas para o Estágio 3, de modo a dar tempo ao terapeuta e ao paciente para concluírem a exposição e obterem mais controle do estímulo antes de realizarem as sessões conjuntas.

Exemplo de caso: Melissa

Melissa, uma mulher solteira, branca, heterossexual e sem filhos, entrou em DBT aos 24 anos depois da sua segunda hospitalização psiquiátrica. Ela havia concluído dois anos de faculdade e trabalhava em uma companhia de fornecimento atacadista como escriturária. Melissa foi diagnosticada com depressão maior recorrente, ansiedade social e TPB. Melissa também relatou problemas com dislexia, colite e acne.

Melissa é a mais jovem de duas filhas, fruto do casamento de um vendedor de seguros e uma contadora autônoma. A irmã mais velha, Victoria, enfermeira, é casada e tem dois filhos pequenos. Melissa não tem lembrança de abuso sexual ou físico nem negligência durante a infância. No entanto, segundo suas lembranças mais antigas, ela se sentia sujeita à invalidação intensa e traumática por parte dos pais. Por exemplo, por volta dos 5 anos, ouviu a mãe dizendo à avó que ela se sentia "amaldiçoada por ter Melissa como filha". Também se recorda de lhe terem dito que ela era a causa das frequentes depressões do pai e que suas "demandas emocionais e birras" contribuíram para a tentativa de suicídio dele quando ela tinha 14 anos. Os sentimentos de ser responsabilizada contribuíram para que ela tentasse suicídio e fosse hospitalizada pela primeira vez aos 15 anos. Melissa também sofreu *bullying*, insultos e rejeições repetidas dos pares, o que teve início na infância e persistiu na adolescência.

Embora o quociente de inteligência (QI) de Melissa estivesse acima da variação normal, sua dificuldade de aprendizagem impedia que atingisse o sucesso acadêmico esperado na família. Melissa sempre achou que os pais preferiram sua irmã a ela. Victoria era bonita e boa aluna. Segundo Melissa, Victoria nunca perdeu uma oportunidade de apontar sua superioridade. Um pouco antes do casamento de Victoria, Melissa teve uma crise de acne e Victoria expressou repúdio por Melissa estar com "cara de abacaxi" para a ocasião. Melissa tentou suicídio e perdeu o casamento.

Melissa morava na casa de hóspedes na propriedade dos pais desde a época em que abandonou a faculdade. Depois de vários anos desempregada, ela finalmente conseguiu o trabalho com registro de dados, o qual lutava para manter. As brigas com os pais giravam em torno da sua falta de objetivos, sua dependência financeira e gastos impulsivos, a desordem do seu apartamento e sua aparência. Melissa tinha poucos amigos e passava sozinha a maior parte do tempo em que estava fora do trabalho.

A hospitalização de Melissa um pouco antes de entrar na DBT resultou de uma *overdose* de medicações depois de uma discussão com os pais. Ela passou uma noite em cuidados intensivos seguidos por uma semana em uma unidade psiquiátrica de cuidados agudos. Seu médico prescreveu um antipsicótico atípico e um antidepressivo e também renovou dois medicamentos problemáticos, Ativan e fentanil, os quais havia usado para a *overdose*.

Melissa entrou em DBT e rapidamente desenvolveu um forte apego ao seu terapeuta individual, Robert. Durante os primeiros seis meses, ela teve dificuldades para preencher seu cartão diário e a tarefa de casa com as habilidades. Melissa tinha dificuldade para participar do treino de habilidades devido à ansiedade social. Seus alvos no Estágio 1 incluíam pensamentos e impulsos suicidas, brigas com os pais, higiene pessoal precária, isolamento social, gastos impulsivos e procrastinação. Robert também focou em tentar aumentar o uso do *coaching* telefônico, reduzindo o uso "se necessário" de Ativan e reduzindo e eliminando o fentanil. Robert pediu que Melissa avaliasse diariamente sua autoinvalidação, tristeza, evitação e vergonha, e eles exploraram o reforço intermitente que ela recebia dos pais quando expressava pensamentos suicidas.

Depois de 15 meses em tratamento, o progresso de Melissa incluía acentuados decréscimos nos pensamentos e impulsos suicidas; melhora na participação, tarefa de casa e preenchimento do cartão diário; e melhora no uso de habilidades, em especial habilidades de tolerância ao mal-estar e *mindfulness*. Melissa havia parado de usar fentanil e reduziu o uso de Ativan. Ela melhorou sua higiene e asseio.

Também pediu e recebeu um aumento no trabalho, começou a poupar dinheiro, saiu da casa de hóspedes dos pais e se mudou para um estúdio, passando a frequentar mensalmente um clube do livro organizado por um colega de trabalho.

Ainda assim, Melissa permanecia socialmente isolada, lutava contra a depressão, procrastinava no trabalho e evitava amigos e conhecidos durante seu tempo livre. Ela continuava a ter pensamentos suicidas ocasionais e discussões com os pais e a irmã quando se sentia atacada e incompreendida. Algumas vezes, essas discussões contribuíam para uma crise de colite, o que resultava em falta ao trabalho, ficando de cama. Melissa tinha sérias dúvidas sobre seu valor que se originavam da invalidação durante a infância.

Alvos de Melissa no Estágio 2

Robert, o terapeuta de Melissa, iniciou o Estágio 2 com uma sessão focada no progresso que ela havia feito no Estágio 1. Juntos, eles revisitaram o progresso que ela havia feito e suas novas metas: sentir mais alegria na vida, ser mais estável financeiramente e mais produtiva no trabalho, ter mais amigos e se esforçar para encontrar um parceiro na vida. Robert expressou apoio para essas metas, e eles fizeram uma lista dos comportamentos que ainda poderiam atrapalhar a sua busca, incluindo evitação das emoções e de outras pessoas, pensamentos de autoaversão, gastos impulsivos, tédio e problemas com tristeza e vergonha. Robert apresentou a Melissa uma visão geral dos tipos de tratamentos recomendados, incluindo exposição a estímulos que evocam fortes emoções e a eventos emocionalmente traumáticos da infância. Ele informou que seria esperado que ela tolerasse fortes emoções, ouvisse as gravações das suas sessões, se aproximasse de uma série de situações que lhe provocavam ansiedade e continuasse a praticar as habilidades. Melissa concordou com o plano de tratamento, e ela e Robert combinaram outros 12 meses de sessões semanais. Então discutiram as habilidades que Melissa ainda precisava adquirir, fortalecer e generalizar. Quando Robert lhe ofereceu uma chance de participar em um grupo de habilidades avançadas, Melissa concordou em participar por pelo menos seis meses para aumentar suas interações interpessoais e melhorar a compreensão das outras habilidades.

Melissa e Robert combinaram que seu primeiro alvo seria aumentar a capacidade de experimentar emoções intensas, especialmente tristeza e vergonha, sem agir segundo elas ou bloqueá-las. A segunda tarefa foi se expor à invalidação intensa que ela experienciou na infância. A terceira tarefa foi aumentar suas interações sociais, com a meta de fazer amizades e começar a namorar. Robert sugeriu que eles também focassem na evitação de Melissa no trabalho e em seus gastos impulsivos. Por fim, Melissa queria aumentar o interesse pela vida (reduzir o tédio) e aumentar a alegria diariamente.

Alvos secundários no Estágio 2

Os seis alvos secundários identificados no Estágio 1 da DBT (ver Capítulo 10) continuam a influenciar os pacientes e interferem no progresso no Estágio 2 (Wagner et al., 2007). A diferença é que, quando os padrões se afirmam no Estágio 2, o paciente tem menos probabilidade de se engajar em comportamento de risco, como era a ameaça no Estágio 1. Reconhecer os alvos secundários proeminentes pode ajudar tanto o paciente quanto o terapeuta a prever e responder aos padrões de comportamento problemáticos antes que eles desencadeiem uma crise. Destacar o papel de alvos secundários encoraja a auto-observação e correção no paciente (Fruzzetti, 2016).

Por exemplo, a pessoa que experimenta vulnerabilidade emocional aumentada e responde com o comportamento aprendido de autoinvalidação provavelmente continuará esta transição no Estágio 2. Quanto mais intenso o estresse emocional, mais cruel a autoinvalidação e assim se seguirá um ciclo vicioso. Nesse caso, o paciente precisa aprender a interromper o ciclo com *mindfulness* das emoções atuais, autovalidação e encorajamento. O terapeuta no Estágio 2 enfatiza a maestria das habilidades de regulação emocional, sobremaneira aquelas que reduzem a vulnerabilidade e intensidade emocional e possibilitam que o paciente note e se afaste de pensamentos autocríticos e perfeccionistas.

Da mesma forma, é provável que pacientes que evitam emoções e então se veem agindo impulsivamente e desencadeando crises terão dificuldades no Estágio 2. Embora os comportamentos impulsivos não sejam tão severos quanto os do Estágio 1, eles muitas vezes desencadeiam crises para o paciente, como danos a um relacionamento importante em razão de expressão inefetiva de raiva ou não ter dinheiro para uma necessidade devido aos gastos impulsivos. Um padrão ainda aparente no Estágio 2 é a tendência a evitar emoções ao permanecerem anestesiados, o que é chamado de *experiência emocional inibida* ou *luto inibido* (Linehan, 1993). A evitação das emoções deixa a pessoa mais vulnerável a ignorar o desenvolvimento da próxima crise ou o surgimento do próximo impulso. O terapeuta ajuda o paciente a identificar e manejar habilmente os impulsos visados no Estágio 2, tais como um impulso de se afastar quando triste, resultando em um fim de semana que será vivenciado solitariamente, dessa forma desencadeando um episódio depressivo. A capacidade de tolerar a experiência emocional sem ação impulsiva é crucial para o Estágio 2, sobretudo durante a exposição, quando o paciente precisa ser capaz de tolerar a emoção intensa sem agir segundo os impulsos.

Por último, o paciente cujo estilo de solução de problemas é passivo e evitativo, mas que parece ser bastante competente na superfície, continuará a evidenciar este padrão problemático, embora em menor grau, no Estágio 2.

Para abordar a passividade ativa no Estágio 2, o terapeuta encorajará o uso efetivo das habilidades de *mindfulness*, a habilidade de antecipação quando problemas forem previstos e habilidades destinadas à solução de problemas para emoções problemáticas quando elas forem justificadas e a ação oposta quando não o forem — todas na direção da meta de tentar encorajar uma abordagem mais ativa para a solução de problemas. No Estágio 2, melhores habilidades para solução de problemas e interpessoais, especialmente a habilidade de dizer "não" quando necessário, ajudarão a mover o paciente da competência apenas aparente para a competência real.

Alvos secundários de Melissa no Estágio 2

No Estágio 1, Melissa teve uma dificuldade específica com os alvos secundários do luto inibido e das crises implacáveis. Quando Melissa adquiriu habilidades em tolerância ao mal-estar, ela parou de dissociar e assim começou a observar e descrever suas emoções em vez de evitá-las ou reagir a elas impulsivamente. As habilidades de *mindfulness* "observar e descrever" ajudaram Melissa a ter mais consciência do seu estado interno e a dar os passos necessários para reduzir comportamentos desencadeadores de crises, como faltar ao trabalho ou cancelar planos sociais. Depois que Melissa já tinha mais habilidades de regulação emocional, ficou menos vulnerável às emoções do que no Estágio 1. No entanto, quando ficava emocionalmente excitada, ainda recorria à autoinvalidação e à autocrítica severa. Por exemplo, quando comparecia ao clube do livro, algumas vezes tinha tanto medo de dizer a coisa errada que ficava paralisada e incapaz de falar. Mais tarde, ela se criticava implacavelmente por ter permanecido em silêncio. Antes de Robert realizar o trabalho de exposição formal com Melissa, ele queria que ela diminuísse sua autoinvalidação, aumentasse o acesso à sua mente sábia e usasse habilidades como encorajamento e *mindfulness* das emoções atuais de forma mais efetiva. Robert levantou a hipótese de que, quando Melissa aprendesse a tolerar seu medo e desapontamento sem recorrer à autoinvalidação, ela estaria mais aberta à sua *validade essencial*, ou seja, a habilidade de apreciar seu valor como ser humano sem referência às suas realizações ou às avaliações de outras pessoas. Robert discutiu esta ideia com Melissa como uma meta potencial. Embora Melissa inicialmente tenha hesitado em adotar sua validade essencial, ela concordou com a redução da autoinvalidação.

No Estágio 2, a maior dificuldade de Melissa era com a passividade ativa e a competência aparente. Robert a ajudou a focar na solução ativa de problemas como uma das soluções para a depressão constante. Ele trabalhou com ela para aumentar o reconhecimento dos seus problemas, em vez de evitá-los e ficar deprimida. Por exemplo, após ter se empenhado bastante em um projeto importante no trabalho, ela ficou desapontada pelo fato de sua supervisora parecer não notar seu esforço. Melissa começou a se sentir triste e desanimada. Com o encorajamento de Robert, ela agendou uma reunião com a supervisora para discutir seu trabalho. A supervisora elogiou o trabalho dela e depois desta reunião ela passou a prestar mais atenção aos esforços de Melissa. Quanto mais sucesso Melissa obtinha na solução ativa dos seus problemas, mais ela começava a apresentar competência real, aumentando sua habilidade para completar as tarefas. Como o estilo passivo de solução de problemas de Melissa havia se estabelecido firmemente na infância, Robert previu que o trabalho nestes padrões de comportamento precisaria continuar no Estágio 3.

Muitos dos principais desafios de Melissa se originaram da tendência que ela tinha a evitar contato com a experiência sensorial e emocional. Como sua dissociação leve começou quando ela ainda era pequena, este permaneceu como o mecanismo de enfrentamento mais praticado por Melissa e contribuía para o entorpecimento e isolamento. No Estágio 1, as habilidades mais indicadas para Melissa eram as de sobrevivência a crises, as quais, embora mais adaptativas do que seus problemas comportamentais, estão em grande parte baseadas na evitação de emoções, distraindo-se delas ou diminuindo-as sem confrontar os estímulos diretamente (Linehan, 2015). Melissa precisava praticar habilidades para *abordar* suas experiências, tanto as agradáveis quanto as desagradáveis. O caminho para as metas de Melissa no Estágio 2 levava ao aumento do contato com suas experiências internas e à prática de habilidades que aumentassem sua consciência do que estava sentindo. Robert levantou a hipótese de que a evitação emocional e experiencial contribuíam enormemente para a anedonia e a falta de significado que ela sentia.

Exposição emocional

Os terapeutas que tratam pacientes no Estágio 1 raramente se esforçam para aumentar as sensações, experiências ou expressões de emoção intensa. Por outro lado, nas sessões de exposição os pacientes são convidados a deixar de lado as habilidades de distração das emoções, evitação das emoções e algumas vezes até mesmo as de autoacalmar-se. Em vez disso, eles aprendem a sentir suas emoções plenamente sem recorrer a comportamentos extremos, problemáticos ou de fuga (Rizvi & Linehan, 2005). A exposição emocional pode ser desconfortável para o paciente, que aprendeu a ser fóbico às emoções, e para o terapeuta, que teme que o "incêndio" da emoção do paciente fique fora de controle. O paciente precisa aprender a distinguir a emoção primária, que algumas vezes é reprimida, das emoções secundárias que ocorrem em resposta à emoção primária e podem funcionar para evitar que se sinta a emoção primária (Fruzzetti & Payne, 2015). O paciente também precisa ter consciência dos impulsos concomitantes e não agir segundo eles, ao mesmo tempo em que suporta as sensações corporais associadas até que a emoção diminua. Além disso, ele deve ser capaz de se comportar, falar e interagir efetivamente sob a influência de emoções intensas.

Dependendo da formulação de caso, podem ser usadas técnicas de exposição emocional formais e informais no fim do Estágio 1 ou no início do Estágio 2 (Harned et al., 2015). A exposição informal pode ser usada de modo bastante efetivo "no momento" sempre que o terapeuta notar evitação emocional na sessão, iniciando no Estágio 1. Ao realizar exposição informal planejada às emoções, o terapeuta foca em fazer o paciente descrever em detalhes o "panorama emocional" da semana. O terapeuta ajuda o paciente a focar nas emoções sentidas antes, durante e depois de uma interação problemática, distinguindo entre emoções primárias e secundárias. O terapeuta também presta atenção às emoções que o paciente está sentindo *dentro* da sessão, quando examina os acontecimentos da semana ou quando a reação terapêutica for discutida. Antes de se voltar para a solução do problema a fim de reduzir as emoções, como seria priorizado no Estágio 1, o terapeuta se detém nas emoções do paciente em um esforço para ajudá-lo a sentir, identificar, descrever e entender como as emoções funcionam, aceitá-las radicalmente e permitir que elas passem. Desse modo, o paciente aprende a experimentar emoções intensas, continuar funcionando de forma efetiva e retornar naturalmente a um estado menos excitado. É útil durante a exposição informal que o terapeuta faça estas perguntas ao paciente: "Que emoção você está sentindo neste momento?", "Quão forte é a emoção em uma escala de 1 a 10, com 1 sendo muito, muito leve e 10 sendo a emoção mais forte que você já sentiu?", "Esta é a principal emoção que você sente ou há outra emoção presente? Qual delas você acha que é a principal?". Quando o paciente usa palavras inespecíficas como "sobrecarregado", "cansado", "entediado" ou "vazio" para descrever emoções, o terapeuta deve sondar para encontrar a verdadeira emoção mais simples que melhor descreve o que o paciente está sentindo.

Exposição emocional com Melissa

Melissa entrou no Estágio 2 deprimida, ansiosa e com dificuldade para regular as emoções de vergonha e raiva. A probabilidade era maior de se sentir deprimida nos fins de semana quando se isolava, evitando situações sociais. Muitas vezes ela experimentava tristeza quando se sentia julgada pela família ou tratada injustamente no trabalho. Vergonha era a emoção mais problemática de Melissa. Melissa sentia vergonha da aparência, da falta de realizações, das dificuldades de saúde mental e física, de seus problemas na vida e da falta de amigos e namorados.

Robert orientou Melissa para as tarefas de exposição emocional e obteve a concordância para prosseguir. Ele começou explorando a depressão de Melissa. Embora soubesse intelectualmente que devia estar experimentando tristeza, ela achava difícil identificar as sensações que acompanhavam sua tristeza e com frequência recorria a palavras como "tédio" ou "vazio" para descrever seu estado interno. Ela conseguia facilmente descrever seus pensamentos tristes, a maioria dos quais tinha a ver com solidão. Por exemplo, ela dizia: "No começo do fim de semana, eu penso sobre como não vou falar com ninguém por dois dias inteiros. Meu telefone não vai tocar. Ninguém vai vir me visitar. Meu apartamento é um silêncio mortal, como um túmulo. Não tenho nada para fazer e nenhum lugar aonde ir. Nada me interessa". Ela disse isso com uma expressão neutra, a qual Robert associou à emoção reprimida.

Quando Melissa falou sobre seus finais de semana solitários, Robert a ajudou a observar e finalmente descrever as sensações corporais que tinha, incluindo frio no estômago, nó na garganta e alguma coisa que descreveu como uma sensação de frio no peito. Robert a encorajou a notar todas essas sensações e os impulsos que surgiam. Em uma sessão, eles tiveram a seguinte conversa:

Melissa:	Eu só quero ficar deitada no sofá. Não quero ir a lugar nenhum nem fazer nada, mas também não quero me sentir assim.
Robert:	Você pode avaliar a sua tristeza em uma escala de 1 a 10?
Melissa:	É um 7. Hoje é sexta-feira, e quando eu for para casa não terei nada para fazer o fim de semana inteiro. Não quero enfrentar outro fim de semana como este. (*Sem expressão no rosto.*)
Robert:	Vamos focar nas suas sensações desta tristeza neste momento. Você acha que pode tolerar a emoção neste momento?
Melissa:	Sim, mas você está aqui.
Robert:	E se eu não estivesse aqui?
Melissa:	(*Soluçando.*)
Robert:	Você sente isso em outros momentos durante a semana?
Melissa:	Sim, algumas vezes à noite. Fica pior quando se aproxima o fim de semana.
Robert:	Qual é o impulso quando você se sente triste?
Melissa:	Eu só quero ir para a cama. E algumas vezes eu vou. Fico dentro de casa, assisto TV.
Robert:	Isso ajuda?
Melissa:	Não, fica pior. Mal posso aguentar.
Robert:	E quanto a sair?
Melissa:	Você quer dizer fazer a ação oposta?
Robert:	Sim, tolerar a tristeza, mas ficar ativa.
Melissa:	Eu fico dizendo a mim mesma que me sinto muito mal. Eu me sinto muito ansiosa.
Robert:	Você está ansiosa agora?
Melissa:	Não. (*Mandíbulas cerradas.*)
Robert:	Como você se sente neste momento?
Melissa:	Estou começando a sentir raiva! Por que eu fico fazendo isso?

Robert a trouxe de volta para a discussão da sua solidão, o que continuou por cerca de 20 minutos, durante os quais Melissa soluçou. Ela falou sobre se sentir presa na solidão e como queria escapar dela. "É por isso que eu ficava suicida", disse ela, "Mas não quero voltar para lá." Por fim, Melissa se acalmou. Assoou o nariz e se sentou mais ereta. "Uau", ela disse, "Isso foi um pequeno ataque de raiva." Robert a advertiu por se autoinvalidar. "Você está certo", disse Melissa, "Isso foi realmente útil!". Melissa avaliou a tristeza como um 3. Ela observou que a sensação de frio e o nó na garganta tinham sumido, embora ainda se sentisse enjoada.

"Eu dificilmente me permito chorar assim na frente de alguém", ela admitiu.

Robert falou sobre o padrão de evitação das emoções e consequentemente ficar sobrecarregada por elas depois, bem como sobre a meta da experiência emocional normativa. Enquanto ele falava, o rosto marcado pelas lágrimas assumiu uma expressão de resolução.

"Acabei de me dar conta de uma coisa", ela disse. "Esqueci que eu tenho meu clube do livro no domingo! Já li o livro e vamos nos encontrar na casa do meu amigo. Eu vou!" O restante da sessão consistiu em fazer planos para Melissa ir ao clube do livro no domingo e como se manter estável caso sentisse vontade de desistir no último minuto.

Eles exploraram todas as emoções problemáticas de Melissa dessa mesma maneira deliberada. Com medo, Melissa notou seu impulso avassalador de fugir, especialmente nas situações sociais em que temia ser julgada. O medo fazia o coração de Melissa acelerar e o pescoço e rosto ficavam quentes e manchados. Em situações sociais, ela também notava pensamentos automáticos, como "Não tenho amigos", "Sou feia e desagradável" e "Não tenho valor". Robert destacou para Melissa o quanto esses pensamentos pareciam se originar da emoção de vergonha, o que Melissa começou a perceber que muitas vezes ocorria após a emoção do medo. Como medo e vergonha pareciam iguais, ela tinha dificuldade para distinguir entre os dois. Melissa e Robert exploraram todas as maneiras pelas quais a vergonha a afligia, e enquanto falavam sobre a emoção e ela a sentia, ela aprendeu a identificá-la, descrevê-la e avaliar se a vergonha correspondia aos fatos da situação. Robert a encorajou a descrever todas as sensações corporais que ela sentia com a vergonha e todas as situações que faziam com que ela sentisse vergonha.

Certo dia na sessão, Melissa contou a Robert sobre um encontro com uma conhecida do ensino médio que havia falado com ela em um café do bairro naquela semana. A mulher, que estava com um homem atraente, a chamou pelo nome e a cumprimentou. Ela estava visitando a cidade e quis saber se Melissa ainda morava ali. Melissa sentiu vergonha intensa e quase não conseguiu falar. Achou que a mulher estava sendo condescendente com ela. Pensou: "Ela vai achar que eu sou feia e desagradável". Ela murmurou um "sim" e saiu do café abruptamente. Depois ficou muito arrependida e com raiva de si mesma.

Melissa:	Senti meu coração batendo muito rápido. Meu rosto estava quente e comecei a transpirar. A minha garganta fechou e não consegui falar. Eu queria me esconder.
Robert:	Quão intensa era a vergonha?
Melissa:	Um 10.
Robert:	E quanto é agora?
Melissa:	Aproximadamente um 8. Não sei por que aquilo foi tão ruim. Ela foi muito gentil e até lembrava do meu nome! E eu não consegui lembrar o dela! Mas fiquei pensando que ela tinha aquele marido bonito e eu não tenho nada. Não sei se ele era marido dela ou não! Eu percebi mais tarde que senti muita inveja dela. Notei que, algumas vezes, quando sinto vergonha intensa, também sinto inveja. Algumas vezes é difícil dizer o que vem primeiro.

A medida que a terapia progredia, Melissa foi ficando mais à vontade para reconhecer a vergonha. Ela também apresentou melhoras para identificar a emoção no momento e então tomar a ação oposta à vergonha quando determinava que isso não correspondia aos fatos. Ela disse a Robert que agora acreditava que a vergonha nem sempre era a primeira emoção que sentia, mas que rapidamente dominava qualquer emoção primária que estivesse sentindo. E então a vergonha, mesmo sendo uma emoção secundária, provocava outras emoções como medo, raiva, inveja e tristeza. "Acho que eu consigo agir da forma oposta à vergonha, posso identificar todas as outras emoções e manejá-las melhor. Se eu nem sempre ceder à vergonha, não vou me sentir tão ansiosa ou triste. Pelo menos espero que isso seja verdade." O trabalho árduo de Melissa na redução da autoinvalidação estava começando a dar frutos.

Por vários meses, Melissa e Robert trabalharam na identificação e ação oposta à vergonha. No início, Melissa se sentia inundada pela vergonha na maior parte do tempo, mas aos poucos começou a perceber quando a vergonha estava aumentando e a usar técnicas de respiração e a imagística para fazê-la diminuir rapidamente. Ela também aprendeu a usar autovalidação para ajudá-la a combater os pensamentos automáticos associados à vergonha.

Durante esta fase no Estágio 2, Melissa continuou no grupo de habilidades e Robert continuou a consultar regularmente com a equipe de DBT sobre o progresso dela. A equipe de consultoria ajudou Robert a se manter focado na formulação de caso, nos alvos e no plano de tratamento, além de fazer uso dos recursos combinados dos seus colegas para refinar a sua aplicação das técnicas de exposição.

Exposição a eventos traumáticos no Estágio 2

De que forma tratamos pacientes que relatam eventos extremamente dolorosos na infância ou idade adulta, mas que não satisfazem os critérios para TEPT? O tratamento de trauma na DBT é baseado nos princípios da DBT e é mais bem praticado em harmonia com esses princípios (Wagner et al., 2007). Porém, pacientes com traumas complexos como abuso sexual ou invalidação severa na infância podem não se beneficiar de tratamentos orientados por protocolo (Decker & Naugle, 2008). Primeiro, o terapeuta precisa considerar a formulação de caso do indivíduo e avaliar o que no evento passado o paciente está evitando e por que ele o está evitando. Então o terapeuta deve explorar quais métodos serão mais efetivos com o paciente para reduzir seu medo, vergonha e sofrimento, e promover uma nova compreensão e aceitação. Cada paciente no Estágio 2 merece uma oportunidade de falar sobre alguma coisa que aconteceu que fez com que se sentisse profundamente invalidado, e também poder ser ouvido, entendido e ter a dor validada pelo terapeuta.

Os tratamentos de exposição têm algumas características comuns: (1) as sessões podem ser mais longas e exigir um tempo maior até que o paciente volte a se estabilizar; (2) o terapeuta muitas vezes dá uma tarefa de casa, como por exemplo pedir que o paciente revise uma gravação da sessão ou escreva sobre a sessão; (3) o paciente é encorajado a evitar "comportamentos de segurança" que bloqueiam a exposição, distraindo do sofrimento; e (4) o terapeuta pode adiar a exposição se o paciente se tornar suicida ou tiver uma crise importante que temporariamente deve ter prioridade (ver Capítulo 12 deste livro). No entanto, se o terapeuta interromper a exposição por temer que as emoções em si sejam prejudiciais para o paciente ou em razão de seu próprio sofrimento, ele corre o risco de reforçar a crença do paciente de que o evento traumático não pode ser aceito ou de que é muito perigoso pensar ou falar sobre ele (Decker & Naugle, 2008). Assim, depois de iniciada a exposição, ela deve continuar até ser concluída, mesmo que haja necessidade de pausas quando o paciente estiver em crise.

Exposição de Melissa à invalidação severa

Em sua avaliação inicial, Robert havia determinado que Melissa não satisfazia os critérios diagnósticos para TEPT, mas experimentava dor intensa e desconforto quando discutia acontecimentos da infância que havia vivenciado como extremamente invalidantes. Robert e Melissa anotaram o máximo destes eventos que ela conseguia lembrar e então os avaliaram quanto à intensidade do sofrimento que haviam lhe causado. Melissa fez uma lista com 16 exemplos de invalidação intensa, começando por volta dos 4 anos e culminando na sua segunda hospitalização. Os eventos mais estressantes para Melissa tendiam a ocorrer em períodos do desenvolvimento, iniciando com as idades de 4 a 7 anos, depois dos 12 aos 16 anos e então dos 19 aos 24 anos. Cada faixa do desenvolvimento continha pelo menos um dos seus eventos mais intensamente estressantes. Robert e Melissa decidiram que em vez de partirem dos menos estressantes até os mais estressantes em uma hierarquia tradicional, eles abordariam suas experiências em ordem cronológica. Melissa expressou certo nervosismo em prosseguir, mas se manteve disposta a fazê-lo.

Robert explicou a Melissa os métodos que eles usariam: exposição prolongada (PE, do inglês *prolonged exposure*) e escrita expressiva. Ele expôs seu treinamento e experiência com o uso desses métodos e mostrou dados sobre a eficácia deles. Robert achava que PE poderia não ser o melhor método para Melissa, cuja história, embora intensamente dolorosa e invalidante, não incluía eventos distintos específicos com ameaças à vida ou à integridade corporal. Melissa expressou um forte desejo de encontrar uma nova compreensão sobre suas experiências que aumentasse a aceitação de si mesma e da família. Juntos, eles decidiram usar a escrita expressiva (Pennebaker & Seagal, 1999), uma modalidade que Robert havia usado com outros pacientes com histórias de invalidação traumática e evitação emocional que não satisfaziam os critérios para TEPT. Depois de ler sobre o método, Melissa disse que estava convencida de que isso seria bom para ela.

A cada semana, Melissa era instruída a escrever de forma livre e sem censura sobre o próximo evento na sua lista, com uma ênfase na escrita dos fatos e na reexperiência do evento com o máximo possível de detalhes, incluindo as emoções. Melissa concordou em reservar 30 minutos para escrever naquela primeira semana. Dos seus 5 anos, Melissa tinha uma lembrança particularmente dolorosa. Isto é o que ela escreveu a respeito:

> Eu havia chorado depois de uma briga com a minha mãe e adormeci no sofá. Acordei e ouvi vozes na cozinha. Então me levantei e andei em direção à cozinha. Eu estava indo pedir um biscoito. Então ouvi minha mãe e minha avó conversando. Minha mãe disse: "Ela é uma garota muito má". Minha avó riu e disse: "Melissa é o preço que você paga para ter Victoria". Eu era o preço que minha mãe pagava? Eu não sabia exatamente o que aquilo significava, mas sabia que não era bom. Eu já sabia que a minha mãe não me amava. Mas achava que a minha avó me amasse. Ouvir minha avó dizer aquilo me fez querer morrer.

Robert e Melissa discutiram este acontecimento e seu significado para Melissa por várias semanas. A cada semana, Melissa reescrevia a história e mais detalhes surgiam. Melissa lembrou que naquele dia estava em casa doente, não tendo ido à creche, e a mãe estava cuidando dela. "Ela deve ter tido que cancelar os clientes", disse Melissa. "Aposto que odiou isso." Ela recordava o som da risada da avó. "Acho que foi naquele dia que comecei a pensar que eu não tinha valor", ela disse. "Nem a minha avó me amava." Robert perguntou se Melissa estava certa sobre esta interpretação — que a avó não a amava. "Não sei. Minha avó sempre foi muito carinhosa comigo. Ela morreu de repente de um ataque cardíaco quando eu tinha 7 anos." A lembrança sobre a avó levou Melissa a vivenciar uma tristeza que jamais havia sentido antes em relação a esta perda. "Acho que eu a amei até que ouvi essa conversa." As conversas sobre este incidente e a escrita de Melissa a ajudaram a sentir um pesar importante e a entender mais sobre si mesma quando criança. "Eu era muito sensível à rejeição mesmo naquela época", disse Melissa, secando as lágrimas, "e a mensagem que eu sempre recebia era 'O que há de errado com você, ou supere isto como Victoria faz'." Quando Melissa explorou a história, sentiu mais compaixão por si mesma. "Eu nem mesmo sabia como superar aquilo. Todos na minha família, exceto eu, são do tipo não emocional. Eu sou a única que sente tudo." Robert revisou o modelo biossocial com Melissa para ajudá-la a entender mais sobre o que ela vivenciava. "A minha pobre mãe não sabia o que fazer comigo", disse Melissa por fim. "Eu sei que também não foi fácil para ela. Sempre pensei nela como um monstro, mas ela não era. Ela simplesmente não me entendia."

Um segundo período que eles examinaram incluía acontecimentos em torno da tentativa de suicídio do pai quando Melissa tinha 14 anos. Isto é o que ela escreveu sobre aquele incidente:

> Naquele ano, eu estava tendo muitos problemas na escola com a minha dificuldade de

aprendizagem. No dia em que ele tentou suicídio, nós estávamos fazendo as provas e eu estava certa de que as minhas notas seriam muito ruins. Cheguei em casa da escola e a casa estava vazia. O telefone tocou e era minha mãe. Ela disse que meu pai havia tido um acidente e estava no hospital. Eu comecei a chorar, soluçando muito. Ela me disse para assistir TV e que ela e Victoria estariam em casa em seguida. Ela disse para "não lhe causar mais problemas". Eu me lembro de ficar me perguntando por que Victoria estava no hospital e eu não. Imaginei que meu pai queria vê-la e a mim não. Assisti TV por horas e anoiteceu. Eu estava assustada e com fome. Fui até a cozinha para encontrar alguma coisa para comer e voltei para a TV. Eu estava comendo espaguete e respinguei um pouco de molho no sofá novo onde estava sentada. Tentei tirar a mancha, mas só consegui piorá-la. Entrei em pânico. Minha mãe ia ficar furiosa. Para falar a verdade, nem me lembro se ela chegou a notar a mancha. Quando meu pai saiu do hospital, ela disse que ele estava exausto de se preocupar comigo e que foi por isso que ele tinha ido parar no hospital. Mais tarde Victoria me contou que ele havia tomado uma overdose das suas medicações e teria morrido se minha mãe não o tivesse encontrado.

Esta história incluía muitos elementos característicos da invalidação que Melissa havia experimentado na família, incluindo a responsabilização dela por problemas da família, a falta de apoio para lidar com sua dificuldade de aprendizagem, experiências repetidas de sentir que a irmã era preferida a ela e o fato de se sentir abandonada pelo pai. Na adolescência, Melissa começou a sentir mais ansiedade, sobretudo na escola, incluindo ataques de pânico. Ela começou a ter surtos de acne que achava profundamente constrangedores. "Ninguém na verdade notava o quanto estava sendo difícil", disse ela. "Exceto meu pai, de vez em quando. Ele algumas vezes me ouvia e tentava ajudar. Então ele tentou se matar. Não é de admirar que eu ficasse tão atraída pelo suicídio."

Quando Melissa discutiu este acontecimento, a maior parte do que ela sentia era ansiedade. "Quando penso naquela época da minha vida, tudo o que consigo sentir é medo", disse ela. "Acho que cortei meus pulsos para tentar fugir do sentimento. Agora, olhando para trás, eu me sinto principalmente triste, mas durante anos tudo o que eu conseguia sentir era uma terrível ansiedade. Foi quando a minha colite saiu do controle."

Robert ajudou Melissa a lidar com a sua ansiedade — o que ele interpretou como evitação — para sentir sua tristeza durante as muitas experiências dolorosas da infância. Quando encontrou forças para ativamente lamentar essas experiências, Melissa passou a ter muito menos probabilidade de aparecer indiferente ou insensível durante as sessões. A autoinvalidação também diminuiu bastante. "Eu simplesmente não acho que preciso fugir tanto das minhas emoções. Não gosto de me sentir dessa forma, mas não me culpo por isso e posso aceitar esse fato." Robert indicou como isso representava progresso. "Você pode olhar para trás e ver que era uma criança corajosa, na verdade, dando o máximo de si em situações muito difíceis", disse ele. "Bem, eu não iria tão longe", provocou Melissa.

Depois de quase seis meses no Estágio 2, Melissa se sentia pronta para focar em um evento do seu período final de lembranças dolorosas, a perda da virgindade aos 24 anos, o que levou à sua última hospitalização. Isto é o que Melissa escreveu sobre aquele acontecimento:

Chad era um rapaz que eu conhecia da faculdade e que certa noite encontrei em um bar. Ele estava lá com alguns amigos, e eu estava acompanhada da minha amiga Kelly. Eles nos convidaram para sentar na mesa deles e eu me sentei ao lado de Chad. Eu me lembro que ele já estava meio bêbado. Nós bebemos por algum tempo e uma coisa levou a outra, e ele me convidou para ir ao apartamento que dividia com um rapaz chamado Todd. Kelly foi para casa. De qualquer forma, Todd estava na sala de estar assistindo TV, então nós fomos para o quarto de Chad e começamos a nos beijar. Eu já tinha beijado antes, mas nenhum rapaz havia me tocado da cintura para baixo. Então começamos a "nos pegar" e a tirar nossas roupas, e logo Chad está em cima de mim, tentando me penetrar. Eu começo a entrar levemente em pânico e começa a doer. Eu tinha um hímen, mas não me dei conta disso. Então ele está forçando meu hímen e a coisa seguinte que eu penso é que dói muito. Eu gritei. Chad rompe meu hímen e em seguida ele chega lá e está tudo acabado. "O que foi aquilo com você?" disse Chad, se levantando. "O que você quer dizer?", perguntei. "Por que você gritou?" "Doeu", eu falei. Chad riu. "Ela era virgem", ele gritou pela porta para Todd. Todd gritou alguma coisa de volta e os dois riram. "Quero ir para casa", eu disse. "A porta é por ali", falou Chad. Havia uma mancha de sangue na cama. Vesti minhas roupas rapidamente e saí correndo. Eu não sabia onde estava ou como ir para casa. Liguei para o meu pai, e ele veio me buscar. Ele disse que ir ao apartamento de um rapaz era "meio promíscuo". Tivemos uma discussão no carro. Depois que cheguei em casa, tomei todo meu fentanil e um pouco de Ativan. Eu realmente queria morrer. Mas então contei ao meu pai e ele me levou para o hospital. Ele não queria que minha mãe soubesse de nada, mas ela descobriu tudo. Eu me senti muito envergonhada.

Quando Melissa compartilhou esta história pela primeira vez, sua vergonha estava em 10. Além de ser difícil contá-la para um terapeuta homem, há muito tempo Melissa também vinha evitando entrar em contato com o quanto havia se sentido humilhada, primeiro pelos dois jovens, depois pelo pai, e então no hospital. Melissa só havia tido relações sexuais em duas outras ocasiões desde então, e embora nenhuma das experiências tivesse sido tão dolorosa quanto esta, nenhuma delas também havia sido agradável. Robert e Melissa passaram muitas semanas explorando esta experiência e a intensidade da vergonha que sentia. Eles exploraram as muitas formas pelas quais a vergonha havia prejudicado a expressão da sexualidade de Melissa e sua noção de identidade. Durante as duas primeiras semanas em que trabalharam neste período, Melissa teve uma recaída da depressão e uma crise de colite, o que resultou em dias de trabalho perdidos. No início, Melissa queria fazer uma pausa na terapia, mas Robert a encorajou a continuar o trabalho de exposição. Depois de aproximadamente seis semanas, a intensidade da sua vergonha foi reduzida e ela mais uma vez se viu sofrendo com a perda da virgindade para um homem que não se importava com ela. Ela também lamentou que a escolha na época tenha sido se machucar. "Na verdade, tentar suicídio foi realmente contra os meus valores, mesmo na época. Eu apenas não sabia mais o que fazer para lidar com a forma como me sentia." Durante a exposição a estes acontecimentos, a aceitação de Melissa das escolhas que havia feito aumentou, assim como a compaixão por si mesma no passado, além de sua esperança quanto ao futuro; "Acho que nunca mais vou escolher me machucar de novo", ela disse.

Seis meses depois de começar o Estágio 2, Melissa concluiu o grupo de habilidades avançadas com a aprovação de Robert. Ela havia aumentado significativamente o uso de suas habilidades. Aos 10 meses, Melissa e Robert terminaram a discussão de toda a lista de eventos dolorosos. Eles refletiram sobre tudo aquilo que Melissa havia aprendido com seu trabalho no Estágio 2. Robert notou um aumento na disposição de Melissa para tolerar emoções fortes até que elas diminuíssem naturalmente e uma melhora na habilidade de entender suas emoções. Melissa percebeu que estava sentindo mais plenamente e reconhecendo suas emoções, tanto as agradáveis quanto as dolorosas. Robert e Melissa discutiram iniciar o Estágio 3.

ENTENDENDO O ESTÁGIO 3 DA DBT

De acordo com Linehan, a meta da DBT no Estágio 3 é atingir "felicidade e infelicidade corriqueiras". Felicidade corriqueira inclui ter um senso de identidade positivo, algumas relações íntimas, um senso de significado na vida, bom cuidado pessoal, eventos corriqueiros agradáveis e recursos suficientes para viver com independência e conforto relativos. Infelicidade corriqueira poderia ser descrita como ter os tipos de problemas que as pessoas têm na vida que podem ser resolvidos ou aceitos sem ficarem sobrecarregadas e recaírem para comportamentos do Estágio 1. A diferença entre a DBT no Estágio 3 e outros tratamentos cognitivo-comportamentais está nos indivíduos que completam os dois primeiros estágios da DBT. O paciente de DBT pode ter mais vulnerabilidade emocional, mas também pode ter dominado mais habilidades. A maioria dos tratamentos usados no Estágio 3 da DBT provém diretamente de outras terapias cognitivo-comportamentais baseadas em evidências.

Quando um paciente passa do Estágio 2 para o Estágio 3 da DBT, este é um bom momento de dar um passo atrás e fazer um balanço. As metas do indivíduo mudaram? Por exemplo, ele ainda quer voltar a estudar, procurar um emprego diferente, se mudar ou se divorciar? Os pacientes nesta fase podem estar questionando antigas crenças e reacendendo ou terminando antigos relacionamentos. O início do Estágio 3 oferece oportunidades para o paciente explorar novos territórios e possivelmente traçar um novo curso. De modo alternativo, o começo do Estágio 3 pode ser um momento em que o paciente quer interromper a terapia para "descansar um pouco sobre os louros que obteve". Assim, as sessões que iniciam o Estágio 3 também podem ser as sessões de término caso o paciente deseje um encaminhamento ou esteja pronto para deixar a terapia.

No começo do Estágio 3, o terapeuta mais uma vez reconsidera a formulação de caso e trabalha com o paciente para revisar o cartão diário e obter comprometimento com o novo plano de tratamento. O paciente ainda não tem relacionamentos íntimos satisfatórios? Ele continua um tanto isolado e solitário? Existem padrões de adição persistentes com alimentação, trabalho em excesso, gastos, mídias, evitação ou substâncias? Há outros problemas com anedonia ou distimia? Ele exibe pensamento do tipo tudo ou nada ou outras distorções cognitivas? Mais uma vez, o terapeuta precisará consultar e aprender tratamentos relevantes para auxiliar pacientes no Estágio 3. Que tratamentos podem ser oferecidos que abordarão padrões mais problemáticos específicos deste paciente? Os terapeutas de DBT podem se valer de alguns tratamentos sofisticados com boas evidências, incluindo psicoterapia analítica funcional (FAP, do inglês *functional analytic psychotherapy*; Kohlenberg & Tsai, 1991), terapia de aceitação e compromisso (ACT, do inglês *acceptance and commitment therapy*; Hayes, Strosahl, & Wilson, 2012), redução de estresse baseada em *mindfulness* (MBSR, do inglês *mindfulness-based stress reduction*; Kabat-Zinn, 1990), terapia cognitiva baseada em *mindfulness* para depressão (MBCT, do inglês *mindfulness-based cognitive therapy*; Segal, Williams, & Teasdale, 2002) e outros tratamentos em harmonia com os princípios da DBT. O Estágio 3 também pode ser um bom momento para um processo de grupo formado em torno de habilidades da DBT e focado na busca das metas declaradas de cada membro, desse modo "aumentando a temperatura na generalização das habilidades" (Comtois et al., 2007).

Estágio 3 com Melissa

Os problemas no Estágio 3 de Melissa incluíam contínua solidão, ansiedade social e depressão. Ela concordou com mais seis meses de tratamento. As sessões passaram de semanais para quinzenais a seu pedido. Depois de dois anos em tratamento, Melissa estava sentindo um pouco de fadiga com a terapia e queria ter mais tempo para outras atividades. Robert sondou quanto a algum sinal de que a decisão de Melissa fosse motivada pela evitação e se sentiu confiante de que não era esse o caso. Ela expressou o desejo de assumir mais responsabilidade pela sua saúde mental a longo prazo e depender menos da terapia. Melissa também queria se livrar das medicações psicotrópicas, pois achava que não precisava mais delas.

Enquanto continuava a ver Robert, Melissa se inscreveu em um curso de oito semanas de MBTC e começou a praticar *mindfulness* diariamente com o objetivo de reduzir recaída depressiva. Ela também começou a fazer uma aula semanal de ioga restaurativa. Em seu cartão diário renovado, ela fazia registros da sua prática de *mindfulness*, sintomas de colite, depressão, ansiedade e atividades voltadas para suas metas, sobretudo interações sociais. Com o aumento salarial e o uso das habilidades, Melissa trabalhava para manter seus gastos sob controle e de modo geral estava sendo bem-sucedida. Agora que estava morando sozinha, tinha menos contato com a família.

Com cerca de três meses no Estágio 3, Melissa tomou uma decisão importante. Queria voltar a estudar para obter o bacharelado em contabilidade a fim de ganhar mais dinheiro e melhorar as perspectivas de trabalho. "Eu gostaria de ser contadora pública certificada algum dia", disse ela. "E acho que consigo." Ela se candidatou e conseguiu uma bolsa de estudos e financiamento para frequentar a universidade local. Por sugestão de Robert, Melissa também se associou a um clube e começou a fazer caminhadas guiadas semanais. As caminhadas a tiraram de dentro do seu apartamento nos finais de semana, a apresentaram a um círculo de outros caminhantes e melhoraram sua condição física. Por fim, dois homens a convidaram para sair. "Nenhum deles realmente me interessa em termos amorosos", ela contou a Robert, "mas eu *gosto* dos dois." Ela também fez uma boa amizade na aula de ioga e continuou a participar do clube do livro. Melissa estava aproveitando muito mais a sua vida do que foi capaz de imaginar. "Hoje quase não me sinto mais entediada."

A relação de Melissa com a mãe e a irmã permaneceu difícil, mas ela se aproximou mais do pai. Ele agora estava aposentado e algumas vezes se juntava a ela nas caminhadas do clube, e eles desfrutavam da companhia um do outro. Melissa decidiu que provavelmente nunca seria próxima da mãe ou da irmã. "Por enquanto, só vou ter que aceitar radicalmente a forma como me sinto", decidiu. "Eu posso evitá-las gentilmente na maior parte das vezes e ser adequada no restante do tempo."

Na época em que Melissa estava pronta para começar a estudar, ela já havia parado com as medicações psicotrópicas, praticava *mindfulness* diariamente, estava envolvida com as caminhadas no clube e namorando um engenheiro. Certo dia, ela disse: "Com as aulas se aproximando e tudo o mais, vou ficar muito ocupada. Podemos fazer consultas mensais?". Robert perguntou se ela se sentia pronta para encerrar a terapia e Melissa disse "não", mas repetiu seu desejo de ficar mais por conta própria enquanto progredia em direção às suas metas.

Robert viu Melissa cerca de uma vez por mês durante um ano. Eles trabalharam para ajudá-la a se manter focada no uso das habilidades a fim de garantir que antigos problemas como depressão não recorressem. Sua colite estava estável. Melissa lutava um pouco com a procrastinação do seu trabalho acadêmico e estava em dúvida se rompia com o namorado; ela o achava chato, mas ele mantinha sua solidão à distância. Alguns meses depois que finalmente rompeu com ele, Melissa conheceu alguém, Michael, um estudante de pós-graduação em neurociências, que tinha dois anos a menos que ela. Aquela foi a primeira vez que Robert ouviu Melissa falar animadamente sobre um homem. "Estou mesmo apaixonada, até que enfim", disse Melissa sorrindo. "E finalmente estou gostando de sexo. Estou feliz por não ter perdido esta parte da minha vida!" Melissa e Michael se casaram naquele ano, e Robert compareceu ao casamento. Depois do casamento, Melissa cancelou três consultas seguidas. "Tenho estado muito ocupada, e estou indo tão bem", disse ela em uma mensagem final. "Não estou pronta para deixar a terapia, mas podemos apenas fazer uma parada?"

Estágio 4: você acredita em mágica?

Pouco foi escrito sobre o Estágio 4 da DBT, além de descrevê-lo como um momento em que um paciente que concluiu o árduo trabalho dos três estágios anteriores ainda pode procurar suporte terapêutico para o problema da "incompletude" e para a busca da meta de "aumentar [sua] capacidade de ter alegria e liberdade" (Linehan, 1993; Van Nuys, 2004). Neste contexto, a alegria é diferente da felicidade corriqueira derivada de um bom relacionamento ou de um trabalho digno. A alegria do Estágio 4 é o momento presente de alegria que provém de simplesmente estar vivo (Koons, 2016). A liberdade no Estágio 4 não significa não ter problemas corriqueiros na vida, mas ter a liberdade de persistir para conseguir ter o que você quer e não ter o que você não quer, e é a base da equanimidade.

As pessoas podem alternar entre os Estágios 3 e 4 por meses ou até anos. A essa altura na DBT, os critérios comportamentais que definem o TPB não estão mais presentes, mas o temperamento sensível permanece. O sentimento de validade essencial desenvolvido na DBT ainda pode ser um pouco frágil. Com pacientes no Estágio 4, o papel principal do terapeuta é encorajar a prática de habilidades de *mindfulness*, ao mesmo tempo fornecendo um contexto em que habilidades, progresso e metas são mencionados, reconhecidos e reforçados (Koons, 2016). Neste estágio, muitos pacientes também buscam um sentido mais profundo para suas vidas, uma conexão espiritual ou uma maneira de dar sua contribuição para a sociedade. Muitos são atraídos por causas que têm a ver com o alívio do sofrimento dos outros. O Estágio 4 é um momento em que uma relação positiva e forte com o terapeuta continua essencial para alguns pacientes. Durante o tratamento, os terapeutas idealmente foram um modelo de presença atenta, compaixão e aceitação. Muitos pacientes encaram o término da relação terapêutica com um misto agridoce de emoções.

Outros pacientes se voltam facilmente para formas distintas de encontrar o apoio que necessitam no Estágio 4. Em uma nova família, com uma comunidade religiosa, um grupo de escrita, um curso de pós-graduação, como professor de ioga, em um grupo de escalada, como voluntário em um lar de idosos ou aprendendo a criar arte, muitos formandos em DBT entram no Estágio 4 fora da terapia e nunca mais olham para trás — a não ser que alguma coisa que queiram compartilhar com o terapeuta os traga de volta brevemente, em geral um sucesso de algum tipo ou uma perda que estejam administrando, mas que gostariam de discutir.

Estágio 4 com Melissa

Depois do casamento com Michael, Melissa não retornou à terapia por dois anos. Certo dia ela ligou para Robert, pedindo para vir conversar sobre o pai, que havia acabado de morrer depois de uma luta contra o câncer. Melissa relatou que se sentia bem. Agora tinha um novo emprego, trabalhando no governo estadual, que pagava bem e lhe permitia estudar para obter a sua certificação. Ela e Michael decidiram não ter filhos, mas haviam comprado uma casa com um pátio grande e tinham dois cachorros que adoravam. Eles também estavam participando de um círculo de meditação em uma igreja da sua localidade.

A morte do pai de Melissa causou uma dor intensa que ela queria entender melhor. "Eu me dei conta de que meu pai era a única pessoa que realmente me entendia, mais ou menos, até que conheci Michael. Acho que ele era *borderline*, também. Sei que ele lutava contra a depressão. De qualquer forma, por muitos anos eu fiquei tão fechada em mim mesma que não consegui estar disponível para ele até alguns anos atrás. Com certeza, eu estive ao lado dele no fim. E agora ele se foi. A tristeza é avassaladora." Robert e Melissa passaram a maior parte das sessões quinzenais discutindo a recente consciência do valor da vida, sua impermanência e explorando como aumentar a compaixão por si mesma e pela mãe e irmã. Ela esperava agora ser capaz de se envolver mais com elas, pelo menos com a mãe, que estava enfrentando a viuvez e parecia querer mais contato com Melissa. Robert aguardava com expectativa por essas sessões, as quais frequentemente terminavam com alguns minutos de prática de *mindfulness*. Depois dos seis meses finais de sessões, Melissa se sentia pronta para encerrar o tratamento com Robert. Eles passaram várias sessões se despedindo. "Você me ajudou tanto", disse ela em um lindo cartão que lhe deu no final. "Você e a DBT salvaram a minha vida."

Melissa e Robert tiveram a sorte de ter uma longa relação terapêutica que progrediu por todos os quatro estágios da DBT. Robert teve a sabedoria de permanecer à disposição de Melissa caso ela precisasse dele, evitando tornar-se seu amigo de forma prematura depois que ela parou de comparecer regularmente. Embora não saibamos empiricamente a importância de uma relação terapêutica longa como a que havia entre Robert e Melissa, a maioria de nós terapeutas já sentiu o valor duradouro dessa relação.

No primeiro dia em que um paciente de DBT entra no seu consultório, inicia-se uma jornada que pode parecer repleta de obstáculos e até mesmo perigosa. Os pacientes muitas vezes estão em intenso sofrimento, com medo e desesperançados, evidenciando múltiplos problemas complexos. Podemos não saber por onde começar ou o que priorizar. O mapa da estrada da DBT dos níveis de desordem e estágios do tratamento nos foca em claras prioridades e ajuda a nos mantermos no curso. Como Melissa no exemplo do caso, nossos pacientes mudam dramaticamente de estágio para estágio. À medida que abandonam velhos comportamentos problemáticos e adquirem novas habilidades, suas vidas também mudam, apresentando novos dilemas e oportunidades. As habilidades que os pacientes aprenderam no Estágio 1 são postas em uso de formas mais sofisticadas e complexas à medida que o tratamento progride. Para os terapeutas, também, fornecer tratamento competente para novos alvos continua sendo desafiador em termos de aprendizagem.

Embora nem sempre possamos ver os pacientes em todos os estágios da DBT, podemos ser guiados em cada estágio por uma noção da sua validade essencial. Essa noção surge nos primeiros dias de tratamento, mesmo quando os observamos lutar com problemas crônicos. Durante cada estágio do tratamento, a noção pode crescer, tornando-se uma visão do seu valor e mérito únicos. Nas melhores circunstâncias, mantemos esta visão sob custódia até que eles possam mantê-la sozinhos, por mais tempo que isso possa levar.

REFERÊNCIAS

Bohus, M., Dyer, A. S., Priebe, K., Krüger, A., Kleindienst, N., Schmahl, C., et al. (2013). Dialectical behaviour therapy for post-traumatic stress disorder after childhood sexual abuse in patients with and without borderline personality disorder: A randomised controlled trial. *Psychotherapy and Psychosomatics, 82*(4), 221–233.

Comtois, K. A., Coons, C. R., Kim, S. A., Manning, S. Y., Bellows, E., & Dimeff, L. A. (2007). Implementing standard dialectical behavior therapy in an outpatient setting. In L. A. Dimeff & K. Koerner (Eds.), *Dialectical behavior therapy in clinical practice* (pp. 37–68). New York: Guilford Press.

Decker, S. E., & Naugle, A. E. (2008). DBT for sexual abuse survivors: Current status and future directions. *Journal of Behavior Analysis of Offender and Victim Treatment and Prevention, 1*(4), 52–68.

Fruzzetti, A. E. (2016). *Advanced DBT: Treating emptiness, anhedonia, relationship chaos and other sticky problems*. Paper presented at Nevada Psychological Association, Las Vegas, NV.

Fruzzetti, A. E., & Payne, L. (2015). Couple therapy and the treatment of borderline personality disorder and related disorders. In A. S. Gurman, J. L. Lebow, & D. K. Snyder (Eds.), *Clinical handbook of couples therapy* (5th ed., pp. 605–634). New York: Guilford Press.

Harned, M. S., Korslund, K. E., & Linehan, M. M. (2014). A pilot randomized controlled trial of dialectical behavior therapy with and without prolonged exposure protocol for suicidal and self-injuring women with borderline personality disorder and PTSD. *Behaviour Research and Therapy, 55*, 7–17.

Harned, M. S., & Linehan, M. M. (2008). Integrating dialectical behavior therapy and prolonged exposure to treat co-occurring borderline personality disorder and PTSD: Two case studies. *Cognitive and Behavioral Practice, 15*, 263–276.

Harned, M. S., Ruork, A. K., Liu, J., & Tkachuck, M. A. (2015). Emotional activation and habituation during imaginal exposure for PTSD among women with borderline personality disorder. *Journal of Traumatic Stress, 28*, 253–257.

Hayes, S. C., Strosahl, K. D., & Wilson, K. G. (2012). *Acceptance and commitment therapy* (2nd ed.). New York: Guilford Press.

Kabat-Zinn, J. (1990). *Full catastrophe living*. New York: Random House.

Kohlenberg, R. J., & Tsai, M. (1991). *Functional analytic psychotherapy: Creating intense and curative therapeutic relationships*. New York: Springer.

Koons, C. R. (2016). *The mindfulness solution for intense emotions: Take control of BPD with DBT*. Oakland, CA: New Harbinger.

Linehan, M. M. (1993). *Cognitive-behavioral treatment of borderline personality disorder*. New York: Guilford Press.

Linehan, M. M. (2015). *DBT skills training manual* (2nd ed.). New York: Guilford Press.

Pennebaker, J. W., & Seagal, J. D. (1999). Forming a story: The health benefits of narrative. *Journal of Clinical Psychology, 55*(10), 1243–1254.

Rizvi, S., & Linehan, M. M. (2005). The treatment of maladaptive shame in borderline personality disorder: A pilot study of "opposite action." *Cognitive and Behavioral Practice, 12*(4), 437–447.

Segal, Z. V., Williams, J. M. G., & Teasdale, J. D. (2002). *Mindfulness-based cognitive therapy for depression: A new approach for preventing relapse*. New York: Guilford Press.

Van Nuys, D. (2004). Wise counsel interview transcript: An interview with Marsha Linehan, PhD dissertation. Retrieved from *www.pecanvalley.org*.

Wagner, A. W., & Linehan, M. M. (2006). Applications of dialectical behavior therapy to post-traumatic stress disorder and related problems. In V. M. Follette & J. I. Ruzic (Eds.), *Cognitive-behavioral therapies for trauma* (2nd ed., pp. 117–145). New York: Guilford Press.

Wagner, A. W., Rizvi, S. L., & Harned, M. S. (2007). Applications of dialectical behavior therapy to the treatment of complex trauma-related problems: When one case formulation does not fit all. *Journal of Traumatic Stress, 20*(3), 391–400.

15

Uma visão geral da DBT para crianças e pré-adolescentes
Abordando os alvos principais do tratamento

Francheska Perepletchikova e Donald Nathanson

A terapia comportamental dialética para crianças e pré-adolescentes (DBT-C, do inglês *dialectical behavior therapy for preadolescent children*) foi desenvolvida para abordar a desregulação emocional severa e o descontrole comportamental associado em uma população pediátrica (Perepletchikova, 2018; Perepletchikova, Axelrod, et al., 2011; Perepletchikova & Goodman, 2014; Perepletchikova, Nathanson, et al., 2017). A DBT-C mantém muito do modelo teórico, dos princípios e das estratégias terapêuticas do modelo da DBT para adultos, e inclui a maior parte do seu currículo de treinamento de habilidades e didática correspondente (Linehan, 1993). Para adaptar aos níveis desenvolvimentais e cognitivos da população-alvo (crianças entre 6 e 13 anos), bem como a abordagem de tratamento orientada para a família (as crianças são vistas no tratamento junto com os pais), a forma de apresentação das informações foi consideravelmente modificada, tendo sido acrescentado um extenso componente de treinamento parental. As modificações (i.e., duração do tratamento, engajamento dos pais) são feitas para acomodar as adaptações desenvolvimentais e cognitivas peculiares, de maneira consistente com outras práticas baseadas em evidências (PBEs) para crianças (Becker et al., 2018; Dowell & Ogles, 2010; Fawley-King et al., 2013; Haine-Schlagel & Walsh, 2015; Noser & Bickman, 2000; Zima et al., 2005). Diferentemente do trabalho com adolescentes, jovens adultos e adultos, uma meta central da DBT-C, como outras PBEs para crianças, envolve o fortalecimento da motivação e a capacidade do *pai ou responsável* de tratar a criança. Este capítulo tem três metas principais: (1) apresentar um panorama geral do modelo da DBT-C, incluindo adaptações do modelo da DBT para abordar os alvos principais do tratamento; (2) descrever a população-alvo; e (3) detalhar as diferenças e semelhanças entre DBT-C e DBT padrão.

ESTRUTURA DO TRATAMENTO

As principais metas da DBT-C são (1) ensinar os pais a criarem um ambiente validante e pronto para mudança; (2) empoderar os pais para que consigam oferecer apoio no desenvolvimento de habilidades do filho de modo a promover resposta adaptativa durante o tratamento e depois que a terapia estiver concluída; e (3) ensinar aos pais e filhos habilidades efetivas de enfrentamento e solução de problemas. A serviço dessas metas, a DBT-C ambulatorial manteve todos os modos do modelo da DBT padrão, incluindo terapia individual, treinamento de habilidades, reunião com a equipe de consultoria para os terapeutas e *coaching* telefônico entre as sessões, tendo acrescentado um componente de treinamento parental abrangente. Além disso, a DBT-C manteve as cinco funções principais da DBT. As funções correspondentes do tratamento são:

1. *Aumentar a motivação.* Embora a meta do tratamento seja melhorar o nível de funcionamento da criança, a família como uma unidade é o paciente na DBT-C. Assim, a motivação para se engajar na terapia e a participação continuada é um alvo para todos os membros da família. A criança e os pais recebem seu próprio tempo de terapia individual. O modelo ambulatorial da DBT-C inclui uma sessão de 90 minutos, uma vez por semana, realizada com as famílias individualmente. As sessões são divididas aproximadamente em três componentes principais: (1) uma sessão individual de 30 minutos com a criança; (2) uma sessão de 20 minutos com os pais; e (3) um treinamento de habilidades de 40 minutos com o(s) pai(s) e a criança presentes. A Tabela 15.1 detalha a estrutura do tratamento da DBT-C.
2. *Aprimorar as capacidades do paciente.* Em um contexto ambulatorial, a DBT-C fornece treinamento de habilidades individualmente dentro de cada unidade familiar, em vez de um formato de grupo como na DBT padrão e na DBT para adolescentes. Isso também significa que, na DBT-C, o mesmo profissional é tanto o terapeuta individual quanto o treinador de habilidades. As idades desenvolvimentais e cognitivas das crianças vistas em DBT-C (6 a 13 anos) são muito variadas para que se possa atender crianças de diferentes idades mais seus pais para treinamento de habilidades em grupo. O treinamento de habilidades individual também permite melhor adaptação do material que está sendo apresentado aos níveis desenvolvimental e cognitivo das crianças e às necessidades da família, incluindo o material que é abrangido e em que grau, a quantidade de tempo empregado em habilidades específicas, a apresentação da didática, etc.
3. *Assegurar a generalização.* A generalização é assegurada por meio de atividades como as tarefas de casa, a prática diária obrigatória de habilidades com os pais em situações hipotéticas e o *coaching* telefônico. Na DBT-C, somente os pais precisam ligar para o terapeuta individual entre as sessões. A criança é convidada a telefonar para o terapeuta, mas não é obrigada a fazer ligações para *coaching*. Em vez disso, a criança é instruída a usar o genitor como provedor do *coaching* de habilidades. É óbvio que não podemos realisticamente esperar que uma criança pequena vá telefonar a um terapeuta para *coaching*. Portanto, a função principal da estruturação do *coaching* telefônico dessa maneira é estabelecer os pais como os principais provedores de *coaching* para os filhos. À medida que essas crianças forem crescendo, novas tarefas e desafios desenvolvimentais irão surgir e os pais precisarão se tornar uma fonte consistente e confiável de ajuda muito depois que o tratamento tiver terminado.

TABELA 15.1 Estrutura do tratamento em DBT-C

Avaliação

Avaliação com os pais:

- Realizar a avaliação dos sintomas da criança.
- Realizar a avaliação da prontidão parental para se engajar no tratamento.
- Iniciar a orientação dos pais quanto ao tratamento (p. ex., o comportamento do filho é irrelevante até que o ambiente esteja pronto).
- Incorporar o ensino aos pais de 1 a 2 habilidades de enfrentamento (dar a eles um cartão diário).

Avaliação com a criança

Fase de terapia (sessões de 90 minutos)

Semanas 1 a 2: Pré-tratamento somente com os pais (duas sessões).

Semanas 3 a 9: Tratamento somente com os pais (4 a 6 semanas para ajudá-los a criar um ambiente validante e pronto para mudança, treinamento sobre o material até a parte de extinção); sessão de planejamento da segurança com a criança, se a criança tiver ideação suicida ou condutas autolesivas sem intencionalidade suicida (CASIS).

Semanas 10 a 12: A criança inicia a terapia quando os pais estiverem prontos para apoiar seu progresso:

- Teoria biossocial (somente com a criança).
- Orientação e comprometimento (somente com a criança).
- Opcional ver os pais concomitantemente, se necessário, durante uma parte da sessão da criança (separadamente da criança).

Semanas 13 a 18: A criança e os pais se reúnem para terapia:

- Juntos, a criança e os pais recebem psicoeducação sobre emoções durante parte da sessão individual da criança (30 minutos).
- Os pais recebem aconselhamento individual, focando na implementação das técnicas aprendidas, *feedback* e solução de problemas (20 minutos).
- Juntos, a criança e os pais fazem treinamento de habilidades (iniciar com o módulo de *mindfulness*; 40 minutos).

Semana 19: A criança e os pais vêm juntos para a terapia:

- A terapia individual da criança segue a hierarquia de alvos do tratamento (30 minutos).
- Os pais recebem o componente de treinamento individual (20 minutos).
- O treinamento de habilidades com a criança e os pais acontece (40 minutos).

---

4. *Estruturar o ambiente*. A estruturação do ambiente é uma das funções mais importantes da DBT-C. Trabalhar com crianças oferece uma vantagem significativa no tratamento da psicopatologia, uma vez que o ambiente invalidante pode diretamente e concomitantemente ser o alvo da terapia a ser tratado com a criança. De fato, os pais são vistos no tratamento sozinhos pelas seis primeiras semanas para ajudar a criar um ambiente validante e pronto para mudança como preparação para a criança entrar em tratamento.

Durante esse período, eles recebem psicoeducação e aprendem estratégias de manejo de contingências, validação, dialética da parentalidade e regulação emocional. Depois que os pais veem todo este material e têm habilidades de regulação emocional suficientes, a criança inicia o tratamento. Os pais continuam a ser vistos para que sejam ajudados a aplicar o que aprenderam na primeira fase e para que melhorem sua regulação emocional. O tratamento costuma ser encerrado *não* quando todos os problemas da criança são abordados, mas quando o terapeuta está confiante de que os pais são capazes de implementar consistentemente as estratégias e procedimentos aprendidos *e* conseguem manter a própria regulação emocional para manter o ambiente validante e pronto para mudança.

5. *Aprimorar as capacidades e a motivação do terapeuta.* Assim como a DBT padrão, a DBT-C envolve uma comunidade de pacientes e famílias que recebem tratamento de uma comunidade de terapeutas. Os terapeutas participam semanalmente da equipe de consultoria semanal que serve como uma "terapia para os terapeutas" e um fórum para discutir aspectos do tratamento dos seus pacientes quando necessário.

POPULAÇÃO-ALVO

A DBT-C foca preponderantemente em crianças de 6 a 13 anos com desregulação emocional severa e descontrole comportamental correspondente. Da mesma forma que na DBT padrão, a DBT-C define vulnerabilidade emocional em termos dos seguintes componentes:

1. *As reações emocionais têm um baixo limiar para ocorrência.* Para estas crianças, os eventos desencadeantes podem envolver apenas um pensamento, uma lembrança, uma associação ou um evento externo tão ínfimo a ponto de os outros nem notarem a sua ocorrência.
2. *As reações emocionais são intensas.* As crianças costumam descrever suas reações emocionais como *tsunamis* que são difíceis de superar.
3. *As reações emocionais acontecem rápido.* Pais e filhos descrevem essas reações como passando de "0 a 10" em um milissegundo.
4. *As reações emocionais levam muito tempo para diminuir.* Depois que uma reação emocional começa, demora um tempo considerável para que a reação retorne à linha de base. Algumas vezes, pode levar horas até que a criança se acalme.

Observações clínicas indicam que a vulnerabilidade emocional frequentemente ocorre com a maioria destes padrões de comportamento:

- Crianças emocionalmente sensíveis em geral *procuram formas de evitar esforço*. Essas crianças estão constantemente sobrecarregadas por suas experiências emocionais e podem ser menos inclinadas a enfrentar mais desafios. Elas precisam suportar não apenas o impacto de um desafio, mas também o impacto da intensa reação emocional que têm frente a ele. Esta é uma consideração importante para os pais que acham que seus filhos emocionalmente sensíveis são "preguiçosos". Em vez disso, os pais precisam lembrar que os filhos podem estar em um estado constante de sobrecarga emocional.
- Estas crianças costumam ser *hiper-reativas* e exibem comportamentos como ataques de ansiedade, agressão física, explosões verbais, crises de birra, risco aumentado de suicídio e de CASIS, como se cortar.
- Estas crianças *em geral não gostam de mudanças*. Elas respondem bem à es-

trutura, à mesmice e à segurança. Qualquer coisa nova é enfrentada com relutância; ter que fazer a transição de uma atividade para a seguinte é problemático para elas.
- Elas ficam *entediadas mais facilmente*. Embora estas crianças costumem evitar se engajar em novas atividades difíceis, elas demandam um alto nível de estimulação e precisam de uma fonte constante de eventos agradáveis. Entretanto, os pais também precisam ter em mente que essas crianças rapidamente perdem o interesse mesmo por atividades divertidas.
- Estas crianças tendem a ter *tolerância mais baixa ao adiamento da gratificação*. Devido à sua alta excitabilidade, elas experimentam como dolorosa a incapacidade de satisfazer seus desejos imediatamente.
- Muitas vezes estas crianças têm *mais dificuldade de concentração e rapidamente mudam sua atenção* se comparadas aos pares.
- Como crianças emocionalmente sensíveis são superexcitáveis, elas tendem a ter um *excesso de energia física* e são vistas como hiperativas.
- Elas costumam exibir *comportamentos impulsivos*. Crianças sensíveis muitas vezes podem fazer coisas sem pensar. A intensidade das reações emocionais é tão alta que elas podem não ser capazes de processar seus impulsos completamente antes de agirem de acordo com eles. Isso também pode estar relacionado à dificuldade que elas têm com o adiamento da gratificação e com sentir dor, pois estão sendo impedidas de atingir imediatamente um objetivo.
- A vulnerabilidade emocional está frequentemente associada à *sensibilidade sensorial* ou a uma baixa tolerância à estimulação sensorial. Alguns ou todos os sentidos podem estar afetados (i.e., tato, olfato, gosto, audição e visão). Até mesmo vestir um novo par de meias pode causar um alto nível de desconforto para algumas destas crianças.
- Estas crianças costumam ter *dificuldades interpessoais* severas com os irmãos e os pais e podem ter problemas com os pares e amigos. Sua reatividade muitas vezes interfere grandemente no desenvolvimento e na manutenção de relações estáveis.
- Elas tendem a ter um *estilo de pensamento extremo*, como pensamento tipo tudo ou nada e catastrofização. Elas também tendem a perseverar e ruminar. Isso é compreensível, dado que, com a alta excitação, a atenção se restringe e os pensamentos se tornam mais rígidos.
- Estas crianças frequentemente têm *dificuldades com a higiene pessoal*, como escovar os dentes, tomar banho, etc. Isso ocorre porque essas atividades são percebidas como desagradáveis, chatas ou trabalhosas e, em alguns casos, devido a problemas sensoriais. Crianças sensíveis têm dificuldades com todos esses aspectos, conforme discutido antes.

Uma criança que é emocionalmente sensível traz demandas únicas para o ambiente, como os pais, professores e também os terapeutas. No entanto, a vulnerabilidade emocional igualmente traz consigo certas vantagens únicas. A DBT-C inclui uma psicoeducação-padrão sobre a dialética da vulnerabilidade emocional e discute os desafios associados, juntamente com as suas vantagens:

- Crianças emocionalmente sensíveis podem *experimentar emoções positivas em um nível mais alto*.
- Crianças emocionalmente sensíveis são muito *competentes na leitura das emoções das outras pessoas*.

- Elas são empáticas e muito provavelmente atenciosas, apoiadoras e compreensivas com a dor do outro.
- A vulnerabilidade emocional foi associada a *maior criatividade* (ver Kaufman & Gregoire, 2015).

Infelizmente, a palavra "sensível" adquiriu a conotação negativa de ser "melindroso", defensivo, irritado, paranoide ou neurótico. A fim de evitar os termos depreciativos comuns associados à sensibilidade, na DBT-C, usamos a expressão "supersensitivos" para descrever crianças e adultos com vulnerabilidade emocional. Um termo análogo é "superprovadores", que descreve pessoas com sensibilidade aumentada a percepções sensoriais. Quando os desafios e as vantagens da vulnerabilidade emocional são discutidos com os pais e as crianças, enfatizando-se que esta tem seus desafios e vantagens e, em si, não é um problema a ser corrigido, mas uma habilidade especial que a criança precisa aprender a controlar. Comunicar este ponto para a criança é fundamental. Isso ajuda as crianças a se sentirem compreendidas, validadas e não julgadas, o que diminui seu pensamento autocrítico e aumenta a disposição e o interesse de aprender o que chamamos de "super-habilidades" para ajudar a controlar as suas "supercapacidades".

MODELO BIOSSOCIAL

A DBT-C mantém as estratégias, os procedimentos e os princípios teóricos da DBT para abordar as necessidades da população-alvo. Em seu livro de referência *Terapia cognitivo-comportamental para transtorno da personalidade borderline* (Linehan, 1993), Marsha Linehan traçou uma teoria etiológica sobre como uma pessoa desenvolve transtorno da personalidade *borderline* (TPB) ao longo da vida. Segundo o modelo biossocial de Linehan, o TPB tem suas origens em uma transação mal-adaptativa que ocorre entre uma pessoa que é biológica e emocionalmente vulnerável às próprias emoções e um ambiente invalidante que dá origem à desregulação emocional global ou invasiva. A vulnerabilidade emocional é vista como uma disfunção inata no processamento emocional, em que uma pessoa tem um baixo limiar para a reatividade emocional, reage de forma rápida e intensa aos estímulos e tem um lento retorno à linha de base.

É um desafio significativo ser pai de um supersensitivo. Uma adequação deficiente entre as necessidades da criança e a habilidade parental de satisfazer essas necessidades pode levar ao desenvolvimento de um ambiente invalidante. Estes ambientes caracterizam-se por rejeições generalizadas e indiscriminadas das experiências da criança (p. ex., sentimentos, pensamentos, comportamentos) como inválidas (p. ex., "Pare de agir como um bebê; não há motivo para ter medo!"); simplificação excessiva da facilidade das soluções (p. ex., "Apenas pare com isto!"); e um reforço intermitente das escaladas (i.e., a criança aprende que, embora os níveis mais baixos de desregulação sejam invalidados, o apoio e cuidado desejados podem ser obtidos com engajamento em autolesão ou ameaça de suicídio; Linehan, 1993).

Um ambiente invalidante não é necessariamente abusivo ou negligente. Pelo contrário, na maioria dos casos, os pais são atenciosos e apoiadores e tentam lidar com as situações da melhor forma que podem. Eles podem ser competentes ao fornecer parentalidade "suficientemente boa" a outras crianças na família que não são tão sensíveis em termos emocionais. Entretanto, uma parentalidade "suficientemente boa" simplesmente não é o suficiente para os supersensitivos. A fraca adequação entre as necessidades da criança e a capacidade parental de satisfazer essas necessidades pode levar a uma transação generalizada em que as demandas da criança ultrapassam os recursos do ambiente, e o ambiente, em resposta, invalida a criança. Essa transação desregula ainda mais a criança, resultando em mais demandas ao ambiente, e assim por diante. Em consequência, essas crianças não aprendem autorregulação e com frequência têm relações problemáticas com os pais, irmãos, pares e professores, bem como dificuldades persistentes em múltiplos contextos. O *feedback* negativo pode levar ao desenvolvimento de autoconceito negativo nas crianças afetadas; impedir seu desenvolvimento emocional, social e cognitivo; e aumentar a chance de psicopatologia no futuro (Althoff, Verhulst, Retlew, Hudziak, & Van der Ende, 2010; Okado & Bierman, 2015; Pickles et al., 2010).

Como já observado, para os supersensitivos, uma parentalidade "suficientemente boa" pode não ser suficiente para atender às suas necessidades. *Os supersensitivos requerem o que pode ser chamado de um "superpai".* Uma das metas mais importantes da DBT-C é ajudar os pais a aprenderem a se tornarem superpais. Um superpai pode ser comparado a um bombeiro. Assim como um bombeiro:

- Um superpai não começa incêndios (p. ex., não é modelo de agressão verbal ou física, não provoca ou invalida o filho, não retalia e não usa técnicas parentais inefetivas).
- Um superpai não tem medo de incêndios (p. ex., não se assusta com as explosões do filho e não acomoda o filho em um esforço para evitar problemas).
- Um superpai apaga incêndios de maneira calma e hábil e trabalha em medidas preventivas (p. ex., ignora comportamentos disfuncionais do filho, valida o sofrimento dele, demonstra o uso de habilidades, estimula e reforça comportamentos adaptativos, usa técnicas parentais efetivas, ajuda o filho a prever situações problemáticas, realiza com ele práticas reforçadas diariamente e encoraja o autogerenciamento dele).

HIERARQUIA DE ALVOS DO TRATAMENTO

Como detalhado antes, a DBT-C é uma abordagem orientada para a família, onde a família como unidade é tratada como o paciente. O envolvimento, a participação e o compromisso parental com o tratamento são necessários, enquanto o compromisso da criança é apenas preferível, independentemente da idade da criança. O compromisso de uma criança é estimulado *somente* se o terapeuta estiver certo de que o comprometimento será firmado, depois da orientação inicial. Pré-adolescentes podem não ter maturidade cognitiva e desenvolvimental suficiente para entender o compromisso completamente, portanto este aspecto é menos relevante para a DBT-C do que para a DBT padrão no que diz respeito à função de engajamento no tratamento.

Na DBT-C, a regulação emocional parental e sua habilidade para criar um ambiente que conduza à mudança são priorizados. Para incorporar essas metas, a hierarquia de alvos prioritários do tratamento foi grandemente ampliada na DBT-C quando comparada com a DBT padrão e a DBT para adolescentes. No modelo original, a hierarquia de alvos do tratamento consiste em três categorias principais, em ordem de prioridade: reduzir comportamentos que ameaçam iminentemente a vida, reduzir comportamentos que interferem na terapia e reduzir comportamentos que interferem na qualidade de vida, ao mesmo tempo aumentando respostas habilidosas. A DBT-C tem uma hierarquia de alvos que inclui três categorias principais, divididas em 10 subcategorias.

I. Reduzir a psicopatologia severa atual e o risco de psicopatologia no futuro:
1. Reduzir comportamentos da criança que ameaçam a vida.
2. Reduzir comportamentos da criança que destroem a terapia.
3. Reduzir comportamentos dos pais que interferem na terapia.

4. Melhorar a regulação emocional parental.
5. Ensinar técnicas parentais efetivas.

II. Focar na relação pai-filho:
6. Melhorar a relação pai-filho.

III. Focar nos comportamentos da criança que interferem na qualidade de vida e na terapia:
7. Reduzir comportamentos de risco, inseguros e agressivos.
8. Reduzir problemas que interferem na qualidade de vida.
9. Fornecer treinamento de habilidades.
10. Reduzir comportamentos da criança que interferem na terapia.

As próximas seções descrevem brevemente cada categoria-alvo e como cada alvo é abordado no tratamento.

Reduzir a psicopatologia severa atual e o risco de psicopatologia no futuro

Crianças com desregulação emocional severa estão em alto risco de desenvolver psicopatologia. A irritabilidade e a impulsividade que são altamente prevalentes nesta população estão associadas a funcionamento deficiente e prejuízo severo durante a infância e adolescência e também na idade adulta (Althoff et al., 2010). Essas crianças incluem funcionamento significativamente prejudicado em casa, na escola e com os pares; ansiedade e depressão em nível clínico; transtorno de déficit de atenção/hiperatividade (TDAH); comportamento impulsivo-agressivo; afeto negativo; e problemas cognitivos (Althoff et al., 2010; Roy et al., 2013). Além disso, desregulação emocional e sintomas de irritabilidade estão associados a transtornos da personalidade, abuso de substâncias e transtornos do humor em adultos (Althoff et al., 2000). Estes comportamentos também são um preditor significativo de risco de suicídio na idade adulta (Stringaris, 2011). Assim, o principal alvo da DBT-C é focar na psicopatologia presente e reduzir o risco de psicopatologia no futuro.

Alvo 1: reduzir comportamentos da criança que ameaçam a vida

Como já dito, a prioridade na DBT-C é reduzir o risco de psicopatologia severa agora e no futuro. Para isso, o alvo mais alto permanece o mesmo que com a DBT padrão: comportamentos que ameaçam iminentemente a vida. Estes incluem atos, impulsos, comunicações, ideações, expectativas, crenças e emoções associadas ao risco de suicídio e CASIS. Na população pré-adolescente, comportamentos suicidas e CASIS são menos comuns do que nas populações adultas ou adolescentes. No entanto, a avaliação do risco e o planejamento da segurança são partes integrantes do tratamento, desde o início até o fim. O terapeuta deve continuar a avaliar o nível de risco que uma criança apresenta para fundamentar suas decisões. Por exemplo, é bastante comum que crianças emocionalmente sensíveis façam comentários como "Eu queria estar morto!" ou "Eu vou me matar!" durante uma explosão verbal. Ignorar ativamente estas comunicações ou dar atenção a elas irá depender do nível de risco da criança e a que função estes comentários servem. Na maioria dos casos, essas verbalizações são ignoradas no momento, seguidas pelo processamento da situação, quando a criança estiver em um estado neutro, para descobrir como lidar com uma situação semelhante no futuro. Ignorar a ameaça de uma criança se cortar costuma ser muito difícil para os adultos, embora em geral isso seja exatamente o que é necessário para evitar o reforço do comportamento com atenção.

Alvo 2: reduzir comportamentos da criança que destroem a terapia

Como discutido adiante, a DBT-C é muito tolerante com comportamentos por parte da criança — dentro e fora da sessão — que possam interferir na terapia (p. ex., gritar, xingar). Entretanto, as crianças podem se engajar em comportamentos com o potencial de destruir o processo do tratamento. Na sessão, os comportamentos que destroem a terapia são aqueles que ameaçam a segurança dos participantes ou do terapeuta, como cometer agressão física, praticar danos à propriedade ou fugir do consultório (a menos que se possa presumir com segurança que a criança permanecerá nas imediações do consultório e retornará em seguida). Como regra, qualquer ato fisicamente agressivo em uma sessão é tratado como destrutivo para a terapia e costuma ser abordado com um procedimento de punição (administrado por um dos pais). As medidas também podem incluir encerrar a sessão ou, se possível, encerrar apenas a parte da criança na sessão. Encerrar uma sessão pode ser particularmente problemático se houver um risco de reforçar esses comportamentos, caso a função de um comportamento seja encerrar uma sessão. No entanto, garantir a segurança dos participantes tem prioridade. Essas questões são mais bem resolvidas pela prevenção em vez da intervenção, incluindo a construção de uma aliança terapêutica forte, o uso de reforço dos comportamentos opostos desejáveis e estratégias de antecipação.

Os comportamentos da criança que destroem a terapia e que ocorrem entre as sessões incluem níveis perigosos de agressão ou destruição em casa, na escola ou em outro local, como sufocar um irmão ou quebrar janelas. Comportamentos como estes são destruidores da terapia, pois impedem o uso efetivo de técnicas de modificação comportamental como a extinção planejada, motivo pelo qual não se consegue obter progresso. Comportamentos que destroem a terapia que são frequentes e interferem no progresso podem demandar a consideração de manejo medicamentoso para redução da reatividade. Em casos severos, poderá ser necessário um nível maior de cuidados antes de se iniciar um curso de DBT-C ambulatorial.

Alvo 3: reduzir comportamentos dos pais ou terapeutas que interferem na terapia

Enquanto os comportamentos da criança que interferem na terapia são considerados uma prioridade mais baixa na DBT-C (alvo 10), os comportamentos dos pais ou cuidadores que interferem na terapia são colocados no alto da hierarquia. Ganhos significativos e duradouros na terapia não podem ser atingidos sem o engajamento parental. Comportamentos por parte dos cuidadores que interferem na terapia incluem faltar ou reagendar as sessões; não seguir as recomendações do terapeuta; e fazer uso continuado de técnicas de punição prolongadas, rígidas ou desnecessárias.

Para ajudar a reduzir essas ocorrências, a orientação parental para o tratamento começa no primeiro contato. Frequentemente, a orientação já começa no telefonema introdutório, com a descrição das exigências de maneira clara e direta: este tratamento envolve muito trabalho por parte dos cuidadores. Espera-se dos pais que aprendam e demonstrem o uso de habilidades de enfrentamento e as obtenham dos filhos. Espera-se que eles ignorem comportamentos irritantes. Espera-se que forneçam validação e elogiem comportamentos adaptativos. Além disso, com frequência o terapeuta pedirá que os pais façam algo que pode ser contraintuitivo ou contrário às expectativas de como "deveria" ser a interação pais-filho (p. ex., não repreender seu filho durante uma explosão em que ele está lhe xingando). Desde o início, os pais são orientados quanto à estrutura complexa do tratamento, bem como quanto à ideia de que levará tempo até que eles entendam o modelo do tratamento e reconheçam como os diferentes componentes são concebidos para abordar os alvos especificados. Assim sendo, os pais são instruídos a "agir como se" confiassem no método antes de o entenderem totalmente e começarem a ver os ganhos terapêuticos. Como mencionado antes, o compromisso parental com o tratamento é necessário, ao passo que o compromisso da criança é apenas desejado, e informar os pais plenamente do que pode estar envolvido antes que esse compromisso seja evocado ajuda a reduzir o risco de comportamentos que interferem na terapia.

Alvo 4: melhorar a regulação emocional parental

Tentar ajudar a criança a atingir regulação emocional em um ambiente desregulado é uma tarefa inútil. A regulação emocional parental é crítica em todos os aspectos do tratamento. Os pais precisam ter um vasto repertório de habilidades de enfrentamento emocional para demonstrar o enfrentamento efetivo, reforçar comportamentos adaptativos, ignorar comportamentos disfuncionais e reprimir comportamentos perigosos, tudo isso ao mesmo tempo em que validam o sofrimento do filho. Por conseguinte, reforçar a capacidade parental de enfrentamento emocional é um dos alvos prioritários do tratamento. Assim, durante as 4 a 6 semanas iniciais da terapia, apenas os cuidadores são vistos no tratamento para ajudar a estabelecer um ambiente preparado para mudança e validante. Para tanto, os próprios pais precisam aprender habilidades de regulação emocional.

Alvo 5: ensinar técnicas parentais efetivas

Intimamente relacionado ao aumento da habilidade parental de regulação emocional está o alvo de aumentar habilidades parentais efetivas. Em geral, quando as famílias procuram DBT-C, os comportamentos mal-adaptativos da criança estão em um nível severo, e os pais se baseiam preponderantemente na punição para forçar a obediência e regular o próprio sofrimento emocional. Em vez disso, eles precisam aprender a se basear sobretudo no reforço de comportamentos desejados, em validação, paradigmas de modelagem comportamental e extinção planejada. Os pais são instruídos a usar técnicas de punição de forma muito parcimoniosa e estratégica apenas para reprimir comportamentos potencialmente perigosos do filho.

Focar na relação pai-filho

As famílias frequentemente entram em terapia vivenciando um clima de alto conflito, em que a relação pai-filho é caracterizada por oposição ativa e hostilidade em vez de compaixão. O padrão relacional de alto conflito costuma ser o resultado da fraca adequação entre as necessidades da criança e a capacidade parental de satisfazer essas necessidades, conforme discutido antes. Nessas famílias, os pais muitas vezes usam retaliação para conseguir a reivindicação percebida e também para regular o próprio sofrimento emocional. Não é de estranhar que os filhos respondam no mesmo tom aos pais, e assim o ciclo continua. Quando a relação pai-filho foi corroída a este ponto, dificilmente se podem esperar mudanças significativas da criança. Os pais são as principais ferramentas da mudança terapêutica na DBT-C, e uma relação amorosa entre filhos e pais é a força motora para as mudanças desejadas.

Alvo 6: melhorar a relação pai-filho

Ter uma relação saudável e amorosa entre filhos e pais é a base sobre a qual se pode construir a mudança. Assim sendo, os pais são instruídos a tomar medidas ativas para construir, reparar e manter a relação com os filhos. Fortes programações de reforço, validação e construção de reciprocidade entre os membros da família são os principais métodos para abordar este alvo. Para construir reciprocidade, os pais são instruídos a participar ativamente de atividades conjuntas com os filhos. A escolha das atividades é guiada pelos interesses do filho, e não dos pais, o que muitas vezes inclui assistir a vídeos ou jogar *videogames*.

O objetivo é que os pais se envolvam no que o filho gosta de fazer e possibilitem que ele se sinta feliz, amado e aceito.

Uma relação pai-filho positiva serve a importantes funções para melhorar os comportamentos problemáticos do filho. Ela modela uma relação que está baseada em confiança, reforço, interesse compartilhado e respeito mútuo. Ajuda a incutir na criança um sentimento de amor-próprio, segurança e pertencimento que são necessários para o funcionamento adaptativo, independente e pró-social. Aumenta o desejo da criança de passar mais tempo com os pais, o que por sua vez significa que os pais têm mais tempo para estimular, demonstrar e reforçar comportamentos de enfrentamento adaptativos e praticar o uso de habilidades com o filho. Uma relação positiva também aumenta a motivação da criança para se comportar de uma maneira que agrade aos pais e os deixe orgulhosos, e não infelizes. Na verdade, o reforço dos pais se torna mais efetivo se a criança quiser deixar os pais felizes, o que não pode ser dado como certo. Por fim, uma relação pai-filho saudável ajuda a construir vias no desenvolvimento cerebral da criança que estão associadas a comportamentos adaptativos.

Focar nos problemas presentes da criança

A terceira principal categoria na hierarquia consiste em problemas que costumam trazer as famílias ao tratamento, embora eles estejam relativamente baixos na hierarquia de alvos, pois mudanças significativas e duradouras não podem ser obtidas em um ambiente que é desregulado, invalidante e incapaz de sustentar o progresso da criança.

Alvo 7: reduzir comportamentos da criança inseguros ou de risco

O alvo 7 inclui agressão física e destruição de propriedade em casa, na escola e em outros contextos. Estes comportamentos são de severidade leve a moderada (p. ex., chutar, empurrar) quando comparados com os comportamentos que destroem a terapia no alvo 2 (p. ex., asfixiar um irmão menor ou usar um objeto pesado para agressão). Os pais são instruídos a usar técnicas de punição para reprimir comportamentos no alvo 7 (p. ex., repreensões ou um castigo). Embora as respostas no alvo 7 também representem comportamento que interfere na qualidade de vida, elas são colocadas em uma categoria separada, pois devem ser tratadas antes de focar em outros problemas e eventos que interferem na qualidade de vida. Em geral é contraterapêutico abordá-los simultaneamente com alguns dos comportamentos do alvo 8. Por exemplo, quando a agressão física é colocada em paradigma de modelagem, muitas vezes há um aumento temporário na agressão verbal.

Alvo 8: reduzir eventos ou comportamentos da criança que interferem na qualidade de vida

O alvo 8 inclui comportamentos da criança que interferem na qualidade de vida e eventos que afetam o funcionamento da criança. Esta categoria engloba uma ampla variedade de comportamentos, incluindo transtornos comórbidos como TDAH, ansiedade, agressão verbal, dificuldades interpessoais, problemas com o controle dos impulsos e dificuldades para manter a saúde e a higiene pessoal. Além disso, essa categoria inclui a abordagem de problemas escolares e questões parentais/familiares (p. ex., divórcio).

Os comportamentos do alvo 8 em geral acontecem mais frequentemente do que os comportamentos que ameaçam a vida, comportamentos que destroem a terapia ou comportamentos arriscados ou inseguros. No entanto, pode demorar até que eles sejam focados, pois pode ser contraterapêutico abordá-los ao mesmo tempo que problemas de nível superior. Por exemplo, focar em um decréscimo na agressão física (alvo 7) pode temporariamente desencadear um aumento na agressão verbal (alvo 8). Os pais podem facilmente concordar que focar em um risco de autolesão ou suicídio é mais importante do que abordar a recusa de ir à escola, ou que bater em um irmão é mais problemático do que xingá-lo. No entanto, devido à grande frequência dos comportamentos do alvo 8 e seu impacto na família, costuma ser muito difícil para os pais continuarem a aceitar a necessidade de tolerar esses comportamentos até que questões mais urgentes tenham sido tratadas. Assim sendo, a validação contínua das dificuldades parentais contrabalançada com o aumento na sua consciência das prioridades terapêuticas é um fio condutor das sessões com os pais.

Alvo 9: fornecer treinamento de habilidades

A DBT-C, como em todas as formas de DBT, oferece uma variedade de habilidades de enfrentamento que podem ser usadas para substituir comportamentos mal-adaptativos que os supersensitivos exibem. As habilidades são apresentadas de uma forma animada, simplificada e acessível para as crianças. Os pais aprendem toda a didática que o filho está aprendendo, pois precisam usar essas mesmas habilidades para regularem as próprias emoções, além de demonstrar, estimular e reforçar o uso das habilidades por parte do filho. As sessões de treinamento idealmente são realizadas com todos os participantes (pais e filhos) juntos. Isso pode ser problemático com algumas famílias, em particular no começo da terapia, se a criança não conseguir tolerar que os pais estejam presentes. Nesses casos, o treinamento de habilidades é realizado em separado com os pais e a criança até que a relação pais-filho tenha sido suficientemente melhorada para que ocorra o treinamento conjunto.

Alvo 10: reduzir comportamentos da criança que interferem na terapia

Os comportamentos que interferem na terapia (conforme distinguidos dos comportamentos que destroem a terapia ou que são arriscados/inseguros, antes descritos) são os mais inferiores em uma hierarquia de alvos em DBT-C. Incluem agressão verbal na sessão, ameaças, xingamentos, gritos, tentativas de distrair os pais ou o terapeuta, ser distraído, desvalorizar o tratamento, entre muitos outros comportamentos. Algumas vezes, a sessão inteira pode se resumir à criança gritando, berrando e ameaçando. Esses comportamentos são difíceis de tolerar, embora sejam relevantes para o alvo e informativos do que acontece fora das sessões.

Os comportamentos do alvo 10 são abordados principalmente com manejo de contingências (p. ex., ignorar comportamentos mal-adaptativos e reforçar os adaptativos na sessão). Eles apresentam ótimas oportunidades para refinar o uso das habilidades parentais de regulação emocional e técnicas de parentalidade no momento em que a situação está acontecendo (alvos 4 e 5). O terapeuta também tem a chance de observar e avaliar as interações pais-filho para intervenções adicionais (alvo 6). Além disso, o terapeuta pode continuar a ensinar habilidades aos pais enquanto a criança está tendo uma explosão (alvo 9), estipulando que os pais posteriormente discutam com a criança as técnicas aprendidas. Estes comportamentos também permitem que o terapeuta demonstre o enfrentamento efetivo (alvo 9) e a aplicação de procedimentos de manejo de contingências (alvo 5). Por fim, ignorar comportamentos disruptivos de uma criança nas sessões e também em casa ajuda a extinguir essas respostas em múltiplos contextos (alvo 8).

FASE DE PRÉ-TRATAMENTO

Na DBT-C, o pré-tratamento em geral é conduzido ao longo de duas sessões separadas com a criança e duas sessões separadas com o(s) pai(s). Os mesmos temas são abordados. Durante esta fase, o terapeuta discute o modelo biossocial e os pressupostos sobre pacientes que precisam de DBT-C, orienta a família para o modelo do tratamento, define metas do tratamento e relaciona como os componentes do tratamento abordarão os alvos especificados. Como já foi mencionado, na DBT-C os pais são chamados a se comprometerem com o tratamento no começo da terapia, embora não se exija esse comprometimento formal dos filhos. O comprometimento da criança só é estimulado se o terapeuta estiver confiante de que ela irá se comprometer. Isso pode exigir que a criança tenha experiência suficiente com a terapia para acreditar que o tratamento de fato pode ajudar.

TERAPIA INDIVIDUAL

A terapia individual com a criança consiste em duas fases: psicoeducação sobre emoções e terapia seguindo os alvos da DBT-C. A psicoeducação sobre emoções inclui uma discussão do que são as emoções, suas funções, mitos sobre emoções, a onda das emoções, o modelo de regulação emocional, o modelo de modificação do comportamento, aceitação radical, estar disposto e falta de disposição e a habilidade STOP. A DBT-C introduziu o modelo de regulação emocional para ajudar a elucidar como a própria emoção é amplificada, mantida e transformada em um estado de humor. Este modelo indica que existem três fontes principais que abastecem as emoções: fazer o que uma emoção quer que façamos, pensar o que uma emoção quer que pensemos e manter a tensão (ou energia) que uma emoção traz com um impulso para a ação. Com o objetivo de parar de experimentar uma emoção indesejada, todas as três fontes devem ser eliminadas. O modelo de modificação do comportamento também é único para a DBT-C. Ele inclui três componentes: *consciência* (i.e., uma habilidade de captar um impulso para a ação ou pensamento antes que ele seja realizado na ação); *disposição* (i.e., motivação para não seguir um impulso se ele não for justificado por uma ação); e *capacidade* (i.e., habilidade de enfrentamento adaptativa, solução de problemas, reestruturação cognitiva, autogerenciamento). A disposição é o aspecto mais importante, já que, sem motivação para se engajar em uma resposta concomitante, o conhecimento de habilidades e outras estratégias se torna inútil. Muito tempo é dedicado a aumentar a motivação da criança durante as sessões individuais com o terapeuta e nas sessões intermediárias com os pais.

Na DBT-C, a análise em cadeia é simplificada com o seguimento da sequência dos passos da onda da emoção: vulnerabilidades, eventos, pensamentos, emoções, impulsos de ação, efeitos posteriores. Um jogo de um dragão de três cabeças para análise em cadeia e análise de soluções com crianças pequenas é usado para motivar o engajamento e ajudar a manter sua atenção. As crianças escrevem sobre eventos, sentimentos, pensamentos e comportamentos em cartões especificamente planejados ou *links* em uma cadeia, e os colocam sobre um desenho de um dragão de três cabeças. O pescoço do meio no dragão representa o que realmente aconteceu, e os outros dois pescoços são usados para discutir que outras atitudes poderiam ter sido tomadas em vez daquela. Depois de desenvolvidas respostas alternativas, a criança e o terapeuta fazem *role-play* do o uso das soluções adaptativas geradas.

O tratamento individual com a criança seguindo os alvos da DBT-C inclui tarefas regulares de DBT, como aplicação de habilidades aprendidas, desenvolvimento do autogerenciamento, solução de problemas, reestruturação cognitiva, ativação comportamental, exposição, modelação, *coaching* e modelagem comportamental e consultoria para o paciente. Na DBT-C, as principais tarefas durante uma sessão individual são melhorar a motivação para mudança; realizar avaliações minuciosas das emoções, pensamentos e ações para entender as funções das respostas; e ajudar os pacientes a usarem efetivamente estratégias de mudança (p. ex., habilidades, solução de problemas, reestruturação cognitiva).

TREINAMENTO DE HABILIDADES

A DBT-C mantém a vasta maioria das habilidades usadas na DBT padrão, com muitas das habilidades tendo sido condensadas e apenas algumas completamente omitidas. O módulo de *mindfulness* foi mantido completamente, enquanto outros módulos passaram por modificações significativas. Por exemplo, no módulo de habilidades de efetividade interpessoal da DBT padrão, há três conjuntos de habilidades usadas para equilibrar e manter os desejos do indivíduo, os relacionamentos e o autorrespeito quando lidar com os outros. Estas são as habilidades DEAR MAN, GIVE e FAST, respectivamente, com cada letra no acrônimo representando um aspecto da habilidade usada. Na DBT-C, essas habilidades foram concentradas nas habilidades DEAR e FRIEND (ser Justo [*Fair*] e Respeitoso [*Respectful*], agir de forma Interessada [*Interested*], adotar um estilo tranquilo [*Easy*], Negociar [*Negotiate*] e ser Direto [*Direct*]).

Na DBT-C, as diferenças nos módulos de tolerância ao mal-estar e regulação emocional são discutidas funcionalmente a partir da perspectiva do modelo de regulação emocional. As habilidades de tolerância ao mal-estar funcionam para reduzir o risco de tornar a situação pior sem o objetivo de mudar a forma como a pessoa se sente ou a situação. Assim, a maioria dessas habilidades é concebida para cortar um ou dois "alimentos" das emoções. Por exemplo, a habilidade DISTRACT (uma combinação de distrair-se com a mente sábia — ACCEPTS — e melhorar o momento — IMPROVE) inclui Fazer (*Do*) outra coisa (cortar *a alimentação* da emoção), Pensar (*Think*) em outra coisa (cortar *a alimentação do pensamento*), etc. As habilidades de regulação emocional, por outro lado, funcionam para modular uma experiência emocional e assim são concebidas para cortar todas as três fontes de alimentação de uma emoção. Por exemplo, a habilidade fazer ação oposta de forma integral, que inclui agir, pensar e adotar uma expressão de tensão oposta. Conforme mencionado, algumas habilidades são omitidas dos módulos de tolerância ao mal-estar e regulação emocional na DBT-C com base no fato de que elas são menos relevantes para uma população pediátrica, como manter-se firme aos valores, comparar-se com outros menos afortunados, encontrar significado no sofrimento e usar a oração. A Tabela 15.2 traz um resumo mais completo do currículo de habilidades da DBT-C.

COMPONENTE DE TREINAMENTO PARENTAL

A DBT-C, quando comparada com a DBT padrão, tem uma vantagem única: uma habilidade de intervir diretamente no ambiente para interromper a transação disfuncional descrita no modelo biossocial. Os pais têm que aprender tudo o que o filho está aprendendo (i.e., didática sobre emoções e habilidades), além de componentes adicionais (i.e., criar um ambiente pronto para mudança e validante, técnicas de modificação comportamental e a dialética da parentalidade).

A DBT-C mantém uma ênfase no treinamento dos pais para se tornarem terapeutas dos filhos, com o objetivo de promover a habilidade dos pais para demonstrar, estimular e reforçar o uso das habilidades e solucionar problemas com os filhos muito depois que a terapia tiver terminado. Desde o começo, os pais recebem a mensagem de que os comportamentos do filho são *irrelevantes* até que eles sejam capazes de criar um ambiente estável, pronto para mudança e validante. No entanto, as tarefas do componente de treinamento dos pais não estão limitadas a apenas ajudá-los a atingirem a própria regulação emocional e lhes ensinar como reforçar, ignorar, validar

TABELA 15.2 Habilidades da DBT-C

	Mindfulness
Introdução	Significado, importância e metas das habilidades de *mindfulness*.
Mente emocional e mente racional	A "mente emocional" ocorre quando os pensamentos e comportamentos são controlados essencialmente pelas emoções e é difícil pensar com clareza. A "mente racional" ocorre quando os pensamentos e comportamentos são controlados pela lógica e por regras e as emoções não são consideradas.
Mente sábia	A "mente sábia" ocorre quando levamos em conta informações dos nossos sentimentos e pensamentos e acrescentamos intuição quando tomamos decisões. Os passos para se conectar com a mente sábia são discutidos.
Habilidades "o que fazer"	Observar, descrever e participar com consciência.
Habilidades "como fazer"	Adotar uma postura não julgadora; fazer uma coisa de cada vez e ser efetivo.
Revisão	Revisão e discussão das habilidades de *mindfulness* aprendidas.
	Tolerância ao mal-estar
Introdução	Significado, importância e metas das habilidades de tolerância ao mal-estar.
DISTRACT	Controlar as respostas emocionais e os comportamentais em sofrimento usando o acrônimo DISTRACT: Faça outra coisa (**D**o), Imagine eventos agradáveis (**I**magine), Pare de pensar sobre isto (**S**top), Pense em outra coisa (**T**hink), Lembre-se de que os sentimentos mudam (**R**emind), Peça ajuda aos outros (**A**sk), Contribua (**C**ontribute), Faça uma pausa (**T**ake).
TIP	Quando em um ponto de ruptura, use habilidades TIP: Contraia e relaxe (**T**ense), sensação Intensa (**I**ntense), respiração Compassada (**P**aced).
Autotranquilização	Tolere o mal-estar usando os cinco sentidos: visão, audição, paladar, olfato e tato.
Revisão	Revisão e discussão das habilidades de tolerância ao mal-estar aprendidas.
	Regulação emocional
Introdução	Significado, importância e metas das habilidades de regulação emocional.
Surfando sua emoção	Reduza a intensidade da excitação emocional prestando atenção às sensações que a emoção produz no corpo sem se distrair ou ruminar.
Ação oposta de forma integral	Mude uma emoção agindo e pensando o oposto ao impulso de ação e liberando a tensão que a emoção traz para o corpo.
Habilidades SABER (em inglês PLEASE)	Reduza a vulnerabilidade emocional: atente à saúde Física (**P**hysica**L**), Coma saudável (**E**at), Evite drogas/álcool (**A**void), Durma bem (**S**leep) e faça Exercícios (**E**xercise).
Habilidades LAUGH	Aumente a emoção positiva: Abandone as preocupações (**L**et), Aplique-se (**A**pply), Use habilidades de antecipação (**U**se), defina Metas (**G**oals) e Divirta-se (**H**ave).
Revisão	Revisão e discussão das habilidades de regulação emocional aprendidas.

(Continua)

TABELA 15.2 Habilidades da DBT-C *(Continuação)*

	Efetividade interpessoal
Introdução	Significado, importância e metas das habilidades de efetividade interpessoal.
Pensamentos de preocupação e incentivo	Metas da efetividade interpessoal: o que atrapalha ser efetivo e as autoinstruções de incentivo.
Metas	Dois tipos de metas interpessoais: "conseguir o que você quer" e "progredir".
Habilidades DEAR	Como "conseguir o que você quer": Descreva a situação (**D**escribe), Expresse os sentimentos e pensamentos (**E**xpress), Peça o que você quer (**A**sk), Recompense ou motive a pessoa por fazer o que você quer (**R**eward).
Habilidades FRIEND	Como "progredir": seja Justo (**F**air), Respeite a outra pessoa (**R**espect), aja com Interesse (**I**nterested), adote um estilo Tranquilo (**E**asy), Negocie (**N**egotiate) e seja Direto (**D**irect).
Revisão	Revisão e discussão das habilidades de efetividade interpessoal aprendidas.

e demonstrar respostas adaptativas. A aplicação adequada e consistente dessas estratégias é apenas o fundamento para ajudar os pais a promoverem no filho um sentimento de amor-próprio, sensação de segurança e sentimento de pertencimento. A vulnerabilidade parental nestes sentidos também é explorada e focada durante as sessões.

Os pais costumam ser vistos sem o filho durante o primeiro ou segundo mês de tratamento para que eles recebam treinamento suficiente de modo que sejam capazes de realizar a modelação, a modelagem e o reforçamento das respostas adaptativas da criança e de desenvolver regulação emocional suficiente para suportarem o aumento dos comportamentos mal-adaptativos depois que a criança iniciar a terapia. A DBT-C, como a maioria das terapias, rompe com as formas estabelecidas pelas quais os pais e os filhos interagem entre si e muda os padrões de resposta. As crianças e os pais precisam de tempo para se adaptarem a essas mudanças, e a falta de preparo parental pode piorar a situação para a família. Por exemplo, se os pais ainda não têm regulação emocional suficiente e começam a implementar a extinção planejada, há uma boa chance de que eles não sejam capazes de suportar as explosões comportamentais e acabem dando atenção a uma conduta (p. ex., gritar de volta com o filho) no auge da escalada. Assim, em vez de extinguir um comportamento mal-adaptativo, um nível de maior severidade deste comportamento será reforçado com a atenção.

PESQUISA EM DBT-C

O estudo da aplicação de DBT-C e tratamento conforme usual (TAU, do inglês *treatment as usual*) no contexto ambulatorial avaliou 43 crianças diagnosticadas com transtorno disruptivo da desregulação do humor (TDDH; Perepletchikova et al., 2017). Nesta amostra, 55,8% das crianças tinham ideação suicida ativa e 37,2% se engajaram em comportamentos de autolesão não suicida. O estudo demonstrou a viabilidade e eficácia da DBT-C, sem abandonos da terapia na condição com DBT-C quando comparada com 36,4% na condição de TAU, e as famílias em DBT-C expressaram maior satisfação com o tratamento. Além do mais, 90,4% das crianças na condição com

DBT-C responderam ao tratamento, uma avaliação de "consideravelmente melhor" ou "muito melhor" por clínicos cegos na Clinical Global Impression Scale (Guy, 1976), quando comparadas com 45,5% em TAU. Esses resultados foram demonstrados apesar de três vezes mais crianças estarem recebendo medicações psiquiátricas em TAU quando comparadas com DBT-C. Os resultados foram clinicamente significativos e mantidos no seguimento.

Uma adaptação da DBT-C para um contexto residencial também foi examinada quando comparada com TAU em uma amostra de 47 meninos entre 7 e 12 anos (Perepletchikova et al., 2020). A amostra exibia problemas psiquiátricos severos e diversos, com a maioria sendo diagnosticada com TDAH, transtornos disruptivos do comportamento e transtornos do humor e 61,8% se engajando em comportamentos suicidas e/ou experimentando ideação suicida. A DBT-C se revelou significativamente mais efetiva do que a TAU na redução de problemas psiquiátricos externalizantes e internalizantes em todas as subescalas no relatório da equipe na Child Behavior Checklist (Achenbach, 1991), com as diferenças sendo clinicamente significativas. No entanto, não houve diferenças significativas registradas nos relatos dos pais e professores. Isso poderia resultar do fato de que a equipe do contexto comunitário no programa residencial era treinada em DBT-C da mesma maneira que os cuidadores no estudo ambulatorial do TDDH, recém-descrito, enquanto os professores não eram treinados na abordagem (pois eles estavam em contato com os dois grupos) e a maioria dos pais não participou consistentemente dos treinamentos (em média, frequentando menos de um terço das sessões prescritas). Assim, a diferença significativa entre os grupos foi observada somente com os cuidadores (i.e., a equipe do contexto residencial ou parcial) que foram treinados no modelo, destacando a importância do envolvimento do cuidador no tratamento para estimular e manter os ganhos no tratamento.

CONCLUSÃO

A DBT-C mantém as principais estratégias terapêuticas e procedimentos da DBT padrão. Entretanto, a implementação desses procedimentos varia entre os modelos. Por exemplo, fornecer psicoeducação, realizar extensas análises em cadeia comportamentais e fazer consultoria para o paciente não são enfatizados na terapia com crianças tanto quanto com pacientes adultos. Por outro lado, o manejo de contingências (p. ex., usar um forte cronograma de reforçamento, extinção, modelagem); estratégias estilísticas (p. ex., comunicação recíproca e irreverente); e intervenções ambientais assumem um papel principal.

As estratégias dialéticas (p. ex., amplificar a tensão, usar um estilo balanceado, praticar o pensamento dialético, falar por metáforas, assim como a condução do tratamento com movimento, velocidade e fluxo) têm evidência particular para o processo terapêutico dentro da DBT-C. Avançar com velocidade e fluxo para manter o paciente levemente fora de equilíbrio é a chave para manter a atenção da criança. Os terapeutas devem estar alertas às mudanças no humor e aos níveis de engajamento da criança, pois com frequência elas acontecem muito abruptamente. Por exemplo, quanto maior a severidade da explosão comportamental da criança, mais relaxado o terapeuta precisa ser; quanto mais retraída a criança, mais entusiasmado, animado, vibrante e engraçado o terapeuta deve se tornar para trazer mais dinâmica à sessão e mantê-la. A fim de encorajar a participação da criança, o terapeuta deve estar preparado para jogar jogos, assistir a desenhos animados, sentar-se no chão em posição de lótus, aprender como fazer *plié*, comer muito doce e se transformar em comediante e mágico (se nada mais funcionar, um truque de prestidigitação para um exercício de *mindfulness* pode fazer toda a diferença). Um terapeuta de DBT-C precisa ter a habilidade de usar uma variedade de estratégias e passar rapidamente de uma para outra, dependendo do que a situação exige. Um rápido disparo de validação, irreverência, reforço e extinção dentro de cada breve segmento de uma sessão é a regra, não a exceção, quando se faz terapia com crianças.

Um terapeuta também precisa ser vigilante com as respostas dos pais na sessão para assegurar que eles sejam capazes de tolerar as explosões do filho, manter a própria regulação emocional e engajamento, aprender habilidades e auxiliar o terapeuta durante a sessão, em vez de contribuírem para escaladas. A orientação para o modelo de tratamento, metas, hierarquias, estratégias e o papel dos pais na terapia é fundamental na DBT-C. Igualmente importante é treinar os pais (antes de iniciar a terapia com o filho) em modificação do comportamento e técnicas de validação e fazê-los praticar habilidades de enfrentamento para que sejam capazes de suportar as escaladas comportamentais. Os pais devem estar preparados para funcionar como coterapeutas durante as interações com o filho nas sessões e como terapeutas principais fora delas.

Ademais, há diferenças significativas entre DBT-C e DBT padrão com relação à hierarquia de alvos do tratamento, terapia individual, treinamento de habilidades e estrutura do tratamento, além do acréscimo de um extenso componente de treinamento abrangente dos pais.

Marsha Linehan (1998) comparou o fornecimento de DBT a tocar *jazz*: o terapeuta precisa se adaptar e reagir a um paciente do mesmo modo que os dedos de um músico quando esvoaçam rapidamente sobre as teclas ou cordas de um instrumento em resposta às notas que acabaram de ser tocadas um momento antes. Além disso, a DBT-C pode ser comparada a uma apresentação teatral interativa, em que o terapeuta é ao mesmo tempo diretor, ator e contrarregra. Um terapeuta em DBT-C precisa combinar um desempenho roteirizado com espontaneidade e improvisação, ao mesmo tempo preparando o terreno e monitorando de perto, instruindo e dirigindo outros atores para garantir que a atuação se desenrole colaborativamente, mas dentro das fronteiras das metas da sessão.

REFERÊNCIAS

Achenbach, T. M. (1991). *Manual for the Child Behavior Checklist/4-18 and 1991 profile*. Burlington: University of Vermont, Department of Psychiatry.

Althoff, R. R., Verhulst, F. C., Retlew, D. C., Hudziak, J. J., & Van der Ende, J. (2010). Adult outcomes of childhood dysregulation: A 14-year follow-up study. *Journal of the American Academy of Child and Adolescent Psychiatry, 49*(11), 1105-1116.

Becker, M., Breuing, J., Nothacker, M., Deckert, S., Steudtner, M., Schmitt, J., et al. (2015). Guideline-based quality indicators — a systematic comparison of German and international clinical practice guidelines: Protocol for a systematic review. *Systematic Review, 7*, 5.

Dowell, K. A., & Ogles, B. M. (2010). The effects of parent participation on child psychotherapy outcome: A meta-analytic review. *Journal of Clinical Child and Adolescent Psychology, 39*, 151-162.

Fawley-King, K., Haine-Schlagel, R., Trask, E. V., Zhang, J., & Garland, A. F. (2013). Care-giver participation in community-based mental health services for children receiving outpatient care. *Journal of Behavioral Health Services and Research, 40*, 180-190.

Guy, W. (1976). The clinical global impression scale. In *ECDEU assessment manual for psychopharmacology — Revised* (pp. 218-222). Rockville, MD: U.S. Department of Health, Education and Welfare, ADAMHA, NIMH Psychopharmacology Research Branch.

Haine-Schlagel, R., & Walsh, N. E. (2015). A review of parent participation engagement in child and family mental health treatment. *Clinical Child and Family Psychology Review, 18*, 133-150.

Kaufman, S. B., & Gregoire, C. (2015). *Wired to create: Unraveling the mysteries of the creative mind*. New York: TarcherPerigree, Penguin Random House.

Linehan, M. M. (1993). *Cognitive-behavioral treatment of borderline personality disorder*. New York: Guilford Press.

Noser, K., & Bickman, L. (2000). Quality indicators of children's mental health services: Do they predict improved client outcomes? *Journal of Emotional and Behavioral Disorders, 8*, 9-18.

Okado, Y., & Bierman, K. L. (2015). Differential risk for late adolescent conduct problems and mood dysregulation among children with early externalizing behavior problems. *Journal of Abnormal Child Psychology, 43*(4), 735–747.

Perepletchikova, F. (2018). Dialectical behavior therapy for pre-adolescent children. In M. Swales (Ed.), *The Oxford handbook of dialectical behavior theory*. Oxford, UK: Oxford University Press.

Perepletchikova, F., Axelrod, S., Kaufman, J., Rounsaville, B. J., Douglas-Palumberi, H., & Miller, A. (2011). Adapting dialectical behavior therapy for children: Towards a new research agenda for pediatric suicidal and non-suicidal self-injurious behaviors. *Child and Adolescent Mental Health, 16*(2), 116–121.

Perepletchikova, F., & Goodman, G. (2014). Two approaches to treating pre-adolescent children with severe emotional and behavioral problems: Dialectical behavior therapy adapted for children and mentalization-based child therapy. *Journal of Psychotherapy Integration, 24*(4), 298–312.

Perepletchikova, F., Klee, S., Davidowitz, J., Nathanson, D., Merrill, C., Axelrod, S., et al. (2020). *Dialectical behavior therapy with pre-adolescent children in residential care: Feasibility and primary outcomes*. Manuscript in preparation.

Perepletchikova, F., Nathanson, D., Axelrod, S. R., Merrill, C., Walker, A., Grossman, M., et al. (2017). Dialectical behavior therapy for pre-adolescent children with disruptive mood dysregulation disorder: Feasibility and primary outcomes. *Journal of the American Academy of Child and Adolescent Psychiatry, 56*(10), 832–840.

Pickles, A., Aglan, A., Collishaw, S., Messer, J., Rutter, M., & Maughan, B. (2010). Predictors of suicidality across the life span: The Isle of Wight study. *Psychological Medicine, 40*(9), 1453–1466.

Roy, A. K., Klein, R. G., Angelosante, A., Bar-Heim, Y., Liebenluft, E., Hulvershorn, L., et al. (2013). Clinical features of young children referred for impairing temper outbursts. *Journal of Child and Adolescent Psychopharmacology, 25*(9), 588–596.

Stringaris, A. (2011). Irritability in children and adolescents: A challenge for DSM-5. *European Child and Adolescent Psychiatry, 20*(2), 61–66.

Zima, B. T., Hurlburt, M. S., Knapp, P., Ladd, H., Tang, L., Duan, N., et al. (2005). Quality of publicly-funded outpatient specialty mental health care for common childhood psychiatric disorders in California. *Journal of the American Academy of Child and Adolescent Psychiatry, 44*(2), 130–144.

16
DBT para adolescentes

Alec L. Miller, Jill H. Rathus, Elizabeth T. Dexter-Mazza, Chad S. Brice e Kelly Graling

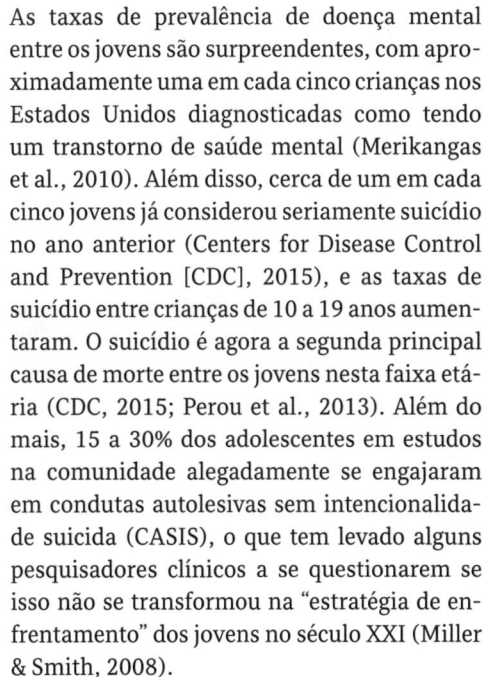

As taxas de prevalência de doença mental entre os jovens são surpreendentes, com aproximadamente uma em cada cinco crianças nos Estados Unidos diagnosticadas como tendo um transtorno de saúde mental (Merikangas et al., 2010). Além disso, cerca de um em cada cinco jovens já considerou seriamente suicídio no ano anterior (Centers for Disease Control and Prevention [CDC], 2015), e as taxas de suicídio entre crianças de 10 a 19 anos aumentaram. O suicídio é agora a segunda principal causa de morte entre os jovens nesta faixa etária (CDC, 2015; Perou et al., 2013). Além do mais, 15 a 30% dos adolescentes em estudos na comunidade alegadamente se engajaram em condutas autolesivas sem intencionalidade suicida (CASIS), o que tem levado alguns pesquisadores clínicos a se questionarem se isso não se transformou na "estratégia de enfrentamento" dos jovens no século XXI (Miller & Smith, 2008).

Adolescentes com repetida autolesão ou ideação suicida (IS) muitas vezes são trazidos aos serviços de emergência e internados em unidades psiquiátricas, rapidamente tendo alta de volta aos seus serviços ambulatoriais tradicionais sem necessariamente estarem equipados para tratar comportamentos de alto risco. Nos últimos 20 anos, a terapia comportamental dialética (DBT) com adolescentes com múltiplas problemáticas e suicidas se revelou uma alternativa efetiva em relação a tratamento conforme usual (TAU, do inglês *treatment as usual*), terapia cognitivo-comportamental (TCC), psicoterapias de apoio e psicodinâmicas (Miller, Rathus, Linehan, Wetzler, & Leigh, 1997; Rathus & Miller, 2002; Miller, Rathus, & Linehan, 2007; Mehlum et al., 2014; Rathus & Miller, 2015; McCauley et al., 2018). A DBT para adolescentes (DBT-A, do inglês *dialectical behavior therapy for adolescents*) começou como um tratamento para jovens suicidas e com comportamento de autolesão, mas evoluiu para um tratamento transdiagnóstico dirigido a adolescentes que apresentam uma gama de problemas emocionais e comportamentais (Miller et al., 2007; Ritschel, Miller, & Taylor, 2013).

Neste capítulo, iniciamos discutindo a justificativa para DBT com adolescentes. Depois resumimos nossa aprendizagem ao desenvolvermos nossos próprios programas em DBT para adolescentes, concentrando-nos nas adaptações, nos acréscimos e nas áreas de ênfase que consideramos importantes para o nível desenvolvimental desta população. Ao longo do capítulo, descrevemos como manter os princípios da DBT no desenvolvimento e aplicação de um programa em DBT para adolescentes. Por último, apresentamos uma vinheta clínica para ilustrar como aplicar estes princípios com um adolescente com múltiplas problemáticas.

POR QUE ADOTAR A DBT-A?

Há várias razões para adotar a DBT-A: (1) abordar uma clara necessidade de um tratamento baseado em evidências para jovens com múltiplas problemáticas e suicidas; (2) oferecer uma teoria biossocial que forneça um modelo teórico compassivo para explicar a etiologia e a manutenção da desregulação emocional que também fundamenta as intervenções do tratamento; (3) abordar vários déficits de habilidades, incluindo regulação emocional, e ensinar novas habilidades comportamentais em contextos de grupo ou sala de aula compatíveis com a aprendizagem de jovens típicos, praticando e generalizando novas habilidades; e (4) utilizar uma intervenção multimodal que permita vários pontos de intervenção, incluindo terapia individual, grupo de treinamento de habilidades multifamiliar, *coaching* entre as sessões para adolescentes e pais, e sessões em família e sessões com os pais quando necessário.

No início da década de 1990, quando o Surgeon General dos Estados Unidos emitiu uma "chamada para ação" com o objetivo de abordar as crescentes taxas de suicídio, não havia um único tratamento baseado em evidências dirigido a adolescentes suicidas para ser oferecido. Havia uma clara necessidade de um tratamento abrangente que pudesse abordar os déficits de habilidades, ao mesmo tempo aumentando a motivação para a mudança e para se manterem em tratamento, e também ensinando aos cuidadores as habilidades para interagir efetivamente com seu filho adolescente. Além disso, os profissionais que estavam conduzindo o tratamento ambulatorial com esta população de alto risco também precisavam de apoio e ajuda para manterem a motivação (Miller et al., 1997).

Aplicar DBT a adolescentes suicidas e com comportamento de autolesão se revelou uma adequação lógica para atingir essas metas. A DBT foi explicitamente concebida para indivíduos que são cronicamente suicidas ou apresentam autolesão e que têm múltiplos problemas sérios de saúde mental. A DBT, além de se concentrar diretamente em comportamentos que ameaçam iminentemente a vida, também foca ativamente a não adesão ao tratamento, um enorme problema entre adolescentes suicidas. Por exemplo, em um estudo inicial, 77% dos adolescentes que tentaram suicídio que se apresentaram a um serviço de emergência não compareciam ou concluíam o tratamento ambulatorial (Trautman, Stewart, & Morishima, 1993). Outro benefício da DBT é de uma abordagem multimodal, que inclui terapia individual; uma equipe de consultoria, também conhecida como "terapia para os terapeutas"; *coaching* telefônico para os pacientes; e o treinamento de habilidades em grupo. O treinamento de habilidades em grupo é uma modalidade de tratamento particularmente efetiva para adolescentes devido às relações com os pares que promove o desenvolvimento de habilidades sociais e a formação da identidade (Brown, 1990). A flexibilidade de uma abordagem multimodal permitiu espaço para adaptar os novos modos necessários que descrevemos a seguir, incluindo *coaching* entre as sessões para os cuidadores, intervenções familiares quando necessário, novas habilidades para o grupo de habilidades multifamiliar (MFSG, do inglês *multifamily skills group*; p. ex., habilidades Trilhando o Caminho do Meio, habilidades THINK) e um grupo de formação para adolescentes.

MODIFICAÇÕES DA DBT PADRÃO PARA ADOLESCENTES

Antes de serem feitas modificações em qualquer tratamento baseado em evidências, cabe aos terapeutas primeiramente aplicar o tratamento exato que é apoiado pelas evidências e avaliar os resultados e as dificuldades. Como pesquisadores clínicos, Rathus e Miller aplicaram o manual adulto para coortes de pacientes adolescentes e seus cuidadores a fim de obter informações clínicas antes de fazer adaptações. No entanto, várias modificações foram necessárias para atender às necessidades desenvolvimentais dos adolescentes que diferiam das dos adultos, incluir membros da família que também demonstravam déficits de habilidades e simplificar o conteúdo dos materiais originais de Linehan para o treinamento de habilidades. A literatura desenvolvimental sobre adolescentes associada ao *feedback* direto dos participantes e às observações clínicas fundamentaram as modificações iniciais (Miller et al., 1997; Rathus & Miller, 2002). Rathus e Miller continuaram a fazer modificações menores com base nas necessidades desenvolvimentais e contextuais da família e na sua pesquisa (Rathus & Miller, 2000, 2002), conforme refletido em seus manuais de tratamento e treinamento de habilidades: *Dialectical Behavior Therapy with Suicidal Adolescents* (Miller et al., 2007) e *DBT Skills Manual for Adolescents* (Rathus & Miller, 2015). Eles mantiveram os princípios e elementos essenciais da DBT, incluindo seus fundamentos dialéticos; a teoria biossocial dos transtornos; funções do tratamento; pressupostos sobre pacientes e terapeutas; alvos prioritários do tratamento e procedimentos para focá-los; procedimentos de aceitação e mudança; estratégias do tratamento (i.e., centrais, dialéticas, estilísticas, comprometimento, manejo do caso); e habilidades.

PESQUISA EM DBT COM ADOLESCENTES

Os primeiros estudos com delineamento quase-experimental da DBT com adolescentes sugeriram que a DBT era efetiva na redução de diversos comportamentos-alvo encontrados entre jovens com múltiplas problemáticas e suicidas (Rathus & Miller, 2002; Katz, Cox, Gunasekara, & Miller, 2004; Fleischhaker et al., 2011). Esses estudos demonstraram viabilidade e resultados promissores que forneceram as bases para posteriores ensaios clínicos controlados randomizados (ECRs).

Até o momento, foram conduzidos três ECRs, e eles indicam a efetividade da DBT em uma população adolescente (Mehlum et al., 2014; McCauley et al., 2018; Goldstein, Axelson, Birmaher, & Brent, 2007). O estudo de Mehlum e colaboradores (2014) comparou 19 semanas de DBT ambulatorial (com os materiais para adolescentes traduzidos para o norueguês) para atendimento usual melhorado (EUC, do inglês *enhanced usual care*) para 77 adolescentes suicidas e com autolesão diagnosticados com pelo menos três critérios diagnósticos de transtorno da personalidade *borderline* (TPB). De modo geral, a retenção no tratamento foi boa nas duas condições de tratamento, e a utilização de serviços de emergência foi baixa. A DBT foi superior ao EUC na redução de autolesão, IS, depressão, desesperança e sintomas de TPB. No seguimento de um ano, Mehlum e colaboradores (2016) encontraram diferenças significativas dentro e entre os grupos nos episódios de autolesão desde o pós-tratamento até um ano, com a DBT apresentando resultados significativamente melhores do que o EUC.

Um segundo grande ECR, o Collaborative Adolescent Research on Emotions and Suicide (CARES), comparou DBT abrangente com uma terapia de apoio individual e em grupo guiada por protocolo (IGST, do inglês *individual and group supportive therapy*) para comportamento suicida recente e repetido em 173 adolescentes com pelo menos três critérios diagnósticos de TPB (McCauley et al., 2018). A intervenção com DBT durou seis meses. Os resultados preliminares indicaram um acentuado declínio nas tentativas de suicídio no curso do tratamento e uma taxa significativamente mais baixa de tentativas de suicídio no final do tratamento na condição com DBT em comparção ao grupo-controle. Os investigadores também encontraram CASIS e IS significativamente reduzidos entre os adolescentes que receberam DBT comparados à condição-controle. Esses resultados dão apoio adicional para a eficácia da DBT na redução de comportamentos suicidas, CASIS e IS em jovens.

Um terceiro ECR, menor e especificamente planejado para adolescentes com transtorno bipolar, foi realizado (Goldstein et al., 2015). Neste estudo, a DBT ($n=14$) foi comparada com TAU psicossocial ($n=6$). A condição com DBT incluiu 36 sessões, 18 individuais e 18 de treinamento de habilidades em família, alternando-se semanalmente ao longo de um ano. A condição com TAU era uma abordagem de psicoterapia eclética que incluía técnicas psicoeducacionais, de apoio e TCC. Os resultados indicaram que os indivíduos na condição com DBT tiveram maior aderência ao tratamento e reduções nos sintomas depressivos ao longo do tempo. Resultados adicionais indicaram tendência para maiores reduções em IS e desregulação emocional na condição com DBT; entretanto, o pequeno tamanho da amostra impede conclusões robustas.

Resultados relatados de estudos não randomizados indicam que a DBT para adolescentes parece reduzir comportamentos suicidas, CASIS, depressão e características de TPB, além de ter forte viabilidade para o tratamento, boa aceitação em vários países e culturas e taxas estáveis de retenção no tratamento (Cook & Gorraiz, 2016; Cooney et al., 2012; Goldstein et al., 2007; Groves, Backer, van den Bosch, & Miller, 2012; Rathus & Miller, 2002). Além disso, clínicos e pesquisadores aplicaram DBT a uma gama ainda mais ampla de adolescentes, muitos dos quais nunca foram suicidas (Groves et al., 2012). Portanto, os profissionais em saúde mental podem aplicar DBT a adolescentes com uma ampla série de problemas clínicos de saúde mental com dificuldades para controlar suas emoções e comportamentos (Ritschel et al., 2013). Como os adolescentes estão inseridos em um *continuum* que se estende desde adolescentes típicos, relativamente assintomáticos (i.e., contextos escolares), até severamente desregulados em termos emocionais e comportamentais, que podem exigir um contexto restritivo (i.e., tratamento hospitalar ou residencial), acreditamos que os componentes da DBT, variando desde apenas treinamento de habilidades até o tratamento abrangente, podem ser benéficos para todas estas populações, aplicados dentro de um modelo primário, secundário e terciário (Rathus & Miller, 2015).

DECIDINDO QUEM VOCÊ IRÁ TRATAR COM A DBT-A: FATORES A CONSIDERAR

Uma das primeiras decisões no desenvolvimento de um programa de DBT para adolescentes requer a elucidação dos critérios de inclusão e exclusão para o programa. Uma vantagem de limitar o programa de DBT a um grupo relativamente homogêneo (p. ex., critérios de presença de TPB e autolesão intencional recente) é que os indivíduos no programa se assemelham ao grupo *original* para o qual a DBT demonstrou ser eficaz (Miller et al., 1997). A similaridade dos problemas em um grupo mais homogêneo pode criar maiores sentimentos de coesão entre os jovens no programa. Por outro lado, as crescentes evidências de que a DBT pode ser adaptada com sucesso a uma gama de comportamentos-alvo (Miller et al., 2007; Rathus & Miller, 2015; Ritschel et al., 2013) torna razoável considerar grupos com diagnósticos mistos que servem a mais pacientes. Em compensação, quando se ampliam os critérios de ingresso, os níveis de severidade dos indivíduos e os alvos do tratamento também se ampliam, e essas diferenças podem significar que o programa e o treinamento de habilidades em grupo podem perder seu foco. A maioria dos critérios de inclusão dos programas de DBT ambulatorial para adolescentes são o endosso de pelo menos três de cinco das áreas-problema em DBT (p. ex., desregulação emocional, dificuldades interpessoais, impulsividade, confusão sobre a própria identidade e desafios do adolescente/família) sem risco de suicídio ou autolesão necessárias para a admissão. Muitos jovens selecionados para programas de DBT em geral receberam diagnósticos comórbidos, incluindo transtornos do humor, ansiedade, uso de substância e comportamento disruptivo.

A principal consideração referente aos critérios de exclusão é verificar se o paciente tem chances de se beneficiar da DBT ou se existem tratamentos baseados em evidências mais apropriados. Por exemplo, um adolescente cujos problemas principais resultam de um transtorno do pensamento não deve estar recebendo DBT como tratamento de primeira linha — outros tratamentos baseados em evidências são mais apropriados. No entanto, podemos considerar DBT para um adolescente que é cronicamente suicida e pratica autolesão e tem características psicóticas secundárias a uma depressão maior. Algumas vezes, os critérios de exclusão devem considerar quão bem um paciente irá funcionar no treinamento de habilidades em grupo. Por exemplo, mania ou psicose atual, abuso severo de substâncias, deficiências intelectuais significativas e transtornos severos da linguagem expressiva ou receptiva e da leitura podem interferir na habilidade da pessoa de aprender e participar do treinamento de habilidades em grupo. Isso pode significar que a entrada em um programa de DBT será adiada até que as condições sejam suficientemente estabilizadas para que o indivíduo se beneficie do treinamento de habilidades em grupo, ou o treino será realizado em um formato individual que possa acomodar os fatores que interferem na sua aprendizagem e participação.

Na prática, os critérios de exclusão entre os programas variam com base nos recursos do programa, nas escolhas quanto a grupos com diagnósticos homogêneos *versus* heterogêneos e nos limites do programa. A maioria dos programas ambulatoriais de DBT também exclui adolescentes que não estão dispostos a aderir ao programa de DBT completo (i.e., frequentar as sessões individuais e o grupo de habilidades) ou se recusam a descontinuar outra psicoterapia não DBT. Estes limites programáticos surgem dos obstáculos práticos para abordar a participação parcial ou terapia dupla simultânea que pode interferir no progresso do tratamento. A estimativa do nível apropriado de assistência também influencia os critérios de exclusão. Adolescentes são excluídos do tratamento ambulatorial quando estão tão fora de controle comportamentalmente (i.e., que são iminentemente suicidas ou homicidas, ou que — depois de exaustivas tentativas de se obter o comprometimento de se manterem vivos — ainda não exibem capacidade ou disposição para se manter vivos durante a semana seguinte e fazer uso da terapia para reduzir impulsos suicidas/homicidas) que tentar tratá-los em um contexto ambulatorial seria perigoso para eles e para os outros (incluindo os familiares). Por fim, a DBT ambulatorial é voluntária e, se os adolescentes "recusarem", não serão admitidos à DBT até que ofereçam pelo menos um nível mínimo de comprometimento voluntário com o trabalho na aprendizagem de novas habilidades que deem conta de alguma dificuldade comportamental ou emocional problemática identificada. Eles permanecem em "pré-tratamento" com um terapeuta individual trabalhando no compromisso com a DBT até que haja concordância por parte dos adolescentes.

Os critérios de inclusão e exclusão costumam ser menos rígidos em contextos de hospitalização e residenciais em DBT que aceitam um grupo mais amplo de problemas apresentados. Em escolas, no entanto, os critérios de inclusão para programas escolares de DBT abrangente podem ser mais estritamente focados em uma combinação de desregulação emocional e comportamental. Muitos adolescentes típicos exibem algum grau de desregulação emocional, e o treinamento em habilidades de DBT, por si só, pode beneficiá-los. Em escolas, os programas de prevenção secundária visam a proteger contra a eclosão total de transtornos de saúde mental para indivíduos em alto risco caracterizados por indicadores leves ou precoces de necessidades de saúde mental (p. ex., dificuldades escolares, problemas de atenção, humor triste ou ansioso, conflito familiar). Esses indivíduos podem, no mínimo, aprender habilidades de DBT em escolas ou contextos clínicos para lidar com desregulação emocional episódica ou leve sem que haja necessidade de uma intervenção de DBT completa (Rathus & Miller, 2015).

Assim como os critérios diagnósticos e os problemas apresentados, a idade é outro critério de inclusão importante a ser especificado. A adolescência é em geral definida como variando de 12 a 19 anos (p. ex., Berk, 2004), assim, é necessário determinar que faixa(s) etária(s) o programa de DBT atenderá. As vantagens de limitar o tratamento a grupos etários específicos (adolescência inicial, intermediária ou final) incluem maior homogeneidade em termos de problemas desenvolvimentais, possivelmente criando maior conexão com os pares nos contextos grupais. Entretanto, caso haja restrições envolvendo número limitado de encaminhamentos ou pequeno tamanho da equipe, um programa para adolescentes com idades mistas pode acabar sendo a solução. A maioria dos programas de DBT para adolescentes de que temos conhecimento aceita pacientes de 12 a 18 anos misturados nos grupos de habilidades.

Outro fator a considerar é o gênero e a inclusão ou não de meninas e meninos juntos nos grupos. Alguns contextos de tratamento residencial se restringem a tratar apenas um sexo ou então separam os indivíduos por sexo em residências diferentes, porém a maioria dos outros contextos admite tanto meninos quanto meninas. Limitar o grupo de habilidades a um único sexo permite maior homogeneidade dos problemas trazidos para o grupo e talvez mais conforto na autorrevelação. Além disso, minimiza o grau do comportamento disruptivo ou distraído devido a fatores como flerte heterossexual ou maior ansiedade social devido à presença do sexo oposto. Entretanto, uma desvantagem potencial de separar por sexo é que os pacientes têm menos oportunidades de aprender e aprimorar comportamentos habilidosos com pessoas do sexo oposto. Além do mais, manter grupos separados por sexo reduz a possibilidade de o programa de tratamento preencher mais facilmente os grupos de habilidades, uma vez que em geral há menos encaminhamentos do sexo masculino. Por fim, adolescentes que se identificam quanto ao gênero como trans, fluido ou *queer* ou que estão em questionamento podem se sentir invalidados quanto à sua identidade de gênero pela equipe de tratamento se forem forçados a entrar em um grupo para um único sexo.

O PAPEL FUNDAMENTAL DA TEORIA BIOSSOCIAL NO TRATAMENTO DE ADOLESCENTES

A teoria biossocial de Linehan (1993a) propõe que problemas crônicos de desregulação emocional provêm de uma vulnerabilidade biológica à desregulação emocional em transação com um ambiente invalidante. Usando uma perspectiva do desenvolvimento ao longo da vida, Crowell, Beauchaine e Linehan (2009) ampliaram a teoria biossocial para considerar a ligação entre impulsividade e desregulação emocional. Esses autores propuseram que muitos correlatos do TPB são semelhantes aos observados em transtornos do controle de impulsos e destacaram a sobreposição etiológica entre patologia *borderline* e transtorno de déficit de atenção/hiperatividade (TDAH), transtorno da conduta (TC), uso de substâncias e patologia antissocial. Por uma perspectiva do desenvolvimento, eles recomendaram considerar o papel dos transtornos do controle de impulsos como um dos muitos caminhos para o TPB (Crowell et al., 2009). Na DBT-A, ensina-se a teoria biossocial aos adolescentes e seus pais (ver Rathus & Miller, 2015).

Ensinando o modelo sem julgamentos, perguntamos aos membros da família quais partes do modelo se aplicam a eles e provocamos uma discussão. Como treinadores de habilidades, muitas vezes compartilhamos histórias que envolvem invalidação involuntária dos nossos entes queridos para mostrar nossa própria falibilidade e evitar assumir uma posição superior àqueles que têm dificuldade de usar estratégias de validação com seus familiares.

Vulnerabilidade biológica

A vulnerabilidade emocional inclui uma alta sensibilidade a estímulos que desencadeiam emoções, uma alta reatividade (i.e., respostas emocionais intensas) e um lento retorno à linha de base emocional. Somada a essa vulnerabilidade está a dificuldade para modular reações emocionais; ou seja, o adolescente não tem as habilidades e capacidades necessárias para lidar efetivamente com as situações. Na última década, um número crescente de pesquisas biológicas lançou luz sobre adultos diagnosticados com TPB, e agora há algumas pesquisas iniciais com adolescentes. Em adultos, a hiper-reatividade na amígdala (i.e., o centro das emoções no cérebro) em indivíduos com TPB comparados com controles saudáveis foi amplamente demonstrada por estudos de imagem por ressonância magnética funcional (RMf) (Goodman et al., 2014; Hazlett et al., 2012; Koenigsberg et al., 2014; Krause-Utz et al., 2014); no entanto, até o momento não foram realizados estudos de RMf sobre a atividade da amígdala em adolescentes com TPB (Ensink et al., 2015). A atividade da amígdala é notável devido ao seu papel fundamental no processamento das emoções e respostas de medo e estresse. Outros estudos neurobiológicos foram realizados com adolescentes com TPB, avaliando anormalidades volumétricas no córtex cingulado anterior (CCA) e no giro cingulado anterior (GCA), estruturas que se conectam funcionalmente à amígdala. Algumas evidências sugerem um decréscimo no volume do CCA em adolescentes com TPB (Whittle et al., 2009) e uma redução no volume do GCA em adolescentes com TPB (Goodman et al., 2011). Esses resultados fornecem evidências preliminares de que podem existir vulnerabilidades neurobiológicas no desenvolvimento de TPB em adolescentes, e enfatizamos isso em rápidas pinceladas quando ensinamos a teoria biossocial a adolescentes e famílias.

O ambiente invalidante

Ambiente invalidante é definido como a tendência das pessoas no ambiente emocionalmente sensível a generalizadamente rejeitar, negar, punir ou responder erraticamente à expressão de emoções, pensamentos ou comportamentos das pessoas. Para adolescentes, o ambiente invalidante pode resumir-se aos pais, irmãos e outros membros da família, além dos pares, professores, outros funcionários da escola e até mesmo profissionais da saúde (Miller et al., 2007). Muitos adolescentes vivenciam *bullying*, exclusão social ou reações nas mídias sociais que podem ser considerados extremamente invalidantes ou mesmo traumáticos (p. ex., "Você é uma vadia" ou "Todos nós ficaríamos felizes se você se matasse"). Em um ambiente invalidante, as experiências emocionais não são recebidas como respostas válidas e, em vez disso, são banalizadas, ignoradas ou atribuídas a características inaceitáveis como reatividade excessiva, incapacidade para ver as coisas realisticamente, falta de motivação, querer chamar atenção ou ser dramático. Às vezes, no entanto, os indivíduos no ambiente podem inadvertidamente reforçar a escalada das comunicações do sofrimento, dando atenção e acalmando, cedendo ou removendo demandas depois de comunicações suicidas. Ambientes invalidantes enfatizam o controle da expressão emocional ("Pare de se preocupar tanto, pois isso não é tão grave quanto você está fazendo parecer!"), simplificam excessivamente a facilidade de solução dos problemas ("Apenas estude mais para seu próximo SAT* e você se sairá muito bem") e são de modo geral intolerantes com exibições de emocionalidade aversiva ("Deixe de ser ranzinza e sorria, estamos indo na casa do seu tio e ele precisa ver que nós somos uma família feliz!"). Esses ambientes fornecem pouco ou nenhum treinamento em regulação emocional e, em vez disso, o indivíduo aprende que "emoções são ruins". "Eu não deveria sentir o que sinto; minhas reações são erradas, então não posso confiar nelas" ou "Só posso ser levado a sério se eu *realmente* lhes disser o quanto estou abalado."

É importante que se ensine ao adolescente, cuidadores e equipe escolar o quanto a vulnerabilidade biológica emocional do adolescente e o ambiente invalidante se influenciam adversamente ao longo do tempo. Um adolescente com vulnerabilidade emocional extrema pode desenvolver desregulação em uma família com níveis "normais" de invalidação, e pode até inadvertidamente provocar invalidação (p. ex., um pai bem-intencionado que não entende por que só *este* filho que tem TDAH e problemas para sentar-se calmo fica inquieto na mesa de jantar e interrompe os outros, até que o pai por fim explode: "Chega! Vá para o seu quarto!"). Ou um ambiente altamente invalidante pode transacionar com um nível mais baixo de vulnerabilidade emocional a ponto de gerar desregulação emocional global, ou invasiva, (p. ex., o treinador no ensino médio que critica os intervalos para descanso como fraqueza, humilha demonstrações emocionais e diz ao jogador lesionado para ignorar a dor e "voltar para o jogo"; Rathus, Miller, & Bonavitacola, 2017).

Devido ao papel da teoria biossocial em nossa compreensão da desregulação emocional em adolescentes, e tendo em vista que muitos deles são menores de idade que ainda moram na casa dos pais, é útil engajar os cuidadores no tratamento desde o momento de ingresso. Enquanto na DBT padrão para adultos os membros da família ou outros apoios sociais tendem a ter um papel auxiliar no tratamento, consideramos essencial abordar o ambiente social do adolescente. Abordamos os ambientes invalidantes dos adolescentes em casa ou na escola com ênfase adicional na intervenção ambiental. Além disso, identificamos dilemas dialéticos entre adolescente-família e alvos secundários do tratamento (Rathus & Miller, 2000). Em função do uso crescente da intervenção ambiental, fazendo com que os cuidadores participem do grupo de treinamento de habilidades e recebam treinamento e participem de sessões em família, desenvolvemos um novo módulo de habilidades denominado tratamento Trilhando o Caminho do Meio (TCM), além de fazer várias modificações nas habilidades existentes de Linehan e incluir algumas habilidades adicionais para adolescentes e cuidadores (Rathus & Miller, 2015).

Aumentando a intervenção ambiental para focar ambientes invalidantes

Considerando a invalidação que muitos dos nossos pacientes enfrentam conforme descrito na teoria biossocial, seja dos pares, cuidadores e/ou professores, acreditamos que seja importante focar em vários membros do ambiente para reduzir comportamentos invalidantes e ajudar a aumentar comportamentos habilidosos (p. ex., habilidades de validação) que provavelmente irão melhorar a comunicação e os relacionamentos. Pode ser útil orientar e mesmo treinar a equipe escolar em DBT (ver Dexter-Mazza et al., Capítulo 6 deste livro) e engajá-la de uma maneira colaborativa compartilhando (com a permissão do adolescente e do cuidador) as metas do tratamento e as estratégias efetivas para reforçar comportamentos habilidosos. Por exemplo, se um estudante com uma história de ataques de pânico tiver permissão para sair da aula para falar com um orientador educacional

---

* N. de R. T. Sistema de avaliação análogo ao Enem.

cada vez que ficar ansioso ou emocionalmente desregulado, existe o potencial de que a ansiedade/saída seja reforçada. Fornecer ao orientador estratégias efetivas para não reforçar comportamentos ansiosos pode ser vantajoso para atingir de forma mais eficiente as metas do adolescente.

Inclusão dos cuidadores em vários modos, incluindo grupo de treinamento de habilidades multifamiliar

Abordamos a função do tratamento em DBT padrão, *estruturação do ambiente*, por meio da inclusão dos cuidadores no tratamento e da interação com a equipe escolar sempre que indicado. Incluímos os pais ou cuidadores no tratamento por meio da participação no treinamento de habilidades da DBT (MFSG ou grupo paralelo de habilidades para os pais) e nas sessões em família. O ensino de habilidades da DBT para pais e cuidadores lhes fornece estratégias para melhorar suas relações com os filhos adolescentes e manejar de maneira mais efetiva as próprias emoções e comportamentos, idealmente melhorando o ambiente familiar.

Trilhando o Caminho do Meio

As habilidades TCM (Miller et al., 2007) ensinam aos adolescentes e cuidadores: (1) dialética e dilemas dialéticos entre adolescente-família para reduzir pensamentos/comportamentos extremos, ao mesmo tempo que aprimora a tomada de perspectiva, (2) habilidades de validação e (3) princípios de mudança do comportamento (juntamente com estratégias parentais).

Um desenvolvimento significativo em DBT com adolescentes foi adicionar o ensino de dialética diretamente aos adolescentes e famílias no módulo de TCM. A verdade dialética, e assim a mudança, emergem considerando-se elementos de verdade em ambos os lados de um argumento (a "tese" e "antítese"). Este processo resulta em uma "síntese", e em vez de trabalhar para provar os méritos de um dos lados, uma postura dialética reconhece a tensão entre os lados — a partir desta consideração, surgem novas soluções. A substituição do pensamento "ou/ou" por uma perspectiva "e/e" faz os adolescentes e cuidadores lembrarem que ideias que parecem em discordância podem ambas ser verdadeiras (p. ex., "Você pode ser firme *e* flexível"; "Seu ponto de vista faz sentido *e* minha perspectiva também"). Os adolescentes frequentemente ficam polarizados com seus familiares em relação aos problemas e às soluções potenciais. Assim, ensinamos habilidades TCM e conduzimos sessões em família para ajudar a trabalhar em direção a uma síntese.

Trilhando o Caminho do Meio também aborda a oscilação extrema de padrões de comportamento muitas vezes observada entre adolescentes e cuidadores que denominamos dilemas dialéticos adolescente-família (Rathus & Miller, 2000): (1) leniência excessiva *versus* controle autoritário; (2) normalizar comportamentos patológicos *versus* patologizar comportamentos normativos; e (3) forçar autonomia *versus* estimular dependência. Para cada padrão, desenvolvemos alvos secundários do tratamento (Rathus & Miller, 2000): um para reduzir o comportamento mal-adaptativo, outro para aumentar uma resposta mais adaptativa. A Tabela 16.1 lista os dilemas dialéticos para adolescentes e pais e os alvos de tratamento secundários correspondentes. Eles são explicados nas habilidades TCM, permitindo que as famílias identifiquem padrões pessoais mediante o uso de uma escultura da família. Cada membro da família é instruído pelo treinador de habilidades a se posicionar fisicamente com os familiares que o acompanham em um ponto particular na sala para demonstrarem onde no dilema dialético eles em geral se localizam (p. ex., muito flexíveis vs. muito rígidos).

TABELA 16.1 Dilemas dialéticos dos adolescentes com os correspondentes alvos secundários do tratamento

Dilema	Alvos
Leniência excessiva *versus* controle autoritário	• Aumentar a disciplina autoritativa; reduzir a leniência excessiva. • Aumentar a autodeterminação do adolescente; reduzir o controle autoritário.
Normalizar comportamentos patológicos *versus* patologizar comportamentos normais	• Aumentar o reconhecimento de comportamentos normativos; reduzir a patologização de comportamentos normativos. • Aumentar a identificação de comportamentos patológicos; reduzir a normalização de comportamentos patológicos.
Forçar autonomia *versus* estimular dependência	• Aumentar a individuação; reduzir a dependência excessiva. • Aumentar a dependência excessiva dos outros; reduzir a autonomia excessiva.

Nota: reproduzida com permissão de Miller, Rathus e Linehan (2007). Copyright © 2007 The Guilford Press.

Os membros do grupo também praticam a busca de sínteses para cenários familiares hipotéticos de polarização. A solução de problemas com o objetivo de encontrar soluções no "caminho do meio" para conflitos familiares reais costuma ser conduzida durante as sessões em família, nas quais há mais tempo para abordar esses padrões de comportamento.

Para determinar o impacto do módulo TCM, avaliamos a aceitabilidade do seu tratamento em famílias que recebem DBT (Rathus, Campbell, Miller, & Smith, 2015).

Os adolescentes e seus pais acharam o módulo aceitável, útil, interessante e relevante. Além disso, três das cinco habilidades mais bem avaliadas em termos de utilidade percebida para os adolescentes e seus cuidadores no currículo completo de habilidades da DBT foram as habilidades TCM, com a validação sendo a habilidade com avaliação mais alta entre adolescentes e cuidadores.

Adaptações e acréscimos às habilidades de DBT para adolescentes

As habilidades da DBT para adolescentes incluem a maioria das habilidades originais de Linehan (1993b), aquelas do módulo TCM e várias habilidades adicionais. Essas habilidades adicionais, incluídas no manual de DBT para adolescentes (Rathus & Miller, 2015), são adaptadas da segunda edição do manual de habilidades de Linehan (Linehan, 2015) ou então desenvolvidas especificamente para adolescentes e suas famílias. As habilidades para adolescentes adaptadas do manual revisado de Linehan incluem as habilidades TIPP — sigla do inglês que significa Mudar a Temperatura, Exercício Intenso, Respiração Compassada e Relaxamento Muscular Pareado — a partir de tolerância ao mal-estar, antecipação, verificação dos fatos, solução de problemas e valores da mente sábia e prioridades da regulação emocional. É importante observar que a aparência e o número de palavras apresentadas nas fichas foram modificadas para reduzir o nível de leitura e torná-las mais acessíveis aos adolescentes.

Vários acréscimos são originais na nossa adaptação para adolescentes e não estão incluídos no manual de habilidades para adultos (Rathus & Miller, 2015). Atividades agradáveis compartilhadas entre pais e adolescente estendem a habilidade de regulação emocional de acúmulo de aspectos positivos a curto prazo para abordar o déficit nas interações positivas que observamos em muitas famílias que procuram a DBT. Esta habilidade visa a acrescentar formas de aumentar as emoções positivas enquanto melhora as relações adolescente-pais. Também incluímos duas fichas complementares para a habilidade de regulação emocional SABER: uma para gerenciamento da alimentação (o alimento e seu humor) e outra sobre sono (as melhores maneiras de descansar). Para efetividade interpessoal, acrescentamos a habilidade THINK (concebida para aumentar a empatia e assumir a perspectiva dos outros). Desenvolvemos essa habilidade com base no modelo do processamento da informação social de Crick e Dodge (1994) depois de observar que os adolescentes e as famílias frequentemente presumiam o pior sobre as intenções do outro, o que aumentava as emoções negativas e interações inefetivas, resultando na necessidade de mais ajuda na tomada de perspectiva. As habilidades THINK ainda não foram incluídas em ensaios clínicos.

Adicionando terapia familiar

Outra adaptação da DBT com adolescentes é o acréscimo do trabalho com a família (Miller, Rathus, et al., 2007; Miller, Glinski, et al., 2002). A intervenção familiar é importante, pois ajuda a esclarecer como as contingências e a natureza transacional dos comportamentos problemáticos no ambiente doméstico mantêm o comportamento disfuncional. Os terapeutas em DBT encorajam os cuidadores a usarem as mesmas habilidades que seus filhos adolescentes para alterar a forma como eles respondem. A análise comportamental da família com frequência fornece uma ferramenta efetiva para destacar interações familiares adaptativas e mal-adaptativas e determinar estratégias de mudança. O terapeuta conduz uma análise comportamental da família quando um dos seus membros está diretamente envolvido em um comportamento do adolescente que ameaça iminentemente a vida, interfere na terapia ou na qualidade de vida (Miller, Glinski, et al., 2002). Estas sessões oferecem uma oportunidade para o fortalecimento e a generalização das habilidades. Independentemente da razão para uma sessão familiar (ver Tabela 16.2), o terapeuta trata os membros da família como parceiros e não como alvos no tratamento. A família se sente mais conectada e apoiada pela equipe de terapia de DBT quando há validação e sessões familiares consistentes em quantidade significativa (Miller, Rathus, et al., 2007). Muitos membros das famílias relatam ter experimentado atitudes de julgamento e acusação por parte dos terapeutas anteriores dos seus filhos ao longo dos anos. A adoção de uma postura dialética permite que os profissionais de tratamento em DBT desenvolvam uma visão mais sintetizada e fenomenologicamente empática dos padrões comportamentais, reconhecendo a perspectiva, os déficits de habilidades e as capacidades de cada membro da família (Miller, Rathus, et al., 2007).

TABELA 16.2 Indicações para agendar uma sessão familiar como parte da terapia individual com um adolescente

1. Um membro da família está sendo uma fonte central de conflito; o adolescente precisa de treinamento intensivo ou apoio na tentativa de resolver este conflito.
2. Uma crise irrompe dentro da família.
3. O caso seria enriquecido pela orientação de um ou mais membros da família ou orientando-os sobre um conjunto de habilidades, alvos do tratamento ou outros aspectos do tratamento.
4. As contingências em casa continuam a reforçar o comportamento disfuncional ou a punir o comportamento adaptativo.

Nota: reproduzida com permissão de Miller, Rathus e Linehan (2007). Copyright © 2007 The Guilford Press.

Adicionando coaching *telefônico dos pais e sessões com os pais*

A participação em um grupo de treinamento em habilidades da DBT e sessões com a família pode ainda não fornecer apoio suficiente aos cuidadores que precisam de ajuda na estruturação do ambiente consistente com as metas do tratamento. Os cuidadores também podem precisar de *coaching* de habilidades *in vivo* e, idealmente, sessões de *coaching* para os pais proativamente planejadas para ajudá-los a generalizar as habilidades de forma mais efetiva e consistente. Recomendamos que o *coaching* parental seja feito por um dos líderes do grupo ou algum outro terapeuta na equipe que não o terapeuta principal do adolescente para evitar conflitos de interesse potenciais que possam prejudicar a aliança terapêutica com o adolescente.

Alguns pais são encorajados a organizar sessões de *coaching* parental individual mais formais para trabalharem mais diretamente sem seus comportamentos que possam estar interferindo no progresso do tratamento do filho adolescente. De modo geral, constatamos que o *coaching* parental é mais útil quando foca em aumentar o pensamento dialético, a validação e o manejo de contingências dos pais. Embora estas sejam habilidades ensinadas no módulo de TCM, os pais podem precisar de ajuda adicional na generalização destas habilidades com o filho adolescente.

Quando surgirem obstáculos práticos ao envolvimento dos cuidadores, a sugestão é ser criativo e fazer o esforço de envolvê-los mesmo assim. Por exemplo, algumas vezes o envolvimento familiar é difícil porque a família mora longe do programa de DBT (particularmente para contextos residenciais e hospitalares). Os programas têm usado uma sessão com a família que ocorre nos procedimentos iniciais para orientar o familiar quanto à DBT; eles têm agendadas sessões familiares semanais por telefone; e a equipe do programa de DBT oferece suporte indireto às famílias treinando o paciente adolescente para "ensinar" aos pais as habilidades que ele aprende. Um outro programa que conhecemos fornece aos pais um manual de habilidades da DBT como método de orientação aos pais para o tratamento. A inclusão dos cuidadores — seja semanalmente, mensalmente ou quando necessário — aborda melhor a generalização e ajuda a estruturar o ambiente para possibilitar e fortalecer os ganhos no tratamento.

Não aplicar a "regra das 24 horas"

Na DBT padrão com adultos, a regra das 24 horas (i.e., o paciente não pode fazer contato com o terapeuta no espaço de 24 horas depois de algum comportamento suicida ou de autolesão não suicida) é usada para que o comportamento do terapeuta não reforce inadvertidamente um comportamento que ameace iminentemente a vida. Considerando que adolescentes abaixo de 18 anos são menores de idade e com frequência não têm conhecimento das consequências médicas e biológicas das suas ações, os terapeutas que conduzem DBT com adolescentes não aplicam a mesma regra das 24 horas. Embora também não queiramos que comportamentos que ameaçam iminentemente a vida sejam reforçados, há uma maior responsabilidade médico-legal em dizer a um menor para não telefonar depois de ter se engajado em um comportamento de risco. Se um adolescente se engajar em comportamento suicida ou não suicida que ameaça a vida, o terapeuta de DBT irá focar na avaliação da letalidade médica, assegurando que o adolescente receba toda atenção médica necessária e, quando indicado, informe um familiar, ao mesmo tempo tentando não reforçar comportamentos que ameaçam a vida. O terapeuta pode reduzir o potencial para reforço desses comportamentos usando um tom de voz objetivo e não sendo excessivamente tranquilizador.

GRUPO DE GRADUADOS E OUTRAS OPÇÕES DE SEGUIMENTO DO TRATAMENTO

Estudos de pesquisa com adolescentes com múltiplas problemáticas e suicidas testaram as durações da terapia para tratamento ambulatorial de 5 a 6 meses (Mehlum et al., 2014; McCauley et al., 2016), e nosso manual propõe seis meses (Rathus & Miller, 2015). Na prática, entre os programas de DBT para adolescentes, a duração do tratamento varia de contexto para contexto. Por exemplo, alguns programas ambulatoriais para adolescentes oferecem uma fase inicial abreviada (p. ex., 16 semanas), enquanto outros oferecem um programa com um ano de duração. Alguns adolescentes com características prototípicas de TPB podem não precisar de tratamentos de mais longa duração que podem ser necessários para adultos com transtornos da personalidade e comportamentais mais arraigados. Além disso, os terapeutas podem "vender" mais facilmente um programa ambulatorial mais curto para adolescentes que nem sempre estão certos do porquê precisam de tratamento no momento, muito menos tratamento de longa duração. No entanto, um tratamento de mais curta duração pode não ser suficiente para tratar adolescentes com desregulação emocional e comportamental severa e com risco de suicídio. Como as taxas documentadas de recaída e recorrência entre adolescentes deprimidos são altas, pesquisadores clínicos recomendaram reforçar ou continuar o tratamento para abordar este problema em tratamentos mais breves (Birmaher et al., 2000).

Uma solução para atender a essas várias necessidades é oferecer uma fase de continuação do tratamento de DBT (p. ex., um grupo de formação ou manutenção; ver Miller et al., 2007). Por exemplo, considere esta sequência possível: uma fase aguda de 16 semanas de DBT é oferecida, depois das quais quatro opções são analisadas para o adolescente. Primeiro, aqueles que ainda estão com dificuldades significativas com alvos no Estágio 1 são convidados a repetir uma segunda fase aguda do tratamento de 16 semanas. Segundo, os adolescentes que concluíram com êxito a fase aguda do tratamento (i.e., reduziram comportamentos severos que ameaçam a vida, que interferem na terapia e na qualidade de vida) recebem um diploma em uma cerimônia de graduação do grupo de treinamento de habilidades multifamiliar. Estes indivíduos são então convidados a se juntar ao "grupo de graduados" (somente para adolescentes) e podem optar por descontinuar a terapia individual ou reduzi-la com o tempo. Terceiro, aqueles intermediários, que tiveram alguma melhora, mas ainda precisam de mais ajuda para obter controle relacionado aos comportamentos-alvo do Estágio 1, têm a opção de repetir uma fase aguda do tratamento, engajando-se em terapia familiar intensiva se for indicado mais trabalho ali, ou passar para o grupo de graduados enquanto continuam com a terapia individual. Esta decisão é tomada pela equipe de tratamento, incluindo o terapeuta, o adolescente, os pais e a equipe de consultoria em DBT. Por fim, uma quarta opção é descontinuar totalmente o tratamento depois de 16 semanas, algo que raras vezes é recomendado.

Os grupos de graduados incluem adolescentes que finalizaram as 16 semanas de tratamento e um ou dois terapeutas de DBT. Não exigimos dois porque, em teoria, os graduados são mais regulados emocionalmente e requerem menos treinamento durante o tempo do grupo. Esta fase do tratamento é menos intensiva, consistindo em grupos de 90 minutos, uma vez por semana, por pelo menos 16 semanas, com a oportunidade de recontratar por mais 16 semanas (e além) se o adolescente puder identificar metas claras de tratamento. Embora o *coaching* telefônico com adolescentes ainda seja usado nesta modalidade, a terapia individual pode ser reduzida gradualmente com o tempo. Os adolescentes que não continuam com um terapeuta individual principal são elegíveis para sessões individuais ou familiares quando necessário lideradas por um dos terapeutas do grupo de graduados. O objetivo principal do grupo de graduados é prevenir recaída reforçando o progresso feito na primeira fase do tratamento e ajudar os pacientes a generalizarem suas habilidades comportamentais. Os líderes do grupo encorajam os adolescentes a "consultarem", validarem e reforçarem uns aos outros, com menos ênfase no terapeuta, para manejarem mais efetivamente seus problemas atuais na vida. De fato, cada grupo inicia com um adolescente diferente liderando um exercício de *mindfulness*, enquanto outro adolescente examina uma habilidade para seus pares. Então é definida uma pauta e os adolescentes usam *feedback* e apoio dos pares para abordarem problemas atuais na vida dos membros. Este grupo tende a ser altamente atrativo para adolescentes, pois eles começam a confiar mais uns nos outros, dependem menos dos terapeutas adultos e aumentam sua sensação de maestria. Estas opções de repetir a fase aguda, passando para uma fase de manutenção que foque na generalização com acesso quando necessário à terapia individual ou familiar, proporcionam muitas maneiras de adequar a duração do tratamento às necessidades do adolescente. O ajuste da duração do tratamento já é uma prática comum em DBT com adultos, mas essa flexibilidade pode ser particularmente importante para atender às necessidades de adolescentes na DBT.

CONFIDENCIALIDADE E TRATAMENTO DE ADOLESCENTES COM RISCO DE SUICÍDIO

Um terapeuta de DBT que trabalha com adolescentes se defronta com todos os desafios éticos de trabalhar com uma população de alto risco, além de alguns fatores complicadores adicionais. O tratamento de autolesão intencional em adolescentes aplica os mesmos protocolos e estratégias usados com a DBT para adultos/padrão. A reação comum à ideação suicida em adolescentes é hospitalizar, mas dada a ausência de dados de que a hospitalização realmente reduz o comportamento suicida (Geddes, Juszczak, O'Brien, & Kendrick, 1997; Hunt et al., 2006; Isometsä, Henriksson, Heikkinen, & Lönnqvist, 1993), a DBT favorece uma abordagem que manejará autolesão intencional em nível ambulatorial (por muitas razões, incluindo evitação de reforço para escalada do comportamento suicida). Isso representa uma forte mudança no pensamento que pode parecer ameaçadora e provocar ansiedade em alguns pais e cuidadores e também em muitos clínicos e administradores de serviços de saúde. Devido à idade do paciente e à probabilidade de envolvimento da família na terapia, as questões de confidencialidade podem ser mais urgentes no trabalho com adolescentes com risco de suicídio que usam DBT.

Nossas diretrizes para telefonemas entre um dos pais e o terapeuta principal da DBT do adolescente esclarecem que o genitor pode compartilhar informações com o terapeuta (das quais o adolescente será avisado), mas o terapeuta não irá compartilhar informações confidenciais com o genitor. Os pais são estimulados a mandar para seu filho adolescente uma cópia de qualquer *e-mail* que vá para o terapeuta e devem notificá-lo quando deixarem uma mensagem no correio de voz para que ele se mantenha a par da correspondência entre pais-terapeuta. Os terapeutas costumam proteger a privacidade do adolescente não revelando comportamentos constantes de baixo risco ou pensamentos que incluem IS passiva e/ou autolesão superficial; os terapeutas informam os adolescentes e os pais que fazer isso violaria a confiança e impediria a terapia. Entretanto, para uma escalada preocupante ou novo comportamento/impulso, ou algum evento que indique risco iminente, os terapeutas asseguram aos pais que eles serão informados, geralmente com o adolescente presente e participando da revelação depois do *coaching* e apoio do terapeuta. Além do mais, os terapeutas de DBT podem assegurar aos cuidadores que estarão disponíveis 24 horas por dia, 7 dias por semana para *coaching* do adolescente quando necessário, e também estarão monitorando de perto o cartão diário do adolescente em sessões individuais a cada semana, o qual monitora explicitamente autolesão e impulsos e ações suicidas, além de outros comportamentos de risco.

A negociação explícita direta no começo da terapia referente às regras básicas e combinações sobre outras informações que não é obrigado a relatar (p. ex., abuso de substância, comportamento sexual, comportamentos relacionados a transtornos alimentares) e decisões relacionadas à divulgação dessas informações podem ser tomadas com base no que é clinicamente indicado. Mesmo em jurisdições que permitem ao adolescente o pleno direito de invocar privilégios, as expectativas e papéis podem ser deixados claros e mutuamente combinados desde o início para elucidar as linhas de comunicação. O desenvolvimento de combinações de confidencialidade e a consultoria continuada com hospital/agência/advogados também podem ser passos muito importantes para uma abordagem bem-sucedida dessas preocupações.

DBT-A EM AÇÃO: O CASO DE EVELYN

Evelyn era uma garota de 16 anos que se apresentou para DBT ambulatorial com diagnósticos preexistentes de TDAH, transtorno depressivo maior (TDM) e um transtorno específico da aprendizagem (TEA) para raciocínio matemático. Na admissão, também satisfazia os critérios para TPB. Ela foi encaminhada depois de uma internação hospitalar por ameaças suicidas no contexto de intenso conflito familiar. Antes dessa hospitalização, Evelyn havia se engajado em diversos comportamentos de risco, dos quais os pais tomaram conhecimento por intermédio de uma amiga preocupada. Por exemplo, Evelyn estava usando um aplicativo de encontros para conhecer adolescentes mais velhos e durante a noite pulava a janela do quarto para se encontrar com eles. Esses encontros tipicamente incluíam uso de substâncias e sexo sem proteção. Quando confrontada, Evelyn respondeu com raiva, gritando e culpando os pais pelo seu comportamento. Quando o conflito escalou e seus pais estavam começando a estabelecer consequências, Evelyn revelou que vinha se engajando em CASIS nos últimos dois anos e que queria morrer. O pai continuou a insistir que o comportamento dela era inaceitável e que haveria restrições, ao passo que a mãe a confortou e dormiu no quarto de Evelyn com ela naquela noite. No dia seguinte, os pais a levaram ao serviço de emergência para ser avaliada.

Na admissão para o tratamento ambulatorial, Evelyn revelou que vinha se sentindo sem esperança, vazia e solitária desde que iniciou o ensino médio aos 14 anos e que considerava suicídio algumas vezes por semana com vários planos, incluindo tomar medicações de venda livre ou cortar os pulsos. Em geral, assistir ao seu programa de TV favorito seria suficiente para distraí-la dos impulsos suicidas. Ela vinha tendo dificuldades na escola até ter recebido o diagnóstico de TEA e ter sido reprovada no começo do ensino médio. Evelyn relatou intensa vergonha sobre o desempenho escolar e já não se sentia mais aceita pelos pares. Como consequência, começou a usar maconha diariamente na escola com alunos mais velhos para escapar das intensas emoções negativas. Evelyn começou a passar o tempo exclusivamente com pares mais velhos que usavam substâncias e a se isolar dos seus amigos antigos. Em casa, Evelyn passava a maior parte do tempo sozinha no quarto e ruminava sobre cada interação social durante o dia enquanto olhava as mídias sociais. Foi nesta época que Evelyn se engajou em CASIS, cortando-se com lâminas de barbear, o que se limitava à parte superior das coxas para esconder as cicatrizes dos pais. Por isso, os pais só haviam percebido a mudança de amigos e a escalada do uso de substâncias. Em consequência, eles atribuíram sua hipersonia, o comer excessivo e o abandono do time de futebol ao uso de substâncias e não os relacionaram com depressão ou dificuldades sociais. Os pais de Evelyn ficaram ainda mais perturbados quando Evelyn disse que não sabia por que havia se envolvido em comportamentos problemáticos. Na época em que foi hospitalizada, Evelyn havia ficado de castigo nos últimos três meses por ter roubado dinheiro dos pais, estar sob influência de maconha e ter mentido sobre estar no cinema quando na verdade havia ido a uma festa. Foi durante esse castigo que Evelyn começou a usar o aplicativo de encontros para fazer contatos e começou a usar drogas mais pesadas (p. ex., *ecstasy* e cocaína) com pessoas que conheceu *on-line*.

Evelyn identificou diversas metas para o tratamento. Ela queria melhorar seu relacionamento com os pais e ganhar mais liberdade, reduzir o uso de substâncias, construir amizades significativas, parar com os episódios de CASIS e IS, além de retornar ao time de futebol. Seus motivos para viver naquela época incluíam não aborrecer mais os pais, cuidar do irmão mais novo e a esperança de primeiramente obter um diploma universitário e depois seguir uma carreira em ciência forense.

Ao construir seu compromisso na primeira sessão, as dificuldades de Evelyn foram divididas nas cinco áreas problemáticas em DBT para adolescentes. Ela admitiu todas elas:

1. *Foco reduzido, consciência reduzida e confusão sobre si mesma*: não sabendo por que ela se engaja em comportamentos problemáticos (i.e., falta de consciência), ruminação (i.e., ter dificuldade para manter o foco atencional).
2. *Impulsividade*: uso de substâncias, CASIS, comportamentos sexuais de risco, roubar, mentir.
3. *Desregulação emocional*: humor negativo persistente (desesperança, solidão, vazio, vergonha); incapacidade de regular as emoções efetivamente; afastamento dos amigos, família e atividades; e dificuldades para comer e dormir.
4. *Problemas interpessoais*: amizades instáveis, sacrificando o autorrespeito, sentindo-se rejeitada/excluída.
5. *Desafios do adolescente e família:* conflito familiar, pensamento e ação não dialéticos, invalidação de níveis mais baixos de expressão emocional, respostas parentais inconsistentes e inefetivas a comportamentos problemáticos.

Estas dificuldades comportamentais foram ordenadas na hierarquia de alvos da DBT:

Reduzir comportamentos que ameaçam a vida

- Reduzir IS/ameaças.
- Reduzir/eliminar CASIS.

Reduzir comportamentos que interferem na terapia (ver Seção "Curso do tratamento" a seguir)

- Esconder do terapeuta informações sobre o comportamento-alvo (paciente).
- Não preencher o cartão diário (paciente).
- Não conduzir análises em cadeia comportamentais consistentemente (terapeuta), surgindo mais tarde na terapia.

Comportamentos que interferem na qualidade de vida

- Reduzir abuso de substâncias, comportamento sexual promíscuo e sem proteção, roubar e mentir.
- Reduzir estados de humor negativos.
- Reduzir conflitos familiares e melhorar a comunicação com a família.

- Construir amizades estáveis com amigos que não abusam de drogas.
- Reduzir a compulsão alimentar.
- Melhorar as horas e a qualidade do sono.
- Experimentar emoções sem se engajar em comportamento dependente do humor.

Curso do tratamento

O terapeuta orientou Evelyn para o programa de DBT abrangente, incluindo terapia individual semanal, MFSG com duas horas semanais, *coaching* de habilidades 24 horas por dia para Evelyn, treinamento de habilidades 24 horas por dia para os pais, além de sessões com os pais quando necessário. Evelyn inicialmente disse: "Certo, meus pais estão me obrigando a fazer isso de qualquer modo". O terapeuta usou estratégias de comprometimento incluindo prós e contras, liberdade de escolha e ausência de alternativas, advogado do diabo e pé na porta para conseguir que Evelyn participasse ativamente do tratamento. Evelyn se comprometeu com a terapia individual semanal com *coaching* de habilidades e 24 semanas de MFSG com ambos os pais; seus pais se engajaram em treinamento parental quinzenalmente. O *coaching* parental e as sessões parentais foram conduzidos por um líder do grupo de habilidades separado do terapeuta individual de Evelyn e focaram em ajudar os pais a apoiar em Evelyn no uso de habilidades, estimular validação e trabalhar em habilidades do TCM (p. ex., definindo limites consistentes da mente sábia para Evelyn).

Nas primeiras sessões individuais, Evelyn muitas vezes comparecia sem o cartão diário preenchido (comportamento que interfere na terapia) e relatava que seu "período obscuro" havia terminado e tudo estava bem, além de elogiar o terapeuta por ajudar tanto (i.e., o alvo secundário de competência aparente estava presente). Estas sessões frequentemente eram seguidas por relatos dos pais de que Evelyn vinha demonstrando um aumento nos comportamentos problemáticos. Por outro lado, em outras sessões Evelyn relatava que "nada está funcionando" e que precisava voltar para o hospital para se sentir melhor (alvos secundários de passividade ativa e vulnerabilidade emocional). Nestes momentos, Evelyn chorava, ficava calada, se engajava em pensamento suicida e se afastava do terapeuta. Os pais de Evelyn ficaram surpresos quando foram incluídos na sessão para discutir se era necessário hospitalização (estratégia dialética de estender a clarificação das contingências).

O terapeuta consistentemente aderiu à hierarquia de alvos da DBT, priorizando comportamentos que ameaçam a vida, comportamentos que interferem na terapia (CIT) e comportamentos que interferem na qualidade de vida nesta ordem. Por exemplo, quando ocorria CIT (i.e., Evelyn chegava à sessão sem o cartão diário), o terapeuta a engajava em uma análise em cadeia comportamental para determinar a função do CIT e colaborar em uma análise de soluções para tornar o tratamento mais efetivo. Graças à análise em cadeia do CIT, foi revelado o comportamento que ameaçava a vida que a paciente não havia relatado. Nesta ocasião, quando Evelyn não preencheu seu cartão diário (comportamento-alvo), ela identificou que havia tido problemas para dormir (vulnerabilidade), estava ruminando sobre um conflito com um amigo (vulnerabilidade) e se engajou em CASIS, cortando-se (evento desencadeante). Isso a levou a intensa vergonha (*link* crítico), um impulso de evitar o tratamento, preocupação quanto a ser hospitalizada novamente caso se expusesse para o terapeuta (*link* crítico) e medo de que os pais a punissem enquanto estava se sentindo tão abalada (*link* crítico). Evelyn disse que já havia se cortado antes e que o terapeuta não notou que a coluna de CASIS do seu cartão diário estava em branco, e embora se sentisse culpada (consequência), ela havia conseguido evitar a discussão do comportamento (consequência).

É importante mencionar que esta análise em cadeia inicialmente focada no CIT revelou uma situação de CASIS que de outra forma poderia não ter sido exposta na sessão. Depois de completarem a cadeia, o terapeuta e Evelyn colaboraram em uma análise de soluções identificando habilidades para aplicar a cada *link* crítico na cadeia (ver Figura 16.1).

O terapeuta individual e o profissional responsável pelo *coaching* parental colaboraram para ajudar os pais de Evelyn a reduzirem as formas pelas quais eles poderiam estar mantendo os comportamentos problemáticos da filha e poderem intervir de forma alternativa para aumentar seus comportamentos habilidosos. O profissional responsável pelo *coaching* parental conversou com os pais para desenvolver um contrato de comportamento que eles pudessem aplicar de forma consistente. Esse contrato abordou o dilema dialético de ser "muito flexível *versus* muito rígido", reduzindo sua tendência a definir limites inaplicáveis e depois não definir nenhum limite quando Evelyn não correspondia às expectativas. Para estimular a autonomia de Evelyn, o terapeuta individual a auxiliou a utilizar habilidades para ajudá-la a corresponder às expectativas parentais. Sessões familiares intermitentes focaram em problemas da família, tais como praticar validação juntos e ajudar os pais a entenderem quais comportamentos de Evelyn eram mais típicos de adolescentes (p. ex., querer ficar fora até tarde) e quais eram mais patológicos (p. ex., retraimento excessivo).

Resultados

Aos seis meses, quando Evelyn e os pais estavam se graduando no grupo de treinamento de habilidades multifamiliar, Evelyn já estava livre de autolesão e IS há quatro meses e não estava mais se engajando em comportamento sexual de risco. Ela ainda estava usando maconha aproximadamente uma vez por mês, o que estava monitorando em seu cartão diário. Ela estava comprometida em reduzir o uso de maconha quando a função era regular as emoções, embora permanecesse ambivalente sobre seu uso quando servia a uma função social. Evelyn tinha menos conflitos com os pais, e sua família era capaz de regular seu conflito mais efetivamente utilizando pensamento dialético e habilidades de validação, com maior uso de modelagem e reforço positivo e menos uso de punição pura. Para abordar seus comportamentos remanescentes que interfeririam na qualidade de vida, Evelyn se manteve em terapia individual e se juntou a um grupo de graduados em DBT para colaborativamente generalizar habilidades com outros adolescentes que haviam concluído MFSG. Evelyn também tinha um trabalho fora da escola e praticava montanhismo como parte das suas metas pelos quais valia a pena viver.

CONCLUSÕES

Muitos fatores tornam desafiador o trabalho com adolescentes com multiproblemáticas e suicidas. A DBT oferece uma alternativa ao TAU baseada em evidências que pode reduzir autolesão intencional, depressão, TPB e o uso de onerosos serviços psiquiátricos para esta população. Estamos convencidos de que, prestando particular atenção às funções de generalização e estruturando o ambiente (p. ex., incorporando os cuidadores, fornecendo durações de tratamento alternativas, usando um grupo de graduados), a DBT pode ser modificada para melhor satisfazer as necessidades dos adolescentes. Esperamos que este capítulo o ajude a considerar como a DBT faz sentido no seu contexto e forneça diretrizes úteis enquanto você desenvolve seu programa em DBT para adolescentes.

Análise em cadeia

COMPORTAMENTO-PROBLEMA

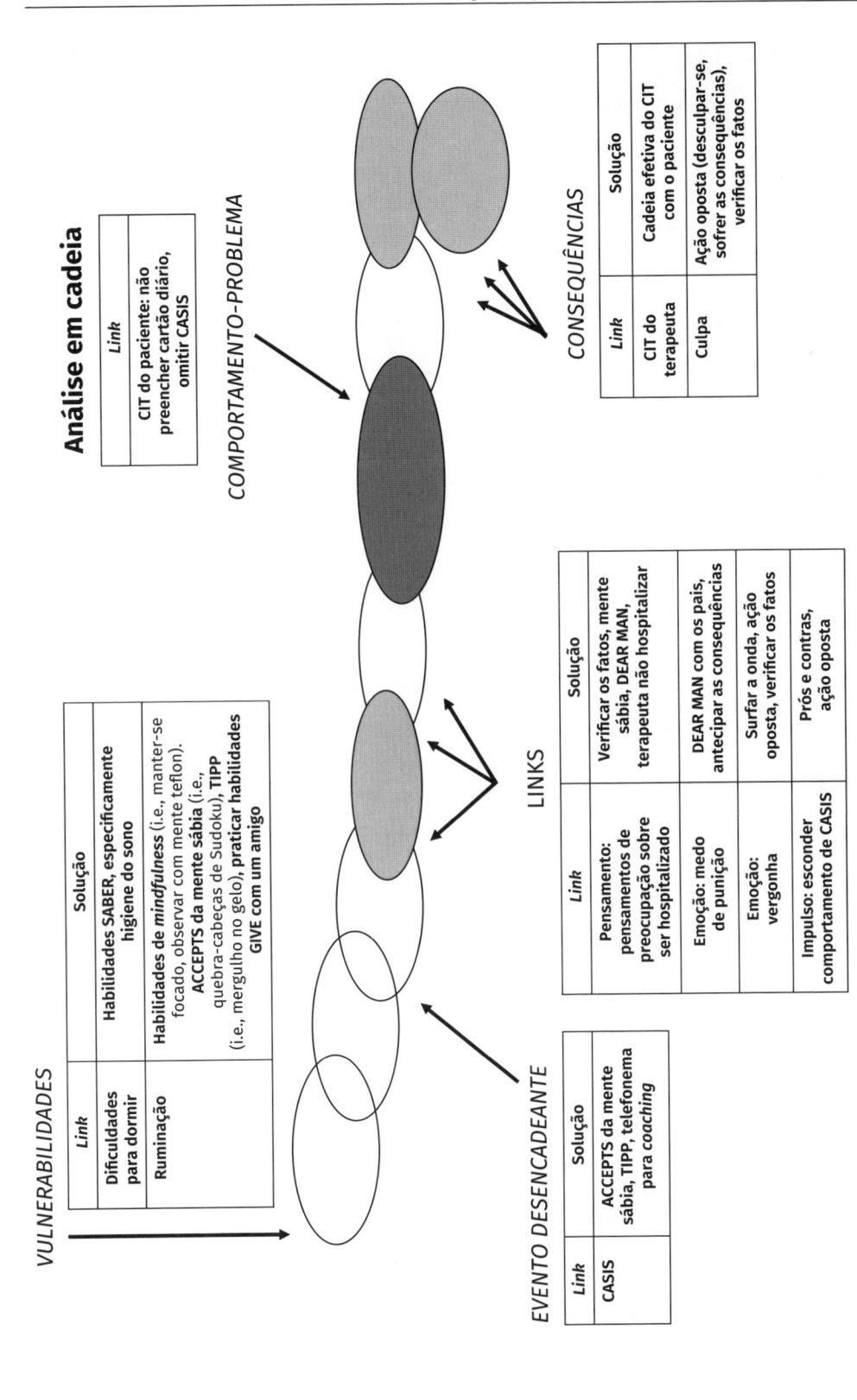

Link	
CIT do paciente: não preencher cartão diário, omitir CASIS	

VULNERABILIDADES

Link	Solução
Dificuldades para dormir	Habilidades SABER, especificamente higiene do sono
Ruminação	Habilidades de *mindfulness* (i.e., manter-se focado, observar com mente teflon). ACCEPTS da mente sábia (i.e., quebra-cabeças de Sudoku), TIPP (i.e., mergulho no gelo), praticar habilidades GIVE com um amigo

EVENTO DESENCADEANTE

Link	Solução
CASIS	ACCEPTS da mente sábia, TIPP, telefonema para coaching

LINKS

Link	Solução
Pensamento: pensamentos de preocupação sobre ser hospitalizado	Verificar os fatos, mente sábia, DEAR MAN, terapeuta não hospitalizar
Emoção: medo de punição	DEAR MAN com os pais, antecipar as consequências
Emoção: vergonha	Surfar a onda, ação oposta, verificar os fatos
Impulso: esconder comportamento de CASIS	Prós e contras, ação oposta

CONSEQUÊNCIAS

Link	Solução
CIT do terapeuta	Cadeia efetiva do CIT com o paciente
Culpa	Ação oposta (desculpar-se, sofrer as consequências), verificar os fatos

FIGURA 16.1 Análise em cadeia comportamental e análise de soluções.

REFERÊNCIAS

Berk, L. E. (2004). *Infants, children and adolescents* (5th ed.). Boston: Allyn & Bacon.

Birmaher, B., Brent, D. A., Kolko, D., Baugher, M., Bridge, J., Holder, D., et al. (2000). Clinical outcome after short-term psychotherapy for adolescents with major depressive disorder. *Archives of General Psychiatry, 57,* 29-36.

Brown, B. B. (1990). Peer groups. In S. Feldman & G. Elliot (Eds.), *At the threshold: The developing adolescent* (pp. 171-196). Cambridge, UK: Cambridge University Press.

Centers for Disease Control and Prevention. (2015). Youth risk behavior surveillance — United States, 2015. *Morbidity and Mortality Weekly Report, 65*(SS-6).

Cook, N. E., & Gorraiz, M. (2016). Dialectical behavior therapy for nonsuicidal self-injury and depression among adolescents: preliminary meta-analytic evidence. *Child and Adolescent Mental Health, 21*(2), 81-89.

Cooney, E., Davis, K., Thompson, P., Wharewera-Mika, J., Stewart, J., & Miller, A. L. (2012). *Feasibility of comparing dialectical behavior therapy with treatment as usual for suicidal and self-injuring adolescents: Follow-up data from a small randomized controlled trial.* Paper presented at the annual meeting of the Association of Behavioral and Cognitive Therapies, National Harbor, MD.

Crick, N. R., & Dodge, K. A. (1994). A review and reformulation of social information-processing mechanisms in children's social adjustment. *Psychological Bulletin, 115,* 74-101.

Crowell, S. E., Beauchaine, T. P., & Linehan, M. M. (2009). A biosocial development model of borderline personality: Elaborating and extending Linehan's theory. *Psychological Bulletin, 135*(3), 495-510.

Ensink, K., Normandin, L., Target, M., Fonagy, P., Sabourin, S., & Berthelot, N. (2015). Mentalization in children and mothers in the context of trauma: An initial study of validity of the Child Reflective Functioning Scale. *British Journal of Developmental Psychology, 33,* 203-217.

Fleischhaker, C., Böhme, R., Sixt, B., Bruck, C., Schneider, C., & Schulz, E. (2011). Dialectical behavior therapy for adolescents (DBT-A): A clinical trial for patients with suicidal and self-injurious behavior and borderline symptoms with a one-year follow-up. *Child and Adolescent Psychiatry and Mental Health, 5*(3).

Geddes, J. R., Juszczak, E., O'Brien, F., & Kendrick, S. (1997). Suicide in the 12 months after discharge from psychiatric inpatient care, Scotland 1968-92. *Journal of Epidemiology and Community Health, 51*(4), 430-434.

Goldstein, T. R., Axelson, D. A., Birmaher, B., & Brent, D. A. (2007). Dialectical behavior therapy for adolescents with bipolar disorder: A 1-year open trial. *Journal of the American Academy of Child and Adolescent Psychiatry, 46,* 820-830.

Goldstein, T. R., Fersch-Podrat, R. K., Rivera, M., Axelson, D. A., Merranko, J., Yu, H., et al. (2015). Dialectical behavior therapy for adolescents with bipolar disorder: Results from a pilot randomized trial. *Journal of Child and Adolescent Psychopharmacology, 25*(2), 140-149.

Goodman, M., Carpenter, D., Tang, C. Y., Goldstein, K. E., Avedon, J., Fernandez, N., et al. (2014). Dialectical behavior therapy alters emotion regulation and amygdala activity in patients with borderline personality disorder. *Journal of Psychiatric Research, 57,* 108-116.

Goodman, S. H., Rouse, M. H., Connell, A. M., Broth, M. R., Hall, C. M., & Heyward, D. (2011). Maternal depression and child psychopathology: A meta-analytic review. *Clinical Child and Family Psychology Review, 14*(1), 1-27.

Groves, S. S., Backer, H. S., van den Bosch, L. M. C., & Miller, A. L. (2012). Review: Dialectical behavior therapy with adolescents. *Child and Adolescent Mental Health, 17*(2), 65-75.

Hazlett, H. C., Poe, M. D., Lightbody, A. A., Styner, M., MacFall, J. R., Reiss, A. L., et al. (2012). Trajectories of early brain volume development in fragile X syndrome and autism. *Journal of the American Academy of Child and Adolescent Psychiatry, 51*(9), 921-933.

Hunt, I. M., Kapur, N., Robinson, J., Shaw, J., Flynn, S., Bailey, H., et al. (2006). Suicide within 12 months of mental health service contact in different age and diagnostic groups national clinical survey. *British Journal of Psychiatry, 188*(2), 135-142.

Isometsä, E., Henriksson, M., Heikkinen, M., & Lönnqvist, J. (1993). Suicide after discharge from psychiatric inpatient care. *The Lancet, 342*(8878), 1055-1056.

James, A. C., Taylor, A., Winmill, L., & Alfoadari, K. (2008). A preliminary community study of dialectical behaviour therapy (DBT) with adolescent females demonstrating persistent, deliberate self-harm (DSH). *Child and Adolescent Mental Health, 13*(3), 148-152.

Katz, L. Y., Cox, B. J., Gunasekara, S., & Miller, A. L. (2004). Dialectical behavior therapy for inpatient and outpatient parasuicidal adolescents. *Annals of Adolescent Psychiatry, 26,* 161-178.

Koenigsberg, H. W., Denny, B. T., Fan, J., Liu, X., Guerreri, S., Mayson, S. J., et al. (2014). The neural correlates of anomalous habituation to negative emotional pictures in borderline and avoidant personality disorder patients. *American Journal of Psychiatry, 171,* 82-90.

Krause-Utz, A., Elzinga, B. M., Oei, N. Y., Paret, C., Niedtfelt, I., Spinhoven, P., et al. (2014). Amygdala and dorsal anterior cingulate connectivity during an emotional working memory task in borderline personality disorder patients with interpersonal trauma history. *Frontiers in Human Neuroscience, 8,* 848.

Linehan, M. M. (1993a). *Cognitive-behavioral treatment of borderline personality disorder.* New York: Guilford Press.

Linehan, M. M. (1993b). *Skills training manual for treating borderline personality disorder.* New York: Guilford Press.

Linehan, M. M. (2015). *DBT skills training manual* (2nd ed.). New York: Guilford Press.

McCauley, E., Berk, M. S., Asarnow, J. R., Korslund, K., Adrian, M., Avina, C., et al. (2018). Efficacy of dialectical behavior therapy for adolescents at high risk for suicide: A randomized clinical trial. *JAMA Psychiatry, 75*(8), 777-785.

Mehlum, L., Tormoen, A., Ramberg, M., Haga, E., Diep, L., Laberg, S., et al. (2014). Dialectical behavior therapy for adolescents with recent and repeated self-harming behavior-first randomized controlled trial. *Journal of the American Academy of Child and Adolescent Psychiatry, 53,* 1082-1091.

Mehlum, L., Ramberg, M., Tormoen, A. J., Haga, E., Diep, L. M., Stanley, B. H., et al. (2016). Dialectical behavior therapy compared with enhanced usual care for adolescents with repeated suicidal and self-harming behavior: Outcomes over a 1-year follow-up. *Journal of the American Academy of Child and Adolescent Psychiatry, 55,* 295-300.

Merikangas, K. R., He, J. P., Brody, D., Fisher, P. W., Bourdon, K., & Kortez, D. S. (2010). Prevalence and treatment of mental disorders among US children in the 2001-2004 NHANES. *Journal of Pediatrics, 125*(1), 75-81.

Miller, A. L., Glinski, J., Woodberry, K., Mitchell, A., & Indik, J. (2002). Family therapy and dialectical behavior therapy with adolescents: Part 1. Proposing a clinical synthesis. *American Journal of Psychotherapy, 56*(4), 568-584.

Miller, A. L., Rathus, J. H., & Linehan, M. M. (2007). *Dialectical behavior therapy with suicidal adolescents.* New York: Guilford Press.

Miller, A. L., Rathus, J. H., Linehan, M. M., Wetzler, S., & Leigh, E. (1997). Dialectical behavior therapy adapted for suicidal adolescents. *Journal of Practical Psychiatry and Behavioral Health, 3,* 78-86.

Miller, A. L., & Smith, H. L. (2008). Adolescent non-suicidal self-injurious behavior: The latest epidemic to assess and treat. *Applied and Preventive Psychology, 12,* 178-188.

Perou, R., Bitsko, R. H., Blumberg, S. J., Pastor, P., Ghandour, R. M., Gfroerer, J. C., et al. (2013). Mental health surveillance among children — United States, 2005-2011. *MMWR Surveillance Summaries, 62*(2), 1-3.

Rathus, J. H., Campbell, B., Miller, A. L., & Smith, H. L. (2015). Treatment acceptability study of walking the middle path: A new DBT skills module for adolescents and families. *American Journal of Psychotherapy, 20,* 163-178.

Rathus, J. H., & Miller, A. L. (2000). DBT for adolescents: Dialectical dilemmas and secondary treatment targets. *Cognitive and Behavioral Practice, 7,* 425-434.

Rathus, J. H., & Miller, A. L. (2002). Dialectical behavior therapy adapted for suicidal adolescents. *Suicide and Life-Threatening Behaviors, 32*(2), 146-157.

Rathus, J. H., & Miller, A. L. (2015). *DBT skills manual for adolescents.* New York: Guilford Press.

Rathus, J. H., Miller, A. L., & Bonavitacola, L. (2017). DBT with adolescents. In M. A. Swales (Ed.), *The Oxford handbook of dialectical behaviour therapy.* Oxford, UK: Oxford University Press.

Ritschel, L., Miller, A. L., & Taylor, V. (2013). DBT with multi-diagnostic youth. In J. Ehrenreich-May & B. Chu (Eds.), *Transdiagnostic mechanisms and treatment for youth psychopathology* (pp. 203-232). New York: Guilford Press.

Trautman, P. D., Steward, N., & Morishima, A. (1993). Are adolescent suicide attempters noncompliant with outpatient care? *Journal of the American Academy of Child and Adolescent Psychiatry, 32,* 89-94.

Whittle, S., Yap, M. B. H., Yücel, M., Sheeber, L., Simmons, J. G., Pantelis, C., et al. (2009). Maternal responses to adolescent positive affect are associated with adolescents' reward neuroanatomy. *Social Cognitive and Affective Neuroscience, 4*(3), 247-256.

17

DBT com famílias

Alan E. Fruzzetti, Luciana G. Payne e Perry D. Hoffman

A terapia comportamental dialética (DBT; Linehan, 1993) está baseada em um modelo transacional (ou biossocial) da personalidade *borderline* de transtornos relacionados que mantém uma postura dialética: transtornos relacionados à desregulação emocional severa e crônica são o resultado da transação de uma pessoa emocionalmente vulnerável com outras em um ambiente social e familiar globalmente invalidante (Fruzzetti, Shenk, & Hoffman, 2005; Linehan, 1993). Entretanto, a maioria dos alvos e estratégias empregados em DBT são concebidos para ajudar os indivíduos a regularem suas emoções, e intervenções diretas no ambiente social e familiar muitas vezes não são enfatizadas. No entanto, há várias razões para considerar o uso de intervenções familiares para complementar as individuais em DBT.

Em primeiro lugar, existe literatura substancial apoiando a eficácia de reforçar os tratamentos individuais para psicopatologia severa com intervenções familiares (Fruzzetti, 1996, 2018). De fato, evidências de pesquisas sugerem que melhoras no funcionamento familiar intermedeiam os resultados do tratamento para indivíduos com transtorno da personalidade *borderline* (TPB; Fruzzetti, 2019) e que o reforço da DBT com programas concebidos especificamente para pais pode levar a melhores resultados no tratamento de pacientes adolescentes (Payne & Fruzzetti, 2020).

Em segundo lugar, o modelo transacional coloca o ambiente social e familiar em um papel central no desenvolvimento, manutenção, recaída e/ou remediação de problemas associados à desregulação emocional severa e crônica (Fruzzetti, 2006; Fruzzetti, Shenk, & Hoffman, 2005). Como os comportamentos de um genitor e parceiro (e outras pessoas amadas) em geral são relevantes para a cadeia dos comportamentos problemáticos de um paciente, a inclusão de membros da família no tratamento cria oportunidades diretas para focar comportamentos problemáticos de duas novas maneiras importantes: (1) intervenções familiares podem reforçar efetivamente a DBT individual, por exemplo, ajudando os familiares a reduzirem eventos desencadeantes para desregulação emocional do paciente e reduzindo o reforço dos seus comportamentos disfuncionais; e (2) ajudando os pais e parceiros a entenderem as dificuldades dos seus entes queridos (e suas cadeias que levam à disfunção), com as intervenções familiares possibilitando um laboratório de aprendizagem em que os pacientes podem praticar novas habilidades (com *coaching* de habilidades no momento em que a situação alvo está acontecendo, quando necessário) e tendo maior probabilidade de receber apoio para a sua melhora. Faz sentido intervir em *ambos* os lados da transação (as habilidades do indivíduo e as respostas dos outros), e dados sugerem que é efetivo e eficiente fazer isso.

Terceiro, a DBT abrangente, é claro, inclui cinco funções (Linehan, 1993): (1) aquisição de habilidades; (2) generalização de habilidades; (3) melhoria da motivação do paciente; (4) melhoria das habilidades e motivação dos terapeutas; e (5) estruturação do ambiente para promover progresso (ou pelo menos não interferir nele). Muitas intervenções familiares costumam incluir aquisição de habilidades (habilidades da DBT individuais e familiares); assim sendo, a prática de habilidades em um contexto familiar proporciona oportunidades para generalização. Portanto, intervenções familiares que abordam comportamentos problemáticos de membros da família ou interações familiares problemáticas que contribuem para comportamentos-alvo do paciente (i.e., são antecedentes ou consequências) também abordam a motivação do paciente. E, é claro, intervir nas famílias necessariamente envolve "intervenção ambiental". Assim, as intervenções familiares, em particular da DBT, podem ser um componente altamente integrado da DBT que aborda todas as funções do tratamento.

Por último, dados apoiam a efetividade das intervenções familiares da DBT tanto para pacientes individuais quanto para os membros da família (p. ex., Flynn et al., 2017; Hoffman et al., 2005; Hoffman, Fruzzetti, & Buteau, 2007; Kirby & Baucom, 2007; Payne & Fruzzetti, 2018). Para pais e parceiros, as intervenções familiares oferecem a oportunidade de entenderem as experiências de seus parentes, seu diagnóstico e comportamentos, além de reduzir o estigma associado ao diagnóstico (TPB) ou uma variedade de comportamentos (p. ex., tentativas de suicídio). Múltiplos estudos sugerem que intervenções familiares aliviam o sofrimento, fardo, sofrimento e depressão nos membros da família. As intervenções familiares em DBT podem ser um caminho para pais e parceiros aprenderem habilidades e/ou obterem um apoio que não estaria disponível de outra maneira.

Para os pacientes, evidências sugerem que o envolvimento familiar tem um efeito salutar em seus resultados. A inclusão dos parceiros ou pais no tratamento proporciona oportunidades para generalização das habilidades, além de oportunidades para focar os alvos dos familiares que podem contribuir para o desenvolvimento e/ou manutenção dos comportamentos problemáticos do paciente (p. ex., transações familiares problemáticas, reforço inadvertido pelo familiar de comportamentos problemáticos, ou punição do comportamento habilidoso).

Para nossos objetivos, assumimos que famílias com um membro com TPB (ou outros transtornos relacionados à desregulação emocional crônica) são um grupo heterogêneo. Em nossa clínica, encontramos muitos familiares competentes, atenciosos, amorosos, dedicados e dispostos a trabalhar arduamente para fazer alguma coisa que possa ajudar seu filho ou parceiro com TPB. Também constatamos que muitos familiares podem estar em intenso sofrimento (com raiva, deprimidos, temerosos), algumas vezes precisando de tratamento ou culpando o paciente identificado com TPB pelas muitas dificuldades individuais e familiares, ou, ainda, eles podem estar sobrecarregados por culpa e medo, e podem até mesmo ter problemas relacionados a estresse e trauma (Ekdahl, Idvall, & Perseius, 2014; Fruzzetti, Harned, Liu, Valenstein-Mah, & Hoffman, 2020; Hoffman et al., 2005). Os membros da família muitas vezes são acusados, criticados e caluniados pelo seu suposto papel no desenvolvimento do TPB, e as pessoas com TPB costumam ser responsabilizadas pelas dificuldades e pelo fardo que suas famílias experimentam. As intervenções serão mais úteis quando todas as partes (pacientes, membros da família, profissionais) eliminarem ou pelo menos minimizarem significativamente as acusações. Por esta única razão, a DBT fornece um modelo efetivo para intervenções familiares. É realmente útil assumir uma atitude atenta e uma postura não julgadora, evitando responsabilizar quem quer que seja. O modelo transacional (Fruzzetti et al., 2005; Linehan, 1993) nos diz que problemas significativos com a desregulação emocional podem se desenvolver, seja porque o membro da família com TPB começou a ter um temperamento extremo ou tinha um temperamento mais normativo, ou porque a família era desligada ou invalidante desde o começo ou, em vez disso, era validante e atenciosa. De qualquer maneira, a transação constante significa que vulnerabilidades emocionais e desregulação criam e/ou exacerbam respostas invalidantes, e respostas invalidantes criam e/ou exacerbam vulnerabilidades emocionais e desregulação emocional (Fruzzetti, 2006; Fruzzetti et al., 2005; Fruzzetti & Worrall, 2010). Consistente com outras aplicações da DBT, ter uma forma não pejorativa de entender as famílias é essencial para ser efetivo ao tentar engajar os familiares e facilitar mudanças importantes na família.

Tendo este pano de fundo em mente, este capítulo aborda uma série de questões e problemas relevantes para intervenções familiares associadas à aplicação de DBT para adultos e adolescentes, com a esperança de que mais clínicos em DBT aprendam a incorporar intervenções familiares de DBT às suas práticas. Vamos (1) discutir aspectos do programa relevantes para a participação da família no tratamento; (2) descrever habilidades familiares da DBT para complementar as habilidades individuais da DBT; (3) descrever grupos de habilidades multifamiliares; (4) resumir o uso de habilidades da DBT individuais e familiares no programa de Conexões Familiares — do inglês *Family Connections* — (grupos para familiares, liderados por membros da família); e (5) explicar os passos envolvidos em intervenções familiares breves, ou terapia familiar em DBT, com a meta de reforçar os resultados individuais e melhorar o funcionamento familiar para pacientes com TPB. Um guia abrangente para avaliação de casais e famílias por uma perspectiva da DBT, a qual deve preceder as intervenções familiares de DBT, pode ser encontrado em Fruzzetti e Payne (2020).

ASPECTOS DO PROGRAMA EM INTERVENÇÕES FAMILIARES EM DBT

Há muitas questões importantes a considerar quando oferecemos intervenções familiares. Esta seção inclui discussões sobre quem (qual terapeuta) deve ser o terapeuta com uma família, que modos de intervenção familiar podem ser oferecidos, como estruturar os grupos (p. ex., homogeneidade vs. heterogeneidade) e como facilitar a participação entre os membros da família.

Quem deve ser o terapeuta da família?

Os programas de DBT têm várias formas alternativas de fornecer ou facilitar a aplicação de intervenções familiares: (1) terapeutas individuais de DBT também podem oferecer intervenções familiares de DBT para seus pacientes e famílias (i.e., o mesmo terapeuta trabalha com o paciente e sua família); (2) os terapeutas de DBT podem tratar as famílias de pacientes que são vistos individualmente por outros terapeutas de DBT no programa (terapeutas diferentes interagem com o paciente e sua família, mas ambos estão na mesma equipe de consultoria em DBT); (3) o programa de DBT pode desenvolver uma equipe de DBT familiar separada com o próprio grupo de consultoria, o qual fornece intervenções familiares para o programa; ou (4) o programa pode considerar o encaminhamento da família para terapeutas de família que estão "familiarizados com a DBT".

Há prós e contras para cada um desses arranjos. Por exemplo, se o terapeuta individual de DBT também realizar intervenções familiares, isso possibilita que ele tenha conhecimento dos padrões do paciente, das suas "cadeias" (fatores que estão relacionados aos comportamentos-alvo do tratamento, como comportamento de autolesão, agressão, uso de substâncias, etc.) e como as respostas da família influenciaram esses comportamentos no passado. Entretanto, fazer com que os terapeutas tenham responsabilidade dobrada como terapeuta individual e familiar pode impedir que eles permaneçam neutros e/ou que os membros da família assim os percebam em alguns casos. A percepção de uma aliança tendenciosa do terapeuta com o paciente pode reduzir a motivação dos membros da família para participarem plenamente nas intervenções familiares.

Por outro lado, a utilização de outro terapeuta pode ajudar a estabelecer uma aliança com os parceiros ou pais, mas o terapeuta pode ter menos conhecimento sobre os detalhes e padrões do paciente, e este pode ter a percepção de que o terapeuta está do lado dos outros membros da família. Com estas duas opções, também é importante considerar que algumas equipes não têm membros com treinamento substancial em terapia familiar. Entretanto, embora ter uma equipe inteira dedicada a um tratamento familiar (com concomitante treinamento e experiência em terapia familiar) possibilite opções de tratamento e *expertise* incríveis, essa opção requer um investimento significativo de tempo e recursos. Por exemplo, terapeutas familiares precisariam de pelo menos algum treinamento mínimo para trabalhar dentro do modelo da DBT de forma a fornecer uma boa continuidade do atendimento em que o terapeuta individual e o terapeuta familiar não estejam trabalhando com propósitos cruzados, ou cujos modelos para tratamento sejam tão diferentes a ponto de confundir os pacientes ou suas famílias.

Por fim, encaminhar as famílias para terapeutas familiares na comunidade é relativamente fácil e não demanda recursos por parte do programa, porém são altos os riscos de trabalhar com propósitos cruzados ou ter "muitos cozinheiros entornando o caldo" fazendo intervenções muito diferentes e provavelmente incompatíveis. Além disso, em muitas comunidades, poucos terapeutas de família estão bem familiarizados com a DBT ou com a miríade de problemas associados ao TPB, e é possível que alguns modelos de terapia familiar sejam em boa parte discordantes dos princípios da DBT, resultando em confusão e possivelmente desfechos piores para o paciente. Assim, o desenvolvimento dos recursos familiares em DBT dentro do programa é altamente recomendado, e como fica evidente a seguir, é provável que algumas opções estarão ao alcance da maioria dos programas de DBT. Independentemente do curso que um programa escolher, os membros da equipe devem tentar evitar ou mitigar problemas potenciais associados à estrutura particular que eles usam.

Modos de intervenção familiar

Os programas precisam decidir que modo(s) de intervenção familiar eles vão oferecer. As intervenções familiares podem ser feitas em um modo tradicional, com uma família de cada vez (terapia familiar tradicional) ou podem ser feitas em um modo de grupo com múltiplas famílias presentes ao mesmo tempo. Com grupos, há muitas opções adicionais. Os grupos podem incluir somente os membros da família, ou os pacientes e os membros da família (i.e., misturando pais, parceiros, irmãos e filhos dos pacientes), ou grupos mais homogêneos (i.e., um grupo só para pais, um grupo só para casais). Mais uma vez, os recursos e a especialidade do programa (adulto, adolescente, etc.) ditam a resposta: um programa pequeno pode ter poucas famílias para tratar em um determinado momento, portanto poderá precisar vê-las individualmente, ao passo que um programa maior pode usar eficientemente um grupo multifamiliar heterogêneo ou homogêneo. Isso pode variar com a idade do paciente e o foco do programa. Por exemplo, programas de DBT para adolescentes costumam incluir grupos de habilidades multifamiliares que reúnem pais e adolescentes como parte do tratamento, conforme sugerido por Rathus e colaboradores (2014), e alguns programas podem ter recursos suficientes para oferecer grupos adicionais somente para pais. Programas maiores para adultos podem ter um número suficiente de famílias que procuram tratamento em um determinado momento para justificar grupos separados de pais e parceiros.

A vantagem de oferecer grupos heterogêneos é a alta eficiência (todos os membros da família em tratamento podem participar no mesmo grupo), mas essa mesma heterogeneidade pode significar que alguns membros da família vão se sentir deixados de fora porque o grupo pode facilmente ser dominado pelos problemas de um tipo particular de configuração familiar, se não for razoavelmente equilibrado ou se o líder do grupo de habilidades não responder de forma efetiva às várias necessidades do grupo. Por exemplo, se a maioria dos membros for de pais de adolescentes, os problemas de outros, como os cônjuges, podem ficar à margem (ou vice-versa). Assim, se houver membros suficientes na família que estão disponíveis, pode ser preferível que os pais estejam em grupos com outros pais, os parceiros com outros parceiros, e assim por diante.

Estruturando grupos familiares

Com grupos multifamiliares, também há a questão de incluir ou não o paciente no grupo ou limitar o grupo aos membros da família do paciente. Programas com componentes familiares lidam com isso de maneira bem-sucedida de ambas as formas. Em parte, a resposta pode depender dos alvos do grupo. Por exemplo, em um programa de DBT para adolescentes, um alvo principal pode consistir em que os pais aprendam habilidades da DBT individual para apoiar e treinar seu filho efetivamente em habilidades de autogerenciamento (ao mesmo tempo que eles mesmos também se tornam habilidosos; Miller, Rathus, & Linehan, 2006). Com este alvo, incluir o paciente adolescente e o(s) pai(s) no mesmo grupo provavelmente garantirá o melhor resultado. Entretanto, se o objetivo for fornecer psicoeducação, melhorar o autogerenciamento dos pais e melhorar as habilidades parentais especificamente, fazer os pais se encontrarem em separado, sem os filhos, provavelmente seria preferível. A presença do filho pode inibir a avaliação acurada, demonstrações de forte apoio ao genitor (outros podem temer ofender o filho ou provocar uma reação aversiva no jovem) e forte pressão para mudança e melhoria (outros podem temer "criticar" o genitor na frente do filho, dar "munição" para o jovem em situações de conflito, etc.). Questões similares estão presentes com cônjuges ou parceiros e outros membros da família: a natureza dos alvos do programa pode influenciar os modos de intervenção familiar oferecidos.

Melhorando a participação entre os membros da família

Com qualquer tipo de intervenção familiar, podem surgir dificuldades para conseguir que os membros da família participem. Os pais e parceiros frequentemente estão em sofrimento, podem se sentir "esgotados" pelo seu familiar ou por experiências com terapias anteriores, (podem ter sido responsabilizados pela miríade de problemas por terapeutas anteriores ou outros profissionais de saúde mental) e podem, assim, não ver o valor de gastar o tempo e o dinheiro necessários para participar em alguma forma de intervenção familiar. É claro, as estratégias de comprometimento da DBT padrão são um ponto útil por onde começar. Além disso, é importante destacar o quanto é essencial ouvir e entender (avaliar) o que pode bloquear a participação ativa em algum modo de intervenção que você queira oferecer. Então será possível colaborar desde o início com a família, mesmo ao tentar decidir se intervenções familiares fazem sentido naquele momento.

Obviamente, validar suas experiências é essencial, pois com bastante frequência pais e parceiros já tiveram muitas dificuldades para ajudar e apoiar suas pessoas amadas e podem sofrer de problemas relacionados a estresse e trauma. Além disso, muitos familiares relatam terem sido julgados e responsabilizados dentro do sistema de saúde mental, portanto enfatizar o componente "sem culpas" de qualquer intervenção de DBT (individual ou familiar) é essencial: nem os pais nem os parceiros (ou qualquer outra pessoa) serão culpados ou julgados em DBT. Igualmente, fazer uma análise detalhada dos "prós e contras" do tratamento pode ser muito útil na identificação de alvos para validar e na compreensão das metas do tratamento para os membros da família, além dos alvos do tratamento individual.

Para membros da família muito relutantes, pode ser útil oferecer uma noção clara do que será esperado, e talvez orientá-los para uma intervenção breve (pelo menos inicialmente). Com frequência descobrimos que os membros da família acham que estão sendo convidados a participar de terapia permanente (até mesmo interminável), o que não conseguem manter em termos de tempo ou dinheiro. No entanto, quando se oferecem intervenções breves (p. ex., três sessões de terapia familiar ou um grupo de pais de seis sessões), estes mesmos familiares podem concordar em participar delas. Obviamente, poderão ser oferecidas outras intervenções mais adiante, se necessário. Assim, começar com um compromisso breve pode ser uma versão da estratégia do "pé na porta".

Da mesma forma, alguns membros da família "esgotados" podem afirmar que já fizeram tudo o que podiam (ou estavam dispostos a fazer) pelo filho ou parceiro com TPB. Pode ser útil indicar (dialeticamente) que intervenções familiares também são concebidas para ajudar os membros da família, e não só o paciente. Obviamente, o modelo transacional sugere que qualquer coisa que um membro da família puder fazer para ajudar outro a funcionar de maneira mais efetiva deixará a própria vida (e a relação com essa pessoa) um pouco melhor, e vice-versa. Assim, fazer com que os membros da família levem para casa esta questão pode aumentar sua disposição para experimentarem a intervenção.

Alguns membros da família têm um estilo que é mais lógico ou cognitivo. Para estes familiares, pode ser útil apelar para os dados. Há centenas de estudos documentando os efeitos benéficos do envolvimento familiar no tratamento de vários transtornos. Os dados referentes a intervenções familiares com TPB, embora um tanto limitados, estão crescendo e são consistentes com o maior corpo de dados para outros transtornos. Por outro lado, outros membros da família podem ter um estilo mais emocional (algumas vezes semelhante ao do seu ente querido em DBT individual). Nesses casos, é importante identificar suas emoções, avaliar e entender as origens das suas emoções intensas e fornecer respostas validantes antes de discutir como o fato de se associar ao tratamento poderá ajudar a melhorar estas situações e/ou melhorar suas emoções aversivas. Independentemente do estilo, ser claro e honesto quanto à justificativa para tratamento, expectativas para a participação e minimização da culpa, ao mesmo tempo validando preocupações que os familiares possam ter, maximizará as chances de participação exitosa.

HABILIDADES FAMILIARES EM DBT

Várias habilidades familiares da DBT individual foram adaptadas especificamente para uso com famílias, e diversos novos módulos de habilidades familiares foram desenvolvidos (ver Tabela 17.1; Fruzzetti, 1996, 2006, manuscrito em preparação; Fruzzetti & Hoffman, 2004/2017). A seguir, descrevemos brevemente essas adaptações e desenvolvimentos. Eles são relevantes para muitas modalidades de intervenção em DBT com famílias.

TABELA 17.1 Visão geral das habilidades familiares e relações

Autogerenciamento das emoções
Utilizar habilidades de tolerância ao mal-estar, *mindfulness* e/ou regulação emocional para reduzir sua excitação emocional aversiva e inibir a reatividade; inibir respostas aversivas, críticas ou julgadoras; não piorar a situação.

Reativação das relações
Passar mais tempo não aversivo juntos (reduzir a evitação um do outro quando alguém se tornar um "estímulo aversivo") e se engajar em atividades prazerosas juntos com consciência e conexão.

Mindfulness
Prestar atenção. Notar e descrever suas metas e desejos da mente sábia; estar consciente das suas emoções primárias; descrever e adotar uma postura não julgadora.

Expressão acurada
Ser descritivo; expressar acuradamente suas emoções primárias e metas e desejos da mente sábia. Descrever o que acontece, em vez de interpretar os eventos.

Mindfulness das relações
Ter consciência adotando uma postura não julgadora da outra pessoa; atenção com a mente aberta à outra pessoa, ao mesmo tempo mantendo consciência das metas nos relacionamentos da sua mente sábia; lembrar-se de estar consciente do seu amor pela outra pessoa e comprometimento com ela.

Validação
Expressar acuradamente sua compreensão e aceitação e a legitimidade das experiências e comportamento da outra pessoa.

Aceitação radical
Abrir mão de tentativas inefetivas de mudar a outra pessoa; isso inclui o lamento pela perda das mudanças desejadas e tomar consciência do que você perdeu quando estava intensa ou singularmente focado em tentar fazer a outra pessoa mudar.

Solução de problemas colaborativa
Utilizar todas as habilidades supracitadas; colaborar na solução dos problemas de uma ou das duas pessoas na relação, ou de problemas que criam conflito destrutivo, dor e distância, com uma consciência da legitimidade de ambas as perspectivas.

Parentalidade dialética (somente pais)
Equilibrar proteção e validação das respostas com os limites e demandas de um comportamento maduro.

Proximidade e intimidade (somente parceiros em um casal)
Utilizar ativação das relações, *mindfulness* e *mindfulness* das relações como uma base para expressão acurada profunda e honesta e respostas compreensivas/validantes.

É claro que *mindfulness*, é a "habilidade central" da DBT. Embora seja essencial que os membros da família aprendam as habilidades básicas de *mindfulness*, a aplicação específica de *mindfulness* às relações é particularmente importante e enfatizada. As habilidades de *mindfulness* ajudam os membros da família a notar as transações, incluindo o aumento da excitação e reações problemáticas à desregulação emocional do seu familiar, criando oportunidades para mudança nos padrões dessas transações. Assim, o módulo de habilidades de *mindfulness das relações* inclui (1) consciência de si mesmo (especialmente emoções e desejos), com particular atenção à importância da expressão acurada (e sem julgamento); (2) um foco em continuar pautado pelas metas da relação a longo prazo em face de reatividade crescente (p. ex., "Este é meu filho/parceiro, uma pessoa que eu amo" que, é claro, provém da "mente sábia"); e (3) o ato de trazer sua atenção e curiosidade para a outra pessoa em suas atividades e interações diárias ("estar juntos quando estiverem juntos"). Especial atenção é dada ao abandono de julgamentos e à transformação da raiva em outras emoções mais primárias (p. ex., tristeza, frustração, medo, desagrado), considerando o quanto julgamentos e raiva intensa são corrosivos para as relações íntimas.

Os membros da família são encorajados a se engajar na prática ativa de *mindfulness* das relações, o que pode incluir observar silenciosamente a pessoa amada durante atividades cotidianas, apenas notar quando nada de desagradável ou relacionado a discussões está acontecendo, engajar-se em uma conversa conscientemente (i.e., em *mindfulness* demonstrando interesse e adotando uma postura não julgadora) ou participar de forma intencional de uma atividade conjunta. Estas habilidades de *mindfulness* das relações são planejadas, em parte, para ajudar a reduzir a reatividade aversiva, o que por sua vez ajuda a reduzir um conflito aversivo, ambos sendo características de relações problemáticas (Fruzzetti, 1996).

Assim, tanto *mindfulness* quanto *mindfulness* das relações contribuem para uma redução nas respostas e interações invalidantes.

Algumas vezes, as relações suportaram tanta aversividade e conflito que uma ou ambas as partes começam a se evitar. Quando isso acontece, as oportunidades para interações positivas, ou mesmo neutras, essencialmente desaparecem. Entretanto, os conflitos continuam, e as interações aversivas se tornam o único tipo de interações que ocorrem. Simplesmente focar na redução das reações aversivas não é suficiente. Quando os membros da família se evitam, a "reativação das relações" proporciona uma habilidade adicional importante. Basicamente, a ideia é bloquear a evitação, facilitar a exposição de um ao outro em situações neutras ou positivas (ação oposta) e usar *mindfulness* das relações para notar que nada de terrível está acontecendo. Ao contrário, a outra pessoa com bem mais frequência está fazendo coisas que são neutras ou agradáveis.

As habilidades de *comunicação* também são centrais no treinamento de habilidades da DBT. O modelo transacional do desenvolvimento e manutenção da desregulação emocional postula a relação recíproca entre alta excitação emocional (incluindo emoções secundárias) e julgamentos e expressão incorreta e invalidação como uma transação nuclear *invalidante* problemática (Fruzzetti, 2006; Fruzzetti & Worrall, 2010). A Figura 17.1 ilustra essa transação. Uma relação saudável, por outro lado, incluiria a identificação da(s) emoção(ões) primária(s), expressão acurada, seguida por respostas validantes (e vice-versa), conforme apresentado na Figura 17.2. Assim, as habilidades adicionais incluem (1) a identificação das emoções primárias e o abrir mão da raiva intensa em relações próximas; (2) a expressão acurada; e (3) a validação.

As habilidades de *validação* (Fruzzetti & Ruork, 2018; Fruzzetti, 2006; Linehan, 1997) focam em como entender a experiência da outra pessoa (e as formas pelas quais ela é legí-

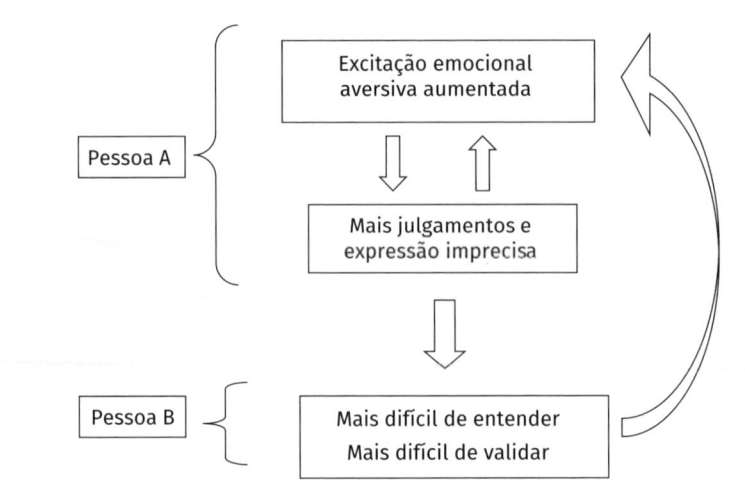

FIGURA 17.1 Transação invalidante. Adaptada de Fruzzetti (2006).

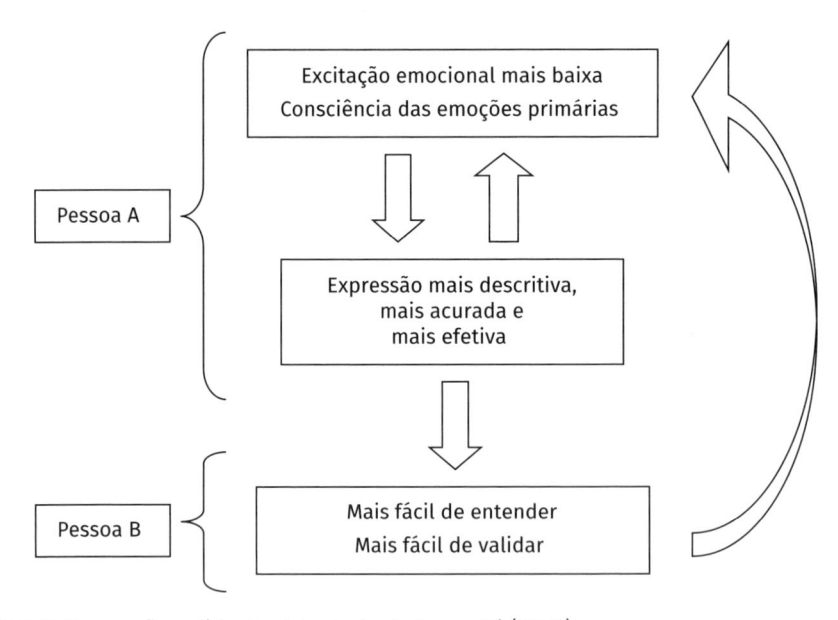

FIGURA 17.2 Transação validante. Adaptada de Fruzzetti (2006).

tima), como comunicar genuinamente esse entendimento e como reforçar a expressão acurada. Nas famílias, as habilidades de validação são essenciais para ajudar seus membros a atravessarem o conflito, construírem confiança e proximidade, além de reduzir a excitação emocional aversiva. De fato, respostas validantes demonstraram ter um impacto muito significativo nas emoções aversivas da outra pessoa. Shenk e Fruzzetti (2011) demonstraram que, mesmo sob sofrimento constante, os sujeitos que foram validados apresentaram reduções significativas no sofrimento e na excitação emocional, conforme medido por autorrelatos e índices psicofisiológicos. Por outro lado, os sujeitos que foram invalidados durante o experimento mantiveram níveis muito altos de excitação emocional aversiva.

Podemos pensar nas habilidades de validação como assumindo o "V" nas habilidades GIVE da DBT (Linehan, 2015) e expandindo-o para todo um conjunto de habilidades relevantes para as famílias. As habilidades de validação requerem *mindfulness* (consciência do outro adotando uma postura não julgadora), o que também é uma resposta validante de "Nível 1" (prestar atenção, ouvir e comunicar interesse e aceitação). É claro que ouvir atentamente, por sua vez, requer a habilidade de se manter focado na outra pessoa e na reatividade aversiva que interferiria na escuta, na compreensão e, por fim, na validação. Os membros da família também aprendem o que validar (alvos) e como validar.

Assim como há muitas maneiras de validar na psicoterapia (p. ex., Linehan, 1997), há muitas maneiras de validar nas relações familiares (p. ex., Fruzzetti, 2006; Fruzzetti & Iverson, 2004, 2006; Fruzzetti & Ruork, 2018). Embora as respostas validantes de um terapeuta e as dos membros da família se sobreponham, existem diferenças importantes. A validação da família pode assumir muitas formas: (1) dar atenção adotando uma postura não julgadora e oferecer escuta ativa; (2) entender e refletir (reconhecer) as emoções, desejos e outras revelações da outra pessoa; (3) engajar-se em comportamentos que desvendam mais profundidade e acurácia na expressão da outra pessoa (sobretudo se for uma experiência diferente do que você teria em uma situação similar), especialmente fazer perguntas para facilitar a compreensão do que não foi articulado; (4) diante de comportamentos "problema" de um filho ou parceiro, colocar seu comportamento no contexto para diminuir sua valência aversiva (i.e., entender o comportamento considerando a história ou nível atual de funcionamento do outro, ou lembrar-se de outros comportamentos menos problemáticos e incluí-los como "contexto" para reduzir a invalidação); (5) "normalizar" comportamento normativo (p. ex., "Eu também me sentiria assim — qualquer um se sentiria"); (6) tratar o membro da família com TPB como um ser humano igual, não como frágil (levando em conta, é claro, as habilidades desenvolvimentais da criança); e (7) expressar vulnerabilidade recíproca, muitas vezes retribuindo autoexposições de vulnerabilidade (p. ex., "Também estou triste porque ainda não progredimos"). É particularmente importante que as famílias pratiquem habilidades de validação em uma ampla variedade de situações, mesmo aquelas que incluem autorrevelação imprecisa, desregulação emocional e outros comportamentos que tornam difícil encontrar o que é válido. As habilidades também incluem ensinar não apenas como validar, mas também o que validar, quando fazê-lo, como construir motivação para validar e como se recuperar da invalidação.

De fato, entender *invalidação* também é uma parte importante de abrir mão de respostas invalidantes e aumentar as habilidades de validação (Fruzzetti, 2006). A invalidação pode ser óbvia (p. ex., hostilidade, tom de voz raivoso, julgamentos ou crítica severa), mas também pode ser muito sutil (p. ex., reforçar a fragilidade calorosamente), e a distinção entre validação e invalidação está baseada menos na forma do comportamento do que na sua função. Por exemplo, apoiar gentilmente um membro da família que opta por não ir à escola ou ao trabalho pode ser invalidante porque o trata como incapaz (p. ex., "Sim, entendo o quanto você está cansado. É claro, você está muito cansado para ir" depois que a pessoa ficou bebendo até tarde, ou acordada até as 3h da manhã navegando na internet). Neste exemplo, reconhecer os medos, cansaço, tristeza, etc. da pessoa e ajudar o filho ou parceiro a habilidosamente seguir em frente com seu dia pode ser muito mais validante, embora possa parecer mais "rude" e menos caloroso (p. ex., "Sim, entendo o quanto você está cansado. Ainda assim, se você dormir o dia todo, é provável que ficará acordado à noite, de novo, e amanhã terá outra vez o impulso de ficar em casa e se sentirá infeliz. Vamos dar um passo de cada vez. Que tal você se levantar e entrar no chuveiro, e eu vou lhe trazer o café da manhã. E então começamos daí").

É claro, em um contexto diferente, aceitar as limitações do parceiro ou filho e apoiá-lo a ficar em casa também pode ser validante. Por exemplo, ele pode estar gripado e se autoinvalidar ("Eu deveria ir de qualquer maneira. A maioria das pessoas não fica em casa só porque está doente do estômago ou tem febre baixa"). Neste caso, é provável que bloquear a autoinvalidação e apoiar a pessoa para voltar para a cama seria muito mais validante (p. ex., "Não, a maioria das pessoas *fica* em casa quando tem febre e gripe. Vamos lá, você está com uma cara de quem está se sentindo muito mal. Ouça seu corpo. Provavelmente faz sentido voltar para a cama. Eu posso fazer um chá e lhe trazer"). Os vários tipos de comportamentos validantes e invalidantes que vemos nas interações de um casal e entre pai-filho estão resumidos na Tabela 17.2.

Além disso, muitas famílias não têm habilidades para resolver ou gerenciar problemas. Para essas famílias, é necessária uma abordagem colaborativa de solução de problemas (Fruzzetti, 2006, 2018; Fruzzetti & Hoffman, 2004/2020). Isso inclui instrução básica em descrição e definição dos problemas acuradamente (adotando uma postura não julgadora), de que forma olhar para as "análises em cadeia" entrecruzadas (em que as "cadeias" de dois membros da família se entrecruzam de uma forma problemática) e colaboração na geração, aplicação e avaliação das soluções (ver Fruzzetti & Payne, 2015). Por exemplo, a Figura 17.3 mostra uma análise em cadeia esquemática de duas pessoas interagindo. Ela é semelhante a uma análise em cadeia comum que é uma parte padrão da DBT, exceto pelo fato de que os "*links*" sombreados mostram comportamentos públicos que são imediatamente relevantes para as duas pessoas (tais como declarações verbais ou expressões faciais observáveis e movimentos corporais relevantes) e os *link* claros mostram os comportamentos privados dos participantes (desejos, pensamentos, impulsos, emoções, etc.). A análise desta cadeia pode ser útil não somente para identificar alvos para mudança (que habilidades cada pessoa poderia ter usado para facilitar um desfecho mais positivo), mas também para demonstrar como os comportamentos de uma pessoa influenciam os de outra, e para ajudar cada membro da família (e o terapeuta) a começar a entender e validar as emoções e os desejos do outro ao longo da cadeia, aumentando o entendimento e a comunicação mútuos.

Embora semelhante a muitas formas de solução de problemas de casais e famílias (p. ex., Jacobson & Margolin, 1979), o conjunto de habilidades de gerenciamento de problemas em DBT (ou solução de problemas) está baseado em ter aprendido habilidades prévias (*mindfulness* das relações, expressão acurada, validação) e incorpora oportunidades de práticas cumulativas e reconhece que alguns problemas não podem ser resolvidos facilmente (ou talvez nunca) e, portanto, precisam ser aceitos e gerenciados.

As habilidades de *proximidade e aceitação* proporcionam aos casais e às díades pai-filho oportunidades de transformar interações conflituosas em entendimento e conexão, e foram concebidas para ajudar a resolver a polaridade intimidade-independência comum em casais em sofrimento e a polaridade dependência-autonomia comum entre adolescentes e seus pais em sofrimento. O módulo de habilidades inclui três passos que se desenvolvem, em certa medida, a partir da "aceitação radical" no manual de habilidades da DBT (Linehan, 2015) e estende essas habilidades até as relações íntimas (Fruzzetti, 2006): (1) tolerância comportamental (parar de resmungar, não empregar mais energia para tentar mudar a outra pessoa); (2) consciência do padrão (ter consciência das consequências do conflito e o foco exclusivo na mudança da outra pessoa); e (3) abrir mão de sofrer e em vez disso focar no que está faltando, ao mesmo tempo focando exclusivamente em tentar mudar (o que

TABELA 17.2 Comportamentos validantes e invalidantes

Respostas validantes	Respostas invalidantes
1. Atenção básica, ouvir, respostas não verbais comuns; comportamentos que comunicam atenção, escuta, abertura.	1. Não prestar atenção, estar distraído, mudar de assunto, ficar ansioso para sair ou para encerrar a conversa.
2. Refletir ou reconhecer as revelações do outro; o que ele está pensando/sentindo/querendo; ou responder funcionalmente a elas respondendo ou resolvendo o problema.	2. Não participar ativamente, perder as oportunidades de validação conversacional mínimas necessárias, não fornecer evidências de estar acompanhando a outra pessoa; irresponsivo funcionalmente.
3. Articular/oferecer ideias sobre o que o outro pode pensar/sentir/querer, de uma maneira empática (não insistente); ajudar o outro a esclarecer; fazer perguntas para ajudar a esclarecer.	3. Dizer a outra pessoa o que ela *realmente* pensa/sente/quer (ou insistir) mesmo quando ela fornece afirmações contraditórias; ou dizer a essa pessoa o que ela *deveria* pensar/sentir/querer.
4. Recontextualizar o comportamento do outro (incluindo sentimentos/desejos/pensamentos); ser mais compreensivo; aceitação devido a história ou condicionamento; reduzir a valência aversiva.	4. Concordar com a autoinvalidação da pessoa quando o comportamento faz sentido em termos da história (quase sempre) e poderia ser interpretado diferentemente; aumentar sua valência aversiva; "chutar quando o outro já está caído"; inclui fazer julgamentos sobre o comportamento problemático do outro (público ou privado).
5. Normalizar o comportamento do outro (qualquer tipo) dadas as circunstâncias presentes; p. ex. "Qualquer um (ou eu) se sentiria da mesma maneira nesta situação" ou "É claro que você pensaria/sentiria/desejaria isso".	5. Patologizar/criticar o comportamento do outro quando ele é razoável ou normativo nas circunstâncias presentes (lembrar que presume-se que as autodescrições de comportamentos privados são consideradas acuradas, a menos que existam evidências do contrário); tomar uma crítica específica (pode ser válida) e globalizá-la ou generalizá-la; também inclui fazer julgamentos sobre comportamentos normativos (públicos ou privados).
6. Empatia, aceitação da pessoa em geral; agir com equilíbrio na relação; não tratar o outro como frágil ou incompetente, mas como igual e competente.	6. Tratar o outro com indulgência, condescendência e/ou desdém; tratar o outro como não igual (menos que), como frágil ou incompetente; agressões ao caráter/generalizar os aspectos negativos.
7. Vulnerabilidade/autorrevelação recíproca (ou equiparada) no contexto da vulnerabilidade do outro, com o foco se mantendo na outra pessoa.	7. Deixar a outra pessoa se prejudicar: não responder (validar) as suas autorrevelações vulneráveis, dessa forma assumindo uma posição de mais poder.

Nota: Dados de Fruzzetti (2006, 2018).

Experiências prévias da Pessoa A, especialmente com a Pessoa B

Pensamentos e emoções

Declarações verbais e não verbais

Sentimentos feridos, mais desregulação

Não consciente, reativo, julgador

Situação/ Evento

Pensamentos e emoções

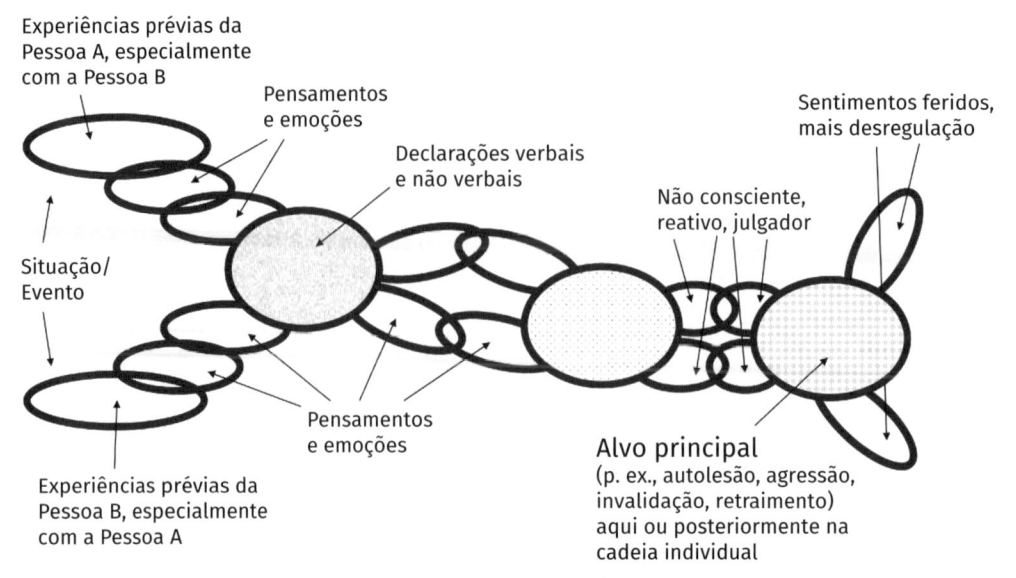

Alvo principal
(p. ex., autolesão, agressão, invalidação, retraimento) aqui ou posteriormente na cadeia individual

Experiências prévias da Pessoa B, especialmente com a Pessoa A

FIGURA 17.3 Cadeia dupla para compreender as consequências das interações familiares. Adaptada de Fruzzetti (2006).

também é denominado *recontextualização*, em que comportamentos antes problemáticos são recondicionados ou entendidos em um contexto diferente, levando a respostas menos conflituosas, mais genuínas e validantes).

As habilidades de *parentalidade* podem ser extremamente benéficas tanto para os pais de pacientes de DBT para adolescentes quanto para os pais que são os próprios pacientes na DBT. As habilidades de parentalidade na DBT (Fruzzetti, 2018, manuscrito em preparação) são adaptadas à idade do filho e podem incluir (1) atenção à segurança do filho; (2) educação sobre o desenvolvimento sadio do filho em múltiplos domínios; (3) *mindfulness* das relações; (4) redução da reatividade aversiva; (5) reconstrução das relações e recondicionamento das relações; (6) habilidades de validação; (7) síntese de polaridades parentais e dialética com mais frequência; (8) limites efetivos; e (9) transformação do conflito em compreensão e proximidade.

Essas habilidades podem ser usadas com famílias individuais ou em grupos multifamiliares, e podem ser oferecidas isoladamente (em grupos de habilidades) ou como parte da terapia de casais ou família. Estudos mostraram que intervenções familiares em DBT são efetivas com casais e com as relações pai--filho. Por exemplo, em um tratamento de seis sessões utilizando habilidades familiares da DBT, os parceiros demonstraram aumento significativo na validação e redução nas respostas invalidantes e relataram reduções significativas no sofrimento individual e melhoras na satisfação com a relação (Mosco & Fruzzetti, 2003). Da mesma forma, Kirby e Baucom (2007) demonstraram que uma intervenção grupal com casais que ensinou habilidades de regulação emocional, comunicação e solução de problemas teve um impacto significativo no sofrimento individual e na relação. Além disso, o programa Conexões Familiares (Fruzzetti e Hoffman, 2004/2017), explicado a seguir, usa as habilidades descritas neste capítulo como a parte nuclear do seu currículo e demonstrou ajudar os membros da família a reduzirem o sofrimento, a depressão e a sobrecarga, ao mesmo tempo aumentando a maestria (Hoffman et al., 2005; Hoffman, Fruzzetti, & Buteau, 2007; Flynn et al., 2017). Além disso, adolescentes cujos pais participaram de um programa de habilidades para pais em DBT avaliaram seus pais como mais validantes e obtiveram maiores ganhos no tratamento (Payne & Fruzzetti, 2020).

GRUPOS HETEROGÊNEOS MULTIFAMILIARES TREINAMENTO DE HABILIDADES DA DBT PARA FAMÍLIAS

Nesta seção, é apresentado um modelo para um grupo multifamiliar em DBT, incluindo os pacientes e membros da sua família. Esse modelo multifamiliar inclui treinamento de habilidades tradicionais, apoio do grupo e uma ênfase adicional na psicoeducação da família.

O modo de tratamento que historicamente recebeu maior reconhecimento com os transtornos psiquiátricos (mas não com TPB) é a psicoeducação da família (Fruzzetti, Gunderson, & Hoffman, 2014; Hooley & Miklowitz, 2018). Focando nos principais componentes da educação e habilidades de enfrentamento, a intenção inicial do modelo de psicoeducação da família era melhorar o bem-estar do paciente. Um ponto de interesse adicional que foi desenvolvido mais tarde é o bem-estar ou a melhora no funcionamento da família e o bem-estar de membros da família que não são pacientes. Embora a psicoeducação da família não esteja amplamente disponível, o valor da psicoeducação tanto para o paciente quanto para o familiar é agora bem reconhecido (Fruzzetti et al., 2014).

Os grupos psicoeducacionais multifamiliares podem atender 6 a 8 (ou mais) famílias de cada vez (e, portanto, podem incluir até 20 participantes em cada sessão de grupo). As informações oferecidas incluem fatos sobre uma variedade de tópicos relevantes para o TPB, como identificação dos comportamentos associados ao transtorno, etiologia, opções de tratamento, questões relacionadas à medicação, impacto do transtorno nos membros da família e recursos na comunidade.

O treinamento de habilidades da terapia comportamental dialética para a família (DBT-FST, do inglês *family skills training*) baseia-se em grande parte nas teorias e na filosofia do modelo de psicoeducação da família, sendo compatível com elas. Esta modalidade inclui como "membro da família" qualquer pessoa que o paciente escolha convidar e que tenha mais de 18 anos. A DBT-FST ensina habilidades da DBT aos membros da família e também aos pacientes e foca na mudança emocional cognitiva/de atitude e comportamental de todos os participantes. A DBT-FST foi desenvolvida no começo da década de 1990, e detalhes do programa foram publicados separadamente (Hoffman, Fruzzetti, & Swenson, 1999). Embora o grupo multifamiliar tenha sido originalmente desenvolvido para ser oferecido de forma concomitante ao tratamento de DBT individual, ele também pode ser considerado mesmo quando o indivíduo com TPB não está em tratamento ativo.

Teoria e alvos

A conceitualização da modalidade DBT-FST se desenvolveu a partir de duas hipóteses básicas, uma sobre pacientes e uma sobre os membros da família: (1) Aumentar a aplicação de habilidades para pacientes da DBT em um contexto com seus familiares oferece uma oportunidade única para generalização das habilidades (e estruturação do ambiente) no contexto do que é frequentemente um dos seus ambientes mais estressantes (sua família). (2) Tanto o sofrimento quanto os déficits de habilidades nos membros da família podem ser amenizados com habilidades individuais e familiares da DBT. Como resultado, duas metas abrangentes da DBT-FST foram estabelecidas: (1) oferecer aos membros da família e pacientes uma oportunidade de aprender sobre TPB e (2) ensinar habilidades pessoais e relacionais específicas para beneficiar cada indivíduo, assim como as relações familiares.

Três das funções centrais da DBT padrão — aquisição de habilidades, generalização das habilidades e estruturação do ambiente familiar — são os fundamentos do programa. A aquisição e a generalização das habilidades são obtidas por meio de aulas sobre habilidades e ensaio das habilidades juntamente com a generalização das habilidades a partir da solução de problemas da família na sessão entre os membros do grupo e pela prática entre as sessões. Estes componentes da DBT padrão são reforçados pela atenção à estruturação do ambiente familiar, no qual são facilitadas mudanças entre os membros da família que podem ajudar a reforçar comportamentos habilidosos do paciente com TPB. Este componente adicional oferece uma oportunidade única de inserir a aquisição de habilidades e a prática da generalização de habilidades diretamente no ambiente familiar. Semelhante à DBT padrão, o "*coaching*" fornece apoio aos pacientes no momento para abordar uma situação particular no seu ambiente familiar, e o grupo pode fornecer *coaching* concomitantemente a vários membros da família. Os membros do grupo trabalham juntos nos próprios alvos e nos alvos das relações. A meta final é encontrar um equilíbrio (síntese) entre o que funciona (é desejado e efetivo) para cada indivíduo e para as relações.

São quatro as metas ou alvos principais da DBT-FST: (1) Fornecer informações e educação sobre o transtorno; o diagnóstico, seus critérios e comportamentos que acompanham são descritos e discutidos, bem como a teoria etiológica (transacional ou biossocial) segundo a qual a DBT é formulada. (2) Ensinar uma nova abordagem e linguagem para a comunicação (baseada em *mindfulness*) que substitua julgamentos por descrição. (3) Criar um ambiente sem acusações: muitas vezes os participantes entram no grupo prontos para expressar seus sentimentos de culpa em relação a si mesmos e a outros membros na sua família. É essencial uma atmosfera sem julgamentos, associada a um princípio "sem acusações".

(4) Estabelecer um fórum efetivo que promova discussão, solução de problemas familiares e resolução de conflitos.

Formato

A DBT-FST costuma ser conduzida semanalmente durante seis semanas, porém programas mais curtos ou mais longos podem ser úteis. Os participantes têm a opção de repetir o currículo individualmente. No entanto, um comprometimento mais prolongado pode ser um obstáculo à participação dos membros da família, e 24 semanas permitem uma explicação completa das habilidades. Liderada por dois profissionais que seguem o manual semiestruturado, o tempo das sessões de aulas de habilidades são de 90 minutos e elas são divididas em dois componentes. Os primeiros 45 minutos são didáticos, com as aulas baseadas em habilidades da DBT padrão ou habilidades da DBT para a família. A segunda parte é denominada "hora de consultoria" e se baseia, em parte, no conceito da consultoria com a equipe de DBT, descrita a seguir. As aulas semanais incluem muitas das habilidades tradicionalmente ensinadas no tratamento com DBT tradicional (Linehan, 2015), mas o contexto em que elas são apresentadas é a própria família. Por exemplo, a mente emocional é expandida para o conceito de uma "família emocional". A riqueza que se desenvolve a partir dessas extensões oferece um diálogo que é não pejorativo, menos provocativo e menos antagonista. Além disso, também são apresentadas habilidades familiares da DBT tais como expressão acurada e validação (antes descritas) (Fruzzetti, 2006; Fruzzetti, 2018) que se baseiam nas habilidades e linguagem das habilidades da DBT tradicional.

O currículo inclui orientação; estágios do tratamento em DBT; habilidades centrais de *mindfulness* e *mindfulness* das relações; habilidades de efetividade interpessoal; habilidades de regulação emocional; habilidades de tolerância ao mal-estar; expressão acurada;

validação; e consultoria com a família (solução/manejo de problemas dialético). Além de ensinar este currículo de habilidades, há tarefas práticas sugeridas que os participantes são encorajados a realizar entre as sessões, as quais são analisadas.

O segundo componente, da hora de consultoria da DBT-FST, oferece múltiplas oportunidades para aplicação das habilidades e solução/manejo dos problemas. Usando as habilidades, as famílias individualmente trabalham em seus problemas específicos. Tanto os líderes quanto outros membros do grupo fornecem *coaching* e contribuições, com o foco duplo de implementação das habilidades e resolução dos conflitos. Como os membros da família têm muitos problemas em comum, todos os participantes do grupo podem se beneficiar deste processo. Os tópicos incluem problemas financeiros, responsabilidades nas relações, atritos e comunicação na família, autolesão, medos relacionados ao risco de suicídio, recuperação de conflito, papéis na família e observação dos limites.

O processo na hora de consultoria se parece com o de uma equipe de consultoria da DBT e/ou terapia familiar comportamental e inclui prestar atenção ao compartilhamento do tempo de consulta, manter um foco duplo na melhoria das habilidades e apoio/validação, manter postura não julgadora, usar a análise em cadeia, *role-plays* ou algum componente de prática e oportunidades de contribuição não somente dos terapeutas, mas também dos outros no grupo. Os líderes do grupo trabalham para estabelecer uma "cultura" de grupo que seja apoiadora e não competitiva. Por exemplo, como muitos outros no grupo compartilham problemas que surgem com uma família, os líderes tentam fornecer respostas validantes para todos e relacionam as soluções em uma família às soluções em outra. Assim, muitas consultorias com as famílias podem algumas vezes serem abordadas em um *role-play* ou demonstração e todos os membros do grupo podem praticar as soluções separadamente como tarefa de casa. Isso apri-

mora a eficiência do grupo e reduz o sofrimento devido a restrições de tempo.

Embora sejam necessárias mais pesquisas, um recente ensaio clínico controlado randomizado (Payne & Fruzzetti, 2020) mostrou que ensinar habilidades da DBT para a família e para os pais de adolescentes que recebem DBT tem efeitos salutares nos resultados dos adolescentes e também nas relações pais-adolescente. Estudos adicionais da DBT abrangente que incluem DBT-FST nos ajudarão a entender melhor quando e como a DBT-FST reforça os resultados da DBT individual.

PSICOEDUCAÇÃO DA FAMÍLIA, HABILIDADES DA FAMÍLIA E CONEXÕES FAMILIARES

A efetividade da psicoeducação do paciente e da família conduzida profissionalmente tem sido demonstrada em uma variedade de transtornos (Fruzzetti et al., 2014). No entanto, apesar de um número considerável de pesquisas mostrar que a psicoeducação fornecida por profissionais ajuda pacientes com doenças mentais importantes (p. ex., esquizofrenia, transtorno bipolar), relativamente poucas famílias de fato participam desses programas porque eles muitas vezes não estão disponíveis (Dixon et al., 2006). Como resultado, o número real de famílias participantes relatado é 10% menor do que aquelas que provavelmente se beneficiariam deste tipo de programa (Lehman et al., 1998). As barreiras à implementação incluem o número limitado de clínicos interessados e treinados em fornecer psicoeducação aos pacientes e famílias, os recursos necessários (p. ex., espaço, tempo) e o fato de que as taxas de reembolso de terceiros são baixas, quando disponíveis (Dixon, McFarlane, & Lefley, 2001). Para fazer frente a essas dificuldades, foi criada uma variante da psicoeducação, a educação familiar (algumas vezes denominada psicoeducação familiar) (Solomon, 1996).

Diferentemente da psicoeducação do paciente, o foco principal da educação familiar é abordar diretamente as necessidades dos membros da família e não as dos pacientes. É claro, espera-se que os pacientes se beneficiem indiretamente, e, conforme observado, pesquisas recentes indicam que podem ser obtidos melhores resultados no tratamento quando as famílias participam desses programas (Payne & Fruzzetti, 2020). Os programas de educação familiar costumam ser conduzidos por membros da família treinados (ou uma combinação de um membro da família e um profissional) e em geral instalados em contextos na comunidade; não há cobrança de taxas. Esses programas comumente têm duração mais curta do que os programas de psicoeducação profissionais e não estão associados ao tratamento individual dos pacientes. Em vez disso, são programas independentes, e o parente identificado com o transtorno não participa. Os objetivos do modelo são educar os membros da família participantes (definidos de forma ampla) sobre transtornos psicológicos, ensinar-lhes habilidades de enfrentamento para melhorar seu bem-estar e proporcionar uma rede de apoio à família. O mais conhecido é o programa Family-to-Family conduzido sob os auspícios da National Alliance for the Mentally Ill (NAMI). O curso Family-to-Family foca nos membros da família que têm um parente com um transtorno do Eixo I.

O programa Conexões Familiares (FC, do inglês *Family Connections*) também se baseia no modelo de educação da família, porém foca em famílias com um parente com TPB ou problemas relacionados (i.e., problemas relacionados à desregulação emocional severa). O FC é um programa de psicoeducação familiar de 12 semanas (ou algumas vezes um fim de semana intensivo) conduzido em contextos na comunidade (Fruzzetti & Hoffman, 2004/2020) liderado por familiares (e algumas vezes por profissionais, ou uma combinação de profissionais e familiares) que foram treinados para ensinar o currículo do curso.

Os objetivos gerais incluem fornecer psicoeducação, aprender habilidades individuais e familiares relevantes para quem tem um membro da família com TPB (reduzir "comportamentos que interferem na qualidade de vida") e criar uma rede de apoio social, começando no grupo. Os alvos incluem aumentar diretamente o bem-estar do membro da família participante e, indiretamente, melhorar os resultados para a pessoa com TPB. O programa FC está cada vez mais disponível nos Estados Unidos e já foi implementado em pelo menos 20 outros países.

Formato

O programa FC tem muitas semelhanças com a DBT-FST. No entanto, o FC não requer líderes profissionais e, independentemente do nível de habilidade, os líderes não atuam no papel de terapeuta, mas como facilitadores do grupo. Assim, a ênfase é apropriadamente colocada na educação, nas habilidades e no apoio social. O programa FC segue um currículo claro, e o grupo em geral tem duração de duas horas por semana. O grupo inicia com a análise da tarefa de casa, depois volta a atenção para um segmento de educação (aula ou apresentação sobre habilidades) e por fim passa para a discussão e consulta. Aqui se dedica mais tempo do que na DBT-FST para promover o desenvolvimento de uma rede de apoio permanente (discussão e consultoria) e por isso o tempo de reunião do grupo costuma ser mais longo do que na DBT-FST. Também se desenvolveu um formato de dois dias para FC com o objetivo de tornar o programa acessível a famílias em contextos em que um compromisso de 12 semanas não é viável.

Currículo

O conteúdo do curso é organizado em torno de seis diferentes módulos do currículo. Não há uma duração de tempo especificada dedicada a cada módulo; em vez disso, a distribuição do tempo é mais flexível e deixada a critério dos líderes do grupo, com base na composição e nas necessidades específicas de cada grupo. Alguns grupos precisam de mais tempo para apoio e discussão; outros grupos são mais focados nas habilidades e menos interativos. Os módulos são (1) introdução; (2) educação sobre TPB e desregulação emocional; (3) *mindfulness* das relações e autogerenciamento das emoções; (4) ambientes familiares; (5) validação; e (6) gerenciamento de problemas. Tarefas práticas são dadas a cada semana. São usadas fichas, e os líderes do grupo também recebem "notas de ensino" para orientá-los e ajudar a assegurar consistência de um local para outro.

Os próprios líderes do grupo também precisam participar de um grupo de FC (ou um *workshop* equivalente), e então um extenso treinamento para líderes de grupo é fornecido pela National Alliance for Borderline Personality Disorder (NEA-BPD). Os líderes de grupo experientes auxiliam no desenvolvimento do programa e no treinamento e *coaching* dos novos líderes de grupo. Não há nenhum custo para os participantes frequentarem um grupo de FC, tampouco nenhuma cobrança para treinamento de líderes de grupo, com o objetivo de maximizar o acesso a estes recursos importantes.

Para muitas pessoas que entram no programa, o FC é o primeiro lugar onde elas estiveram com outras famílias que compartilham situações e problemas associados ao TPB. Os medos de participar de um grupo se dissipam rapidamente quando os membros ouvem as experiências uns dos outros e são feitas conexões imediatas entre os participantes. Com frequência, o primeiro grupo é muito emocional, com as pessoas se atraindo em parte devido à compreensão e à compaixão que experimentam umas com as outras.

Os dois primeiros módulos fornecem informações sobre TPB e resumem a maioria das pesquisas atuais que estão disponíveis. Os materiais são atualizados regularmente, em particular, por meio de apresentações anuais na Family Perspectives Conference on Borderline Personality Disorder, também promovidas pela NEA-BPD. Além disso, os participantes do programa FC podem solicitar artigos específicos do seu interesse, os quais são fornecidos pela equipe da NEA-BPD.

O primeiro módulo de habilidades vem a seguir, *mindfulness* das relações e autogerenciamento das emoções, em que as habilidades de *mindfulness* da DBT "o que fazer" e "como fazer" são ensinadas e estruturadas no contexto das relações. Consciência de si mesmo, consciência do outro, adoção de uma postura não julgadora e gerenciamento efetivo das próprias emoções são os temas centrais dessas habilidades. Os dois módulos seguintes, ambientes familiares e validação, se baseiam nas habilidades anteriores, com os esforços voltados para o estabelecimento de um ambiente sem acusações e então para o ensino de habilidades que promovam um ambiente familiar sadio. Aceitação radical encerra o módulo. Alguns grupos acham útil assistir a um segmento de um dos vídeos de Linehan (p. ex., o segmento "Aceitação Radical" em *From Suffering to Freedom: Practicing Reality Acceptance: Alleviating Suffering through Accepting the World as It Is*) ou outros vídeos produzidos para acompanhar o currículo do FC. As habilidades de validação focam primeiro em expressão acurada e consciência da comunicação, e a seguir validando outra pessoa e validando a si mesmo. O módulo final, solução de problemas colaborativa, toma emprestados passos de solução de problemas tradicionais da terapia comportamental de casais e família, mas também inclui mais opções para aceitação de problemas que são difíceis ou impossíveis de resolver.

O programa de FC foi avaliado em diversos estudos (Hoffman et al., 2005, 2007; Ekdhal et al., 2014; Flynn et al., 2017; Liljedahl et al., 2019; Payne & Fruzzetti, 2020). Os resultados indicam que os níveis de sofrimento, sobrecarga e mal-estar/depressão dos participantes foram reduzidos significativamente do pré ao pós-grupo, ao passo que um senso de maestria foi aumentado de um modo geral. Essas melhoras foram mantidas em uma avaliação no seguimento de três meses, sugerindo que o programa de FC proporciona benefícios significativos e talvez duradouros aos membros da família. Além disso, evidências sugerem que o FC pode influenciar os resultados do tratamento de DBT para pacientes adolescentes. Especificamente, um estudo com adolescentes em um programa de tratamento de DBT residencial indicou que a participação dos pais no FC melhorou a validação parental e estava associada a melhorias mais significativas na regulação emocional dos adolescentes e em outros resultados durante o tratamento (Payne & Fruzzetti, 2020). Estes estudos fornecem evidências encorajadoras quanto à efetividade do FC para pacientes e membros da família, além de apontar a importância das intervenções familiares em DBT de modo mais geral.

Conclusões sobre psicoeducação e habilidades da família

Os membros da família daqueles com TPB experimentam seus próprios níveis de sofrimento, e a educação isoladamente não é suficiente para proporcionar alívio (Hoffman et al., 2003). Sejam eles liderados por um profissional ou um membro da família treinado, os programas que fornecem informações, desenvolvem habilidades e uma rede de apoio oferecem aos membros da família de pacientes com TPB a oportunidade de aprenderem a administrar sua própria "montanha-russa emocional" de uma maneira mais efetiva. Como mostram os dados, altos níveis de envolvimento emocional são benéficos para pessoas com TPB (Hooley & Hoffman, 1998), mas são necessárias habilidades para atingir o envolvimento emocional construtivo, apoiador e validante sustentado. A DBT-FST e o FC constituem dois veículos promissores para promover um ambiente familiar sadio e validante.

INTERVENÇÕES FAMILIARES DE DBT BREVE PARA REFORÇAR OS RESULTADOS DA DBT INDIVIDUAL NO ESTÁGIO 1

Quando os terapeutas de DBT reiteradamente descobrem que as ações dos membros da família, ou as interações paciente-membro da família, são uma parte integrante da "cadeia" do(s) comportamento(s) disfuncional(ais) do paciente, incluir a família para intervenção direta tem muitas vantagens. Em primeiro lugar, a avaliação da família é uma forma eficiente de examinar a importância dos comportamentos familiares perante os comportamentos-alvo do paciente. Além disso, se forem identificados comportamentos familiares relevantes, podem ser usadas intervenções familiares breves para reforçar o tratamento individual e criar segurança e estabilidade para o paciente. Em uma série de casos difíceis, mesmo algumas sessões de intervenção familiar demonstraram ter um efeito potente na redução de comportamentos-alvo no Estágio 1 (Fruzzetti, 2018). Os alvos para intervenção breve são descritos a seguir.

Foco na segurança

Tentativas de suicídio e autolesão não são os únicos alvos relacionados à segurança em DBT. Infelizmente, muitos pacientes em DBT são vítimas de violência ou abuso doméstico praticados pelo parceiro íntimo e muitas vezes estão envolvidos em interações agressivas e violentas constantes com os pais, parceiros ou filhos. Consideramos que estes comportamentos (agressão e violência física e sexual) ameaçam, de forma iminente, a vida e, portanto, estão entre os alvos de ordem superior na DBT, juntamente com comportamentos suicidas e de autolesão. Quando pacientes de DBT são vítimas de agressão ou outro abuso doméstico, a segurança precisa ser a primeira preocupação de qualquer intervenção na família. Da mesma forma, quando o paciente de DBT está se engajando em comportamentos agressivos e violentos, estas ações devem ser o alvo imediatamente (ver Fruzzetti & Levensky, 2000 e Iverson, Shenk, & Fruzzetti, 2009, para detalhes referentes ao tratamento de agressão e violência em DBT). Assim, o primeiro alvo para qualquer intervenção familiar é garantir a segurança. A implicação disso é que a segurança deve ser minuciosamente avaliada.

A avaliação de agressão e violência pode ser feita efetivamente com o uso de uma combinação de autorrelato (p. ex., o uso da Conflict Tactics Scale-II; Straus et al., 1996) e uma entrevista de seguimento. Todos os autorrelatos devem ser administrados pessoalmente, com os parceiros ou pais e filhos preenchendo os formulários em salas separadas para maximizar a acurácia das informações coletadas e minimizar ameaças e coerção. As declarações/comportamentos agressivos ou violentos que são endossados por alguém na família devem então ser acompanhados em uma entrevista individual para entender a frequência e o perigo desses comportamentos, o nível de medo ou ameaça percebidos, além das variáveis controladoras relevantes (por meio da análise em cadeia). Se for identificado algum comportamento relacionado à segurança, ele será o primeiro alvo do tratamento.

O próximo alvo da avaliação é identificar algum comportamento dos membros da família que promova comportamentos disfuncionais, especialmente suicidas ou de autolesão. Em geral, uma análise em cadeia já realizada com o membro da família na DBT individual identificará alguns dos *links* importantes a serem abordados. Entretanto, pode ser útil realizar uma análise em cadeia "dupla" para identificar como a "cadeia" de uma pessoa na verdade influencia a de outra, e vice-versa. Este processo foi descrito antes e representado na Figura 17.3.

Há quatro consequências familiares problemáticas comuns para comportamentos do paciente fora de controle a serem considerados: (1) *reforço positivo de comportamentos disfuncionais* (fornecendo carinho e atenção depois do comportamento disfuncional); (2) *reforço negativo de comportamentos disfuncionais* (parar com as críticas, ameaças ou outros comportamentos aversivos depois de aumento no risco de suicídio do paciente); (3) *falha no reforço de habilidades de autogerenciamento ou de comportamentos habilidosos* (ignorar autogerenciamento de sucesso); e (4) *punição de comportamentos habilidosos* (criticar o desenvolvimento de uma nova habilidade, aumentar imediatamente as expectativas do paciente depois do sucesso inicial). Descobrimos que os pais e parceiros muitas vezes se engajam nestes comportamentos, em geral involuntariamente, e que mudar estas consequências pode ser essencial para reduzir ou eliminar comportamentos fora de controle do paciente.

Por exemplo, é comum que os membros da família se sintam "esgotados" e se afastem do paciente, só se aproximando mais e acalmando o paciente (provavelmente reforçando a disfunção) depois de uma escalada de risco de suicídio (aumento nos pensamentos, impulsos ou ações suicidas) ou outro comportamento de crise. Na maioria dos casos, é importante "mover" em vez de "remover" o comportamento carinhoso, tranquilizador e solícito. Isto é, se o paciente estiver recebendo muito pouco acolhimento, é importante que o(s) familiar(es) ofereçam pelo menos o equivalente, mas de forma fixa e regular (x minutos todos os dias) ou contingente ao paciente *não* se engajar em comportamentos disfuncionais. Estas intervenções requerem o uso de um treinamento de habilidades rápido, ensinando as habilidades individuais ou familiares necessárias nessa cadeia, juntamente com todas as estratégias usuais da DBT (ver Fruzzetti, 2018, ou Fruzzetti & Payne, 2015, para uma explicação mais detalhada desta estratégia).

Do mesmo modo, os membros da família algumas vezes agem de forma altamente agressiva com o paciente e somente reduzem esses comportamentos aversivos quando o paciente responde com crescente comportamento suicida ou com a escalada de outro comportamento aversivo. Por exemplo, encontramos muitos exemplos em que as mulheres são agredidas até que se tornam suicidas ou autolesivas, momento este em que seus parceiros param de bater e até mesmo ficam carinhosos, tranquilizadores e solícitos.

De maneira menos dramática, mas não necessariamente menos importante, críticas verbais e invalidação são antecedentes comuns de comportamentos disfuncionais dos pacientes, e comportamentos suicidas e autolesivos podem funcionar para escapar de interações aversivas e invalidantes. Nesses casos, o alvo do tratamento é a redução ou a eliminação desses comportamentos destrutivos no membro da família. É importante aqui "remover" da cadeia o maior número possível de comportamentos aversivos. Isso pode exigir muita atenção para ajudar os membros da família a aumentarem sua habilidade em vários domínios a fim de reduzirem julgamentos e reações emocionais aversivas e aumentarem a consciência dos seus objetivos e das necessidades do seu familiar com TPB. É evidente que esses esforços provavelmente serão mais efetivos se o familiar com TPB reforçar a mudança (i.e., não responder a um ambiente menos aversivo aumentando a própria resposta aversiva).

Aumentar as respostas validantes dos membros da família pode ser efetivo pelo lado dos antecedentes dos comportamentos disfuncionais de um paciente: (1) validar desejos e emoções pode reduzir a excitação emocional aversiva, tornando mais provável que as habilidades individuais trabalhem para reduzir mais a excitação e (2) validar o uso das habilidades pode reforçar seu uso, independentemente dos outros efeitos de ser habilidoso (em contraste com o uso de respostas disfuncionais antes aprendidas). Assim, validar o uso das habilidades pode ser uma fonte importante, se transitória, de reforçamento do comportamento habilidoso, sobretudo enquanto o paciente estiver aprendendo as habilidades e ainda não for muito efetivo (ele pode não se beneficiar muito do uso da habilidade até que esteja habilidoso nela). Além disso, quando uma pessoa está apenas começando a aprender uma nova habilidade, experimentar o novo comportamento pode surpreender os membros da família, que podem responder notando a incapacidade ou inefetividade da habilidade, em vez da tentativa de ser habilidoso, e podem acabar punindo a tentativa. Por conseguinte, é importante que os familiares estejam alertas para a emergência de comportamentos habilidosos mais recentes e acolham esses novos comportamentos de uma maneira validante. Praticar na sessão em família pode ajudar a evitar que os familiares inadvertidamente punam o uso da habilidade incipiente e oferece uma oportunidade para o terapeuta demonstrar a validação como uma alternativa, se necessário.

RESUMO E CONCLUSÕES

Há muitas razões para considerar a realização de intervenções familiares como uma parte habitual de um programa de DBT: os resultados podem ser melhorados e a eficiência aumentada e, teoricamente, os fatores familiares desempenham um papel central (o ambiente social e familiar invalidante) no modelo transacional no qual a DBT está fundamentada. As intervenções familiares podem ser empregadas com êxito em grupos multifamiliares ou com famílias individuais, e podem utilizar princípios e estratégias da DBT ou ser integradas aos modelos comuns de terapia familiar amplamente disponíveis na comunidade. Este capítulo apresentou uma visão geral dos alvos do tratamento e habilidades familiares, junto com uma perspectiva das evidências emergentes que mostram a utilidade das intervenções familiares da DBT. Em suma, as intervenções familiares da DBT podem ser um acréscimo efetivo a qualquer programa de DBT.

REFERÊNCIAS

Dixon, L., McFarlane, W. R., & Lefley, H. (2001). Evidence-based practices for services to families of people with psychiatric disabilities. *Psychiatric Services, 52*, 903–910.

Ekdahl, S., Idvall, E., & Perseius, K. I. (2014). Family skills training in dialectical behaviour therapy: The experience of the significant others. *Archives of Psychiatric Nursing, 28*(4), 235–241.

Flynn, D., Kells, M., Joyce, M., Corcoran, P., Herley, S., Suarez, C., et al. (2017). Family Connections versus optimized treatment-as-usual for family members of individuals with borderline personality disorder: Non-randomized controlled study. *Borderline Personality Disorder and Emotion Dysregulation, 4*, 18.

Fruzzetti, A. E. (1996). Causes and consequences: Individual distress in the context of couple interactions. *Journal of Consulting and Clinical Psychology, 64*, 1192–1201.

Fruzzetti, A. E. (2004). *The validating and invalidating behaviors coding system: Understanding conflict and closeness processes in families and other relationships*. Reno: University of Nevada.

Fruzzetti, A. E. (2006). *The high conflict couple: A dialectical behavior therapy guide to finding peace, intimacy, and validation*. Oakland, CA: New Harbinger.

Fruzzetti, A. E. (2018). DBT with parents, couples and families. In M. Swales (Ed.), *Oxford handbook of dialectical behaviour therapy* (pp. 389–411). New York: Oxford University Press.

Fruzzetti, A. E. (2020). *Family DBT skills*. Manuscript under review.

Fruzzetti, A. E., Gunderson, J. G., & Hoffman, P. D. (2014). Psychoeducation. In J. M. Oldham, A. Skodal, & D. Bender (Eds.), *Textbook of personality disorders* (2nd ed., pp. 303–320). Washington, DC: American Psychiatric Publishing.

Fruzzetti, A. E., Harned, M. S., Liu, J., Valenstein-Mah, H., & Hoffman, P. D. (2020). *Trauma exposure and posttraumatic stress among family members of individuals with borderline personality disorder*. Manuscript under review.

Fruzzetti, A. E., & Hoffman, P. D. (2004/2020). *Family Connections workbook and training manual*. Rye, NY: National Education Alliance for Borderline Personality Disorder.

Fruzzetti, A. E., & Iverson, K. M. (2004). Mindfulness, acceptance, validation and "individual" psychopathology in couples. In S. C. Hayes, V. M. Follette, & M. M. Linehan (Eds.), *Mindfulness and acceptance: Expanding the cognitive-behavioral tradition* (pp. 168–191). New York: Guilford Press.

Fruzzetti, A. E., & Iverson, K. M. (2006). Intervening with couples and families to treat emotion dysregulation and psychopathology. In D. K. Snyder, J. Simpson, & J. N. Hughes (Eds.), *Emotion regulation in couples and families* (pp. 249–267). Washington, DC: American Psychological Association.

Fruzzetti, A. E., & Levensky, E. R. (2000). Dialectical behavior therapy with batterers: Rationale and procedures. *Cognitive and Behavioral Practice, 7*, 435–447.

Fruzzetti, A. E., & Payne, L. G. (2015). Couple therapy and the treatment of borderline personality and related disorders. In A. Gurman, D. Snyder, & J. Lebow (Eds.), *Clinical handbook of couple therapy* (5th ed., pp. 606–634). New York: Guilford Press.

Fruzzetti, A. E., & Payne, L. G. (2020). Assessment of parents, couples, and families in dialectical behavior therapy. *Cognitive and Behavioral Practice, 27*, 39–49.

Fruzzetti, A. E., & Ruork, A. (2018). Validation principles and practices. In M. Swales (Ed.), *Oxford handbook of dialectical behaviour therapy*. New York: Oxford University Press.

Fruzzetti, A. E., Shenk, C., & Hoffman, P. D. (2005). Family interaction and the development of borderline personality disorder: A transactional model. *Development and Psychopathology, 17*, 1007–1030.

Fruzzetti, A. E., & Worrall, J. M. (2010). Accurate expression and validation: A transactional model for understanding individual and relationship distress. In K. Sullivan & J. Davila (Eds.), *Support processes in intimate relationships* (pp. 121–150). New York: Oxford University Press.

Hoffman, P. D., Buteau, E., Hooley, J. M., Fruzzetti, A. E., & Bruce, M. L. (2003). Family members' knowledge about borderline personality disorder: Correspondence with their levels of depression, burden, distress, and expressed emotion. *Family Process, 42*, 469–478.

Hoffman, P. D., Fruzzetti, A. E., & Buteau, E. (2007). Understanding and engaging families: An education, skills and support program for relatives impacted by borderline personality disorder. *Journal of Mental Health, 16*, 69–82. Hoffman, P. D., Fruzzetti, A. E., Buteau, E., Penney, D., Neiditch, E., Penney, D., et al. (2005). Family Connections: A program for relatives of persons with borderline personality disorder. *Family Process, 44*, 217–225.

Hoffman, P. D., Fruzzetti, A. E., & Swenson, C. R. (1999). Dialectical behavior therapy–family skills training. *Family Process, 38*, 399–414.

Hooley, J. M., & Hoffman, P. D. (1998). Expressed emotion and clinical outcome in borderline personality disorder. *American Journal of Psychiatry, 156*, 1557–1562.

Hooley, J. M., & Miklowitz, D. J. (2018). Families and mental disorders. In J. N. Butcher & J. M. Hooley (Eds.), *APA handbook of psychopathology: Psychopathology: Understanding, assessing, and treating adult mental disorders* (pp. 687–703). Washington, DC: American Psychological Association.

Iverson, K., Shenk, C., & Fruzzetti, A. E. (2009). Dialetical behavior therapy for women victims of domestic abuse: A pilot study. *Professional Psychology: Research and Practice, 40*, 242–248.

Jacobson, N. S., & Margolin, G. (1979). *Marital therapy: Strategies based on social learning and behavior exchange principles*. New York: Brunner/Mazel.

Kirby, J. S., & Baucom, D. H. (2007). Treating emotion dysregulation in a couples context: A pilot study of a couples skills group intervention. *Journal of Marital and Family Therapy, 33*, 375–391.

Lehman, A. F. (1998). Public health policy, community services, and outcomes for patients with schizophrenia. *Psychiatric Clinics of North America, 21*(1), 221–231.

Liljedahl, S. I., Kleindienst, N., Wångby-Lundh, M., Lundh, L. G., Daukantaité, D., Fruzzetti, A. E., et al. (2019). Family Connections in different settings and intensities for underserved and geographically isolated families: A non-randomised comparison study. *Borderline Personality Disorder and Emotion Regulation, 6*, Article 14.

Linehan, M. M. (1993). *Cognitive-behavioral treatment of borderline personality disorder*. New York: Guilford Press.

Linehan, M. M. (1997). Validation and psychotherapy. In A. Bohart & L. S. Greenberg (Eds.), *Empathy and psychotherapy: New directions to theory, research, and practice* (pp. 353–392). Washington, DC: American Psychological Association.

Linehan, M. M. (2015). *Skills training manual for treating borderline personality disorder*. New York: Guilford Press.

Miller, A. L., Rathus, J. H., & Linehan, M. M. (2006). *Dialectical behavior therapy with suicidal adolescents*. New York: Guilford Press.

Mosco, E. A., & Fruzzetti, A. E. (2003). *The effects of emotion regulation and validation skill training: A test of validating and invalidating behaviors as mechanisms of change*. Paper presented at the 37th annual convention of the Association for the Advancement of Behavior Therapy, Boston, MA.

Payne, L. G., & Fruzzetti, A. E. (2020). *Effects of a brief, intensive DBT parent skills training on suicidal adolescent treatment outcomes: A randomized trial*. Manuscript under review.

Rathus, J. H., Miller, A. L., & Linehan, M. M. (2014). *DBT skills manual for adolescents*. New York: Guilford Press.

Shenk, C., & Fruzzetti, A. E. (2011). The impact of validating and invalidating responses on emotional reactivity. *Journal of Social and Clinical Psychology, 30*, 163–183.

Solomon, P. (1996). Moving from psychoeducation to family education for families of adults with serious mental illness. *Psychiatric Services, 47*, 1364–1370.

Straus, M. A., Hamby, S. L., Boney-McCoy, S., & Sugarman, D. B. (1996). The revised Conflict Tactics Scales (CTS2): Development and preliminary psychometric data. *Journal of Family Issues, 17*, 283–316.

PARTE IV
Tópicos especiais

18

Treinamento e supervisão em programas ambulatoriais de DBT

Jesse Homan, Jennifer H. R. Sayrs e Travis L. Osborne

Aprender e dominar um tratamento altamente complexo como a terapia comportamental dialética (DBT) pode exigir recursos significativos — sobretudo tempo e dinheiro — até que se atinja um nível de "especialista". Para muitas clínicas e clínicos, a realidade é que eles simplesmente não possuem tais recursos. Apesar dessas dificuldades, é essencial que os profissionais que oferecem DBT obtenham as habilidades e os conhecimentos necessários em razão da natureza complexa e de alto risco da população de pacientes que eles atendem. O objetivo deste capítulo é fornecer estrutura e orientação para treinamento e supervisão em DBT, independentemente do tamanho do programa, da localização e dos meios, para ajudar a tornar o atendimento especializado mais viável quanto ao seu fornecimento e acesso.

OBSTÁCULOS PARA O TREINAMENTO EFETIVO

Um dos maiores desafios da disseminação e implementação de tratamentos efetivos é treinar os clínicos para a competência (McHugh & Barlow, 2010). Em parte, isso acontece porque o desenvolvimento e a pesquisa sobre práticas baseadas em evidências (PBAs) estão superando muito o desenvolvimento e a pesquisa sobre métodos de treinamento para os clínicos implementarem efetivamente PBAs em contextos no mundo real (Lyon, Stirman, Kerns, & Bruns, 2011). Além do mais, os métodos de treinamento que existem não estão bem disseminados; muitas práticas de treinamento existentes estão baseadas em crenças e procedimentos que não necessariamente asseguram bons resultados clínicos ou fornecem evidências quanto ao conhecimento e às habilidades que os clínicos precisam ter para obter bons resultados (Koerner, 2013). Além disso, o custo de ser treinado em uma PBA pode ser proibitivo; a participação em um *workshop* é onerosa e a supervisão de um especialista pode ser ainda mais dispendiosa (Fairburn & Cooper, 2011). A escassez de treinadores especialistas em certos contextos é outro obstáculo para os clínicos desenvolverem *expertise* em PBAs. A falta de acesso à supervisão também é citada com frequência pelos clínicos como uma barreira à implementação (Dimeff, Koerner, et al., 2009; Dimeff, Harned, et al., 2015).

Esses obstáculos resultaram em uma lacuna significativa entre ciência e prática no campo da saúde mental, o qual conta com um número insuficiente de clínicos adequadamente treinados para aplicar PBAs (Lyon et al., 2011; Wandersman et al., 2008). O campo da DBT não é imune a esses problemas de disseminação e implementação. Assim como acontece com todos os terapeutas que estão aprendendo PBAs, os terapeutas supervisionados em DBT enfrentam múltiplos desafios. Dominar a DBT demanda do clínico o aprendizado de inúmeras habilidades, estratégias, princípios e protocolos que são específicos da DBT (Fruzzetti, Waltz, & Linehan, 1997). Essas dificuldades podem ser agravadas pela natureza intensa e sensível ao tempo de alguns problemas dos pacientes da DBT, e o resultado é que os terapeutas tentam aplicar DBT sem ter *expertise* suficiente. Isso pode levar a desfechos problemáticos: os pacientes podem receber atendimento inefetivo, concluir de forma errônea que a DBT não é efetiva para eles ou até mesmo se suicidar. Apesar dessas dificuldades, a DBT pode ser efetivamente disseminada. As estratégias necessárias e sugestões para lidar com obstáculos comuns são discutidas a seguir.

COMPROMETIMENTO COM O TREINAMENTO

Antes de iniciar qualquer treinamento em DBT, o comprometimento por parte do terapeuta supervisionado é um primeiro passo essencial. A importância desse compromisso com o processo de treinamento não pode ser subestimada. Múltiplos programas de DBT identificaram que a falta de orientação, preparo e comprometimento por parte do clínico afetou negativamente os esforços de treinamento (Swenson, Torrey, & Koerner, 2002). A importância do treinamento e da supervisão para empregar DBT com fidelidade é comunicada para todos os que recebem pacientes em DBT ou se juntam a uma equipe de DBT; isso pode até mesmo ser discutido durante o processo de entrevista, se relevante. Este processo inclui o compromisso de participar do treinamento formal de DBT, treinamentos internos, supervisão individual e/ou em grupo e equipe de DBT, juntamente com leitura, ensaio de habilidades e realização das tarefas relacionadas. Esse compromisso é conduzido de uma maneira que se assemelha ao processo de comprometimento com o tratamento em DBT, utilizando as mesmas estratégias (p. ex., prós e contras, conectar comprometimentos prévios com atuais, advogado do diabo e pé na porta/porta na cara; Linehan, 1993; Sayrs & Linehan, 2019a).

AQUISIÇÃO DE HABILIDADES

Depois que se obtém o comprometimento, o foco avança para a *aquisição* de novas informações e habilidades. Os terapeutas devem, de alguma maneira, obter o conhecimento necessário para fornecer DBT de maneira efetiva. Da mesma forma que no tratamento em DBT, não há regras ou procedimentos necessários para a aquisição de habilidades; dependendo dos recursos e necessidades de treinamento, pode-se escolher entre uma ampla variedade de métodos para aprender DBT. Esses métodos podem incluir treinamentos *on-line*, *workshops*, cursos, ou disciplinas, na universidade, autoaprendizagem, supervisão/consultoria, clubes do livro, aulas formais ou informais e observação de especialistas em DBT.

Para os terapeutas que são totalmente inexperientes, a lista dos tópicos de treinamento será muito mais extensa e ultrapassa o escopo deste capítulo. Além de aprender DBT, eles aprenderão habilidades básicas em terapia, ética, ciência comportamental e muitos outros tópicos relevantes para aprender a conduzir psicoterapia de forma mais ampla. Se o profissional já tiver alguma experiência em realizar processos psicoterapêuticos, o foco poderá se limitar a aprender DBT.

Avaliação

Como acontece com os pacientes, é imperativo que os treinadores e supervisores avaliem acuradamente o conhecimento real e o nível de habilidade dos seus supervisionados. Em alguns casos, os novos clínicos terão tido pouca exposição prévia à DBT, enquanto em outras circunstâncias o conhecimento e a experiência dos novos clínicos podem estar em um nível de especialista. Os clínicos também podem avaliar a si próprios como tendo mais ou menos habilidades do que na verdade têm.

A avaliação é importante na fase de aquisição de habilidades para determinar que tópicos enfatizar nos treinamentos. A avaliação do conhecimento didático pode ser conduzida in formalmente em contextos grupais ou individuais. Isso pode ser feito por meio de perguntas que avaliam rapidamente o conhecimento dos terapeutas supervisionados. Por exemplo, "Quais são os seis níveis de validação?" ou "Liste todas as estratégias dialéticas que puder" ou "Quais são os componentes de uma análise em cadeia?". Essas informações podem ajudar os supervisores a focarem seus tópicos de treinamento efetivamente. A avaliação deve ser um processo contínuo, e adaptações no currículo são feitas quando necessário.

Leituras

Há muitos livros e artigos escritos sobre DBT. Lamentavelmente, nem todos seguem o manual da DBT à risca; alguns pesquisadores e escritores modificaram o tratamento de forma drástica, sem determinar se essas mudanças são efetivas. É por essa razão que recomendamos que se comece pelos manuais da DBT escritos pela desenvolvedora do tratamento (Linehan, 1993; Linehan, 2015a, 2015b). Estes livros formam a base para avaliações da aderência e exigências de certificação, fornecendo as melhores descrições de DBT aderente.

Podemos então nos voltar para muitos outros recursos, desde o material básico de instrução até uma discussão mais complexa da teoria dialética. Há muitos livros que complementam bem os manuais da DBT. Além disso, o terapeuta precisa conhecer os tratamentos baseados em evidências e os manuais para poder abordar a variedade de diagnósticos e problemas que seus pacientes apresentam (p. ex., depressão, uso de substâncias, transtornos de ansiedade). Esses livros e manuais são tópicos excelentes para grupos de estudo, clubes do livro e outros esforços organizados para obter informações sobre a DBT, tanto para novos terapeutas quanto para profissionais experientes em DBT. A Tabela 18.3 traz exemplos mais adiante; leituras adicionais podem ser encontradas em http://depts.washington.edu/uwbrtc, www.psychologicaltreatments.org, www.abct.org e www.behavioraltech.org.

Clubes do livro e grupos de estudo podem ser uma forma excelente e econômica para os terapeutas aprenderem DBT e outros tratamentos baseados em evidências. Para que os grupos de estudo sejam bem-sucedidos, é essencial que haja comprometimento da instituição e dos participantes. Um grupo de estudos pode acabar se dissolvendo se outras reuniões ou tarefas clínicas forem agendadas para o mesmo horário e/ou se os membros do grupo não participarem plenamente (p. ex., não realizam as tarefas de casa, perdem muitas das reuniões, não participam nas discussões). As Tabelas 18.1 e 18.2 trazem dicas para obter o comprometimento da instituição e dos participantes.

Conhecer os dados que apoiam a DBT também é essencial; ao selecionar estudos para ler, tenha em mente a importância de uma condição-controle, randomização e replicação. Linehan, Dimeff, Koerner e Miga (2014) e Rizvi, Steffel e Carson-Wong (2013) fornecem resumos úteis desses dados. Essas informações também são importantes para aprender quais populações têm mais chances de se beneficiar da DBT e para compreender quando a DBT pode ser uma abordagem útil e quando pode haver alternativas melhores.

Workshops e palestras

A didática (ensino, frequentemente mediante palestras e/ou apresentação) é essencial.

TABELA 18.1 Dicas para a obtenção de comprometimento da administração para grupos de estudo

Em um contexto clínico, negocie com a administração/gerência o uso do tempo de trabalho para fins de treinamento. Os seguintes benefícios podem aumentar a probabilidade de a administração concordar:

- Relacione o grupo de estudos aos objetivos mais importantes para a administração (p. ex., reduzir as taxas de hospitalização, reduzir as taxas de recidiva, aumentar a motivação da equipe).
- Informe os administradores de que um grupo de estudos possibilitará a educação contínua e o desenvolvimento da equipe sem importantes perdas de tempo/produtividade.
- Ofereça à administração algo em troca, como desenvolver materiais de aprendizagem para outros membros da equipe com base no grupo de estudos.

TABELA 18.2 Dicas para o desenvolvimento e a manutenção de um grupo de estudos

- Use estratégias de compromisso da DBT uns com os outros. Obtenha compromisso para um livro/tópico de cada vez. É melhor ter um grupo muito pequeno de pessoas altamente comprometidas do que um grupo grande de pessoas moderadamente comprometidas. Com o tempo, é provável que os outros percebam todos os aspectos em que o grupo é valioso e acabem querendo se juntar a ele.
- Estabeleça um líder do grupo como o responsável por iniciar e encerrar as reuniões no horário, acompanhando as pessoas quando elas faltam a uma reunião, quando precisam saber qual é a tarefa de casa designada e assim por diante.
- Leve a tarefa de casa a sério. Da mesma forma que com os pacientes, o líder do grupo deve avaliar as razões pelas quais a tarefa de casa deixou de ser feita e os problemas com a participação, além de encontrar soluções.
- Faça com que todos leiam cada capítulo/artigo. As discussões serão mais ricas e mais reforçadoras do que se apenas uma pessoa fizer uma apresentação sobre a leitura.
- Faça o processo ficar divertido! Promova encontros em locais diferentes, forneça lanches, reserve os minutos iniciais para conversa descontraída, etc.

Os pesquisadores descobriram que, sem didática, os treinamentos, a supervisão e os treinamentos futuros são menos efetivos (Chagnon, Houle, Marcoux, & Renaud, 2007; Herschell, Kolko, Baumann, & Davis, 2010; Hawkins & Sinha, 1998; Siqueland et al., 2000). Os *workshops* são uma forma muito útil de obter didática na DBT. Contudo, eles podem ser muito caros e demorados. Se o profissional tiver os recursos para participar de um *workshop* de DBT, há muitos para escolher. Recomendamos apresentadores que sigam os manuais de Linehan (1993, 2015a, 2015b) e que tenham vasta experiência no ensino e na implementação da DBT.

Treinamentos em DBT de 5 e 10 dias são particularmente comuns. Eles oferecem uma visão geral da história da DBT, das bases teóricas e filosóficas do tratamento, dos dados que apoiam a DBT, além dos princípios e estratégias específicos que englobam o tratamento. Esses treinamentos são planejados para ser um pacote de treinamento multicomponentes com uma variedade de métodos de ensino; além da didática, eles utilizam exercícios experienciais, modelagem e tarefas de casa. Com frequência também abordam a coesão da equipe da DBT, bem como o funcionamento e os impedimentos à implementação do tratamento. Treinamentos básicos de cinco dias são suficientes para treinar os membros de uma equipe de DBT estabelecida e altamente experiente, em que a modelagem e a manutenção de novas habilidades podem ser oferecidas dentro do contexto clínico. Para equipes de DBT recém-criadas, equipes sem maior treinamento em DBT ou equipes sem pelo menos um especialista em DBT, um treinamento intensivo de 10 dias ou um arranjo de longo prazo com um consultor especializado pode ser mais adequado para assegurar que componentes importantes do pacote de treinamento multicomponentes sejam incluídos e que o conhecimento seja mantido com o passar do tempo.

Workshops mais curtos também podem ser úteis, sobretudo se estivermos procurando uma visão geral introdutória da DBT ou aprimorando habilidades e estratégias particulares (p. ex., abordar comportamento que interfere na terapia, *mindfulness* ou adaptações da DBT para populações particulares). Em nossa experiência, um breve *workshop* como treinamento introdutório de 1 ou 2 dias não é suficiente para preparar um terapeuta para começar a fornecer DBT; um treinamento de 5 ou 10 dias (ou seu equivalente), junto com outras estratégias de aquisição, será necessário para que realmente se aprendam os muitos componentes da DBT.

As aulas e palestras informais podem ser uma alternativa mais rentável à participação em *workshops*. Se uma clínica, agência ou área geográfica tiver um terapeuta experiente em DBT, esse indivíduo pode ser recrutado para dar treinamento. Quando viável, recomendamos que os programas contatem organizações profissionais relevantes e passem pelo processo de se tornar elegíveis para fornecer creditação de educação continuada (CE, do inglês *continuing education*) para a equipe por participar de treinamentos internos (p. ex., a Associação Americana de Psicologia em www.apa.org/ed/sponsor/become-approved/index.aspx ou o National Board of Certified Counselors em www.nbcc.org). Fazer isso é um grande privilégio para os terapeutas e pro-vavelmente aumentará a participação nesses eventos. Aulas *on-line* também são uma opção quando o profissional não tem acesso presencial a alguém com *expertise* no tratamento.

Na ausência da estrutura de um *workshop* formal, pode ser útil criar estrutura para a autoaprendizagem, didática ou outros currículos. O manual de Linehan (1993) fornece algumas orientações nesse sentido; as tabelas com *checklist* de estratégias podem ser particularmente úteis como um guia para estudo (p. ex., Linehan, 1993, p. 206, Dialectical Strategies Checklist). Também é útil considerar em que ordem os terapeutas precisam aprender estes tópicos. Se os terapeutas forem novos na DBT, os tópicos que precisam ser bem compreendidos no começo do tratamento (p. ex., teoria biossocial) devem ser ensinados antes dos tópicos que são necessários posteriormente no tratamento (p. ex., término). A Tabela 18.3 oferece uma amostra de currículo que fornece os tópicos que devem ser abrangidos ao treinar um terapeuta novo na DBT. Outros podem ser adicionados, mas estes elementos fornecem uma base sólida em DBT. As citações de capítulos na Tabela 18.3 se referem a Linehan (1993).

Outros recursos

É importante salientar que o processo de aquisição não termina depois da leitura de um livro ou da participação em um *workshop*. Organizar algum meio de obter informações continuadas referentes à DBT será essencial para todos os terapeutas da DBT, e não apenas para aqueles novos na DBT. Isso pode ocorrer por meio de supervisão, consultoria ou mentoria de um terapeuta experiente em DBT; *feedback* dos pares; reuniões de ensino continuado; clubes de leitura de artigos; organizações profissionais como a Association for Behavior and Cognitive Therapies (ABCT; www.abct.org) e a International Society for the Improvement and Teaching of DBT (ISITDBT; www.isitdbt.net); atualizações de pesquisas, como alertas do Google Scholar e PubMed; e atualizações

TABELA 18.3 Amostra de currículo para treinamento em DBT na fase de aquisição

1. Visão geral do tratamento (Cap. 4; Koerner, 2012)
2. Critérios de inclusão e exclusão: quem será incluído no programa de DBT e quem não será? Isso incluirá uma visão geral das pesquisas em DBT, focando em particular em ensaios clínicos controlados randomizados (ECRs) (p. ex., Linehan, Dimeff, Koerner, & Miga, 2014). Isso também incluirá treinar o terapeuta em políticas da agência relacionadas às populações de pacientes.
3. Transtorno da personalidade *borderline* (TPB) e desregulação emocional
    a. Teoria biossocial (Cap. 2)
    b. Conceitualização em DBT do TPB e desregulação emocional (Cap. 1)
    c. Pressupostos sobre pacientes e terapeutas (Cap. 4)
4. Estrutura da DBT
    a. Modos e funções da DBT (Cap. 4)
    b. Equipe da DBT (Cap. 4; Sayrs & Linehan, 2019a)
    c. Contato fora da sessão (Cap. 4; Cap. 6; Cap. 15; Ben-Porath & Koons, 2005)
5. Avaliação de risco (Cap. 15; Kats & Korslund, 2020)
6. Estratégias de comprometimento (Cap. 14)
7. Cartões-diário (Cap. 6; Linehan, 2015a)
8. Como orientar para DBT (Cap. 4; Cap. 14)
9. Estrutura básica de uma sessão de DBT (Cap. 14)
10. Foco
    a. Alvos prioritários (Cap. 5)
    b. Alvos secundários (Cap. 3; Cap. 5)
    c. Hierarquia de alvos (Cap. 6)
11. Avaliação
    a. Análise do comportamento (Cap. 9)
    b. Análise em cadeia (Cap. 9; Rizvi, 2019)
    c. Análise de *missing links* (Linehan, 2015a, 2015b)
12. Estratégias de mudança
    a. Análise de soluções, análise de tarefas (Cap. 9)
    b. Manejo de contingências (Cap. 11; Pryor, 1999; Ramnero & Törneke, 2008, Chapman & Rosenthal, 2016)
    c. Exposição (Cap. 11; Abramowitz, Deacon, & Whiteside, 2019)
    d. Modificação cognitiva (Cap. 11; Dryden, DiGuiseppe, & Neenan, 2010)
    e. Habilidades (Cap. 11; Linehan, 2015a, 2015b; Swales & Dunkley, 2020)
13. Estratégias recíprocas
    a. Validação (Cap. 8; Linehan, 1997; Linehan, 2015a, 2015b; Shenk & Fruzzetti, 2011)
14. Visão de mundo e estratégias dialéticas (Cap. 2; Cap. 7; Koerner, 2012; Sayrs & Linehan, 2019b; Swenson, 2016)
15. Outras estratégias (estilística: Cap. 12; manejo de caso: Cap. 13; orientação, didática, estratégias de *insight*: Cap. 9)
16. Estratégias para tratar diagnósticos e problemas comuns entre pacientes da DBT. Por exemplo, a série Tratamentos Que Funcionam, da Oxford (p. ex., Craske & Barlow, 2007), é extremamente útil quando são tratados comportamentos que interferem na qualidade de vida. Outros manuais de tratamento úteis incluem *The Mindful Way Through Anxiety* (Orsillo & Roemer, 2011), *Mindfulness-Based Cognitive Therapy for Depression* (Segal, Williams, & Teasdale, 2013), *Behavioral Activation for Depression* (Martell, Dimidjian, & Herman-Dunn, 2010) e *Overcoming Binge Eating* (Fairburn, 2013), para citar alguns. A Seção "Leituras" (acima) traz uma lista de *websites* com recursos adicionais.
17. Observação dos limites (Cap. 10)

Nota: As referências cruzadas dos capítulos correspondem a Linehan (1993).

postadas, como https://behavioraltech.org/research/updates.

FORTALECIMENTO E GENERALIZAÇÃO DE HABILIDADES: SUPERVISÃO EM DBT

A aquisição isolada é insuficiente quando se treina um terapeuta. Por exemplo, algumas pesquisas indicam que treinamentos didáticos resultam em um aumento no conhecimento do terapeuta, mas não resultam em mudanças nas atitudes do terapeuta, na aplicação do conhecimento ou nos comportamentos (Beidas, Edmunds, Marcus, & Kendall, 2012; Beidas & Kendall, 2010; Carroll, Martino, & Rounsaville, 2010; Dimeff et al., 2015; Harned et al., 2014; Fixsen, Blase, Naoom, & Wallace, 2009; Herschell et al., 2010). Herschell e colaboradores (2010) relataram que os terapeutas precisam receber suporte contínuo para melhorarem suas habilidades. Além disso, quando os terapeutas recebem consultoria e/ou supervisão contínuas após treinamentos didáticos, suas habilidades seguem melhorando e as mudanças no comportamento ficam mais solidificadas (Beidas et al., 2012; Herschell et al., 2010).

As habilidades adquiridas durante a didática, as leituras e os outros meios devem ser modelados, fortalecidos e generalizados para mudar os comportamentos do terapeuta. A maior parte deste fortalecimento e generalização acontece dentro do contexto da supervisão ou consultoria. Este processo é semelhante ao da terapia em DBT: assim como os terapeutas da DBT auxiliam os pacientes no ensaio das habilidades e na solução de problemas em que eles têm dificuldades na vida diária, os supervisores em DBT desempenham um papel essencial para ajudar os terapeutas a praticarem-nas e as generalizarem para a sala de terapia. É importante que os supervisores lembrem que mesmo que um terapeuta possa produzir um comportamento no consultório do supervisor, isso não garante que o terapeuta possa fazer o mesmo em uma sessão de terapia ou em resposta a comportamentos específicos do paciente. Assim, qualquer trabalho de fortalecimento e generalização de habilidades precisa começar com uma avaliação detalhada e permitir a focalização acurada.

Avaliação

A avaliação é essencial nas fases do treinamento de fortalecimento e generalização do treinamento. Os supervisores devem conduzir uma avaliação detalhada das habilidades, compreensão do material didático e, mais importante, quais comportamentos do terapeuta estão (e não estão) ocorrendo durante as sessões de terapia. Os métodos para essa avaliação são descritos a seguir.

Formulação do caso

A avaliação das habilidades para formulação pode ser feita durante a sessão de supervisão ou como tarefa de casa. As formulações de caso e os planos de tratamento com pacientes com múltiplos problemas de alto risco são essenciais para o sucesso do tratamento e podem ser difíceis de desenvolver (ver Koerner, 2012 e Rizvi & Sayrs, 2020 para informações detalhadas sobre formulações de caso e planejamento do tratamento). É muito fácil que os clínicos percam de vista os alvos e as metas do tratamento e que a terapia naufrague e se torne inefetiva; o foco na formulação do caso na supervisão pode ajudar a manter o foco e a precisão do tratamento. Essa discussão também tem a vantagem de enfatizar os pontos fortes e fracos do supervisionado, o que permite maior precisão na supervisão. Quando é avaliada a formulação de caso do terapeuta supervisionado, os principais elementos que o supervisor deve procurar são os alvos prioritários e secundários, a teoria biossocial, as variáveis que controlam o comportamento do paciente e os obstáculos que interferem nas respostas mais adaptativas. Essas informações também são valiosas para o supervisor enquanto ele escuta/assiste as gravações das sessões de terapia (ver seguir), pois assim ele será capaz de avaliar se a formulação é acurada e se o supervisionado está focando comportamentos relevantes na sessão.

Observação direta

Embora os relatos dos terapeutas sobre seus comportamentos na sessão sejam uma fonte potencial de dados para avaliação, estes provavelmente serão tão enviesados quanto todos os autorrelatos retrospectivos do comportamento (Gunn & Pistole, 2012; Hantoot, 2000; Muslin, Thurnblad, & Meschel, 1981). Além disso, os terapeutas podem não reconhecer comportamentos problemáticos ou a ausência de comportamentos efetivos, tanto os seus quanto os dos pacientes. Assim sendo, são necessários meios mais diretos de observar comportamentos do terapeuta para conduzir uma avaliação efetiva, incluindo gravações em áudio, gravações em vídeo ou observação ao vivo das sessões. Este tipo de acesso aos "dados brutos" da terapia é com frequência essencial para os supervisores identificarem as necessidades dos supervisionados e auxiliá--los efetivamente na formulação de caso e no direcionamento para os alvos do tratamento.

A observação direta das sessões de terapia tem o poder particular de provocar ansiedade nos terapeutas. A criação de uma cultura em que todos no contexto do tratamento, independentemente do nível de experiência, estão gravando e analisando as sessões de terapia pode aumentar a aceitação desta abordagem pelo terapeuta supervisionado e torná-la mais normativa. Além disso, os supervisores precisam ser cuidadosos com a forma como fornecem *feedback* em resposta à observação direta, já que os terapeutas supervisionados muitas vezes se sentem mais vulneráveis com este método de supervisão. Assim como no tratamento em DBT, é importante ser direto, evitando tratar o supervisionado como frágil, e defender a mudança quando necessário, ao mesmo tempo criando um ambiente validante e apoiador para facilitar a aprendizagem.

Todos os tipos de avaliação direta requerem consentimento informado dos pacientes, e a linguagem que descreve esses métodos pode ser incluída nos documentos de consentimento que os pacientes assinam quando iniciam o tratamento. Sempre que possível, os pacientes devem ter a opção de inclusão ou exclusão desses métodos, independentemente de eles terem escolhido procurar tratamento, para minimizar o risco de coerção. Alguns pacientes podem recusar, o que limitará as informações que os supervisores podem obter sobre os comportamentos do terapeuta; é importante equilibrar as necessidades de treinamento dos terapeutas com as preferências e a autonomia dos pacientes. Alguns contextos de treinamento podem exigir formas de avaliação/observação direta dos terapeutas supervisionados (p. ex., quando os terapeutas são novos na DBT, quando os terapeutas são estudantes). Nesses casos, os pacientes devem ser orientados quanto a esta exigência logo no processo de ingresso para que tenham a oportunidade de indagar sobre outras opções ou profissionais que possam oferecer o tratamento (se disponíveis) caso não queiram ser gravados ou observados.

Como parte do processo de consentimento informado, é importante que os terapeutas comuniquem aos pacientes o seguinte:

1. O foco da observação é no terapeuta, e não no paciente; esse é um meio para que o terapeuta receba *feedback*.
2. Eles são livres para escolher não ter uma sessão específica observada/gravada se a discussão das informações parecer muito privada (i.e., eles podem revogar o consentimento para sessões/assuntos específicos).
3. Medidas de segurança específicas para as gravações das sessões são adotadas

para proteger a sua confidencialidade e privacidade (e fornecer detalhes sobre quais são elas).
4. As gravações das sessões serão apagadas depois de um período de tempo específico.

Todas essas informações devem ser fornecidas aos pacientes por escrito (no formulário de consentimento do tratamento) e também devem ser examinadas verbalmente para garantir que os pacientes entendam estas políticas e para que as suas perguntas e preocupações possam ser discutidas de modo adequado.

Na maioria dos contextos, fazer gravações em áudio ou vídeo das sessões de terapia provavelmente será mais viável do que a observação ao vivo (dicas para instalação do equipamento de gravação podem ser encontradas na Tabela 18.4). As gravações permitem que o supervisor assista conforme sua conveniência e veja e discuta a sessão com o supervisionado. Esta abordagem também pode ser menos intrusiva na sessão. O equipamento pode ter um custo elevado, mas constatamos que gravadores digitais portáteis, *webcams* e mesmo *smartphones* são suficientes como dispositivos para gravação. Gravações em áudio podem ser mais confortáveis para os pacientes porque seu rosto e outras informações de identificação não são gravados; no entanto, o supervisor pode achar que a ausência de informações não verbais dificulta a avaliação. As gravações devem ser salvas somente pelo tempo necessário para serem usadas na supervisão. Uma diretriz útil é não ter gravações de mais de duas sessões salvas para um determinado paciente em um determinado momento. Restringir o número de gravações das sessões que são armazenadas em um determinado período de tempo é importante para limitar potenciais brechas na confidencialidade e problemas com a segurança dos dados.

A observação ao vivo é outro meio de observação direta e avaliação. Embora este método elimine os desafios relacionados à segurança e ao armazenamento dos dados associados às gravações das sessões, isso pode ser inconveniente em termos de agendamento. Este método tem a vantagem de oferecer a oportunidade de dar ao terapeuta supervisionado *feedback* imediato durante a sessão. A versão padrão-ouro dessa abordagem é observar a sessão de terapia a partir de uma sala de observação por meio de um espelho. Como há necessidade de espaço e recursos para criar essa sala, a opção pode ser mais aplicável em instituições maiores (p. ex., hospitais, programas de pós-graduação, clínicas maiores). No entanto, opções de recursos menos intensivos também podem ser usadas na prática privada/em grupo ou em contextos de clínicas pe-

TABELA 18.4 Dicas para a gravação das sessões

- O dispositivo para gravação em vídeo/áudio deve ser posicionado em um local sem obstrução sempre que possível.
- Para vídeo, assegure-se de que tanto o terapeuta quanto o paciente estejam no enquadramento. Se possível, tente enquadrar por inteiro os corpos do terapeuta e do paciente para captar todos os aspectos não verbais.
- Seja para áudio ou para vídeo, teste o equipamento antes da sessão para garantir que as vozes do terapeuta e do paciente estejam audíveis na gravação.
- Tente evitar que o terapeuta ou o paciente se sentem diretamente na frente de luzes brilhantes, pois isso criará uma silhueta, de modo que os aspectos não verbais podem não ser vistos.
- Um microfone externo pode melhorar a qualidade do áudio.
- Certifique-se de que os arquivos sejam armazenados usando tecnologia e sistemas compatíveis com as normas estabelecidas no Health Insurance Portability and Accountability Act (HIPAA).

quenas. Por exemplo, os supervisores podem ouvir ao vivo uma sessão de terapia por vários meios, incluindo a colocação de um monitor de bebês na sala de terapia e o receptor no escritório do supervisor, ou o supervisor lança mão de um telefone do escritório ou telefone celular na sala de terapia que é colocado no modo viva-voz, de maneira que o supervisor possa ouvir tanto o terapeuta quanto o paciente (o telefone do supervisor também deve ser colocado no modo mudo). Para ouvir e *assistir* uma sessão ao vivo, o supervisor pode usar programas de videoconferência compatíveis com Health Insurance Portability and Accountability Act (HIPAA) para ligar para o computador no escritório do terapeuta; a *webcam* do terapeuta apontaria para o terapeuta e o paciente, e a câmera e o microfone do supervisor estariam desligados para que o terapeuta e o paciente não pudessem ver ou ouvir o supervisor. Como uma nota adicional, os métodos de observação ao vivo permitem oportunidades não apenas para avaliação, mas também para intervenção, pois o supervisor pode contribuir com informações e sugestões para o terapeuta durante a sessão. Pode-se fornecer esse *feedback* simplesmente batendo na porta da sala de terapia e fazendo um breve treinamento com o terapeuta ou dando um *feedback* "*bug-in-the-ear*" ou "*bug-in-the-eye*"* à medida que a sessão progride (ver discussão a seguir).

Se nenhum dos métodos de avaliação direta antes descritos for viável, *role-plays* durante a supervisão podem ser um meio alternativo para avaliar as habilidades do terapeuta. Os *role-plays* permitem que o supervisor avalie comportamentos específicos do terapeuta, pois podem controlar os parâmetros do *role-play* e os comportamentos do paciente aos quais o terapeuta está respondendo. No entanto, como já observado, o fato de um terapeuta poder produzir um comportamento em um *role-play* não significa que ele conseguirá produzir o comportamento no contexto da terapia.

Depois que um terapeuta aprendeu novas estratégias da DBT (aquisição) e o supervisor teve a oportunidade de avaliar suas habilidades, o treinamento pode então evoluir para a modelagem e o fortalecimento dessas habilidades. Felizmente para o supervisor em DBT, muitas dessas estratégias são as mesmas usadas para o mesmo propósito com os pacientes da DBT, modificadas para o contexto da supervisão. É importante observar que, assim como na terapia da DBT, o processo de avaliação é permanente ao longo da supervisão e fundamenta continuamente as intervenções que o supervisor usa com o terapeuta para modelar, fortalecer e generalizar as habilidades.

Adotando uma atitude dialética na supervisão

Assim como os terapeutas em DBT estão continuamente tentando equilibrar o uso de estratégias de aceitação e mudança com os pacientes, é essencial que os supervisores em DBT prestem atenção a esta dialética na supervisão quando tentam modelar e fortalecer as habilidades dos terapeutas. Por um lado, a aceitação é essencial, incluindo elogiar ou destacar comportamentos efetivos do terapeuta na sessão, além de validar a dificuldade associada à implementação do tratamento ou de uma sessão em particular. Isso ajudará a criar confiança, construir uma relação positiva entre terapeuta e supervisor, apoiar a modelagem das habilidades do terapeuta e minimizar o esgotamento do terapeuta. Ao mesmo tempo, a aceitação isoladamente não resultará na aprendizagem dos supervisionados e no domínio das habilidades e comportamentos necessários para se tornarem terapeutas aderentes à DBT. O *feedback* corretivo sobre o que o terapeuta poderia ter

---

* N. de R. T.: *Bug-in-the-ear* é um ponto (pode ser por *bluetooth* ou *wireless*) no qual o supervisor realiza o *feedback* para o terapeuta ao longo da sessão. *Bug-in-the-eye* é quando o supervisor está assistindo à sessão em uma sala de espelhos ou por vídeo e escreve mensagens de *feedback* para uma tela que só o terapeuta consegue ver.

feito de forma diferente na sessão, o ensino e/ou ensaio de uma habilidade ou estratégia terapêutica específica e o foco em comportamentos que o supervisor gostaria de ver no terapeuta na sessão seguinte também são essenciais para aumentar a aplicação efetiva do tratamento pelos supervisionados.

Os supervisores podem tender para um polo ou para outro; no entanto, isso pode resultar em déficits na motivação (quando se voltam para a mudança) ou na habilidade (quando se voltam para a aceitação). Enfatizar *ambas* dialeticamente é essencial no treinamento em DBT. É importante salientar que buscar um equilíbrio entre aceitação e mudança na supervisão não significa buscar um equilíbrio 50-50 entre essas abordagens. Em vez disso, cada supervisionado precisará de uma combinação diferente dessas estratégias para se desenvolver idealmente como um terapeuta em DBT. Um dos desafios enfrentados por supervisores em DBT é identificar a combinação específica das estratégias que seja ideal para cada supervisionado (semelhante ao desafio enfrentado por terapeutas em DBT em seu trabalho com cada paciente individual). Os supervisores podem se beneficiar do monitoramento do próprio uso dessas estratégias na supervisão, sobretudo em casos em que o *rapport* com um supervisionado é fraco (sugerindo uma possível falta de estratégias de aceitação suficientes) ou o supervisionado não parece estar progredindo ou mudando da forma esperada (sugerindo uma possível falta de estratégias de mudança suficientes). Além disso, os supervisores podem buscar o *feedback* dos supervisionados quanto ao equilíbrio entre aceitação e mudança na supervisão, seja informalmente durante uma sessão de supervisão (i.e., discussão verbal) ou por meio do uso de um formulário formal de *feedback* por escrito.

Definindo metas para a supervisão

No começo do trabalho com um novo supervisionado, recomenda-se que os supervisores e supervisionados desenvolvam de forma colaborativa uma lista de metas comportamentalmente específicos para supervisão. As metas devem ser informadas pelas necessidades declaradas e demandas do terapeuta supervisionado, além dos dados de avaliação que o supervisor reuniu (e continuará a reunir durante a supervisão) sobre as competências do terapeuta. Alguns supervisionados precisarão de mais ajuda com as estratégias estilísticas da DBT (p. ex., aprender a ser mais irreverente ou recíproco), outros precisarão de mais ajuda com estratégias de tratamento específicas (p. ex., análise em cadeia) e outros precisarão de muita ajuda com ambas. As estratégias de supervisão, como as estratégias de tratamento da DBT, devem especificamente se associar às metas estipuladas pelo terapeuta e pelo supervisor, além de focar em comportamentos que interferem na supervisão e na terapia por parte do terapeuta ou do supervisor (ver a seguir).

Assim como a DBT usa o monitoramento constante (i.e., um cartão diário) para acompanhar os comportamentos-alvo dos pacientes e o uso de novas habilidades, o monitoramento dos comportamentos do terapeuta pode ser uma importante ferramenta de supervisão. Isso pode ser feito de uma maneira formal (uso de um cartão diário do terapeuta; ver o Apêndice do capítulo para um exemplo de cartão diário do terapeuta) ou informal (checagem semanal sobre o progresso em direção às metas). Seja qual for o meio de monitoramento constante, os alvos e as habilidades devem ser explicitamente associados às metas da supervisão para ajudar a aumentar a motivação e adesão do supervisionado e oferecer um meio direto para supervisor e terapeuta garantirem que a supervisão seja efetiva. De modo geral, fornecer mais estrutura e formalidade a esse processo (pelo uso de um cartão diário) é uma boa ideia para terapeutas novos ou no começo da supervisão. Os cartões diário do terapeuta podem ser usados para monitorar as emoções do terapeuta que estão interferindo na efetividade durante a sessão (p. ex., medo ou aversão em relação ao paciente) e/ou para monitorar a prática de comportamentos específicos que um terapeuta deseja aumentar e diminuir. Por exemplo, um de nós (J.H.) usou um cartão diário para aumentar o uso de validação no Nível 5 (Linehan, 1997) e reduzir o engajamento em solução de problemas antes da avaliação adequada. Transições para métodos de monitoramento menos formais podem ser feitas posteriormente na supervisão quando os terapeutas já tiverem atingido muitas das suas metas do treinamento e estiverem mais autossuficientes em seu trabalho.

Ensaio de habilidades

Em geral, *insight* e compreensão isoladamente não provocam mudança no comportamento; assim, a forma mais importante de assegurar que os terapeutas sejam capazes de se engajar em novos comportamentos-alvo é a prática repetida, tanto dentro quanto fora da sessão de supervisão. *Role-plays* são uma ferramenta primária para esse ensaio. Como na terapia em DBT, a ativação do novo comportamento é essencial em todas as sessões de supervisão de DBT. Há muitos comportamentos que um supervisor pode escolher como alvo para um *role-play* na supervisão. Os supervisores devem focar os comportamentos do terapeuta que estão diretamente relacionados ao alvo de mais alta ordem paciente. Por exemplo, se um terapeuta está evitando uma análise em cadeia comportamental detalhada sobre o comportamento de ameaça à vida de um paciente, esta evitação seria priorizada sobre outros alvos.

Dependendo das necessidades do supervisionado individual, os *role-plays* podem começar com o supervisor demonstrando o comportamento desejado para o terapeuta (nos casos em que o terapeuta ainda não adquiriu plenamente a habilidade que está sendo focada ou indicou que gostaria de ver a habilidade demonstrada primeiro) ou com o supervisionado demonstrando a habilidade ou estratégia terapêutica específica. O *role-play* feito pelo supervisor de um comportamento desejado revelou aumentar a velocidade com que um supervisionado começará a implementar esse novo comportamento (Bearman et al., 2013), portanto esta pode ser uma estratégia efetiva quando necessário. Os *role-plays* são em geral mais efetivos quando têm como alvo comportamentos ou problemas muito específicos (ao contrário de gerais ou não bem definidos). O supervisor deve proporcionar orientação e discussão suficientes antes de começar o *role-play* para que o terapeuta entenda o que está sendo solicitado a demonstrar. Os *role-plays* costumam ser um processo iterativo, com os supervisores procurando maneiras de reforçar o comportamento efetivo e fornecer *feedback* corretivo para modelar os comportamentos do terapeuta na direção da meta desejada. Não seria incomum que o supervisor e o terapeuta fizessem o *role-play* do mesmo cenário diversas vezes durante uma sessão de supervisão para atingir a meta. Embora *role-plays* sejam em grande parte uma estratégia focada na mudança, é essencial que o supervisor inclua declarações de validação durante o processo quando necessário, particularmente se o supervisionado estiver com dificuldades para produzir o comportamento e/ou tenha sentimentos de ansiedade ou vergonha. A Tabela 18.5 traz sugestões de como um supervisor pode trabalhar com a hesitação de um supervisionado durante um *role-play*.

Os *role-plays* também podem ir além da sessão de supervisão para a equipe de consulta da DBT. Embora os *role-plays* em um contexto mais público possam gerar mais ansiedade para alguns supervisionados, conduzir o *role-play* com toda a equipe tem o benefício de mais oportunidades para demonstração, *feedback* e reforço. Além disso, os membros da equipe podem ter diferentes formas de demonstrar a mesma habilidade, o que pode proporcionar uma gama de modelos efetivos para o supervisionado para o mesmo comportamento-alvo. Isso também tem o benefício de estender a aprendizagem do *role-play* com apenas um supervisionado para a

TABELA 18.5 Dicas para lidar com a relutância do supervisionado em conduzir um *role-play*

- Valide. Em geral, emoções, como medo e vergonha, interferem. "É claro que você não quer fazer isto. A maioria das pessoas se sente ansiosa em fazer *role-plays* no começo."
- Relacione às suas metas. "Eu sei que você quer melhorar as sessões com esse paciente. Somente falar sobre o que fazer não é útil para mudar o seu comportamento nem o de ninguém. Esta é a melhor maneira que conheço para ajudá-lo a obter os resultados que deseja."
- Use autorrevelação. Como acontece com os pacientes, é importante demonstrar que o supervisor também teve dificuldades com certas estratégias e melhorou por meio da prática repetida do comportamento.
- Ofereça-se para demonstrar o comportamento primeiro. Faça o supervisionado desempenhar o papel do paciente, enquanto o supervisor faz o papel do terapeuta. Depois de fazer todo o *role-play*, troquem de papéis.
- Mergulhe fundo. O supervisor pode iniciar o *role-play* apesar da relutância, permanecendo no papel do paciente até que o supervisionado se junte ao *role-play*.
- Se o supervisionado ainda não estiver disposto a avaliar o que está interferindo, resolva o problema e use estratégias de comprometimento. A estratégia do pé na porta pode ser particularmente útil. Por exemplo, ofereça: "Vamos praticar o que você vai dizer quando o paciente lhe disser que não trouxe o cartão diário de novo" ou dê ao terapeuta um *script* para ler.
- Depois da realização do *role-play*, é essencial enfatizar tudo o que o supervisionado fez bem, lembrando dos princípios de modelagem. Reforce-o pelo fato de realizar a tarefa temida.

equipe inteira. A supervisão em grupo e a "consultoria de corredor" (conversar com um colega enquanto passam no seu escritório para uma prática de dois minutos) são caminhos complementares para fortalecer comportamentos e habilidades específicos.

Tarefas de casa específicas são outra forma de ensaio de habilidades, essenciais para transferir o comportamento do escritório do supervisor para o ambiente desejado (p. ex., generalização de habilidades). Sempre que uma nova habilidade for ensinada ou ensaiada com um supervisionado, é importante designar uma tarefa de casa comportamentalmente específica relacionada a essa habilidade para o supervisionado realizar antes da próxima sessão de supervisão. Por exemplo, se uma sessão de supervisão está focada no ensino e *role-play* de uma análise em cadeia comportamental, uma tarefa de casa poderia ser conduzir duas análises em cadeia com os pacientes na semana seguinte. A não adesão à tarefa de casa deve ser alvo na supervisão, assim como seria na terapia, com a condução de uma análise em cadeia ou uma análise *missing links* que faltam (Linehan, 2015a, 2015b) para avaliar por que o comportamento não ocorreu e facilitar a análise das soluções e o comprometimento.

Koerner (2015) discute a *prática deliberada*, um método que pode melhorar significativamente as habilidades dos terapeutas supervisionados. Nesse método, o clínico deve escolher uma habilidade a ser melhorada e então praticar o comportamento consistentemente por um período de tempo prolongado (Gawande, 2011). Os componentes da prática deliberada incluem escolher um comportamento particular, identificar como é a versão de um especialista desse comportamento, atribuir a essa versão uma pontuação (p. ex., 0 a 5), identificando quando praticar o comportamento, criar uma anotação como lembrete, praticar o comportamento em *mindfulness* e, depois de praticá-lo na sessão, classificar o comportamento comparando-o com o ideal e tomar notas sobre o que fazer diferentemente na próxima vez (Koerner, 2015). Por exemplo, essa abordagem pode ser usada quando um supervisionado está aprendendo as estratégias de comprometimento. O terapeuta supervisionado escolheria uma estratégia de comprometimento para focar de cada vez (p. ex., liberdade de escolha e ausência de alternativas) e criaria uma anotação para si mesmo para manter sobre a mesa ou no braço da cadeira como um lembrete da necessidade de praticar. Depois de cada sessão, o terapeuta supervisionado verificaria se praticou ou não a estratégia e faria uma autoavaliação sobre o quanto acha que se saiu bem. Ele também escreveria uma nota rápida de *feedback* para si mesmo sobre o que correu bem e o que gostaria de melhorar. Os cartões-diário do terapeuta podem ser adaptados facilmente para incorporar a prática deliberada.

Fortalecimento das habilidades

Os supervisores podem usar uma variedade de estratégias para fortalecer as habilidades em seus supervisionados. Três estratégias particularmente importantes são reforço, modelagem e *coaching*. O reforço de comportamento efetivo pelo supervisor (e toda a equipe de DBT) é essencial, considerando que muitos dos comportamentos em que os supervisores irão querer que os terapeutas se engajem e dominem serão ativamente punidos por seus pacientes (i.e., aplicar contingências, observar limites, remover a receptividade quando apropriado, abordar comportamentos que interferem na terapia). O reforço pelo supervisor é necessário para combater os efeitos da punição na sessão, ou o terapeuta pode não tentar o comportamento novamente.

Boas oportunidades para o reforço de comportamentos habilidosos do terapeuta ocorrem durante os *role-plays*, quando são revisadas as gravações das sessões com os supervisionados, em reuniões semanais da equipe e em algum outro contexto no qual o terapeuta está trabalhando em novas habilidades. Como acontece com todas as formas de modificação do comportamento, é importante que os supervisores selecionem reforçadores que são evidentes e significativos para os supervisionados para garantir que sejam efetivos. Tendo em vista que os supervisionados variam em termos do que acham reforçador, um pouco de ensaio e erro geralmente é necessário para encontrar os reforçadores certos. Sugestões para reforçadores potenciais incluem elogio específico, destacando comportamentos efetivos do supervisionado durante uma reunião da equipe de consultoria da DBT, e ênfase ao progresso do paciente no tratamento. Os supervisores e equipes da DBT devem se sentir livres para ser criativos quanto às formas pelas quais eles reforçam os comportamentos efetivos dos terapeutas. Por exemplo, um de nós (J.H.) esteve em uma equipe que reservava um troféu "grandes momentos na DBT" que qualquer um poderia dar a outro membro da equipe quando observasse ou aprendesse com uma intervenção efetiva desse indivíduo. Então o troféu real foi entregue em uma reunião com a clínica inteira. A pessoa que entregou o troféu explicou para a equipe o que havia observado o premiado fazer. O recebedor do troféu então ficou responsável por observar o próximo "grande momento na DBT" por parte de outro membro da equipe e por entregar o troféu a essa pessoa em uma reunião futura.

A modelagem dos comportamentos do terapeuta envolve o reforço de comportamentos efetivos, além do fornecimento de *feedback* corretivo sobre comportamentos que ainda precisam de algum trabalho, para aproximar o comportamento do desfecho desejado. A modelagem pode ocorrer no momento, como durante um *role-play* ao vivo com o supervisionado, e também com o tempo, quando se examina uma série de gravações das sessões com um supervisionado. A análise das gravações em áudio/vídeo das sessões de terapia é essencial para que os supervisores sejam capazes de ajudar no fortalecimento e na generalização das novas habilidades. Idealmente, supervisores e supervisionados podem assistir e ouvir juntos as gravações de uma parte de uma sessão, focando uma habilidade ou comportamento específico. Assistir juntos também permite que os terapeutas observem o próprio comportamento e participem no processo de modelagem. A equipe de consultoria em DBT também pode ajudar no processo de modelagem; por exemplo, um terapeuta na equipe em que dois de nós participamos (J. S. e T. O.) tinha dificuldade considerável em observar os limites relacionados a ligações para *coaching* telefônico, gerando um tempo excessivo passado ao telefone regularmente. Esse comportamento era inefetivo; não ajudava o paciente a desenvolver habilidades para lidar com as situações independentemente e levava o terapeuta a não querer trabalhar com o paciente. O terapeuta focou de maneira bem-sucedida nesse comportamento com a ajuda da equipe de consultoria, colocando consistentemente o assunto na pauta da reunião. Isso permitiu que o terapeuta obtivesse a contribuição da equipe sobre como moldar a quantidade de tempo passado ao telefone com o paciente (o que envolvia ter que abordar os próprios sentimentos de culpa e comportamentos relacionados à mudança), além do reforço da equipe quando os objetivos fossem gradualmente alcançados com o tempo.

Coaching de habilidades

Pode-se dizer que o *coaching* em supervisão de DBT tem uma função semelhante à do *coaching* telefônico em terapia de DBT. O propósito é ajudar os terapeutas com a generalização de habilidades que eles aprenderam. Isso pode assumir a forma de instrução direta sobre o que fazer em uma situação particular (p. ex., durante um *role-play*, durante a análise da gravação de uma sessão, durante uma crise com um paciente particular) ou obter essas ideias do terapeuta. A abordagem assumida irá variar dependendo da natureza da situação e do nível de treinamento do terapeuta. O *coaching* pode envolver reforçamento e modelagem, mas algumas vezes pode simplesmente envolver o fornecimento de informações ou conselhos sobre o que fazer. Esta estratégia pode ter particular utilidade com terapeutas novos na DBT, novas situações encontradas por um terapeuta (independentemente do nível de habilidade) ou durante situações de risco mais alto em que a ansiedade ou o estresse do terapeuta pode interferir na solução efetiva do problema ou no comportamento. Este *coaching* pode ocorrer pessoalmente (como durante a supervisão ou em uma reunião da equipe) ou por telefone ou texto.

Uma forma de combinar reforço, modelagem e *coaching* ao mesmo tempo é o uso, pelos supervisores, de ferramentas conduzidas por tecnologia tais como *bug-in-the-ear* (Gallant & Thyer, 1989) e *bug-in-the-eye* (Klitzke & Lombardo, 1991), ambas referidas como BITE, para fornecer supervisão ao vivo e *feedback* em tempo real aos terapeutas. Estes métodos têm o benefício de incorporar aquisição, fortalecimento e generalização em uma intervenção. *Bug-in-the-ear* envolve o fornecimento de instruções ao vivo por parte do supervisor e *feedback* para o terapeuta por um microfone usado pelo supervisor e um fone de ouvido usado pelo terapeuta, enquanto *bug-in-the-eye* permite que os supervisores forneçam esse *feedback* por escrito por uma tela de computador que o terapeuta pode ver durante a sessão. Isso possibilita que a modelagem e o fortalecimento ocorram quando o comportamento estiver efetivamente ocorrendo no ambiente desejado, o que pode ser o contexto de treinamento mais ideal possível. Um estudo de caso recente (Rizvi, Yu, Geisser, & Finnegan, 2016) e um pequeno ensaio clínico controlado randomizado (ECR; Carmel, Villatte, Rosenthal, Chalker, & Comtois, 2016) fornecem apoio preliminar para a viabilidade e benefícios de BITE como um meio de oferecer supervisão ao vivo a terapeutas em DBT.

Os métodos antes descritos para conduzir supervisão ao vivo podem ser adaptados para uso com BITE. Muitos supervisores em DBT provavelmente precisarão usar versões de "baixa tecnologia" destes sistemas que são acessíveis e exequíveis em diferentes tipos de contextos. Há diversas maneiras pelas quais um supervisor pode fornecer instruções por escrito a um terapeuta durante a sessão. De qualquer modo, o monitor ou dispositivo através do qual o terapeuta está vendo as instruções do supervisor deve estar fora da linha de visão do paciente, se possível. Uma opção seria que o terapeuta e o supervisor tivessem, cada um, um monitor conectado ao mesmo computador, de tal forma que o terapeuta pudesse ler tudo o que o supervisor digita; outra opção é que ambos tenham um documento compartilhado *on-line* (como o Google doc) que possa ser visualizado por muitos indivíduos ao mesmo tempo. O supervisor pode então digitar as instruções no documento e o terapeuta veria estes lembretes na tela em tempo real. Além disso, o *software* compartilhado na tela pode ser usado entre computadores no ambiente do supervisor e na sala de terapia. Similar à sugestão do Google doc, a captura da tela permite que o supervisor digite instruções em um documento do Word que podem ser visualizadas em tempo real no computador do terapeuta supervisionado (Rizvi et al., 2016). Por último, os lembretes escritos podem ser fornecidos por uma mensagem de texto entre os telefones celulares do supervisor e do terapeuta. O inconveniente desta abordagem é que o terapeuta precisaria ter o telefone celular suficientemente próximo a ele para ver os lembretes, o que poderia ser uma distração para o paciente.

Independentemente do formato do BITE usado (lembretes verbais e lembretes escritos), os supervisores devem fornecer instruções ("Valide mais, tente V5") ou reforço ("Fantástico!") curtos e bem específicos; frases ou sugestões muito longas serão muita distração para o terapeuta processar ao mesmo tempo que também presta atenção ao paciente. Fornecer *feedback* específico e *coaching* em tempo real (i.e., "Pareça chocado e diga: "O QUÊ?!") pode conseguir que um terapeuta emita um comportamento que teria levado um longo tempo para ser alcançado de outra maneira (assim como o *coaching* telefônico em DBT é um meio primário de obter novo comportamento rapidamente). Qualquer forma de supervisão e *coaching* ao vivo pode ser extremamente gratificante e agradável, sobretudo quando o terapeuta vê que as novas estratégias têm um impacto positivo na sessão e no paciente. Uma desvantagem desta abordagem é que, assim como a observação ao vivo, ela requer que o supervisor esteja disponível durante o horário da sessão de terapia.

Comprometimento e solução de problemas

Depois que um terapeuta em treinamento aprendeu o comportamento necessário, o ensaiou e recebeu treinamento, é útil que o supervisor obtenha um claro comprometimento de experimentar o novo comportamento na sessão e resolver o que poderia dar errado. Perguntar ao terapeuta: "O que poderia arruinar o nosso plano?" pode evocar respostas como: "Vou ficar bem, a menos que o paciente fique zangado comigo, pois aí não saberei o que fazer!" ou "Ainda estou me sentindo muito nervoso em relação a este plano. Não sei ao certo se vou conseguir executá-lo". Assim como no tratamento da DBT, a solução de problemas pode enfatizar onde ainda pode ser necessário mais comprometimento, treinamento ou outras intervenções.

Comportamentos que interferem na supervisão

Os supervisores podem enfrentar muitos obstáculos quando tentam ajudar os supervisionados a fortalecerem e generalizarem novos comportamentos. Os desafios comuns incluem falta de disposição por parte do supervisionado, emoções que interferem no comportamento efetivo, evitação, supervisor não realizar a supervisão em *mindfulness* e outros obstáculos. Cada um desses problemas pode ocorrer no contexto de qualquer uma das estratégias aqui descritas.

Assim como ocorre com os comportamentos na DBT que interferem na terapia, os comportamentos que interferem na supervisão (SIBs, do inglês *supervision-interfering behaviors*) são comportamentos que impedem o processo de supervisão e podem partir do supervisionado ou do supervisor. Os SIBs podem variar desde o menor até o extremo. Ao abordar SIBs, é importante que o supervisor mantenha uma postura não julgadora e um tom de voz objetivo. Dependendo do SIB, pode ser fácil para o supervisor ficar frustrado e usar um tom de voz e um fraseado que o supervisionado ache punitivo. É bem provável que isso resulte em vergonha e/ou raiva no terapeuta, o que impedirá a avaliação e a análise das soluções. Uma ocorrência mais comum em nossa experiência é que o supervisor fique hesitante e use um tom de voz excessivamente cauteloso ou doce ao aludir ao problema em vez de se aprofundar nele (esses dois estilos de comunicação são exemplos de SIBs por parte do supervisor). Abordar os SIBs desse modo tende a comunicar inadvertidamente que o supervisor percebe o supervisionado como frágil e aumenta a ansiedade do terapeuta. É importante que o supervisor comunique ao terapeuta que independentemente do que está acontecendo, isso é apenas um problema a ser resolvido. A utilização de tom de voz objetivo e de uma postura não julgadora, linguagem comportamentalmente específica e muita validação é essencial para isso.

A abordagem dos SIBs é um processo semelhante à abordagem dos comportamentos que interferem na terapia (CIT) em DBT. Destacar o comportamento quando ele aparece é o primeiro passo. Por exemplo: "Notei que cada vez que eu lhe dou *feedback* sobre comportamentos a serem mudados na sessão, seu corpo fica tenso e você me diz que esses não são comportamentos que você precisa mudar, ou você lista todas as razões por que as sugestões que eu estou fazendo não irão funcionar. Você também percebe isso?". Depois de abordar o comportamento, é importante avaliar o que o causou; se os supervisores simplesmente presumirem que sabem qual é o problema, estarão em risco de resolver o problema errado. Continuando com o mesmo exemplo, isso pode soar um pouco como: "Eu tenho que admitir que não conheço ninguém que realmente goste de receber *feedback* crítico; aprender pode ser tão doloroso! O que acontece com você nesses momentos em que eu dou *feedback* e faço sugestões de comportamentos a serem mudados?".

Depois que o problema foi identificado, o supervisor e o supervisionado podem se engajar em solução de problemas colaborativa. É importante que depois que foram geradas soluções, o supervisor reintroduza o estímulo para que o supervisionado possa praticar o novo comportamento. "Muito bem, isso é ótimo, estou muito animado por termos chegado ao ponto! Vamos fazer o seguinte: vamos voltar para examinar a sua gravação e eu vou lhe dar o mesmo *feedback* sobre aumentar seu uso de V5 em vez de passar direto para a solução de problemas. O que você vai fazer quando eu fizer isso? OK, ótimo!" Depois do ensaio, é importante que o supervisor obtenha um compromisso do supervisionado de praticar esses novos comportamentos e resolver o que irá interferir ao praticá-los.

Assim como os terapeutas podem ser aqueles que se engajam em CITs na DBT, os supervisores podem ser aqueles que se engajam em SIBs na supervisão. Algumas vezes será o supervisionado que abordará o SIB com o supervisor. Outras vezes o supervisionado pode não dizer nada ao supervisor por várias razões, incluindo o fato de ele estar no começo do treinamento e não achar que o comportamento do supervisor esteja interferindo, ou o supervisionado reluta em abordar o comportamento devido ao desequilíbrio de poder. Seja qual for o caso, é conveniente que o supervisor não dependa unicamente do supervisionado para conscientizá-lo sobre SIBs. Uma boa estratégia consiste em o supervisor verificar rotineiramente com o supervisionado como a supervisão está indo e como o supervisionado percebe o estilo e o comportamento do supervisor. Depois que o SIB foi identificado, é essencial que o supervisor implemente as mesmas estratégias usadas anteriormente para avaliar a causa do comportamento e criar uma análise das soluções. Se necessário, o supervisor pode usar sua equipe e/ou seu próprio supervisor para auxiliar nesse processo.

OUTRAS ESTRATÉGIAS DE TREINAMENTO

Treinando o diretor

Um componente fundamental de ter um programa de treinamento interno efetivo é o apoio institucional para treinamento e supervisão (Beidas & Kendall, 2010). Alguns contextos podem se beneficiar de atribuir a uma pessoa o papel de diretor de treinamento. Esse diretor pode abordar todas as necessidades de treinamento, incluindo didática, supervisão, supervisão dos pares, equipe e outros componentes, para assegurar que cada terapeuta supervisionado e cada membro da equipe mais ampla recebam o treinamento contínuo necessário. Esse diretor não precisa fornecer todos esses elementos, mas os gerencia e coordena e assegura que as necessidades de treinamento de cada terapeuta sejam satisfeitas. Em outros contextos, pode não ser viável ter um diretor de treinamento devido ao tamanho da clínica, aos recursos financeiros ou às restrições de tempo. Nesse caso, o líder da equipe de DBT pode ser a opção natural para organizar os componentes do treinamento dos terapeutas.

Equipe de DBT

Participar da equipe de DBT é uma parte formal de fornecer DBT aderente e também outra fonte de educação contínua e melhoria das habilidades. Não vamos discutir aqui a equipe de DBT em geral (mais sobre o assunto pode ser encontrado em Linehan, 1993, e Sayrs & Linehan, 2019a); discutimos apenas a sua relevância para o treinamento. A meta principal de uma equipe de DBT é abordar qualquer obstáculo à DBT aderente, com um foco particular na motivação e capacidade do terapeuta. Embora este não seja expressamente um lugar para focar na didática, se um terapeuta precisar adquirir certas habilidades para fornecer DBT aderente (p. ex., aprender como usar irreverência em uma situação clínica particularmente desafiadora, aprender como tratar o comportamento de arrancar os cabelos de um paciente em particular), a equipe pode ser um recurso importante. A equipe pode brevemente demonstrar, ensaiar, realizar a modelação, a modelagem e reforçar o novo comportamento (p. ex., aprender a dizer a um paciente: "Isso é conversa fiada!") ou ajudar o terapeuta a localizar os recursos certos. Além disso, participar de uma equipe e discutir e apoiar o tratamento efetivo para uma ampla variedade de casos pode ser incrivelmente enriquecedor e educativo.

RESUMO

Treinamento e supervisão são componentes fundamentais da disseminação e implementação continuadas da DBT. De fato, à medida que mais clínicos fornecem este tratamento, garantir a fidelidade ao modelo de tratamento é muito importante para proporcionar aos pacientes um tratamento de última geração. Treinar os clínicos em DBT pode ser um processo trabalhoso e dispendioso, sobremaneira para aqueles em contextos de práticas menores ou com recursos financeiros limitados. O objetivo deste capítulo é trazer exemplos do padrão-ouro em supervisão e treinamento em DBT, além de adaptações para uma ampla variedade de contextos clínicos. Felizmente, os clínicos que são versados em DBT já conhecem muitas das estratégias que são usadas na supervisão em DBT, pois boa parte do processo espelha o do tratamento em DBT.

REFERÊNCIAS

Abramowitz, J. S., Deacon, B. J., & Whiteside, S. P. (2019). *Exposure therapy for anxiety: Principles and practice*. New York: Guilford Press. Bearman, S. K., Weisz, J. R., Chorpita, B. F., Hoagwood, K., Ward, A., Ugueto, A. M., et al. (2013). More practice, less preach?: The role of supervision processes and therapist characteristics in EBP implementation. *Administration and Policy in Mental Health and Mental Health Services Research, 40*(6), 518–529.

Beidas, R. S., Edmunds, J. M., Marcus, S. C., & Kendall, P. C. (2012). Training and consultation to promote implementation of an empirically supported treatment: A randomized trial. *Psychiatric Services, 63*(7), 660–665.

Beidas, R. S., & Kendall, P. C. (2010). Training therapists in evidence-based practice: A critical review of studies from a systems-contextual perspective. *Clinical Psychology: Science and Practice, 17*(1), 1–30.

Ben-Porath, D. D., & Koons, C. R. (2005). Telephone coaching in dialectical behavior therapy: A decision-tree model for managing inter-session contact with clients. *Cognitive and Behavioral Practice, 12*(4), 448–460.

Carmel, A., Villatte, J. L., Rosenthal, M. Z., Chalker, S., & Comtois, K. A. (2016). Applying technological approaches to clinical supervision in dialectical behavior therapy: A randomized feasibility trial of the bug-in-the-eye (BITE) model. *Cognitive and Behavioral Practice, 23*(2), 221–229.

Carroll, K. M., Martino, S., & Rounsaville, B. J. (2010). No train, no gain? *Clinical Psychology: Science and Practice, 17*(1), 36–40.

Chagnon, F., Houle, J., Marcoux, I., & Renaud, J. (2007). Control-group study of an intervention training program for youth suicide prevention. *Suicide and Life-Threatening Behavior, 37*(2), 135–144.

Chapman, A. L., & Rosenthal, M. Z. (2016). *Managing therapy interfering behavior: Strategies from dialectical behavior therapy*. Washington, DC: American Psychological Association.

Craske, M. G., & Barlow, D. H. (2007). *Mastery of your anxiety and panic: Therapist guide* (4th ed.). New York: Oxford University Press.

Dimeff, L. A., Harned, M. S., Woodcock, E. A., Skutch, J. M., Koerner, K., & Linehan, M. M. (2015). Investigating bang for your training buck: A randomized controlled trial comparing three methods of training clinicians in two core strategies of dialectical behavior therapy. *Behavior Therapy, 46*(3), 283–295.

Dimeff, L. A., Koerner, K., Woodcock, E. A., Beadnell, B., Brown, M. Z., Skutch, J. M., et al. (2009). Which training method works best?: A randomized controlled trial comparing three methods of training clinicians in dialectical behavior therapy skills. *Behaviour Research and Therapy, 47*(11), 921–930.

Dryden, W., DiGuiseppi, R., & Neenan, M. (2010). *A primer on rational emotive behaviour therapy*. Champaign, IL: Research Press.

Fairburn, C. G. (2013). *Overcoming binge eating* (2nd ed.). New York: Guildford Press.

Fairburn, C. G., & Cooper, Z. (2011). Therapist competence, therapy quality, and therapist training. *Behaviour Research and Therapy, 49*(6–7), 373–378.

Fixsen, D. L., Blase, K. A., Naoom, S. F., & Wallace, F. (2009). Core implementation components. *Research on Social Work Practice, 19*(5), 531–540.

Fruzzetti, A. E., Waltz, J. A., & Linehan, M. M. (1997). Supervision in dialectical behavior therapy. In C. E. Watkins, Jr. (Ed.), *Handbook of psychotherapy supervision* (pp. 84–100). New York: Wiley.

Gallant, J. P., & Thyer, B. A. (1989). The "bug-in-the-ear" in clinical supervision: A review. *The Clinical Supervisor, 7*(2–3), 43–58.

Gawande, A. (2011). Personal best. *The New Yorker, 3*, 44–53.

Gunn, J. E., & Pistole, M. C. (2012). Trainee supervisor attachment: Explaining the alliance and disclosure in supervision. *Training and Education in Professional Psychology, 6*(4), 229.

Hantoot, M. S. (2000). Lying in psychotherapy supervision. *Academic Psychiatry, 24*(4), 179–187.

Harned, M. S., Dimeff, L. A., Woodcock, E. A., Kelly, T., Zavertnik, J., Contreras, I., et al. (2014). Exposing clinicians to exposure: A randomized controlled dissemination trial of exposure therapy for anxiety disorders. *Behavior Therapy, 45*(6), 731–744.

Hawkins, K. A., & Sinha, R. (1998). Can line clinicians master the conceptual complexities of dialectical behavior therapy?: An evaluation of a state department of mental health training program. *Journal of Psychiatric Research, 32*(6), 379–384.

Herschell, A. D., Kolko, D. J., Baumann, B. L., & Davis, A. C. (2010). The role of therapist training in the implementation of psychosocial treatments: A review and critique with recommendations. *Clinical Psychology Review, 30*(4), 448–466.

Katz, L., & Korslund, K. (2020). Principles of behavioral assessment and management of "life-threatening behavior" in dialectical behavior therapy. *Cognitive and Behavioral Practice, 27*(1), 30–38.

Klitzke, M. J., & Lombardo, T. W. (1991). A "bug-in-the-eye" can be better than a "bug-in-the-ear": A teleprompter technique for on-line therapy skills training. *Behavior Modification, 15*(1), 113–117.

Koerner, K. (2012). *Doing dialectical behavior therapy: A practical guide*. New York: Guilford Press.

Koerner, K. (2013). What must you know and do to get good outcomes with DBT? *Behavior Therapy, 44*(4), 568–579.

Koerner, K. (2015). Three ways to start deliberate practice. Retrieved from www.practiceground.org/blog/2015/02/3-ways-to-start-deliberatepractice.

Linehan, M. M. (1993). *Cognitive-behavioral treatment of borderline personality disorder*. New York: Guilford Press.

Linehan, M. M. (1997). Validation and psychotherapy. In A. C. Bohart & L. S. Greenberg (Eds.), *Empathy reconsidered: New directions in psychotherapy* (pp. 353–392). Washington, DC: American Psychological Association.

Linehan, M. M. (2015a). *DBT skills training manual* (2nd ed.). New York: Guilford Press.

Linehan, M. M. (2015b). *DBT skills training handouts and worksheets* (2nd ed.). New York: Guilford Press.

Linehan, M. M., Dimeff, L. A., Koerner, K., & Miga, E. M. (2014). Research on dialectical behavior therapy: Summary of the data to date. Retrieved from www.behavioraltech.org/downloads/Research-on-DBT_Summary-of-Data-to-Date.pdf.

Lyon, A. R., Stirman, S. W., Kerns, S. E., & Bruns, E. J. (2011). Developing the mental health workforce: Review and application of training approaches from multiple disciplines. *Administration and Policy in Mental Health and Mental Health Services Research, 38*(4), 238–253.

Martell, C. R., Dimidjian, S., & Herman-Dunn, R. (2010). *Behavioral activation for depression: A clinician's guide*. New York: Guilford Press.

McHugh, R. K., & Barlow, D. H. (2010). The dissemination and implementation of evidence-based psychological treatments: A review of current efforts. *American Psychologist, 65*(2), 73.

Muslin, H. L., Thurnblad, R. J., & Meschel, G. (1981). The fate of the clinical interview: An observational study. *American Journal of Psychiatry, 138*(6), 822–825.

Orsillo, S. M., & Roemer, L. (2011). *The mindful way through anxiety: Break free from chronic worry and reclaim your life*. New York: Guilford Press.

Pryor, K. (1999). *Don't shoot the dog!: The new art of teaching and training* (rev. ed.). New York: Bantam Books.

Ramnero, J., & Törneke, N. (2008). *The ABC's of human behavior: Behavior principles for the practicing clinician*. Oakland, CA: New Harbinger.

Rizvi, S. L., & Sayrs, J. H. R. (2020). Assessment-driven case formulation and treatment planning in dialectical behavior therapy: Using principles to guide effective treatment. *Cognitive and Behavioral Practice, 27*(1), 4–17.

Rizvi, S. L., Steffel, L. M., & Carson-Wong, A. (2013). An overview of dialectical behavior therapy for professional psychologists. *Professional Psychology: Research and Practice, 44*(2), 73.

Rizvi, S. L., Yu, J., Geisser, S., & Finnegan, D. (2016). The use of "bug-in-the-eye" live supervision for training in dialectical behavior therapy: A case study. *Clinical Case Studies, 15*(3), 243–258.

Sayrs, J. H. R., & Linehan, M. M. (2019a). *DBT teams: Development and practice*. New York: Guilford Press.

Sayrs, J. H. R., & Linehan, M. M. (2019b). Modifying CBT to meet the challenge of treating emotion dysregulation: Utilizing dialectics. In M. A. Swales (Ed.), *Oxford handbook of dialectical behaviour therapy*. New York: Oxford University Press.

Segal, Z. V., Williams, J. M., & Teasdale, J. D. (2013). *Mindfulness-based cognitive therapy for depression* (2nd ed.). New York: Guilford Press.

Shenk, C. E., & Fruzzetti, A. E. (2011). The impact of validating and invalidating responses on emotional reactivity. *Journal of Social and Clinical Psychology, 30*(2), 163–183.

Siqueland, L., Crits-Christoph, P., Barber, J. P., Butler, S. F., Thase, M., Najavits, L., et al. (2000). The role of therapist characteristics in training effects in cognitive, supportive-expressive, and drug counseling therapies for cocaine dependence. *Journal of Psychotherapy Practice and Research, 9*(3), 123.

Swales, M., & Dunkley, C. (2020). Principles of skills assessment in dialectical behavior therapy. *Cognitive and Behavioral Practice, 27*(1), 18–29.

Swenson, C. R., Torrey, W. C., & Koerner, K. (2002). Implementing dialectical behavior therapy. *Psychiatric Services, 53*(2), 171–178.

Wandersman, A., Duffy, J., Flaspohler, P., Noonan, R., Lubell, K., Stillman, L., et al. (2008). Bridging the gap between prevention research and practice: The interactive systems framework for dissemination and implementation. *American Journal of Community Psychology, 41*(3–4), 171–181.

APÊNDICE 18.1 Uma amostra do cartão diário do terapeuta – versões em branco e preenchida – é apresentada a seguir. Ela pode ser adaptada para uso diário mudando "semana de" para "data". A escala de classificação do comportamento usada se alinha como a DBT Therapist Rating and Feedback Form, de Fruzzetti (2012).

Nome:						Semana de:		
Data/ hora da sessão	Medo	Raiva	Vergonha	Culpa	Aversão	Alegria	Bx Inc (Ação/ Avaliação)	Bx Dec (Ação/ Avaliação)	Notas

Número de sessões gravadas esta semana:

Escala de avaliação das emoções: 0: Nenhuma   1: Mínima   2: Leve   3: Moderada   4: Intensa   5: Extremamente intensa

Avaliação Bx: 1: Muito efetivo   2: Efetivo   3: Misto   4: Inefetivo   5: Muito inefetivo

Tarefa de casa:

Nome: Fulano de Tal — Semana de: 22/1/18

Data/hora da sessão	Medo	Raiva	Vergonha	Culpa	Aversão	Alegria	Inc Tom de voz objetivo	Dec "Voz de terapeuta"	Notas
22/1/18 14h	3	0	3	3	0	2	N 5	N 5	Tom de voz mais baixo, perguntar claramente sem hesitar
22/1/18 16h	2	0	0	1	0	4	S 3	S 2	Não levantar o tom de voz no final das frases
23/1/18 19h	3	2	2	1	2	5	S 2	S 2	Perguntou sobre comportamentos ameaçadores à vida objetivamente
24/1/18 13h	0	2	0	0	0	4	S 3	S 2	Tom de voz hesitante ao designar a tarefa de casa
25/1/18 11h	4	2	4	4	2	2	N 5	N 5	Tom "T" uma vez depois que C começou a gritar comigo

Número de sessões gravadas esta semana:

Escala de avaliação das emoções: 0: Nenhuma   1: Mínima   2: Leve   3: Moderada   4: Intensa   5: Extremamente intensa

Avaliação Bx: 1: Muito efetivo   2: Efetivo   3: Misto   4: Inefetivo   5: Muito inefetivo

Tarefa de casa: Praticar dizer às pessoas que elas estão com alguma coisa nos dentes, usar tom de voz objetivo sem hesitar antes de falar Praticar 5 minutos por d a perguntando "Você se cortou?" no mesmo tom de voz com que pergunta "Você gosta de torrada integral?". Faça isso em equipe, peça *feedback*.

19

Diretrizes em farmacologia para tratamento de pacientes no Estágio 1 da DBT

Elisabeth Bellows, W. Maxwell Burns e Chelsey R. Wilks

A terapia comportamental dialética (DBT) é um modelo de tratamento de assistência coordenada, em que múltiplos profissionais desenvolvem intervenções de tratamento específicas para o paciente. Quando a farmacoterapia faz parte do plano global da DBT, ela pode ter um impacto significativo no bem-estar do paciente. Pacientes em DBT no Estágio 1 com frequência são clinicamente complexos, apresentando múltiplos diagnósticos e risco significativo de suicídio e comportamentos de autolesão. Muitos pacientes já iniciam o tratamento em DBT tomando medicações e podem ter uma relação estabelecida com um psiquiatra. Entretanto, nem todos os psiquiatras estão familiarizados com os princípios em DBT, podem não ter experiência anterior com equipes de DBT e podem não ter conhecimento especializado para tratamento de pessoas com transtorno da personalidade *borderline* (TPB). Além disso, os terapeutas em DBT variam consideravelmente quanto ao seu conhecimento e interesse nas particularidades da farmacoterapia. Assim sendo, é importante que os psiquiatras e os terapeutas em DBT colaborem de forma efetiva, compartilhando suas respectivas áreas de *expertise* para benefício do paciente e do plano de tratamento em geral.

Este capítulo apresenta diretrizes para terapeutas em DBT e psiquiatras referentes à farmacoterapia de pacientes no Estágio 1 da DBT. Quando a medicação é indicada? Que evidências apoiam a farmacoterapia para alvos comportamentais no TPB? Como o psiquiatra e o terapeuta definem seus papéis? Quais são as estratégias efetivas para comunicação entre paciente, psiquiatra e terapeuta em DBT? Como o terapeuta em DBT contribui para o plano de farmacoterapia? Por último, para os psiquiatras, como a farmacoterapia é conduzida de uma maneira que se alinhe com os princípios da DBT?

QUANDO USAR FARMACOTERAPIA

Do ponto de vista da DBT, o propósito da farmacoterapia é reforçar as capacidades do paciente para que ele possa atingir suas metas de longo prazo. Quando um alvo comportamental (ou um diagnóstico concomitante) sabidamente responde à farmacoterapia, o psiquiatra oferece medicação com a expectativa de que o alvo comportamental melhore e as capacidades do paciente aumentem. A oferta de farmacoterapia inclui uma análise do risco-benefício; recomenda-se medicação quando se espera que o alvo comportamental responda à medicação (benefício) e os efeitos adversos da medicação provavelmente sejam toleráveis (risco).

Milhares de estudos científicos no decorrer de décadas demonstraram que a farmacoterapia, fornecida de forma isolada ou juntamente com psicoterapia, é efetiva para uma ampla gama de problemas, incluindo transtornos do humor, transtornos psicóticos, transtornos de ansiedade, transtorno de déficit de atenção/hiperatividade (TDAH), transtorno obsessivo-compulsivo (TOC), transtornos por uso de álcool (TUA) e transtornos por uso de opioides (TUO), entre outros. Além de saber quando a farmacoterapia está indicada, também é importante reconhecer quando a farmacoterapia é relativamente contraindicada ou se mostrou inefetiva. Algumas condições comportamentais foram bastante estudadas e parecem ser resistentes a agentes farmacológicos (p. ex., transtorno alimentar restritivo; Aigner, 2011). Em outros casos, o risco associado a uma medicação efetiva é muito alto para ser usado sem precauções especiais (p. ex., tratamento com lítio para pacientes bipolares com risco intenso de suicídio; Baldessarini et al., 2006). Por último, quando um tratamento psicossocial efetivo estiver disponível, uma medicação pode não acrescentar valor clínico significativo ao plano de tratamento (p. ex., os resultados para TPB depois de DBT não são melhorados pelo uso concomitante de antidepressivos inibidores da recaptação da serotonina [ISRSs]; Simpson, 2004).

Pesquisas que apoiam o uso de farmacoterapia para TPB

Ao desenvolver uma revisão da literatura de ensaios clínicos randomizados (ECRs) controlados com placebo para investigar os efeitos da farmacoterapia em sujeitos que satisfaziam os critérios diagnósticos para TPB. A maioria dos ECRs relatam as medidas dos seus resultados usando escalas de avaliação padronizadas que correspondem aos critérios diagnósticos para TPB listados na quinta edição do *Manual diagnóstico e estatístico de transtornos mentais* (DSM-5; American Psychiatric Association, 2013). Assim sendo, usamos os critérios diagnósticos do DSM-5 para TPB para resumir a eficácia da farmacoterapia nos alvos comportamentais do TPB (Tabela 19.1). Uma forma de lembrar nove critérios diagnósticos para TPB é usando o acrônimo IMPULSIVE: Impulsividade, Raiva/hostilidade inadequadamente intensas (*Mad*), sintomas Psicóticos, relações Instáveis (*Unstable*), Labilidade afetiva, comportamentos Suicidas, transtorno da Identidade, Vulnerabilidade ao abandono e Vazio (*Emptiness*).

Conforme resumido na Tabela 19.1, medicações específicas podem beneficiar a recuperação em relação aos critérios diagnósticos do TPB sem necessariamente melhorar a severidade em geral da condição. Os primeiros cinco comportamentos dos critérios diagnósticos parecem responder a várias opções medicamentosas. O sexto critério diagnóstico, comportamentos suicidas, possui dados muito limitados apoiando o benefício farmacológico. Os três últimos comportamentos dos critérios se revelaram irresponsivos ao tratamento farmacológico estudado até o momento.

Além do mais, alguns antipsicóticos atípicos (Stoffers et al., 2010) e alguns anticonvulsivantes estabilizadores do humor (Stoffers et al., 2010) parecem ser efetivos no tratamento de múltiplos comportamentos que são critérios diagnósticos de TPB. Os antidepressivos são perceptivelmente inefetivos (Stoffers et al., 2010). Outros medicamentos estudados com relato de serem inefetivos incluem carbamazepina, fluoxetina, mianserina, fenelzina, risperidona, tiotixeno e ziprasidona (Stoffers et al., 2010). O critério diagnóstico de TPB mais tratável parece ser a raiva; este comportamento respondeu a todas as medicações listadas

TABELA 19.1 Eficácia da farmacoterapia em alvos comportamentais para TPB

Eficácia do fármaco expressa como número necessário para tratar (NNT)		Tratamentos de baixo risco		Antipsicóticos atípicos			Estabilizadores do humor		Antidepressivos	
		Estimulação magnética transcraniana	Ácidos graxos ômega-3	Aripiprazol	Quetiapina	Olanzapina	Topiramato	Valproato	Paroxetina	Amitriptilina
1. Variação da dose diária estudada em ECRs duplo-cegos controlados por placebo e usados para calcular NNT		10 sessões de 10 HZ RDLPC	1,2 g EPA 0,9 g DHA	15 mg	150-300 mg	2,5-20 mg	200-250 mg	500-3.000 mg	40 mg	100-175 mg
Medicação possivelmente efetiva baseada em ECRs (NNT)	2. Severidade geral do TPB				3	6				
	3. Impulsividade			2			8			
	4. Raiva e hostilidade intensas	2	5	4	2	9	8	39		
	5. Sintomas psicóticos			3	5	13				
	6. Relações instáveis			7	4		4	3		
	7. Labilidade afetiva									
	a. Instabilidade afetiva	2			4	8				
	b. Ansiedade			4	2		6			
	c. Depressão		2	5	3		68	5		5
Eficácia incerta	8. Risco de suicídio									
	a. Ideação suicida		3			↓14[a] ↑9				
	b. Autolesão não suicida			6[b]						
	c. Comportamento suicida									9[c]
Medicação inefetiva	9. Transtorno de identidade									
	10. Vulnerabilidade ao abandono									
	11. Vazio									
12. Número de ECRs revisados para calcular NNT		1	1	1	1	4	3	2	1	1

Nota: A linha 1 representa a variação da dose de cada medicação estudada em ECRs em farmacoterapia para TPB. linhas 2-11: Os dados de eficácia para alvos comportamentais de TPB são expressos como número necessário para tratar (NNT), definido como o número de pacientes necessário para receber a medicação para que um paciente experimente melhora significativa no alvo especificado comparado com placebo (Andrade, 2017). Os dados publicados do ECR foram transformados da diferença média padronizada (SMD, do inglês *standardized mean difference*) para NNT usando o método de Hasselblad e Hedges (1995). A linha 12 apresenta o número de ECRs controlados com placebo contribuindo para os dados de NNT.

[a] Em um ECR (Zanarini et al., 2011), a olanzapina reduziu a ideação suicida (NNT = 14). Em uma metanálise combinando dois ECRs (Stoffers et al., 2010), a olanzapina aumentou a ideação suicida (NNH = 9).

[b] Tamanho do efeito não significativo (p = 0,2096 de acordo com a metanálise (Stoffers et al., 2010); no entanto, um estudo de continuação não cego de 18 meses parece significativo (Nickel, Lowe, & Gil, 2007).

[c] Dados de sujeitos com transtorno da personalidade do Grupo B (Verkes et al., 1998).
RDLPC - Córtex Pré-Frontal Dorsolateral Direito (Right Dorsolateral Prefrontal Cortex); EPA - ácido eicosapentanoico; DHA - ácido docosahexaenoico

na Tabela 19.1, exceto aos antidepressivos (Stoffers et al., 2010; Black et al., 2014). A ideação suicida (IS) melhorou em um ECR com o uso de ácidos graxos ômega-3 (Stoffers et al., 2010), que é uma opção de tratamento muito segura. Foram relatados efeitos mistos com olanzapina em comportamentos suicidas; um estudo relatou melhora nos resultados (Zanarini et al., 2011), enquanto outros relataram aumento na IS (Stoffers et al., 2010). Somente dois medicamentos demonstraram melhora na severidade em geral do TPB: quetiapina e olanzapina (Black et al., 2014; Zanarini et al., 2011). Estes dois estudos relataram que os benefícios da quetiapina e olanzapina foram reduzidos depois de 10 a 12 semanas de farmacoterapia. Uma forma não farmacológica de estimulação cerebral, a estimulação magnética transcraniana repetitiva (EMTr) do córtex pré-frontal dorsolateral, se revelou efetiva na melhoria de dois alvos do TPB: labilidade afetiva e raiva/hostilidade (Cailhol et al., 2014). Os efeitos positivos da EMTr para alvos do TPB foram confirmados por outro ECR que não incluiu um controle com placebo (bobina *sham*) (Reyes Lopez et al., 2017).

Na prática clínica, a lamotrigina costuma ser recomendada como tratamento para instabilidade afetiva em pacientes que satisfazem os critérios para TPB. Dois pequenos ECRs relataram que a lamotrigina (50 a 225 mg/dia) melhorou a labilidade afetiva, a raiva/hostilidade e a impulsividade em pacientes com TPB (Reich, Zanarini, & Bieri, 2009; Stoffers et al., 2010). No entanto, um ECR maior e mais recente de 12 meses não apresentou diferenças significativas entre placebo *versus* uma dose maior de lamotrigina (400 mg/dia) (Crawford et al., 2018). O mesmo estudo relatou uma taxa de aderência muito baixa (menos de 45%) com o fármaco prescrito ou medicações placebo (Crawford et al., 2018). Considerados em conjunto, os três estudos com lamotrigina servem como um exemplo de cautela em relação a pesquisas de farmacoterapia no TPB. Embora os primeiros estudos com lamotrigina tenham parecido promissores, o estudo mais definitivo (usando uma dose mais alta da medicação, um número maior de pacientes e uma duração mais longa do tratamento) não apresentou benefício significativo. Além disso, a aderência do paciente à medicação pode impactar a eficácia do tratamento durante farmacoterapia de longa duração.

Resumo das medicações

As recomendações baseadas em evidências para farmacoterapia de pacientes no Estágio 1 da DBT estão atualmente baseadas em ECRs de curto prazo com populações de pacientes pequenas. Em vez de achados de pesquisa robustos, oferecemos as seguintes recomendações de tratamento:

1. Escolha o alvo comportamental que mais irá contribuir para a função do paciente e use a Tabela 19.1 para escolher entre as opções de medicações eficazes.
2. Aripiprazol, quetiapina e olanzapina demonstraram melhorar múltiplos comportamentos dos critérios para TPB dentro das primeiras 2 a 10 semanas de tratamento. A continuidade da eficácia desses antipsicóticos atípicos deve ser reavaliada depois de 12 semanas de farmacoterapia.
3. O topiramato e o valproato tratam efetivamente alguns alvos do TPB, enquanto a lamotrigina parece ser inefetiva.
4. Os antidepressivos não são efetivos no tratamento de TPB e devem ser usados somente se houver uma forte indicação para esta classe de medicações (i.e., transtorno depressivo maior, transtorno do pânico).
5. Evite usar benzodiazepínicos e medicações potencialmente aditivas.
6. A EMTr parece ser um tratamento não farmacológico promissor para TPB.

7. Ácidos graxos ômega-3 podem melhorar IS entre pacientes com TPB.

INFORMAÇÕES PARA TERAPEUTAS EM DBT

Terapeuta principal e psiquiatra: definição dos papéis na DBT

Em seu manual de tratamento da DBT (1993), Marsha M. Linehan defendeu a designação de psicoterapia individual e farmacoterapia a diferentes profissionais em vez de usar um psiquiatra treinado em DBT para conduzir os dois aspectos do tratamento. Como a DBT é um tratamento complexo concebido para tratar pacientes complexos, a análise de aspectos da medicação *e* dos alvos comportamentais durante as sessões de terapia individual pode complicar demais as sessões e/ou prejudicar componentes necessários do tratamento. Assim sendo, a meta de aprimorar as capacidades do paciente é melhor desenvolvida com um modelo de assistência dividida que inclua um terapeuta em DBT e um psiquiatra responsável pelo tratamento farmacológico.

A função do terapeuta principal em DBT é ser responsável pelo plano geral de tratamento em DBT, e a função do psiquiatra é estar a cargo do plano medicamentoso, em colaboração com o paciente. Os terapeutas em DBT planejam intervenções comportamentais para focar comportamentos problemáticos que interferem em uma vida que valha a pena ser vivida. Por um lado, os psiquiatras focam no comportamento disfuncional usando farmacoterapia. Nesta relação, podem surgir tensões a partir dessas crenças teóricas concorrentes sobre como o comportamento problemático é desenvolvido e mantido, e no senso mais estrito, o terapeuta individual de DBT prioriza a terapia comportamental à farmacoterapia. Assim sendo, o terapeuta individual do paciente tem a responsabilidade pelo plano geral de tratamento. A farmacoterapia é vista como um tratamento auxiliar (Linehan, 1993) fornecido por um profissional adjuvante especialista; no entanto, Linehan (1993) insiste que as decisões médicas sejam tomadas por indivíduos com formação médica, e não pelo terapeuta individual. Estes dois papéis podem funcionar em conjunto no tratamento efetivo; por exemplo, enquanto o terapeuta em DBT principal está orquestrando o plano geral de tratamento, o psiquiatra pode gerenciar potenciais comportamentos que interferem na terapia (CITs) envolvendo medicação que podem se desenvolver durante o curso da DBT (p. ex., não adesão à medicação). Além disso, os terapeutas individuais e os psiquiatras podem ter conjuntos de conhecimentos distintos, mas não sobrepostos, e quando os pacientes requerem *coaching* sobre suas medicações, estas ligações devem ser respondidas pelo psiquiatra. No conjunto, recomendamos fortemente que os psiquiatras compareçam às reuniões de consultoria da equipe de tratamento de DBT para desenvolverem o atendimento de maneira colaborativa.

Embora essas descrições das funções pareçam relativamente simples, podem surgir tensões. Por exemplo, os profissionais às vezes se afastam do seu papel designado com o paciente. No exemplo a seguir, um psiquiatra sente o impulso de se afastar do seu papel em relação ao tratamento farmacológico para "consertar" um problema comportamental. Um psiquiatra está vendo um paciente em DBT que endossa o humor deprimido e a insônia como alvos que levam à IS elevada. O psiquiatra analisa o cartão diário do paciente e constata que o paciente está tomando cafeína à noite e não consegue se lembrar da sua rotina de higiene do sono. O psiquiatra pode sentir um forte impulso de consertar o problema elaborando outro plano de higiene do sono. Embora instruir o paciente sobre os benefícios gerais de usar um plano de higiene do sono esteja incluído nas tarefas atribuídas ao psiquiatra, neste contexto, ele deveria se afastar do seu papel como médico especialista e entrar no papel de terapeuta em DBT. Na verdade, quando o psiquiatra planeja uma intervenção comportamental, isso pode causar confusão para o paciente e é considerado CIT do psiquiatra. Os pacientes podem ser deixados com instruções e tarefas comportamentais conflitantes, o que pode inibir as metas do tratamento. Embora o psiquiatra possa ficar tentado a intervir para avaliar o que está interferindo e resolver o problema, seu foco deve permanecer em enfatizar sua importância e avaliar se o paciente discutiu isso com seu terapeuta, e então trabalhar com o paciente para elaborar seu "plano de jogo" com o objetivo de levar esta questão ao seu terapeuta para que possa ser trabalhada. Na próxima vez em que o psiquiatra se encontrar com o paciente, ele deve retomar o assunto para se certificar de que ele levantou a questão com seu terapeuta e que seu sono ruim está sendo abordado. No caso de o psiquiatra ter designado um plano de higiene do sono conflitante, o terapeuta individual pode se comunicar diretamente com o psiquiatra do paciente, ou treinar o paciente para se comunicar com seu psiquiatra. Assim como se faz em todos os contextos na DBT, quando ocorrem CITs do psiquiatra, são geradas soluções colaborativamente com a equipe e o paciente adotando uma postura não julgadora.

CONSULTORIA COM O PACIENTE E COLABORAÇÃO COM OUTROS PROFISSIONAIS DURANTE A DBT

Como aludimos no final do exemplo antes mencionado, os pacientes são participantes ativos nas decisões do tratamento e na comunicação entre os profissionais. No cenário ideal, um terapeuta em DBT treina seu paciente para discutir questões relacionadas à medicação com seu psiquiatra, em vez de o terapeuta fazer o contato em nome do paciente. Este princípio funciona para empoderar os pacientes para dirigirem seu próprio atendimento e se tornarem seus próprios defensores (Linehan, 1993). Dito isso, no início do tratamento o paciente pode não ter as habilidades necessárias para transmitir informações acuradas para outros profissionais que desempenham terapêuticas complementares à DBT. Neste caso, o terapeuta em DBT deve realizar *role-plays* e trabalhar na modelagem do comportamento do paciente para aprimorar suas habilidades de comunicação, ao mesmo tempo também garantindo que as informações sejam relatadas acuradamente ao psiquiatra. No começo, o terapeuta em DBT pode se reportar diretamente ao psiquiatra enquanto o paciente está na mesma sala, o que ao mesmo tempo demonstraria uma comunicação habilidosa e também manteria o paciente no ciclo da terapia. Mais adiante, o paciente assumirá mais responsabilidade por se comunicar com o psiquiatra usando habilidades de efetividade interpessoal como DEAR MAN, GIVE e FAST. Por exemplo, o paciente pode realizar um *role-play* de um telefonema para o psiquiatra, usando o terapeuta em DBT para *feedback* e encorajamento. Por fim, o terapeuta em DBT simplesmente pede que o paciente redija a mensagem, especifique um plano de comunicação e depois confirme a realização da tarefa. Entretanto, se as informações forem clinicamente importantes ou urgentes, o terapeuta em DBT solicita um breve resumo das informações compartilhadas com o psiquiatra ou usa uma das estratégias de modelagem antes listadas.

Em certas ocasiões, quando o paciente não está disponível ou não é capaz, é necessário que o terapeuta implemente uma intervenção ambiental falando diretamente com o psiquiatra. Intervenções ambientais podem ser muito poderosas se implementadas efetivamente, mas só devem ser conduzidas em certos casos, como desfechos de alto risco (p. ex., sintomas agudos de abstinência) e/ou interações com agências poderosas ou burocráticas

(p. ex., obtenção de aprovação do Medicaid para hospitalização ou para a saída de um paciente do hospital) (Linehan, 1993). Em nossa experiência, é mais provável que os profissionais solicitem uma consultoria privada com o terapeuta em DBT quando perceberem que o paciente está em risco.

A vinheta de caso a seguir ilustra alguns dos desafios que podem ocorrer ao equilibrar estratégias de consultoria para o paciente com intervenções ambientais. Um terapeuta em DBT está trabalhando com uma paciente com IS crônica, mas sem nenhum plano ou intenção. A paciente consulta um novo psiquiatra não DBT para monitoramento da medicação. O psiquiatra fica sabendo que a paciente tem IS e liga para o terapeuta em DBT, deixando uma mensagem com uma solicitação urgente para que ele realize uma avaliação do risco e envie os resultados dentro de 24 horas. O psiquiatra, acreditando que o terapeuta está mais equipado para conduzir a avaliação do risco, planeja usá-la para tomar uma decisão sobre providenciar hospitalização. Em vez de imediatamente ligar para o psiquiatra para realizar uma intervenção ambiental, o terapeuta em DBT liga para a paciente e fica sabendo que a frequência e intensidade da sua IS não mudou. O terapeuta e a paciente concordam que uma hospitalização provavelmente causaria um abalo ambiental e financeiro significativo. Além disso, a paciente não se sente confiante em sua habilidade de tranquilizar o psiquiatra, portanto paciente e terapeuta combinam que o terapeuta irá ligar diretamente para o psiquiatra. Juntos, a paciente e o terapeuta em DBT planejam quais informações comunicar ao psiquiatra. Além disso, o terapeuta em DBT sugere utilizar a habilidade de antecipação para se preparar para interações futuras com o psiquiatra, treinando a paciente sobre como orientar o psiquiatra quanto ao princípio da consultoria para o paciente, os métodos usados na terapia da paciente para monitorar e avaliar o risco de suicídio, o plano de segurança da paciente, o acesso ao *coaching* telefônico e as habilidades que a paciente está usando para reduzir seu risco de autolesão. O preparo do paciente para orientar o psiquiatra na primeira consulta para medicação em geral consegue evitar este tipo de cenário de crise. Embora uma comunicação privada possa acabar ocorrendo entre os dois profissionais, o terapeuta em DBT primeiramente faz um esforço para avaliar (em vez de assumir) e engajar o paciente no planejamento da conversa com o psiquiatra. Neste caso, o psiquiatra concordou que haviam sido dadas informações adequadas e que não eram necessários serviços de emergência.

Treinando comportamentos efetivos do usuário de serviços médicos

Como as sessões com o psiquiatra costumam ser curtas, é de particular importância que os pacientes de DBT se comportem habilidosamente como usuários de serviços médicos. Um usuário de serviços médicos efetivo é capaz de fazer perguntas específicas, expressar preocupações e contatar o psiquiatra de forma apropriada. Se o paciente ainda não tiver estas habilidades, o terapeuta em DBT ensina "comportamentos efetivos de usuários de serviços médicos" antes da consulta para medicação, usando demonstração, modelação e *role-play*.

Por exemplo, antes de dar início à farmacoterapia, o terapeuta em DBT pode ajudar o paciente a identificar os benefícios que ele quer da medicação e a expressar seus desejos ao psiquiatra. Ao considerarem uma mudança na medicação, os pacientes devem pedir ao psiquiatra para discutirem os benefícios e riscos relevantes da mudança proposta. Além disso, os pacientes devem ser encorajados a avaliar sua resposta à medicação realizando o exercício de quatro aspectos dos prós e contras (Linehan, 2015). A Figura 19.1 fornece uma lista de perguntas que os terapeutas em DBT podem examinar e ensaiar com o paciente antes da sua próxima consulta com o psiquiatra.

1. Quais são os possíveis benefícios desta medicação?
2. Quais são os possíveis riscos desta medicação?
3. Qual é a probabilidade de haver um benefício ou um efeito colateral adverso?
4. Quanto tempo vai demorar até que o benefício se torne aparente?
5. Por quanto tempo eu devo tomar a medicação antes de concluir que ela não é útil?
6. O que eu posso fazer para que seja mais provável que esta medicação funcione?
7. Que fatores podem interferir em um bom resultado da medicação?
8. Existem alternativas a este plano medicamentoso?
9. O que devo fazer se eu deixar de tomar alguma dose da minha medicação?
10. Quais seriam as possíveis consequências de tomar a medicação irregularmente?
11. Quais seriam os possíveis efeitos de interromper a medicação de forma abrupta?
12. Há efeitos colaterais potencialmente perigosos?
13. Quais são os efeitos de tomar esta medicação em excesso?
14. Como o psiquiatra avalia a resposta à medicação?
15. Por que uma redução da dose/término desta medicação é recomendada?
16. Quais são os possíveis benefícios de reduzir/parar esta medicação?
17. Que mudanças podem ocorrer quando eu reduzir a dose da medicação? Quando esses efeitos irão começar e quanto tempo irão durar?
18. Como posso entrar em contato com o psiquiatra? Depois do expediente? Em uma crise?
19. Como este plano medicamentoso contribui para minhas metas a longo prazo?

FIGURA 19.1 Perguntas para os pacientes fazerem aos seus psiquiatras. Os terapeutas em DBT também podem usar estas perguntas para avaliar a compreensão que o paciente tem do plano de farmacoterapia quando ocorrerem mudanças na medicação.

Reforço da farmacoterapia pelo terapeuta em DBT

Além de modelar os comportamentos de usuário de serviços médicos do paciente, o terapeuta em DBT apoia e estende a farmacoterapia monitorando a aderência à medicação durante as sessões semanais de terapia. Estas funções de extensão podem fazer uma grande diferença quando os pacientes em DBT não estão interagindo de forma eficiente com seu psiquiatra ou estão se engajando em comportamentos não aderentes que afetam a resposta ao tratamento medicamentoso. O terapeuta em DBT e o paciente começam identificando como o psiquiatra costuma monitorar a aderência à medicação, os efeitos colaterais e a resposta clínica. O terapeuta em DBT pode estender ou complementar estas rotinas acompanhando a aderência à medicação, os efeitos colaterais e/ou as respostas no cartão diário do paciente. O objetivo aqui é que o terapeuta e o psiquiatra colaborem na coleta dos dados que serão usados para avaliar a eficácia da farmacoterapia. O terapeuta em DBT complementa a instrução do paciente e as atividades de coleta de dados, dessa forma reforçando as decisões de tratamento tomadas pelo psiquiatra durante a farmacoterapia. A Figura 19.2 oferece uma lista das rotinas de monitoramento da medicação que podem ser consideradas pelo terapeuta em DBT, o psiquiatra e o paciente.

Discutindo a não aderência à medicação

Assim como os pacientes com problemas menos severos, os pacientes com desregulação emocional severa provavelmente se engajarão em não aderência à medicação, o que pode

1. Obter história de antecedentes de *overdoses* de medicação ou não adesão prévia.
2. Obter comprometimento de tomar a medicação conforme prescrito.
3. Obter comprometimento de evitar superdosagem da medicação.
4. Perguntar sobre a estocagem das medicações ou o acesso a medicações que devem estar armazenadas em locais nos quais o paciente não tenha acesso.
5. Ter conhecimento de restrições do psiquiatra em relação ao acesso do paciente a medicações.
6. Monitorar a adesão diária à medicação no cartão diário.
7. Conduzir análise comportamental em casos de não adesão ou mau uso.
8. Planejar intervenções para focar a não adesão ou o mau uso da medicação.
9. Monitorar a resposta à medicação usando um cartão diário ou escalas de avaliação.
10. Analisar a resposta à medicação com o paciente; obter o ponto de vista do paciente.
11. Monitorar efeitos colaterais adversos; encorajar o paciente a relatá-los ao psiquiatra.
12. Incentivar e validar durante as reduções da medicação.
13. Fazer a contagem dos comprimidos para confirmar o registro da medicação.
14. Fazer triagem de drogas na urina para pacientes com transtornos por uso de substâncias.

FIGURA 19.2 Atividades do terapeuta em DBT para estender os serviços de monitoramento da medicação.

incluir tomar mais ou menos medicação do que o prescrito, compartilhar medicações com outras pessoas e se engajar no uso recreativo de substâncias. Estudos mostram que entre pacientes com TPB, 70% são não aderentes à medicação (Crawford et al., 2018), 87% fazem mau uso da medicação e 47% se engajam em abuso de substâncias (Dimeff, McDavid, & Linehan, 1999). Os pacientes frequentemente relatam que ajustam a dose sua medicação diária de acordo com seu estado de humor; por exemplo, um paciente pode pular a medicação caso "se sinta bem", enquanto dobra a dose em um "dia ruim". Outros pacientes reconhecem que suas rotinas diárias não estão bem estabelecidas e que o horário das doses da medicação irá variar, dependendo de quando se acordam, vão para a cama ou visitam um amigo. Razões adicionais para a não aderência à medicação incluem mitos do paciente sobre medicações: objeções à ingestão de "substâncias químicas", preocupações quanto a ser estigmatizado, medo de ser controlado ou experimentar uma mudança na personalidade. As consequências da não aderência à medicação variam desde as triviais até consequências que potencialmente ameaçam a vida (Jimmy & Jose, 2011).

Quando os pacientes têm problemas para lembrar de tomar suas medicações, pode ser útil associar o comportamento de tomar sua dose a outra rotina bem estabelecida, como fazer uma refeição ou escovar os dentes. Pacientes que têm rotinas altamente variáveis precisarão planejar uma hora do dia para tomarem as medicações e então programar um alarme como lembrete. O planejamento sobre quando e como tomar a medicação é parecido com ensaiar novos comportamentos e permite que o terapeuta em DBT faça um plano com o paciente para estabelecer rotinas.

A falta de informação sobre o plano medicamentoso também pode contribuir para a não aderência do paciente. Embora as discussões para o consentimento informado com os pacientes sejam demoradas, a orientação é um passo importante no engajamento do paciente em seu tratamento de DBT, incluindo a farmacoterapia. Pacientes que sabem *por que* uma medicação está sendo prescrita, *quando* esperar o começo dos benefícios e *como* responder aos efeitos colaterais adversos farão escolhas mais sábias com relação à aderência à medicação (Jimmy & Jose, 2011). Os terapeutas em DBT podem reforçar este processo de orientação fazendo à "mente do iniciante" perguntas que convidem o paciente a "ensinar" seu conhecimento sobre a medicação ao terapeuta (ver Figura 19.1). O propósito abrangente destas discussões é promover uma compreensão acurada do plano medicamentoso que pode, por sua vez, melhorar a aderência do paciente.

As estratégias para monitorar a aderência à medicação, o mau uso e o abuso de substância ilícita são facilmente incorporadas à sessão de DBT. Embora a aderência à medicação já esteja integrada ao cartão diário da DBT, não se deve deixar de prestar atenção e monitorar as medicações dentro da DBT. No início do tratamento, o terapeuta em DBT deve questionar o paciente sobre cada dose da medicação (prescrita ou não) que é ingerida ou omitida, além de qualquer alteração que ocorra durante o tratamento. Além disso, o terapeuta deve checar o registro da medicação a cada semana, como parte da análise do cartão diário, procurando doses que foram saltadas ou o uso excessivo de medicações; dada a complexidade dos pacientes que entram em DBT, pode ser tentador negligenciar a aderência à medicação dentro das sessões para focar em outros alvos; no entanto, se o terapeuta ignorar ou negligenciar a aderência à medicação, isso comunica ao paciente que a aderência à medicação não é importante.

Em algumas circunstâncias, pode ser importante que o terapeuta em DBT investigue o uso de métodos anticoncepcionais em mulheres em idade reprodutiva. Um estudo examinando a eficácia da lamotrigina no tratamento de TPB relatou que 5 entre 276 participantes ficaram grávidas durante o estudo de 12 meses, apesar de terem dado garantias de que estavam tomando precauções adequadas e não pretendiam engravidar (Crawford et al., 2018). Os mesmos autores mencionam que o valproato, outro estabilizador do humor anticonvulsivante que reconhecidamente causa defeitos congênitos, é usado *off-label* em 10% dos pacientes diagnosticados com TPB no Reino Unido (Crawford et al., 2018). Esses dados indicam que a não aderência às instruções médicas se estende além da dosagem do fármaco e pode incluir outros aspectos importantes do autocuidado do paciente. Tanto o psiquiatra quanto o terapeuta em DBT precisam averiguar direta e repetidamente o uso de métodos anticoncepcionais durante a farmacoterapia.

Quando ocorre um caso de mau uso de medicação ou abuso de substâncias, o terapeuta em DBT foca no comportamento usando protocolos da DBT padrão e treina o paciente para informar o psiquiatra sobre a não aderência. Além disso, um registro da adesão diária à medicação é algo que os psiquiatras costumam solicitar aos pacientes. Pode haver um benefício adicional no fato de o psiquiatra também examinar o registro detalhado da medicação; algumas vezes os psiquiatras podem mudar o plano de medicação para melhorar a aderência do paciente. Fazer um registro diário da medicação e, se necessário, realizar triagem de drogas na urina demanda um esforço constante do terapeuta em DBT. No entanto, acreditamos que os benefícios potenciais dos dados adicionais valem o tempo e a energia que exigem.

Motivar durante as reduções graduais da medicação

Quando uma medicação parece ser inefetiva, é apropriado descontinuá-la completamente. Embora os pacientes possam expressar reconhecimento depois do fato, pode ser alarmante considerar o abandono de uma ou mais medicações de benefício incerto que foram prescritas por anos. Recomenda-se uma abordagem em equipe que foque na tomada de decisão colaborativa entre o paciente, o terapeuta em DBT e o psiquiatra. Isso tem particular importância quando a função da redução gradual de uma medicação é avaliar a continuidade da eficácia do fármaco depois de um longo tempo de prescrição. Nestas circunstâncias, há uma chance muito real de que a redução da medicação faça com que o paciente se sinta pior temporariamente. No entanto, a alternativa é tomar a medicação indefinidamente sem saber se há algum benefício continuado ao fazer isso (p. ex., "Você está pensando em tomar esta medicação para sempre? E se ela não estiver lhe fazendo nenhum bem?").

Idealmente, o psiquiatra inicia a retirada prescrevendo um pequeno decréscimo na dose para uma medicação. O terapeuta em DBT facilita o consentimento informado levando o paciente a fazer perguntas orientadoras antes de iniciar a redução da dose (ver Figura 19.1). O terapeuta em DBT encoraja o paciente a fazer registros diários e informar o psiquiatra acerca das mudanças que observar durante a redução da medicação. À medida que a retirada progride com várias reduções das doses, o terapeuta em DBT fornece tranquilização e validação, semelhante ao apoio dado durante um protocolo de extinção comportamental. Sujeitos de pesquisa que participaram dos primeiros ensaios de DBT não tomaram *nenhuma* medicação durante o estudo de 12 meses (Linehan, Armstrong, Suarez, Allmon, & Heard, 1991). O uso de metáforas que enfatizam a importância fundamental de dominar habilidades enquanto é lançado mão temporariamente dos benefícios da farmacoterapia pode fazer o paciente se desapegar dos comprimidos (p. ex., "Nós usamos uma tala para um dedo luxado apenas temporariamente; a verdadeira cura é o resultado dos exercícios físicos que você faz").

Mesmo quando se seguem recomendações baseadas em evidências, a medicação raras vezes é curativa e pode amenizar apenas parcialmente o alvo comportamental (National Collaborating Centre for Mental Health [NC-CMH], 2009). Os pacientes ficam compreensivelmente desapontados quando ocorre uma resposta parcial e muitas vezes pedem uma dose mais alta da mesma medicação, uma mudança para uma medicação diferente ou o acréscimo de uma segunda medicação. Com o tempo, o resultado deste processo é que os pacientes acabam tomando múltiplas medicações em doses mais altas. É comum vermos pacientes diagnosticados com transtornos de saúde mental crônicos que estão tomando 10 medicações psicotrópicas diferentes aparentemente sem um resultado satisfatório. Os terapeutas em DBT podem ajudar a minimizar esta prescrição excessiva educando seus pacientes para que tenham expectativas realistas em relação à farmacoterapia e compreendam as limitações de pesquisas baseadas em evidências. Por exemplo, o terapeuta pode dizer ao paciente: "A medicação isoladamente não pode lhe proporcionar uma vida que valha a pena ser vivida. Mesmo os protocolos de medicação mais bem-sucedidos muitas vezes deixam queixas residuais. Assim sendo, é importante trabalhar nas habilidades, além de tomar as medicações conforme orientado".

Manejo dos riscos da medicação

Nem todos os comportamentos de *overdose* são intencionais e nem todos são suicidas. Portanto, é importante que os terapeutas em DBT perguntem aos pacientes (mesmo aqueles não que não estejam com risco de suicídio) sobre casos anteriores de mau uso e *overdose* de medicação. Mesmo que o paciente não tenha intenção de suicídio ou autolesão, podem ocorrer *overdoses* de medicação por acidente, na tentativa de se comunicar ou como um impulso para fugir ou se sentir melhor. Ao levantar o histórico de uma *overdose*, o terapeuta em DBT deve investigar sobre o desfecho que o paciente desejava para tentar identificar qual era a função de comportamentos de *overdose* prévios.

Pacientes que estão planejando uma *overdose* podem estocar medicações, guardando comprimidos suficientes ao longo do tempo para tomarem uma dose potencialmente letal. Recomendamos perguntar diretamente aos pacientes sobre a estocagem da medicação, além de incluir a pergunta no seu cartão diário. O registro diário da medicação também revelará o comportamento de estocagem, presumindo que o paciente seja confiável no seu registro. Como o psiquiatra vê o paciente com menos frequência, é importante que o terapeuta em DBT verifique o registro da medicação a cada semana. A precisão do registro da medicação pode ser duplamente verificada por meio da contagem dos comprimidos. Observe, no entanto, que a contagem dos comprimidos é mais útil para descobrir o uso excessivo da medicação, não revelando estocagem. Quando os pacientes reconhecem a estocagem de medicações, é preciso solicitar que eles descartem o estoque e confirmem ao terapeuta em DBT que o descarte foi feito. Recomendamos que os pacientes confirmem o descarte apropriado das medicações gravando a ação em vídeo, chamando uma testemunha confiável para observar o ato ou entregando a medicação guardada ao terapeuta em DBT ou ao psiquiatra para ele realizar o descarte.

Quando o acesso do paciente à medicação precisa ser limitado a um suprimento para 1 ou 2 dias ou quando a aderência à medicação precisa ser diretamente observada, uma terceira pessoa (como o parceiro ou um dos pais) interfere para ajudar. Terceiros podem confirmar que uma medicação foi tomada todos os dias e podem armazenar a medicação em local escondido ou trancado. Ou então é possível comprar dispensadores automáticos, os quais mantêm os frascos dos comprimidos bloqueados e dispensam apenas a dose diária. Em nossa experiência, determinados pacientes conseguem encontrar uma forma de burlar medidas de segurança ou cofres. Assim sendo, os componentes comportamentais do plano medicamentoso precisam incluir um forte comprometimento de tomar a medicação conforme prescrito e as contingências positivas pela adesão ao plano. O terapeuta em DBT deve ter conhecimento de qualquer restrição que o psiquiatra tenha feito quanto ao fornecimento de medicação para o paciente e entender as razões para essa decisão. Além disso, os terapeutas em DBT devem perguntar rotineiramente se o paciente descobriu como ter acesso às medicações que estão sendo armazenadas em locais restritos.

INFORMAÇÕES PARA OS PSIQUIATRAS

Uso dos princípios da DBT para guiar a farmacoterapia

A prescrição de medicação para pacientes de DBT no Estágio 1 requer uma base sólida em farmacologia e familiaridade com o tratamento medicamentoso baseado em evidências do TPB e condições de saúde mental comórbidas. Os princípios norteadores do tratamento em DBT podem então ser adaptados para orientar a tomada de decisão médica dos psiquiatras que trabalham com esta população de pacientes complexos e desafiadores. A Figura 19.3 apresenta uma lista de diretrizes de farmacoterapia "amigas da DBT" adaptadas do Moncton Group, New Brunswick, Canadá (ver Dimeff et al., 1999) para que os psiquiatras considerem quando escolher entre as opções de tratamento para pacientes de DBT no Estágio 1.

A DBT tem recomendações claras quanto à priorização e à estruturação das consultas para medicação (Witterholt & Manning, 2010). A cada consulta para medicação, a tarefa de mais alta prioridade do psiquiatra é abordar qualquer comportamento presente que destrua o tratamento. Exemplos de comportamentos que destroem o tratamento incluem comportamentos suicidas iminentes, francos sintomas psicóticos, raiva explosiva ou falsificação de prescrições. A tarefa de segunda prioridade é tratar comportamentos que contribuem para um diagnóstico de saúde mental usando farmacoterapia baseada em evidências. As medicações são escolhidas, as doses são ajustadas e os efeitos colaterais são administrados com o objetivo de otimizar a resposta do paciente à farmacoterapia. Quando as duas primeiras prioridades foram adequadamente abordadas, o psiquiatra passa para a terceira prioridade: aprimorar a habilidade do paciente de gerenciar seus próprios cuidados de saúde. A educação do paciente e informações sobre encaminhamentos ou recursos de saúde são exemplos

Suprimento seguro (**S**afe): Não forneça um suprimento letal de medicações a pacientes com risco de suicídio.

Efeitos colaterais adversos (**A**dverse): Reduza as falhas no tratamento focando nos efeitos colaterais adversos.

Parcimônia (**F**rugality): Evite prescrever em resposta a sofrimento intenso, crise ou cronicidade.

Eficácia (**E**fficacy): Use medicações que tenham se mostrado efetivas para o alvo escolhido.

Espectro (**S**pectrum): Drogas de baixo espectro são muito específicas em suas ações; drogas de amplo espectro permitem o foco em múltiplos comportamentos.

Alvo crítico (**C**ritical): Trate primeiro os alvos de alta prioridade.

Alívio (**R**elief): Use uma medicação não aditiva para insônia ou agitação durante uma crise.

Indução (**I**nduction): Considere quanto tempo será necessário para o início da ação terapêutica.

Preferência do paciente (**P**atient): Quando as medicações parecem ter eficácia equivalente, considere a preferência do paciente.

Tendência ao mau uso ou abuso (**T**endency): Prescreva medicações que têm menos potencial para abuso.

FIGURA 19.3 Diretrizes para prescrição segundo os princípios da DBT. Essas diretrizes podem ser lembradas com o uso da mnemônica SAFE SCRIPT.

de tarefas de terceira prioridade. A tarefa de quarta prioridade é focar na não aderência à medicação. Entretanto, quando um comportamento não aderente parece estar "a caminho" de destruir a terapia, a não aderência é abordada como uma primeira prioridade em vez de uma tarefa de quarta prioridade. Por exemplo, um paciente que anteriormente havia abandonado a DBT devido ao consumo excessivo de álcool informa que parou de tomar dissulfiram. A não aderência ao dissulfiram pode resultar em abandono do tratamento, portanto o psiquiatra foca na não aderência à medicação como uma tarefa de primeira prioridade.

Suprimento seguro

É essencial garantir a segurança do paciente, não dando a pacientes suicidas acesso a um suprimento de medicação potencialmente letal. Relatos estimam que 60 a 80% dos pacientes com TPB se engajaram em comportamentos autolesivos (sejam eles com ou sem intencionalidade de letalidade) (Oldham, 2006). Pacientes que não têm risco de suicídio atual também podem ingerir mais medicação do que o prescrito, algumas vezes com consequências médicas graves. Quando duas ou mais medicações são reconhecidamente efetivas para um alvo comportamental, devemos prescrever a menos letal delas. Também devemos prestar atenção a medicações que podem não ser letais quando tomadas isoladamente, mas que se tornam potencialmente letais quando combinadas com outras medicações ou substâncias recreativas. Por exemplo, o risco de consequências médicas graves após *overdose* de olanzapina quase dobra quando ela é tomada em combinação com fluoxetina (Nelson & Spyker, 2017).

Quando os pacientes estão em risco ativo de suicídio ou quando a medicação é potencialmente letal, o psiquiatra limita o número de comprimidos dispensados a cada prescrição. O psiquiatra também informa o terapeuta em DBT sobre qualquer restrição imposta ao acesso do paciente à medicação. Para determinar quantos comprimidos dispensar a um paciente de cada vez, o psiquiatra precisa saber a dose mínima letal de cada medicação que está sendo prescrita. O psiquiatra então faz uma estimativa *conservadora* de quantos comprimidos devem ser dispensados e estipula as datas para reposições futuras.

Os dados quanto à toxicidade de medicações com eficácia demonstrada no tratamento de TPB são apresentados na Tabela 19.2. O índice de morbidade apresentado na linha 1 indica o número de consequências médicas graves (incluindo morte) que ocorreram por 100 *overdoses* com o fármaco isoladamente (Nelson & Spyker, 2017; Wills et al., 2014). Os dados de suprimento inseguro apresentados na linha 2 mostram o máximo de dias de suprimento da medicação que devem ser dados a um paciente em alto risco, presumindo a variação da dose diária especificada na linha 3. Esta estimativa foi calculada pelos autores usando relatos das consequências de *overdose* com quantidades conhecidas da medicação (Henry, 1997; Nelson & Spyker, 2017; Wills et al., 2014). Alertamos todos os leitores a usarem esses dados como um indicador informal do risco comparativo de *overdose* da medicação, e não como uma garantia oficial de segurança.

Quando os pacientes estão em alto risco de se engajar em comportamentos letais, pode ser tentador para o psiquiatra aumentar as medicações. Tratar pacientes de alto risco com múltiplas medicações ou mudar frequentemente as doses da medicação pode criar a ilusão de que o psiquiatra está "fazendo tudo o que pode" pelo paciente. Para pacientes que satisfazem os critérios para TPB com ou sem transtornos de saúde mental comórbidos, temos a expectativa de que o padrão de cuidados entre os psiquiatras esteja avançando na direção de uma abordagem de farmacoterapia mais focada onde "menos é mais". Os terapeutas em DBT podem contribuir para este esforço informando o psiquiatra sobre como o tratamento em DBT foca ativamente em pensamentos e comportamentos de autolesão. Compartilhar o plano de segurança, os alvos do cartão diário, as combinações quanto ao *coaching* telefônico, a disposição do terapeuta de "se manter próximo do paciente" e qualquer progresso notável do paciente demonstra

que o terapeuta em DBT se engaja ativamente no manejo do risco e pode fornecer validação funcional para os psiquiatras.

Efeitos colaterais adversos

Outra fonte importante de falha da medicação são os efeitos colaterais adversos. Em nossa experiência, os pacientes de DBT provavelmente notarão os efeitos colaterais da medicação e com frequência reagirão com alarme ou estresse. Os efeitos colaterais adversos que os pacientes não toleram por uma duração de tempo significativa incluem ganho de peso, disfunção sexual, náusea e agitação. Ao escolher uma medicação, discuta os efeitos colaterais potenciais com o paciente para saber quais efeitos adversos o paciente tem menos probabilidade de tolerar e prescreva de acordo. O tratamento ativo dos efeitos colaterais pode fazer a diferença entre continuar com o plano medicamentoso e interrompê-lo abruptamente (o que pode precipitar uma síndrome de descontinuação).

Parcimônia (poucas drogas, poucas doses)

A prescrição excessiva tem mais chance de ocorrer quando os pacientes sofrem de condições refratárias que não respondem à intervenção de medicação padrão. O uso de múltiplos fármacos, algumas vezes para a mesma indicação, aumenta o risco de os pacientes apresentarem prejuízos cognitivos, interações entre os fármacos e sérias consequências de *overdose* (Kukreja, Kalra, Shah, & Shrivastava, 2013). Erros involuntários ao tomar as medicações têm mais probabilidade de ocorrer quando o regime medicamentoso é complexo e há necessidade de muitas doses diárias (Jimmy & Jose, 2011). Portanto, é preferível manter um programa simples de dosagem, usando programas com doses uma ou duas vezes ao dia. A escolha de medicações com meia-vida metabólica mais longa e o uso de formulações

TABELA 19.2 Risco da farmacoterapia para TPB: risco de *overdose* e risco de efeitos colaterais adversos

Risco de *overdose* expresso como Índice de morbidade e suprimento inseguro: efeitos colaterais adversos expressos como número necessário para causar dano (NNH)	Tratamentos de baixo risco		Antipsicóticos atípicos			Estabilizadores do humor		Antidepressivos	
	Estimulação magnética transcraniana	Ácidos graxos ômega-3	Aripiprazol	Quetiapina	Olanzapina	Topiramato	Valproato	Paroxetina	Amitriptilina
Risco de *overdose*									
1. Índice de morbidade: consequências médicas sérias por 100 exposições a *overdose* (OD)	n/a	n/a	9	24	24	13	13	7	35
2. Suprimento inseguro: número de dias de suprimento da medicação associados a consequências sérias depois de OD	n/a	n/a	15	5	5	9	9	19	4
3. Variação da dose diária estudada em ECRs e usada para calcular suprimento inseguro	10 sessões 10 HZ RDLPC	1,2 g EPA 0,9 g DHA	15 mg	150-300 mg	2,5-20 mg	200-250 mg	500-3.000 mg	40 mg	100-175 mg
Risco de efeitos colaterais adversos									
4. Efeitos colaterais adversos com mais probabilidade de causar descontinuação do tratamento expressos como número necessário para causar dano (NNH)[a]	18 Dor de cabeça	16 Distúrbio gástrico leve	22 Ganho de peso > 7% do peso corporal total	14 Ganho de peso > 7% do peso corporal total	5 Ganho de peso > 7% do peso corporal total	13 Problemas cognitivos	17 Ganho de peso > 7% do peso corporal total	11 Disfunção sexual	6 Sedação ou boca seca

Nota: A linha 1 mostra o índice de morbidade expresso como o risco de consequências médicas sérias (incluindo morte) por 100 exposições a OD de uma única droga (Nelson & Spyker, 2017; Wills, 2014). A linha 2 estima o suprimento inseguro, por exemplo, o número de dias de suprimento de medicação que poderia levar a sérias consequências médicas se usado para uma *overdose* de droga única. A estimativa é calculada usando uma dose máxima diária apresentada na linha 3 e informações da dose letal publicada (Henry, 1997; Nelson & Spyker, 2017; Wills, 2014). A linha 3 representa a variação da dose de cada medicação estudada em ECRs em farmacoterapia para TPB e usada para calcular o suprimento inseguro. A linha 4 apresenta o número necessário para causar dano (NNH)[a] para o efeito colateral adverso com maior probabilidade de causar descontinuação dessa medicação. O NNH é definido como o número de pacientes necessários para receber a medicação para que um paciente experimente o efeito colateral adverso comparado ao placebo.

[a] Os dados do NNH foram usados a partir dos cálculos publicados de grande metanálise para obter o risco da medicação mais acurado: EMTr (George et al., 2010); ácidos graxos ômega-3 (Stoffers et al., 2010); aripiprazol, quetiapina e olanzapina (Musil, Obermeier, Russ & Hamerle, 2015); topiramato (Kramer et al., 2011); valproato (Bowden, et al., 2006); paroxetina (Jakobsen et al., 2017); e amitriptilina (Saarto & Wiffen, 2007).

com liberação prolongada também podem simplificar o programa de dosagem.

Outra fonte de prescrição excessiva é a resposta parcial à medicação. Se uma medicação for apenas parcialmente efetiva, o psiquiatra pode oferecer as seguintes opções ao paciente: manter a mesma dose por mais tempo, aumentar a dose, acrescentar uma segunda medicação em combinação com a primeira ou substituir a primeira medicação parcialmente efetiva por uma medicação nova. A escolha entre acrescentar uma segunda medicação (farmacoterapia combinada) ou trocar para uma medicação diferente (farmacoterapia de substituição) dependerá do alvo comportamental, do corpo de evidências para tratamento desse alvo e da urgência do quadro clínico em geral. Mantidas inalteradas todas as outras coisas, é preferível substituir as medicações em vez de combiná-las, na tentativa de minimizar o número total de medicações prescritas para o paciente.

Eficácia

Depois que a segurança do paciente foi garantida, a diretriz para prescrição mais importante é escolher medicações que provavelmente serão efetivas no tratamento do alvo comportamental. A Tabela 19.1 indica as medicações que demonstraram melhorar alvos comportamentais específicos em pacientes com TPB (linhas 3 a 9).

Atualmente não existem pesquisas que avaliem a farmacoterapia de condições de saúde mental comórbidas com TPB. Isso é importante porque pacientes em DBT no Estágio 1 costumam apresentar transtornos de saúde mental comórbidos que têm seus próprios algoritmos para farmacoterapia baseados em evidências. Por exemplo, Zanarini e colaboradores (2004) relataram que mais de 85% dos pacientes que satisfaziam os critérios diagnósticos para TPB também satisfaziam os critérios para um transtorno do humor ou de ansiedade. O mesmo estudo relatou que a remissão de TPB estava positivamente correlacionada à melhora nos transtornos comórbidos.

Os critérios diagnósticos para TPB coincidem com outras condições de saúde mental, tornando difícil determinar se os alvos presentes representam uma manifestação do TPB ou uma condição comórbida independente. Na prática clínica, a distinção de um diagnóstico de TPB de outras condições comórbidas se baseia na observação atenta ao longo do tempo, além de uma história detalhada da resposta à medicação. Apesar dessas complexidades diagnósticas, a orientação do NCCMH (2009) para farmacoterapia de TPB recomenda o uso de farmacoterapia baseada em evidências para tratar condições comórbidas, ao mesmo tempo focando em intervenções psicossociais para tratar o TPB. No entanto, a farmacoterapia de condições em comórbidas com transtornos da personalidade pode resultar em respostas aquém do ideal (Levenson, Wallace, Fournier, Rucci, & Frank, 2012). Devido à natureza refratária das condições de saúde mental comórbidas com TPB, o psiquiatra precisa ser muito paciente e persistente em seus esforços. Melhoras modestas nos alvos clínicos podem não parecer um resultado ideal, mas podem ser significativas para o paciente.

Espectro de ação

A escolha de uma medicação com um espectro de ação limitado permite que o psiquiatra trate o alvo comportamental com um mínimo de efeitos colaterais indesejados. Outras medicações têm efeitos benéficos em múltiplos alvos e o psiquiatra pode usar essas medicações, quando apropriado, para simplificar o regime medicamentoso. Por exemplo, usar ácidos graxos ômega-3 parece um tratamento de espectro limitado efetivo para raiva no TPB. No entanto, se um paciente diagnosticado com TPB apresentar raiva, ansiedade, insônia e sintomas psicóticos, seria preferível prescrever quetiapina, pois o espectro de ação mais amplo poderia tratar múltiplos alvos comportamentais.

Alvo crítico

Se um paciente apresentar múltiplos alvos comportamentais, o psiquiatra deverá considerar qual alvo é crítico para melhorar o funcionamento do paciente. Certos comportamentos podem prejudicar severamente a habilidade do paciente de participar na DBT, dessa forma impedindo o tratamento do TPB. Por exemplo, um paciente diagnosticado com um transtorno por uso de opioide pode ter dificuldade de frequentar as sessões de treinamento de habilidades ou realizar os exercícios da tarefa de casa. Prescrever buprenorfina, portanto, seria em uma intervenção de alta prioridade para melhorar a capacidade do paciente de se beneficiar da DBT.

Alívio do sofrimento

Os pacientes muitas vezes pedem medicações para aliviar a insônia ou o sofrimento emocional. Quando os pacientes precisam de medicação para ajudá-los a dormir, escolhemos uma medicação entre as seguintes opções: anti-histamínicos sedativos; relaxantes musculares sedativos (mas não carisoprodol); antidepressivos sedativos, clonidina, gabapentina ou quetiapina. Evitamos prescrever benzodiazepínicos. Para assegurar que os pacientes não parem de usar as habilidades quando a medicação for prescrita, os pacientes são instruídos a tomar medicação de alívio somente depois de concluir sua lista de habilidades apropriadas.

Pode ocorrer pressão considerável para prescrever mais medicação(ões) durante períodos de crise. No entanto, mudanças na medicação em resposta a uma crise devem ser minimizadas para evitar o reforço de comportamentos geradores de crise. A orientação do NCCMH (2009) recomenda a prescrição de um único fármacco, temporariamente durante a crise, quando for necessária medicação adicional para agitação ou insônia. Idealmente, um anti-histamínico sedativo não aditivo é prescrito por menos de uma semana na dose mínima efetiva. Mais recomendações para protocolos de medicação para crises incluem identificar um psiquiatra principal, obter consenso entre todos os profissionais que estão trabalhando com o paciente e conduzir uma avaliação da equipe sobre o impacto das mudanças da medicação no plano de tratamento a longo prazo. Os terapeutas em DBT irão valorizar a recomendação adicional de que as medicações não sejam usadas no lugar de intervenções psicossociais apropriadas (NCCMH, 2009).

Os benzodiazepínicos e os agonistas benzodiazepínicos relacionados (BZBZA) como zolpidem (Ambien) e eszopiclona (Lunesta) representam um desafio especial no tratamento de pacientes em DBT no Estágio 1. Os pacientes costumam relatar alívio imediato, porém temporário, no sofrimento emocional com o uso destes sedativos. No entanto, há razões convincentes para evitar prescrever BZBZAs a pacientes em DBT no Estágio 1. Os benzodiazepínicos reconhecidamente desinibem e causam reações paradoxais com aumento na desregulação emocional e comportamental (Griffin, Kaye, Bueno, & Kaye, 2013). Os BZBZAs são preferencialmente usados em *overdoses*, podem ser fatais quando combinados com outras substâncias e causam dependência com ansiedade de rebote durante a abstinência (Griffin et al., 2013). Talvez o ponto mais importante, os BZBZAs prejudicam a memória de curto prazo e reduzem a capacidade do cérebro de aprender com novas experiências (Longo & Johnson, 2000). Portanto, um paciente que toma uma dose terapêutica de benzodiazepínico está praticando habilidades ou tratamentos de exposição com uma capacidade prejudicada para aprendizagens novas. Por todas essas razões, recomendamos que pacientes em DBT no Estágio 1 não recebam BZBZAs como parte do seu plano de medicação ambulatorial.

Indução e início dos benefícios

Algumas medicações exercem seus efeitos benéficos imediatamente, enquanto outras precisam de semanas de administração diária para desenvolverem uma resposta benéfica máxima. Algumas medicações precisam ser iniciadas em uma dose baixa e aumentadas de forma gradual para atingir o limiar terapêutico. Por exemplo, a lamotrigina requer uma indução lenta para minimizar o risco de erupções cutâneas potencialmente ameaçadoras à vida. O psiquiatra precisa considerar a urgência da situação clínica e a necessidade de um período de indução prolongado quando escolher entre as opções de medicação.

Preferência do paciente

As preferências do paciente podem ser atendidas quando a escolha dele não o afastar de uma opção mais sólida clinicamente. Por exemplo, evidências sugerem que todos os antidepressivos são igualmente efetivos no tratamento de transtorno depressivo maior (Cleare, Pariante, & Young, 2015). Portanto, a preferência do paciente pode ser considerada uma razão válida para escolher uma medicação antidepressiva em detrimento de outra. Os pacientes podem ter uma resposta mais positiva ao tratamento quando recebem a sua opção de tratamento preferida (Winter & Barber, 2013).

Tendência ao mau uso ou abuso

Certas medicações têm maior potencial de abuso pelos pacientes. Na experiência dos autores deste capítulo, os pacientes tendem a abusar de medicações que exercem seus efeitos imediatamente, esperando por um efeito estimulante ou sedativo. Assim sendo, evitamos prescrever benzodiazepínicos ou estimulantes para pacientes em DBT no Estágio 1. Os pacientes têm maior probabilidade de pular doses de medicações que têm efeitos colaterais dos quais não gostam (p. ex., disfunção sexual) ou não têm um benefício diário observável (p. ex., estabilizadores do humor).

RESUMO E CONCLUSÕES

Os seguintes tratamentos biológicos oferecem evidências de que melhoram alvos comportamentais específicos do TPB: aripiprazol, olanzapina, quetiapina, topiramato, valproato, ácidos graxos ômega-3 e EMTr. Os antidepressivos e a lamotrigina parecem ser em grande parte inefetivos. Certos alvos comportamentais do TPB como raiva, sintomas psicóticos e labilidade afetiva são mais responsivos à medicação. Ainda há perguntas não respondidas quanto ao papel da farmacoterapia no tratamento de indivíduos diagnosticados com TPB. Em particular, a eficácia da combinação de farmacoterapia e terapia comportamental para o tratamento de descontrole emocional e comportamental em DBT com pacientes no Estágio 1 precisa ser elucidada. No momento, a farmacoterapia deve ser implementada caso a caso, com avaliações cuidadosas e repetidas da eficácia de cada medicação em alvos comportamentais específicos.

É fundamental entender que o cuidado clínico constante do paciente em DBT no Estágio 1 é tão importante para os resultados da farmacoterapia quanto é a escolha da medicação. Os psiquiatras precisam colaborar com o terapeuta em DBT, entender o plano geral do tratamento de DBT, permanecer vigilantes em relação a problemas de autolesão e não aderência e avaliar a eficácia da medicação usando dados subjetivos e objetivos. Quando uma medicação parece ser inefetiva depois de um teste terapêutico adequado, é melhor descontinuar essa medicação para evitar prescrição excessiva. Se o psiquiatra estiver considerando mudar a medicação em resposta a uma crise clínica, a decisão deve ser discutida com toda a equipe de profissionais que estão atendendo o paciente. Por fim, os profissionais devem esperar diminuição nas respostas à medicação quando tratarem condições de saúde mental comórbidas com TPB. Dito isso, os esforços persistentes do psiquiatra podem contribuir para melhoras graduais no funcionamento global do paciente de DBT no Estágio 1.

Em contraste com outros tratamentos de psicoterapia, a DBT exige que o terapeuta principal se engaje ativamente com o paciente e o psiquiatra em torno das questões medicamentosas. O terapeuta em DBT fornece *coaching* para melhorar a habilidade interpessoal do paciente com o psiquiatra. Além disso, o terapeuta em DBT se oferece para realizar atividades de monitoramento da medicação em mais profundidade e detalhes do que o psiquiatra costuma fazer sozinho. O psiquiatra pode não ter tempo ou conhecimento para planejar intervenções comportamentais com o objetivo de focar na não aderência do paciente ou em comportamentos com a medicação que interferem no tratamento. Assim sendo, cabe ao terapeuta em DBT identificar, analisar, resolver problemas e monitorar comportamentos problemáticos que envolvem a farmacoterapia. Por último, quando o terapeuta em DBT colabora ativamente com o psiquiatra, cada profissional que está atendendo um determinado paciente obtém o benefício de compartilhar seu conhecimento e a carga emocional de trabalhar com pacientes difíceis de tratar.

REFERÊNCIAS

Aigner, M., Treasure, J., Kaye, W., & Kasper, S. (2011). World Federation of Societies of Biological Psychiatry (WFSBP) guidelines for the pharmacological treatment of eating disorders. *World Journal of Biological Psychiatry, 12*(6), 400–443.

American Psychiatric Association. (2013). *Diagnostic and statistical manual of mental disorders* (5th ed.). Arlington, VA: Author.

Andrade, C. (2017). Likelihood of being helped or harmed as a measure of clinical outcomes in psychopharmacology. *Journal of Clinical Psychiatry, 78*(1), 73–75.

Baldessarini, R. J., Tondo, L., Davis. P., Pompili, M., Goodwin, F. K., & Hennen, J. (2006). Decreased risk of suicides and attempts during long-term lithium treatment: A meta-analytic review. *Bipolar Disorders, 8*, 625–639.

Black, D. W., Zanarini, M. C., Romine, A., Shaw, M., Allen, J., & Schulz, S. C. (2014). Comparison of low and moderate dosages of extended-release quetiapine in borderline personality disorder: A randomized, double-blind, placebo-controlled trial. *American Journal of Psychiatry, 171*(11), 1174–1182.

Bowden, C. L., Swann, A. C., Calabrese, J. R., Rubenfaer, L. M., Wozniak, P. J., Collins, M. A., et al. (2006). A randomized, placebo-controlled, multicenter study of divalproex sodium extended-release in the treatment of acute mania. *Journal of Clinical Psychiatry, 67*(10), 1501–1510.

Cailhol, L., Roussignol, B., Klein, R., Bousquet, B., Simonetta-Moreau, M., Schmitt, L., et al. (2014). Borderline personality disorder and rTMS: A pilot trial. *Psychiatry Research, 216*, 155–157.

Cleare, A., Pariante, C. M., & Young, A. H. (2015). Evidence-based guidelines for treating depressive disorders with antidepressants: A revision of the 2008 British Association for Psychopharmacology guidelines. *Journal of Psychopharmacology, 29*(5), 459–525.

Crawford, M. J., Sanatinia, R., Barrett, B., Cunningham, G., Dale, O., Ganguli, P., et al. (2018). The clinical effectiveness and cost-effectiveness of lamotrigine in borderline personality disorder: A randomized placebo-controlled trial. *American Journal of Psychiatry, 175*(8), 756–764.

Dimeff, L. A., McDavid, J., & Linehan, M. A. (1999). Pharmacotherapy for borderline personality disorder: A review of the literature and recommendations for treatment. *Journal of Clinical Psychology in Medical Settings, 6*(1), 113–138.

George, M. S., Lisanby, S. H., Avery, D., McDonald, W. M., Durkalski, V., Pavlicova, M., et al. (2010). Daily left prefrontal transcranial magnetic stimulation therapy for major depressive disorder: A sham-controlled randomized trial. *Archives of General Psychiatry, 67*(5), 507–516. Griffin, C. E., Kaye, A. M., Bueno, F. R., & Kaye, A. D. (2013). Benzodiazepine pharmacology and central nervous-system-mediated effects. *Ochsner Journal, 13*(2), 214–223.

Hasselblad, V., & Hedges, L. V. (1995). Meta-analysis of screening and diagnostic tests. *Psychological Bulletin, 117*(1), 167–178.

Henry, J. A. (1997). Epidemiology and relative toxicity of antidepressant drugs in overdose. *Drug Safety, 16*(6), 374–390.

Jakobsen, J. C., Katakam, K. K., Schou, A., Hellmuth, S. G., Stallknecht, S. E., Leth-Møller, K., et al. (2017). Selective serotonin reuptake inhibitors versus placebo in patients with major depressive disorder: A systematic review with meta-analysis and trial sequential analysis. *BioMedCentral Psychiatry, 17*(58).

Jimmy, B., & Jose, J. (2011). Patient medication adherence: Measures in daily practice. *Oman Medical Journal, 26*(3), 155–159.

Kramer, C. K., Leitao, C. B., Pinto, L. C., Canani, L. H., Azevedo, M. J., & Gross, J. L. (2011). Efficacy and safety of topiramate on weight loss: A meta-analysis of randomized controlled trials. *Obesity Reviews, 12*(5), e338–e347.

Kukreja, S., Kalra, G., Shah, N., & Shrivastava, A. (2013). Polypharmacy in psychiatry: A review. *Mens Sana Monographs, 11*(1), 82–99. Levenson, J. C., Wallace, M. L., Fournier, J. C., Rucci, P., & Frank, E. (2012). The role of personality pathology in depression treatment outcome with psychotherapy and pharmacotherapy. *Journal of Consultation and Clinical Psychology, 80*(5), 719–729.

Linehan, M. M. (1993). *Cognitive-behavioral treatment of borderline personality disorder.* New York: Guilford Press.

Linehan, M. M. (2015). *DBT skills training manual* (2nd ed.). New York: Guilford Press.

Linehan, M. M., Armstrong, H. E., Suarez, A., Allmon, D., & Heard, H. L. (1991). Cognitive behavioral treatment of chronically parasuicidal borderline patients. *Archives of General Psychiatry, 48*(12), 1060–1064.

Longo, L. P., & Johnson, B. (2000). Addiction: Part I. Benzodiazepines—Side effects, abuse risk and alternatives. *American Family Physician, 61*(7), 2121–2128.

Musil, R., Obermeier, M., Russ, P., & Hamerle, M. (2015). Weight gain and antipsychotics: A drug safety review. *Expert Opinion on Drug Safety, 14*(1), 73–96.

National Collaborating Centre for Mental Health. (2009). *Borderline personality disorder: The NICE guideline on treatment and management* (Practice Guideline No. 78). London: British Psychological Society and Royal College of Psychiatrists.

Nelson, J. C., & Spyker, D. A. (2017). Morbidity and mortality associated with medications used in the treatment of depression: An analysis of cases reported to U.S. poison control centers, 2000–2014. *American Journal of Psychiatry, 174*(5), 438–450.

Nickel, M. K., Loew, T. H., & Gil, F. P. (2007). Aripiprazole in treatment of borderline patients: Part II. An 10 month follow up. *Psychopharmacology, 191*, 1023–1026.

Oldham, J. M. (2006). Borderline personality disorder and suicidality. *American Journal of Psychiatry, 163*(1), 20–26.

Reich, D. B., Zanarini, M. C., & Bieri, K. A. (2009). A preliminary study of lamotrigine in the treatment of affective instability in borderline personality disorder. *International Clinical Psychopharmacology, 24*(5), 270–275.

Reyes-Lopez, J., Ricardo-Garcell, J., Armas-Castaneda, G., Garcia-Anaya, M., Arango-De Montis, I., Gonzalez-Olvera, J. J., et al. (2017). Clinical improvement in patients with borderline personality disorder after treatment with repetitive transcranial magnetic stimulation: Preliminary results. *Brazilian Journal of Psychiatry, 40*(1), 97–104.

Saarto, T., & Wiffen, P. J. (2007). Antidepressants for neuropathic pain. *Cochrane Database of Systematic Reviews, 4,* Article CD005454.

Simpson, E. (2004). Combined dialectical behavior therapy and fluoxetine in the treatment of borderline personality disorder. *Journal of Clinical Psychiatry, 65*(3), 379–385.

Stoffers, J., Vollm, B. A., Rücker, G., Timmer, A., Huband, N., & Lieb, K. (2010). Pharmacological interventions for borderline personality disorder. *Cochrane Database of Systemic Reviews, 6,* Article CD005653.

Verkes, R. J., Van der Mast, R. C., Hengeveld, M. W., Tuyl, J., Zwinderman, A. H., & Van Kempen, G. M. J. (1998). Reduction by paroxetine of suicidal behavior in patients with repeated suicide attempts but not major depression. *American Journal of Psychiatry, 155*(4), 543–547.

Wills, B., Reynolds, P., Chu, E., Murphy, C., Cumpston, K., Stomberg, P., et al. (2014). Clinical outcomes in newer anticonvulsant overdose: A poison center observational study. *Journal of Medical Toxicology, 10,* 254–260.

Winter, S. E., & Barber, J. P. (2013). Should treatment for depression be based more on patient preference? *Patient Preference and Adherence, 7,* 1047–1057.

Witterholt, S., & Manning, S. (2010). *DBT at a glance: The role of the psychiatrist on the DBT Team* [DVD-ROM]. Seattle, WA: Behavioral Tech.

Zanarini, M. C., Frankenburg, F. R., Hennen, J., Reich, D. B., & Silk, K. R. (2004). Axis I comorbidity in patients with borderline personality disorder: 6-year follow-up and prediction of time to remission. *American Journal of Psychiatry, 161,* 2108–2114.

Zanarini, M. C., Schulz, S. C., Detke, H. C., Tanaka, Y., Zhao, F., Lin, D., et al. (2011). A dose comparison of olanzapine for the treatment of borderline personality disorder: A 12-week randomized, double blind, placebo-controlled study. *Journal of Clinical Psychiatry, 72*(10), 1353–1365.

Índice

Nota: f ou *t* depois de um número de página indica uma figura ou tabela.

A

Abordagem de 12 passos, 268-273, 269-270*t*
Abordagem de prevenção de recaída (PR), 263*t*, 268-271, 312-316. *Ver também* Recaída
Abordagens multidisciplinares, 306-308
Abstinência
    abordagem do modelo Stanford (SM) para DBT com transtornos alimentares e, 312-314
    caminho para a mente límpida e, 257-261
    comorbidade entre TPB e TUSs e, 251-256
    comparando DBT com outros tratamentos para adição e, 271-273
    comprometimento com, 254-256
    treinamento de habilidades em efetividade interpessoal e, 267
Abstinência dialética, 251-254, 312-314
Abuso sexual na infância, 5
Aceitação
    abordagem do modelo Stanford (SM) da DBT com transtornos alimentares e, 312-314
    DBT — Aceitando os Desafios do Emprego e da Autossuficiência (DBT-ACES) e, 226
    desregulação emocional e, 5
    estratégias dialéticas e, 14-17
    intervenções familiares em DBT e, 388*f*, 391*f*, 390-392, 396-398
    protocolo da DBT PE e, 280, 285-287
    tratamento somente com habilidades e, 78-79
Aceitação radical, 386*f*, 390-392, 396-398. *Ver também* Aceitação
Aceitando os Desafios do Emprego e da Autossuficiência (DBT-ACES). *Ver* DBT — Aceitando os Desafios do Emprego e da Autossuficiência (DBT-ACES)

Adaptação da DBT. *Ver também* Implementação da DBT
    avaliação do programa e, 44, 45-50*t*
    comorbidade entre TPB e TUSs e, 250-251, 260-271, 263*t*
    DBT para adolescentes (DBT-A) e, 360-361, 368-369
    definindo, nomeando e descrevendo serviços e, 23-26, 23*f*
    implementando um programa em centros de aconselhamento universitário, 146-154, 157-166, 159*t*
    iniciando com um programa-piloto e, 25-26
    para DBT-ACES, 231-242
    para programas de intensidade intermediária em contextos residenciais e parciais, 99, 100*f*
    para programas de justiça juvenil e, 173-184, 175-176*t*, 185-189, 186*f*, 188*f*, 189*f*, 190-191*f*
    para programas hospitalares, 98-99
    planejando e iniciando um programa de DBT, 76-78
    questionamentos e problemas e, 25-35, 26*f*, 28*t*
    tensão dialética e, 22-24
    transtornos alimentares e, 299-302
    vinheta clínica para ilustrar a DBT com, 368*f*, 373-376,
    visão geral, 20-22, 35
Adequação, 345-346
Aderência, 31-32
Adesão. *Ver* Não adesão
Adição. *Ver também* Transtornos por uso de substâncias (TUSs)
    comparando DBT com outros tratamentos para adição, 268-273, 269-270*t*
    estratégias de intervenção acrescentadas à DBT para, 260-271, 263*t*

    pesquisa sobre a eficácia da DBT para, 249-250
    visão geral, 245-247
Administradores, 87-89
Adoção da DBT. *Ver também* Implementação da DBT
    começando com um programa-piloto e, 25-26
    definindo, nomeando e descrevendo serviços e, 23-26, 23*f*
    questões e problemas e, 25-35, 26*f*, 28*t*
    tensão dialética e, 22-24
    visão geral, 20-22, 35
Adolescentes. *Ver também* Adultos jovens; Centros de aconselhamento universitário (UCCs); Contexto baseado na escola; DBT para adolescentes (DBT-A); Habilidades da DBT em Escolas: Treinamento de Habilidades para Solução de Problemas Emocionais para Adolescentes (DBT STEPS-A); Programas de justiça juvenil
    avaliação dos resultados e, 47-48*t*
    DBT para, 127-128
    estudos clínicos ambulatoriais de DBT com, 128-129
    modificações da DBT padrão para, 360-361
    necessidades de saúde mental dos, 170
    razões para usar DBT com, 360
    vinheta clínica para ilustrar DBT no ambiente escolar, 138-142
    visão geral, 359-360
Adultos jovens, 144-145, 165-167. *Ver também* Adolescentes; Centros de aconselhamento universitário (UCCs)
Agressão
    intervenções familiares de DBT breve e, 398-399
    protocolos para comportamentos disfuncionais em contextos

parciais ou residenciais e, 187-189, 189f, 190-191f
terapia comportamental dialética para crianças e pré-adolescentes (DBT-C) e, 343-344, 350-351
Alcoólicos Anônimos (AA), 272-273
Alvos do tratamento. *Ver também* Metas do tratamento
   abordagem do modelo Stanford (SM) para DBT com transtornos alimentares, 309-310
   adaptação da DBT para transtornos alimentares e, 300-302
   DBT baseada em contextos parciais ou residenciais e, 102-108, 103t
   estágio 2 da DBT e, 325-327
   farmacoterapia e, 425-426, 440-441
   hierarquia de, 253-261, 309-310, 346-351
   intervenções familiares de DBT breve e, 397-400
   protocolo da DBT PE e, 288-290
   terapia comportamental dialética — treinamento de habilidades familiares (DBT-FST) e, 393-394
   terapia comportamental dialética para crianças e pré-adolescentes (DBT-C) e, 342t, 346-351
   transtornos alimentares e, 309-310
   transtornos por uso de substâncias (TUSs) e, 253-261
Alvos secundários, 325-327, 367-368, 368t. *Ver também* Alvos do tratamento
Ambiente, estruturação do. *Ver também* Estabelecendo necessidades e limitações; Fatores ambientais
   comorbidade entre TPB e TUSs e, 266-267
   DBT abrangente baseada na escola (SB-DBT) e, 137-139
   DBT baseada em contextos parciais ou residenciais e, 107-115
   DBT para adolescentes (DBT-A) e, 369-370
   intervenções familiares em DBT e, 381
   perguntas e problemas de implementação e, 28t, 31
   terapia comportamental dialética para crianças e pré-adolescentes (DBT-C) e, 340-343, 342t, 353, 355-356
Ambiente clínico, 113-114. *Ver também* Ambiente, estruturação do; Estabelecendo necessidades e limitações
Ambiente doméstico, 137-139, 178. *Ver também* Ambiente, estruturação do; Fatores familiares
Ambiente escolar, 137-138. *Ver também* Ambiente, estruturação do
Ambiente físico, 110-112. *Ver também* Ambiente, estruturação do

Ambiente interno do programa, 109-111. *Ver também* Ambiente, estruturação do
Ambiente invalidante, 388-390, 391t. *Ver também* Fatores ambientais; Validação
Ameaças, 113-114
Análise, 113-114
Análise em cadeia. *Ver também* Ficha de tarefas de análise em cadeia comportamental
   abordagem do modelo Stanford (SM) da DBT com transtornos alimentares e, 310-312, 315-316
   DBT baseada em contextos parciais ou residenciais e, 113-114, 120-121
   DBT para transtornos alimentares com múltiplas comorbidades (M-ED DBT) e, 307-308
   melhorando a motivação na DBT baseada em contextos parciais ou residenciais e, 120-121
   programas correcionais e, 196-198, 200-203
   terapia comportamental dialética para crianças e pré-adolescentes (DBT-C) e, 352
   vinheta clínica para ilustrar, 368f, 374-376
   visão geral, 8-10
   treinamento dos clínicos e da equipe e, 415-417
Anorexia nervosa (AN), 299. *Ver também* Transtornos alimentares
Ansiedade
   DBT — Aceitando os Desafios do Emprego e da Autossuficiência (DBT-ACES) e, 221
   DBT abrangente baseada na escola (SB-DBT) e, 131-132
   estudantes universitários e, 144
   pesquisa sobre programas de DBT em contextos parciais e residenciais e, 100-101
   terapia comportamental dialética para crianças e pré-adolescentes (DBT-C) e, 343-344, 350
   transtornos de ansiedade, 426
   Tratamento Assertivo na Comunidade (ACT), 49t-50t, 218
Ansiedade social, 221. *Ver também* Ansiedade
Antecedentes para uso de substâncias. *Ver* Estímulos para uso de substância
Aprendizagem social-emocional (SEL) programas, 127, 132-135
Aprimorando as capacidades do paciente. *Ver* Capacidades dos pacientes
Assistência na gestão pública, 85
Atividades da Carreira na DBT-ACES, 234-242. *Ver também* DBT — Aceitando os Desafios do Emprego e da Autossuficiência (DBT-ACES)
Autenticidade, 183-184
Autenticidade radical, 183-184

Autolesão. *Ver* Condutas autolesivas sem intencionalidade suicida (CASIS)
Automonitoramento, 117-118
Autossuficiência. *Ver também* DBT — Aceitando os Desafios do Emprego e da Autossuficiência (DBT-ACES)
   comorbidade entre TPB e TUSs e, 267
   incapacidade psiquiátrica e, 216-220
   Metas de Recuperação da DBT-ACES e, 220-224, 221f, 228t-229t
Avaliação
   centros de aconselhamento universitário (UCCs) e, 155-157
   comorbidade entre TPB e TUSs e, 265-266
   DBT baseada em contextos parciais ou residenciais e, 104-105
   DBT para transtornos alimentares com múltiplas comorbidades (M-ED DBT) e, 302-304, 306-308
   estudos clínicos ambulatoriais de DBT com adolescentes e, 129
   intervenções familiares de DBT breve e, 398-399
   programas de justiça juvenil e, 172
   terapia comportamental dialética para crianças e pré-adolescentes (DBT-C) e, 342t
   treinamento dos clínicos e da equipe e, 406, 410-414, 412t
Avaliação da eficiência, 40, 40t. *Ver também* Avaliação do programa
Avaliação de saúde, 303-304, 306-308
Avaliação do processo, 39, 40t. *Ver também* Avaliação do programa
Avaliação do programa. *Ver também* Implementação da DBT
   achados presentes da, 59-61
   antes de iniciar, 40-44
   centros de aconselhamento universitário (UCCs) e, 165-166
   DBT baseada em contextos parciais ou residenciais e, 109-111
   escolhendo medidas e grupos de comparação para, 51-53
   estudos de caso e delineamentos de caso único para, 53-59, 54t, 58f
   mantendo padrões de excelência no desenvolvimento do tratamento e, 86
   perguntas de avaliação para considerar, 39-40, 40t
   princípios para coleta de dados e, 44-52, 45-50t
   visão geral, 37-39, 60-61
Avaliação dos resultados. *Ver também* Avaliação do programa
   mantendo padrões de excelência no desenvolvimento do tratamento e, 86
   princípios para a coleta de dados e, 44-52, 45-50t

Índice **447**

visão geral, 39-40, 40t
Avaliação médica, 303-304, 306-308

B
Biblioterapia, leituras e manuais, 28-29, 406-407
Brief Alcohol Screening and Intervention for College Students (BASICS), 249-250. *Ver também* Centros de aconselhamento universitário (UCCs); Comorbidade entre TPB e TUSs
Bulimia nervosa (BN), 299, 308-316. *Ver também* Transtornos alimentares

C
Caminho para a mente límpida, 257-261, 264
Caminho para a mente límpida em DBT, 257-261, 264
Capacidades da equipe, 124-126. *Ver também* Fatores da equipe
Capacidades dos pacientes. *Ver também* Fatores do paciente; Treinamento de habilidades
  DBT baseada em contextos parciais ou residenciais e, 114-116
  intervenções familiares em DBT e, 381
  questionamentos e problemas de implementação e, 27-29, 28t
  terapia comportamental dialética para crianças e pré-adolescentes (DBT-C) e, 340-342, 352
Capacidades dos terapeutas. *Ver também* Fatores do terapeuta
  DBT baseada em contextos parciais ou residenciais e, 124-126
  intervenções familiares em DBT e, 381
  terapia comportamental dialética para crianças e pré-adolescentes (DBT-C) e, 342-343
  visão geral, 88-93, 91-92t
Cartões diários. *Ver também* Treinamento de habilidades
  abordagem do modelo Stanford (SM) da DBT com transtornos alimentares e, 315-316
  DBT abrangente baseada na escola (SB-DBT) e, 135-136
  DBT baseada em contextos parciais ou residenciais e, 117-118
  DBT para transtornos alimentares com múltiplos diagnósticos (M-ED DBT) e, 307-308
  fase de entrada do tratamento e, 105-106
  treinamento dos clínicos e da equipe e, 414-415, 424
Cartões diários alimentares, 307-308. *Ver também* Cartões diários
Casais, DBT com, 28t, 45-50t, 323
Catastrofização, 344-345
Centros de aconselhamento universitário (UCCs). *Ver também* Adolescentes; Adultos jovens; Brief Alcohol

Screening and Intervention for College Students (BASICS); Estabelecendo necessidades e limitações
  adaptação da DBT para, 157-166, 159t;
  diretrizes para adaptar a DBT para, 162-166
  implementando um programa de DBT em, 146-158
  pesquisa referente à DBT utilizada em, 146-151, 147-150t
  satisfazendo as necessidades dos estudantes e, 145
  visão geral, 144-145, 165-167
Coaching. *Ver Coaching* de habilidades
Coaching de habilidades. *Ver também* Treinamento de habilidades
  centros de aconselhamento universitário (UCCs) e, 152-154, 158-161
  DBT abrangente baseada na escola (SB-DBT) e, 136-137
  DBT baseada em contextos parciais ou residenciais e, 116-118
  DBT para adolescentes (DBT-A) e, 369-370
  perguntas e problemas de implementação e, 28t, 29-30. *Ver também* Intervenções nos sistemas
  programas correcionais e, 202-211
  programas de justiça juvenil e, 183-186
  protocolos para comportamentos disfuncionais em contextos parciais ou residenciais e, 187-189, 189f, 190-191f
  terapia comportamental dialética para crianças e pré-adolescentes (DBT-C) e, 342t
  treinamento dos clínicos e da equipe e, 416-419
  vinheta clínica para ilustrar no ambiente escolar, 138-142
Coaching in vivo, 229-231
Coaching telefônico
  abordagem do modelo Stanford (SM) para DBT com transtornos alimentares e, 315-316
  adaptação e, 76-78
  centros de aconselhamento universitário (UCCs) e, 152-154, 158-161
  comorbidade entre TPB e TUSs e, 263
  DBT para adolescentes (DBT-A) e, 369-372
  DBT para transtornos alimentares com múltiplas comorbidades (M-ED DBT) e, 305-307
  em DBT-ACES, 229-231
  farmacoterapia e, 430-432
  programas correcionais e, 204-206
  terapia comportamental dialética para crianças e pré-adolescentes (DBT-C) e, 340-342

treinamento dos clínicos e da equipe e, 417-418
Colaboração durante a DBT, 429-436, 432f, 433f
Coleta e manejo dos dados. *Ver também* Avaliação do programa
  achados presentes de, 59-61
  escolhendo medidas e grupos de comparação para, 51-53
  estudos de caso e delineamento de caso único para, 53-59, 54t, 58f
  princípios para, 44-52, 45-50t
  visão geral, 37-38, 60-61
Comorbidade entre TPB e TUSs. *Ver também* Transtorno da personalidade borderline (TPB); Transtornos por uso de substâncias (TUSs)
  abstinência dialética e, 251-254
  adaptação da DBT para, 250-251
  comparando DBT com outros tratamentos para adição, 268-273, 269-270t
  estágio 1 da DBT e, 256-258
  estágio pré-tratamento e, 253-256
  estratégias de autogerenciamento e, 267-271
  estratégias de intervenção acrescentadas à DBT para, 260-271, 263t
  hierarquias de alvos do tratamento e, 253-261
  pesquisa sobre a eficácia da DBT para, 247-250
  razões para usar DBT com, 246-247
  treinamento de habilidades de efetividade interpessoal e, 266-267
  treinamento de habilidades e, 264-266
  visão geral, 244-246, 272-274
Comportamento. *Ver também* Protocolo para intervir em Comportamentos desviantes das normas (EBP)
  avaliação do programa e, 51
  protocolos para comportamentos disfuncionais em contextos parciais ou residenciais e, 187-189, 189f, 190-191f
  terapia comportamental dialética para crianças e pré-adolescentes (DBT-C) e, 343-346
Comportamento não verbal e comunicação, 182-183, 388-390, 388f
Comportamentos de risco, 350
Comportamentos de saúde, 350
Comportamentos inseguros, 350
Comportamentos normalizantes, 389-390, 391t
Comportamentos que ameaçam, de forma iminente, a vida (LTBs). *Ver também* Comportamentos autolesivos sem intencionalidade suicida (CASIS); Risco de suicídio
  adaptação da DBT para transtornos alimentares e, 300

centros universitários de aconselhamento (UCCs) e, 146-151, 152-154
comorbidade entre TPB e TUSs para adolescentes e, 256-258
DBT — Aceitando os Desafios do Emprego e da Autossuficiência (DBT-ACES) e, 220-221
DBT para adolescentes (DBT-A) e, 370-371
terapia comportamental dialética para crianças e pré-adolescentes (DBT-C) e, 346-347
transtornos por uso de substâncias (TUSs) e, 256-257
Comportamentos que destroem a terapia, 346-348
Comportamentos que interferem na qualidade de vida
adaptação da DBT para transtornos alimentares e, 301-302
DBT — Aceitando os Desafios do Emprego e da Autossuficiência (DBT-ACES) e, 220-221, 221f, 242
DBT abrangente baseada na escola (SB-DBT) e, 135-136
programas correcionais e, 201, 208-209
programas de justiça juvenil e, 191-192
terapia comportamental dialética para crianças e pré-adolescentes (DBT-C) e, 346-347, 350-351
transtornos alimentares e, 298
visão geral, 106-107
Comportamentos que interferem na supervisão (SIBs), 419-421
Comportamentos que interferem na terapia (CITs)
adaptação da DBT para transtornos alimentares e, 300-302
centros de aconselhamento universitário (UCCs) e, 152-153
DBT — Aceitando os Desafios do Emprego e da Autossuficiência (DBT-ACES) e, 220-221, 221f, 222-224, 226-233, 242
DBT abrangente baseada na escola (SB-DBT) e, 135-136
estágio 1 da DBT e, 6-7
estratégias dialéticas e, 14-15
farmacoterapia e, 429-430
habilidade THINK, 368-369
melhorando a capacidade do terapeuta e, 90-93
programas correcionais e, 201, 208-209
programas de justiça juvenil e, 184-185
terapia comportamental dialética para crianças e pré-adolescentes (DBT-C) e, 346-348, 351
transtornos por uso de substâncias (TUSs) e, 256-257
Comprometimento com a DBT

abordagem da DBT com o modelo Stanford (SM) com transtornos alimentares e, 311-313
avaliação do programa e, 38
centros de aconselhamento universitário (UCCs) e, 155-156
comorbidade entre TPB e TUSs e, 254-256
duração do tratamento e, 75-76
estágios da DBT e, 322-323
intervenções familiares em DBT e, 384-385
programas de justiça juvenil e, 174-180
recrutamento da equipe para um programa de DBT e, 71-75, 72-73t
terapia comportamental dialética para crianças e pré-adolescentes (DBT-C) e, 342t, 351-352
tratamento somente com habilidades e, 78-79
treinamento dos clínicos e da equipe e, 405-407, 407t, 418-419
Comprometimento e estratégias de comprometimento, 178-180, 252-254. Ver também Comprometimento com a DBT
Comunidades terapêuticas, 28t
Condutas autolesivas sem intencionalidade suicida (CASIS). Ver também Comportamentos que ameaçam a vida (LTBs)
adaptação da DBT para transtornos alimentares e, 301-303, 302t
centros de aconselhamento universitário (UCCs) e, 156-157
comorbidade entre TPB e TUSs e, 245
confidencialidade e adolescentes com risco de suicídio e, 371-373
DBT — Aceitando os Desafios do Emprego e da Autossuficiência (DBT-ACES) e, 226
DBT abrangente baseada na escola (SB-DBT) e, 131-132
DBT baseada em contextos parciais ou residenciais e, 113-114
DBT para adolescentes (DBT-A) e, 360-362, 370-371
estágios da DBT e, 320-321
estudos clínicos ambulatoriais da DBT com adolescentes e, 128-129
mudança de paradigma necessária para a DBT e, 64-67
programas de justiça juvenil e, 171-172
terapia comportamental dialética para crianças e pré-adolescentes (DBT-C) e, 343-344, 351
vinheta clínica para ilustrar, 290-296
Conexões Familiares (*Family Connections* — FC)

programa, 395-398
Confidencialidade, 197-198, 371-373
Consciência, 352
Consentimento informado, 411-412
Consideração positiva incondicional, 271-272
Consistência, 44, 51
Constituintes. Ver Partes interessadas
Consultoria com os pares, 163-164. Ver também Equipe de consultoria
Consultoria de caso, 88-93
Contexto baseado na escola. Ver também Adolescentes; DBT abrangente baseada na escola (SB-DBT); Estabelecendo necessidades e limitações; Habilidades da DBT em Escolas: Treinamento de Habilidades para Solução de Problemas Emocionais para Adolescentes (DBT STEPS-A)
continuum de serviços em, 132-139
da intervenção para a prevenção, 131-132
DBT abrangente (C-DBT) em, 130-131
necessidade de serviços de saúde mental na contramão do que é feito habitualmente em, 129-130
vinheta clínica para ilustrar, 138-142
visão geral, 127, 142
Contextos ambulatoriais. Ver também Implementação da DBT
avaliação dos resultados e, 45-50t
DBT com adolescentes e, 128-129
estruturas do programa, 69t
mantendo o programa de DBT e, 88-95, 88t
mantendo padrões de excelência no desenvolvimento do tratamento e, 86-89, 91-92t
planejando e iniciando um programa de DBT, 66-86, 69t, 72t, 81-83t
terapia comportamental dialética para crianças e pré-adolescentes (DBT-C) e, 340-342
visão geral, 64, 94-96
Contextos de longo prazo, 47-50t. Ver também Contextos hospitalares; Contextos hospitalares forenses
Contextos hospitalares. Ver também Contextos de longo prazo; Contextos hospitalares forenses; DBT baseada em contextos parciais ou residenciais; Implementação da DBT; Programas de justiça juvenil
avaliação dos resultados e, 45-50t
mudança de paradigma necessária para a DBT e, 64-67
visão geral, 97-99, 125-126
Contextos hospitalares forenses, 45-50t, 194-195, 210-214. Ver também Contextos hospitalares; Programas

correcionais; Programas de justiça
juvenil
Contextos residenciais. *Ver* Contextos
hospitalares; Programas de justiça
juvenil
Contingências da carreira e trabalho na
DBT-ACES, 231-232, 234-242.
Ver também DBT — Aceitando
os Desafios do Emprego e da
Autossuficiência (DBT-ACES)
Contingências e manejo de contingências
contingências na carreira e trabalho
na DBT-ACES, 234-238
DBT baseada em contextos parciais
ou residenciais e, 113-114,
121-122
melhorando a motivação em DBT
baseada em contextos parciais
ou residenciais e, 118-119
perguntas e problemas de
implementação e, 28*t*, 31
programas correcionais e, 202-211
terapia comportamental dialética
para crianças e pré-adolescentes
(DBT-C) e, 342-343
Crianças. *Ver* Terapia comportamental
dialética para crianças e pré-
adolescentes (DBT-C)
Critérios de exclusão, 66-68
Critérios de inclusão, 66-68
Culpa, 384-385
Currículo, habilidades. *Ver* Treinamento
de habilidades
Curso Family-to-Family, 395-396

D
Dados da linha de base, 56-59, 58*f*.
Ver também Coleta e manejo dos dados
DBT — Aceitando os Desafios de
Emprego e da Autossuficiência
(DBT-ACES) e, 226, 229-231
equipes de triagem e, 108-109
estabelecendo necessidades e
limitações e, 33-34
manejo de, 29-30, 114-116,
229-231
mudança de paradigma necessária
para DBT e, 66-67
perguntas e problemas de
implementação e, 29-30
tratamento somente com
habilidades e, 78-80
DBT — Aceitando os Desafios do
Emprego e da Autossuficiência
(DBT-ACES)
adaptação da DBT a, 231-242
currículo de habilidades da
DBT-ACES, 237-239
estágios da DBT e, 322
história da, 216-219
incapacidade psiquiátrica e,
219-224, 221*f*, 228-229*t*
modos do tratamento em DBT e,
222-231
processo de pré-tratamento em,
231-234

vinheta clínica para ilustrar,
239-242
visão geral, 216, 242
DBT abrangente (C-DBT)
centros de aconselhamento
universitário (UCCs) e, 145-158,
159-160*t*
DBT para adolescentes (DBT-A)
e, 361
em contextos baseados na escola,
130-131
estudos clínicos ambulatoriais
da DBT com adolescentes e,
128-129
programas correcionais e, 193-194
visão geral, 27-31, 28*t*
DBT abrangente baseada na escola
(SB-DBT). *Ver também* Contexto
baseado na escola
continuum de serviços em escolas
e, 135-139
da intervenção para a prevenção e,
131-132
vinheta clínica para ilustrar,
138-142
visão geral, 130-131
DBT baseada em contextos parciais ou
residenciais. *Ver também* Contextos
hospitalares; Programas de justiça
juvenil
adaptação da DBT a programas
em contextos parciais ou
residenciais de intensidade
intermediária, 99, 100*f*
coaching no momento em que
a situação está ocorrendo,
183-186
estratégias de comprometimento
e, 178-179
funções, modos e estratégias em,
107-120
melhorando a motivação e,
118-126
metas, alvos e estágios em,
102-108, 103*t*
perguntas e problemas de
implementação e, 28*t*
pesquisa em DBT para, 100-102
princípios e teoria para, 101-103
programas correcionais e, 206-208
treinamento de habilidades e,
183-186
visão geral, 97-98, 125-126
DBT para transtornos alimentares com
múltiplas comorbidades (M-ED DBT),
298, 301-309, 302*t*, 315-317.
Ver também Transtornos alimentares
DBT STEPS-A. *Ver* Habilidades da
DBT em Escolas: Treinamento
de Habilidades para Solução
de Problemas Emocionais para
Adolescentes (DBT STEPS-A)
DBT Ways of Coping Checklist
(DBT-WCCL), 131-132
Delineamento de caso único, 53-59,
54*t*, 58*f*

Delinquência. *Ver* Programas de justiça
juvenil
Depressão
DBT abrangente baseada na escola
(SC-DBT) e, 131-132
DBT para adolescentes (DBT-A)
e, 362
estudantes universitários e, 144
pesquisa em programas de DBT
em contextos parciais ou
residenciais e, 100-101
Depression Anxiety Stress Scale (DASS),
51
Desencadeantes, 258-260, 267-271
Desenvolvendo redes de relacionamento,
88-89
Desenvolvimento profissional, 407-410.
Ver também Treinamento dos clínicos
e da equipe
Desregulação emocional. *Ver também*
Habilidades de regulação emocional;
Treinamento de regulação emocional
adaptação da DBT para transtornos
alimentares e, 299-300
centros de aconselhamento
universitário (UCCs) e, 161-162
comorbidade entre TPB e TUSs e,
246-247
intervenções familiares em DBT e,
381-382
níveis de desordem e, 5-8
programas de justiça juvenil e, 171
protocolos para comportamentos
disfuncionais em contextos
parciais ou residenciais e,
187-189, 189*f*, 190-191*f*
teoria biossocial e, 4-5
terapia comportamental dialética
para crianças e pré-adolescentes
(DBT-C) e, 343-346
visão geral, 4-5
Desvio anti-DBT, 86-87
Diagnóstico de TPB, 426-428, 427*t*,
439*t*. *Ver também* Transtorno da
personalidade *borderline* (TPB)
Dialética. *Ver também* Aceitação;
Mudança
DBT — Aceitando os Desafios do
Emprego e da Autossuficiência
(DBT-ACES) e, 222-225
DBT como, 11-17
DBT para adolescentes (DBT-A) e,
366-369, 368*t*
dilemas dialéticos forenses e,
210-214
estabelecendo necessidades e
limitações e, 32
intervenções familiares em DBT e,
392-393
protocolo da DBT PE e, 280
Diferenças individuais, 180-181
Dilemas dialéticos, 307-308
Dissociação, 123-124
Diversidade, 180-181
Duração do tratamento, 75-77, 151-152,
154, 156-157, 160-161

E

Ecletismo, 23-24
Educação continuada (CE)
   créditos, 407-410. *Ver também*
      Treinamento dos clínicos e da
      equipe
Efeito de violação da abstinência (EVA),
   251-252
Empatia, 344-345, 391*t*
Emprego. *Ver também* DBT — Aceitando
   os Desafios do Emprego e da
   Autossuficiência (DBT-ACES)
      comorbidade entre TPB e TUSs e,
         267, 271
      incapacidade psiquiátrica e,
         216-220
      Metas de Recuperação da
         DBT-ACES e, 220-224, 221*f*,
         228-229*t*
Encaminhamentos, 77-80
Engajamento emocional, 282
Ensaio de habilidades, 414-417, 416*t*
Entorpecimento, 326
Entrevista motivacional, 269-270*t*,
   271-272
Envolvimento da família. *Ver também*
   DBT para adolescentes (DBT-A);
   Envolvimento de outros no
   tratamento; Intervenções familiares
   em DBT; Terapia comportamental
   dialética — treinamento de
   habilidades familiares (DBT-FST);
   Terapia comportamental dialética
   para crianças e pré-adolescentes
   (DBT-C); Treinamento dos pais
      avaliação dos resultados e, 45-50*t*
      centros de aconselhamento
         universitário (UCCs) e, 151-153
      confidencialidade e adolescentes
         com risco de suicídio e, 371-373
      modos de intervenção familiar e,
         383-384
      perguntas e problemas de
         implementação e, 28*t*
      terapia comportamental dialética
         para crianças e pré-adolescentes
         (DBT-C) e, 342*t*
Envolvimento de outros no tratamento,
   28*t*, 29-30. *Ver também* Envolvimento
   da família
Envolvimento dos pais, 371-373.
   Ver também Envolvimento da família;
   Intervenções familiares em DBT;
   Treinamento de pais
Equilíbrio entre mudança e aceitação.
   Ver Aceitação; Mudança
Equipe de consultoria. *Ver também*
   Equipes da DBT
      abordagem do modelo Stanford
         (SM) para DBT com transtornos
         alimentares e, 315-316
      centros de aconselhamento
         universitário (UCCs) e,
         163-164
      DBT abrangente baseada na escola
         (SB-DBT) e, 136-138

      DBT baseada em contextos parciais
         ou residenciais e, 124-126
      DBT com transtornos alimentares
         com múltiplas comorbidades
         (M-ED DBT) e, 303-306
      em DBT-ACES, 230-231
      mantendo o programa de DBT e,
         88-93, 91-92*t*
      mantendo padrões de excelência no
         desenvolvimento do tratamento
         e, 88-89
      melhorando a motivação na DBT
         baseada em contextos parciais
         ou residenciais e, 120
      prevenção de esgotamento e, 93-95
      programas de justiça juvenil e,
         175-176*t*
      questionamentos e problemas de
         implementação e, 31, 33-35
      terapia comportamental dialética
         — treinamento de habilidades
         familiares (DBT-FST) e,
         394-395
      treinamento dos clínicos e da
         equipe e, 417-418
Equipes da DBT. *Ver também* Equipe de
   consultoria
      abordagem do modelo Stanford
         (SM) para DBT com transtornos
         alimentares e, 315-316
      comorbidade entre TPB e TUSs e,
         263-264, 263*t*
      DBT abrangente baseada na escola
         (SB-DBT) e, 136-138
      DBT baseada em contextos parciais
         ou residenciais e, 109-114
      DBT para transtornos alimentares
         com múltiplas comorbidades
         (M-ED DBT) e, 303-306
      dilemas dialéticos forenses e,
         210-214
      duração do tratamento e, 75-77
      escolhendo um líder da equipe,
         68-71
      mantendo o programa de DBT e,
         88-95, 91*t*
      mantendo padrões de excelência no
         desenvolvimento do tratamento
         e, 87-89
      melhorando a motivação na DBT
         baseada em contextos parciais
         ou residenciais e, 120
      mudanças na afiliação em, 88-90
      na DBT-ACES, 230-231
      planejando e iniciando um
         programa de DBT e, 67-71,
         69-70*t*
      prevenção do esgotamento e, 93-95
      programas correcionais e, 197-198,
         202-204, 210-214
      programas de justiça juvenil e,
         173-177
      reduções graduais da medicação e,
         434-435
      terapia comportamental dialética
         – treinamento de habilidades

         familiares (DBT-FST) e,
         394-395
      treinamento dos clínicos e da
         equipe e, 421
Escala Beck de Depressão-II (Beck
   Depression Inventory — BDI-II),
   172
Escala de Unidades Subjetivas de
   Desconforto (SUDS), 205-206,
   284-286
Escalada, 226
Escrita expressiva, 331-335
Estabelecendo necessidades e limitações,
   31-35, 67-69, 111-114. *Ver também*
   Ambiente, estruturação do; Contextos
   ambulatoriais; Contextos hospitalares;
   DBT baseada em contextos parciais
   ou residenciais; Programas de
   justiça juvenil Contexto baseado na
   escola: Centros de aconselhamento
   universitário (UCCs)
Estagiários clínicos, 163-165
Estágio 1 da DBT. *Ver também* Estágios do
   tratamento
      comorbidade entre TPB e TUSs e,
         256-258
      farmacoterapia e, 435-440,
         442-443
      intervenções familiares de DBT
         breve e, 397-400
      TEPT e, 278
      visão geral, 6-7, 319-320
Estágio 2 da DBT. *Ver também* Estágios do
   tratamento
      alvos secundários no, 325-327
      exposição a eventos traumáticos
         no, 331-335
      exposição emocional e, 327-331
      TEPT e, 278-279
      vinheta clínica para ilustrar,
         323-335
      visão geral, 7, 319-322
Estágio 3 da DBT, 7, 319-320, 334-337.
   Ver também Estágios do tratamento
Estágio 4 da DBT, 7, 319-320, 336-339.
   Ver também Estágios do tratamento
Estágio de exploração e adoção da
   implementação, 40-41. *Ver também*
   Implementação da DBT
Estágio de implementação inicial da
   implementação, 40-41. *Ver também*
   Implementação da DBT
Estágio de implementação plena, 40-41.
   Ver também Implementação da DBT
Estágio de inovação da implementação,
   42. *Ver também* Implementação da
   DBT
Estágio de sustentabilidade da
   implementação, 42. *Ver também*
   Implementação da DBT
Estágio pré-tratamento
      abordagem do modelo Stanford
         (SM) para DBT com transtornos
         alimentares e, 309-311
      comorbidade entre TPB e TUSs e,
         253-256

DBT — Aceitando os Desafios do
Emprego e da Autossuficiência
(DBT-ACES) e, 231-234.
  Ver também DBT — Aceitando
    os Desafios do Emprego e da
    Autossuficiência (DBT-ACES)
  terapia comportamental dialética
    para crianças e pré-adolescentes
    (DBT-C) e, 342t, 351-352
  visão geral, 6
Estágios de implementação, 40-42.
  Ver também Estágios do tratamento
    em DBT
Estágios do tratamento. Ver também
  Estágio 1 da DBT; Estágio 2 da DBT;
  Estágio 3 da DBT; Estágio 4 da DBT
  DBT baseada em contextos parciais
    ou residenciais e, 102-108, 103t
  TEPT e, 278-279
  terapia comportamental dialética
    para crianças e pré-adolescentes
    (DBT-C) e, 342t
  visão geral, 5-8, 319-320
Estágios do tratamento na DBT.
  Ver Estágios do tratamento
Estar disposto, 352
Estilo de comunicação do terapeuta,
  15-16
Estilo de pensamento extremo, 344-345
Estímulos para uso de substâncias,
  258-260, 267-271. Ver também
  Comorbidade entre TPB e TUSs;
  Transtornos por uso de substâncias
  (TUSs)
Estratégias de autogerenciamento
  comorbidade entre TPB e TUSs e,
    267-271
  intervenções familiares em DBT e,
    386t, 396-398
  terapia comportamental dialética
    para crianças e pré-adolescentes
    (DBT-C) e, 252
Estratégias de manejo de caso
  aceitação e mudança e, 15-17
  DBT baseada em contextos parciais
    ou residenciais e, 123-124
  DBT para transtornos alimentares
    com múltiplas comorbidades
    (M-ED DBT) e, 306-308
  questionamentos e problemas de
    implementação e, 28t, 29-31
Estratégias de modificação cognitiva,
  12-13
Estratégias de redução de danos, 252-254
Estratégias de vinculação, 261-264, 263t
Estratégias dialéticas, 14-17, 78-79, 123
Estrutura de três fases para o tratamento,
  102-108, 103t
Estruturando o tratamento, 32, 340-343,
  342t
Estudo Collaborative Adolescent Research
  on Emotions and Suicide (CARES),
  128-129, 361
Estudos de caso, 53-56, 54t
Eventos traumáticos, 331-335
Evitação, 282-283, 326, 343-344

Exame físico, 303-304, 306-308
Experiência emocional inibida, 326
Exposição emocional, 327-331.
  Ver também Técnicas de exposição
Exposição imagística, 284-288.
  Ver também Técnicas de exposição
Exposição in vivo. Ver também Técnicas de
  exposição; Terapia in vivo
  DBT para transtornos alimentares
    com múltiplas comorbidades
    (M-ED DBT) e, 308-309
  procedimento, 283-284
  programas correcionais e,
    204-206
  protocolo da DBT PE com TEPT e,
    282-284
Exposição prolongada (PE), 279,
  331-335. Ver também Protocolo de
  Exposição Prolongada da DBT (DBT
  PE); Técnicas de exposição
Extinção, 121-122

F
Farmacoterapia
  ácidos graxos ômega-3, 428, 427t,
    439t, 440-443
  anticonvulsivantes estabilizadores
    do humor, 426, 433-435,
    441-443
  antidepressivos, 426, 428, 427t,
    439t, 441-443
  antipsicóticos atípicos, 426, 428,
    427t, 439t, 441-443
  colaboração entre paciente e
    profissionais e, 429-436, 432f,
    433f
  efeitos colaterais e, 437-438
  estabilizadores do humor, 439t
  estimulação magnética
    transcraniana (EMT) e, 428,
    439t
  estimulação magnética
    transcraniana repetitiva (EMTr)
    e, 427t, 428
  informações para os psiquiatras e,
    435-442, 437f
  informações para os terapeutas,
    427-430
  manejo de risco com medicação e,
    435-436
  olanzapina, 428
  perguntas e problemas de
    implementação e, 28-29, 28t
  quando usar, 425-439, 427t, 439t
  redução gradual da medicação e,
    434-436
  risco de suicídio e, 435-438, 437f
  visão geral, 425, 441-443
Fase de continuação do tratamento,
  370-372
Fase de entrada do tratamento, 104-106,
  112-113. Ver também Estágios do
  tratamento "Entrando"; Estágios do
  tratamento na DBT
Fase de execução do tratamento,
  105-107, 112-113. Ver também

Estágios do tratamento na DBT; Fase
  do tratamento "Obtendo o controle"
Fase de saída do tratamento, 106-108,
  112-113. Ver também Estágios do
  tratamento na DBT; Estágios do
  tratamento "Saindo"; Término
Fase do tratamento "Entrando",
  104-106. Ver também Estágios do
  tratamento na DBT; Fase de entrada
  do tratamento
Fase do tratamento "Obtendo o controle",
  105-107. Ver também Estágios do
  tratamento na DBT; Fase de execução
  do tratamento;
Fase do tratamento "Saindo", 106-108.
  Ver também Estágios do tratamento
  na DBT; Fase de saída do tratamento;
  Término
Fatores ambientais. Ver também
  Ambiente, estruturação do teoria
  biossocial e, 4-5
  comorbidade entre TPB e TUSs e,
    245-246
  DBT para adolescentes (DBT-A) e,
    365-371, 368t, 369t
  desregulação emocional e, 4-5
  terapia comportamental dialética
    para crianças e pré-adolescentes
    (DBT-C) e, 345-346
Fatores biológicos, 4-5, 245-246, 364-366
Fatores clínicos. Ver Fatores do terapeuta
Fatores da equipe. Ver também Fatores do
  terapeuta; Treinamento dos clínicos
  e da equipe
  centros de aconselhamento
    universitário (UCCs) e, 163-165
  DBT baseada em contextos parciais
    ou residenciais e, 109-114,
    123-126
  dilemas dialéticos forenses e,
    210-214
  escolhendo um líder de equipe,
    68-69, 71
  mantendo padrões de excelência no
    desenvolvimento do tratamento
    e, 87-89
  melhorando a motivação em DBT
    baseada em contextos parciais
    ou residenciais e, 120
  planejando e iniciando um
    programa de DBT, 67-71, 69-70t
  programas de justiça juvenil e,
    175-176t
  reembolso pelos serviços e, 79-86,
    81-83t
  visão geral, 71-75, 72-73t
Fatores do paciente. Ver também
  Capacidades dos pacientes; Pacientes
  com múltiplas comorbidades
  colaboração entre paciente e
    profissional e, 429-436, 432f,
    433f
  comportamentos de usuários de
    serviços médicos e, 431-433,
    432f
  duração do tratamento e, 75-76

farmacoterapia e, 442-443
planejando e iniciando um
  programa de DBT e, 66-68
reembolso pelos serviços e, 81-83t
retenção do paciente, 81-83f
Fatores do terapeuta. *Ver também*
  Capacidades dos terapeutas; Fatores
  da equipe; Partes interessadas;
  Treinamento dos clínicos e da equipe
    colaboração entre paciente e
      profissional e, 429-436, 432f,
      433f
    complementando a renda e, 85-86
    DBT para transtornos alimentares
      com múltiplas comorbidades
      (M-ED DBT) e, 307-309
    duração do tratamento e, 75-77
    farmacoterapia e, 427-430,
      432-436, 433f
    habilidade e motivação do, 28t,
      29-31, 90-95
    intervenções familiares em DBT e,
      382-383
    mantendo o programa de DBT e,
      88-95, 91-92t
    mantendo padrões de excelência no
      desenvolvimento do tratamento
      e, 87-89
    melhorando a capacidade do
      terapeuta, 88-93, 91-92t
    montando a equipe para um
      programa da DBT e, 71-75,
      72-73t
    prevenção do esgotamento e, 90-95
    tamanho do volume de casos,
      74-75
Fatores familiares, 245-246, 345-347,
  394-398. *Ver também* Envolvimento
  da família; Intervenções familiares
  em DBT
Fatores financeiros. *Ver* Reembolso pelos
  serviços
Fatores genéticos, 245
Fatores parentais, 345-347, 390-393.
  Ver também Fatores familiares; Relação
  pai-filho; Treinamento dos pais
Fatores psicológicos, 245
Fatores socioculturais, 245
Feedback, 113-114
Felicidade, 335-337
Fichas de tarefas de análise em cadeia
  comportamental, 113-114, 121.
  Ver também Análise em cadeia
Fidelidade. *Ver também* Implementação
  da DBT
    DBT baseada em contextos parciais
      ou residenciais e, 109-111
    definindo, nomeando e
      descrevendo os serviços e,
      23-26, 23f
    mantendo padrões de excelência e,
      86-89, 88t
    programas de justiça juvenil e, 175t
    tratamento somente com
      habilidades e, 78-79
    visão geral, 35, 94-96

Fissura, 258-259, 264-271
Flexibilidade, 280
Foco na recuperação, 81-83t
Formulação de caso, 410-411
Funcionamento acadêmico, 152-153,
  155-157. *Ver também* Aceitando
  os Desafios do Emprego e da
  Autossuficiência (DBT-ACES)
Funcionamento interpessoal, 344-345,
  350

G

Generalização. *Ver também* Treinamento
  de habilidades
    DBT baseada em contextos parciais
      ou residenciais e, 114-119
    DBT para adolescentes (DBT-A) e,
      369-370
    intervenções familiares em DBT
      e, 381
    perguntas e problemas de
      implementação e, 28t, 29-30
    programas correcionais e, 202-211
    terapia comportamental dialética
      para crianças e pré-adolescentes
      (DBT-C) e, 340-342
    vinheta clínica para ilustrar DBT
      em um programa correcional e,
      207-211
    visão geral, 10-11
Generalização das habilidades.
  Ver Generalização
Generalização das habilidades da DBT.
  Ver Generalização
Gerenciadores de caso, 112-113
Gravação das sessões, 28t, 29-30,
  411-413, 412t
Grupos adjuvantes de habilidades em
  DBT, 159-160t, 160-162. *Ver também*
  Treinamento de habilidades em grupo
Grupos de estudo, 406, 407t
Grupos de graduados, 370-372
Grupos de habilidades autônomos da
  DBT, 159-160t, 162-163. *Ver também*
  Treinamento de habilidades em grupo
Grupos multifamiliares. *Ver também*
  Intervenções familiares em DBT;
  Treinamento de habilidades em grupo
    DBT para adolescentes (DBT-A) e,
      360, 366-367
    intervenções familiares em DBT e,
      392-395
    modos de intervenção familiar
      e, 383
    terapia comportamental dialética
      para crianças e pré-adolescentes
      (DBT-C) e, 340-342

H

Habilidade de expressão acurada, 386f
Habilidade prós e contras, 138-140,
  265-266, 311-313, 431-433
Habilidade STOP, 352
Habilidades "como fazer", 354t

Habilidades da DBT em Escolas:
  Treinamento de Habilidades para
  Solução de Problemas Emocionais
  para Adolescentes (DBT STEPS-A).
  Ver também Adolescentes; Contexto
  baseado na escola
    continuum de serviços em escolas
      e, 132-139
    vinheta clínica para ilustrar,
      138-142
    visão geral, 131-132, 142
Habilidades da DBT realizadas
  pela internet — intervenção de
  treinamento, 249-250
Habilidades de autoacalmar-se, 354-355t
Habilidades de comunicação, 387-390,
  388f, 391f, 392-393
Habilidades de distração usando a mente
  sábia (ACCEPTS), 304-305
Habilidades de enfrentamento, 264-266,
  351. *Ver também* Treinamento de
  habilidades
Habilidades de regulação emocional.
  Ver também Desregulação emocional;
  Treinamento de regulação emocional
    estágios da DBT e, 322, 325-326
    programas de justiça juvenil e,
      185-187, 186f, 188f
    terapia comportamental dialética
      — treinamento de habilidades
      familiares (DBT-FST) e,
      394-395
    terapia comportamental dialética
      para crianças e pré-adolescentes
      (DBT-C) e, 342-343, 346-347,
      349, 343-344, 354-355t
Habilidades de resolução de conflitos,
  392-393. *Ver também* Habilidades de
  comunicação
Habilidades DEAR, 353, 354t
Habilidades DEAR MAN. *Ver também*
  Treinamento de habilidades
    comorbidade entre TPB e TUSs
      e, 267
    contingências da carreira e trabalho
      em DBT-ACES e, 235-237
    DBT baseada em contextos parciais
      ou residenciais e, 115-116
    farmacoterapia e, 430-431
    programas correcionais e,
      206-208
    terapia comportamental dialética
      para crianças e pré-adolescentes
      (DBT-C) e, 353
Habilidades DISTRACT, 354-355t
Habilidades Distraindo-se com a mente
  sábia (ACCEPTS), 304-305, 353
Habilidades FAST, 115-116, 206-
  208, 353, 430-431. *Ver também*
  Treinamento de habilidades
Habilidades FRIEND, 353, 354-355t
Habilidades GIVE. *Ver também*
  Treinamento de habilidades
    DBT baseada em contextos parciais
      ou residenciais e, 115-116
    farmacoterapia e, 430-431

Índice

intervenções familiares em DBT e, 387-388
programas correcionais e, 206-208
terapia comportamental dialética para crianças e pré-adolescentes (DBT-C) e, 353
Habilidades I SEEM MAD, 185-186, 186f
Habilidades LAUGH, 354t
Habilidades Melhorar o momento — IMPROVE, 353
Habilidades "o que fazer", 354-355t
Habilidades queimando pontes, 314-315
Habilidades SABER
    comorbidade entre TPB e TUSs e, 266
    DBT para adolescentes (DBT-A) e, 368-369
    DBT para transtornos alimentares com múltiplas comorbidades (M-ED DBT) e, 304-305
    programas de justiça juvenil e, 185-186
    terapia comportamental dialética para crianças e pré-adolescentes (DBT-C) e, 354t
Habilidades TIP, 354-355t
Health Insurance Portability and Accountability Act (HIPPA), 38
Higiene, 344-345, 350
Hiperatividade, 343-344
Hipótese da automedicação, 246-247. *Ver também* Transtornos por uso de substâncias (TUSs)
História de aprendizagem, 182-183

I

Idade, 180-181
Implementação da DBT. *Ver também* Adaptação da DBT; Adoção da DBT; Avaliação do programa; Contextos ambulatoriais; Contextos hospitalares
    adaptação e, 76-78, 157-166, 159t
    avaliação do programa e, 40-42
    centros de aconselhamento universitário (UCCs) e, 157-166, 159t
    definindo, nomeando e descrevendo serviços e, 23-26, 23f
    duração do tratamento e, 75-77
    estabelecendo necessidades e limitações e, 31-35
    estruturas do programa, 69t
    iniciando com um programa-piloto e, 25-26
    mantendo o programa da DBT e, 88-95, 91-92t
    mantendo padrões de excelência no desenvolvimento do tratamento e, 86-89, 88t
    mudança de paradigma necessária para DBT e, 64-67
    perguntas e problemas e, 25-35, 26f, 28t

planejando e iniciando um programa de DBT, 66-86, 69t, 72t, 81-83t
população-alvo e, 25-28, 26f
programas de justiça juvenil e, 174-184, 175-176t
reembolso pelos serviços e, 79-86, 81-83t
tamanho do volume de casos e, 74-75
tensão dialética e, 22-24
visão geral, 20-22, 35-36, 94-96
Impulsividade, 245, 344-345, 350, 364-365
Impulsos
    abordagem do modelo Stanford (SM) para DBT com transtornos alimentares e, 313-315
    caminho para a mente límpida e, 258-259
    estratégias de autogerenciamento e, 267-271
    treinamento de habilidades e, 264-266
Incapacidade. *Ver* Incapacidade psiquiátrica
Incapacidade psiquiátrica. *Ver também* DBT — Aceitando os Desafios do Emprego e da Autossuficiência (DBT-ACES); Transtorno da personalidade *borderline* (TPB)
    recuperação e, 220-224, 221f, 228-229t
    TPB crônico e, 216-217
    vinheta clínica para ilustrar, 239-242
    visão geral, 219-224, 221f, 228-229t
Infância, abuso sexual. *Ver* Abuso sexual na infância
Inimputável por razão de insanidade (NGRI), 193, 196-197, 203-211. *Ver também* Contextos de hospitalares forenses; Programas correcionais
Intervenções baseadas em vídeos, 28-29
Intervenções conjugais. *Ver* Intervenções familiares e conjugais
Intervenções familiares de DBT breve, 397-400
Intervenções familiares e conjugais, 28t, 45t-50t, 323, 368-370, 369t. *Ver também* Intervenções de DBT familiar
Intervenções familiares em DBT. *Ver também* Envolvimento da família; Envolvimento dos pais; Grupos multifamiliares; Intervenções familiares e conjugais; Terapia comportamental dialética – treinamento de habilidades familiares (DBT-FST)
    grupos multifamiliares e, 392-395
    intervenções familiares de DBT breve e, 397-400
    problemas no programa em relação a, 382-385

psicoeducação e, 394-398
treinamento de habilidades e, 385-393, 386t, 388f, 388t, 392f
visão geral, 380-382, 385-401
Intervenções no estilo de vida, 267-271
Intervenções nos sistemas, 28t, 29-30
Intimidade, 386t

L

Lapsos, 252-256
Limites, observação. *Ver* Procedimento de observação de limites
Luto inibido, 326

M

Manejo de risco, 435-436
Manual diagnóstico e estatístico de transtornos mentais (DSM-5), 426-428, 427t, 439t
Mensagens de texto, 152-154, 263
Mente aditiva, 259-260
Mente emocional, 259-260, 285-287, 354-355t
Mente límpida, 257-261, 264
Mente racional, 259-260, 354t
Mente sábia. *Ver também* Treinamento de habilidades de *mindfulness*
    caminho para a mente límpida e, 259-260
    comorbidade entre TPB e TUSs e, 266
    DBT baseada em contextos parciais ou residenciais e, 114-116
Metas de Recuperação da DBT-ACES e, 221, 228-229t
terapia comportamental dialética para crianças e pré-adolescentes (DBT-C) e, 353, 354-355t
Metas de Recuperação na DBT-ACES. *Ver também* DBT — Aceitando os Desafios do Emprego e da Autossuficiência (DBT-ACES)
    DBT individual e, 225-228
    equipe de consultoria e, 230-231
    processo pré-tratamento na DBT-ACES e, 232-233
    treinamento de habilidades em grupo e, 228-229
    vinheta clínica para ilustrar, 239-242
    visão geral, 220-224, 221f, 228-229t, 242
Metas do tratamento. *Ver também* Alvos do tratamento
    comorbidade entre TPB e TUSs e, 251-256
    DBT baseada em contextos parciais ou residenciais e, 102-108, 103t, 111-113
    estágios da DBT e, 6-7
    identificação do problema e, 8-10
    perguntas e problemas de implementação e, 27-35, 28t
    protocolo da DBT PE e, 288-290
    terapia comportamental dialética — treinamento de habilidades

familiares (DBT-FST) e, 393-394
visão geral, 5-8
Metas para supervisão, 413-415. *Ver também* Supervisão em DBT
Métodos do *bug-in-the-ear* e *bug-in-the-eye* (BITE), 417-419
Mindful Eating, 304-305, 313-314. *Ver também* Treinamento de habilidades de *mindfulness*
Mindfulness das relações, 385-388, 386t, 392-395. *Ver também* Treinamento de habilidades de *mindfulness*
Mnemônica SAFE SCRIPT, 436-438, 437f
Modelagem, 416-418
Modelo de Transições Familiares Integradas (FIT), 172
Modelo Stanford (SM), 298, 308-317. *Ver também* Transtornos alimentares
Modelo transacional. *Ver* Teoria biossocial
Modelo tridimensional, 211-212. *Ver também* Programas correcionais
Modificações. *Ver* Adaptação da DBT
Monitoramento e acompanhamento do programa, 81-83t
Motivação. *Ver também* Fatores da equipe; Fatores do terapeuta
    da equipe, 124-126
        DBT — Aceitando os Desafios do Emprego e da Autossuficiência (DBT-ACES) e, 226-228
        DBT baseada em contextos parciais ou residenciais e, 118-126
    dos terapeutas, 90-95, 124-126, 342-343
    estratégias para melhorar, 120-126
    intervenções familiares em DBT e, 381, 384-385
    mudança de paradigma necessária para a DBT e, 64-65
    perguntas e problemas de implementação e, 28t
    terapia comportamental dialética para crianças e pré-adolescentes (DBT-C) e, 340-342
Mudança
    DBT — Aceitando os Desafios do Emprego e da Autossuficiência (DBT-ACES) e, 226
    estratégias dialéticas e, 14-17
    protocolo da DBT PE e, 280
    terapia comportamental dialética para crianças e pré-adolescentes (DBT-C) e, 343-344
    tratamento somente com habilidades e, 78-79

N
Não adesão, 113-115, 384-385, 415-417, 432-435
Negação adaptativa, 266
Nível de instrução, 180-181
Núcleo da verdade, 182-184
Nutrição, 306-308

O
Observação direta, 410-414, 412t
Observar, 181-182, 388-390, 388f, 391t
Orientação dos pais e treinamento de habilidades em um contexto escolar, 139-140, 142
Ouvir, 181-182, 388-390, 388f, 391t

P
Pacientes com múltiplas comorbidades, 64-67, 81-83t. *Ver também* Fatores do paciente
Pagamento. *Ver* Reembolso pelos serviços
Pagamento pelo paciente, 85-86. *Ver também* Reembolso pelos serviços
Palestras, 406-410
Papéis na DBT, 427-430. *Ver também* Equipe de consultoria; Equipes da DBT; Fatores do terapeuta; Supervisão em DBT
Partes interessadas. *Ver também* Fatores do paciente; Fatores do terapeuta
    avaliação do programa e, 42-44, 51
    definindo, nomeando e descrevendo os serviços e, 23-26, 23f
    mantendo padrões de excelência no desenvolvimento do tratamento e, 88-89
    programas de justiça juvenil e, 175-176t
Patologia antissocial, 194-195, 364-365
Pensamento tipo tudo ou nada, ou pensamento dicotômico, 344-345
Pensamentos de preocupação e habilidade de motivação, 354-355t
Planejamento do tratamento, 78-79, 104-106
Prática de *mindfulness*, 32. *Ver também* Treinamento de habilidades de *mindfulness*
Prática deliberada, 416-417
Prática privada, 69t. *Ver também* Contextos ambulatoriais
Práticas baseadas em agências, 69-70t. *Ver também* Contextos ambulatoriais
Práticas baseadas em evidências (PBEs), 81-83t, 404-405
Pré-adolescentes. *Ver* Terapia comportamental dialética para crianças e pré-adolescentes (DBT-C)
Prevenção, 131-132
Prevenção de recaída baseada em *mindfulness* (MBRP), 268-272, 269-270t
Prevenção do esgotamento, 90-96. *Ver também* Fatores do terapeuta
Procedimento de observação dos limites. *Ver também* Contingências e manejo de contingências
    DBT baseada em contextos parciais ou residenciais e, 104-105, 122
    estágios da DBT e, 322-323
    Habilidade de Ação Oposta Integralmente, 354-355t
    intervenções familiares em DBT e, 389-390, 392-393
    Obstáculos, 113-115
    Ohio Youth Scales Problems Subscale, 172
    Orientação para o tratamento terapia comportamental dialética para crianças e pré-adolescentes (DBT-C) e, 342t, 351-352
    Transtorno obsessivo-compulsivo (TOC), 426
    treinamento dos clínicos e da equipe e, 417-418
Programas ambulatoriais intensivos (IOPs). *Ver também* Contextos ambulatoriais; DBT baseada em contextos parciais ou residenciais
    adaptação da DBT para, 99, 100f
    capacidades e motivação da equipe e, 125-126
    equipe de triagem para crises e, 108-109
    estruturação e reuniões da equipe e, 111-113
    metas, alvos e fases na DBT baseada em contextos parciais ou residenciais em, 102-108, 103t
    visão geral, 97, 125-126
Programas correcionais. *Ver também* Contextos hospitalares forenses; Programas de justiça juvenil
    análises em cadeia e, 200-203
    DBT individual em, 195-203
    dilemas dialéticos forenses e, 210-214
    generalização de habilidades da DBT e, 202-211
    razões para usar DBT em, 194-195
    vinheta clínica para ilustrar DBT em, 197-203, 207-211
    visão geral, 193-194, 213-214
Programas correcionais da justiça criminal. *Ver* Programas correcionais; Contextos hospitalares forenses; Programas de justiça juvenil
Programas de DBT Leve, 157-161, 159t
Programas de hospitalização parcial (PHPs). *Ver também* DBT baseada em contextos parciais ou residenciais; Protocolos para hospitalização
    adaptação da DBT, 99, 100f
    capacidades e motivação da equipe e, 125-126
    equipe de triagem para crises e, 108-109
    estruturação e reuniões da equipe e, 111-113
    melhorando a motivação e, 121
    metas, alvos e estágios da DBT baseada em contextos parciais ou residenciais em, 102-108, 103t
    pesquisa de programas da DBT baseados em contextos parciais ou residenciais e, 100-102

visão geral, 97, 125-126
Programas de justiça juvenil. *Ver também* Adolescentes; Contextos hospitalares; Contextos hospitalares forenses; DBT baseada em contextos parciais ou residenciais; Estabelecendo necessidades e limitações; Programas correcionais
  adaptação da DBT a, 173-184, 175t-176t, 185-189, 186f, 188f, 189f, 190-191f
  estratégias de comprometimento e, 178-180
  pesquisa em DBT em, 171-174
  protocolos para DBT em, 185-189, 186f, 188f, 189f, 190-191f
  treinamento e, 173-177, 175t-176t
  validação e, 179-184
  visão geral, 169-171, 191-192
Programas de tratamento-dia (DTPs). *Ver também* DBT baseada em contextos parciais ou residenciais
  adaptação da DBT para, 99
  confidencialidade e risco de suicídio e, 371-373
  DBT para adolescentes (DBT-A). *Ver também* Adolescentes
  equipe de triagem para crises e, 108-109
  estruturação e reuniões da equipe e, 111-113
  fase de continuação do tratamento e, 370-372
  fatores a considerar com, 362-365
  grupos com a família e, 384
  metas, alvos e estágios na DBT baseada em contextos parciais ou residenciais em, 102-108, 103t
  modificações da DBT padrão para, 360-361
  modos de intervenção familiar e, 383
  pesquisa referente a, 361-362
  razões para usar, 360
  teoria biossocial e, 364-371, 368t, 369t
  vinheta clínica para ilustrar, 373-376, 377f
  visão geral, 97-98, 125-126, 359-360, 376-378
Prontidão, 288-290
Protocolo de desescalada, 187-189, 188f, 189f, 190-191f
Protocolo de Exposição Prolongada da DBT (DBT PE). *Ver também* Exposição prolongada (PE)
  estágios da DBT e, 320
  fundamentos teóricos, 280-282
  integrando à DBT, 287-290
  pesquisa sobre, 289-291
  procedimentos centrais do, 282-288
  vinheta clínica para ilustrar, 290-296

visão geral, 277, 279-280, 269-270t, 295-296
Protocolo para lidar com Comportamento desviantes das normas (EBP). *Ver também* Comportamento
  DBT baseada em contextos parciais ou residenciais e, 113-115
  programas correcionais e, 200-203
  programas de justiça juvenil e, 187-189, 189f, 190-191f
Protocolos para comportamentos suicidas, 33-34. *Ver também* Protocolos para hospitalização; Situações de crise
Protocolos para hospitalização. *Ver também* Contextos hospitalares; Programas de hospitalização parcial (PHPs); Protocolos para comportamento suicida; Situações de crise
  confidencialidade e adolescentes com risco de suicídio e, 371-373
  estabelecendo necessidades e limitações e, 33-34
  farmacoterapia e, 430-431
  mudança de paradigma necessária para DBT e, 66-67
Proximidade, 386t, 390-392
Psicoeducação
  intervenções familiares em DBT e, 394-398
  perguntas e problemas de implementação e, 28-29, 28t
  protocolo da DBT PE e, 280
  terapia comportamental dialética para crianças e pré-adolescentes (DBT-C) e, 342-343, 342t, 352
Psicoterapia analítico-funcional (FAP), 336-337

Q
Questões éticas, 57, 371-373, 411-412

R
Raça, 180-181
Raiva, 180-181, 426-428
Reativação da relação, 386t
Reatividade negativa, 392-393
Rebelião alternativa, 314-315
Recaída. *Ver também* Abordagem de prevenção de recaída (PR)
  abordagem do modelo Stanford (SM) para DBT com transtornos alimentares e, 312-314
  comorbidade entre TPB e TUSs e, 252-254
  DBT — Aceitando os Desafios do Emprego e da Autossuficiência (DBT-ACES) e, 226
  treinamento de habilidades e, 264-266
Recompensas, 118-119, 121
Recontextualização, 390-392
Recuperação do peso, 304-308
Recursos, 43-44, 163-165
Recusas, 113-115

Redução de estresse baseada em *mindfulness* (MBSR), 336-337
Reembolso pelos serviços, 38, 79-86, 81-83t, 438-440
Reflexão, 181-183, 388-390, 388f, 391t
Reforço, 259-260, 266-267, 416-418
Refutação de crenças, 282
Regra das 24 horas, 370-371
Regras, 111-112, 155-156
Regras e expectativas quanto à participação, 33-34
Rejeição social, 180-181
Relação pai-filho, 346-347, 349-350, 389-390, 391f. *Ver também* Fatores parentais
Relação terapêutica, 179-182, 263-264
Reparos, 113-114
Reuniões do plano de educação individualizada (PEI), 137-138
Risco de suicídio. *Ver também* Comportamentos que ameaçam, de forma iminente, a vida (LTBs)
  adaptação da DBT para transtornos alimentares e, 300-303, 302t
  adaptação e, 21-22
  adolescentes e, 128-129, 360-362, 370-373
  antidepressivos, 428
  centros de aconselhamento universitário (UCCs) e, 144-145, 155-157, 165-167
  DBT — Aceitando os Desafios do Emprego e da Autossuficiência (DBT-ACES) e, 226
  DBT abrangente baseada na escola (SB-DBT) e, 131-132
  DBT baseada em contextos parciais ou residenciais e, 102-104, 113-114
  estágios da DBT e, 320-321
  farmacoterapia e, 436-438, 437f
  manejo de risco com medicação e, 435-436
  mudança de paradigma necessária para a DBT e, 64-67
  perguntas e problemas de implementação e, 25-28
  pesquisa em DBT e, 16-18, 100-101, 128-129
  prevenção do esgotamento e, 93-95
  programas de justiça juvenil e, 170-172
  terapia comportamental dialética para crianças e pré-adolescentes (DBT-C) e, 351
  tratamento somente com habilidades e, 77-80
  visão geral, 2-3
Role-plays, 412-419, 416t

S
Saúde mental baseada na escola, 127, 129-130, 132-139
Seguimento do tratamento, 370-372
Segurança e protocolos de segurança

DBT baseada em contextos parciais ou residenciais e, 116-117
farmacoterapia e, 435-438, 437f
intervenções familiares de DBT breve e, 397-385
programas de justiça juvenil e, 174-177, 187-189, 189f, 190-191f
Seguro. *Ver* Reembolso pelos serviços
Sensibilidade, 343-347
Sensibilidade sensorial, 344-347
Serviços de especialidades, 69-70t, 85-86. *Ver também* Contextos ambulatoriais
Serviços integrados, 69t, 278-279. *Ver também* Contextos ambulatoriais
Serviços somente para habilidades, 77-80, 131-132
Sessões de terapia conjunta, 323
Sintomas de abstinência, 257-258
Sistema de apoio de múltiplas camadas (MTSS), 133-135
Sistemas de economia de fichas, 118-119
Situações de crise. *Ver também* Protocolos para comportamentos suicidas; Protocolos para hospitalização; Treinamento de habilidades; Treinamento de tolerância ao mal-estar
  prevenção do esgotamento e, 93-95
Skills Training in Affective and Interpersonal Regulation — Narrative Therapy (STAIR-NT), 279
Solução de problemas
  DBT baseada em contextos parciais ou residenciais e, 117-119, 122-123
  DBT como, 8-11
  desregulação emocional e, 5
  estágio 2 da DBT e, 326
  identificação de problemas e, 8-10
  intervenções familiares em DBT e, 386t, 389-392
  supervisão e, 419-421
  terapia comportamental dialética — treinamento de habilidades familiares (DBT-FST) e, 394-395
  tratamento somente com habilidades e, 78-79
Solução de problemas colaborativa. *Ver também* Solução de problemas
  farmacoterapia e, 442-443
  intervenções familiares em DBT e, 386t
  reduções graduais de medicação e, 434-435
  supervisão e, 419-421
Status socioeconômico, 180-181
Suicide Ideation Questionnaire, 129
Supervisão em DBT. *Ver também* Treinamento dos clínicos e da equipe
  avaliação e, 410-414, 412t
  coaching de habilidades e, 417-419
  comportamentos que interferem na supervisão e, 419-421

ensaio de habilidades e, 414-417, 416t
fortalecimento das habilidades e, 416-418
metas para, 413-415
postura dialética e, 413-414
solução de problemas, 418-419
visão geral, 407-421, 409t, 412t, 416t, 421-422
Supervisão em grupo, 415-416
Surfando sua emoção, 354t
Surfar o impulso de ação, 313-315

T
Tamanho do volume de trabalho, 74-75, 163-164
Tarefas de casa, 114-115, 310-312, 340-342, 415-417
Técnicas de exposição. *Ver também* Exposição prolongada (EP)
  DBT para transtornos alimentares com múltiplas comorbidades (M-ED DBT) e, 308-309
  estágios da DBT e, 320, 327-335
  programas correcionais e, 204-206
  protocolo da DBT com TEPT e, 282-288
  TEPT e, 282
Tecnologia, 152-154, 263, 417-419
Tensão dialética, 22-24
Tentações, 258-259
Teoria biossocial
  comorbidade entre TPB e TUSs e, 246-247
  DBT baseada em contextos parciais e residenciais e, 101-103
  DBT para adolescentes (DBT-A) e, 364-371, 368t, 369t
  intervenções familiares em DBT e, 381-382
  terapia comportamental dialética para crianças e pré-adolescentes (DBT-C) e, 342t, 345-347, 351-352
  transtornos alimentares e, 299-300
  visão geral, 4-5, 380-381
Teoria do processamento emocional (EPT), 280-282
Terapia cognitiva baseada em *mindfulness* para depressão (MBCT), 336-337
Terapia cognitivo-comportamental (TCC), 3, 8-10
Terapia comportamental dialética – treinamento de habilidades familiares (DBT-FST), 392-395. *Ver também* Intervenções familiares em DBT
Terapia comportamental dialética (DBT) em geral, 2-18, 250, 298, 380, 425
Terapia comportamental dialética padrão (SDBT)
  adaptação para DBT-ACES, 231-242
  DBT — Aceitando os Desafios do Emprego e da Autossuficiência (DBT-ACES) e, 216-219, 221, 225

perguntas e problemas de implementação e, 27-35, 28t
Terapia comportamental dialética para crianças e pré-adolescentes (DBT-C)
  estágio de pré-tratamento e, 351-352
  estrutura do tratamento, 340-343, 342t
  hierarquia de alvos e, 346-351
  pesquisa em, 355-356
  população-alvo e, 343-346
  teoria biossocial e, 345-347
  terapia individual e, 352
  treinamento de habilidades e, 353, 354-355t
  treinamento de pais e, 353, 355-356
  visão geral, 340, 356-357
Terapia de aceitação e compromisso (ACT), 336-337
Terapia de apoio individual e em grupo (IGST), 361
Terapia *in vivo*. *Ver também* Exposição *in vivo*
  comorbidade entre TPB e TUSs e, 263t
  perguntas e problemas de implementação e, 28t, 29-30
  programas correcionais e, 204-206
  treinamento de habilidades e, 10-11
Terapia individual
  abordagem do modelo Stanford da DBT com transtornos alimentares e, 309-316
  centros de aconselhamento universitário (UCCs) e, 154-156
  DBT abrangente baseada na escola (SB-DBT) e, 135-136
  DBT para transtornos alimentares com múltiplas comorbidades (M-ED DBT) e, 303-304
  em DBT-ACES, 225-228
  estágio 2 da DBT e, 323
  intervenções familiares em DBT, 380-381
  perguntas e problemas de implementação e, 28-30, 28t
  programas correcionais e, 195-203
  terapia comportamental dialética para crianças e pré-adolescentes (DBT-C) e, 340-342, 342t, 352
Terceiros pagadores, 85. *Ver também* Reembolso pelos serviços
Término, 75-77, 342-343. *Ver também* Fase de saída do tratamento; Fase do tratamento "Saindo"
Trabalho como Terapia na DBT-ACES, 234-242. *Ver também* DBT — Aceitando os Desafios do Emprego e da Autossuficiência (DBT-ACES)
Transferência de habilidades, 115-117. *Ver também* Generalização; Treinamento de habilidades

Transtorno da conduta (TC), 364-365
Transtorno da personalidade *borderline* (TPB). *Ver também* Comorbidade entre TPB e TUSs; Incapacidade psiquiátrica
    adaptação da DBT para transtornos alimentares e, 299-300
    avaliação dos resultados e, 45-53t
    DBT — Aceitando os Desafios do Emprego e da Autossuficiência (DBT-ACES) e, 216-217
    DBT para adolescentes (DBT-A) e, 362
    estudos clínicos ambulatoriais de DBT com adolescentes e, 128-129
    farmacoterapia e, 425-428, 427t, 439t
    mudança de paradigma necessária para a DBT e, 64-67
    prevenção do esgotamento e, 90-95
    programas correcionais e, 195
    programas de hospitalização e, 98-99
    questionamentos e problemas de implementação e, 25-28
    teoria biossocial e, 4-5
    TEPT e, 289-290
    terapia comportamental dialética para crianças e pré-adolescentes (DBT-C) e, 345-346
    transtornos por uso de substâncias (TUSs) e, 244-246
    visão geral, 2-3
Transtorno de compulsão alimentar (TCA), 299, 308-316. *Ver também* Transtornos alimentares
Transtorno de déficit de atenção/hiperatividade (TDAH), 350, 364-365, 426
Transtorno de estresse pós-traumático (TEPT)
    acrescentando DBT ao tratamento de, 277-279
    estágio 2 da DBT e, 331-335
    integrando DBT PE à DBT, 287-290
    Metas de Recuperação da DBT-ACES e, 222-224
    pesquisa em programas de DBT baseada em contextos parciais ou residenciais, 10-12
    protocolo da DBT PE e, 279-296, 281t
    teoria do processamento emocional (EPT) e, 280-282
    vinheta clínica para ilustrar, 290-296
    visão geral, 277
Transtorno por uso de álcool (TUA), 244, 426. *Ver também* Transtornos por uso de substâncias (TUSs)
Transtornos, 182-183. *Ver também* Incapacidade psiquiátrica
Transtornos alimentares. *Ver também* DBT para transtornos alimentares com múltiplas comorbidades (M-ED DBT); Modelo Stanford (SM)
    adaptação da DBT para, 299-302
    avaliação dos resultados e, 45t-50t
    DBT abrangente baseada na escola (SB-DBT) e, 131-132
    DBT para transtornos alimentares com múltiplas comorbidades (M-ED DBT) e, 301-309
    estudantes universitários e, 144
    modelo Stanford (SM) e, 308-316
    razões para usar DBT com, 298-299
    visão geral, 298, 315-317
Transtornos da personalidade (TPs), 194-195, 207-211
Transtornos do humor, 426
Transtornos por uso de substâncias (TUSs). *Ver também* Comorbidade entre TPB e TUSs; Uso/abuso de substâncias
    adaptação da DBT para transtornos alimentares e, 302-303
    estratégias de intervenção acrescentadas à DBT para, 260-271, 263t
    farmacoterapia e, 426
    visão geral, 244-246
Transtornos psicóticos, 426
Tratamento baseado em princípios, 81-83t
Tratamento obrigatório, 211-213. *Ver também* Programas correcionais
Tratamento orientado para o tribunal, 211-213. *Ver também* Programas correcionais
Tratamento sequencial, 278. *Ver também* Estágios do tratamento
Trauma na infância, 100-101, 331-335
Treinamento de efetividade interpessoal, 10-11, 266-267, 354t, 394-395, 430-431. *Ver também* Treinamento de habilidades
Treinamento de habilidades. *Ver também* Capacidades dos pacientes; Cartões diários; *Coaching* de habilidades; Generalização; Terapia comportamental dialética — treinamento de habilidades familiares (DBT-FST; Treinamento de efetividade interpessoal; Treinamento de habilidades de *mindfulness*; Treinamento de regulação emocional; Treinamento de tolerância ao mal-estar
    abordagem do modelo Stanford (SM) da DBT com transtornos alimentares e, 309-316
    centros de aconselhamento universitário (UCCs) e, 152-154
    comorbidade entre TPB e TUSs e, 264-266
    contextos baseados na escola e, 129
    DBT abrangente baseada na escola (SB-DBT) e, 135-137
    DBT baseada em contextos parciais ou residenciais e, 114-119
    DBT para adolescentes (DBT-A) e, 227-230, 237-239, 366-370
    DBT para transtornos alimentares com múltiplas comorbidades (M-ED DBT) e, 304-306
    estágios da DBT e, 320-323
    intervenções familiares em DBT e, 381, 385-393, 386t, 388f, 391t, 392f, 394-398
    perguntas e problemas de implementação e, 28t, 33-34
    programas correcionais e, 201-211, 213-214
    programas de justiça juvenil e, 171, 175-176t
    protocolos para comportamentos disfuncionais em contextos parciais ou residenciais e, 187-189, 189f, 190-191f
    TEPT e, 278
    terapia comportamental dialética para crianças e pré-adolescentes (DBT-C) e, 342t, 347, 351, 353, 354-355t
    treinamento baseado em vídeos, 28-29
    treinamento dos clínicos e da equipe e, 405-410, 407t, 414-419, 416t
    visão geral, 10-11
Treinamento de habilidades da DBT. *Ver* Treinamento de habilidades
Treinamento de habilidades de *mindfulness*. *Ver também* Treinamento de habilidades
    abordagem do modelo Stanford (SM) da DBT com transtornos alimentares e, 313-315
    comorbidade entre TPB e TUSs, 264-265
    DBT baseada em contextos parciais ou residenciais e, 114-116
    DBT para transtornos alimentares com múltiplas comorbidades (M-ED DBT) e, 304-305
    intervenções familiares em DBT e, 385-388, 386t, 396-398
    programas de justiça juvenil e, 178, 186-187
    terapia comportamental dialética — treinamento de habilidades familiares (DBT-FST) e, 394-395
    terapia comportamental dialética para crianças e pré-adolescentes (DBT-C) e, 354t
    visão geral, 10-11
Treinamento de habilidades em grupo. *Ver também* Grupos multifamiliar; Treinamento de habilidades
    abordagem do modelo Stanford (SM) para DBT com transtornos alimentares e, 309-316
    centros de aconselhamento universitário (UCCs) e, 154, 158-163, 159t
    DBT abrangente baseada na escola (SB-DBT) e, 135-137

DBT baseada em contextos parciais ou residenciais e, 112-113, 117-119
DBT para adolescentes (DBT-A) e, 360
DBT para transtornos alimentares com múltiplas comorbidades (M-ED DBT) e, 304-306
em DBT-ACES, 227-230
estágio 2 da DBT e, 323
generalização de habilidades e, 205-207
intervenções familiares em DBT e, 384
perguntas e problemas de implementação e, 27-29, 28t
programas correcionais e, 205-207
programas de justiça juvenil e, 171
terapia comportamental dialética para crianças e pré-adolescentes (DBT-C) e, 340-342
Treinamento de habilidades individuais, 28t. *Ver também* Treinamento de habilidades
Treinamento de regulação emocional, 10-11, 129, 266, 314-315. *Ver também* Desregulação emocional; Habilidades de regulação emocional; Treinamento de habilidades
Treinamento de tolerância ao mal-estar. *Ver também* Treinamento de habilidades
abordagem do modelo Stanford (SM) da DBT com transtornos alimentares e, 314-315
comorbidade entre TPB e TUSs e, 258-259, 265-266
DBT baseada em contextos parciais ou residenciais e, 114-116
programas correcionais e, 206-208
terapia comportamental dialética — treinamento de habilidades familiares (DBT-FST) e, 394-395
terapia comportamental dialética para crianças e pré-adolescentes (DBT-C) e, 354-355t
visão geral, 10-11

Treinamento dos clínicos e da equipe. *Ver também* Fatores da equipe; Fatores do terapeuta; Supervisão em DBT
amostra do cartão diário do terapeuta, 424
aquisição de habilidades e, 405-410, 317-318t
avaliação, 410-414, 412t
centros de aconselhamento universitário (UCCs) e, 164-166
comprometimento com, 405
DBT baseada em contextos parciais ou residenciais e, 124-126
DBT em programas de justiça juvenil e, 173-177, 175t-176t
obstáculos ao, 404-405
supervisão e, 407-421, 409t, 412t, 416t
visão geral, 404, 421-422
Treinamento dos pais. *Ver também* Envolvimento da família; Envolvimento dos pais
DBT para adolescentes (DBT-A) e, 369-370
intervenções familiares em DBT e, 386t, 390-393
terapia comportamental dialética para crianças e pré-adolescentes (DBT-C) e, 340-343, 342t, 345-347, 349, 353, 355-356
Treinamentos didáticos, 406-411. *Ver também* Treinamento dos clínicos e da equipe
Triagem, 78-80
Trilhando o Caminho do Meio (TCM) tratamento, 366-369, 368t

U
Uso/abuso de substâncias. *Ver também* Transtornos por uso de substância (TUSs)
avaliação dos resultados e, 45-50t
DBT baseada em contextos parciais ou residenciais e, 113-114
DBT para adolescentes (DBT-A) e, 364-365
farmacoterapia e, 432-434

mudança de paradigma necessária para a DBT e, 64-67
programas de justiça juvenil e, 175t-176t

V
Validação
DBT — Aceitando os Desafios do Emprego e da Autossuficiência (DBT-ACES) e, 219
DBT baseada em contextos parciais ou residenciais e, 122-123
estabelecendo necessidades e limitações e, 32
intervenções familiares em DBT e, 384-385, 386t, 387-391, 388f, 391t, 392-393, 399-400
programas correcionais e, 196-197
programas de justiça juvenil e, 174-177, 176-184
protocolo da DBT PE e, 285-287
terapia comportamental dialética — treinamento de habilidades familiares (DBT-FST) e, 394-395
terapia comportamental dialética para crianças e pré-adolescentes (DBT-C) e, 340-343, 345-346, 353
tratamento somente com habilidades e, 78-79
visão geral, 10-12
Verdade, núcleo da, 182-184
Violência
DBT baseada em contextos parciais ou residenciais e, 113-114
intervenções familiares de DBT breve e, 398-399
programas de justiça juvenil e, 179
protocolos para comportamentos disfuncionais em contextos parciais ou residenciais e, 187-189, 189f, 190-191f
Vulnerabilidade emocional, 343-347
Vulnerabilidade recíproca, 389-390, 391t

W
Workshops, 406-410